환경기능사
필기+실기
한권 완성

예문사

머리말

최근 들어 사람들의 주목을 받기 시작한 단어들이 있습니다. 바로 '지구 환경'에 관한 단어들입니다. 앞으로도 이런 용어들은 전 세계적으로 계속 주목될 것인데, 그 이유는 현재와 미래에서 인류에게 가장 절실하고 심각한 문제는 지구환경과 관련된 것이기 때문입니다.

환경기능사는 이러한 상황에서 환경 분야는 물론 타 분야에서도 매우 유용하고 절실한 자격으로서 관련 분야를 공부하거나 실무를 준비하는 분들이라면 반드시 취득해야 합니다.

본 교재는 적은 시간의 투자로 환경기능사를 가장 효율적으로 취득할 수 있도록 다음과 같은 특징을 갖습니다.

1. 새로운 출제경향에 맞춘 내용으로 구성되었습니다.
2. 핵심이론의 요약과 적중예상문제를 통해 시험에 출제되는 내용과 문제형식을 완벽히 이해하고 정리할 수 있습니다.
3. 최종적으로 기출문제풀이를 통해 내용의 이해와 응용력을 높일 수 있도록 하였습니다.
4. 변경이나 수정·보완이 되어야 될 부분은 주경야독 홈페이지(www.yadoc.co.kr)를 통해 실시간으로 Update할 수 있습니다.

이 책이 완성되기까지 많은 도움을 주신 주경야독의 윤동기 대표님, 정용민 본부장님, 김영호 님, 윤만기 팀장님과 모든 식구들, 서영민 교수님, 최원덕 교수님, 박수호 교수님, 그리고 항상 옆에서 집필에 도움을 주신 장유화 님과 이준명 님, 이호정 님께 감사드립니다.

이 철 한

수험정보

1 개요

인구의 증가와 도시화, 경제규모의 확대와 산업구조의 고도화에 따른 오염물질의 대량 배출 및 다양화는 자연환경오염을 날로 심화시켜 개인위생 및 자연환경을 위협하고 있다. 이에 따라 보건과 환경을 위협하는 제 요인에 적절하게 대응하기 위하여 숙련 기능 인력의 양성이 요구되고 있다.

2 수행직무

생활하수나 공장에서 발생되는 산업폐기물을 정화하고 중성화하여 처리하기 위한 열교환기, 펌프, 압축기, 소각로 및 관련 장비를 조작하는 직무 수행

3 취득방법

① **시행처** : 한국산업인력공단
② **시험과목**
  • 필기 : 1. 대기오염방지 2. 폐수처리 3. 폐기물처리 4. 소음·진동방지
  • 실기 : 환경오염공정 시험방법
③ **검정방법**
  • 필기 : 객관식 4지 택일형 60문항(60분)
  • 실기 : 작업형(2시간 정도, 100점)
④ **합격기준**
  • 필기 : 100점 만점으로 하여 60점 이상
  • 실기 : 100점 만점으로 하여 60점 이상

4 출제기준

① 환경기능사 필기

직무 분야	환경 · 에너지	중직무 분야	환경	자격 종목	환경기능사	적용 기간	2025.1.1.~ 2027.12.31.
직무내용	대기환경, 수질환경, 폐기물, 소음 · 진동 분야의 오염원에 대한 현황조사 및 측정하고, 관계법규에서 규정된 배출허용기준 또는 규제기준 이내로 관리하기 위하여 환경시설 유지관리 업무를 수행하는 직무이다.						
필기검정방법	객관식		문제수	60		시험시간	1시간

필기 과목명	문제수	주요항목	세부항목	세세항목
대기오염방지, 폐수처리, 폐기물처리, 소음진동방지	60	1. 대기오염 방지	1. 대기오염	1. 대기오염 발생원 2. 대기오염 측정
			2. 대기현상	1. 대기중 물현상 2. 대기 먼지현상
			3. 유해가스 처리	1. 유해가스 처리 원리 2. 유해가스 처리장치 종류 3. 유해가스 처리장치 유지관리
			4. 집진	1. 집진장치 원리 2. 집진장치 종류 3. 집진장치 유지관리
			5. 연소	1. 연료의 종류 및 특성 2. 연소이론
		2. 폐수처리	1. 물의 특성 및 오염원	1. 물의 특성 2. 수질오염 발생원 및 특성
			2. 수질오염 측정	1. 시료채취 · 운반 · 보관 2. 관능법 분석 3. 무게차법 분석 4. 적정법 분석 5. 전극법 분석 6. 흡광 광도법 분석 7. 세균 검사
			3. 물리적 처리	1. 물리적 처리 원리 2. 물리적 처리의 종류 3. 물리적 처리의 유지관리
			4. 화학적 처리	1. 화학적 처리 원리 2. 화학적 처리의 종류 3. 화학적 처리의 유지관리
			5. 생물학적 처리	1. 생물학적 처리 원리 2. 생물학적 처리의 종류 3. 생물학적 처리의 유지관리

필기 과목명	문제수	주요항목	세부항목	세세항목
		3. 폐기물처리	1. 폐기물 특성	1. 폐기물 발생원 2. 폐기물 종류 3. 시료 채취 4. 폐기물 측정
			2. 수거 및 운반	1. 폐기물 분리저장 2. 폐기물 수거 3. 적환장 관리 4. 폐기물 수송
			3. 전처리 및 중간처분	1. 기계적 선별 분리공정 2. 잔재물 관리 3. 고형화 4. 소각
			4. 자원화	1. 건설폐기물 자원화 2. 가연성 폐기물 재활용 3. 유기성 폐기물 재활용 4. 무기성 폐기물 재활용
			5. 폐기물 최종처분	1. 매립방법 2. 침출수 및 매립가스 관리
		4. 소음진동방지	1. 소음진동 발생 및 전파	1. 소음진동의 기초 2. 소음진동 발생원과 전파 3. 소음진동 측정
			2. 소음방지 관리	1. 기초 방음대책 2. 방음재료 및 시설 3. 소음방지 기술
			3. 진동방지 관리	1. 기초 방진대책 2. 방진재료 및 시설 3. 진동방지 기술

② 환경기능사 실기

직무분야	환경 · 에너지	중직무분야	환경	자격종목	환경기능사	적용기간	2025.1.1.~ 2027.12.31.
직무내용	대기환경, 수질환경, 폐기물, 소음 · 진동 분야의 오염원에 대한 현황조사 및 측정하고, 관계법규에서 규정된 배출허용기준 또는 규제기준 이내로 관리하기 위하여 환경시설 유지관리 업무를 수행하는 직무이다.						
수행준거	1. 수질시료 중 일반 수질오염 항목에 대하여 표준화된 분석방법으로 정량화된 값을 구할 수 있다. 2. 대기오염물질 배출시설에 대한 배출특성을 파악하여 측정분석계획을 수립하고, 공정시험기준에 따라 대기오염물질을 측정 · 분석할 수 있다. 3. 안전한 폐기물관리를 위하여 폐기물공정시험기준에 근거로 폐기물 조사계획을 수립하고 시료채취와 폐기물을 분석할 수 있다. 4. 소음 · 진동측정방법, 인원투입, 측정일정, 소요예산 및 평가계획 등을 수립하고 배경, 대상소음 · 진동과 발생원을 측정할 수 있다.						
실기검정방법	작업형			시험시간		2시간 정도	

실기 과목명	주요항목	세부항목	세세항목
환경오염 공정 시험방법 실무	1. 일반 항목 분석	1. 시료 채취하기	1. 수질오염공정시험기준에 근거하여 시료채취준비를 할 수 있다. 2. 수질오염공정시험기준에 근거하여 시료를 채취할 수 있다. 3. 수질오염공정시험기준에 근거하여 시료를 안전하게 보관 · 운반 · 저장할 수 있다.
		2. 수질오염물질 분석하기	1. 수질오염공정시험기준에 근거하여 일반 항목을 분석할 수 있다. 2. 무기물질(금속류)을 분석할 수 있다. 3. 유기물질을 분석할 수 있다.
	2. 폐기물 조사 분석	1. 시료 채취하기	1. 폐기물공정시험기준에 근거하여 폐기물별 시료채취준비를 할 수 있다. 2. 폐기물공정시험기준에 근거하여 폐기물별 시료를 채취할 수 있다. 3. 폐기물공정시험기준에 근거하여 시료를 안전하게 보관 · 운반 · 저장할 수 있다.
		2. 폐기물 분석하기	1. 폐기물공정시험기준에 근거하여 폐기물 일반 항목을 분석할 수 있다. 2. 폐기물 중 무기물질(금속류)을 분석할 수 있다. 3. 폐기물 중 유기물질을 분석할 수 있다. 4. 폐기물 중 감염성미생물을 분석할 수 있다.
	3. 소음 · 진동 측정	1. 측정범위파악하기	1. 소음 · 진동 측정대상, 측정목적을 확인할 수 있다. 2. 소음 · 진동 측정대상, 측정목적에 적합하게 측정방법을 검토할 수 있다.
		2. 배경 · 대상 소음 · 진동측정하기	1. 배경 및 대상소음 · 진동을 측정할 수 있는 환경조건을 확인할 수 있다. 2. 소음 · 진동 관련법 및 기준에 따라 배경 및 대상소음 · 진동을 측정할 수 있다.

실기 과목명	주요항목	세부항목	세세항목
	4. 대기오염물질 측정분석	3. 발생원 측정하기	1. 관련법 및 기준에 따라 발생원의 소음·진동 크기 정도를 측정할 수 있다.
		1. 시료 채취하기	1. 공정시험기준에 따라 대기오염물질에 대한 시료채취 방법을 결정할 수 있다. 2. 공정시험기준에 따라 시료채취 준비와 채취를 할 수 있다. 3. 공정시험기준에 따라 시료를 안전하게 보관·운반할 수 있다. 4. 시료채취 과정 중에 발생한 현장의 특이사항과 현장 조건 등을 기록할 수 있다.
		2. 가스상 물질 기기분석 하기	1. 공정시험기준에 따라 가스상 대기오염물질 분석을 위한 기기를 선정할 수 있다. 2. 공정시험기준에 따라 기기분석에 필요한 전처리를 수행할 수 있다. 3. 가스상 대기오염물질 분석에 필요한 기기를 사용하여 정량·정성 분석할 수 있다.

목차 CONTENTS

PART 01 대기환경

CHAPTER 01 기초단위 환산
1. 원소주기율표 ·· 3
2. 기초단위 ··· 4
3. 농도표시 ··· 6
4. 단위 환산 ·· 7
5. 기체의 농도 환산 ··· 7

CHAPTER 02 대기오염 개론
1. 대기의 특성 ·· 11
2. 입자상 물질 ··· 16
3. 가스상 물질 ··· 21
4. 대기오염사건과 역전형태 ·· 31
5. 지구환경문제 ··· 40
6. 자동차 ··· 45
7. 안정도와 연기확산 ··· 48

CHAPTER 03 연소공학
1. 연료 ·· 53
2. 연소계산 ·· 57
3. 연소형태 ·· 59

CHAPTER 04 대기오염 방지기술
1. 집진장치 일반사항 ··· 65
2. 각 집진장치별 특성 비교 ·· 66
3. 집진효율 ·· 66
4. 집진장치 ·· 71
5. 환기 및 통풍장치 ·· 89

6 유해가스 처리기술 ·· 92
7 대기환경보전법 ·· 105

PART 02 수질환경

CHAPTER 01 수질공학의 기초
1 수소이온농도(pH) ·· 111
2 중화적정 ·· 111
3 산화와 환원 ·· 112

CHAPTER 02 수자원 및 물의 특성
1 물의 특성 ·· 118
2 물의 부존량과 순환 ·· 118
3 수자원의 특성 ·· 119
4 수질오염물질의 배출원과 영향 ································ 120
5 시료채취 및 보존방법 ·· 126

CHAPTER 03 수질오염지표
1 DO(용존산소) ·· 139
2 BOD(생물화학적 산소요구량) ·································· 140
3 COD(화학적 산소요구량) ·· 141
4 경도와 알칼리도 ·· 142

CHAPTER 04 호소수 및 해수관리
1 하천의 수질관리 ·· 153
2 호소의 수질관리 ·· 156
3 해수의 수질관리 ·· 158

CHAPTER 05 미생물
1. 환경미생물 ········ 162
2. 미생물의 분류 ········ 163
3. 미생물(세포)의 증식단계 ········ 164

CHAPTER 06 물리적 처리
1. 스크린(Screen) ········ 168
2. 침사지(Grit Chamber) ········ 169
3. 예비처리 ········ 169
4. 침전지 ········ 170
5. 침강이론 ········ 171

CHAPTER 07 화학적 처리
1. 흡착 ········ 182
2. 응집처리 ········ 184
3. 염소소독 ········ 186
4. 여과 ········ 189

CHAPTER 08 생물학적 처리
1. 표준 활성슬러지 공법 ········ 198
2. 슬러지 지표(SVI) ········ 200
3. 활성슬러지 공법의 운영 시 문제점과 미생물 ········ 200
4. 활성슬러지법의 변법 ········ 201
5. 살수여상법 ········ 204
6. 회전원판법 ········ 206
7. 접촉산화법 ········ 207

CHAPTER 09 고도처리
1. 질소(N) 제거법 ········ 215
2. 인(P) 제거법 ········ 217
3. 생물학적 질소(N)와 인(P)의 동시 제거 ········ 220

CHAPTER 10 분뇨 및 슬러지 처리

1. 슬러지 처리의 목표 ······ 224
2. 슬러지 처리 계통도 ······ 224
3. 슬러지 농축방법의 비교 ······ 225
4. 소화(안정화) : 분해 가능한 유기물 제거 ······ 225
5. 슬러지 개량 ······ 225

CHAPTER 11 기타 오염물질 처리

1. 크롬 폐수 처리 ······ 229
2. 시안 폐수 처리 ······ 229

CHAPTER 12 공정시험 기준

1. 농도 표시 ······ 233
2. 온도 표시 ······ 233
3. 시약 및 용액 ······ 234
4. 관련 용어의 정의 ······ 235

PART 03 폐기물 처리

CHAPTER 01 폐기물의 특성 및 발생

1. 폐기물의 분류체계 ······ 241
2. 발생량 및 성상 ······ 241
3. 폐기물 배출 특성 ······ 242
4. 폐기물의 발열량 측정방법 ······ 242

CHAPTER 02 폐기물의 수거 · 운반

1. 수거노선 선정요령 ······ 256
2. 수거방법 ······ 256

③ MHT 256
④ 폐기물 수송방식 257
⑤ 적환장의 설계 및 운전요령 259

CHAPTER 03 압축 · 파쇄 · 선별 · 탈수

① 압축 267
② 파쇄 268
③ 선별 271
④ 탈수 271

CHAPTER 04 폐기물의 자원화 · 퇴비화

① 고형화 연료(RDF) 280
② 퇴비화 281
③ 열분해 282
④ 안정화 · 고형화 282

CHAPTER 05 분뇨 및 슬러지 처리

① 분뇨의 특성 291
② 슬러지 처리 292

CHAPTER 06 소 각

① 연소계산 301
② 소각로의 종류와 특성 308
③ 연소형태 310

CHAPTER 07 매 립

① 매립방법 321
② 복토의 종류와 기준 323
③ LFG(Landfill Gas) 발생의 각 단계 324

PART 04 소음진동

CHAPTER 01 소음진동의 기초
1. 소음과 진동의 정의 ··· 335
2. 주파수와 파장 ·· 335
3. 음압과 음의 세기 레벨 ··· 336
4. 음의 성질 ··· 339

CHAPTER 02 소음의 측정
1. 용어정리 ·· 345
2. 소음의 측정점 ·· 345
3. 암소음 보정 ··· 346
4. 소음계산 ·· 346
5. 거리감쇠 ·· 346

CHAPTER 03 진동의 측정
1. 용어정리 ·· 351
2. 측정조건의 일반사항 ·· 351
3. 암진동의 보정 ·· 352

CHAPTER 04 소음 방지
1. 음의 발생 ··· 355
2. 흡음대책 ·· 355
3. 차음대책 ·· 356

CHAPTER 05 진동 방지
1. 방진대책 ·· 360
2. 진동레벨(VAL) ··· 360
3. 음장의 종류 ··· 361

CHAPTER 06 소음진동의 영향
1. 소음공해의 특징 ··· 364
2. 인체의 영향 ··· 364
3. 청력손실 ·· 364
4. 공해진동 ·· 365

PART 05 실기

CHAPTER 01 용존산소 분석
1. 적정법(Titrimetric Method) ·· 369
2. 분석방법 ·· 369

PART 06 과년도 기출문제

- 2010년 시행(1, 2, 5회) / **379**
- 2011년 시행(1, 2, 5회) / **409**
- 2012년 시행(1, 2, 5회) / **438**
- 2013년 시행(1, 2, 5회) / **467**
- 2014년 시행(1, 2, 5회) / **495**
- 2015년 시행(1, 2, 4, 5회) / **523**
- 2016년 시행(1, 2, 4, 5회) / **562**

PART 07 CBT 실전모의고사

- 실전모의고사 문제(1~7회) / **601**
- 실전모의고사 정답 및 해설(1~7회) / **650**

기초 공식

01 대기환경 공식 정리

01 단위환산

① $\text{ppm}(\text{mL/m}^3) = X(\text{mg/m}^3) \times \dfrac{22.4}{M}$

② $X(\text{mg/m}^3) = \text{ppm}(\text{mL/m}^3) \times \dfrac{M}{22.4}$

여기서, M : 분자량

02 최대착지농도(C_{max})

$C_{max} = \dfrac{2 \cdot Q}{\pi \cdot e \cdot U \cdot He^2}\left(\dfrac{C_z}{C_y}\right)$

여기서, Q : 가스량(m^3/sec)
π : 3.14
e : 자연대수(2.718)
U : 풍속(m/sec)
He : 유효굴뚝높이(m)
C_y, C_z : 수평, 수직 확산계수
$C_{max} \propto He^{-2}$

03 최대착지거리(X_{max})

$X_{max} = \left(\dfrac{He}{C_z}\right)^{2/2-n}$

여기서, n : 안정도 계수

04 유효굴뚝높이(He)

$He = H + \Delta H$

여기서, H : 실제굴뚝의 높이
ΔH : 굴뚝상단에서 연기의 중심축까지 거리

05 리차드슨 수(R_i)

$R_i = \dfrac{g}{T_m}\left(\dfrac{\Delta T/\Delta Z}{(\Delta U/\Delta Z)^2}\right)$

여기서, ΔT : 온도차
ΔZ : 고도차
ΔU : 풍속차
T_m : 평균온도
g : 중력가속도(9.8m/sec^2)

06 연료비

$= \dfrac{\text{고정탄소}}{\text{휘발분}}$

07 이론산소량

① $O_o(\text{m}^3/\text{kg}) = 1.867C + 5.6\left(H - \dfrac{O}{8}\right) + 0.7S$

② $O_o(\text{kg/kg}) = 2.667C + 8H + S - O$

08 이론공기량

① $A_o(\text{m}^3/\text{kg}) = O_o(\text{m}^3/\text{kg}) \times \dfrac{1}{0.21}$

② $A_o(\text{kg/kg}) = O_o(\text{kg/kg}) \times \dfrac{1}{0.232}$

09 공기비(m)

① 완전연소(CO=0%)

$m = \dfrac{21}{21 - O_2}$

② 불완전연소(CO≠0%)

$m = \dfrac{N_2}{N_2 - 3.76(O_2 - 0.5CO)}$

10 이론가스량(G_o)

① 이론건조가스량(G_{od})
$= 0.79A_o + CO_2 + SO_2 + N_2$

② 이론습윤가스량(G_{ow})
$= 0.79A_o + CO_2 + H_2O + SO_2 + N_2$

11 실제가스량(G)

① 건조가스량(G_d)
$= 0.79A_o + CO_2 + SO_2 + N_2 + (m-1) \cdot A_o$

② 습윤가스량(G_w)
$$= 0.79A_o + CO_2 + H_2O + SO_2 + N_2 + (m-1) \cdot A_o$$

12 발열량

① 고체 · 액체연료
$$Hh = Hl + 600(9H + W)$$
$$Hl = Hh - 600(9H + W)$$

② 기체연료
$$Hh = Hl + 480\sum H_2O$$
$$Hl = Hh - 480\sum H_2O$$

13 집진효율

① 유입유량 = 유출유량
$$\eta = \left(1 - \frac{C_o}{C_i}\right) \times 100$$

② 유입유량 ≠ 유출유량
$$\eta = \left(1 - \frac{C_o \times Q_o}{C_i \times Q_i}\right) \times 100$$

③ 2단 직렬연결
$$\eta_t = \eta_1 + \eta_2(1 - \eta_1)$$

④ 부분집진효율
$$\eta_d = \left(1 - \frac{C_o \cdot R_o}{C_i \cdot R_i}\right) \times 100$$

여기서, C_i, C_o : 입 · 출구 측 농도
Q_i, Q_o : 입 · 출구 측 유량
R_i, R_o : 입 · 출구 측 분포비율

⑤ 통과율(P) = $1 - \eta$

14 중력침강속도(V_g)

$$V_g(cm/sec) = \frac{d_p^2(\rho_p - \rho)g}{18 \cdot \mu}$$

여기서, d_p : 입자의 직경(cm)
ρ_p : 입자의 밀도(g/cm³)
ρ : 공기의 밀도(g/cm³)
g : 중력가속도(980cm/sec)
μ : 처리기체의 점도(g/cm · sec)

15 중력집진장치의 효율

$$효율(\eta) = \frac{V_g}{V} \times \frac{L}{H}$$

여기서, L : 침강실의 길이(cm)
H : 침강실의 높이(cm)

16 여과포 소요 개수(n)

① 원통형
$$n = \frac{Q_f}{Q_i} = \frac{Q_f}{\pi \cdot D \cdot L \cdot V_f}$$

② 평판형
$$n = \frac{Q_f}{Q_i} = \frac{Q_f}{H \cdot L \cdot V_f}$$

17 전기집진장의 효율

$$\eta = 1 - \exp\left(-\frac{A \cdot W_e}{Q}\right)$$

여기서, A : 집진면적
W_e : 입자의 겉보기 이동속도
Q : 처리가스량

18 연속방정식

$$Q = A \times V$$

여기서, Q : 유량(m³/sec)
A : 단면적(m²)
V : 유속(m/sec)

19 송풍기 소요 동력(kW)

$$kW = \frac{\Delta P \cdot Q}{102 \times \eta} \times \alpha$$

여기서, ΔP : 압력손실(mmH$_2$O)
Q : 처리가스량(m³/sec)
α : 여유율

20 상당직경(D_o)

$$D_o = \frac{2ab}{a+b}$$

21 통풍력(Z)

$$Z = 273 \times H\left(\frac{1.3}{273+t_a} - \frac{1.3}{273+t_g}\right)$$

$$= 355 \times H\left(\frac{1}{273+t_a} - \frac{1}{273+t_g}\right)$$

여기서, Z : 통풍력(mmH$_2$O)
H : 굴뚝의 높이(m)
t_a : 대기의 온도(℃)
t_g : 배출가스의 온도(℃)

22 배출가스의 유속(V)

$$V = C\sqrt{\frac{2 \cdot g \cdot P_v}{\gamma}}$$

여기서, C : 피토관 계수
g : 중력가속도(9.8m/sec)
P_v : 동압(mmH$_2$O)
γ : 비중량(kg/m³)

23 헨리의 법칙

$$P = H \times C$$

여기서, P : 분압(atm)
C : 액체 중의 농도(kmol/m³)
H : 헨리상수(atm · m³/kmol)

24 탄화수소의 완전연소 반응식

$$C_mH_n + \left(m + \frac{n}{4}\right)O_2 \rightarrow mCO_2 + \frac{n}{2}H_2O$$

02 수질환경 공식 정리

01 수소이온농도(pH)

① $pH = \log\frac{1}{[H^+]} = -\log[H^+]$, $[H^+] = mol/L$

② $pOH = \log\frac{1}{[OH^-]} = -\log[OH^-]$, $[OH^-] = mol/L$

③ $[H^+] = 10^{-pH}$ $[OH^-] = 10^{-pOH}$

④ $pH = 14 - pOH$ $pOH = 14 - pH$

02 중화공식

① 완전중화

$$NVf = N'V'f'$$

② 불완전중화

$$N_o = \frac{N_1V_1 + N_2V_2}{V_1 + V_2}$$

여기서, N_o : 혼합액의 N농도

03 BOD공식

① 소모공식

$$BOD_t = BOD_u(1 - 10^{-k \cdot t})$$
$$BOD_t = BOD_u(1 - e^{-k \cdot t})$$

② 잔류공식

$$BOD_t = BOD_u \times 10^{-k \cdot t}$$
$$BOD_t = BOD_u \times e^{-k \cdot t}$$

04 경도

$$TH(HD) = \sum Mc^{2+} \times \frac{50}{Eq} (mg/L \text{ as } CaCO_3)$$

05 알칼리도

$$Alk = \sum Ca^{2+} \times \frac{50}{Eq}$$

06 세포의 비증식 속도(Monod공식)

$$\mu = \mu_{max} \times \left(\frac{S}{K_s + S}\right)$$

여기서, μ : 세포의 비증식 속도(T^{-1})
μ_{max} : 최대 비증식속도(T^{-1})
K_s : 반포화 농도(mg/L)
S : 기질 농도(mg/L)

07 R_{ep}(레이놀즈수)

$$R_{ep} = \frac{관성력}{점성력} = \frac{D \cdot V \cdot \rho}{\mu}$$

여기서, μ : 점도(kg/m·sec)
D : 입자직경(m)
V : 유속(m/sec)
ρ : 유체밀도(kg/m³)

08 BOD 제거율

$$\eta(제거율) = \frac{BOD_i - BOD_o}{BOD_i} \times 100$$

09 BOD 부하량(kg/day)

BOD농도(mg/L)×폐수량(m³/day)

10 BOD 용적부하(L_v)

$$L_v = \frac{BOD_i \times Q_i}{\forall} \left(\frac{kg}{m^3 \cdot day}\right)$$

11 BOD 면적부하(L_A)

$$L_A = \frac{BOD_i \times Q_i}{A} \left(\frac{kg}{m^2 \cdot day}\right)$$

12 유량(Q)

$$Q = A \cdot V = \frac{V}{t}, \quad \forall = Q \times t, \quad t = \forall \div Q$$

13 프로인들리히(Freundlich) 등온흡착식

$$\frac{X}{M} = K \cdot C^{1/n}$$

여기서, X : 흡착제에 흡작된 피흡착물질의 양(mg/L)
M : 흡착제 사용량(mg/L)
C : 흡착후 출구 농도(mg/L)
K, n : 온도에 따라 변하는 상수

14 균등계수(U)

$$U = \frac{P_{60}}{P_{10}}$$

여기서, P_{60} : 여재 60%을 통과한 입자의 크기
P_{10} : 여재 10%을 통과한 입자의 크기

15 SRT(고형물 체류시간) = MCRT(미생물 체류시간)

$$SRT = \frac{\forall \cdot X}{Q_w X_w}$$

여기서, V : 포기조 부피(m³)
X : 포기조 내의 고형물의 농도 (MLSS 농도, mg/L)

16 F/M 비(BOD-MLSS 부하)

$$\frac{F}{M} = \frac{BOD \times Q}{\forall \cdot X} = \frac{L_v}{X}$$

17 슬러지 지표(SVI)

① $SVI(mL/g) = \frac{SV_{30}(mL/L)}{MLSS(mg/L)} \times 10^3$

② $SVI = \frac{SV_{30}(\%)}{MLSS(mg/L)} \times 10^4$

18 1차 반응 속도식

$$\ln \frac{C_t}{C_o} = -K \cdot t$$

여기서, C_o : 초기농도
C_t : t시간 후 농도
t : 시간

19 우수유출량(합리식)

$$Q(m^3/sec) = \frac{1}{360} C \cdot I \cdot A$$

여기서, C : 유출계수
I : 강우강도(mm/hr)
A : 배수면적(ha)

20 침강속도(V_g)

$$V_g(cm/sec) = \frac{d_p^2(\rho_p - \rho_w)g}{18 \cdot \mu}$$

여기서, d_p : 입자의 직경(cm)
ρ_p : 입자의 밀도(g/cm³)
ρ_w : 물의 밀도(g/cm³)
g : 중력가속도(980cm/sec)
μ : 유체의 점도(g/cm·sec)

21 산화반응식

① $C_5H_7NO_2 + 5O_2 \to 5CO_2 + 2H_2O + NH_3$
② $C_2H_5NO_2 + 3.5O_2 \to 2CO_2 + 2H_2O + HNO_3$
③ $CH_3OH + 1.5O_2 \to CO_2 + 2H_2O$
④ $C_2H_5OH + 3O_2 \to 2CO_2 + 3H_2O$
⑤ $CH_2O + O_2 \rightleftarrows CO_2 + H_2O$
⑥ $C_6H_{12}O_6 + 6O_2 \to 6CO_2 + 6H_2O$
⑦ $C_6H_{12}O_6 \to 3CO_2 + 3CH_4$ (혐기성 반응)

03 폐기물 처리 공식 정리

01 물질수지식 : 건조, 농축, 탈수

$$V_1(100 - W_1) = V_2(100 - W_2)$$

여기서, V_1 : 처음 슬러지양
V_2 : 나중 슬러지양
W_1 : 처음 함수율
W_2 : 나중 함수율

02 폐기물 발생량

① $X(m^3/day)$
$$= \frac{발생량(kg/인 \cdot 일) \times 인구수(인)}{밀도(kg/m^3)}$$

② $X(kg/인 \cdot 일)$
$$= \frac{쓰레기양(m^3/일) \times 쓰레기밀도(kg/m^3)}{인구수(인)}$$

03 트럭댓수

$$= \frac{쓰레기양(m^3/day) \times 쓰레기밀도(kg/m^3)}{적재용량(kg/대)}$$

04 고위발열량(kcal/kg, 듀롱식)

$$HHV(kcal/kg) = 81C + 342.5(H - 0/8) + 22.5S$$

05 MHT

$$MHT = \frac{총\ 작업시간}{총\ 수거량}$$
$$= \frac{Man(인) \times Th(hr/day) \times t(day)}{W(ton)}$$

06 압축비(CR)

$$CR = \frac{V_1}{V_2} = \frac{압축\ 전\ 부피}{압축\ 후\ 부피} = \frac{100}{(100 - VR)}$$

07 부피감소율(VR)

$$VR = \left(\frac{V_1 - V_2}{V_1}\right) \times 100$$

$$= \left(1 - \frac{V_2}{V_1}\right) \times 100 = \left(1 - \frac{1}{CR}\right) \times 100$$

08 함수율과 슬러지의 밀도 변화

$$\frac{슬러지양(SL)}{밀도(\rho_{SL})} = \frac{고형물량(TS)}{밀도(\rho_{TS})} + \frac{수분량(W)}{밀도(\rho_w)}$$

$$\frac{SL}{\rho_{SL}} = \frac{VS}{\rho_{VS}} + \frac{FS}{\rho_{FS}} + \frac{W}{\rho_W}$$

09 공연비(AFR)

① $AFR_m = \dfrac{m_a \times M_a}{m_f \times M_f}$ (kg · Air/kg · fuel)

② $AFR_v = \dfrac{m_a \times 22.4}{m_f \times 22.4}$

여기서, m_a : 공기의 mol 수
M_a : 공기의 분자량(≒29)
m_f : 연료의 mol 수
M_f : 연료의 분자량

10 최대탄산 가스율(CO_{2max})(%)

$$CO_{2max}(\%) = \frac{CO_2}{G_{od}} \times 100$$

11 연소실 열발생률(Q_v)

$$Q_v = \frac{G_f \times Hl}{\forall}$$

여기서, G_f : 연료량(kg/hr)
Hl : 저위발열량(kcal/kg)
$\forall$: 연소실 체적(m^3)

12 쓰레기 소각능력($kg/m^2 \cdot hr$)

$$= \frac{쓰레기의 양(kg/hr)}{화격자의 면적(m^2)}$$

04 소음진동 공식 정리

01 주파수(Frequency : f)

$$f = \frac{c}{\lambda} = \frac{1}{T} (Hz)$$

02 주기(Period : T)

$$T = \frac{1}{f} (sec)$$

03 파장(Wavelength : λ)

$$\lambda = \frac{c}{f} (m)$$

04 음속(Speed of Sound : C)

$C = 331.42 + 0.6t$

여기서, t : 공기온도(℃)

05 음압(Sound Pressure : P)

$$P = \frac{P_m}{\sqrt{2}} (N/m^2)$$

여기서, P_m : 피크치

06 음의 세기(Sound Intensity : I)

$$I = P \times v = \frac{P^2}{\rho c} (W/m^2)$$

07 음의 세기 레벨(Sound Intencity Level : SIL)

$$SIL = 10\log\left(\frac{I}{I_o}\right) dB$$

I_o(최소가청음의 세기) $= 10^{-12} W/m^2$

08 음압레벨(Sound Pressure Level : SPL)

$$SPL = 20\log\left(\frac{P}{P_o}\right) dB$$

P_o(최소음압실효치) $= 2 \times 10^{-5} N/m^2$

기초 공식

09 음향파워레벨(Sound Power Level : PWL)

$$PWL = 10\log\left(\frac{W}{W_o}\right) dB$$

W_o(기준음향파워) $= 10^{-12}$ W

10 음의 크기(Loudness : S)

$S = 2^{(L_L - 40)/10}$ (Sone)

여기서, L_L : phon 수

11 투과손실(TL)

$TL = 10\log\left(\frac{1}{t}\right)$ t(투과율) $= \frac{I_t}{I_i} \times 100$

12 소음계산

① 합 : $L = 10\log(10^{L1/10} + 10^{L2/10} + \cdots 10^{Ln/10})$

여기서, L : 음압레벨

② 차 : $L = 10\log(10^{L1/10} - 10^{L2/10})$

13 평균흡음률($\overline{\alpha}$)

$$\overline{\alpha} = \frac{\sum S_i \cdot a_i}{\sum S_i}$$

여기서, S_i : 표면적

a_i : 흡음률

14 감음계수(NRC)

$NRC = \frac{1}{4}(a_{250} + a_{500} + a_{1,000} + a_{2,000})$

1/3 옥타브 대역으로 측정한 중심 주파수 250, 500, 1,000, 2,000Hz에서의 흡음률 산술평균치

15 단일벽의 투과손실

① 수직입사

$TL = 20\log(m \cdot f) - 43$ (dB)

② 난입사

$TL = 18\log(m \cdot f) - 44$ (dB)

여기서, m : 벽체의 면밀도(kg/m²)

f : 입사되는 주파수(Hz)

16 진동레벨(VAL)

$$VAL = 20\log\left(\frac{A_{rms}}{A_r}\right) dB$$

여기서, A_{rms} : 측정대상 진동의 가속도

실효치(m/sec²) $\left(\frac{A_m}{\sqrt{2}}\right)$

$A_r : 10^{-5}$ (m/sec²)

A_m : 진동가속도 진폭(m/sec²)

17 평균청력손실

$= \frac{a + 2b + c}{4}$ (dB)

여기서, a : 옥타브밴드 500Hz에서 청력손실(dB)

b : 옥타브밴드 1,000Hz에서 청력손실(dB)

c : 옥타브밴드 2,000Hz에서 청력손실(dB)

PART 01

대기환경

Craftsman Environmental

Chapter 01 기초단위 환산
Chapter 02 대기오염 개론
Chapter 03 연소공학
Chapter 04 대기오염 방지기술

기초단위 환산

1 원소주기율표

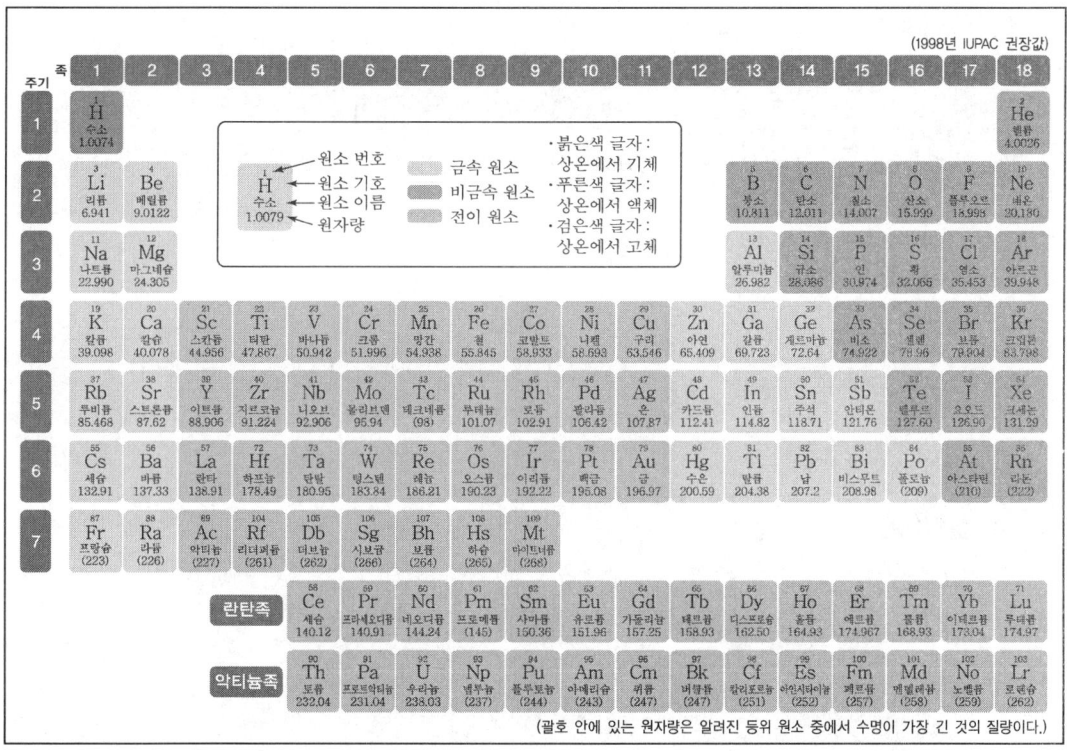

① **원자량** : 화학원소 원자의 평균질량을 일정 기준에 따라 정한 비율이다. 단위가 없는 무차원수이다.

② **분자량** : 분자를 구성하는 모든 원자들의 원자량 값을 더해서 계산한다.

③ **g분자량** : 분자량에 g을 붙인 값이다.

④ 1mol = g분자량

  1mmol = mg분자량

⑤ 당량(eq) = 1eq = g분자량/가수

  1meq = mg분자량/가수

2 기초단위

(1) 길이(L)

$$\underset{\mu m}{\vphantom{|}} \overset{10^3}{\longleftrightarrow} \underset{mm}{\vphantom{|}} \overset{10^1}{\longleftrightarrow} \underset{cm}{\vphantom{|}} \overset{10^2}{\longleftrightarrow} \underset{m}{\vphantom{|}} \overset{10^3}{\longleftrightarrow} \underset{km}{\vphantom{|}}$$

환산 1in = 2.54cm, 1ft : 30.48cm

(2) 면적(L^2)

$$\underset{\mu m^2}{\vphantom{|}} \overset{10^6}{\longleftrightarrow} \underset{mm^2}{\vphantom{|}} \overset{10^2}{\longleftrightarrow} \underset{cm^2}{\vphantom{|}} \overset{10^4}{\longleftrightarrow} \underset{m^2}{\vphantom{|}} \overset{10^6}{\longleftrightarrow} \underset{km^2}{\vphantom{|}}$$

(3) 부피(L^3)

$$\underset{mL(cm^3,\ cc)}{\vphantom{|}} \overset{10^3}{\longleftrightarrow} \underset{L}{\vphantom{|}} \overset{10^3}{\longleftrightarrow} \underset{kL(m^3)}{\vphantom{|}}$$

(4) 질량(M)

$$\underset{\mu g}{\vphantom{|}} \overset{10^3}{\longleftrightarrow} \underset{mg}{\vphantom{|}} \overset{10^3}{\longleftrightarrow} \underset{g}{\vphantom{|}} \overset{10^3}{\longleftrightarrow} \underset{kg}{\vphantom{|}}$$

환산 : 1lb = 0.4563kg

(5) 밀도(ρ) = $\dfrac{질량(M)}{부피(V)}$

물의 밀도(4℃) 1,000kg/m^3 (MKS)
　　　　　　　1g/cm^3 (CGS)
　　　　　　　1kg/L

물의 밀도는 4℃에서 최대가 되며 온도가 올라가거나 내려가면 밀도는 감소한다.

(6) 비중

대상물질의 밀도와 표준물질의 밀도의 비로 나타낸다.

$$\text{비중} = \frac{\text{대상물질의 밀도}}{\text{표준물질의 밀도}}$$

(7) 비중량(단위 체적당 중량, γ) $= \dfrac{\text{중량(W)}}{\text{부피(V)}}$

$$W = m \cdot a$$

$$\gamma = \frac{m \cdot a}{v} = \rho \cdot a$$

※ 중량은 위치에 따라서 변한다. 가속도가 보정된 값이다.

(8) 점도(점성계수, μ)

유체의 점도를 나타내는 정도로 저항과 밀접한 관련이 있으며 온도에 따라 변화한다. 단위는 일반적으로 포이즈(P, poise), 센티포이즈(cP, centi-poise)로 나타낸다.

- $1P : 1g/cm \cdot sec = 1 \times 10^{-1} kg/m \cdot sec$
- $1cP : 1mg/mm \cdot sec = 1 \times 10^{-3} kg/m \cdot sec$

(9) 동점도

동점도(동점성계수, Kinematic Viscosity : v)는 점성계수(μ)를 밀도(ρ)로 나눈 값을 말한다. SI단위에서는 m^2/sec를 사용하지만 cm^2/sec 등으로 나타낼 수도 있다.

(10) 압력

단위면적당 작용하는 힘을 말한다.

$$P = \frac{F}{A} \quad F = m \cdot a$$

- $1atm = 760mmHg\ (0℃) = 10,332mmH_2O\ (4℃) = 1.013bars = 101.325kPa$

  $P_a = N/m^2 \quad 1N = 1kg \cdot m/s^2$

  $1dyne = 1g \cdot cm/s^2$

3 농도표시

(1) 몰농도(Molarity, mol/L)

일반적으로 몰농도는 용액 1리터에 녹아 있는 용질의 몰수로 나타내는 농도로 mol/L 또는 M으로 표시한다.

$$M(mol/L) = \frac{용질(mol)}{용액(L)}$$

(2) 노르말농도(Normality, eq/L)

용액의 농도를 나타내는 방법의 하나로 용액 1L 속에 녹아 있는 용질의 g당량수를 나타낸 농도를 말한다.

$$N(eq/L) = \frac{용질(eq)}{용액(L)}$$

$$1epm = \frac{meq}{L} = \frac{1}{1,000} eq/L$$

※ 1mol = g분자량 = 22.4L, 1eq = g분자량/가수

(3) 몰랄농도(Molality, mol/kg)

용매 1kg당 용질의 몰수를 말한다.

$$m\left(\frac{mol}{kg}\right) = \frac{용질(mol)}{용매(kg)}$$

(4) 분율 = 비

부피비 or mol 비 $\dfrac{용질(부피)}{용액(부피)}$

질량비 or 중량비 $\dfrac{용질(질량)g}{용액(질량)g}$

1) 백분율(%)

① 용량백분율(V/V%)
② 중량백분율(W/W%)
③ 중량 대 용량 백분율(W/V%)

2) 천분율(‰, ppt)

3) 백만분율(ppm ; part per million)

① 용량(V/V) ppm＝ml/m³
② 중량(W/W) ppm＝mg/kg, g/ton → mg/L

4) 1억분율(pphm ; part per hundred million)

5) 10억분율(ppb ; part per billion)

환산 : $1\% = 10^1 ppt = 10^4 ppm = 10^6 pphm = 10^7 ppb$
$1ppb = 10^{-1} pphm = 10^{-3} ppm = 10^{-7} \%$

4 단위 환산

① $1mol = 22.4L = M(분자량)g$
② $1kmol = 22.4m^3 = M(분자량)kg$
③ $1mmol = 22.4mL = M(분자량)mg$

5 기체의 농도 환산

① $ppm = X(mg/L) \times \dfrac{22.4}{M}$
② $X(mg/L) = ppm \times \dfrac{M}{22.4}$

적중예상문제

01 다음 중 오염물질의 농도표시가 아닌 것은?

① ppm ② mg/Sm³ ③ W/V% ④ mmHg

02 다음 압력 중 크기가 다른 하나는?

① 1atm ② 760mmHg ③ 1,013mbar ④ 1,013N/m²

> 풀이) 1atm = 760mmHg = 10,332mmH₂O = 1,013mbar = 101,325N/m²

03 액체 프로판(C_3H_8) 100kg을 기화시켰을 때 표준상태에서 부피는?

① 44.0Sm³ ② 47.3Sm³ ③ 50.9Sm³ ④ 53.7Sm³

> 풀이) $X(Sm^3) = \dfrac{100kg}{} \left| \dfrac{22.4m^3}{44kg} \right. = 50.91(Sm^3)$

04 압축된 프로판(C_3H_8) 가스 1kg이 모두 기화된다면 표준상태에서 몇 Sm³이 되는가?

① 0.51Sm³ ② 0.69Sm³ ③ 0.76Sm³ ④ 0.85Sm³

> 풀이) $X(Sm^3) = \dfrac{1kg}{} \left| \dfrac{22.4m^3}{44kg} \right. = 0.5091(Sm^3)$

05 표준상태에서 물 6.6g을 수증기로 만들 때 부피는?

① 5.16L ② 6.22L ③ 7.24L ④ 8.21L

> 풀이) $X(L) = \dfrac{6.6g}{} \left| \dfrac{22.4L}{18g} \right. = 8.21(L)$

정답 01 ④ 02 ④ 03 ③ 04 ① 05 ④

06 35℃, 750mmHg 상태에서 NO_2 150g이 차지하는 부피(L)는?

① 약 51L   ② 약 62L   ③ 약 84L   ④ 약 92L

$$X(L) = \frac{150g}{} \left| \frac{22.4L}{46g} \right| \frac{273+35}{273} \left| \frac{760}{750} \right. = 83.51(L)$$

07 30℃, 725mmHg 상태에서 CO_2 44g이 차지하는 부피는?

① 24.4L   ② 25.6L   ③ 26.1L   ④ 27.8L

$$X(L) = \frac{44g}{} \left| \frac{22.4L}{44g} \right| \frac{273+30}{273} \left| \frac{760}{725} \right. = 26.01(L)$$

08 27℃ 780mmHg 상태에서 CO_2 45g이 차지하는 부피는?

① 23.4L   ② 24.6L   ③ 25.7L   ④ 26.8L

$$X(L) = \frac{45g}{} \left| \frac{22.4L}{44g} \right| \frac{273+27}{273} \left| \frac{760}{780} \right. = 24.53(L)$$

09 농황산의 비중이 약 1.84, 농도는 75%라면 이 농황산의 몰농도(mol/L)는?(단, 농황산의 분자량은 98이다.)

① 9   ② 11   ③ 14   ④ 18

$$X(mol/L) = \frac{1.84kg}{L} \left| \frac{1mol}{98g} \right| \frac{75}{100} \left| \frac{10^3 g}{1kg} \right. = 14.08(mol/L)$$

10 대기 중 암모니아 가스의 농도를 측정하였더니 22mg/Sm^3이었다. 이 농도를 ppm 단위로 환산하면?(단, 암모니아의 분자량은 17이다.)

① 17ppm   ② 22.4ppm   ③ 29ppm   ④ 33.2ppm

$$X(mL/m^3) = \frac{22mg}{m^3} \left| \frac{22.4mL}{17mg} \right. = 28.99(mL/m^3)$$

정답 06 ③ 07 ③ 08 ② 09 ③ 10 ③

11 0.3g/Sm³인 HCl의 농도를 ppm으로 환산하면?(단, 표준상태 기준)

① 116.4ppm   ② 137.7ppm   ③ 167.3ppm   ④ 184.1ppm

$$X(mL/m^3) = \frac{0.3g}{m^3} \left| \frac{22.4mL}{36.5mg} \right| \frac{10^3 mg}{1g} = 184.1(mL/m^3)$$

12 아황산가스의 대기환경 중 기준치가 0.06ppm이라면 몇 $\mu g/Sm^3$인가?(단, 모두 표준상태로 가정한다.)

① 85.7   ② 99.7   ③ 135.7   ④ 171.4

$$X(\mu g/m^3) = \frac{0.06mL}{m^3} \left| \frac{64mg}{22.4mL} \right| \frac{10^3 \mu g}{1mg} = 171.43(\mu g/m^3)$$

대기오염 개론

1 대기의 특성

(1) 대기층의 구조

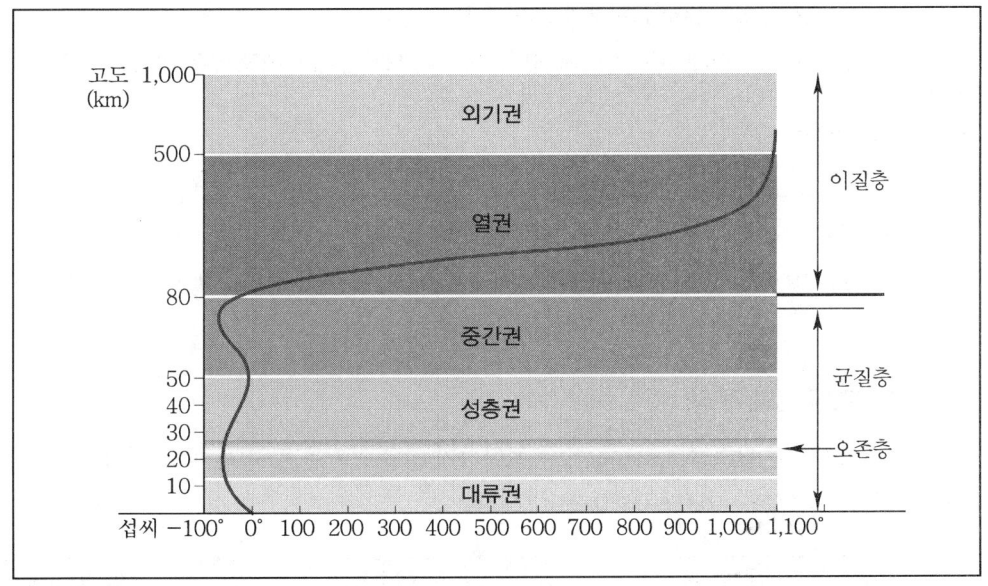

1) 대류권

① 지표에서부터 약 11~12km까지의 높이를 말한다.
② 고도는 겨울철에 낮고, 여름철에 높으며, 보통 저위도 지방이 고위도 지방보다 높다.
③ 대류권의 하부 1~2km까지를 대기경계층이라 하고, 이 대기경계층의 상층은 지표면의 영향을 직접 받지 않으므로 자유대기라고도 부른다.
④ 구름이 끼고 비가 오는 등의 기상현상은 대류권에 국한되어 나타난다.
⑤ 대류권에서는 고도가 높아짐에 따라 단열팽창에 의해 약 6.5℃/km씩 낮아지는 기온감률 때문에 공기의 수직혼합이 일어난다.

2) 성층권
   ① 성층권의 고도는 지상 약 11km에서 50km까지를 말한다.
   ② 하층부의 밀도가 커서 매우 안정한 상태를 유지하므로 공기의 상승이나 하강 등의 연직운동은 억제된다.
   ③ 오존층이 존재하는 구역으로 오존이 자외선을 흡수하여 성층권의 온도를 상승시킨다.

3) 중간권
   ① 지상 50~80km까지의 고도를 말한다.
   ② 고도에 따라 온도가 낮아지며, 지구대기층 중에서 가장 기온이 낮은 구역이 분포한다.

4) 열권
   ① 고도 80km 이상인 층이다.
   ② 고도에 따라 온도가 증가하는 구역이다.
   ③ 지상 약 80km까지를 균질층(Homosphere)이라 하고, 80km 이상을 이질층(Heterogeneous)이라 분류하기도 한다.

(2) 건조공기의 구성

건조공기는 이론적으로 수증기를 포함하지 않은 공기를 말하며, 주요 성분은 질소(약 78%), 산소(약 21%), 아르곤(약 0.9%) 등이다.

대기성분	체적 백분율(%)	농도(ppm)
질소	78.084	780,840.0
산소	20.946	209,460.0
아르곤	0.934	9,340.0
이산화탄소	0.035	350.0
네온	0.00182	18.2
헬륨	0.000524	5.24
메탄	0.00015	1.5
크립톤	0.000114	1.14
수소	0.00005	0.5

(3) 대기오염물질의 분류

① 1차 대기오염물질

발생원에서 배출되는 대기오염물질로 대부분의 오염물질을 말한다.

② 2차 대기오염물질

발생원에서 배출되는 대기오염물질이 대기 중에서 가수분해, 광화학반응 등 여러 반응을 통해 새로 생성된 대기오염물질을 말한다.

O_3, PAN($CH_3COOONO_2$), 아크롤레인(CH_2CHCHO), NOCl, H_2O_2

> **참고정리**
>
> ✓ 1 · 2차 대기오염물질
>
> 1차 대기오염물질도 되고 2차 대기오염물질도 되는 대기오염물질을 말한다.
>
> 예 NO, NO_2, SO_2, SO_3, H_2SO_4, 유기산, 알데히드

 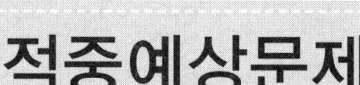 

01 다음에서 설명하는 대기권으로 적합한 것은?

- 지면으로부터 약 11~50km까지의 권역이다.
- 고도가 높아지면서 온도가 상승하는 층이다.
- 오존이 많이 분포하여 태양광선 중의 자외선을 흡수한다.

① 열권　　　② 중간권　　　③ 성층권　　　④ 대류권

02 다음 중 대기권에 대한 설명으로 옳은 것은?

① 대류권에서는 고도 1km 상승에 따라 약 9.8℃ 높아진다.
② 대류권의 높이는 계절이나 위도에 관계없이 일정하다.
③ 성층권에서는 고도가 높아짐에 따라 기온이 내려간다.
④ 성층권에는 지상 20~30km 사이에 오존층이 존재한다.

① 대류권에서는 고도 1km 상승에 따라 약 9.8℃ 낮아진다.
② 대류권의 높이는 계절이나 위도에 따라 변한다.
③ 성층권에서는 고도가 높아짐에 따라 기온이 올라간다.

03 다음 중 대류권에 해당하는 사항으로만 옳게 나열된 것은?

㉠ 고도가 상승함에 따라 기온이 감소한다.
㉡ 오존의 밀도가 높은 오존층이 존재한다.
㉢ 지상으로부터 50~85km 사이의 층이다.
㉣ 공기의 수직이동에 의한 대류현상이 일어난다.
㉤ 눈이나 비가 내리는 등의 기상현상이 일어난다.

① ㉠, ㉡, ㉢　　② ㉠, ㉣, ㉤　　③ ㉢, ㉣, ㉤　　④ ㉡, ㉢, ㉣

㉡은 성층권, ㉢은 중간권에 대한 설명이다.

정답 01 ③　02 ④　03 ②

04 대류권에서는 온실가스이며 성층권에서는 오존층 파괴물질로 알려져 있는 것은?

① CO ② N₂O ③ HCl ④ SO₂

> N₂O(아산화질소)가 해당한다.

05 다음 대기오염물질의 분류 중 발생원에서 직접 외기로 배출되는 1차 오염물질에 해당하는 것은?

① O₃ ② PAN ③ NH₃ ④ H₂O₂

> O₃, PAN, H₂O₂는 2차 대기오염물질이다.

06 다음 대기오염물질 중 1차 생성오염물질인 것은?

① CO₂ ② PAN ③ O₃ ④ H₂O₂

> 1차 생성오염물질은 발생원에서 직접 대기 중으로 배출된 오염물질을 말한다.

07 다음 중 2차 대기오염물질이 아닌 것은?

① O₃ ② H₂O₂ ③ NH₃ ④ PAN

08 다음 중 1차 및 2차 오염물질에 모두 해당될 수 있는 것은?

① 이산화탄소 ② 납 ③ 알데히드 ④ 일산화탄소

정답 04 ② 05 ③ 06 ① 07 ③ 08 ③

2 입자상 물질

(1) 매연(Smoke)

1) 정의

연료가 연소할 때 발생하는 유리탄소가 주성분인 $1\mu m$ 이하의 고체상 물질이다.

2) 특성

활발한 브라운 운동을 하며 침강이 쉽지 않고 대기 중에 부유한다.

(2) 검댕(Soot)

1) 정의

연료가 연소할 때 발생하는 유리탄소가 응결하여 지름이 $1\mu m$ 이상의 물질인 액체상 매연이다.

2) 특성

산업시설이나 차량, 소각, 가정 난방 등 다양한 곳에서 발생되며, 특히 석탄과 디젤유 등과 같은 연소 물질의 불완전연소 시에 많이 발생한다.

(3) 훈연(Fume)

1) 정의

금속 산화물과 같이 가스상 물질이 승화, 증류 및 화학반응 과정에서 응축될 때 주로 생성되는 $1\mu m$ 이하의 고체입자이다.

2) 특성

아연과 납산화물의 훈연은 고온에서 휘발된 금속의 산화와 응축과정에서 생성된다. 입자의 크기가 $1\mu m$ 이하로 활발한 브라운 운동을 하며 응집 후 재분리가 쉽지 않다.

(4) 안개(Fog)

1) 정의

지표면 부근에 무수히 많은 작은 물방울이 공기 속에 떠서 가시거리가 1km 미만인 현상이다.

2) 특성

상대습도는 100% 정도이며, 발생 원인에 따라 냉각에 의한 복사안개·활승안개, 증발에 의한 증발안개·전선안개로 나뉜다.

(5) 연무(Haze)

1) 정의

   습도가 비교적 낮을 때 대기 중에 연기·먼지 등 미세한 입자가 떠 있어서 공기의 색이 우윳빛으로 뿌옇게 보이는 현상을 말한다.

2) 특성

   상대습도는 70% 미만이며, 산란효과에 의해 밝은 배경을 볼 때에는 황색이나 적갈색을 띠고, 어두운 배경은 청색을 띠게 된다.

(6) 박무(Mist)

1) 정의

   극히 작은 물방울이나 흡수성의 수용액 입자가 공기 중에 떠있는 현상으로 수평시정이 1km 이상인 때를 말한다.

2) 특성

   상대습도는 80% 이상이며, 연무는 먼지에 대한 현상이고, 박무는 물에 대한 현상이다.

(7) 에어로졸(Aerosol)

1) 정의

   액체나 고체의 입자가 주로 공기와 같은 기체 내에 미세한 형태로 균일하게 분포되어 있는 상태로 연무질(煙霧質)이라고도 한다.

2) 특성

   에어로졸 입자는 강우현상에서 응축핵이나 응결핵의 구실을 하여 기상현상에서 중요한 역할을 한다. 또한 화학반응에 참여하고 대기의 전기적인 현상에 영향을 끼친다.

(8) PM-10

공기역학적 직경이 $10\mu m$ 이하인 입자

(9) PM-2.5

공기역학적 직경이 $2.5\mu m$ 이하인 입자

(10) 입자상 물질의 종류별 인체에 미치는 영향

종류	배출원	영향
카드뮴(Cd)	아연정련공업, 합금공업, 안료공업, 염화비닐소각 등	이타이이타이병
납(pb)	인쇄, 축전지 제조, 페인트공업, 자동차 배출가스 등	빈혈
수은(Hg)	제련공업, 살충제, 온도계 등 계측기 제조업	미나마타병
크롬(Cr)	피혁공업, 도금공업, 시멘트제조업 등	피부질환
석면	단열재, 절연재, 브레이크 라이닝, 방열재 등	폐암
다이옥신	불완전연소	발암성, 기형성, 면역독성

(11) 다이옥신

1) 정의 및 구조

두 개의 벤젠고리에 염소가 여러 개 붙어 있는 화합물로 산소가 두 개인 다이옥신류와 산소가 한 개인 퓨란류를 통틀어 말하며, 210종류가 있다.

① 다이옥신류(PCDDs ; Polychlorinated Dibenzo-P-Dioxins) : 75종류
② 퓨란류(PCDFs ; Polychlorinated Dibenzofuran) : 135종류

다이옥신과 퓨란의 구조

2) 다이옥신의 발생원

발생원은 자연적 발생원과 인위적 발생원으로 분류되며, 자연적 발생원은 산불, 번개, 화재, 또는 화산활동에 의한 자연적 연소에 의해 생성된다. 다이옥신류의 발생원은 크게 1차 오염원과 2차 오염원으로 분류되며, 1차 오염원은 화합물질의 제조, 펄프 및 종이제조, 도시 및 의료 폐기물 소각, 야금공정과 석탄연소 등이 주요 오염원으로 작용하고 PCB 등의 부분산화 또는 생활폐기물의 불완전연소 과정에서도 발생한다. 이렇게 배출된 다이옥신류는 먹이사슬에 의해 인간에 노출된다.

┃ 다이옥신 발생원 ┃

오염원 분류		대상시설	주요 세부내용
1차 오염원	인위적인 발생	화합물 제조	염화페놀 관련물질의 제조공정(제초, 곰팡이방지, 살충제 용도)
		폐기물소각	도시폐기물, 산업폐기물, 의료폐기물, 슬러지 소각에 따른 굴뚝먼지, 비산재 및 바닥재
		펄프, 종이제조	염소화합물에 의한 표백처리 공정
		자동차	휘발유 첨가제(4-에틸납), 포착제(2-염화-2-브로모에탄) 사용
		기타	담배연기, 에너지소비가 많은 산업시설 등
	자연적인 발생		화산, 화재, 번개 및 산불
2차 오염원			식품섭취, 음용수 섭취, 공기흡입, 피부접촉, 토양, 하수오니, 퇴비 및 퇴적물 등

3) 물리화학적 성질

① 다이옥신은 상온에서 무색으로 물에 대한 용해도 및 증기압이 낮다.
② 열적으로 안정하다(고온분해성이다.).
③ 저온재생성이다(300~400℃).
④ 미생물에 의한 분해가 거의 없다.
⑤ 다이옥신의 분자량은 200~500으로 퓨란보다 분자량이 크다.
⑥ 벤젠 등에 용해되는 지용성이다.
⑦ 310nm 부근의 자외선을 흡수하여 광화학분해를 일으킨다.

4) 다이옥신의 농도표시

다이옥신의 독성은 염소의 부착 위치 및 개수에 따라 독성의 강도가 다르므로 환경 중에 검출되는 다이옥신의 농도는 이성체 중에서 가장 독성이 강한 2,3,7,8-TCDD의 독성을 기준값(1.0)으로 하여 각 이성체의 상대적인 독성값(TEQ ; Toxic Equivalant Quality)으로 표시한다.

⑿ 호흡성 분진

인체의 폐포에 가장 침착하기 쉬운 입자의 크기는 $0.5 \sim 5\mu m$이다.

적중예상문제

01 다음 대기오염물질 중 물리적 상태가 다른 것은?

① 먼지(Dust)　② 매연(Smoke)　③ 검댕(Soot)　④ 황산화물(SO_x)

　황산화물은 가스상 물질이고, 나머지는 입자상 물질이다.

02 대기오염물질과 주요 발생원의 연결로 가장 적합한 것은?

① 납 – 비료 및 암모니아 제조공업　② 수은 – 알루미늄공업, 유리공업
③ 벤젠 – 석유정제, 포르말린 제조　④ 브롬 – 석면제조, 니켈광산

03 최근 문제되고 있는 다이옥신의 발생원에 대한 다음 중 설명으로 틀린 것은?

① 미연탄화수소가 질소와 반응할 때 발생된다.
② 염소화합물에 의한 표백처리공정에서 발생된다.
③ 염화페놀 관련물질의 제조공정에서 발생된다.
④ 도시폐기물을 소각할 때 발생된다.

　다이옥신은 유기염소계 화합물의 불완전연소 시 발생한다.

04 대기오염물질인 분진의 제거방법으로 적합하지 않은 것은?

① 촉매산화법　② 중력침강법　③ 세정법　④ 백 – 필터법

　촉매산화법은 HC, CO 처리 시 이용된다.

05 다음 중 링겔만 농도표와 관계가 깊은 것은?

① 매연 측정　② 가스크로마토그래프
③ 오존농도 측정　④ 질소산화물 성분 분석

　링겔만 농도표는 매연 측정에 이용된다.

정답　01 ④　02 ③　03 ①　04 ①　05 ①

3 가스상 물질

(1) 일산화탄소(CO)
① 연료 중 탄소의 불완전연소 시에 발생한다.
② 무색무취의 기체이다.
③ 물에 난용성이며 CO_2로 쉽게 산화되지 않는다.
④ 혈액 내의 헤모글로빈과 반응하여 카르복시 헤모글로빈을 형성한다.
⑤ 토양 박테리아의 활동에 의하여 이산화탄소로 산화되어 대기 중에서 제거된다.

(2) 이산화탄소(CO_2)
① 실내공기 오염의 지표 물질이다.
② 온실효과의 주원인 물질이다.
③ 무색무취의 기체이다.
④ 완전연소 시 생성되는 물질이다.
⑤ 전 지구적인 배출량은 자연적인 배출량보다 화석연료 연소 등에 의한 인위적인 배출량이 훨씬 많다.

(3) 황산화물(SO_X)
황과 산소의 화합물을 총칭하는 것으로 SO_2, SO_3, H_2SO_3, H_2SO_4, $CaSO_4$ 등과 각종 황산염도 포함된다. 황산화물은 일반적으로 화석연료 연소과정에서 배출되며, 연소과정에서 배출되는 황산화물은 SO_2와 SO_3로 SO_2 : SO_3의 생성비율은 약 95 : 5 정도이다.

1) 아황산가스(SO_2)
① 산성비의 주요 원인물질이다(기여도 50%).
② 무색이고 자극성이 있는 기체이다.
③ 비중이 2.2로 공기보다 무겁다.
④ 수용성 기체이다.
⑤ 대기압 하에서 환원제 및 산화제로 모두 작용할 수 있다.
⑥ 인체에 기준치 이상의 아황산가스가 오랜 시간 노출될 경우 문제가 되며, 주로 호흡기 계통의 질환을 일으킨다.

2) 삼산화황(SO_3)
① 연소 시 직접 발생되기도 하나 그 양은 5% 이하이다.
② 대기 중의 SO_2가 산화되어 SO_3가 된다.

> **참고정리**
>
> ✔ **황산화물(SO$_x$)**
>   ① 종류 : SO$_2$, SO$_3$, H$_2$SO$_3$, H$_2$SO$_4$
>   ② 생성 : 화석연료의 연소과정에서 주로 생성된다.
>   ③ 대책
>   ㉠ 억제대책(발생 전) : 중유탈황, 연료전환 등
>   ※ 중유탈황 : 접촉수소화 탈황법, 금속산화물에 의한 탈황, 방사선에 의한 탈황, 미생물에 의한 탈황
>   ㉡ 처리대책(발생 후) : 건식 석회석 주입법, 암모니아 흡수법, 활성산화망간법, 접촉산화법, NaOH 흡수법 등

(4) 질소산화물(NO$_x$)

질소와 산소의 화합물을 총칭하는 것으로 NO, NO$_2$, N$_2$O, N$_2$O$_3$, N$_2$O$_5$, HNO$_2$, HNO$_3$ 등이 있으며, 대부분 NO, NO$_2$을 말한다. 질소산화물은 일반적으로 화석연료 연소과정에서 배출되며, 연소과정에서 배출되는 질소산화물은 NO와 NO$_2$로 NO : NO$_2$의 생성비율은 약 90 : 10 정도이다.

1) 일산화질소(NO)

① 연소과정에서 주로 발생한다.
② 난용성인 기체로 헨리의 법칙이 적용된다.
③ 혈중 헤모글로빈과 결합하여 메타헤모글로빈을 형성함으로써 산소전달을 방해한다.
   (혈중 헤모글로빈과의 결합력은 CO의 약 1,000배, NO$_2$의 약 3배 정도 강하다.)
④ 광화학 스모그의 전구물질이다.
⑤ 산성비의 원인이 되는 물질이다(기여도 30%).

2) 이산화질소(NO$_2$)

① NO보다 독성이 5~7 강하다(오존보다는 약하다.).
② 적갈색의 자극성이 있는 기체이다.
③ 난용성인 기체로 헨리의 법칙이 적용된다.
④ 혈액 중 헤모글로빈의 결합력이 O$_2$에 비하여 아주 크다.

> **참고정리**
>
> ✔ **질소산화물(NO_X)**
>   ① 종류 : NO, NO_2, N_2O, N_2O_3, N_2O_5, N_2O_5
>   ② 특성
>   ㉠ 화석연료의 연소과정에서 주로 생성되고, 대부분 NO이며, NO_2는 10% 이하이다.
>   ㉡ 화염온도가 높을수록 생성량은 증가한다.
>   ㉢ 배기가스 중 산소분압이 높을수록 생성량은 증가한다.
>   ③ 대책
>   ㉠ 억제대책(발생 전) : 저온연소, 저산소연소, 저질소성분 우선순위 연소, 저 NO_X 버너연소, 배기가스 재순환법, 수증기 분무, 이단연소 등
>   ㉡ 처리대책(발생 후) : SCR(선택적 촉매 환원법), SNCR(선택적 무촉매 환원법), NCR(비선택적 촉매 환원법)

3) 아산화질소(N_2O)

① 질소산화물 중 가장 안정한 물질로 대기 중의 체류시간이 20~100년 정도로 알려져 있다.
② 성층권까지 이류·확산되어 오존층을 파괴하는 역할을 한다.
③ 오존층을 파괴하는 물질로 알려져 있으나, 인체에 직접적인 독성은 알려진 바가 없어 대기오염물질로는 정해져 있지 않다.

(5) 오존(O_3)

① 무색, 해초냄새의 산화력이 강한 기체이다.
② 태양으로부터 복사되는 유해 자외선을 차단하여 지표생물권을 보호해주는 역할을 한다.
③ 눈 및 호흡기 점막에 강한 자극을 주며, 고무를 쉽게 노화시킨다.
④ 살균 및 탈취작용을 한다.
⑤ 온도가 증가할수록 오존농도는 증가하는 경향이 있다.
⑥ 광화학반응의 생성물질이다.
⑦ 대기오염경보 발령물질이다.

> **참고정리**
>
> ✔ **대기오염경보**
>   ① 주의보 : 0.12ppm 이상
>   ② 경보 : 0.3ppm 이상
>   ③ 중대경보 : 0.5ppm 이상

(6) 이황화탄소(CS_2)
① 상온에서 무색투명하고 일반적으로 불쾌한 자극성 냄새가 난다.
② 증발하기 쉬우며 인화점이 −30℃ 정도로 연소 발생이 매우 쉽다.
③ 증기는 공기보다 2.64배 정도 무겁다.

(7) 암모니아(NH_3)
① 무색의 자극성 냄새가 있는 기체이다.
② 분자량은 17로 공기보다 가볍다.
③ 무색의 기체이며 폐자극성 물질이다.

(8) 라돈(Rn)
① 자연방사능 물질 중 하나로 생활환경과 밀접한 발암성 물질이다.
② 무색무취의 기체로 공기보다 9배가량 무겁다.
③ 주요 발생원은 토양, 시멘트, 콘크리트, 대리석 등의 건축자재와 지하수, 동굴 등이다.

(9) 휘발성 유기화합물(VOC)
① 상온에서 공기 중으로 쉽게 휘발되는 성질을 가진 톨루엔, 자일렌 등의 물질을 말한다.
② 건축자재, 접착제, 페인트, 세탁용제, 각종 유기용매 등으로부터 발생한다.
③ 새로 지은 집, 새 가구를 들여 놓았을 때 맡을 수 있는 냄새 등이 이에 해당된다.

(10) 가스상 물질의 주요 배출원

종류	발생원
황산화물	화석연료 연소, 황산제조업, 제련소
질소산화물	화석연료 연소, 내연기관
불소화합물	알루미늄공업, 유리공업, 요업, 인산비료공업
암모니아	도금공업, 냉동공업
브롬	염료, 의약, 농약제조공업
이황화탄소	비스코스섬유공업, 이황화탄소 제조공정
황화수소	가스공업, 암모니아공업, 석유공정, 석탄건류

⑾ **가스상 물질의 식물에 미치는 영향**

1) 아황산가스 : 백화현상, 맥간반점

① 지표식물 : 자주개나리(알팔파), 보리, 담배, 육송, 참깨
② 강한 식물 : 협죽도, 수랍목, 양배추, 옥수수, 무궁화

2) 불소화합물 : 엽록반점

① 지표식물 : 글라디올러스, 어린 소나무, 자두, 옥수수
② 강한 식물 : 양배추, 목화, 담배

3) 오존 : 전면 점반점

① 지표식물 : 파, 시금치, 토마토, 담배
② 강한 식물 : 해바라기, 아카시아, 국화

적중예상문제

01 다음 중 일산화탄소의 성질로 옳지 않은 것은?

① 공기보다 무겁다.
② 무색, 무미, 무취이다.
③ 연료의 불완전연소 시에 발생한다.
④ 헤모글로빈과의 결합력이 강하다.

 일산화탄소는 분자량이 28로 공기(29)보다 약간 가볍다.

02 일산화탄소(CO)의 성질에 대한 설명 중 틀린 것은?

① 무색, 무미, 무취이다.
② 연료의 불완전연소 시 발생한다.
③ 혈액 내의 헤모글로빈과 결합력이 강하다.
④ 물에 잘 녹는다.

 일산화탄소는 난용성 기체이다.

03 일산화탄소의 특성으로 옳지 않은 것은?

① 무색무취의 기체이다.
② 물에 잘 녹고, CO_2로 쉽게 산화된다.
③ 연료 중 탄소의 불완전연소 시에 발생한다.
④ 헤모글로빈과의 결합력이 강하다.

 일산화탄소는 물에 잘 녹지 않고, CO_2로 쉽게 산화되지 않는다.

04 다음 중 폐에서 헤모글로빈과 결합하여 카르복시헤모글로빈을 형성하는 물질은?

① 암모니아
② 황화수소
③ 과산화수소
④ 일산화탄소

정답 01 ① 02 ④ 03 ② 04 ④

05 연료의 불완전연소 시에 주로 발생되는 오염물질은?

① CO ② SO_2 ③ NO_2 ④ N_2O

> 불완전연소 시에 발생하는 물질은 일산화탄소이다.

06 다음 중 지구 온난화에 가장 큰 영향을 주는 물질은?

① 염화수소 ② 암모니아
③ 이산화탄소 ④ 황산 미스트

> 지구 온난화에 가장 큰 영향을 주는 물질은 이산화탄소이다.

07 다음 중 온실효과의 주원인 물질로 가장 적합한 것은?

① 이산화탄소 ② 암모니아
③ 황산화물 ④ 프로필렌

08 실내 공기오염의 지표가 되는 것은?

① 질소 농도 ② 일산화탄소 농도
③ 산소 농도 ④ 이산화탄소 농도

09 다음 설명에 해당하는 대기오염물질은?

- 상온에서 무색투명하고, 일반적으로 불쾌한 자극성 냄새가 나는 액체이다.
- 증발하기 쉬우며, 인화점이 −30℃ 정도로, 연소 발생이 매우 쉽다.
- 이 물질의 증기는 공기보다 2.64배 정도 무겁다.

① 아황산가스 ② 이황화탄소
③ 이산화질소 ④ 일산화질소

정답 05 ① 06 ③ 07 ① 08 ④ 09 ②

10 다음과 같은 피해를 주는 대기오염물질은?

> • 식물에 미치는 영향은 급성이거나 만성이고, 잎 뒤쪽 표피 밑의 세포가 피해를 입기 시작하며, 보통 백화현상에 의해 맥간반점을 형성한다.
> • 지표식물로는 자주개나리, 보리, 참깨, 담배 등이 있으며 강한식물로는 양배추, 무궁화, 옥수수 등이 있다.

① 아황산가스 ② 일산화탄소
③ 오존 ④ 불화수소가스

 아황산가스가 식물에 미치는 영향을 설명하고 있다.

11 다음 중 수세법을 이용하여 제거시킬 수 있는 오염물질로 가장 거리가 먼 것은?

① NH_3 ② SO_2 ③ NO_2 ④ Cl_2

 난용성 기체는 수세법으로 처리하기 어렵다.

12 질소산화물의 발생을 억제하는 연소방법이 아닌 것은?

① 저과잉공기비 연소법 ② 고온 연소법
③ 2단 연소법 ④ 배기가스 재순환법

 질소산화물은 고온생성물질이기 때문에 고온 연소법은 적당하지 않다.

13 연소과정에서 생성되는 질소산화물의 특성 중 맞는 것은?

① 화염 속에서 생성되는 질소산화물은 주로 NO_2이며, 소량의 NO를 함유한다.
② 질소산화물의 생성은 연료 중의 질소와 공기 중의 질소가 산소와 반응하여 이루어진다.
③ 화염온도가 낮을수록 질소산화물의 생성량은 커진다.
④ 배기가스 중 산소분압이 낮을수록 생성이 커진다.

 ① 화염 속에서 생성되는 질소산화물은 주로 NO이며, 소량의 NO_2를 함유한다.
③ 화염온도가 높을수록 질소산화물의 생성량은 커진다.
④ 배기가스 중 산소분압이 높을수록 생성이 커진다.

정답 10 ① 11 ③ 12 ② 13 ②

14 다음과 같은 특성을 지진 대기오염물질은?

- 가죽제품이나 고무제품을 각질화시킨다.
- 마늘냄새 같은 특유의 냄새가 나는 가스상 오염물질이다.
- 대기 중에서 농도가 일정 기준을 초과하면 경보발령을 하고 있다.
- 자동차 등에서 배출된 질소산화물과 탄화수소가 광화학반응을 일으키는 과정에서 생성된다.

① 오존 ② 암모니아 ③ 황화수소 ④ 일산화탄소

15 다음에서 설명하는 대기오염물질은?

자동차 등에서 배출된 질소산화물과 탄화수소가 광화학반응을 일으키는 과정에서 생성되며, 가죽제품이나 고무제품을 각질화시킨다. 대기환경보전법상 대기 중 농도가 일정기준을 초과하면 경보를 발령하고 있다.

① VOC ② O_3 ③ CO_2 ④ CFC

 광화학반응의 원인물질이며 대기오염경보 발령의 기준이 되는 물질은 오존이다.

16 다음 보기와 같은 특성을 가진 대기오염물질은?

- 상온에서 공기 중으로 쉽게 휘발되는 성질을 가진 톨루엔, 자일렌 등의 물질을 말한다.
- 건축자재, 접착제, 페인트, 세탁용제, 각종 유기용매 등으로부터 발생된다.
- 새로 지은 집, 새 가구를 들여 놓았을 때 맡을 수 있는 냄새 등이 이에 해당된다.

① H_2S ② NH_3 ③ NO_X ④ VOCs

 휘발성 유기화합물(VOCs)에 대한 설명이다.

17 다음 업종 중 불화수소가 주된 배출원에 해당하는 것은?

① 고무가공, 인쇄공업 ② 인산비료, 알루미늄제조
③ 내연기관, 폭약제조 ④ 코크스 연소로, 제철

 불소화합물의 주요 배출원에는 인산비료, 알루미늄제조, 유리, 도자기(요업)공업이 있다.

정답 14 ① 15 ② 16 ④ 17 ②

18 다음 설명에 해당하는 대기오염물질은?

> 보통 백화현상에 의해 맥간반점을 형성하고 지표식물로는 자주개나리, 보리, 담배 등이 있고, 강한 식물로는 협죽도, 양배추, 옥수수 등이 있다.

① 황산화물 ② 탄화수소 ③ 일산화탄소 ④ 질소산화물

 황산화물이 식물에 미치는 영향이다.

4 대기오염사건과 역전형태

(1) 역사적 대기오염사건

사건명	나라	연도	원인	피해
뮤즈계곡 사건	Meuse Valley, Belgium	1930.12	SO_2, CO, PM, 황산미스트	약 60여 명의 사망자(평상시보다 사망자 수 10배 증가) 호흡기 계통질환
횡빈 사건	Tokyo & Yokohama, Japan	1946	원인불명이나 산업시설의 배출물질로 추정	천식증상 및 호흡기 계통질환
도노라 사건	Donora, USA	1948.10	SO_2, 황산미스트	호흡기 계통질환
포자리카 사건	Poza Rica, Mexico	1950.11	황화수소(H_2S) 누출	320명 급성중독 그중 22명 사망, 호흡기 계통질환
런던스모그 사건	London, UK	1952.10	가정난방 및 공장배연, SO_2, aerosol	초기 4,000명 사망(첫 3주) • 추가적으로 8,000명 사망 (그 후 2개월간) • 호흡기 계통질환 • 가장 많은 인명 피해
LA스모그 사건	LA, USA	1954	자동차배기가스의 광화학반응 : NO_X, PAN, VOCs, SO_X, O_3	• 도시민들에게 불쾌감 유발 • 가축, 과일, 식물의 생장률 저하 • 눈·코 자극, 고무균열
크라카타우섬 사건	Krakatau, Indonesia	1883	화산폭발(유황 포함 유해가스 배출)	해당 지역 주민에게 막대한 건강상의 피해
보팔사건	Bopal, India	1984.12	메틸이소시아네이트(MIC, CH_3CNO) 누출	시민 20,000명 이상 응급치료, 가축집단 폐사
체르노빌 사건	Chernovyl, USSR	1986.4	원자력발전소의 시설물 파괴로 방사능물질 누출	• 수백~수백만 명의 직간접적 패해 • 상당량의 곡물 및 축산물 폐기
후쿠시마 원전사고	Fukushima, Japan	2011.3	쓰나미로 인한 원자력발전소의 시설물 파괴로 방사능물질 누출	수만~수십만 명 이상의 이주민 발생, 현재 오염 진행 중

※ 역사적 대기오염사건의 공통 현상 : 기온 역전, 무풍상태

(2) 런던스모그와 LA스모그의 비교

구분	런던스모그	LA스모그
계절	겨울	여름
온도	낮다(4℃).	높다(24℃).
습도	높다(90% 이상).	낮다(70% 이하).
사용연료	석탄계	석유계
시정거리	100m 이하	1km 이하
주 오염원	공장배연, 가정난방	자동차 배기가스
반응	열적, 환원반응	광화학적 산화반응
역전	복사(방사, 지표, 접지) 역전	공중역전, 침강역전
오염형태	1차 오염	2차 오염
피해	호흡기 계통의 질환	눈, 코 기도의 점막자극, 고무의 균열, 섬유류 약화

(3) 기온역전의 종류

1) 지표(접지)역전

① 복사역전

태양의 복사열에 의해 지표는 대기보다 쉽게 가열되고 주간에 충분히 가열됐던 지표가 야간에 냉각되면 지표 부근의 대기 온도가 상층의 대기보다 낮아져 역전층을 형성하게 되어 오염물질이 확산되지 않고 하층에서 정체된다.

맑은 날 해가 진 후부터 새벽에 잘 생기며 지표에서부터 수백 미터 고도까지 발달하고 주로 겨울철에 잘 생긴다.

② 이류역전

따뜻한 공기가 차가운 지표면이나 수면 위를 지나갈 때 발생하며, 따뜻한 하층이 상대적으로 찬 지표면에 의해 냉각되면서 발생한다.

2) 공중역전

① 침강역전

고기압 중심에서는 상층의 공기가 서서히 침강하게 되며 이것을 채우기 위해 넓은 지역에 걸쳐 상공으로부터 하강하는 기류는 단열압축에 의해 온도가 상승하여 하층의 공기보다 온도가 높아지는 현상으로 이때 역전층이 형성된다.

이 층은 대개 지표 상층부분에서 발생되어 대기가 매우 안정하여 하층의 대기에 대하여 덮개 역할을 함으로써 오염물질의 연직확산을 억제하며 해가 뜬 후 복사열에 의한 지표면이 가열되면서 소멸되기 시작한다.

② 전선역전
따뜻한 공기덩어리가 차가운 공기덩어리 위를 지나가면서 전선을 이룰 때 발생한다.

③ 해풍역전
해풍전선면의 전이층에서 기온역전이 발생하여 나타나는 상층역전이다.
일출 후 육풍이 해풍으로 바뀌기 시작하면 해풍을 이루는 비교적 찬 공기가 육지로 접근함에 따라 마찰에 의해 풍속이 급격이 저하되어 상대적으로 따뜻한 육지의 공기와 경계를 이루며 수렴(마찰수렴)되어 발생하는 해풍전선면의 전선면상 전이층에서 발생한다.
다습한 해풍에 의해 수렴되어 상승하는 기류가 생기는 해풍전선면에 대류운이 자주 발생한다.

④ 난류역전
일반적인 역전층에는 포함시키지 않는 경우가 많으나, 난류(Turbulent Flow)에 의해 일종의 역전이 발생하기도 한다. 대기 중에서 난류가 강한 층과 그 위의 교란이 적은 층 사이에서 일어나는 온도의 역전층이다.

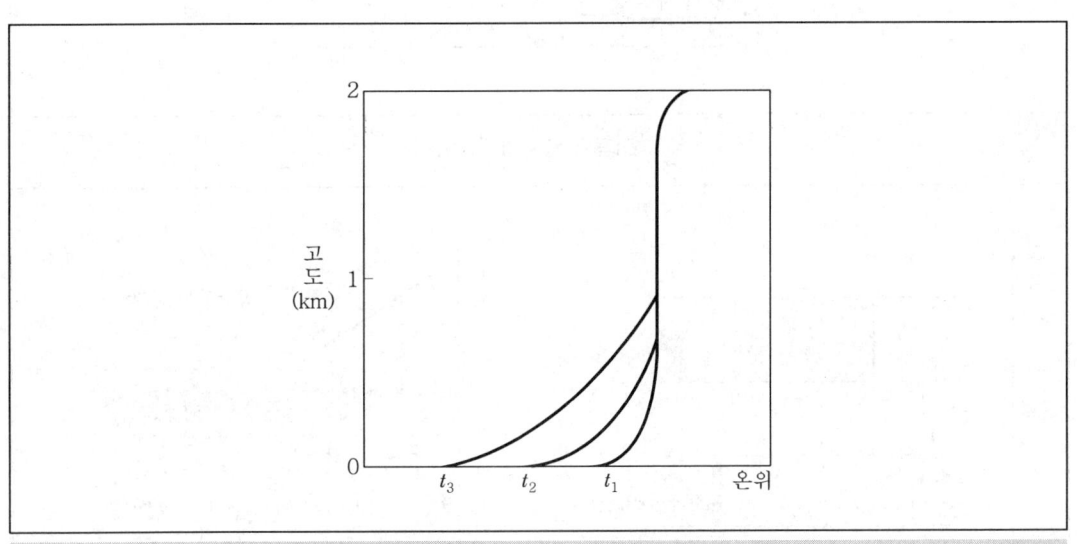

야간 접지역전층의 발달 과정

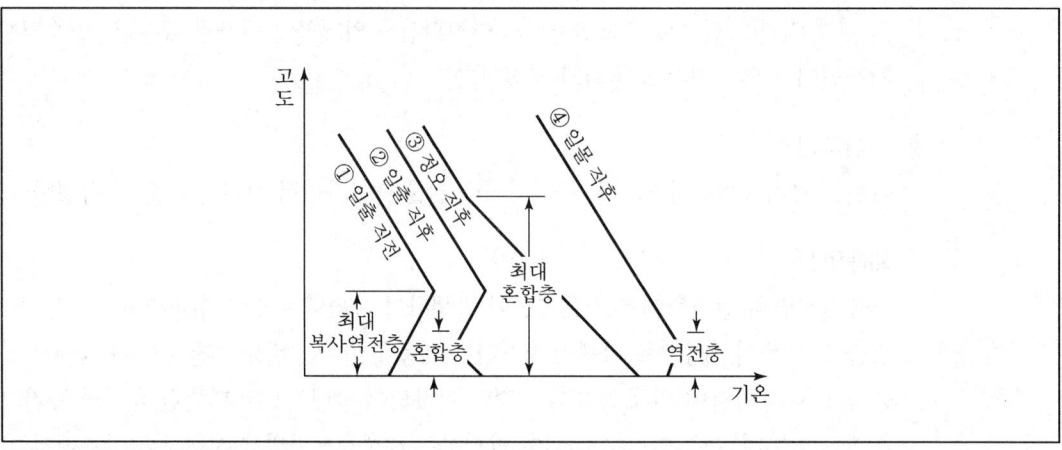

복사역전층의 형성

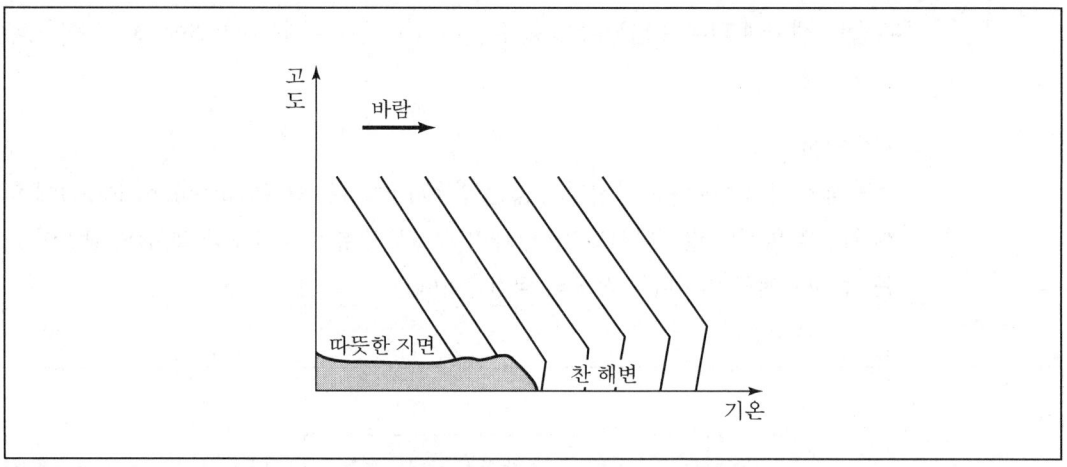

이류역전층의 형성

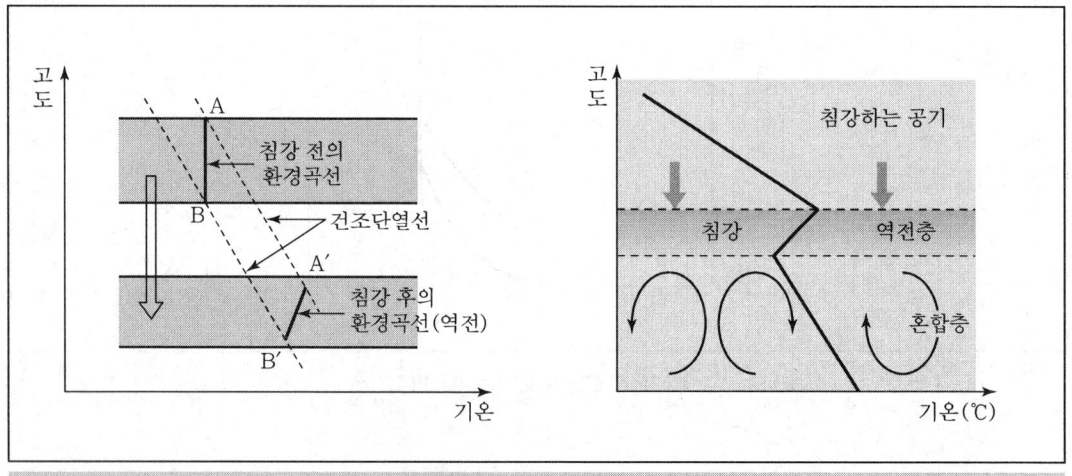

침강역전층의 발생

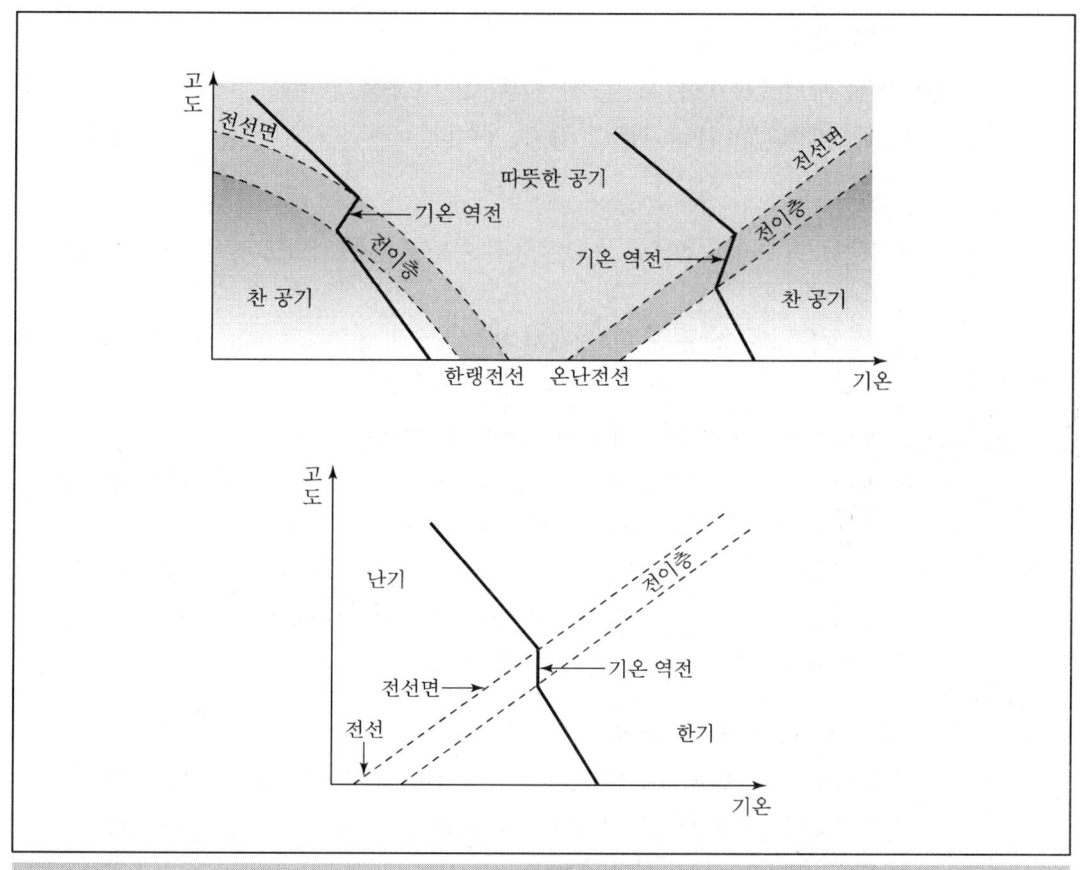

전선역전층의 발생

(4) 광화학스모그

1) 광화학반응

① 1단계 : 원자, 분자, 자유기에 의한 광자에너지(자외선)의 흡수와 해리효과
② 2단계 : 1단계 반응생성물에 의한 반응으로 매우 빠르게 진행됨
③ **광화학스모그** : HC(VOCs)+NO_x+hv(자외선) → O_3 → 각종 염류 증가(스모그)

2) 광화학반응에 미치는 영향인자

① 이중결합구조를 가진 비메탄계 탄화수소(올레핀-Olefin, 다이올레핀-Diolefin)가 반응성이 높다.
② 대기 중 탄화수소(VOCs)는 광화학반응의 복잡 다양성을 증가시킨다.
③ 일사량이 강하고, 기온이 높으며, 풍속과 기압경사가 작을 때 광화학반응이 활발하다.

3) 광화학반응의 생성물

광화학반응에 의해 생성되는 오염물질은 대부분 2차 오염물질이며 O_3, PAN($CH_3COOONO_2$), 아크롤레인(CH_2CHCHO), NOCl, H_2O_2 등이다.

① 오존(O_3)
  ㉠ 도시대기 중의 오존(O_3) 농도는 하루 중 한낮에, 계절별로는 여름에 가장 높게 나타난다.
  ㉡ 오존은 200~320nm의 파장에서 강한 흡수가, 450~700nm에서는 약한 흡수가 있다.
  ㉢ 산화력이 강하여 눈을 자극하고 물에 난용성이다.
  ㉣ 대기 중 지표면 오존(O_3)의 농도는 NO_2로 산화된 NO량에 비례하여 증가한다.
  ㉤ 과산화기가 산소와 반응하여 오존이 생길 수도 있다.
  ㉥ 대류권의 오존은 국지적인 광화학스모그로 생성된 옥시던트의 지표물질이다.
  ㉦ 오염된 대기 중의 오존은 로스앤젤레스 스모그 사건에서 처음 확인되었다.
  ㉧ 대류권의 오존은 온실가스로도 작용한다.

② PAN(Peroxyacetyl Nitrate)
  ㉠ PAN은 Peroxyacetyl Nitrate의 약자이며, 분자식은 $CH_3COOONO_2$이다.
  ㉡ 광화학반응으로 생성된 광화학 산화제(Photochemical Oxidants)이다.
  ㉢ R기가 Propionyl 기이면 PPN(Peroxypropionyl Nitrate)이 된다. PPN의 화학식은 $C_2H_5COOONO_2$이다.
  ㉣ R기가 Benzoyl기이면 PBN(Peroxybenzoyl Nitrate)이 된다. PBN의 화학식은 $C_6H_5COOONO_2$이다. PBN은 PAN보다 100배 이상 눈에 강한 통증을 주며, 빛을 흡수시키므로 가시거리를 감소시킨다.

4) 광화학반응의 특성

① NO에서 NO_2로의 산화가 거의 완료되고, NO_2가 최고농도에 달하면서 O_3가 증가되기 시작한다.
② 대기 중에서의 오존 농도는 보통 NO_2로 산화되는 NO의 양에 비례하여 증가한다.
③ 광화학반응에 의한 생성물로는 PAN, 케톤, 아크롤레인, 질산 등이 있다.
④ 케톤은 파장 300~700nm에서 약한 흡수를 하여 광분해한다.
⑤ 알데히드(RCHO)는 파장 313nm 이하에서 광분해한다.
⑥ SO_2는 280~290mm에서 강한 흡수를 보이지만 대류권에서는 거의 광분해되지 않는다.

⑦ 광화학반응에 의한 생성물로는 PAN, 케톤, 아크롤레인, 질산 등이 있다.
⑧ NO 광산화율이란 탄화수소에 의하여 NO가 NO_2로 산화되는 율을 뜻하며, ppb/min의 단위로 표현된다.
⑨ 과산화기가 산소와 반응하여 오존이 생성될 수도 있다.

> **참고정리**
>
> ✔ **대기 중 오염물질의 농도 변화**
> ① NO는 자동차에서 주로 배출되는 오염물질로 교통량이 많은 아침 출근시간(오전 7~9시) 동안에 최고치를 나타낸다.
> ② NO는 대기 중에서 쉽게 산화되어 NO_2가 되며, NO 농도의 최고치 기준 약 1시간 후에 NO_2의 농도가 최고치를 나타낸다.
> ③ NO가 태양에너지에 의해서 NO_2로 산화되기 때문에 태양에너지가 강한 여름철에 높은 농도를 나타낸다.
> ④ NO_2의 농도가 최고치를 나타낸 후 O_3 농도가 최고치를 나타낸다. 이는 NO_2가 먼저 형성된 다음 O_3가 형성되기 때문이다.
> ⑤ 퇴근시간에도 NO의 농도가 높게 나타나지만 출근시간만큼 높지는 않다. 이는 오후가 오전보다 평균풍속이 높고, 대기의 혼합작용이 활발하기 때문이다.
>
>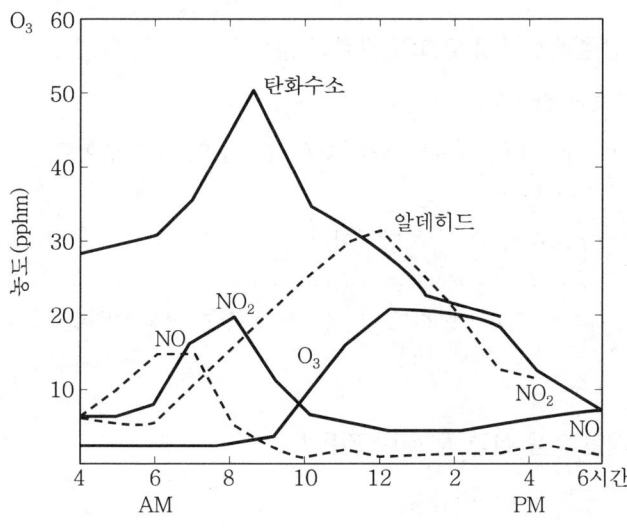

적중예상문제

01 런던스모그에 관한 설명으로 가장 거리가 먼 것은?

① 주로 아침 일찍 발생한다.
② 습도와 기온이 높은 여름에 주로 발생한다.
③ 복사역전 형태이다.
④ 시정거리가 100m 이하이다.

 런던스모그는 습도가 높고 온도가 낮은 겨울에 주로 발생한다.

02 로스앤젤레스형 스모그 발생조건과 관련이 없는 것은?

① 석유계 연료
② 24~32℃
③ 광화학적 반응
④ 방사성 역전형태

 로스앤젤레스형 스모그의 역전형태는 공중역전(침강역전)이다.

03 다음 중 로스앤젤레스형 스모그와 관련이 먼 것은?

① 광화학반응으로 발생한다.
② 기온이 21℃ 이상이고, 상대습도가 70% 이하일 때 잘 발생한다.
③ 주 오염원은 자동차이다.
④ 주로 새벽이나 초저녁 때 자주 발생한다.

 로스앤젤레스형 스모그는 하루 중 온도가 높은 한낮에 발생하였다.

04 복사역전에 대한 다음 설명 중 틀린 것은?

① 복사역전은 공중에서 일어난다.
② 맑고 바람이 없는 날 아침에 해가 뜨기 직전에 강하게 형성된다.
③ 복사역전이 형성될 경우 대기오염물질의 수직이동, 확산이 어렵게 된다.
④ 해가 지면서부터 열복사에 의한 지표면의 냉각이 시작되므로 복사역전이 형성된다.

정답 01 ② 02 ④ 03 ④ 04 ①

> 복사역전은 지표에서 일어나 지표역전이라고도 한다.

05 다음 중 광화학스모그 발생과 가장 거리가 먼 것은?
① 질소산화물 ② 일산화탄소
③ 올레핀계 탄화수소 ④ 태양광선

> 광화학스모그의 기인요소는 질소산화물, 올레핀계 탄화수소, 태양광선이다.

06 다음 중 주로 광화학반응에 의하여 생성되는 물질은?
① CH_4 ② PAN ③ NH_3 ④ HC

> 광화학반응에 의하여 생성되는 물질은 2차 대기오염물질이다.

07 대기 중 광화학반응에 의한 광화학 스모그가 잘 발생하는 조건으로 가장 거리가 먼 것은?
① 일사량이 클 때
② 역전이 생성될 때
③ 대기 중 반응성 탄화수소, NO_x, O_3 등의 농도가 높을 때
④ 습도가 높고, 기온이 낮은 아침일 때

> 습도가 낮고, 기온이 높을 때 발생한다.

정답 05 ② 06 ② 07 ④

5 지구환경문제

(1) 산성비

1) 정의

산성비란 빗물의 pH가 5.6 이하인 비를 말한다. 정상적인 대기 중 CO_2 농도는 약 350ppm이라는 가정하에서 CO_2가 빗방울에 흡수되어 포화평형상태의 pH를 기준으로 한다.

2) 주요 원인물질

① 황산(SO_4^{2-}) : 약 50% 이상
② 질산(NO_3^-) : 약 20%
③ 염산(Cl^-) : 약 12%

3) 영향

① 지표수나 토양을 산성화시켜 농작물이나 산림에 피해를 준다.
② 인체에 피부염을 유발하고, 호수나 하천의 바닥에 포함된 알루미늄이나 망간 등을 용출시켜 오염을 유발한다.
③ 섬유류나 금속류를 부식시켜 재산상에 피해를 주며, 문화재 및 건축물을 손상시킨다.

4) 산성비와 관련된 국제협약

① 제네바 협약(스위스, 1979) : 대기오염물질의 장거리 이동에 관한 협약
② 헬싱키 의정서(스웨덴, 1987) : 황산화물의 배출 또는 월경이동을 최저 30%까지 삭감하도록 한 협약
③ 소피아 의정서(불가리아, 1988) : 질소산화물의 배출량 또는 국가 간 이동량의 최저 30%를 삭감하도록 한 협약

(2) 오존층 파괴

1) 정의

성층권에 존재하는 오존이 파괴물질에 의해서 오존의 밀도가 감소하는 현상이다.

2) 유발물질

염화불화탄소(CFC), 할론(Halon), 사염화탄소(CCl_4), 아산화질소(N_2O), 메탄(CH_4), 수증기(H_2O)

> **참고정리**
>
> ✔ ODP
> 오존의 파괴능력을 CFC-11를 1.0 기준으로 하여 상대적인 크기 표시
> $CF_3Br(10) > C_2F_4Br_2(6.0) > CF_2BrCl(3.0) > CCl_4(1.1)$

3) 오존층 파괴 관련 협약

비엔나협약, 몬트리올의정서, 런던회의, 코펜하겐회의

> **참고정리**
>
> ✔ 오존층의 두께
> ① 적도상공 : 200dobson
> ② 극지방 : 400dobson
> ③ 100dobson = 1mm

(3) 온실효과

1) 정의

지구의 표면온도는 지구에 도달하는 태양의 복사에너지와 지구에서 우주로 방출되는 에너지의 차에 의해 결정된다. 재복사되는 광선 에너지의 일부는 대기 중의 이산화탄소, 메탄, 오존, 일산화탄소 등을 투과하지 못하고 지구로 되돌아오게 된다. 이러한 과정은 온실 안의 공기가 더워지는 것과 같이 이산화탄소나 수증기 같은 물질이 온실유리와 같은 작용을 하기 때문인데, 이러한 현상이 온실효과이다.

2) 온실가스

이산화탄소(CO_2), 메탄(CH_4), 아산화질소(N_2O), 수소불화탄소(HFC), 과불화탄소(PFC), 육불화황(SF_6)

> **참고정리**
>
> ✔ 지구온난화지수(GWP)
> 기체가 온실효과에 미치는 기여도를 숫자로 표현한 것으로 이산화탄소를 1로 기준하여 메탄 21, 아산화질소 310, 수소불화탄소(HFCs) 1,300, 과불화탄소(PFCs) 7,000이다.

3) 온실효과의 영향

　① 지구의 온난화 : CO_2와 다른 온실기체의 증가는 지구 온난화 현상을 발생시킨다.
　② 해수면 상승 : 지구의 온난화로 인하여 바닷물이 열팽창을 하고 빙하가 녹아서 해수면이 상승할 것이다.
　③ 생태계 변화 : 지구 온난화는 기상 이변과 사막의 확대를 가져와 생태계를 변화시킨다.

4) 온실효과에 가장 큰 영향을 미치는 기체는 대기 중 농도가 가장 높은 이산화탄소(CO_2)이다.

5) 1ppm 농도당 온실효과에 미치는 영향이 가장 큰 기체는 프레온 가스(CFC)이다.

(4) 기타 현상

1) 열섬현상

대기오염으로 인한 지구환경 변화 중 도시지역의 공장, 자동차 등에서 배출되는 고온의 가스와 냉난방시설로부터 배출되는 더운 공기가 상승하면서 주변의 찬 공기가 도시로 유입되어 도시지역의 대기오염물질에 의한 거대한 지붕을 만드는 현상이다.

2) 엘니뇨현상

열대 태평양 남미 해안으로부터 중태평양에 이르는 넓은 범위에서 해수면의 온도가 평균보다 0.5℃ 이상 높은 상태가 6개월 이상 지속되는 현상으로 스페인어로 아기예수를 의미한다.

3) 라니냐현상

적도 무역풍이 평년보다 강해지며 서태평양의 해수면과 수온이 평년보다 상승하게 되고 찬 해수의 용승현상 때문에 적도 동태평양에서 저수온현상이 강화되어 나타나는 것으로 해수면의 온도가 0.5℃ 이상 낮은 현상이 6개월 이상 지속되는 것을 말한다.

적중예상문제

01 다음 중 산성비에 관한 설명으로 가장 거리가 먼 것은?

① 독일에서 발생한 슈바르츠발트(검은 숲이란 뜻)의 고사 현상은 산성비에 의한 대표적인 피해이다.
② 바젤협약은 산성비 방지를 위한 대표적인 국제협약이다.
③ 산성비에 의한 피해로는 파르테논 신전과 아크로폴리스 같은 유적의 부식 등이 있다.
④ 산성비의 원인물질로 H_2SO_4, HCl, HNO_3 등이 있다.

  바젤협약은 유해 폐기물 국가 간 이동 및 그 처분의 규제에 관한 내용을 담고 있다.

02 다음 중 오존층의 두께를 표시하는 단위는?

① VAL ② OTL ③ Pa ④ Dobson

03 대류권에서는 온실가스이며 성층권에서는 오존층 파괴물질로 알려져 있는 것은?

① CO ② N_2O ③ HCl ④ SO_2

04 다음 중 온실효과의 주원인 물질로 가장 적합한 것은?

① 이산화탄소 ② 암모니아 ③ 황산화물 ④ 프로필렌

05 온실효과 및 온난화에 관한 설명 중 옳지 않은 것은?

① 교토의정서는 지구온난화 규제 및 방지와 관련한 국제협약이다.
② 온실효과를 일으키는 물질로는 CO_2, CH_4, N_2O 등이 있다.
③ CO_2는 바닷물에 잘 녹기 때문에 현재 해양은 대기가 함유하는 CO_2의 약 60배 정도를 함유하고 있다.
④ 대기 중의 CO_2는 태양광선 중 자외선을 흡수하여 온실효과를 일으킨다.

  대기 중의 CO_2는 지구에서 복사되는 적외선을 흡수하여 온실효과를 일으킨다.

정답 01 ② 02 ④ 03 ② 04 ① 05 ④

06 대기환경보전법상 온실가스에 해당하지 않는 것은?

① NH_3 ② CO_2 ③ CH_4 ④ N_2O

07 대기오염으로 인한 지구환경 변화 중 도시지역의 공장, 자동차 등에서 배출되는 고온의 가스와 냉난방시설로부터 배출되는 더운 공기가 상승하면서 주변의 찬 공기가 도시로 유입되어 도시지역의 대기오염물질에 의한 거대한 지붕을 만드는 현상은?

① 라니냐현상 ② 열섬현상
③ 엘니뇨현상 ④ 오존층 파괴현상

08 열대 태평양 남미 해안으로부터 중태평양에 이르는 넓은 범위에서 해수면의 온도가 평균보다 0.5℃ 이상 높은 상태가 6개월 이상 지속되는 현상으로 스페인어로 아기예수를 의미하는 것은?

① 라니냐현상 ② 업웰링현상
③ 뢴트겐현상 ④ 엘니뇨현상

정답 06 ① 07 ② 08 ④

6 자동차

(1) 가솔린자동차

① 점화방식 : 불꽃점화방식

② 오염물질 : NO_x, HC, CO, Pb 등

③ 블로바이가스(Blow-by Gas) : 피스톤과 실린더 사이의 누출가스(HC)

※ 가솔린자동차에서 배출되는 HC는 대부분 배기관(60%)을 통해서 배출되고 일부는 블로바이가스(20%)와 연료탱크(20%)의 증발로 배출된다.

(2) 디젤자동차

① 점화방식 : 압축점화방식

② 오염물질 : SO_x, 매연, PM-10, PM-2.5 등

③ 특징 : 높은 압축비, 악취 및 소음·진동 발생

(3) 오염물질의 대책

1) 운전조건 개선

구분	HC	CO	NO_x
많이 나올 때	감속	공전	가속
적게 나올 때	정속 운행	정속 운행	공전

2) 점화시기 조절

① 빠르게 : NO_x의 생성량은 증가하고, CO, HC의 생성량은 감소한다.

② 느리게 : NO_x의 생성량은 감소하고, CO, HC의 생성량은 증가한다.

3) 공연비 조절

① 적절한 공연비(14.7 정도) : NO_x의 생성량은 최대, CO, HC의 생성량은 최소가 된다.

② 공연비가 증가할수록 CO, HC의 생성량은 감소하는 경향을 나타낸다.

(4) 자동차 연료별 특징 비교

구분	가솔린자동차	디젤자동차
연료	휘발유, LPG	경유
연소방식	연료를 공기와 혼합시켜 실린더에 흡입·압축시킨 후 점화 플러그로 강제 연소하여 폭발시킴	공기만을 실린더에 흡입, 압축시킨 후 경유를 분사시켜 점화, 연소, 폭발시킴
연료공급방식	기화기식 또는 전자제어분사식	기계적 분사 또는 전자제어분사식
연소 특성	공기과잉률(λ : 공연비를 이론공연비로 나눈 값) 0.8~1.5 사이의 혼합가스를 전기 스파크에 의해 연소	압축된 공기 중에 경유를 분사시켜 균일한 혼합기 형성이 어려워 시간적으로나 공간적으로 공기과잉률이 일정치 않음, 일반적으로 공기가 충분한 상태에서 연소
배출가스 특성	CO, HC, NO_X가 많이 배출, 증발가스 및 블로바이가스에 의해 HC 배출	CO, HC의 배출은 적으나 NO_X가 많이 배출, 매연 및 입자상물질이 많이 배출
소음·진동	압축비가 낮아서(8~9) 소음·진동이 적음	압축비가 높아(15~20) 소음·진동이 심함
연비	연소효율이 낮아 연료가 많이 소비됨	연소효율이 좋아 연료가 적게 소비, 특히 교통정체가 심한 도심 주행에서는 연비가 좋음
점화방식	불꽃점화방식	압축점화방식
공연비	운전(14.7), 이론(15)	운전(18 이상~100)
압축비	8~15	15~20
주요 오염물질	CO, HC, NO_X	NO_X, 매연(PM 10, PM 2.5)
기타 오염물질	HC(Blow-by Gas), Pb	CO, HC, SO_X, 소음, 냄새

적중예상문제

01 자동차 배기구에서 배출되는 유해성분으로 가장 거리가 먼 것은?

① NO_X ② CO   ③ HC   ④ O_3

> 오존은 2차 대기오염물질이다.

02 휘발유, 디젤유 등의 연료를 사용하는 자동차에서 주로 배출되는 오염물질로 가장 거리가 먼 것은?

① 구리(Cu)   ② 납(Pb)
③ 질소산화물(NO_X)   ④ 일산화탄소(CO)

> 구리는 자동차에서 배출되지 않는다.

정답 01 ④ 02 ①

7 안정도와 연기확산

(1) 안정과 불안정

1) 불안정한 상태(과단열상태)
고도가 증가할수록 기온이 감소하여 상하층의 온도차에 의한 혼합이 이루어지는 상태이다.

2) 안정한 상태(역전상태)
고도가 증가할수록 기온이 증가하여 상하층의 온도차에 의한 혼합이 억제된 상태이다.

> **참고정리**
>
> ✔ 감률(γ) : 고도가 증가함에 따라서 온도가 감소하는 정도
> - 건조단열감률(γ_d) : $-0.98℃/100m$
> - 습윤단열감률(γ_w) : $-0.65℃/100m$
> - 표준체감률(γ_s) : $-0.66℃/100m$
>
>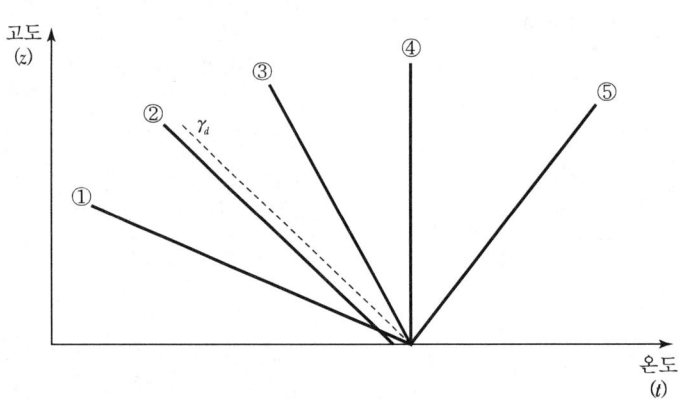
>
> ① $\gamma \gg \gamma_d$: 매우 불안정한 상태
> ② $\gamma = \gamma_d$: 중립상태
> ③ $\gamma_d > \gamma > \gamma_w$: 조건부 불안정한 상태
> ④ 등온상태 : 고도가 증가하여도 온도가 변하지 않는 상태
> ⑤ $\gamma \ll \gamma_d$: 매우 안정한 상태

(2) 리차드슨 수(R_i)

공식을 이용해서 안정도를 판정하는 방법

$$R_i = \frac{g}{T_m}\left(\frac{\Delta T/\Delta Z}{(\Delta U/\Delta Z)^2}\right)$$

여기서, ΔT : 온도차, ΔZ : 고도차, ΔU : 풍속차
T_m : 평균온도, g : 중력가속도($9.8m/sec^2$)

1) 결과

① $R_i = 0$: 중립

② $R_i > 0$: 안정

③ $R_i < 0$: 불안정

(3) 연기확산

1) 환상형(Looping) : 대기의 상태가 매우 불안정한 상태(과단열상태)

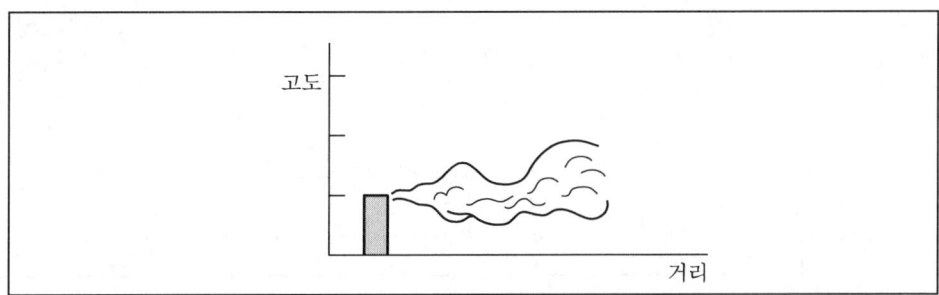

최대착지농도(C_{max})가 가장 크고, 최대착지거리(X_{max})가 가장 짧다.

> **참고정리**
>
> ① $C_{max} = \dfrac{2 \cdot Q}{\pi \cdot e \cdot U \cdot He^2}\left(\dfrac{C_z}{C_y}\right)$
>
> 여기서, Q : 가스량(m^3/sec) π : 3.14
> e : 자연대수(2.718)   U : 풍속(m/sec)
> He : 유효굴뚝높이(m) C_y, C_z : 수평·수직 확산계수
>
> ② $X_{max} = \left(\dfrac{He}{C_z}\right)^{2/2-n}$
>
> 여기서, n : 안정도계수
>
> ③ 유효굴뚝높이(He) = H + ΔH
>
> 여기서, H : 실제굴뚝의 높이
> ΔH : 굴뚝상단에서 연기 중심축까지의 거리

2) 지붕형(Lofting) : 상층은 불안정, 하층은 안정한 상태

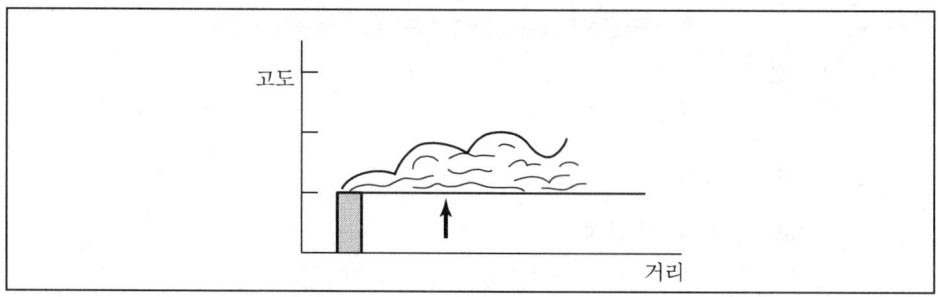

3) 부채형(Fanning) : 대기의 상태가 안정한 상태(역전상태)

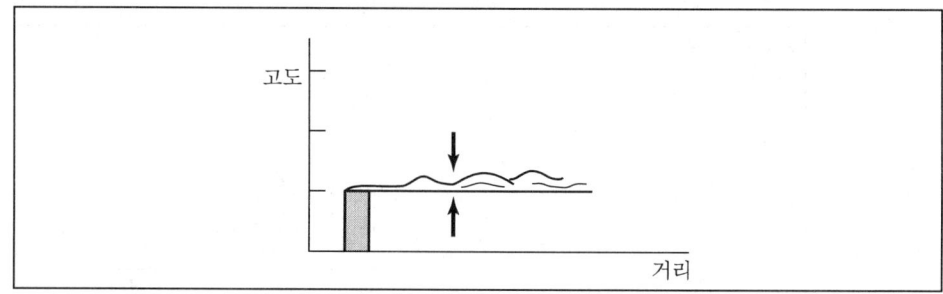

4) 훈증형(Fumigation) : 상층은 안정, 하층은 불안정한 상태

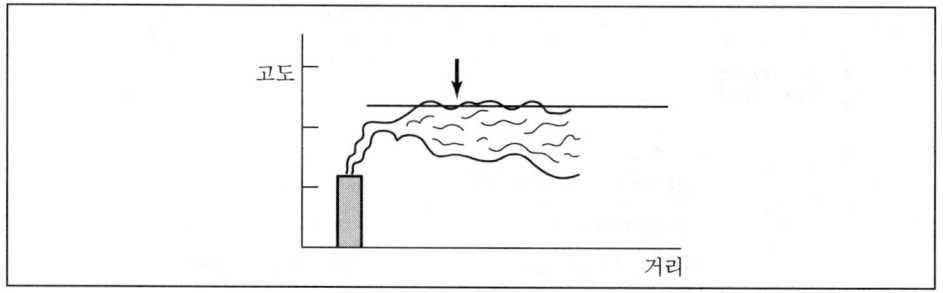

5) 원추형(Conning) : 대기의 상태가 중립 또는 미단열 상태

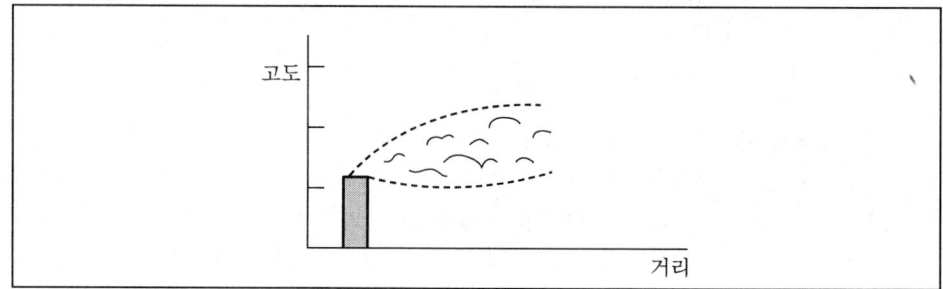

전형적인 가우시안 분포를 나타낸다.

6) 구속형(Trapping) : 상하층 모두 역전(안정)상태

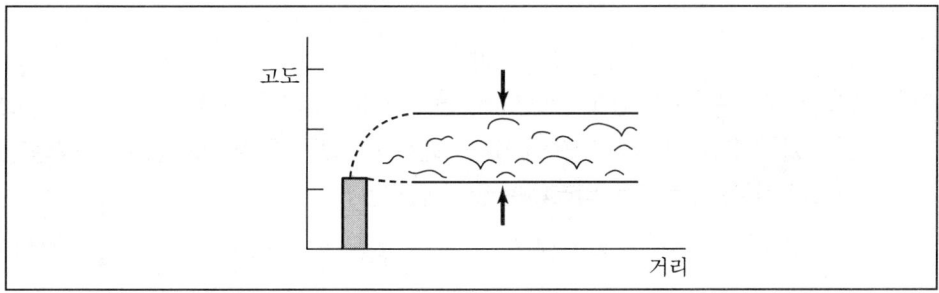

(4) 국지풍

1) 해륙풍 : 비열차에 의해 발생

① 해풍 : 주로 낮이나 여름에 발생하며, 풍속은 5~6m/sec로 내륙 쪽으로 8~15m 영향을 미친다.

② 육풍 : 주로 밤이나 겨울에 발생하며, 풍속은 2~3m/sec로 해안 쪽으로 5~6m 영향을 미친다.

2) 산곡풍 : 일사량의 차에 의해 발생

① 산풍 : 산 정상에서 골짜기 쪽으로 부는 바람, 밤에 발생
② 곡풍 : 골짜기에서 산 정상으로 부는 바람, 낮에 발생

3) 푄풍(높새바람) : 고온 건조한 바람

① 서풍이 불 때 태백산맥 동쪽지방에서 높새바람이 분다.
② 동풍이 불 때 태백산맥 서쪽지방에서 높새바람이 분다.

4) 전원풍 : 열배출량의 차에 의해 발생

도시지역은 전원지역보다 열의 흡수량과 배출량이 많기 때문에 오후가 되면 열을 방출하여 상대적으로 전원지역에서 도시지역으로 바람이 불게 된다.

적중예상문제

01 대기상태가 중립조건일 때 발생하며, 연기의 수직 이동보다 수평 이동이 크기 때문에 오염물질이 멀리까지 퍼져나가 지표면 가까이에는 오염의 영향이 거의 없다. 오염의 단면분포가 전형적인 가우시안분포를 나타내는 연기 형태는?

① 환상형　　② 부채형　　③ 원추형　　④ 지붕형

02 다음과 같은 특성을 지닌 굴뚝 연기의 모양은?

- 대기의 상태가 하층부는 불안정하고 상층부는 안정할 때 볼 수 있다.
- 하늘이 맑고 바람이 약한 날의 아침에 볼 수 있다.
- 지표면의 오염 농도가 매우 높게 된다.

① 환상형　　② 원추형　　③ 훈증형　　④ 구속형

03 대기오염물질을 배출하는 굴뚝에서 유효고란 무엇을 말하는가?

① 지상에서 굴뚝 끝까지의 총 높이
② 굴뚝에서 대기의 안정층까지의 높이
③ 굴뚝높이와 연기의 수직상승 높이
④ 지상에서 대기안정층까지의 높이

04 Sutton의 확산방정식에서 굴뚝의 유효 굴뚝높이(He)와 오염물질의 최대 착지농도(C_{max})의 관계를 바르게 나타낸 것은?

① $C_{max} \propto He^2$　　② $C_{max} \propto He^4$　　③ $C_{max} \propto He^{-2}$　　④ $C_{max} \propto He^{-4}$

05 다음에서 설명하는 국지풍은?

- 해안 지방에서 낮에는 태양열에 의하여 육지가 바다보다 빨리 온도가 상승하므로, 육지의 공기가 팽창되어 상승기류가 생기게 된다.
- 이때, 바다에서 육지로 8~15km 정도까지 바람이 불게 되며, 주로 여름에 빈발한다.

① 해풍　　② 육풍　　③ 산풍　　④ 곡풍

정답 01 ③　02 ③　03 ③　04 ③　05 ①

CHAPTER 03 연소공학

1 연료

(1) 연료의 구비조건

① 발열량이 커야 한다.
② 저장 및 취급이 용이해야 한다.
③ 대기오염물질의 배출이 적어야 한다.
④ 가격이 저렴해야 하고 구입이 용이해야 한다.

(2) 고체연료(석탄)

1) 석탄은 연료비를 이용하여 분류한다.

> **참고정리**
>
> 연료비 = $\dfrac{\text{고정탄소}}{\text{휘발분}}$
>
> 연료비 1 이하 : 갈탄, 아탄
>   1~7 : 역청탄
>   7 이상 : 무연탄
>
> ① 고정탄소 : 가장 양질의 연소성분을 나타냄
> ② 휘발분 : 매연, 검댕을 나타냄
> ③ 회분 : 재를 나타냄

2) 탄화도

탄화도 증가 시 고정탄소, 착화온도, 발열량은 증가하고, 휘발분, 매연, 비열은 감소한다.

(3) 액체연료(석유)

① 석유는 증류과정을 거쳐 여러 형태로 생성된다.
② 휘발유 < 등유 < 경유 < 중유(A중유 < B중유 < C중유) 순으로 황함량, 점도, C/H, 매연 발생률이 증가한다.

(4) 기체연료

1) 기체연료의 특징

① 점화 및 소화가 용이하다.
② 완전연소에 적은 과잉공기가 필요하다.
③ 연소효율이 우수하다.
④ 매연이나 분진, 황산화물의 발생량이 적다.
⑤ 취급에 위험성이 있다.
⑥ 저장 및 수송이 불편하다.

2) 기체연료의 종류

① LNG(액화천연가스)
  ㉠ 주성분 : 메탄(CH_4)
  ㉡ 발열량 : 9,000~12,000kcal/m^3
  ㉢ 공기보다 가벼워 폭발 위험성이 낮다.

② LPG(액화석유가스)
  ㉠ 주성분 : 프로판(C_3H_8), 부탄(C_4H_{10})
  ㉡ 발열량 : 12,000kcal/m^3
  ㉢ 공기보다 무거워 폭발 위험성이 높다.

적중예상문제

01 연료의 완전연소 조건으로 가장 거리가 먼 것은?

① 공기(산소)의 공급이 충분해야 한다.
② 공기와 연료의 혼합이 잘 되어야 한다.
③ 연소실 내의 온도를 가능한 한 낮게 유지해야 한다.
④ 연소를 위한 체류시간이 충분해야 한다.

> 완전연소 조건
> ㉠ 공기(산소)의 공급이 충분해야 한다.
> ㉡ 공기와 연료의 혼합이 잘 되어야 한다.
> ㉢ 연소를 위한 체류시간이 충분해야 한다.

02 순수한 탄화수소(HC)를 과잉공기로 연소시킬 때 연소가스에 포함되지 않을 것으로 예상되는 물질은?

① O_2 ② N_2 ③ CO_2 ④ H_2S

> 탄화수소(HC)를 과잉공기로 연소시키면 CO_2, H_2O, 과잉산소와 과잉질소가 배출된다.

03 다음 내용과 같은 특성에 가장 적합한 연료는?

- 저질의 연료로 고온을 얻을 수 있다.
- 연소효율이 높고, 연소가 안정된다.
- 점화와 소화가 쉽고 연소 조절이 간편하여 연소의 자동 제어에 적합하다.
- 대기오염 방지 측면에서 볼 때, 재·매연·황산화물 등의 발생이 거의 없는 청정연료이다.

① 석탄 ② 아탄 ③ 벙커C유 ④ LNG

> 기체연료를 설명하고 있다.

04 기체연료를 버너노즐로 분출시켜 외부공기와 혼합하여 연소시키는 방법은?

① 확산연소법 ② 사전혼합연소법
③ 화격자연소법 ④ 미분탄연소법

정답 01 ③ 02 ④ 03 ④ 04 ①

05 다음 중 기체연료의 특징으로 가장 거리가 먼 것은?

① 연료 속에 황이 포함되지 않은 것이 많다.
② 점화와 소화가 용이하다.
③ 다른 연료에 비해 연료비가 비싸며, 저장이 곤란하다.
④ 재 속의 금속산화물이 주요 장해요인으로 작용한다.

06 다음 중 기체연료의 특징으로 볼 수 없는 것은?

① 취급에 위험성이 있다.
② 완전연소하려면 많은 과잉공기가 필요하다.
③ 수송과 저장이 불편하고 저장탱크, 배관공사 등 시설비가 많이 든다.
④ 점화와 소화가 용이하다.

07 다음 중 LNG의 주성분은?

① CO ② C_2H_2 ③ CH_4 ④ C_3H_8

 LNG의 주성분은 메탄(CH_4)이다.

2 연소계산

(1) 이론산소량(O_o)

연료가 연소하는 데 이론적으로 필요한 산소량

1) 고체·액체연료(m^3/kg)

$$O_o = 1.867C + 5.6\left(H - \frac{O}{8}\right) + 0.7S$$

2) 고체·액체연료(kg/kg)

$$O_o(kg/kg) = 2.667C + 8H + S - O$$

3) 기체연료(m^3/m^3)

반응식을 이용해서 계산한다.

(2) 이론공기량(A_o)

이론산소량을 이용해서 구한다.

① $A_o(m^3/kg) = O_o(m^3/kg) \times \dfrac{1}{0.21}$

② $A_o(kg/kg) = O_o(kg/kg) \times \dfrac{1}{0.232}$

공기의 조성		부피비	질량비
Air	N_2	79%	76.8%
	O_2	21%	23.2%

(3) 공기비(m)

실제공기량(A)과 이론공기량(A_o)의 비

1) 완전연소(CO = 0%)

$$m = \frac{21}{21 - O_2}$$

2) 불완전연소($CO \neq 0\%$)

$$m = \frac{N_2}{N_2 - 3.76(O_2 - 0.5CO)}$$

3) 공기비가 클 경우
   ① 연소실의 연소온도가 낮아진다.
   ② 통풍력이 강하여 배기가스에 의한 열손실이 크다.
   ③ 황산화물 및 질소산화물의 함량이 많아진다.
   ④ 배기가스 중의 CO, HC의 농도가 감소한다.

(4) **실제공기량(A)** = $m \cdot A_o$

(5) **이론가스량(G_o)** = 이론공기 중 질소량 + 연소생성물질
   ① 이론건조가스량(G_{od}) = $0.79A_o + CO_2 + SO_2 + N_2$
   ② 이론습윤가스량(G_{ow}) = $0.79A_o + CO_2 + H_2O + SO_2 + N_2$

(6) **실제가스량(G)** = 이론가스량(G_o) + 과잉공기량(($m-1$) $\cdot A_o$)
   ① 건조가스량(G_d) = $0.79A_o + CO_2 + SO_2 + N_2 + (m-1) \cdot A_o$
   ② 습윤가스량(G_w) = $0.79A_o + CO_2 + H_2O + SO_2 + N_2 + (m-1) \cdot A_o$

(7) **발열량**

   1) 고위발열량(Hh)

      총 발열량이라고도 하며, 열량계로 직접 측정하는 발열량이다.

   2) 저위발열량(Hl)

      진발열량이라고도 하며, 고위발열량에서 수분의 응축 잠열을 제외한 발열량이다.

   3) 관계식

      ① 고체 · 액체연료

      $Hh = Hl + 600(9H + W)$

      $Hl = Hh - 600(9H + W)$

② 기체연료

$$Hh = Hl + 480\sum H_2O$$

$$Hl = Hh - 480\sum H_2O$$

3 연소형태

(1) 자기연소

공기 중의 산소 공급 없이 그 물질의 분자 자체에 함유하고 있는 산소를 이용하여 연소하는 형태

(2) 분해연소

연소 초기에 열분해에 의해 가연성 가스가 생성되고 이것이 긴 화염을 발생시키면서 연소하는 형태

(3) 증발연소

가연성 물질을 가열했을 때 열분해를 일으키지 않고 그대로 증발한 증기가 연소하는 형태

(4) 발연연소

물질이 연소할 때 연기가 발생하는 연소형태

적중예상문제

01 황화수소(H_2S) $2Sm^3$을 연소할 때 필요한 이론산소량은?

① $1Sm^3$ ② $2Sm^3$ ③ $3Sm^3$ ④ $4Sm^3$

 반응식
$H_2S + 1.5O_2 \rightarrow H_2O + SO_2$
$1Sm^3 : 1.5Sm^3$
$2Sm^3 : X \quad X = 3Sm^3$

02 프로판가스(C_3H_8) $1.5Sm^3$를 완전연소하는 데 필요한 이론공기량(Sm^3)은?

① 24.4 ② 35.7 ③ 42.8 ④ 53.8

 반응식
$C_3H_8 + 5O_2 \rightarrow 3CO_2 + 4H_2O$
$1Sm^3 : 5Sm^3$
$1.5Sm^3 : X \quad \therefore X = 7.5Sm^3$

계산식
$A_o = O_o \times \dfrac{1}{0.21}$
$A_o = 7.5 \times \dfrac{1}{0.21} = 35.7(Sm^3)$

03 탄소 87%, 수소 10%, 황 3%의 조성을 가진 중유 1.7kg을 완전연소시킬 때, 필요한 이론공기량(Sm^3)은?

① 9 ② 14 ③ 18 ④ 21

 $A_o(Sm^3/kg) = O_o(Sm^3/kg) \times \dfrac{1}{0.21}$

㉠ $O_o = 1.867 \times 0.87 + 5.6 \times 0.1 + 0.7 \times 0.03 = 2.21(Sm^3/kg)$

㉡ $A_o(Sm^3/kg) = 2.21 \times \dfrac{1}{0.21} \times 1.7 = 17.8(Sm^3)$

정답 01 ③ 02 ② 03 ③

04 탄소 6kg을 완전연소하기 위해 필요한 이론공기량은?(단, 표준상태 기준)

① 11.2Sm³   ② 22.4Sm³   ③ 53.3Sm³   ④ 106.7Sm³

$C + O_2 \rightarrow CO_2$
12(kg) : 22.4Sm³
6(kg) : X   X = 11.2Sm³
∴ $A_o = 11.2Sm^3 \times \dfrac{1}{0.21} = 53.33(Sm^3)$

05 탄소 12kg이 완전연소하는 데 필요한 이론공기량(Sm^3)은?

① 22.4   ② 32.4   ③ 86.7   ④ 106.7

$C + O_2 \rightarrow CO_2$
12(kg) : 22.4Sm³
12(kg) : X   X = 22.4Sm³
∴ $A_o = 22.4Sm^3 \times \dfrac{1}{0.21} = 106.7(Sm^3)$

06 메탄 5Sm³를 공기비 1.2로 완전연소시킬 때 필요한 실제공기량(Sm^3)은?

① 47.6   ② 50.3   ③ 53.9   ④ 57.1

반응식
$CH_4 + 2O_2 \rightarrow CO_2 + 2H_2O$
1Sm³ : 2Sm³
5Sm³ : X   X = 10Sm³

계산식
$A_o = O_o \times \dfrac{1}{0.21}$
$A = 10 \times \dfrac{1}{0.21} \times 1.2 = 57.14(Sm^3)$

07 탄소 87%, 수소 10%, 황 3%의 조성을 가진 중유 2kg을 완전연소시킬 때, 필요한 이론공기량 (Sm^3)은?

① 8.69 ② 14 ③ 18 ④ 21

$A_o(Sm^3/kg) = O_o(Sm^3/kg) \times \dfrac{1}{0.21}$

- $O_o = 1.867 \times 0.87 + 5.6 \times 0.1 + 0.7 \times 0.03 = 2.21(Sm^3/kg)$
- $A_o(Sm^3/kg) = 2.21 \times \dfrac{1}{0.21} \times 2 = 21.05(m^3)$

08 탄소 85%, 수소 13%, 황 2% 조성의 중유 4.5kg을 완전연소시키기 위한 이론공기량은?

① 약 33Sm³ ② 약 38Sm³ ③ 약 44Sm³ ④ 약 50Sm³

09 과잉공기비 m을 크게 하였을 때의 연소 특성으로 옳지 않은 것은?

① 연소실의 연소온도가 낮아진다.
② 통풍력이 강하여 배기가스에 의한 열손실이 크다.
③ 배기가스 중 질소산화물의 함량이 많아진다.
④ 연소가스 중의 CO 농도가 높아져 공해의 원인이 된다.

10 과잉공기비 m을 크게(m > 1) 하였을 때의 연소 특성으로 옳지 않은 것은?

① 연소가스 중 CO 농도가 높아져 산업공해의 원인이 된다.
② 통풍력이 강하여 배기가스에 의한 열손실이 크다.
③ 배기가스의 온도저하 및 SO_X, NO_X 등의 생성물이 증가한다.
④ 연소실의 냉각효과를 가져온다.

11 A중유 연소 가열로의 연소 배출가스를 분석하였더니 용량비로 질소 : 80%, 탄산가스 : 12%, 산소 : 8%의 결과치를 얻었다. 이때 공기비는?

① 약 1.6 ② 약 1.4 ③ 약 1.2 ④ 약 1.1

$m = \dfrac{21}{21 - O_2} = \dfrac{21}{21 - 8} = 1.615$

정답 07 ④ 08 ④ 09 ④ 10 ① 11 ①

12 $(CO_2)_{max}$는 어떤 조건으로 연소시켰을 때 연소가스 중 이산화탄소의 농도를 말하는가?

① 공급할 수 있는 최대공기량으로 과잉연소시켰을 때
② 이론공기량으로 완전연소시켰을 때
③ 과잉공기량으로 부족연소시켰을 때
④ 부족공기량으로 부족연소시켰을 때

최대탄산가스율($(CO_2)_{max}$)은 이론건조가스량 중 이산화탄소의 농도를 말한다.

13 수소 15%, 수분 0.5%인 중유의 고위발열량이 12,600kcal/kg일 때, 저위발열량은?

① 11,357kcal/kg
② 11,446kcal/kg
③ 11,787kcal/kg
④ 11,992kcal/kg

$Hl = Hh - 600(9H + W)$
$= 12,600 - 600(9 \times 0.15 + 0.005) = 11,787 \,(kcal/kg)$

14 메탄(CH_4)의 고위발열량이 9,150kcal/Sm^3일 때, 저위발열량은?

① 9,020kcal/Sm^3
② 8,540kcal/Sm^3
③ 8,190kcal/Sm^3
④ 7,250kcal/Sm^3

계산식
$Hl = Hh - 480 \sum H_2O$

반응식
$CH_4 + 2O_2 \rightarrow CO_2 + 2H_2O$
$Hl = 9,150 - 480 \times 2 = 8,190 \,(kcal/Sm^3)$

15 다음 기체연료 중 저위발열량이 가장 큰 것은?

① 수소
② 메탄
③ 부탄
④ 에탄

정답 12 ② 13 ③ 14 ③ 15 ③

16 에탄(C_2H_6) $1Sm^3$를 완전연소시킬 때, 건조배출가스 중의 CO_{2max}(%)는?

① 11.7% ② 13.2% ③ 15.7% ④ 18.7%

> **계산식**
> $$CO_{2max} = \frac{CO_2}{G_{od}} \times 100$$
>
> **반응식**
> $C_2H_6 + 3.5O_2 \rightarrow 2CO_2 + 3H_2O$
> ㉠ $A_o = O_o \times \frac{1}{0.21} = 3.5 \times \frac{1}{0.21} = 16.667 (m^3/kg)$
> ㉡ $G_{od} = 0.79 \times A_o + CO_2 = 0.79 \times 16.667 + 2 = 15.1667$
> ∴ $CO_{2max}(\%) = \frac{2}{15.1667} \times 100 = 13.19(\%)$

17 프로판(C_3H_8)의 연소반응식은 아래와 같다. 다음 식에서 x, y값을 옳게 나타낸 것은?

$$C_3H_8 + xO_2 = 3CO_2 + yH_2O$$

① x=2, y=2 ② x=3, y=4
③ x=4, y=3 ④ x=5, y=4

> $C_3H_8 + 5O_2 \rightarrow 3CO_2 + 4H_2O$

18 다음 연소의 종류 중 니트로글리세린과 같이 공기 중의 산소 공급 없이 그 물질의 분자 자체에 함유하고 있는 산소를 이용하여 연소하는 것은?

① 분해연소 ② 증발연소 ③ 자기연소 ④ 확산연소

19 다음은 연소에 관한 설명이다. ( ) 안에 알맞은 것은?

> 목재, 석탄, 타르 등은 연소 초기 열분해에 의해 가연성 가스가 생성되고 이것이 긴 화염을 발생시키면서 연소하는데 이러한 연소를 ( )라 한다.

① 표면연소 ② 분해연소 ③ 증발연소 ④ 확산연소

정답 16 ② 17 ④ 18 ③ 19 ②

CHAPTER 04. 대기오염 방지기술

1 집진장치 일반사항

(1) 집진장치 선정 시 고려사항

1) 먼지의 주요 특성

   ① 먼지의 크기
   ② 먼지의 입경분포
   ③ 먼지의 농도
   ④ 먼지의 밀도
   ⑤ 전기저항
   ⑥ 먼지의 물리적·화학적 특성
   ⑦ 부착성, 응집성

2) 가스의 주요 특성

   ① 가스의 온도
   ② 가스의 점도
   ③ 가스의 습도
   ④ 가스의 압력

(2) 먼지의 크기 표시

① 스토크스 직경 : 본래의 먼지와 밀도 및 침강속도가 동일한 구형입자의 직경
② 공기역학적 직경 : 본래의 먼지와 침강속도가 동일하며, 밀도 $1g/cm^3$인 구형입자의 직경
③ 한계입경(임계입경, 최소제거입경) : 100% 집진할 수 있는 최소입경
④ 절단입경(Cut Size) : 원심력집진장치에서 50%의 집진율을 보이는 입자의 크기
⑤ 상당직경(등가직경, 환산직경) : 불규칙적인 입자와 동일한 부피를 가지는 구형입자의 직경

$$D_o = \frac{2ab}{a+b}$$

2 각 집진장치별 특성 비교

집진장치	처리효율(%)	처리입경(μm)	압력손실(mmH$_2$O)
중력집진장치	40~60	50~1,000	5~15
관성력집진장치	50~70	10~100	30~70
여과집진장치	90~99	0.2~20	100~200
벤투리스크러버	85~95	0.1~50	300~800
원심력집진장치	85~90	3~100	50~150
전기집진장치	90~99.9	0.05~20	10~20

3 집진효율

(1) 일반사항

① 집진장치의 입구농도가 높고 출구농도가 작을수록 효율이 증가한다.
② 일반적으로 처리가스의 입경과 밀도가 클수록 효율이 증가한다.
③ 처리가스의 점도가 작을수록 효율이 증가한다.

(2) 집진효율

① 유입유량=유출유량

$$\eta = \left(1 - \frac{C_o}{C_i}\right) \times 100$$

② 유입유량≠유출유량

$$\eta = \left(1 - \frac{C_o \times Q_o}{C_i \times Q_i}\right) \times 100$$

③ 2단 직렬연결

$$\eta_t = \eta_1 + \eta_2(1 - \eta_1)$$

④ 부분집진효율

$$\eta_d = \left(1 - \frac{C_o \cdot R_o}{C_i \cdot R_i}\right) \times 100$$

여기서, C_i, C_o : 입·출구 측 농도
Q_i, Q_o : 입·출구 측 유량
R_i, R_o : 입·출구 측 분포비율

⑤ 통과율(P) = $1 - \eta$

적중예상문제

01 집진시설을 선택하기 위하여 고려하여야 할 요소와 가장 거리가 먼 것은?
① 입자의 밀도와 입경분포
② 먼지의 물리적·화학적 특성
③ 먼지의 농도와 예상 투시도
④ 배기가스의 부식성과 용해성

> 먼지의 농도와 예상 투시도는 해당하지 않는다.

02 대기오염물질인 분진의 제거방법으로 적합하지 않은 것은?
① 촉매산화법
② 중력침강법
③ 세정법
④ 백-필터법

> 촉매산화법은 분진의 제거방법이 아니다.

03 다음 중 압력손실이 가장 큰 집진장치는?
① 중력집진장치
② 전기집진장치
③ 원심력집진장치
④ 벤투리스크러버

> 벤투리스크러버의 압력손실이 300~800mmHg로 가장 크다.

04 다음과 같이 정의되는 입자의 직경은?

> 측정하고자 하는 입자와 동일한 침강속도를 가지며, 밀도가 $1g/cm^3$인 구형입자의 직경을 말한다.

① 페렛 직경(Feret Diameter)
② 마틴 직경(Martin Diameter)
③ 공기역학 직경(Aerodynamic Diameter)
④ 스토크스 직경(Stokes Diameter)

정답 01 ③ 02 ① 03 ④ 04 ③

05 어떤 집진장치의 입구에서 분진농도가 $7.2g/Sm^3$이고, 출구에서의 농도가 $0.3g/Sm^3$이었다면 집진율(%)은?

① 91.62   ② 93.25   ③ 95.83   ④ 97.49

$$\eta = \left(1 - \frac{C_o}{C_i}\right) \times 100$$
$$= \left(1 - \frac{0.3}{7.2}\right) \times 100 = 95.83(\%)$$

06 어떤 집진시설의 집진율이 99%이고, 집진시설 유입구의 분진농도가 $15.5g/m^3$일 때 유출구의 분진농도(g/m^3)는?

① 0.01   ② 0.135   ③ 0.145   ④ 0.155

$$C_o = C_i \times (1-\eta)$$
$$= 15.5 \times (1-0.99) = 0.155$$

07 A집진장치의 집진효율은 99%이다. 이 집진시설 유입구의 먼지농도가 $13.5g/Sm^3$일 때, 집진장치의 출구농도는?

① $0.0135g/Sm^3$ ② $0.135g/Sm^3$
③ $1,350g/Sm^3$ ④ $13.5g/Sm^3$

$$C_o = C_i \times (1-\eta)$$
$$= 13.5 \times (1-0.99) = 0.135$$

08 집진효율이 50%인 중력집진장치와 집진효율이 99%인 여과집진장치가 직렬로 연결된 집진시설이 있다. 중력집진장치로 유입되는 먼지의 농도가 $3,000mg/Sm^3$일 때, 여과집진장치 출구의 먼지 농도는?

① $1mg/Sm^3$ ② $5mg/Sm^3$
③ $10mg/Sm^3$ ④ $15mg/Sm^3$

$$\eta_t = \eta_1 + \eta_2(1-\eta_1)$$
$$= 0.5 + 0.99(1-0.5)$$
$$= 99.5(\%)$$
$$C_o = 3,000 \times (1-0.995) = 15(mg/Sm^3)$$

09 어떤 집진장치의 집진효율이 99%이고 집진시설 유입구의 먼지농도가 10.5g/Nm³일 때 출구농도는?

① 0.0105g/Nm³ ② 105mg/Nm³
③ 1,050mg/Nm³ ④ 10.5g/Nm³

$C_o = C_i \times (1-\eta)$
$= 10.5 \times (1-0.99) = 0.105 \,(g/m^3) = 105 \,(mg/Nm^3)$

10 집진장치의 입구 더스트 농도가 0.8g/Sm³이고 출구 더스트 농도가 0.1g/Sm³일 때 집진율(%)은?

① 87.5 ② 94.2
③ 96.4 ④ 98.8

$\eta = \left(1 - \dfrac{C_o}{C_i}\right) \times 100$
$= \left(1 - \dfrac{0.1}{0.8}\right) \times 100 = 87.5\,(\%)$

11 직렬로 조합된 집진장치의 총 집진율은 99%였다. 2차 집진장치의 집진율이 96%라면 1차 집진장치의 집진율은?

① 75% ② 82%
③ 90% ④ 94%

$\eta_t = \eta_1 + \eta_2(1-\eta_1)$
$0.99 = \eta_1 + 0.96(1-\eta_1)$
$0.04\eta_1 = 0.03$
$\therefore \eta_1 = \dfrac{0.03}{0.04} = 0.75 = 75\,(\%)$

12 집진기 출구가스의 먼지농도가 0.02g/m³, 먼지통과율이 0.5%일 때 입구먼지농도(g/m³)는 얼마인가?

① 3.5g/m³
② 4.0g/m³
③ 4.5g/m³
④ 8.0g/m³

풀이
$$C_i = \frac{C_o}{1-\eta} = \frac{C_o}{P}$$
$$= \frac{0.02}{0.005} = 4 (g/m^3)$$

13 집진율이 각각 90%와 98%인 두 개의 집진장치를 직렬로 연결하였다. 1차 집진장치 입구의 먼지농도가 5.9g/m³일 경우 2차 집진장치 출구에서 배출되는 먼지 농도는?

① 11.8mg/m³
② 15.7mg/m³
③ 18.3mg/m³
④ 21.1mg/m³

풀이
$$\eta_t = \eta_1 + \eta_2(1-\eta_1)$$
$$= 0.9 + 0.98(1-0.9) = 0.998$$
$$\therefore C_o = C_i \times (1-\eta) = 5.9 \times (1-0.998) = 0.0118 (g/m^3) = 11.8 (mg/m^3)$$

정답 12 ② 13 ①

4 집진장치

(1) 중력집진장치

1) 원리

입자의 중력에 의한 자연침강으로 분리포집하는 장치이다.

2) 특징

① 장치의 구조가 간단하다.
② 압력손실이 낮다.
③ 운전 및 유지비용이 적게 든다.
④ 집진효율이 낮다.
⑤ 고농도 함진가스의 전처리에 사용될 수 있다.

3) 집진율 향상조건

① 침강실 내의 배기가스 기류는 균일해야 한다.
② 침강실 처리가스속도가 작을수록 미립자가 포집된다.
③ 침강실 입구폭이 클수록 유속이 느려지며, 미세한 입자가 포집된다.
④ 침강실의 높이가 작고, 길이가 길수록 집진효율이 높아진다.

4) 관계식

① 중력침강속도$(V_g) = \dfrac{d_p^2(\rho_p - \rho)g}{18 \cdot \mu}$

② 효율$(\eta) = \dfrac{V_g}{V} \times \dfrac{L}{H}$

여기서, V_g : 중력침강속도(cm/sec)
d_p : 입자의 직경(cm)
ρ_p : 입자의 밀도(g/cm^3)
ρ : 공기의 밀도(g/cm^3)
g : 중력가속도(980cm/sec^2)
μ : 처리기체의 점도(g/cm · sec)
L : 침강실의 길이(cm)
H : 침강실의 높이(cm)

(2) 관성력 집진장치

1) 원리
함진가스를 방해판에 충돌시켜 기류의 급격한 방향전환을 이용하여 입자를 분리·포집하는 집진장치이다.

2) 특징
① 고온가스처리가 가능하다.
② 운전비용이 적게 든다.
③ 구조가 간단하고 취급이 용이하다.
④ 미세한 입자의 포집효율이 어렵다.

3) 집진율 향상조건
① 기류의 방향전환 각도가 작고, 방향전환횟수가 많을수록 압력손실은 커지나 집진은 잘 된다.
② 함진가스의 충돌 또는 기류의 방향전환 직전의 가스속도가 빠르고, 곡률반경이 작을수록 미세입자의 포집이 가능하다.
③ 일반적으로 충돌 직전의 처리가스 속도가 빠르고, 처리 후의 출구 가스속도는 낮을수록 미립자의 제거가 쉽다.
④ 적당한 모양과 크기의 호퍼가 필요하다.

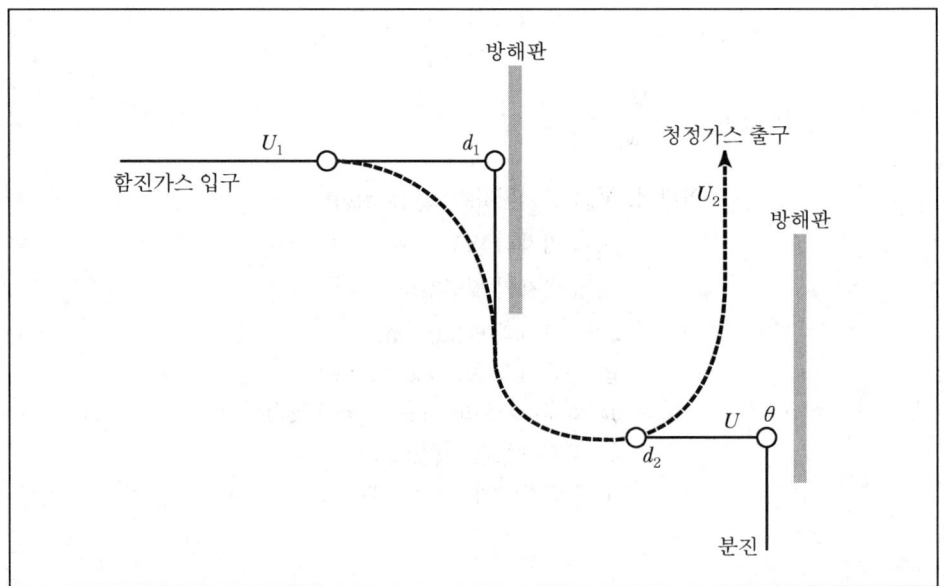

적중예상문제

01 먼지의 종말침강속도 산정에 관한 설명으로 옳지 않은 것은?

① 먼지와 가스의 비중차에 반비례한다.
② 입경의 제곱에 비례한다.
③ 중력가속도에 비례한다.
④ 가스의 점도에 반비례한다.

> 풀이 종말침강속도는 먼지와 가스의 밀도차에 비례한다.

02 중력집진장치에서 먼지의 침강속도 산정에 관한 설명으로 옳지 않은 것은?

① 중력가속도에 비례한다.
② 입경의 제곱에 비례한다.
③ 먼지와 가스의 비중차에 반비례한다.
④ 가스의 점도에 반비례한다.

> 풀이 먼지의 침강속도는 먼지와 가스의 밀도차에 비례한다.

03 중력집진장치의 일반적인 특성이 아닌 것은?

① 운전유지비용이 큼
② 압력손실이 적음
③ 제진효율이 좋지 않음
④ 장치의 구조가 간단함

> 풀이 중력집진장치는 운전유지비용이 적게 든다.

04 다음과 같은 특성을 지닌 집진장치는?

- 고농도 함진가스의 전처리에 사용될 수 있다.
- 배출가스의 유속은 보통 0.3~3m/s 정도가 되도록 설계한다.
- 시설의 규모는 크지만 유지비가 저렴하다.
- 압력손실은 10~15mmH$_2$O 정도이다.

① 중력집진장치
② 원심력집진장치
③ 여과집진장치
④ 전기집진장치

정답 01 ① 02 ③ 03 ① 04 ①

05 중력집진장치에서 효율 향상조건으로 옳지 않은 것은?

① 침강실 처리가스 속도가 작을수록 미립자가 포집된다.
② 침강실 입구폭이 클수록 유속이 느려지며 미세한 입자가 포집된다.
③ 침강실 내의 배기가스 기류는 균일하여야 한다.
④ 침강실의 높이가 높고 수평거리가 짧을수록 집진율이 높아진다.

 침강실의 높이가 낮고 수평거리가 길수록 집진율이 높아진다.

06 다음 중 중력집진장치에 대한 설명으로 옳지 않은 것은?

① 침강실 입구폭이 클수록 유속이 느려지며 미세한 입자가 포집된다.
② 취급입경은 $0.1 \sim 10 \mu m$이며, 유지비용은 비싼 편이다.
③ 운전 시 압력손실은 $5 \sim 15 mmH_2O$로 낮다.
④ 침강실의 높이가 낮고, 수평길이가 길수록 집진율이 높아진다.

 취급입경은 $50 \sim 1,000 \mu m$이며, 유지비용은 저렴하다.

07 직경이 $5 \mu m$이고 밀도가 $3.7 g/cm^3$인 구형의 먼지입자가 공기 중에서 중력침강할 때 종말침강속도는?(단, 스토크스 법칙이 적용되며, 공기의 밀도는 무시하고, 점성계수는 1.85×10^{-5} kg/m·s이다.)

① 약 0.27cm/s
② 약 0.32cm/s
③ 약 0.36cm/s
④ 약 0.41cm/s

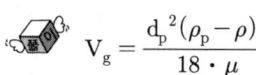 $V_g = \dfrac{d_p^2(\rho_p - \rho)g}{18 \cdot \mu}$

여기서, V_g : 중력침강속도(cm/sec)
d_p : 입자의 직경(5×10^{-4}cm)
ρ_p : 입자의 밀도($3.7 g/cm^3$)
g : 중력가속도($980 cm/sec^2$)
μ : 처리기체의 점도($1.85 \times 10^{-4} g/cm \cdot sec$)

$V_g = \dfrac{(5 \times 10^{-4})^2 (3.7) \times 980}{18 \times 1.85 \times 10^{-4}} = 0.272 (cm/sec)$

08 중력집진장치의 침강실에서 입자상 오염물질의 최종침강속도가 0.2m/s, 높이가 1.5m일 때 이것을 완전 제거하기 위하여 소요되는 이론적인 중력 침강실의 길이(m)는?(단, 집진장치를 통과하는 가스의 속도는 2m/s이고 층류를 기준으로 한다.)

① 5.0m   ② 7.5m   ③ 15.0m   ④ 17.5m

 $L = \dfrac{V \times H}{V_g}$

$= \dfrac{2 \times 1.5}{0.2} = 15(\mathrm{m})$

09 관성력 집진장치에서 집진율 향상조건으로 옳지 않은 것은?

① 일반적으로 충돌 직전의 처리가스의 속도가 느리고, 처리 후의 출구 가스속도는 빠를수록 미립자의 제거가 쉽다.
② 기류의 방향전환 각도가 작고, 방향전환 횟수가 많을수록 압력손실은 커지나 집진은 잘 된다.
③ 적당한 모양과 크기의 호퍼가 필요하다.
④ 함진가스의 충돌 또는 기류의 방향전환 직전의 가스속도가 빠르고, 방향 전환 시의 곡률반경이 작을수록 미세입자의 포집이 가능하다.

일반적으로 충돌 직전의 처리가스의 속도가 빠르고, 처리 후의 출구 가스속도는 느릴수록 미립자의 제거가 쉽다.

(3) 여과집진장치

1) **원리**

함진가스를 여러 개의 여과포에 흘러보내 관성충돌, 접촉차단, 확산 등에 의해 분리포집하는 장치이다.

[여과집진장치의 메커니즘]
> 1. 관성충돌 : 직경이 $1.0\mu m$ 이상인 입자
> 2. 접촉차단 : 직경이 $0.1 \sim 1.0\mu m$ 인 입자
> 3. 확산 : 직경이 $0.1\mu m$ 이하인 입자
> 4. 중력 : 직경이 비교적 크고 비중이 큰 입자

2) **특징**

① 폭발성 및 점착성 먼지 제거가 곤란하다.
② 수분에 대한 적응성이 낮으며, 유지비용이 많이 든다.
③ 여과속도가 작을수록 집진효율이 커진다.
④ 가스온도에 따른 여재의 사용이 제한된다.
⑤ 여과재의 교환으로 유지비가 고가이다.

[여과포의 사용온도]
> 1. 최고사용온도가 가장 높은 여과포(250℃) : 글라스파이버(유리섬유), 흑연화 섬유
> 2. 최고사용온도가 가장 낮은 여과포(80℃) : 자연섬유(목면, 양모, 사란)

3) **집진율 향상조건**

① 겉보기 여과속도가 작을수록 미세한 입자를 포집한다.
② 필요에 따라 유리섬유의 실리콘 처리 등을 하여 적합한 여포재를 선택하도록 한다.
③ 간헐식 털어내기 방식은 높은 집진율을 얻는 경우에 적합하고 연속식 털어내기 방식은 고농도의 함진가스 처리에 적합하다.

[털어내기 방법]
> 여과집진장치의 털어내기(탈진) 방법
> 1. 연속식 : 여과와 탈진을 동시에 병행하는 방식
>   충격기류 분사형(Pulse jet), 음파 제트형(Sonic jet)
> 2. 간헐식 : 여과와 탈진을 분리하는 방식
>   진동형, 역기류형, 역기류진동형

4) 여과포 소요 개수(n)

① 원통형

$$n = \frac{Q_f}{Q_i} = \frac{Q_f}{\pi \cdot D \cdot L \cdot V_f}$$

② 평판형

$$n = \frac{Q_f}{Q_i} = \frac{Q_f}{H \cdot L \cdot V_f}$$

적중예상문제

01 다음 중 여과집진장치의 효율향상조건으로 거리가 먼 것은?

① 간헐식 털어내기 방식은 높은 집진율을 얻는 경우에 적합하고, 연속식 털어내기 방식은 고농도의 함진가스 처리에 적합하다.
② 필요에 따라 유리섬유에 실리콘 처리 등을 하여 적합한 여포재를 선택하도록 한다.
③ 겉보기 여과 속도가 클수록 미세한 입자를 포집한다.
④ 여포의 파손 및 온도, 압력 등을 상시 파악하여 기능의 손상을 방지한다.

 겉보기 여과 속도가 작을수록 미세한 입자를 포집한다.

02 백필터(Bag Filter)의 특징으로 틀린 것은?

① 폭발성 및 점착성 먼지 제거가 곤란하다.
② 수분에 대한 적응성이 낮으며, 유지비용이 많이 든다.
③ 여과 속도가 클수록 집진효율이 커진다.
④ 가스 온도에 따른 여재의 사용이 제한된다.

 여과 속도가 작을수록 집진효율은 커진다.

03 다음 여과집진장치의 탈진방법으로 가장 거리가 먼 것은?

① 진동형   ② 세정형   ③ 역기류형   ④ Pulse Jet형

04 다음 중 여과집진장치에 대한 설명으로 옳은 것은?

① 350℃ 이상의 고온의 가스처리에 적합하다.
② 여과포의 종류와 상관없이 가스상 물질도 효과적으로 제거할 수 있다.
③ 압력손실이 약 20mmH$_2$O 전후이며, 다른 집진장치에 비해 설치면적이 작고, 폭발성 먼지제거에 효과적이다.
④ 집진원리는 직접 차단, 관성 충돌, 확산 등의 형태로 먼지를 포집한다.

정답 01 ③ 02 ③ 03 ② 04 ④

여과집진장치의 특징
㉠ 폭발성 및 점착성 먼지 제거가 곤란하다.
㉡ 수분에 대한 적응성이 낮으며, 유지비용이 많이 든다.
㉢ 여과 속도가 작을수록 집진효율이 커진다.
㉣ 가스 온도에 따른 여재의 사용이 제한된다.
㉤ 여과재의 교환으로 유지비가 고가이다.

05 여과집진장치의 주된 집진원리와 가장 거리가 먼 것은?

① 증습　　　　② 관성 충돌　　　　③ 확산　　　　④ 차단

 집진원리는 직접 차단, 관성 충돌, 확산 등의 형태로 먼지를 포집한다.

06 여과집진장치에 대한 설명으로 맞는 것은?

① 겉보기 여과 속도가 클수록 미세입자를 포집한다.
② 부착 먼지를 털어내는 방식에는 간헐식과 연속식이 있다.
③ 여포의 손상과 온도 및 압력은 무관하다.
④ 여포재 선택 시 매연의 성상은 중요하지 않다.

07 직경이 30cm, 길이가 15m인 여과자루를 사용하여 농도가 $3g/m^3$의 배출가스를 $1,000m^3/min$으로 처리하였다. 여과속도가 1.5cm/s일 때 필요한 여과자루의 개수는?

① 75개　　　　② 79개　　　　③ 83개　　　　④ 87개

 $n = \dfrac{Q_f}{Q_i} = \dfrac{Q_f}{\pi \cdot D \cdot L \cdot V_f}$

㉠ $Q_f = 1,000(m^3/min) = 16.667(m^3/sec)$
㉡ $Q_i = A \times V = \pi \times D \times L \times V_f = \pi \times 0.3 \times 15 \times 0.015 = 0.212(m^3/sec)$

∴ $n = \dfrac{16.667}{0.212} = 78.62 = 79(개)$

정답　05 ①　06 ②　07 ②

08 여과집진장치에서 지름 0.3m, 길이 3m인 원통형 여과포 18개를 사용하여 유량이 30m³/min인 가스를 처리할 경우에 여과포의 표면 여과속도는 얼마인가?

① 0.39m/min　　② 0.59m/min　　③ 0.79m/min　　④ 0.99m/min

$n = \dfrac{Q_f}{Q_i} = \dfrac{Q_f}{\pi \cdot D \cdot L \cdot V_f}$

$Q_i = \dfrac{Q_f}{n} = \dfrac{30}{18} = 1.667 (m^3/min)$

$Q_i = A \times V = \pi \times D \times L \times V_f = \pi \times 0.3 \times 3 \times V = 1.667(m^3/min)$

$\therefore V = 0.59(m/min)$

09 직경 20cm, 유효높이 16m인 여과자루를 사용하여 농도가 5g/m³의 배출가스를 1,200m³/min으로 처리하였다. 여과 속도가 2cm/sec일 때 필요한 여과자루의 수는?

① 95　　② 96　　③ 100　　④ 107

$n = \dfrac{Q_f}{Q_i} = \dfrac{Q_f}{\pi \cdot D \cdot L \cdot V_f}$

㉠ $Q_f = 1,200(m^3/min) = 20(m^3/sec)$

㉡ $Q_i = A \times V = \pi \times D \times L \times V_f = \pi \times 0.2 \times 16 \times 0.02 = 0.201(m^3/sec)$

$\therefore n = \dfrac{20}{0.201} = 99.5 = 100(개)$

(4) 세정집진장치

1) 원리

함진가스를 세정액과 접촉시켜, 관성 충돌, 접촉 차단, 확산, 응집 등에 의해 분리 포집하는 장치이다.

[포집원리]
1. 액적에 입자가 충돌하여 부착한다.
2. 미립자 확산에 의하여 액적과의 접촉을 쉽게 한다.
3. 입자는 증기의 응결에 따라 입자의 응집성을 촉진시킨다.
4. 배기증습에 의하여 입자가 서로 응결한다.

2) 특징

① 고온가스처리에 적당하다.
② 점착성 및 조해성 먼지를 처리할 수 있다.
③ 폐수처리장치가 필요하다.
④ 포집된 먼지의 재비산 염려가 거의 없다.
⑤ 입자와 가스의 동시 처리가 가능하다.

3) 벤투리스크러버

① 목부를 만들어 세정액과 함진가스를 접촉시켜 분리 제거하는 장치이다.
② 소형으로 대량가스를 고효율로 집진할 수 있다.
③ 압력손실이 크며, 동력 소비량이 많다.
④ 압력손실 : 300~800mmH$_2$O, 액가스비 : 0.3~1.5L/m^3
⑤ 물방울 입경과 먼지 입경의 비 150 : 1

적중예상문제

01 세정집진장치에서 입자의 포집원리로 거리가 먼 것은?

① 액적에 입자가 충돌하여 부착한다.
② 미립자 확산에 의하여 액적과의 접촉을 쉽게 한다.
③ 입자는 증기의 응결에 따라 입자의 응집성을 감소시킨다.
④ 배기증습에 의하여 입자가 서로 응집한다.

 증기의 응결에 따라 입자의 응집성을 증가시킨다.

02 세정집진장치의 특징으로 거리가 먼 것은?

① 고온의 가스를 처리할 수 있다.
② 폐수처리장치가 필요하다.
③ 점착성 및 조해성 먼지를 처리할 수 없다.
④ 포집된 먼지의 재비산 염려가 거의 없다.

 점착성 및 조해성 먼지를 처리할 수 있다.

03 세정집진장치의 유지관리에 관한 설명으로 옳지 않은 것은?

① 먼지의 성상과 농도를 고려하여 액가스비를 결정한다.
② 목부는 처리가스의 속도가 매우 크기 때문에 마모가 일어나기 쉬우므로 수시로 점검하여 교환한다.
③ 기액분리기는 시설의 작동이 정지해도 잠시 공회전을 하여 부착된 먼지에 의한 산성의 세정수를 제거해야 한다.
④ 벤투리형 세정기에서 집진효율을 높이기 위해서는 될 수 있는 한 처리가스 온도를 높게 하여 운전하는 것이 바람직하다.

(5) 원심력집진장치

1) 원리

함진가스를 사이클론의 입구로 유입시켜 선회류를 형성시키면 처리가스 내의 크고 작은 입경을 가진 분진은 원심력을 얻어 선회류를 벗어나 원심력 집진기 본체 내벽에 충돌 집진된다.

2) 집진율 향상조건

① 입자의 입경 및 밀도가 클수록 집진효율이 증가한다.
② 사이클론의 반경이 작을수록 집진효율은 증가한다.
③ 입구유속에는 한계가 있지만 그 한계 내에서는 입구유속이 빠를수록 효율이 높은 반면에 압력손실도 커진다.
④ 블로다운(Blow-down) 효과를 적용하여 효율을 증대시킨다.
⑤ Dust box의 모양과 크기도 효율에 영향을 미친다.
⑥ 선회속도가 클수록 효율은 증가한다.
⑦ 고농도일 경우 병렬연결하여 사용하고, 응집성이 강한 먼지는 직렬연결(단수 3단 이내)하여 사용한다.

> **참고정리**
>
> ① 블로다운(Blow-down) : 사이클론에 있어서 처리가스량의 5~10%를 흡인하여 선회기류의 흐트러짐을 방지하고 유효원심력을 증대시키는 효과로 집진효율이 향상된다.
> ② 절단입경(Cut Size) : 50%의 집진율을 보이는 입자의 크기
> ③ 한계입경(임계입경, 최소제거입경) : 100% 집진할 수 있는 최소입경

적중예상문제

01 원심력집진장치에 관한 설명으로 옳지 않은 것은?

① 구조가 간단하고 취급이 용이한 편이다.
② 압력손실이 20mmH$_2$O 정도로 작고, 고집진율을 얻기 위한 전문적인 기술이 불필요하다.
③ 점(흡)착성 배출가스 처리는 부적합하다.
④ 블로다운 효과를 사용하여 집진효율 증대가 가능하다.

 압력손실이 51~150mmH$_2$O 정도로 큰 편이고, 고집진율을 얻기 위한 전문적인 기술이 필요하다.

02 사이클론에 있어서 처리가스량의 5~10%를 흡인하여 선회기류의 흐트러짐을 방지하고 유효 원심력을 증대시키는 효과를 무엇이라 하는가?

① 축류효과(Axial Effect)
② 나선효과(Herical Effect)
③ 먼지상자효과(Dust Box Effect)
④ 블로다운 효과(Blow-down Effect)

03 원심력집진장치에서 50%의 집진율을 보이는 입자의 크기를 일컫는 용어는?

① 극한 입경　　② 절단 입경　　③ 중간 입경　　④ 임계 입경

04 원심력집진장치에 관한 설명으로 옳지 않은 것은?

① Blow-down 현상이 발생하면 입자 재비산으로 인하여 효율이 저하된다.
② 배기관경(내관)이 작을수록 입경이 작은 입자를 제거할 수 있다.
③ 입구유속에는 한계가 있지만 그 한계 내에서는 입구유속이 빠를수록 효율이 높은 반면에 압력손실도 커진다.
④ 적당한 Dust Box의 모양과 크기도 효율에 영향을 미친다.

 블로다운 효과(Blow-down Effect)
사이클론에 있어서 처리가스량의 5~10%를 흡인하여 선회기류의 흐트러짐을 방지하고 유효원심력을 증대시키는 효과로 집진효율이 향상된다.

05 다음 중 사이클론(Cyclone)의 집진효율을 향상시키는 조건으로 가장 거리가 먼 것은?

① 배기관경(내관)을 크게 한다.
② 입구 가스속도(한계유속 내)를 빠르게 한다.
③ Skimmer와 회전깃 등을 설치한다.
④ 고농도일 경우에는 병렬로 연결하여 사용한다.

 배기관경(내관)이 작을수록 압력손실은 증가하나 집진율은 향상된다.

06 사이클론의 효율 향상에 관한 다음 설명 중 옳은 것은?

① 배기관경(내경)이 클수록 입경이 작은 먼지를 제거할 수 있다.
② 입구의 한계유속 내에서는 그 입구유속이 작을수록 효율이 높다.
③ 고농도일 경우 직렬연결하여 사용하고, 응집성이 강한 먼지는 병렬연결하여 사용한다.
④ 미세 먼지의 재비산 방지를 위해 스키머와 회전깃 등을 설치한다.

 에디현상을 방지하기 위하여 스키머와 회전깃 등을 설치한다.

07 사이클론의 집진효율에 관한 설명으로 가장 거리가 먼 것은?

① 입자의 입경 및 밀도가 작을수록 집진효율은 감소한다.
② 함진가스의 점도와 장치의 크기가 작을수록 집진효율은 증가한다.
③ 사이클론의 반경을 크게 할수록 집진효율은 증가한다.
④ 일정 한계 내에서 함진가스의 유입속도를 크게 하면 집진효율은 증가한다.

 사이클론의 반경을 작게 할수록 집진효율은 증가한다.

정답 05 ① 06 ④ 07 ③

(6) 전기집진장치

1) 원리
함진가스에 전하를 부여하여 입자(-극)가 집진판(+극)으로 이동하여 제거된다.

2) 특징
① 고온가스(약 350℃ 정도)처리가 가능하다.
② 설치면적이 크고, 초기 설치비용도 비싸다.
③ 주어진 조건에 따른 부하변동 적응이 어렵다.
④ 압력손실이 10~20mmH$_2$O로 작은 편이다.
⑤ 0.1μm 이하의 입자까지 포집이 가능하다(집진효율 우수).

3) 작용집진력
전기력, 확산력, 관성력, 중력이며, 주 집진력은 전기력이다.

[전기력의 종류]
1. 전기풍에 의한 힘
2. 입자 간에 작용하는 흡인력
3. 하전에 의한 쿨롱력
4. 전계강도에 의한 힘

4) 가장 적절한 전하량의 범위 : 10^4~10^{11} Ω·cm
① 10^4 Ω·cm 이하 : 재비산 현상이 발생하여 집진효율 감소
② 10^{11}~10^{12} Ω·cm : 불꽃방전(스파크 발생)
③ 10^{12} Ω·cm 이상 : 역전리 현상이 발생하여 집진효율 감소
④ 전기저항을 낮추기 위하여 투입하는 물질(10^{12} Ω·cm 이상)
  - NaCl, H$_2$SO$_4$, 트리메틸아민, 소다회 주입
  - 습식집진장치 사용
⑤ 전기저항을 높이기 위하여 투입하는 물질(10^4 Ω·cm 이하)
  - NH$_3$ 주입, 습도 및 온도 조절
  - 습식집진장치 사용

5) 집진효율

$$\eta = 1 - \exp\left(-\frac{A \cdot W_e}{Q}\right)$$

여기서, A : 집진면적, W_e : 입자의 겉보기 이동속도, Q : 처리가스량

적중예상문제

01 전기집진장치에 관한 설명으로 옳지 않은 것은?

① 관성력집진장치에 비해 집진효율이 높다.
② 압력손실이 커서 동력비가 많이 소요된다.
③ 약 350℃ 정도의 고온가스를 처리할 수 있다.
④ 전압변동과 같은 조건변동에 쉽게 적응하기 어렵다.

전기집진장치 압력손실이 10~20mmH$_2$O로 작은 편이다.

02 전기집진장치의 장점으로 가장 적합한 것은?

① 고온가스(약 350℃ 정도)의 처리가 가능하다.
② 설치면적이 작고, 설치비용도 적은 편이다.
③ 주어진 조건에 따른 부하변동 적응이 쉽다.
④ 압력손실이 150mmH$_2$O 정도로 높아 집진율이 우수하다.

03 A전기집진장치의 집진극 면적/처리유량이 A/Q = 200(m/s)$^{-1}$로 운전되고 있다. 입구먼지농도 C_i = 100g/m^3, 출구먼지농도 C_o = 1.23g/m^{3}일 때 이 먼지의 겉보기 이동속도는?(단, Deutsch Anderson 식 $\eta = 1 - \exp\left(-\dfrac{A \cdot W_e}{Q}\right)$이용)

① 0.013m/s   ② 0.022m/s   ③ 0.029m/s   ④ 0.036m/s

$\eta = \left(1 - \dfrac{1.23}{100}\right) \times 100 = 98.77\%$

$0.9877 = 1 - \exp^{(-200 \times W_e)}$

$\exp^{(-200 \times W_e)} = 0.0123$

$-200 \times W_e = \ln 0.0123$

∴ $W_e = 0.0219 (\text{m/sec})$

정답 01 ② 02 ① 03 ②

04 A전기집진장치의 집진극 면적/처리유량이 A/Q = 200(m/s)$^{-1}$로 운전되고 있다. 입구먼지 농도 C_i = 100g/m³, 출구먼지농도 C_o = 0.3g/m³일 때 이 먼지의 겉보기 이동속도 W_e(m/s) 는?(단, Deutsch Anderson 식 $\eta = 1 - \exp\left(-\dfrac{A \cdot W_e}{Q}\right)$ 이용)

① 0.013m/s　　② 0.018m/s　　③ 0.029m/s　　④ 0.036m/s

$\eta = (1 - \dfrac{0.3}{100}) \times 100 = 99.7\%$
$0.997 = 1 - \exp^{(-200 \times W_e)}$
$\exp^{(-200 \times W_e)} = 0.003$
$-200 \times W_e = \ln 0.003$
∴ $W_e = 0.029 (\text{m/sec})$

05 효율 90%인 전기집진기를 효율 99.9%가 되도록 개조하고자 한다. 개조 전보다 집진극의 면적을 몇 배로 늘려야 하는가?(단, Deutsch Anderson 식 $\eta = 1 - \exp\left(-\dfrac{A \cdot W_e}{Q}\right)$ 적용하고, 기타 조건은 고려하지 않는다.)

① 2배　　② 3배　　③ 6배　　④ 9배

㉠ 90%일 때 A=ln(1−0.9) · K=−2.303
㉡ 99.9%일 때 A=ln(1−0.999) · K=−6.907
∴ $\dfrac{A99.9}{A90} = \dfrac{-6.907}{-2.303} = 3(\text{배})$

06 다음 중 전기집진장치에서 먼지의 겉보기 전기저항이 10^{12} Ω · cm보다 높은 경우 투입하는 물질로 거리가 먼 것은?

① NaCl　　② NH₃　　③ H₂SO₄　　④ Soda Lime(소다회)

역전리 현상 시 주입하는 물질
NaCl, H₂SO₄, 트리메틸아민, 소다회 주입, 습식집진장치 사용

07 전기집진장치에서 먼지의 전기저항을 낮추기 위하여 사용하는 방법으로 거리가 먼 것은?

① SO₃ 주입　　② 수증기 주입　　③ NaCl 주입　　④ 암모니아가스 주입

정답 04 ③　05 ②　06 ②　07 ④

5 환기 및 통풍장치

(1) 후드

1) 후드의 종류

① 포위형 : 유독물질 처리공정에 적합하다.
② 포집형 : 작업 개구면이 있어 포위형보다 잉여공기량이 많다.
③ 외부 설치형 : 일반 환기용으로 많이 이용되며 잉여공기량이 가장 많다.
④ 수형 : 오염물질이 진행되는 방향에 후드가 있는 형태로 관성력이나 열상승력 등으로 포집한다.

2) 후드의 흡인요령

① 충분한 포착속도를 유지한다.
② 후드의 개구면적을 가능한 한 작게 한다.
③ 후드를 최대한 발생원에 근접시킨다.
④ 국부적인 흡인방식을 택한다.

> **참고정리**
>
> ① 포착속도 : 오염물질을 오염원에서 후드로 이동시키기 위한 속도
> ② 무효점(Null Point) : 오염원으로부터 배출된 오염원의 운동량이 소실되어 그 속도가 0에 이르는 점

> **참고정리**
>
> ✔ 공식정리
>
> 1. 연속방정식
> $$Q = A \times V$$
>   여기서, Q : 유량(m^3/sec), A : 단면적(m^2), V : 유속(m/sec)
>
> 2. 송풍기 소요 동력
> $$kW = \frac{\Delta P \cdot Q}{102 \times \eta} \times \alpha$$
>   여기서, ΔP : 압력손실(mmH_2O), Q : 처리가스량(m^3/sec), α : 여유율
>
> 3. 상당직경(D_O) = $\dfrac{2ab}{a+b}$
>
> 4. 통풍력
> $$Z = 273 \times H \left(\frac{1.3}{273 + t_a} - \frac{1.3}{273 + t_g} \right)$$
> $$= 355 \times H \left(\frac{1}{273 + t_a} - \frac{1}{273 + t_g} \right)$$
>   여기서, Z : 통풍력(mmH_2O), H : 굴뚝의 높이(m), t_a : 대기의 온도(℃), t_g : 배출가스의 온도(℃)

적중예상문제

01 다음 중 후드(Hood)를 이용하여 오염물질을 효율적으로 흡인하는 요령으로 거리가 먼 것은?

① 발생원에 후드를 가급적으로 접근시킨다.
② 국부적인 흡인방식으로 주 발생원을 대상으로 한다.
③ 후드의 개구면적을 가급적 넓게 한다.
④ 충분한 포착속도를 유지한다.

 후드의 개구면적을 가급적 좁게 한다.

02 후드(Hood)의 일반적 흡인요령으로 옳지 않은 것은?

① 충분한 포착속도를 유지한다.
② 후드의 개구면적을 가능한 한 크게 한다.
③ 후드를 최대한 발생원에 근접시킨다.
④ 국부적인 흡인방식을 택한다.

 후드의 개구면적을 가급적 좁게 한다.

03 대기오염방지시설 중 환기시설 설계에서 포착속도(제어속도)의 설명이 올바르게 된 것은?

① 오염물질이 덕트를 통과하는 최소의 속도
② 오염물질을 오염원에서 후드로 이동시키기 위한 속도
③ 오염물질이 배출구를 통과하는 속도
④ 오염물질이 덕트를 통과하는 최대의 속도

 환기시설 설계에서 포착속도(제어속도)는 오염물질을 오염원에서 후드로 이동시키기 위한 속도를 말한다.

04 직경이 300mm인 관에 18m³/min의 유량으로 유체가 흐르고 있다. 이 관 단면에서의 유체 유속(m/s)은?

① 약 3.1m/s ② 약 4.2m/s
③ 약 5.3m/s ④ 약 8.1m/s

풀이 $Q = A \times V, \quad V = \dfrac{Q}{A}, \quad A = \dfrac{\pi}{4}D^2$

㉠ $A = \dfrac{\pi}{4} \times 0.3^2 = 0.07(m^2)$

㉡ $V = \dfrac{18m^3}{min} \Big| \dfrac{1}{0.07m^2} \Big| \dfrac{1min}{60sec} = 4.29(m/sec)$

05 A집진장치의 압력손실이 444mmH₂O, 처리가스량이 55m³/s인 송풍기의 효율이 77%일 때 이 송풍기의 소요동력은?

① 약 256kW ② 약 286kW ③ 약 298kW ④ 약 311kW

풀이 $kW = \dfrac{\Delta P \cdot Q}{102 \times \eta} \times \alpha$

$= \dfrac{444 \times 55}{102 \times 0.77} = 310.92(kW)$

06 공장 굴뚝에서 배출되는 가스의 유속을 피토관을 사용하여 측정하였더니 동압이 5mmH₂O이었다. 이 굴뚝 배출가스의 유속은?(단, 피토관 계수는 0.89, 굴뚝 내의 습한 배출가스의 밀도는 1.3kg/m³이다.)

① 6.34m/s ② 6.85m/s ③ 7.38m/s ④ 7.73m/s

풀이 $V = C\sqrt{\dfrac{2 \cdot g \cdot P_v}{\gamma}} = 0.89\sqrt{\dfrac{2 \times 9.8 \times 5}{1.3}} = 7.727(m/sec)$

07 가스량이 15,000m³/h인 유해가스를 흡수탑을 이용하여 정화할 때 소요되는 흡수탑의 직경은?(단, 흡수탑 내 접근 유속은 1.0m/s이다.)

① 2.3m ② 2.5m ③ 3.3m ④ 4.5m

풀이 $Q = A \times V, \quad A = \dfrac{Q}{V}, \quad A = \dfrac{\pi}{4}D^2$

㉠ $A = \dfrac{15,000m^3}{h} \Big| \dfrac{sec}{1m} \Big| \dfrac{1h}{3,600sec} = 4.1667(m^2)$

㉡ $A = \dfrac{\pi \times D^2}{4} = 4.1667(m^2) \quad D^2 = 5.305$

∴ $D = 2.3(m)$

정답 05 ④ 06 ④ 07 ①

6 유해가스 처리기술

(1) 흡수법
가스 중의 특정성분을 세정액에 흡수시키는 방법이다.

1) 흡수액의 구비조건
① 용해도가 커야 한다.
② 점성이 작아야 한다.
③ 휘발성이 작아야 한다.
④ 용매의 화학적 성질과 비슷해야 한다.
⑤ 부식성이 없어야 한다.
⑥ 가격이 저렴하고 화학적으로 안정되어야 한다.

2) 헨리의 법칙
① 일정온도에서 기체 중의 특정 성분의 압력은 용해가스의 액중 농도에 비례한다.
즉, $P=HC$의 비례관계가 성립한다.

여기서, P : 분압(atm), C : 액체 중의 농도($kmol/m^3$), H : 헨리상수($atm \cdot m^3/kmol$)

② 기체의 용매에 대한 용해도가 낮은 경우에만 헨리의 법칙이 성립한다.
③ 헨리의 법칙이 적용되는 기체는 난용성 기체로 CO, NO, NO_2, O_2, N_2, H_2 등이다.

3) 흡수장치

구분	분무탑	충전탑	다공판탑
처리방법	분무탑 내의 상부에서 노즐을 이용하여 흡수액을 분사하고 오염가스는 하부에서 상부로 주입하여 오염가스와 흡수액을 접촉시켜 처리한다.	충전탑 내에 충전물질을 충전하고 상부에서 흡수액을 하부에서 오염가스를 주입하여 충전물질을 통과하게 하여 처리한다.	오염된 가스가 다공판 위에 기포현상을 나타내면서 흡수제로 제거하는 방법
운전조건	• 가스속도 : 1~3m/sec • 액가스비 : 0.5~1.5L/m^3 • ΔP : 50~150mmH$_2$O	• 가스속도 : 0.3~1m/sec • 액가스비 : 1~10L/m^3 • ΔP : 80~100mmH$_2$O	• 가스속도 : 0.3~1m/sec • 액가스비 : 0.3~5L/m^3 • ΔP : 100~200mmH$_2$O
장점	• 구조가 간단하고 압력손실이 적다. • 침전물이 생기는 경우에 적당하다. • 충전탑보다 저렴하다.	• 급수량이 적당하면 효과가 확실하다. • 가스량이 변해도 적응성이 높다. • 압력손실이 적다.	• 소량의 세정수로 처리가 가능하다. • 판수가 증가하면 대량가스 처리가 가능하다.
단점	• 노즐이 잘 막힌다. • 효율이 불확실하고 편류가 발생한다.	• 가스유속 과대 시 조작이 어렵다. • 충전물의 가격이 고가이다.	• 구조가 복잡하고, 효율이 낮다.

> **참고정리**
>
> ✔ **충전물의 종류**
>   ① 라시히링
>   ② 폴링
>   ③ 베를 새들
>   ④ 인터록스 새들
>   ⑤ 텔러레트
>
> ✔ **충전물의 구비조건**
>   ① 단위용적당 비표면적이 커야 한다.
>   ② 마찰저항이 작아야 한다.
>   ③ 압력손실이 작고 충전밀도가 커야 한다.
>   ④ 내식성과 내열성이 커야 한다.
>   ⑤ 공극이 커야 한다.
>
> ✔ **홀드업(Hold-Up)**
>   충전층 내의 액보유량
>
> ✔ **범람현상(Flooding)**
>   처리가스 유속이 과대할 경우 범람하는 현상을 말하며, 충전탑의 적절한 유속 범위는 플러딩 유속의 40~70%이다.

적중예상문제

01 흡수공정으로 유해가스를 처리할 때, 흡수액이 갖추어야 할 요건으로 옳지 않은 것은?

① 용해도가 커야 한다.
② 점성이 작아야 한다.
③ 휘발성이 커야 한다.
④ 용매의 화학적 성질과 비슷해야 한다.

　흡수액은 휘발성이 작아야 한다.

02 유해가스를 흡수액에 흡수시켜 제거하려고 한다. 흡수 효율에 영향을 미치는 인자로 가장 거리가 먼 것은?

① 기-액 접촉시간 및 접촉면적
② 흡수액에 대한 유해가스의 용해도
③ 유해가스의 분압
④ 동반가스(Carrier Gas)의 활성도

　동반가스(Carrier Gas)의 활성도는 상관이 없다.

03 흡수장치에 관한 다음 설명 중 옳지 않은 것은?

① 충전탑은 온도변화가 큰 곳에 적응성이 크다.
② 스프레이탑은 구조가 간단하고 압력손실이 작다.
③ 사이클론스크러버는 대용량의 가스처리가 가능하다.
④ 다공판탑은 포종탑에 비해 다량의 가스를 처리할 수 있다.

04 다음 흡수장치 중 장치 내의 가스속도를 가장 크게 해야 하는 것은?

① 분무탑
② 벤투리스크러버
③ 충진탑
④ 기포탑

　벤투리스크러버의 유속은 60~90(m/sec)로 가장 크다.

05 유해가스 처리기술 중 헨리의 법칙을 이용하여 오염가스를 제거하는 방법으로 가장 적합한 것은?

① 흡수
② 흡착
③ 연소
④ 집진

정답 01 ③ 02 ④ 03 ① 04 ② 05 ①

06 다음 중 헨리의 법칙이 가장 잘 적용되는 기체는?

① O_2　　　② HCl　　　③ SO_2　　　④ HF

 헨리의 법칙은 난용성 기체에 적용하는 법칙이다.

07 다음 중 헨리의 법칙을 적용하기 가장 어려운 것은?

① CO　　　② NO　　　③ HF　　　④ O_2

 대표적인 난용성 기체에는 NO, NO_2, CO, O_2가 있다.

08 다음 중 헨리의 법칙에 관한 설명으로 가장 적합한 것은?

① 기체의 용매에 대한 용해도가 높은 경우에만 헨리의 법칙이 성립한다.
② HCl, HF, SO_2 등은 헨리의 법칙이 잘 적용되는 기체이다.
③ 일정온도에서 특정 유해가스의 압력은 용해가스의 액중 농도에 비례한다.
④ 헨리정수는 온도변화에 상관없이 동일 성분 가스는 항상 동일한 값을 가진다.

 문제 6번 해설 참조

09 A기체와 물이 30℃에서 평형상태에 있다. 기상에서의 A의 분압이 40mmHg일 때, 수중에서의 A기체의 액중농도는?(단, 30℃에서 A기체의 물에 대한 헨리상수는 $1.60 \times 10^1 (atm \cdot m^3/kmol)$이다.)

① $2.29 \times 10^{-3} kmol/m^3$　　　② $3.29 \times 10^{-3} kmol/m^3$
③ $2.29 \times 10^{-2} kmol/m^3$　　　④ $3.29 \times 10^{-2} kmol/m^3$

 $P = H \times C, \quad C = \dfrac{P}{H}$

$C(kmol/m^3) = \dfrac{40mmHg}{} \left| \dfrac{kmol}{1.6 \times 10^1 atm \cdot m^3} \right| \dfrac{1atm}{760mmHg} = 3.29 \times 10^{-3} (kmol/m^3)$

10 SO_2 기체와 물이 30℃에서 평형상태에 있다. 기상에서의 SO_2 분압이 44mmHg일 때 액상에서의 SO_2 농도는?(단, 30℃에서 SO_2 기체의 물에 대한 헨리상수는 1.60×10 atm·m³/kmol이다.)

① 2.51×10^{-4} kmol/m³
② 2.51×10^{-3} kmol/m³
③ 3.62×10^{-4} kmol/m³
④ 3.62×10^{-3} kmol/m³

$$P = H \times C, \quad C = \frac{P}{H}$$

$$C(kmol/m^3) = \frac{44mmHg}{} \left| \frac{kmol}{1.6 \times 10 atm \cdot m^3} \right| \frac{1atm}{760mmHg} = 3.62 \times 10^{-3} (kmol/m^3)$$

11 어떤 유해가스의 기상 분압이 38mmHg일 때 그 성분의 액상에서의 농도가 2.5kmol/m³으로 평형을 이루고 있다. 이때 헨리상수(atm·m³/kmol)는?

① 0.02　　② 0.04　　③ 0.062　　④ 0.08

$$H(atm \cdot m^3/kmol) = \frac{P}{C} = \frac{38mmHg}{} \left| \frac{m^3}{2.5kmol} \right| \frac{1atm}{760mmHg} = 0.02(atm \cdot m^3/kmol)$$

12 다음에서 설명하는 기체에 관한 법칙은?

> 일정온도에서 기체 중의 특정 성분의 분압 P(atm)와 액체 중의 농도 C(kmol/m³) 사이에는 P=HC의 비례 관계가 성립한다.

① 보일의 법칙　　② 샤를의 법칙　　③ 헨리의 법칙　　④ 보일-샤를의 법칙

13 충전탑(Packed Tower)에 채워지는 충전물의 구비조건으로 틀린 것은?

① 단위용적에 대하여 비표면적이 작을 것
② 마찰저항이 작을 것
③ 압력손실이 작고 충전밀도가 클 것
④ 내식성과 내열성이 클 것

충전물은 단위용적에 대하여 비표면적이 커야 한다.

10 ④　11 ①　12 ③　13 ①

14 충전탑(Packed Tower)에서 충전물의 구비조건으로 틀린 것은?

① 단위용적에 대한 표면적이 커야 한다.
② 공극률이 크며, 압력손실이 작아야 한다.
③ 액의 홀드업(Hold Up)이 커야 한다.
④ 마찰저항이 작아야 한다.

> 풀이 충전물은 액의 홀드업(Hold Up)이 작아야 한다.

15 다음 중 수세법을 이용하여 제거시킬 수 있는 오염물질로 가장 거리가 먼 것은?

① NH_3 ② SO_2 ③ NO_2 ④ Cl_2

> 풀이 난용성 기체인 NO_2는 수세법을 적용하기 어렵다.

16 다음 중 상온에서 물에 대한 용해도가 가장 큰 기체는?

① SO_2 ② CO_2 ③ HCl   ④ H_2

> 풀이 용해도의 크기
> HCl > HF > SO_2

정답 14 ③   15 ③   16 ③

(2) 흡착법

1) 흡착법의 적용

① 오염물이 비연소성이거나 연소시키기 어려운 경우
② 오염물을 회수할 가치가 있는 경우
③ 배기 내의 오염물 농도가 대단히 낮을 경우

2) 흡착방법

① 물리적 흡착
- 반데르발스 힘(Van der Waals Force)이 클수록 흡착이 잘 이루어진다.
- 온도는 낮을수록, 압력은 높을수록 흡착이 잘 이루어진다.
- 가역적 반응(재생이 가능하다.)
- 다분자층 흡착

② 화학적 흡착
- 비가역적 흡착(재생이 불가능하다.)
- 단분자층 흡착
- 반응열 생성

3) 흡착제의 종류

활성탄, 실리카겔, 활성 알루미나, 합성 제올라이트, 보크사이트, 마그네시아 등이 있으며 가장 일반적으로 많이 이용되는 흡착제는 활성탄이다.

4) 흡착장치의 비교

구분	고정층 흡착장치	이동층 흡착장치	유동층 흡착장치
원리	활성탄을 충전한 흡착층에 가스를 통과시켜 흡착하는 방식으로 흡착탑은 반드시 2기 이상 있어야 한다.	흡착제를 상부에서 하부로 오염가스를 하부에서 상부로 이동시켜 처리하는 방식이다.	비중이 가벼운 흡착제를 이용하여 대량가스처리에 적합하다.
특징	• 소량가스 처리에 적합하다. • 고효율 집진이 가능하다. • 1기는 흡착, 1기는 탈착이 이루어지는 형태이다.	• 흡착제가 이동한다. • 대량가스처리에 적합하다. • 유동층에 비해 가스유속이 적다. • 흡착제 사용량이 적다.	• 가스의 유속이 가장 빠르다. • 다단의 유동층을 이용하여 가스와 흡착제를 향류로 이동시킬 수 있다. • 흡착제의 마모가 심하다. • 조업조건에 따른 주어진 조건의 변동이 어렵다.

적중예상문제

01 흡착에 관한 다음 설명 중 옳지 않은 것은?

① 물리적 흡착은 가역적이므로 흡착제의 재생이나 오염가스의 회수에 유리하다.
② 물리적 흡착에서 흡착량은 온도의 영향을 받지 않는다.
③ 물리적 흡착은 대체로 용질의 분압이 높을수록 증가하고 분자량이 클수록 잘 흡착된다.
④ 화학적 흡착은 물리적 흡착보다 분자 간의 결합력이 강하기 때문에 흡착과정에서의 발열량이 더 크다.

 물리적 흡착에서 흡착량은 온도가 낮을수록 증가한다.

02 물리흡착과 화학흡착에 대한 비교 설명 중 옳은 것은?

① 물리적 흡착과정은 가역적이기 때문에 흡착제의 재생이나 오염가스의 회수에 매우 편리하다.
② 물리적 흡착은 온도의 영향에 구애받지 않는다.
③ 물리적 흡착은 화학적 흡착보다 분자 간의 인력이 강하기 때문에 흡착과정에서의 발열량도 크다.
④ 물리적 흡착에서는 용질의 분자량이 적을수록 유리하게 흡착한다.

 ② 물리적 흡착에서 흡착량은 온도가 낮을수록 증가한다.
③ 화학적 흡착은 흡착과정에서 발열반응이 일어난다.
④ 물리적 흡착에서는 용질의 분자량이 클수록 유리하게 흡착한다.

03 대기오염방지시설 중 유해가스상 물질을 처리할 수 있는 흡착장치의 종류와 가장 거리가 먼 것은?

① 고정층 흡착장치　　　　　　② 촉매층 흡착장치
③ 이동층 흡착장치　　　　　　④ 유동층 흡착장치

 흡착장치에는 고정층 흡착장치, 이동층 흡착장치, 유동층 흡착장치가 있다.

정답 01 ②　02 ①　03 ②

04 흡착법에 관한 설명으로 옳지 않은 것은?

① 물리적 흡착은 Van Der Waals 흡착이라고도 한다.
② 물리적 흡착은 낮은 온도에서 흡착량이 많다.
③ 화학적 흡착인 경우 흡착과정이 주로 가역적이며 흡착제의 재생이 용이하다.
④ 흡착제는 단위질량당 표면적이 큰 것이 좋다.

 화학적 흡착인 경우 흡착과정이 주로 비가역적이다.

05 가스 중의 유해물질 또는 회수가치가 있는 가스를 흡착법으로 이용하고자 할 때, 다음 중 흡착제로 사용할 수 없는 것은?

① 활성탄　　② 알루미나　　③ 실리카겔　　④ 석영

 흡착제의 종류에는 활성탄, 실리카겔, 활성 알루미나, 합성 제올라이트, 보크사이트, 마그네시아 등이 있으며 가장 일반적으로 이용되는 흡착제는 활성탄이다.

06 오염가스를 흡착하기 위하여 사용되는 흡착제와 가장 거리가 먼 것은?

① 활성탄　　② 실리카겔　　③ 마그네시아　　④ 활성망간

07 가스상태의 오염물질을 물리적 흡착법으로 처리하려고 한다. 흡착효율을 높이기 위한 방법으로 옳은 것은?

① 접촉시간을 줄인다.　　② 온도를 내린다.
③ 압력을 감소시킨다.　　④ 흡착제의 표면적을 줄인다.

08 유해가스의 흡착처리에 흡착제의 선택 시 고려하여야 할 조건으로 적합하지 않은 것은?

① 흡착률이 우수해야 한다.
② 흡착물질의 회수가 쉬워야 한다.
③ 흡착제의 재생이 용이해야 한다.
④ 기체의 흐름에 대한 압력손실이 커야 한다.

 기체의 흐름에 대한 압력손실이 작아야 한다.

황산화물, 질소산화물 문제

01 중유의 탈황법으로 가장 실용적이며 많이 사용하는 방법은?

① 석회석에 의한 흡수탈황법
② 활성탄에 의한 흡착탈황법
③ 아황산소다 탈황법
④ 접촉수소화 탈황법

> 중유의 탈황법으로 가장 실용적이며 많이 사용하는 방법이 접촉수소화 탈황법이다.

02 연소 시 연소상태를 조절하여 질소산화물 발생을 억제하는 방법으로 가장 거리가 먼 것은?

① 저온도 연소
② 저산소 연소
③ 공급공기량의 과량 주입
④ 수증기 분무

> 질소산화물은 고온에서 생성되는 물질이기 때문에 공급공기량의 과량 주입은 적당하지 않다.

03 다음 중 연소 시 질소산화물의 저감방법으로 가장 거리가 먼 것은?

① 배출가스 재순환
② 2단 연소
③ 과잉공기량 증대
④ 연소부분 냉각

> 공기량이 약 10% 과량 주입될 경우 질소산화물은 최대가 된다.

04 다음 중 연소조절에 의한 질소산화물의 발생을 억제하는 방법으로 거리가 먼 것은?

① 과잉공기공급량을 증가시킨다.
② 연소부분을 냉각시킨다.
③ 배출가스를 재순환시킨다.
④ 2단 연소시킨다.

> 문제 3번 해설 참조

정답 01 ④ 02 ③ 03 ③ 04 ①

05 연소과정에서 생성되는 질소산화물의 특성 중 맞는 것은?

① 화염 속에서 생성되는 질소산화물은 주로 NO_2이며, 소량의 NO를 함유한다.
② 질소산화물의 생성은 연료 중의 질소와 공기 중의 질소가 산소와 반응하여 이루어진다.
③ 화염온도가 낮을수록 질소산화물의 생성량은 커진다.
④ 배기가스 중 산소분압이 낮을수록 생성이 커진다.

06 질소산화물을 촉매환원법으로 처리할 때, 어떤 물질로 환원되는가?

① N_2 ② HNO_3 ③ CH_4 ④ NO_2

 질소산화물은 N_2 형태로 환원된다.

황산화물 처리기술 문제

01 S 함량이 2.5%인 중유를 9ton/hr으로 연소하는 소각시설의 배출가스를 NaOH로 탈황하고자 할 때 이론적으로 필요한 NaOH(kg/hr)은?(단, 탈황률은 98% 기준)

① 422.3kg/hr ② 472.3kg/hr
③ 515.3kg/hr ④ 551.3kg/hr

$$S \equiv 2NaOH$$
$$32 : 2\times 40kg$$
$$\frac{9{,}000kg}{h} \left| \frac{2.5}{100} \right| \frac{98}{100} : X$$
$$\therefore X = 551.3(kg/hr)$$

02 황 함유량 1.5%인 중유를 10ton/hr로 연소하는 보일러에서 배기가스를 NaOH 수용액으로 처리한 후 황 성분을 전량 Na_2SO_3로 회수할 경우, 이때 필요한 NaOH의 이론량은?(단, 황 성분은 전량 SO_2로 전환된다고 한다.)

① 375kg/hr ② 550kg/hr
③ 650kg/hr ④ 750kg/hr

$$SO_2 + 2NaOH \rightarrow Na_2SO_3 + H_2O$$
$$22.4 Sm^3 : 2 \times 40 kg$$
$$10 \times 10^3 kg \times \frac{1.5}{100} \times \frac{22.4 Nm^3}{32 kg} : X(kg/hr)$$
$$\therefore X = 375(kg/hr)$$

03 일반 보일러실에서 황 함유량이 0.8%, 비중이 0.93인 B-C유를 1,000L/hr로 소비시킬 때 방출하는 SO_2의 이론양(Sm^3/hr)은?

① 약 9.05 ② 약 6.65 ③ 약 5.21 ④ 약 14.10

$$SO_2(Sm^3/hr) = \frac{1,000L}{hr} \left| \frac{0.93kg}{L} \right| \frac{0.8}{100} \left| \frac{22.4m^3}{32kg} \right. = 5.208(Sm^3/hr)$$

04 비중 0.9, 황 성분 1.6%인 중유를 1,400L/hr로 연소시키는 보일러에서 황산화물의 시간당 발생량은?(단, 표준상태 기준, 황 성분은 전량 SO_2으로 전환된다.)

① 약 14Sm^3/hr ② 약 21Sm^3/hr ③ 약 27Sm^3/hr ④ 약 32Sm^3/hr

$$SO_2(Sm^3/hr) = \frac{1,400L}{hr} \left| \frac{0.9kg}{L} \right| \frac{1.6}{100} \left| \frac{22.4m^3}{32kg} \right. = 14.112(Sm^3/hr)$$

05 황 성분이 2.4%인 중유를 2,000kg/hr 연소하는 보일러 배기가스를 NaOH 용액으로 처리할 때, 시간당 필요한 NaOH의 양(kg/hr)은?(단, 탈황률은 95%)

① 72kg/hr ② 92kg/hr ③ 114kg/hr ④ 139kg/hr

$$SO_2 + 2NaOH \rightarrow Na_2SO_3 + H_2O$$
$$64kg : 2 \times 40kg$$
$$\frac{2,000kg}{hr} \left| \frac{2.4}{100} \right| \frac{64kg}{32kg} \left| \frac{95}{100} \right. : X$$
$$\therefore X(kg/hr) = 114(kg/hr)$$

06 비중 0.95, 황 성분 3.0%의 중유를 매시간마다 1kL씩 연소시키는 공장 배출가스 중 SO_2(kg/hr)량은?(단, 중유 중 황 성분의 90%가 SO_2로 되며, 온도변화 등 기타 변화는 무시한다.)

① 56.8kg/hr ② 51.3kg/hr ③ 45.6kg/hr ④ 42.5kg/hr

정답 03 ③ 04 ① 05 ③ 06 ②

$SO_2(kg/hr) = \dfrac{1kL}{hr} \Big| \dfrac{0.95kg}{L} \Big| \dfrac{3}{100} \Big| \dfrac{1,000L}{1kL} \Big| \dfrac{64}{32} \Big| \dfrac{90}{100} = 51.3(kg/hr)$

07 황 성분 1.1%인 중유를 15ton/hr으로 연소할 때 배출되는 가스를 $CaCO_3$로 탈황하고 황을 석고($CaSO_4 \cdot 2H_2O$)로 회수하고자 할 경우 회수하는 석고의 양(ton/hr)은?(단, 황 성분은 100% SO_2로 전환되고, 탈황률은 93%이다.)

① 약 0.2 ② 약 0.5 ③ 약 0.8 ④ 약 1.4

$S \equiv CaSO_4 \cdot 2H_2O$
$32(kg) : 172(kg)$
$\dfrac{15,000kg}{hr} \Big| \dfrac{1.1}{100} \Big| \dfrac{93}{100} \quad : \quad X$
$\therefore X = 824.79(kg/hr) = 0.82(ton/hr)$

08 황(S) 함량이 2.0%인 중유를 시간당 5ton으로 연소시킨다. 배출가스 중의 SO_2를 $CaCO_3$로 완전히 흡수시킬 때 필요한 $CaCO_3$의 양을 구하면?(단, 중유 중의 황 성분은 전량 SO_2로 연소된다.)

① 278.3kg/hr ② 312.5kg/hr ③ 351.7kg/hr ④ 379.3kg/hr

$S \equiv CaCO_3$
$32(kg) : 100(kg)$
$\dfrac{5,000kg}{hr} \Big| \dfrac{2}{100} \quad : \quad X$
$\therefore X = 312.5(kg/hr)$

09 유황을 1.6% 함유하는 중유 10ton을 완전연소시키면 몇 Nm^3의 SO_2가 발생하는가?(단, 유황은 전량 SO_2로 반응한다고 가정한다.)

① $112Nm^3$ ② $160Nm^3$ ③ $224Nm^3$ ④ $320Nm^3$

$S \equiv SO_2$
$32(kg) : 22.4(Nm^3)$
$\dfrac{10,000kg}{hr} \Big| \dfrac{1.6}{100} \quad : \quad X$
$\therefore X = 112(Nm^3)$

정답 07 ③ 08 ② 09 ①

7 대기환경보전법

(1) 정의

① '대기오염물질'이란 대기오염의 원인이 되는 가스·입자상 물질로서 환경부령으로 정하는 것을 말한다.
② '기후·생태계 변화유발물질'이란 지구온난화 등으로 생태계의 변화를 가져올 수 있는 기체상 물질(氣體狀 物質)로서 온실가스와 환경부령으로 정하는 것을 말한다.
③ '온실가스'란 적외선 복사열을 흡수하거나 다시 방출하여 온실효과를 유발하는 대기 중의 가스상태 물질로서 이산화탄소, 메탄, 아산화질소, 수소불화탄소, 과불화탄소, 육불화황을 말한다.
④ '가스'란 물질이 연소·합성·분해될 때에 발생하거나 물리적 성질로 인하여 발생하는 기체상 물질을 말한다.
⑤ '입자상 물질(粒子狀 物質)'이란 물질이 파쇄·선별·퇴적·이적(移積)될 때, 그 밖에 기계적으로 처리되거나 연소·합성·분해될 때에 발생하는 고체상(固體狀) 또는 액체상(液體狀)의 미세한 물질을 말한다.
⑥ '먼지'란 대기 중에 떠다니거나 흩날려 내려오는 입자상 물질을 말한다.
⑦ '매연'이란 연소할 때에 생기는 유리(遊離) 탄소가 주가 되는 미세한 입자상 물질을 말한다.
⑧ '검댕'이란 연소할 때에 생기는 유리 탄소가 응결하여 입자의 지름이 1미크론 이상이 되는 입자상 물질을 말한다.
⑨ '특정대기유해물질'이란 사람의 건강과 재산이나 동식물의 생육(生育)에 직접 또는 간접으로 위해를 끼칠 우려가 있는 대기오염물질로서 환경부령으로 정하는 것을 말한다.
⑩ '휘발성 유기화합물'이란 탄화수소류 중 석유화학제품, 유기용제, 그 밖의 물질로서 환경부장관이 관계 중앙행정기관의 장과 협의하여 고시하는 것을 말한다.
⑪ '대기오염물질배출시설'이란 대기오염물질을 대기에 배출하는 시설물, 기계, 기구, 그 밖의 물체로서 환경부령으로 정하는 것을 말한다.
⑫ '대기오염방지시설'이란 대기오염물질배출시설로부터 나오는 대기오염물질을 없애거나 줄이는 시설로서 환경부령으로 정하는 것을 말한다.
⑬ '첨가제'란 자동차의 성능을 향상시키거나 배출가스를 줄이기 위하여 자동차의 연료에 첨가하는 탄소와 수소만으로 구성된 물질을 제외한 화학물질로서 다음 각 목의 요건을 모두 충족하는 것을 말한다.
　가. 자동차의 연료에 부피 기준(액체첨가제의 경우만 해당한다) 또는 무게 기준(고체첨가제의 경우만 해당한다)으로 1퍼센트 미만의 비율로 첨가하는 물질. 다만, 석유정제업자 및 석유수출입업자가 자동차연료인 석유제품을 제조하거나 품질을 보정(補正)하는 과정에 첨가하는 물질의 경우에는 그 첨가비율의 제한을 받지 아니한다.
　나. 「석유 및 석유대체연료 사업법」 유사석유제품에 해당하지 아니하는 물질

(2) 특정대기 유해물질

1. 카드뮴 및 그 화합물
2. 시안화수소
3. 납 및 그 화합물
4. 폴리염화비페닐
5. 크롬 및 그 화합물
6. 비소 및 그 화합물
7. 수은 및 그 화합물
8. 프로필렌 옥사이드
9. 염소 및 염화수소
10. 불소화물
11. 석면
12. 니켈 및 그 화합물
13. 염화비닐
14. 다이옥신
15. 페놀 및 그 화합물
16. 베릴륨 및 그 화합물
17. 벤젠
18. 사염화탄소
19. 이황화메틸
20. 아닐린
21. 클로로포름
22. 포름알데히드
23. 아세트알데히드
24. 벤지딘
25. 1,3-부타디엔
26. 다환 방향족 탄화수소류
27. 에틸렌옥사이드
28. 디클로로메탄
29. 스틸렌
30. 테트라클로로에틸렌
31. 1,2-디클로로에탄
32. 에틸벤젠
33. 트리클로로에틸렌
34. 아크릴로니트릴
35. 히드라진

적중예상문제

01 대기환경보전법상 용어의 정의로 옳지 않은 것은?

① '기후·생태계 변화유발물질'이란 지구온난화 등으로 생태계의 변화를 가져올 수 있는 기체상물질로서 온실가스와 환경부령으로 정하는 것을 말한다.
② '매연'이란 연소할 때에 생기는 유리탄소가 주가 되는 미세한 입자상 물질을 말한다.
③ '먼지'란 대기 중에 떠다니거나 흩날려 내려오는 입자상 물질을 말한다.
④ '온실가스'란 자외선 복사열을 흡수하여 온실효과를 유발하는 대기 중의 가스상태 물질로서 이산화탄소, 메탄, 이산화질소, 수소불화탄소, 과불화탄소, 육불화황을 말한다.

02 대기환경보전법상 특정대기유해물질이 아닌 것은?

① 석면
② 시안화수소
③ 망간화합물
④ 사염화탄소

03 다음 대기오염물질 중 특정대기유해물질에 해당하지 않는 것은?

① 프로필렌 옥사이드
② 석면
③ 벤지딘
④ 이산화황

정답 01 ④ 02 ③ 03 ④

MEMO

PART 02 수질환경

Craftsman Environmental

Chapter 01 수질공학의 기초
Chapter 02 수자원 및 물의 특성
Chapter 03 수질오염지표
Chapter 04 호소수 및 해수관리
Chapter 05 미생물
Chapter 06 물리적 처리
Chapter 07 화학적 처리
Chapter 08 생물학적 처리
Chapter 09 고도처리
Chapter 10 분뇨 및 슬러지 처리
Chapter 11 기타 오염물질 처리
Chapter 12 공정시험 기준

수질공학의 기초

1 수소이온농도(pH)

① 정의 : 수소이온농도 역수의 상용대수 값

② 관계식

$$pH = \log\frac{1}{[H^+]} = -\log[H^+], \quad [H^+] = mol/L$$

$$pOH = \log\frac{1}{[OH^-]} = -\log[OH^-], \quad [OH^-] = mol/L$$

$$[H^+] = 10^{-pH} \qquad [OH^-] = 10^{-pOH}$$

$$pH = 14 - pOH \qquad pOH = 14 - pH$$

③ 특성
  ㉠ 물의 반응, 즉 알칼리성, 산성, 중성의 정도를 나타내는 데 사용한다.
  ㉡ pH 7이 중성, 7 이상은 알칼리성, 7 이하는 산성으로 분류하며 수소 지수라고도 한다.
  ㉢ 수소이온농도가 높을수록 pH는 낮아진다.

2 중화적정

산과 염기가 반응하는 것을 중화라 하며, 완전중화와 불완전중화가 있다.

① 완전중화
  ㉠ 산의 당량(eq) = 염기의 당량(eq)
  ㉡ $[H^+] = [OH^-]$
  ㉢ 혼합액의 pH = 7
      $NVf = N'V'f'$

② 불완전중화

　　㉠ 산의 당량(eq) ≠ 염기의 당량(eq)

　　㉡ $[H^+] \neq [OH^-]$

　　㉢ 혼합액의 pH ≠ 7

$$N_o = \frac{N_1V_1 - N_2V_2}{V_1 + V_2}$$

　　여기서, N_o : 혼합액의 N 농도

3 산화와 환원

① 산화
- 산소와 화합하는 현상
- 수소화합물에서 수소를 잃는 현상
- 전자 수가 감소하는 현상
- 산화 수가 증가하는 현상

② 환원
- 산소와 분리되는 현상
- 수소화합물에서 수소와 결합하는 현상
- 전자 수가 증가하는 현상
- 산화 수가 감소하는 현상

적중예상문제

01 1M H$_2$SO$_4$ 10mL를 1M NaOH로 중화할 때 소요되는 NaOH의 양은?

① 5mL   ② 10mL   ③ 15mL   ④ 20mL

> N · V · f = N′ · V′ · f′
> 2 × 10 = 1 × X
> ∴ X = 20(mL)

02 0.5M H$_2$SO$_4$ 10mL를 1M NaOH로 중화할 때 소요되는 NaOH의 양은?

① 5mL   ② 10mL   ③ 15mL   ④ 20mL

> N · V · f = N′ · V′ · f′
> 1 × 10 = 1 × X
> ∴ X = 10(mL)

03 1mM의 수산화칼슘이 녹아 있는 수용액의 pH는 얼마인가?(단, 수산화칼슘은 완전해리한다.)

① 2.7   ② 4.5   ③ 9.5   ④ 11.3

> Ca(OH)$_2$ → Ca^{2+} + 2OH$^-$
> 1mM   :   2mM
> pOH = $-\log[\text{OH}^-] = -\log[2 \times 10^{-3}] = 2.699$
> ∴ pH = 14 − pOH = 14 − 2.699 = 11.3

04 0.001M−HCl 용액의 pH는?(단, HCl은 100% 이온화된다.)

① 1   ② 2   ③ 3   ④ 4

> HCl → H$^+$ + Cl$^-$
> 0.001M : 0.001M
> ∴ pH = $-\log[\text{H}^+] = -\log[0.001] = 3$

정답 01 ④ 02 ② 03 ④ 04 ③

05 염산(HCl) 0.001mol/L의 pH는?(단, 이 농도에서 염산은 100% 해리한다.)

① 2　　　② 2.5　　　③ 3　　　④ 3.5

06 0.01N-HCl 용액의 pH는 얼마인가?(단, HCl은 100% 이온화한다.)

① 1　　　② 2　　　③ 3　　　④ 4

> 풀이
> $HCl \rightarrow H^+ + Cl^-$
> 0.01M : 0.01M
> $pH = -\log[H^+] = -\log[0.01] = 2$

07 수소이온농도가 3.9×10^{-6} mol/L인 경우 용액의 pH는?

① 3.4　　　② 4.4　　　③ 5.4　　　④ 6.4

> 풀이
> $pH = -\log[H^+]$
> $pH = -\log[3.9 \times 10^{-6}] = 5.4$

08 pH 2인 용액의 수소이온[H^+] 농도(mol/L)는?

① 0.01　　　② 0.1　　　③ 1　　　④ 100

> 풀이
> $[H^+] = 10^{-pH}$
> $[H^+] = 10^{-2} = 0.01 \, (mol/L)$

09 pH 9인 용액[OH^-]의 농도(mol/L)는?

① 10^{-1}　　　② 10^{-5}　　　③ 10^{-9}　　　④ 10^{-11}

> 풀이
> $[H^+] = 10^{-9}$　$[OH^-] = 10^{-(14-pH)} = 10^{-5} (mol/L)$

10 농도를 알 수 없는 염산 50mL를 완전히 중화시키는 데 0.4N 수산화나트륨 25mL가 소모되었다. 이 염산의 농도는?

① 0.2N　　　② 0.4N　　　③ 0.6N　　　④ 0.8N

정답　05 ③　06 ②　07 ③　08 ①　09 ②　10 ①

풀이 N · V = N′ · V′
X×50 = 0.4×25
∴ X = 0.2N

11 0.05%는 몇 ppm인가?

① 5ppm   ② 50ppm   ③ 500ppm   ④ 5,000ppm

풀이 $1\% = 10^4 \text{ppm}$, $0.05\% = 500 \text{ppm}$

12 다음 중 수중의 알칼리도를 ppm 단위로 나타낼 때 기준이 되는 물질은?

① $Ca(OH)_2$ ② CH_3OH ③ $CaCO_3$ ④ HCl

13 234ppm의 NaCl 용액의 농도는 몇 M인가?(단, 원자량은 Na : 23, Cl : 35.5이며, 용액의 비중은 1.0)

① 0.002   ② 0.004   ③ 0.025   ④ 0.050

풀이 $X(\text{mol/L}) = \dfrac{234\text{mg}}{L} \left| \dfrac{1\text{mol}}{58.5\text{g}} \right| \dfrac{1\text{g}}{10^3\text{mg}} = 0.004(\text{mol/L})$

14 0.04M NaOH 용액을 mg/L로 환산하면?

① 1.6mg/L   ② 16mg/L   ③ 160mg/L   ④ 1,600mg/L

풀이 $X(\text{mg/L}) = \dfrac{0.04\text{mol}}{L} \left| \dfrac{40\text{g}}{1\text{mol}} \right| \dfrac{10^3\text{mg}}{1\text{g}} = 1,600(\text{mg/L})$

15 0.01N-NaOH 용액의 농도를 ppm으로 옳게 나타낸 것은?

① 40   ② 400   ③ 4,000   ④ 40,000

풀이 $X(\text{mg/L}) = \dfrac{0.01\text{eq}}{L} \left| \dfrac{40\text{g}}{1\text{eq}} \right| \dfrac{10^3\text{mg}}{1\text{g}} = 400(\text{mg/L})$

정답 11 ③   12 ③   13 ②   14 ④   15 ②

16 0.1M NaOH 1L, 0.01M H₂SO₄로 중화 적정할 때 이론적으로 소비되는 황산량은?

① 5mL   ② 10mL   ③ 15mL   ④ 20mL

$N \cdot V = N' \cdot V'$
$0.1 \times 1 = 0.02 \times X$
$X = 5(mL)$

17 농도를 알 수 없는 염산 50mL를 완전히 중화시키는 데 0.4N 수산화나트륨 25mL가 소모되었다. 이 염산의 농도는?

① 0.2N   ② 0.4N   ③ 0.6N   ④ 0.8N

$N \cdot V = N' \cdot V'$
$X \times 50 = 0.4 \times 25$
$X = 0.2(N)$

18 물에 주입된 염소의 약 23%는 HOCl로, 77%는 해리된 OCl⁻로 존재하는 pH의 개략값으로 가장 적합한 것은?

① pH 3   ② pH 5   ③ pH 8   ④ pH 11

19 pH에 관한 설명으로 옳지 않은 것은?

① pH는 수소이온농도를 그 역수의 상용대수로서 나타내는 값이다.
② pH 표준액의 조제에 사용되는 물은 정제수를 증류하여 그 유출액을 15분 이상 끓여서 이산화탄소를 날려 보내고 산화칼슘 흡수관을 달아 식힌 후 사용한다.
③ pH 표준액 중 보통 산성 표준액은 3개월, 염기성 표준액은 산화칼슘 흡수관을 부착하여 1개월 이내에 사용한다.
④ pH 미터는 보통 아르곤전극 및 산화전극으로 된 지시부와 검출부로 되어 있다.

pH 미터는 크게 검출부와 지시부로 구성되어 있는데, 검출부는 유리전극과 비교전극으로부터 기전력을 검출하는 일을 하며, 지시부는 검출부에서 검출한 기전력을 pH로 알려주는 역할을 한다.

20 다음 중 산화에 해당하는 것은?

① 수소와 화합   ② 산소를 잃음   ③ 전자를 얻음   ④ 산화수 증가

 산화
　㉠ 산화수 증가
　㉡ 수소 및 전자를 빼앗기는 반응
　㉢ 산소와 화합하는 반응
　㉣ 산화제는 전자를 얻는 물질이며 전자를 얻는 힘이 클수록 강한 산화제

21 다음 중 산화(Oxidation)반응의 개념으로 옳지 않은 것은?

① 산소와 화합하는 현상   ② 수소화합물에서 수소를 잃는 현상
③ 전자를 받아들이는 현상   ④ 산화수가 증가하는 현상

22 다음 중 표준대기압(1atm)이 아닌 것은?

① 760mmHg   ② 14.7PSI   ③ 10.33mH$_2$O   ④ 1,013N/m^2

 1atm = 760mmHg = 14.7PSI = 10.33mH$_2$O = 101.3×10^{3}N/m^2

수자원 및 물의 특성

1 물의 특성

물은 수소와 산소가 공유결합을 하고 있으며, 물분자 사이는 수소결합에 의하여 연결된 상태다. 물은 이러한 수소결합의 형태에 따라 액체(물), 기체(수증기) 및 고체(얼음) 형태로 존재한다.

① 물은 액체상태에서는 수소와 산소의 공유결합 및 수소결합으로 되어 있다.
② 물분자는 H^+와 OH^-로 극성을 이루므로 모든 용질에 대하여 가장 유효한 용매이다.
③ 물은 광합성의 수소 공여체이며 호흡의 최종산물로서 생체의 중요한 대사물이 된다.
④ 물은 비열이 커서 수온의 급격한 변화를 방지하므로 생물의 활동이 가능한 기온이 유지된다.
⑤ 물은 2개의 수소원자가 산소원자를 사이에 두고 104.5°의 결합각을 가진 구조로 되어 있다.
⑥ 물은 고체상태인 경우 수소결합에 의해 육각형 결정구조를 가진다.
⑦ 물은 융해열이 커서 생물체의 결빙을 막아준다.

2 물의 부존량과 순환

(1) 지구상의 물(100%)

1) 해양(해수) : 97.2%

2) 담수 : 2.8%

① 극지방의 얼음, 빙하 : 담수의 70~80%
② 지표수(하천수, 호수, 저수지)
③ 지하수(천층수, 심층수, 복류수, 용천수)
- 사람이 이용할 수 있는 물 : 전체 물(100%) 중 0.6%
- 사람이 쉽게 이용할 수 있는 물 : 전체 물(100%) 중 0.01% 이하
- 총 담수 중 실제 생활에 바로 이용 가능한 물 : 11%

3 수자원의 특성

(1) 자연수의 특성

① 순수(자연수) : pH 7
② 정상강우의 pH : 5.65(대기 중 CO_2(350ppm)가 물에 포화상태로 존재)
③ 대기 중 산성 기체(SO_X, NO_X, HCl 등)가 용해되어 pH 5.6 이하인 비를 산성비라 한다.
④ 산성비의 영향
  ㉠ 눈이나 피부를 자극하는 등 인체에 영향을 준다.
  ㉡ 농작물이나 건물의 부식 등 재산상에 영향을 준다.
  ㉢ 호소나 토양, 동식물 등에 영향을 준다.
⑤ 자연수의 pH
  ㉠ pH < 5 : CO_2가 주로 존재
  ㉡ pH : 5~9 : HCO_3^-가 주로 존재
  ㉢ pH > 9 : CO_3^{2-}로 존재
  ㉣ pH > 11 : OH^-가 주로 존재
⑥ 유기물의 분해가 일어나면 유기물 중 탄소(C)가 CO_2로 배출되기 때문에 물은 산성이 된다.
⑦ 조류가 번성하면 낮에는 광합성 작용으로 pH가 증가하고, 밤에는 호흡작용으로 pH가 감소한다.

(2) 지표수의 특징(하천수, 호소수, 저수지수)

① 산소농도가 높다.
② 지하수에 비해 알칼리도와 경도가 낮다.
③ 유기물 함량이 높다.
④ 계절에 따른 수온변화가 심하다.
⑤ 갈수시와 홍수시의 농도변화가 심하다.

(3) 지하수의 특성

1) 정의 : 지표수가 지층을 통과하여 존재하는 물을 말한다.

2) 지하수의 특징

① 국지적인 환경조건의 영향을 크게 받는다.
② 주로 세균에 의한 유기물 분해작용이 일어난다.
③ 지표수보다 수질변동이 적으며, 유속이 느리고, 수온변화가 적다.
④ 미생물이 거의 없고, 산소농도가 낮으며, 알칼리도 및 경도가 높다.
⑤ 자정작용 속도가 느리고 유량변화가 적다.
⑥ 연중 수온의 변동이 적고, 염분함량이 지표수보다 높다.
⑦ 지하수는 토양수 내 유기물질 분해에 따른 탄산가스의 발생과 약산성의 빗물로 인하여 광물질이 용해되어 경도가 높고, 탁도가 낮다.

지하수의 상·하층 특성 비교

지하수	ORP	산소	유리탄산	pH	알칼리도	질소	염분	Fe^{2+}
상층수	고(高)	대(大)	대(大)	대(大)	소(小)	소(小)	소(小)	소(小)
하층수	저(低)	소(小)	소(小)	소(小)	대(大)	대(大)	대(大)	대(大)

3) 지하수의 종류

① **천층수** : 지하로 스며든 물이 제1차 불투수층 위에 존재하는 물로 자유면 지하수라고도 한다.
② **심층수** : 제1차 불투수층과 제2차 불투수층 사이에 존재하는 물로 피압면 지하수라고도 한다.
③ **복류수** : 하천이나 호수의 바닥 또는 측부의 모래층에 포함된 물을 말한다.
④ **용천수** : 자연적으로 지하수가 지표 위로 솟아나온 물을 말한다.

4 수질오염물질의 배출원과 영향

(1) 카드뮴(Cd)

1) 배출원

도금공정, 아연정련업, 특수합금(내연엔진), 인산염 비료, 납 도금된 설비 및 철을 입힌 관 재료 등에서 용출

2) 특징

① 일반적으로 식물에서 많이 섭취
② 칼슘대사기능 장애로 칼슘의 손실, 체내 칼슘 불균형 초래
③ 화학적으로 아연과 유사하며, 자연계에서는 아연과 함께 존재

3) 영향

① 이타이이타이(Itai-Itai)병
② 칼슘대사기능 장애
③ 골연화증

(2) 수은(Hg)

1) 배출원

수은온도계 및 전구제조업, 제련공업, 농약살포, 전기기계공업 등

2) 특징

① 상온상태에서 액체로 존재
② 유기수은은 금속상태의 수은보다 생물체 내로의 흡수력이 강하다.
③ 알킬수은 화합물의 독성은 무기수은 화합물의 독성보다 매우 강하다.
④ 팽창률이 크며, 또한 온도가 변해도 팽창률이 거의 일정하다.

3) 영향

① 미나마타병(Minamata)
② 헌터-루셀(Hunter-Russel) 증후군
③ 신경장애, 지각장애, 중추신경장애

4) 처리방법

① 무기수은 : 화합물 침전법, 이온교환법, 활성탄 흡착법, 아말감법
② 유기수은 : 흡착법, 화학분해법, 생물처리법

(3) 폴리클로리네이트드비페닐(PCBs)

1) 배출원

합성공장, 변압기, 콘덴서, 플라스틱, 각종 테이프, 도료 등

2) 특징

① 염소와 비페닐을 반응시켜 만드는 매우 안정한 유기화합물이다.
② 화학적으로 불활성이고 내열성과 절연성이 좋다.
③ 산, 알칼리, 물과 반응하지 않는다.
④ 물에는 녹지 않으나, 기름이나 유기용매에는 잘 녹는다.

3) 영향

① 카네미유증

② 지방이나 뇌에 축적되어 간장장해, 피부장해, 수족저림, 발암 증상이 나타남

(4) 페놀

1) 배출원

약품합성공업, 페놀수지공업, 아스팔트포장도로 등에서 배출된다.

2) 특징

① 특유의 냄새를 갖는 무색의 결정으로 부식성이 있고 유독함
② 물에 녹는 수용성 물질
③ 페놀 수용액은 약산성을 띰
④ 정수장에서 염소와 결합하여 클로로페놀 생성(악취 유발)

3) 영향

① 다량 섭취 시 소화관의 염증, 구토, 경련 등 유발
② 피부점막 등의 조직을 부식

4) 처리방법

동전기공법

(5) 불소(F)

1) 배출원

인산 및 인산비료 제조공정, 알루미늄 제조공정, 석탄연소

2) 특징

① 천연으로는 홑 원소물질로 존재하지 않으며, 형석, 플루오르인화석 등 조암광물로서 분포
② 과량 섭취 시 반상치 유발, 적당량 섭취 시 충치예방
③ 상온에서 황록색의 기체로 반응력이 강함
④ 모든 원소 중에서 전기음성도가 가장 큼
⑤ 온도가 증가하면 반응성도 커짐

3) 영향

뼈의 과잉증식, 간장, 신장장애 등

4) 처리방법

이온교환법, 역삼투압법, 전해법

(6) 유기인

1) 배출원

농약(파라치온, EPN) 제조, 석유제품 촉매에서 배출됨

2) 특징

① 알칼리성에서는 분해되기 쉬움
② 음식물 속의 인산화합물은 소화에 의해 무기인산염이 되어 흡수됨

3) 영향

약한 중독증상으로는 전신권태, 식욕부진, 구토, 두통, 어지러움 등이 나타나며, 심한 중독으로는 의식불명, 치아노제(독), 전신마비, 호흡곤란 등이 일어남

4) 처리방법

활성탄 흡착, 생물산화방식

(7) 6가 크롬(Cr^{6+})

1) 배출원

피혁공업, 합금, 크롬도금, 전지, 목재방부제 등에서 환경 중으로 배출

2) 특징

① 생체 내에 필수적인 금속으로, 결핍 시 인슐린 저하로 인한 것과 같은 탄수화물 대사 장애를 일으킴
② 2가 크롬은 불안정하여 3가로 산화되기 때문에 3가, 6가가 일반적으로 존재
③ 독성이 강한 6가 크롬은 물에 녹으면 중크롬산, 크롬산 등을 생성함

3) 영향

① 급성중독 : 신장장애, 피부염, 구토 등
② 만성중독 : 황달을 거쳐 간암으로 나타남

4) 처리방법

환원중화법, 이온교환법, 활성탄 흡착법, 전해교환법

(8) 납(Pb)

1) 배출원

① 납축전지, 전선보호제, 유리, 플라스틱, 인쇄공업 등에서 발생됨
② 물이 연수이거나 CO_2가 많고 pH가 낮으면 용출이 쉬움

2) 특징

① 금속재료로서는 녹는점이 낮고 무르므로 가공하기가 쉬움
② 마찰계수가 작고 내식성도 뛰어나며, 연판·연관 등 널리 사용됨

3) 영향

두통, 시력감퇴, 구강염, 빈혈, 말초 운동신경 기능 저하 등

4) 처리방법

황화물/수산화물 침전법, 이온교환법

(9) 시안(CN)

1) 배출원

자연수 중에는 함유되어 있지 않으며, 도금공업, 금·은정련, 청색 안료, 사진공업 등에서 환경 중으로 배출

2) 특징

① 무색의 결정으로 대단히 약산이기 때문에 공기 중의 이산화탄소에 의해서도 서서히 분해됨
② 살충제로도 사용됨
③ 탄화수소·암모니아·산소를 혼합 연소시켜 만듦

3) 영향

생체 내에서 급속히 점막, 폐 등으로 흡수되어 키토크롬 산화효소와 결합하여 헤모글로빈의 효소작용을 저해함으로써 전신 질식 증상을 일으킴

4) 처리방법

알칼리 염소법, 오존산화법, 침전법, 생물처리법

⑽ 망간(Mn)

1) 배출원

   합금, 건전지, 유리착색, 광산 등에서 배출

2) 특징

   ① 순수한 것은 은백색이지만, 탄소를 함유하면 회색이 됨
   ② 단단하고, 부서지기 쉬운 금속

3) 영향

   파킨슨(Parkinson)씨병 증후근과 유사한 증상으로 신경세포 손상, 언어장애, 안면경직, 수족 떨림의 장애를 일으킴

⑾ 비소(As)

1) 배출원

   농약, 살충제, 피혁의 방부제, 유리제조 공정 등에서 환경 중으로 배출됨

2) 특징

   ① 비소의 화학적 성질은 인과 비슷하며, 인보다 금속에 가까움
   ② 보통의 비소는 회색이며, 금속비소라고도 함

3) 영향

   ① 만성중독 : 수족의 지각장해, 손발각화, 빈혈, 흑피증(피부청동색), 발암
   ② 급성중독 : 구토, 설사, 체내 120mg 유입 시 사망

⑿ 아연(Zn)

1) 배출원

   비스코스레이온, 고무제조, 합금안료, 광산제련소, 의약제조 등에서 발생

2) 특징

   ① 생물의 물질대사에 반드시 필요한 무기물질이자 지각을 이루는 중요 원소
   ② 순수한 것은 청색을 띤 은백색으로 비교적 가벼운 금속으로 융점이 낮음
   ③ 가공성이 좋아 합금으로 널리 사용되고 산, 알칼리에 쉽게 부식

3) 영향

   소인증, 구토, 설사, 피부염, 주로 소장, 십이지장에서 흡수되어 대소변으로 배설

⑬ 트리할로메탄(THMs)

1) 생성

물속에 들어 있는 유기물질(Humic Acid, Fulvic Acid 등)이 소독제로 사용되는 염소 또는 바닷물 중의 브롬과 반응하여 생성됨

2) 특징

① 휴민산(Humic Acid)의 농도가 높을수록, pH와 온도가 높을수록 생성량 증가
② 대부분 클로로포름 형태로 존재하며, 독성도 클로로포름과 유사
③ 전구물질의 농도가 높을수록 생성량 증가

3) 영향

① 일반적으로 정수장의 수돗물보다 가정 수도전의 수돗물에서 높게 검출됨
② 여름철 장마 시 숲속에서 휴민물질이 상수원수로 유입될 때 높게 검출됨
③ 발암성 물질

5 시료채취 및 보존방법

(1) 시료채취방법

1) 복수시료채취방법

① 수동으로 시료를 채취할 경우에는 30분 이상 간격으로 2회 이상 채취(Composite Sample)하여 일정량의 단일시료로 한다. 단, 부득이한 사유로 6시간 이상 간격으로 채취한 시료는 각각 측정분석한 후 산술평균하여 측정분석값을 산출한다.
② 자동시료채취기로 시료를 채취할 경우에는 6시간 이내에 30분 이상 간격으로 2회 이상 채취하여 일정량의 단일시료로 한다.
③ 수소이온농도(pH), 수온 등 현장에서 즉시 측정하여야 하는 항목인 경우에는 30분 이상 간격으로 2회 이상 측정한 후 산술평균하여 측정값을 산출한다.
④ 시안(CN), 노말헥산추출물질, 대장균군 등 시료채취기구 등에 의하여 시료의 성분이 유실 또는 변질 등의 우려가 있는 경우에는 30분 이상 간격으로 2개 이상의 시료를 채취하여 각각 분석한 후 산술평균하여 분석값을 산출한다.

2) 하천수 등 수질조사를 위한 시료채취

① 시료는 시료의 성상, 유량, 유속 등의 시간에 따른 변화(폐수의 경우 조업상황 등)를 고려하여 현장물의 성질을 대표할 수 있도록 채취하여야 한다.

② 수질 또는 유량의 변화가 심하다고 판단될 때에는 오염상태를 잘 알 수 있도록 시료의 채취횟수를 늘려야 하며, 이때에는 채취 시의 유량에 비례하여 시료를 서로 섞은 다음 단일시료로 한다.

3) 지하수 수질조사를 위한 시료채취

① 지하수 침전물로부터 오염을 피하기 위하여 보존 전에 현장에서 여과($0.45\mu m$) 하는 것을 권장한다.
② 단, 기타 휘발성 유기화합물과 민감한 무기화합물질을 함유한 시료는 그대로 보관한다.

(2) 시료채취 시 유의사항

① 시료는 목적시료의 성질을 대표할 수 있는 위치에서 시료채취용기 또는 채수기를 사용하여 채취하여야 한다.
② 시료채취용기는 시료를 채우기 전에 시료로 3회 이상 씻은 다음 사용하며, 시료를 채울 때에는 어떠한 경우에도 시료의 교란이 일어나서는 안 되며 가능한 한 공기와 접촉하는 시간을 짧게 하여 채취한다.
③ 시료채취량은 시험항목 및 시험횟수에 따라 차이가 있으나 보통 3~5L 정도이어야 한다. 다만, 시료를 즉시 실험할 수 없어 보존하여야 할 경우 또는 시험항목에 따라 각각 다른 채취용기를 사용하여야 할 경우에는 시료채취량을 적절히 증감할 수 있다.
④ 시료채취 시에 시료채취시간, 보존제 사용여부, 매질 등 분석결과에 영향을 미칠 수 있는 사항을 기재하여 분석자가 참고할 수 있도록 한다.
⑤ 용존가스, 환원성 물질, 휘발성 유기화합물, 냄새, 유류 및 수소이온 등을 측정하기 위한 시료를 채취할 때에는 운반 중 공기와의 접촉이 없도록 시료용기에 가득 채운 후 빠르게 뚜껑을 닫는다.
⑥ 현장에서 용존산소 측정이 어려운 경우에는 시료를 가득 채운 300mL BOD 병에 황산망간 용액 1mL와 알칼리성 요오드화칼륨-아자이드화나트륨 용액 1mL를 넣고 기포가 남지 않게 조심하여 마개를 닫고 수회 병을 회전하고 암소에 보관하여 8시간 이내 측정한다.
⑦ 지하수 시료는 취수정 내에 고여 있는 물과 원래 지하수의 성상이 달라질 수 있으므로 고여 있는 물을 충분히 퍼낸 다음 새로 나온 물을 채취한다. 이 경우 퍼내는 양은 고여 있는 물의 4~5배 정도이나 pH 및 전기전도도를 연속적으로 측정하여 이 값이 평형을 이룰 때까지로 한다.
⑧ 지하수 시료채취 시 심부층의 경우 저속양수펌프 등을 이용하여 반드시 저속 시료채취하여 시료 교란을 최소화하여야 하며, 천부층의 경우 저속양수펌프 또는 정량이송펌프 등을 사용한다.

⑨ 퍼클로레이트를 측정하기 위한 시료채취 시 시료용기를 질산 및 정제수로 씻은 후 사용하며, 시료채취 시 시료병의 2/3를 채운다.

(3) 시료채취지점

1) 배출시설 등의 폐수

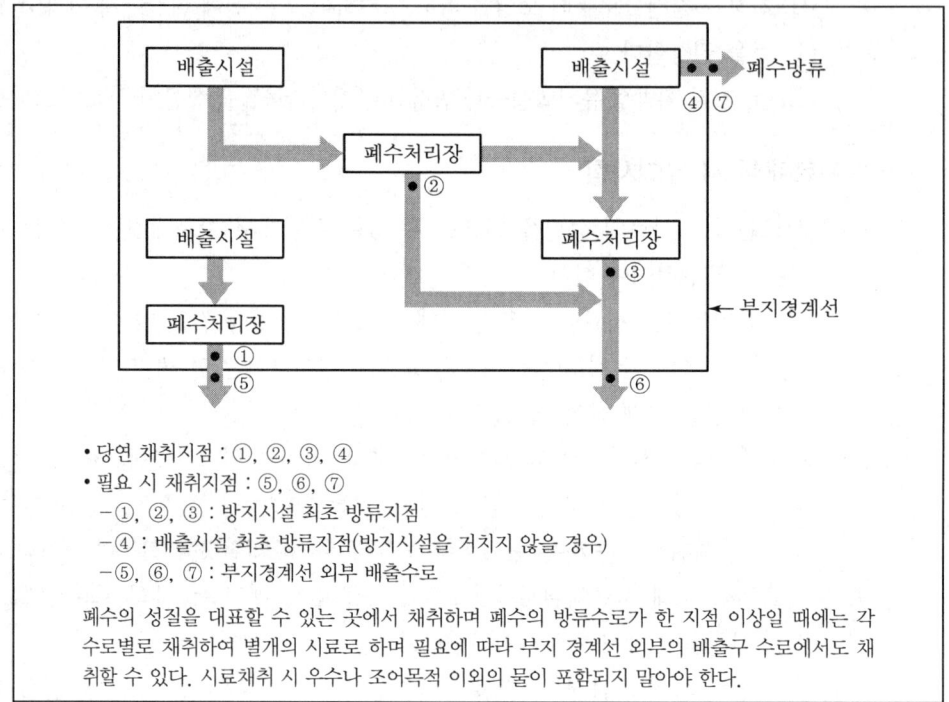

- 당연 채취지점 : ①, ②, ③, ④
- 필요 시 채취지점 : ⑤, ⑥, ⑦
  - ①, ②, ③ : 방지시설 최초 방류지점
  - ④ : 배출시설 최초 방류지점(방지시설을 거치지 않을 경우)
  - ⑤, ⑥, ⑦ : 부지경계선 외부 배출수로

폐수의 성질을 대표할 수 있는 곳에서 채취하며 폐수의 방류수로가 한 지점 이상일 때에는 각 수로별로 채취하여 별개의 시료로 하며 필요에 따라 부지 경계선 외부의 배출구 수로에서도 채취할 수 있다. 시료채취 시 우수나 조어목적 이외의 물이 포함되지 말아야 한다.

2) 하천수

하천수의 오염 및 용수의 목적에 따라 채수지점을 선정하며 하천본류와 하전지류가 합류하는 경우에는 그림의 합류이전의 각 지점과 합류이후 충분히 혼합된 지점에서 각각 채수한다.

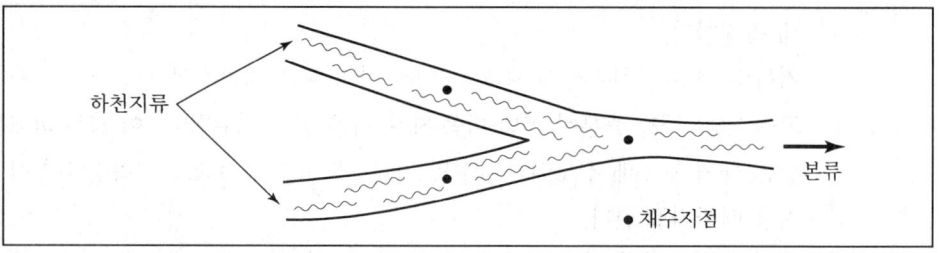

좌우로 수면폭을 2등분한 각각의 지점의 수면으로부터 수심 2m 미만일 때에는 수심의 1/3에서, 수심이 2m 이상일 때에는 수심의 1/3 및 2/3에서 각각 채수한다.

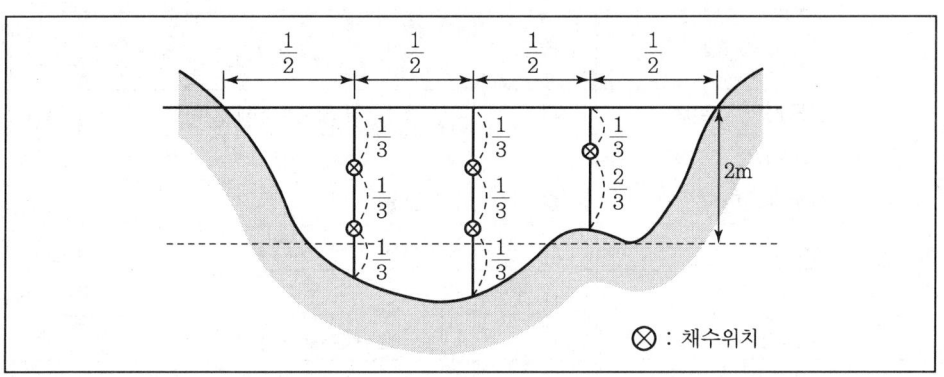

(4) 시료의 보존방법

항목		시료용기[1]	보존방법	최대보존기간 (권장보본기간)
냄새		G	가능한 한 즉시분석 또는 냉장보관	6시간
노말헥산추출물질		G	4℃ 보관, H_2SO_4로 pH 2 이하	28일
부유물질		P, G	4℃ 보관	7일
색도		P, G	4℃ 보관	48시간
생물화학적 산소요구량		P, G	4℃ 보관	48시간(6시간)
수소이온농도		P, GP, G	-	즉시 측정
온도			-	즉시 측정
용존산소	적정법	BOD병	즉시 용존산소 고정 후 암소보관	8시간
	전극법	BOD병	-	즉시 측정
잔류염소		G(갈색)	즉시분석	-
전기전도도		P, G	4℃ 보관	24시간
총 유기탄소		P, G	즉시분석 또는 HCl 또는 H_3PO_4 또는 H_2SO_4를 가한 후 4℃ 냉암소에서 보관	28일(7일)
클로로필 a		P, G	즉시 여과하여 -20℃ 이하에서 보관	7일(24시간)
탁도		P, G	4℃ 냉암소에서 보관	48시간(24시간)
투명도		-	-	-
화학적 산소요구량		P, G	4℃ 보관, H_2SO_4로 pH 2 이하	28일(7일)
불소		P	-	28일
브롬이온		P, G	-	28일
시안		P, G	4℃ 보관, NaOH로 pH 12 이상	14(24시간)
아질산성 질소		P, G	4℃ 보관	48시간(즉시)

항목	시료용기[1]	보존방법	최대보존기간 (권장보본기간)
암모니아성 질소	P, G	4℃ 보관, H_2SO_4로 pH 2 이하	28일(7일)
염소이온	P, G	–	28일
음이온계면활성제	P, G	4℃ 보관	48시간
인산염인	P, G	즉시 여과한 후 4℃ 보관	48시간
질산성 질소	P, G	4℃ 보관	48시간
총인(용존 총인)	P, G	4℃ 보관, H_2SO_4로 pH 2 이하	28일
총질소(용존 총질소)	P, G	4℃ 보관, H_2SO_4로 pH 2 이하	28일(7일)
퍼클로레이트	P, G	6℃ 이하 보관, 현장에서 멸균된 여과지로 여과	28일
페놀류	G	4℃ 보관, H_3PO_4로 pH 4 이하 조정한 후 시로 1L당 $CuSO_4$ 1g 첨가	28일
황산이온	P, G	6℃ 이하 보관	28일(48시간)
금속류(일반)	P, G	시료 1L당 HNO_3 2mL 첨가	6개월
비소	P, G	1L당 HNO_3 1.5mL로 pH 2 이하	6개월
셀레늄	P, G	1L당 HNO_3 1.5mL로 pH 2 이하	6개월
수은($0.2\mu g/L$ 이하)	P, G	1L당 HCl(12M) 5mL 첨가	28일
6가크롬	P, G	4℃ 보관	24시간
알킬수은	P, G	HNO_3 2mL/L	1개월
다이에틸헥실프탈레이트	G(갈색)	4℃ 보관	7일(추출 후 40일)
1.4-다이옥산	G(갈색)	HCl(1+1)을 시료 10mL당 1~2방울씩 가하여 pH 2 이하	14일
염화비닐, 아크릴로니트릴, 브로모품	G(갈색)	HCl(1+1)을 시료 10mL당 1~2방울씩 가하여 pH 2 이하	14일
석유계총탄화수소	G(갈색)	4℃ 보관, H_2SO_4 또는 HCl으로 pH 2 이하	7일 이내 추출, 추출 후 40일
유기인	G	4℃ 보관, HCl로 pH 5~9	7일(추출 후 40일)
폴리클로리네이티드비페닐(PCB)	G	4℃ 보관, HCl로 pH 5~9	7일(추출 후 40일)
휘발성 유기화합물	G	냉장보관 또는 HCl을 가해 pH<2로 조정 후 4℃ 보관, 냉암소보관	7일(추출 후 14일)
과불화화합물	PP	냉장(4±2℃)보관, 2주 이내 분석 어려울 때 냉동(-20℃)보관	냉동 시 필요에 따라 분석 전까지 시료의 안정성 검토(2주)

항목		시료용기[1]	보존방법	최대보존기간 (권장보본기간)
총 대장 균군	환경기준 적용 시료	P, G	저온(10℃ 이하)	24시간
	배출허용기준 및 방류수 기준 적용 시료	P, G	저온(10℃ 이하)	6시간
분원성 대장균군		P, G	저온(10℃ 이하)	24시간
대장균		P, G	저온(10℃ 이하)	24시간
물벼룩 급성 독성		P, G	4℃ 보관(통기되지 않는 용기에서 암소보관)	72시간(24시간)
식물성 플랑크톤		P, G	즉시분석 또는 포르말린용액을 시료의 3~5% 가하거나 글루타르알데하이드 또는 루골용액을 시료의 1~2% 가하여 냉암소보관	6개월

[1] P : Polyethylene, G : Glass, PP : Polypropylene

적중예상문제

01 물의 성질에 관한 설명으로 옳지 않은 것은?

① 물 분자 안의 수소는 부분적으로 양전하(δ^+)를, 산소는 부분적으로 음전하(δ^-)를 갖는다.
② 물은 분자량이 유사한 다른 화합물에 비하여 비열은 작고, 압축성이 크다.
③ 물은 4℃ 부근에서 최대 밀도를 나타낸다.
④ 일반적으로 물의 점도는 온도가 높아짐에 따라 작아진다.

물은 분자량이 유사한 다른 화합물에 비하여 비열이 크다.

02 물의 특성으로 옳지 않은 것은?

① 물의 밀도는 4℃에서 최소가 된다.
② 분자량이 유사한 다른 화합물에 비해 비열이 큰 편이다.
③ 화학 구조적으로 극성을 띠어 많은 물질들을 녹일 수 있다.
④ 상온에서 알칼리금속이나 알칼리토금속 또는 철과 반응하여 수소를 발생시킨다.

물의 밀도는 4℃에서 최대가 된다.

03 물 분자가 극성을 가지는 이유로 가장 적합한 것은?

① 산소와 수소의 원자량의 차
② 산소와 수소의 전기음성도의 차
③ 산소와 수소의 끓는점의 차
④ 산소와 수소의 온도 변화에 따른 밀도의 차

04 수자원에 대한 일반적인 설명으로 틀린 것은?

① 호수는 미생물의 번식이 있고, 수온변화에 따른 성층이 형성된다.
② 지표수는 무기물이 풍부하고 지하수보다 깨끗하며 연중 수온이 일정하다.
③ 수량 면에서는 무한하지만 사용 목적이 극히 한정적인 수자원은 바닷물이다.
④ 호수는 물의 움직임이 적어 한 번 오염되면 회복이 어렵다.

지하수는 무기물이 풍부하고 지표수보다 깨끗하며 연중 수온이 일정하다.

정답 01 ② 02 ① 03 ② 04 ②

05 다음 중 오염원별 하·폐수 발생량이 가장 많은 것은?

① 생활하수 ② 공장폐수
③ 축산폐수 ④ 매립지 침출수

06 산업폐수에 관한 일반적인 설명으로 거리가 먼 것은?

① 주로 악성 폐수가 많다.
② 중금속 등의 오염물질 함량이 생활하수에 비해 높다.
③ 업종 및 생산방식에 따라 수질이 거의 일정하다.
④ 같은 업종일지라도 생산 규모에 따라 배수량이 달라진다.

> 산업폐수는 업종 및 생산방식에 따라 수질의 변동이 심하다.

07 지구상의 담수 중 가장 큰 비율을 차지하고 있는 것은?

① 호수 ② 하천
③ 빙설 및 빙하 ④ 지하수

08 지구상에 존재하는 물의 형태 중 해수가 차지하는 비율은?

① 약 75% ② 약 84% ③ 약 91% ④ 약 97%

09 오염물질과 피해 형태의 연결로 가장 거리가 먼 것은?

① 페놀 – 냄새 ② 인 – 부영양화
③ 유기물 – 용존산소 결핍 ④ 시안 – 골연화증

> 시안 – 질식증상

10 다음 설명에 해당하는 오염물질로 가장 적합한 것은?

> 아연과 성질이 유사한 금속으로 아연 제련의 부산물로 발생하며, 일반적으로 합금용 첨가제나 충전식 전지에도 사용되고, 이타이이타이병의 원인물질로 잘 알려져 있다.

① 비소 ② 크롬 ③ 시안 ④ 카드뮴

정답 05 ① 06 ③ 07 ③ 08 ④ 09 ④ 10 ④

카드뮴은 아연정련공업, 도금공정 등에서 배출되며 이타이이타이병, 칼슘대사기능 장애 골연화증의 원인물질로 알려져 있다.

11 다음 ( ) 안에 가장 적합한 수질오염물질은?

> 물속에 있는 ( )의 대부분은 산업폐기물과 광산폐기물에서 유입된 것이며, 아연정련업, 도금공업, 화학공업(염료, 촉매, 염화비닐 안정제), 기계제품제조업(자동차부품, 스프링, 항공기) 등에서 배출된다. 그 처리법으로 응집침전법, 부상분리법, 여과법, 흡착법 등이 있다.

① 수은 ② 페놀
③ PCB ④ 카드뮴

12 다음 중 인체에 만성중독 증상으로 카네미유증을 발생시키는 유해물질은?

① PCB ② Mn ③ As ④ Cd

 PCB는 카네미유증을 유발하는 유해물질로, 지방이나 뇌에 축적되어 간장장애, 피부장애, 수족저림, 발암 등을 일으킨다.

13 다음은 어떤 중금속에 관한 설명인가?

> • 상온에서 유일하게 액체상태로 존재하는 금속이다.
> • 인체에 증기로 흡입 시 뇌 및 중추신경계에 큰 영향을 미친다.
> • 체내에 축적되어 Hunter-Russel 증후군을 일으킨다.

① Cr ② Hg ③ Mn ④ As

14 다음 중 오염물질에 따른 인체의 피해현상의 연결이 틀린 것은?

① PCB-황달, 피부장애 ② 페놀-불쾌한 맛과 취기
③ 시안-칼슘 대사장애 ④ 메틸수은-중추 신경장애

정답 11 ④ 12 ① 13 ② 14 ③

15 오염물질은 배출하는 형태에 따라 점오염원과 비점오염원으로 구분된다. 다음 중 비점오염원에 해당하는 것은?

① 생활하수 ② 농경지 배수
③ 축산폐수 ④ 산업폐수

16 비점오염원의 특징으로 거리가 먼 것은?

① 지표수 유출이 거의 없는 갈수 시 하천수 수질 악화에 큰 영향을 미친다.
② 기상조건, 지질, 지형 등의 영향이 크다.
③ 빗물, 지하수 등에 의하여 희석되거나 확산되면서 넓은 장소로부터 배출된다.
④ 일 간·계절 간의 배출량 변화가 크다.

 비점오염원은 홍수 시 하천수 수질악화에 큰 영향을 미친다.

17 다음 중 지하수의 일반적인 수질 특성에 관한 설명으로 옳지 않은 것은?

① 수온의 변화가 심하다.
② 무기물 성분이 많다.
③ 지질 특성에 영향을 받는다.
④ 지표면 깊은 곳에서는 무산소 상태로 될 수 있다.

 지하수는 연중 수온의 변화가 일정하다.

18 지하수 수질 특성으로 가장 거리가 먼 것은?

① 유속이 느린 편이다.
② 국지적인 환경조건의 영향을 받지 않는다.
③ 세균에 의한 유기물 분해가 주된 생물작용이다.
④ 연중 수온이 거의 일정하다.

 지하수는 국지적인 환경조건의 영향을 크게 받는다.

19 배출허용기준 적합여부 판정을 위한 복수시료 채취방법 대한 기준으로 ( )에 알맞은 것은?

> 자동시료채취기로 시료를 채취할 경우에 6시간 이내에 30분 이상 간격으로 ( ) 이상 채취하여 일정량의 단일시료로 한다.

① 1회
② 2회
③ 4회
④ 8회

20 자동시료채취기의 시료채취 기준으로 옳은 것은?(단, 배출허용기준 적합여부 판정을 위한 시료채취 – 복수시료채취방법 기준)

① 2시간 이내에 30분 이상 간격으로 2회 이상 채취하여 일정량의 단일시료로 한다.
② 4시간 이내에 30분 이상 간격으로 2회 이상 채취하여 일정량의 단일시료로 한다.
③ 6시간 이내에 30분 이상 간격으로 2회 이상 채취하여 일정량의 단일시료로 한다.
④ 8시간 이내에 30분 이상 간격으로 2회 이상 채취하여 일정량의 단일시료로 한다.

 자동채취기로 시료를 채취할 경우에 6시간 이내에 30분 이상 간격으로 2회 이상 채취하여 일정량의 단일시료로 한다.

21 지하수 시료는 착수정 내에 고여있는 물과 원래 지하수의 성상이 달라질 수 있으므로 고여 있는 물은 충분히 퍼낸 다음 새로 나온 물을 채취한다. 이 경우 퍼내는 양은?

① 고여 있는 물의 절반 정도
② 고여 있는 물의 2~3배 정도
③ 고여 있는 물의 4~5배 정도
④ 고여 있는 물의 전체량 정도

 지하수 시료는 취수정 내에 고여 있는 물과 원래 지하수의 성상이 달라질 수 있으므로 고여 있는 물을 충분히 퍼낸 다음 새로 나온 물을 채취한다. 이 경우 퍼내는 양은 고여 있는 물의 4~5배 정도이나 pH 및 전기전도도를 연속적으로 측정하여 이 값이 평형을 이룰 때까지로 한다.

22 시료채취량 기준에 관한 내용으로 옳은 것은?

① 시험항목 및 시험횟수에 따라 차이가 있으나 보통 1~2L 정도이어야 한다.
② 시험항목 및 시험횟수에 따라 차이가 있으나 보통 3~5L 정도이어야 한다.
③ 시험항목 및 시험횟수에 따라 차이가 있으나 보통 5~7L 정도이어야 한다.
④ 시험항목 및 시험횟수에 따라 차이가 있으나 보통 8~10L 정도이어야 한다.

정답 19 ② 20 ③ 21 ③ 22 ②

시료채취량은 시험항목 및 시험횟수에 따라 차이가 있으나 보통 3~5L 정도이어야 한다.

23 시료채취 시의 유의사항에 관련된 설명으로 옳은 것은?

① 휘발성 유기화합물 분석용 시료를 채취할 때에는 뚜껑의 격막을 만지지 않도록 주의하여야 한다.
② 유류 물질을 측정하기 위한 시료는 밀도차를 유지하기 위해 시료용기에 70~80% 정도를 채워 적정공간을 확보하여야 한다.
③ 지하수 시료는 고여 있는 물의 10배 이상을 퍼낸 다음 새로 고이는 물을 채취한다.
④ 시료채취량은 보통 5~10L 정도이어야 한다.

 ② 유류 또는 부유물질 등이 함유된 시료는 시료의 균일성이 유지될 수 있도록 채취해야 하며, 침전물 등이 부상하여 혼입되어서는 안 된다.
③ 지하수 시료는 고여 있는 물의 4~5배 이상을 퍼낸 다음 새로 고이는 물을 채취한다.
④ 시료채취량은 보통 3~5L 정도이어야 한다.

24 시료용기로 유리재질의 사용이 불가능한 항목은?

① 노말헥산 추출물질　　　　② 페놀류
③ 색도　　　　　　　　　　　④ 불소

 불소는 Polyethylene만 가능하다.

25 다음 항목 중 폴리에틸렌 용기로 보존할 수 있는 것으로 짝지은 것은?

① 색도, 페놀류, 유기인　　　② 질산성 질소, 총인, 냄새
③ 부유물질, 불소, 셀레늄　　④ 노말헥산추출물질, 납, 시안

 시료용기
　㉠ 폴리에틸렌 용기로만 보존할 수 있는 항목 : 불소
　㉡ 글라스 용기로만 보존할 수 있는 항목 : 냄새, 노말헥산추출물질, 페놀류, 다이에틸헥실프탈레이트, 1.4-다이옥산, 염화비닐, 아크릴로니트릴, 브로모폼, 석유계총탄화수소, 유기인, PCB, 휘발성 유기화합물, 물벼룩 급성 독성 등

26 보존방법이 나머지와 다른 측정 항목은?

① 부유물질　　　　　　　　② 전기전도도
③ 아질산성질소　　　　　　④ 잔류염소

 잔류염소는 즉시 분석해야 하며, 나머지는 4℃ 보관이다.

정답 26 ④

CHAPTER 03 수질오염지표

1 DO(용존산소)

① 정의 : 수중에 녹아 있는 산소(mg/L)

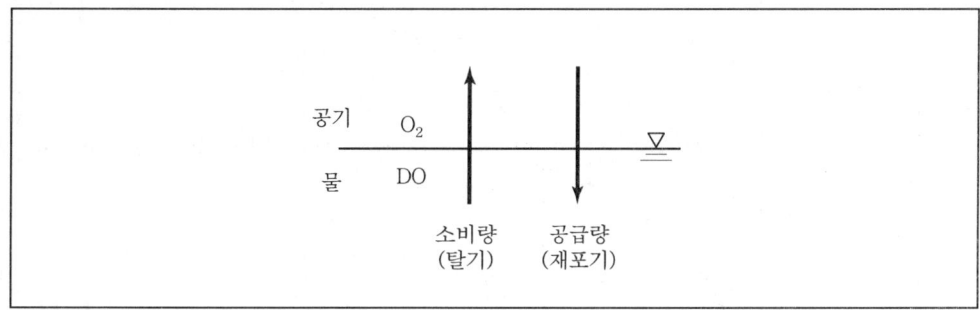

- 재포기(재폭기) : 공기 중 산소가 물속으로 용해되는 것으로 수중의 DO 농도가 낮거나, 산소분압이 높을 때 일어난다.
- 탈기 : 수중의 DO가 공기 중으로 날아가는 것으로 수중의 DO 농도가 높거나, 인공적인 포기 또는 조류번성 시 나타난다.

② 포화용존산소량

온도	포화용존산소량
0℃	14.62mg/L
10℃	10.92mg/L
20℃	9.17mg/L
30℃	7.63mg/L

③ 용존산소량은 오염도와 수온이 낮을수록, 압력이 높을수록 용해도가 증가한다.

2 BOD(생물화학적 산소요구량)

① 정의 : 수중의 유기물을 호기성 박테리아가 산화·분해할 때 소비하는 산소량
② 측정 : 20℃, 5일간 배양 → BOD_5(mg/L, ppm) 가장 먼저 탄소(C)가 분해되고 그 다음에는 질소(N)와 함께 분해된다.

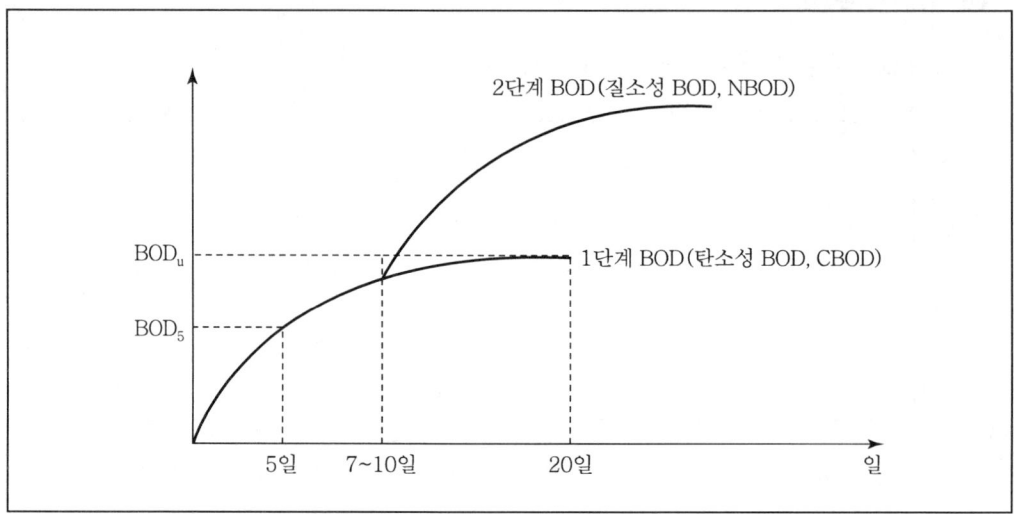

③ BOD는 유기물질의 함량을 간접적으로 나타내는 지표로서, BOD 농도가 높으면 유기물에 의한 오염도가 높다는 것이며 10ppm 이상에서는 악취가 발생한다.
④ 도시하수와 하천수에 적용한다.
⑤ 계산공식

〈잔류공식〉　$BOD_t = BOD_u \times 10^{-k \cdot t}$　┐
　　　　　　$BOD_t = BOD_u \times e^{-k \cdot t}$　　├ 상용대수(밑수(Base)=10)
〈소모공식〉　$BOD_t = BOD_u(1 - 10^{-k \cdot t})$　┘
　　　　　　$BOD_t = BOD_u(1 - e^{-k \cdot t})$　　　자연대수(밑수(Base)=e)

여기서, BOD_u : 최종BOD(mg/L)
　　　　t : 시간(day)
　　　　K_1 : 탈산소계수(day^{-1})

3 COD(화학적 산소요구량)

① 정의 : 수중의 유기물을 화학적 산화제를 이용하여 산화, 분해할 때 소비하는 산화제의 양을 산소의 양으로 환산한 값

㉠ $KMnO_4$: 유기물을 약 60% 산화·분해시킴

㉡ $K_2Cr_2O_7$: 유기물을 약 80~100% 산화, 분해시킴

② 표시 : ppm, mg/L, $KMnO_4(COD_{Mn})$, $K_2Cr_2O_7(COD_{cr})$

③ 공장폐수, 호소수, 해수에 적용된다.

④ 실험

㉠ COD_{Mn} – 산성 100℃ COD_{Mn} : 30분 동안 중탕, 오염농도가 적을 때, 염소이온농도(Cl^-)가 2,000mg/L 이하일 때 적용

㉡ 알칼리성 100℃ COD_{Mn} : 1시간 중탕, 바닷물(해수), 염소이온농도(Cl^-)가 2,000mg/L 이상일 때 적용

㉢ COD_{cr} : 해수를 제외한 모든 시료의 측정이 가능하다.

⑤ COD값의 오차

㉠ 산화제를 소비하는 환원성 물질의 함량이 많을 때 +오차가 발생한다.

예) Fe^{2+}, Mn^{2+}, H_2S, $NO_2^- - N$

㉡ 니켈(Ni), 크롬(Cr) 등 산화성 물질의 함량이 많을 때 −오차가 발생한다.

> **참고정리**
>
> - ThOD : 이론적 산소요구량(실제 적용은 곤란하다.)
> - ThOC : 이론적 총 유기탄소량
> - TOD : 총 산소요구량
> - TOC : 총 유기탄소량
> ※ $ThOD > TOD > COD > BOD_u > BOD_5$

4 경도와 알칼리도

(1) 경도(HD ; Hardness)

1) 정의 : 물의 세기 정도(비누가 잘 풀리는 정도)
   - 연수 : 비누가 잘 풀리는 물
   - 경수 : 비누가 잘 안 풀리는 물

2) 경도유발물질

   수중에 용해되어 있는 2가 양이온 금속물질로 철이온(Fe^{2+}), 마그네슘이온(Mg^{2+}), 칼슘이온(Ca^{2+}), 망간이온(Mn^{2+}), 스트로듐이온(Sr^{2+})이며 $CaCO_3$(mg/L as $CaCO_3$)로 환산한 값으로 나타낸다.

3) 경도의 분류

   ① 탄산(일시)경도(CH) : 경도유발물질(Fe^{2+}, Mg^{2+}, Ca^{2+}, Mn^{2+}, Sr^{2+})과 알칼리도 유발물질(HCO_3^-, CO_3^{2-}, OH^-)이 만나서 유발되는 경도로, 물을 끓이면 제거되는 경도이다.
   예 $Ca(HCO_3)_2$, $Mg(HCO_3)_2$, $CaCO_3$, $MgCO_3$ 등

   ② 비탄산(영구)경도(NCH) : 경도유발물질과 산이온(SO_4^{2-}, Cl^-, NO_3^-)이 만나서 유발되는 경도로, 물을 끓여도 제거되지 않는 경도이다.
   예 $FeSO_4$, $MgSO_4$, $FeCl_2$, $MgCl_2$ 등

   ③ 총 경도(TH) : 일시경도와 영구경도를 합한 경도를 말한다.
   TH = CH + NCH
   ※ 탄산경도(CH)는 총 경도와 알칼리도를 비교하여 작은 값이 탄산경도를 나타낸다.

4) 경도에 의한 물의 분류

   ① 연수 : 75mg/L as $CaCO_3$ 이하
   ② 경수 : 75mg/L as $CaCO_3$ 이상
   - 약한 경수 : 75~150mg/L as $CaCO_3$
   - 강한 경수 : 150~300mg/L as $CaCO_3$
   - 아주 강한 경수 : 300mg/L as $CaCO_3$ 이상

5) 경도 계산

$$TH(HD) = \sum Mc^{2+} \times \frac{50}{Eq}(mg/L \text{ as } CaCO_3)$$

여기서, Mc^{2+} : 경도유발물질
50 : $CaCO_3$의 당량

6) 영향

① 물의 질이 저하된다(이용가치 하락).
② 공업용수에서 스케일(Scale)의 형성으로 열전도율이 저하된다.
③ 비누사용량이 증가한다.
④ 거품의 발생으로 재포기 특성에 영향을 준다.
⑤ 색도유발물질에 의해 염료공업에 영향을 준다.

7) 연수화 방법

① 자비법(끓이는 방법) : 일시경도만 대상
② 침전법(석회-소다법) : 영구경도 제거 시 유리
③ 이온교환법
④ 제올라이트법

(2) 알칼리도(Alkalinity)

① 정의 : 산을 중화할 수 있는 완충능력, 즉 수중에 존재하는 $[H^+]$을 중화시키기 위하여 반응할 수 있는 이온의 총량을 말한다.
② 알칼리도 유발물질 : 수산화이온(OH^-), 중탄산이온(HCO_3^-), 탄산이온(CO_3^{2-})
③ 단위 : mg/L as $CaCO_3$
④ 계산 : $Alk = \sum Ca^{2+} \times \frac{50}{Eq}$

여기서, Ca^{2+} : 알칼리도 유발물질
50 : $CaCO_3$의 당량
TH < AlK → CH = TH
TH > AlK → CH = AlK

⑤ 알칼리도의 특성 및 이용
㉠ 응집제 주입 시 적정 pH 유지
㉡ 폐수 처리 시 적정 pH 유지

ⓒ 연수화 과정에서 석회-소다 주입량 계산
② 자연수중의 알칼리도는 중탄산이온(HCO_3^-) 형태이다.
⑩ 알칼리도가 높은 물을 포기시키면 pH가 상승하는 경향을 나타낸다.
⑭ 알칼리도 자료는 부식제어에 관련되는 중요한 변수인 Langelier 포화지수 계산에 이용된다.

⑥ **측정 및 표시방법**
 ⊙ 알칼리도 유발물질의 측정은 적정법으로 한다. 적정액은 산(황산, 염산 등)으로 하고, 지시약으로는 페놀프탈레인(Phenolphthalrin)과 메틸오렌지(Methyl orange)를 사용한다.
 ⓒ 총 알칼리도(T-AlK) : 메틸오렌지 알칼리도와 같다.
  T-AlK=M-AlK
 ⓒ 페놀프탈레인(P-AlK) : 산을 주입하여 pH 8.3까지 될 때까지 소비된 산의 양을 $CaCO_3$ ppm으로 환산한 값이다. 수산화이온(OH^-)과 1/2탄산이온(CO_3^{2-})을 중화한다.
 ② 메틸오렌지 알칼리도(M-AlK) : 산을 주입하여 pH 4.5까지 될 때까지 소비된 산의 양을 $CaCO_3$ ppm으로 환산한 값이다. 수산화이온(OH^-), 중탄산이온(HCO_3^-), 탄산이온(CO_3^{2-})을 모두 중화한다.

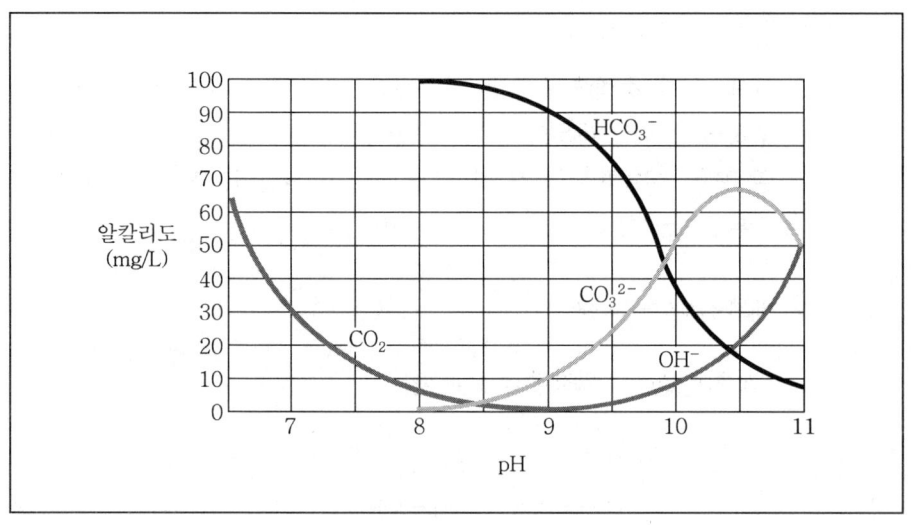

적중예상문제

01 다음 중 수질오염지표에 관한 설명으로 옳지 않은 것은?

① pH : 산성 또는 알칼리성의 정도
② SS : 수중에 부유하고 있는 물질량
③ DO : 수중에 용해되어 있는 산소량
④ COD : 생화학적 산소 요구량

 COD : 화학적 산소 요구량

02 수중의 용존산소의 양은 일반적으로 온도가 상승함에 따라 어떻게 변화되는가?

① 감소한다.
② 증가한다.
③ 변화 없다.
④ 증가 후 감소한다.

 온도 변화에 따른 포화용존산소량

온도	포화용존산소량
0℃	14.62mg/L
10℃	10.92mg/L
20℃	9.17mg/L
30℃	7.63mg/L

03 수질오염의 지표에서 수중의 DO 농도가 증가하는 것은?

① 동물의 호흡 작용
② 불순물의 산화 작용
③ 유기물의 분해 작용
④ 조류의 광합성 작용

04 용존산소의 용해율에 대한 설명으로 맞는 것은?

① 압력이 낮을수록 용해율 증가
② 수온이 높을수록 용해율 증가
③ 염분의 농도가 높을수록 용해율 감소
④ 물의 흐름이 난류일 때 용해율 감소

정답 01 ④ 02 ① 03 ④ 04 ③

용존산소량은 오염도와 수온이 낮을수록, 압력이 높을수록 용해도가 증가한다.

05 유기물 과다 유입에 따른 수질오염 현상으로 가장 거리가 먼 것은?

① DO 농도의 감소   ② 혐기 상태로 변화
③ 어패류의 폐사현상   ④ BOD 농도의 감소

 수중에 유기물이 과다 유입되면 BOD 농도는 증가한다.

06 20℃ 재포기계수가 6.0day^{-1}이고, 탈산소계수가 0.2day^{-1}이면 자정계수는?

① 1.2   ② 20   ③ 30   ④ 120

 $f = \dfrac{K_2}{K_1} = \dfrac{6}{0.2} = 30$

07 펄프 공장에서 배출되는 폐수의 BOD$_5$ 값이 260mg/L이고 탈산소계수[K(상용대수 베이스)]가 0.2/day라면 최종 BOD(mg/L)는?

① 약 265   ② 약 289   ③ 약 312   ④ 약 352

$BOD_t = BOD_u(1 - 10^{-K \cdot t})$
$260 = BOD_u(1 - 10^{-0.2 \times 5})$
$BOD_u = \dfrac{260}{(1 - 10^{-1})} = 288.89(mg/L)$

08 A공장의 BOD 배출량은 400인의 인구당량에 해당한다. A공장의 폐수량이 200m^3/day일 때 이 공장폐수의 BOD(mg/L) 값은?(단, 1인이 하루에 배출하는 BOD는 50g이다.)

① 100   ② 150   ③ 200   ④ 250

$X(mg/L) = \dfrac{50g}{인 \cdot 일} \left| \dfrac{400인}{} \right| \dfrac{day}{200m^3} = 100(mg/L)$

정답 05 ④   06 ③   07 ②   08 ①

09 하천의 유량은 1,000m³/일, BOD 농도 26ppm이며, 이 하천에 흘러드는 폐수의 양이 100m³/일, BOD 농도 165ppm이라고 하면 하천과 폐수가 완전 혼합된 후 BOD 농도는?(단, 혼합에 의한 기타 영향 등은 고려하지 않는다.)

① 38.6ppm ② 44.9ppm ③ 48.5ppm ④ 59.8ppm

$$C_m = \frac{C_1 \cdot Q_1 + C_2 \cdot Q_2}{Q_1 + Q_2}$$
$$= \frac{26 \times 1,000 + 165 \times 100}{1,000 + 100} = 38.64 \,(\text{mg/L})$$

10 실험실에서 일반적으로 BOD_5를 측정할 때 배양 조건은?

① 5℃에서 10일간 배양 ② 5℃에서 20일간 배양
③ 20℃에서 5일간 배양 ④ 20℃에서 10일간 배양

11 탈산소계수가 0.1/day인 어떤 유기물질의 BOD_5가 200ppm이었다. 2일 후에 남아 있는 BOD 값은?(단, 상용대수 적용)

① 약 192.3mg/L ② 약 189.4mg/L ③ 약 184.6mg/L ④ 약 179.3mg/L

$BOD_t = BOD_u(1 - 10^{-K \cdot t})$　　$BOD_t = BOD_u \times 10^{-K \cdot t}$

㉠ $BOD_u = \dfrac{200}{(1 - 10^{-0.5})} = 292.495 \,(\text{mg/L})$

㉡ $BOD_2 = 292.495 \times 10^{-0.1 \times 2} = 184.55 \,(\text{mg/L})$

12 탈산소계수 0.1/day인 어떤 유기물질의 BOD_5가 200mg/L이었다. 3일 후에 남아 있는 BOD 값은?(단, 상용대수 적용)

① 약 192.3mg/L ② 약 189.4mg/L ③ 약 184.6mg/L ④ 약 146.6mg/L

$BOD_t = BOD_u(1 - 10^{-K \cdot t})$　　$BOD_t = BOD_u \times 10^{-K \cdot t}$

㉠ $BOD_u = \dfrac{200}{(1 - 10^{-0.1 \times 5})} = 292.495 \,(\text{mg/L})$

㉡ $BOD_3 = 292.495 \times 10^{-0.1 \times 3} = 146.59 \,(\text{mg/L})$

정답　09 ①　10 ③　11 ③　12 ④

13 $C_2H_5NO_2$ 150g 분해에 필요한 이론적 산소요구량(g)은?(단, 최종분해산물은 CO_2, H_2O, HNO_3이다.)

① 89g   ② 94g   ③ 112g   ④ 224g

$C_2H_5NO_2$ + 3.5O_2 → 2CO_2 + 2H_2O + HNO_3
 75g : 3.5×32g
 150g : X
∴ X = 224g

14 박테리아의 경험식은 $C_5H_7O_2N$이다. 1kg의 박테리아를 완전히 산화시키려면 몇 kg의 산소가 필요한가?(단, 질소는 암모니아로 무기화된다.)

① 4.32kg   ② 3.47kg   ③ 2.14kg   ④ 1.42kg

$C_5H_7NO_2$ + 5O_2 → 5CO_2 + 2H_2O + NH_3
 113g : 5×32g
 1kg : X
∴ X = 1.42kg

15 에탄올(C_2H_5OH) 100mg/L이 함유된 폐수의 이론적인 COD 값은?

① 약 209mg/L   ② 약 227mg/L   ③ 약 241mg/L   ④ 약 26mg/L

C_2H_5OH + 3O_2 → 2CO_2 + 3H_2O
 46g : 3×32g
 100mg/L : X
∴ X(COD) = 208.7(mg/L)

16 Formaldehyde(CH_2O)의 완전산화 시 ThOD/TOC의 비는?

① 1.92   ② 2.67   ③ 3.31   ④ 4

CH_2O + O_2 ⇌ CO_2 + H_2O
 1mol : 32g
 ThOD = 32g
 TOC = 12g
∴ $\dfrac{ThOD}{TOC} = \dfrac{32g}{12g} = 2.67$

17 C_2H_5OH를 완전산화시킬 때 ThOD/TOC의 비는 얼마인가?

① 1.57　　　② 1.98　　　③ 2.67　　　④ 4

 C_2H_5OH + $3O_2$ → $2CO_2$ + $3H_2O$
　1mol　:　3×32g
　ThOD　=　96g
　TOC　=　24g
∴ $\dfrac{ThOD}{TOC} = \dfrac{96g}{24g} = 4$

18 경도(Hardness)에 관한 설명으로 틀린 것은?

① SO_4^{2-}, NO_3^-, Cl^-와 화합물을 이루고 있을 때 나타나는 경도를 영구경도라고도 한다.
② 경도가 높은 물은 관로의 통수저항을 감소시켜 공업용수(섬유제지 등)로 적합하다.
③ 탄산경도는 일시경도라고도 한다.
④ Na^+은 경도를 유발하는 이온은 아니지만 그 농도가 높을 때 경도와 비슷한 작용을 하므로 유사경도로 한다.

 경도가 높은 물은 관로의 통수저항을 증가시켜 공업용수(섬유제지 등)로 부적합하다.

19 알칼리도에 관한 설명으로 가장 거리가 먼 것은?

① 산이 유입될 때 이를 중화시킬 수 있는 능력의 척도이다.
② 0.01N NaOH로 적정하여 소비된 양을 탄산칼슘의 당량으로 환산하여 mg/L로 나타낸다.
③ 중탄산염이 많이 포함된 물을 가열하면 CO_2가 대기 중으로 방출되어 물속에 OH^-가 존재하므로 알칼리성을 띠게 된다.
④ 일반적으로 자연수에 존재하는 이온 중 알칼리도에 기여하는 물질의 강도는 OH^- > CO_3^{2-} > HCO_3^- 순이다.

알칼리도 측정은 황산, 염산 등으로 적정하여 소비된 양을 탄산칼슘의 당량으로 환산하여 mg/L로 나타낸다.

정답　17 ④　18 ②　19 ②

20 다음 중 경도의 주원인 물질은?

① Ca^{2+}, Mg^{2+} ② Ba^{2+}, Cd^{2+} ③ Fe^{2+}, Pb^{2+} ④ Ra^{2+}, Mn^{2+}

> 경도 유발물질
> 철이온(Fe^{2+}), 마그네슘이온(Mg^{2+}), 칼슘이온(Ca^{2+}), 망간이온(Mn^{2+}), 스트론튬이온(Sr^{2+})

 21 산도(Acidity)나 경도(Hardness)는 무엇으로 환산하는가?

① 염화칼슘 ② 수산화칼슘 ③ 질산칼슘 ④ 탄산칼슘

> 산도(Acidity)나 경도(Hardness), 알칼리도(Alkalinity)는 탄산칼슘으로 환산한다.

22 자연수에 존재하는 다음 이온 중 알칼리도를 유발하는 데 가장 크게 기여하는 것은?

① OH^- ② CO_3^{2-} ③ HCO_3^- ④ NH_4^+

23 다음 중 용존산소에 영향을 주는 인자에 대한 설명으로 옳지 않은 것은?

① 물의 온도가 높을수록 용존산소량은 감소한다.
② 불순물의 농도가 높을수록 용존산소량은 감소한다.
③ 물의 흐름이 난류일 때 산소의 용해도가 낮다.
④ 현재 물속에 녹아 있는 용존산소량이 적을수록 용해속도가 증가한다.

> 물의 흐름이 난류일 때 산소의 용해도가 증가한다.

 24 Ca^{2+}의 농도가 40mg/L, Mg^{2+}의 농도가 24mg/L인 물의 경도(mg/L as $CaCO_3$)는?(단, Ca의 원자량은 40, Mg의 원자량은 24이다.)

① 100 ② 150 ③ 200 ④ 250

> $TH = \sum M_c^{2+}(mg/L) \times \dfrac{50}{Eq} = 40 \times \dfrac{50}{40/2} + 24 \times \dfrac{50}{24/2} = 200(mg/L\ as\ CaCO_3)$

정답 20 ① 21 ④ 22 ① 23 ③ 24 ③

25 알칼리도(Alkalinity)에 관한 설명으로 틀린 것은?

① 산을 중화시킬 수 있는 능력의 척도이다.
② 알칼리도 유발물질은 수산화물, 중탄산염, 탄산염 등이다.
③ 알칼리도는 화학적 응집, 물의 연수화, 부식제어를 위한 자료로 이용된다.
④ pH 7까지 낮추는 데 주입된 산의 양을 CaO ppm으로 환산한 값을 총 알칼리도라 한다.

 pH 7까지 낮추는 데 주입된 산의 양을 $CaCO_3$ ppm으로 환산한 값을 총 알칼리도라 한다.

26 경도(Hardness)에 관한 설명으로 거리가 먼 것은?

① Na^+은 농도가 높을 때는 경도와 비슷한 작용을 하여 유사경도라 한다.
② 2가 이상의 양이온 금속의 양을 수산화칼슘으로 환산하여 ppm 단위로 표시한다.
③ 센물 속의 금속이온들은 세제나 비누와 결합하여 세탁효과를 떨어뜨린다.
④ 경도 중 CO_3^{2-}, HCO_3^- 등과 결합한 형태로 있을 때 이를 탄산경도라 하고, 이 성분은 물을 끓일 때 제거된다.

 2가 이상의 양이온 금속의 양을 탄산칼슘으로 환산하여 ppm 단위로 표시한다.

27 경도(Hardness)에 관한 설명으로 거리가 먼 것은?

① Na^+은 농도가 높을 때는 경도와 비슷한 작용을 하여 유사경도라 한다.
② 세탁효과를 떨어뜨려 세제 소모량을 증가시킨다.
③ 2가 이상의 양이온 및 음이온 농도의 합으로 표시한다.
④ 가열하면 침전되어 제거되는 경도를 일시경도라 한다.

 문제 26번 해설 참조

28 유기물의 호기성으로 완전분해 시 최종산물은?

① 이산화탄소와 메탄　　　　② 일산화탄소와 메탄
③ 이산화탄소와 물　　　　　④ 일산화탄소와 물

29 물속의 탄소유기물이 호기성 분해를 하여 발생하는 것은?

① 암모니아 ② 탄산가스
③ 메탄가스 ④ 유화수소

 유기물이 호기성으로 완전분해 시 최종산물은 이산화탄소와 물이다.

30 질소화합물의 분해과정을 알맞게 나타낸 것은?

① 유기물 → 질산성 질소 → 아질산성 질소 → 암모니아성 질소
② 유기물 → 아질산성 질소 → 질산성 질소 → 암모니아성 질소
③ 유기물 → 암모니아성 질소 → 아질산성 질소 → 질산성 질소
④ 유기물 → 유기질소 → 질산성 질소 → 아질산성 질소

정답 29 ② 30 ③

CHAPTER 04 호소수 및 해수관리

1 하천의 수질관리

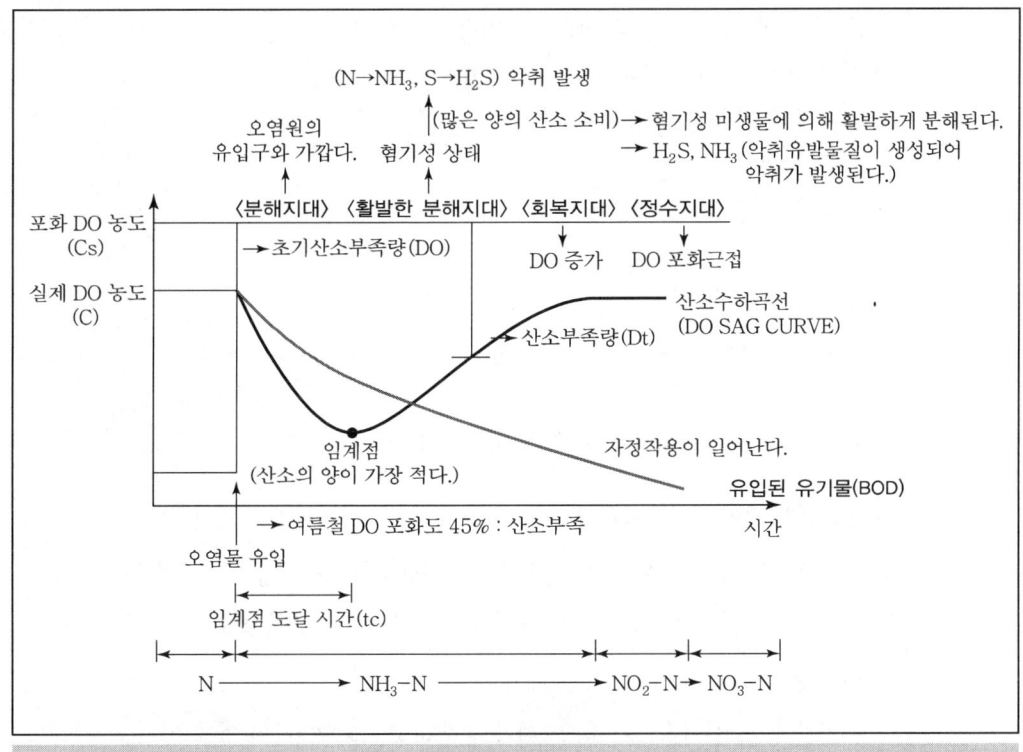

하천의 정화단계

(1) Wipple의 4지대

① 분해지대
- 호기성 상태를 유지
- 오염원의 유입구와 가장 가까움
- BOD 농도가 높음
- DO 감소가 현저(여름철 DO 포화의 45%)
- 박테리아 번성(호기성 박테리아)
- Fungi(균류) 번성

② 활발한 분해지대
- 혐기성 상태가 됨((NH_3, H_2S) → 악취 유발)
- 산소농도가 가장 낮음
- Fungi(균류)가 사라짐
- 혐기성 박테리아 번성

③ 회복지대
- DO가 포화에 가깝게 증가(DO 소비량 < DO 공급량)
- 질산화(NH_3-N → NO_2-N → NO_3-N)
- 혐기성 균이 호기성 균으로 대체
- Fungi 발생
- 원생동물, 윤충, 갑각류가 번식

④ 정수지대
- DO가 포화에 가까움
- 질산성 질소만 검출
- 윤충류(Rotifer), 청수성 어종(빙어, 송어) 서식

(2) Kolkwize와 Marson의 4지대

Kolkwize와 Marson의 4지대는 강부수성 수역(적색), α-중부수성 수역(노란색), β-중부수성 수역(초록색), 빈부수성 수역(파란색)으로 구분된다.

① 강부수성 수역(적색, Polysaprobic)
- 유기물 농도가 가장 높으며 악취가 발생하고, DO가 거의 없다.
- 편모충류, 섬모충류가 발생한다.

② α-중부수성 수역(노란색, α-mesosaprobic)
- 심한 악취가 없어지고, 유기물과 DO가 조금 있다.
- 수중 저니의 산화(수산화철 형성)로 인해 색이 호전된다.
- 고분자 화합물의 분해로 아미노산이 풍부해진다.

③ β-중부수성 수역(초록색, β-mesosaprobic)
- 유기물은 약간 존재하고, DO 농도는 조금 높다.
- 평지의 일반 하천에 상당하며 많은 종류의 조류가 출현한다.
- 규조, 녹조 등 많은 종류의 조류가 출현한다.

④ 빈부수성 수역(파란색, Oligosaprobic)
- 유기물은 거의 없으며 DO 농도는 포화도에 가깝다.
- 수중의 유기물질은 완전히 분해된다.
- 수중의 조류는 대체적으로 감소한다.

(3) 하천의 자정작용

① 정의

하천에 하수나 공장폐수 등의 오염물질이 유입되더라도 상당 기간 후에는 하천 자체에서 물리적·화학적·생물학적인 여러 가지 작용을 받아 원래의 깨끗한 상태로 돌아오게 되는데, 하천의 자정작용이란 이러한 오염된 물을 원래의 깨끗한 상태로 되돌려 놓는 자연의 작용을 말한다.

② 자정작용의 분류
  ㉠ 물리적 작용 : 여과, 희석, 침전, 흡착
  ㉡ 화학적 작용 : 산화 및 환원, 응집, 가수분해
  ㉢ 생물학적 작용 : 호기성·혐기성 미생물에 의한 작용

③ 자정작용 인자
  ㉠ 수심이 얕을수록 자정능력 증가
  ㉡ 수온이 낮을수록 자정능력 증가
  ㉢ 유속이 빠를수록 자정능력 증가
  ㉣ pH 중성일 때 자정능력 증가
  ㉤ DO 농도가 높을수록 자정능력 증가

④ 자정계수(f)

하천의 자정계수는 재포기계수(K_2)와 탈산수계수(K_1)의 비로 정의되며 자정계수가 클수록 하천의 정화능력이 우수하다.

$$f = \frac{K_2}{K_1}$$

수온이 증가하면 재포기계수(K_2)와 탈산수계수(K_1) 모두 증가하지만 탈산수계수(K_1)의 증가율이 재포기계수(K_2)의 증가율보다 크기 때문에 전체적인 자정계수는 작아진다.

> **참고정리**
>
> ✔ 자정계수와 온도의 관계
> $$K_1 = K_{1(20℃)} \times 1.047^{(T-20)}$$
> $$K_2 = K_{2(20℃)} \times 1.024^{(T-20)}$$

2 호소의 수질관리

(1) 호소의 성층현상

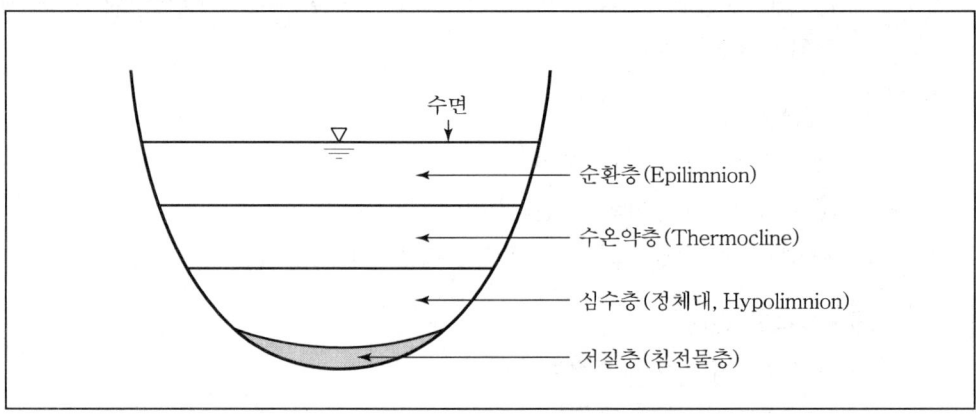

저수지나 호수에서 물이 수심에 따라 온도변화로 인해 발생되는 밀도 차에 의해서 여러 개의 층으로 분리되는 현상을 성층현상(Stratification)이라 한다.

① 순환층(Epilimnion)

   호소의 수심에 따른 온도변화로 인해 발생하는 층으로 표층수라고도 한다. 순수한 물은 4℃에서 밀도가 최대가 되고 그 이상이나 이하가 되면 밀도는 감소한다. 공기와 접해 있어 DO 농도가 높고, 부영양화 현상이 나타난다.

② 수온약층(Thermocline)

   순환층과 정체층의 중간에 위치한 형태로 수심에 따른 수온의 변화가 커 변온층이라고도 하며, 통상 수심 1m당 1℃ 이상의 수온 차이를 나타낸다.

③ 심수층(정체층, Hypolimnion)

   호소의 하부층을 말하며, DO 농도가 낮아 혐기성 상태가 되어 H_2S, CO_2 농도가 높다. 이와 같은 현상은 물의 밀도가 안정하여 수직운동이 없는 겨울이나 여름철에 나타난다.

(2) 전도현상(Turn Over)

① 정의 : 겨울철 성층을 이룬 호소는 봄이 되면 수온이 올라가 4℃에 이르면 표층수의 밀도가 높아져 심층으로 이동하여 수직적인 혼합이 일어나는 현상이다.

② 영향 : 심층의 영양염류가 풍부한 물이 표층으로 이동됨에 따라 표층의 녹조현상이 일어나며, 상수취수에 악영향을 미친다.

[계절별 특징]

- 겨울 : 표면온도 0℃, 심층온도 4℃   성층현상
- 봄 :   표면온도 4℃, 심층온도 4℃   전도현상
- 여름 : 표면온도 증가, 심층온도 4℃   성층현상
- 가을 : 표면온도 4℃, 심층온도 4℃   전도현상

(3) 부영양화 현상

① 정의 : 수중에 영양염류(질소, 인, 칼슘)와 같은 오염물질이 과다 유입되어 식물성 물성 플랑크톤(조류)의 급증, 용존산소 고갈, 어패류 폐사 등으로 자연적으로 늪지화된다. 이런 현상을 부영양화 현상이라 한다.

② 과정 : 빈영양화 → 중영양화 → 부영양화 → 늪지화

③ 영향
  - 용존산소(DO), 투명도 감소
  - COD 증가 및 악취 발생
  - 조류의 과다 발생(청록조류)

④ 경계조건
  - 질소(N) : 0.2~0.5ppm
  - 인(P) : 0.01~0.02ppm
    이상일 때 부영양 상태, 미만일 때 빈영양 상태

⑤ 대책
  - 세제 및 비료사용 억제
  - 황산구리($CuSO_4$) 주입(조류 제거)
  - 적조 발생 시 적조생물의 구재효과를 지닌 점토성분 : 알루미늄 이온
  - 조류 번식 억제 시 황산동의 적정 주입량 : 0.3~1.2mg/L
  - 흡착제 사용

⑥ 부영양화 평가기준
- AGP : 자연수 또는 처리수 등이 가지고 있는 조류증식 잠재능력으로 최대증식량(mg/L)로 나타낸다.
- 부영양화도 지수(TSI, Carlson 지수) : Carlson은 투명도와 클로로필-a의 농도, 총인의 농도 중 어느 한 항목만을 측정하여 각각의 부영양화 지수로 표현할 수 있도록 하였다. 예 TSI(SD), TSI(Chl-a), TSI(T-P)
- 부영양화 평가모델 : P 부하모델인 볼렌와이더(Vollenweider) 모델과 P-엽록소 모델인 사카모토 모델이 대표적이다.

③ 해수의 수질관리

(1) 해수의 특성

① 해수의 주요 성분 농도비는 일정하다.

[해수의 Holy seven]

염소이온(Cl^-) > 나트륨이온(Na^+) > 황산이온(SO_4^{2-}) > 마그네슘이온(Mg^{2+}) > 칼슘이온(Ca^{2+}) > 칼륨이온(K^+) > 중탄산이온(HCO_3^-)

② 해수의 pH는 약 8.2 정도이며, 염분은 적도에 비하여 극지방이 다소 낮다.
③ 해수의 밀도는 염분, 수온, 수압의 함수로 수심이 깊을수록 증가한다.
④ 해수 내 전체 질소 중 약 35% 정도는 암모니아성 질소와 유기 질소의 형태이다.

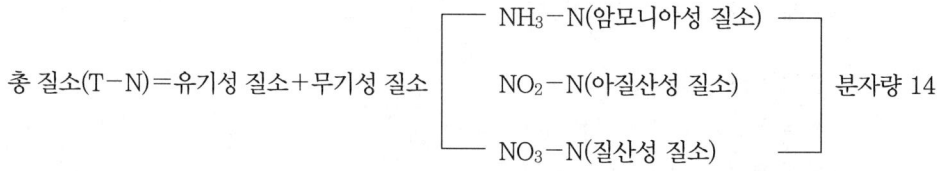

총 켈달질소(TKN)=유기성 질소+NH_3-N(암모니아성 질소)

⑤ 해수의 Mg/Ca 비는 3~4 정도로 담수에 비하여 크다.
⑥ 해수의 밀도는 수온, 염분, 수압에 영향을 받으며, 수심이 깊을수록 증가한다.
⑦ 해수는 강전해질로서 1L당 35g의 염분을 함유한다(35,000ppm).
⑧ 해수 내에 중요성분 중 염소이온은 19,000mg/L 정도로 가장 높은 농도를 나타낸다.
염의 농도=1.8×[Cl^- 염의 농도]

(2) 해류

① 상승류(Upwelling Current) : 바람에 의한 전단응력과 지구의 전향력에 의해 생기며, 심층수가 표층으로 올라오는 현상으로 수온이 낮고, 밀도가 높으며 영양염이 풍부하다.
② 조류(潮流, Tidal Current) : 태양과 달 사이의 인력으로 해수가 이동하는 현상(밀물, 썰물)
③ 심해류(Deep ocean current) : 난류와 한류의 밀도차에 의해 해수가 이동하는 현상
④ 쓰나미(Tsunami) : 파랑의 일종으로 화산활동이나 지진으로 발생한다.

(3) 해양유류오염의 대책

① 유분산제 : 해수 표층에 부유해 있는 유분을 해수 중으로 미세하게 분산시켜 표면적을 증가시켜 미생물에 의한 자연적인 분해작용을 이용
② 오일 펜스(Oil fence or Floating Boom) : 해양에서의 유류 유출 시 특정지역(예 양식장 또는 주요 어장)의 보호를 위해 설치
③ 유류 흡착장치 : 유분을 잘 흡수하는 재질을 이용하여 해수 표층에 부유해 있는 기름을 빨아들여 제거하는 장치를 말하며 Slick-licker라고도 한다.
④ 유분산제 살포
⑤ 직접 방제작업
⑥ 연소(항구 내에서는 사용 불가)
⑦ Glass wool로 흡착

(4) 적조현상

① 정의 : 적조현상(Red-tide)이란 식물 플랑크톤의 대량 번식으로 바닷물의 색깔이 적색, 황색, 적갈색 등으로 변색되는 자연 현상을 말한다. 담수(강, 호수)에서 발생하는 현상은 수화(水華, Water Bloom) 또는 통상 녹조라 한다.

② 발생원인
- 수온 상승
- 영양염류 증가
- 플랑크톤 농도의 증가
- 하천 유입수의 오염도 증가
- 염분 농도가 낮을 때
- 수괴의 안정도가 클 때
- Upwelling 현상 수역

적중예상문제

01 성층현상이 뚜렷한 계절을 알맞게 짝지은 것은?

① 겨울, 가을   ② 가을, 봄   ③ 겨울, 여름   ④ 봄, 여름

02 해수의 특성에 관한 설명으로 옳지 않은 것은?

① 해수의 pH는 약 8.2 정도로 약알칼리성을 지닌다.
② 해수의 주요 성분 농도비는 거의 일정하다.
③ 염분은 적도해역에서는 높고, 남북 양극 해역에서는 다소 낮다.
④ 해수의 Mg/Ca 비는 300~400 정도로 담수보다 크다.

 해수의 Mg/Ca 비는 3~4 정도로 담수보다 크다.

03 해수의 특성에 관한 설명으로 옳지 않은 것은?

① 해수 내 전체 질소 중 35% 정도는 암모니아성 질소, 유기질소 형태이다.
② 해수의 pH는 약 5.6 정도로 약산성이다.
③ 해수의 주요 성분 농도비는 거의 일정하다.
④ 해수의 Mg/Ca 비는 담수에 비하여 큰 편이다.

 해수의 pH는 약 8.2 정도로 약알칼리성이다.

04 바닷물(해수)에 관한 설명으로 옳지 않은 것은?

① 해수는 수자원 중에서 97% 이상을 차지하나 사용목적이 극히 한정되어 있는 실정이다.
② 해수의 pH는 약 8.2 정도로 약알칼리성을 띠고 있다.
③ 해수는 약전해질로 염소이온농도가 약 10,000ppm 정도이다.
④ 해수의 주요 성분 농도비는 거의 일정하다.

 해수 내의 주요 성분 중 염소이온은 19,000mg/L 정도로 가장 높은 농도를 나타낸다.

정답 01 ③ 02 ④ 03 ② 04 ③

05 다음 중 해양오염 현상으로 거리가 먼 것은?

① 적조 ② 부영양화
③ 용존산소과포화 ④ 온열배수 유입

06 다음 중 적조현상을 발생시키는 주된 원인물질은?

① Cl ② P ③ Mg ④ Fe

07 하천이 유기물로 오염되었을 경우 자정과정을 오염원으로부터 하천 유하거리에 따라 분해지대, 활발한 분해지대, 회복지대, 정수지대의 4단계로 구분한다. 다음과 같은 특성을 나타내는 단계는?

> - 용존산소의 농도가 아주 낮거나 때로는 거의 없어 부패 상태에 도달하게 된다.
> - 이 지대의 색은 짙은 회색을 나타내고, 암모니아나 황화수소에 의해 썩은 달걀 냄새가 나게 되며, 흑색과 점성질이 있는 퇴적물질이 생기고 기포 방울이 수면으로 떠오른다.
> - 혐기성 분해가 진행되어 수중의 탄산가스 농도나 암모니아성 질소의 농도가 증가한다.

① 분해지대 ② 활발한 분해지대
③ 회복지대 ④ 정수지대

CHAPTER 05 미생물

1 환경미생물

Virus → Bacteria → Fungi → Algae → 원생동물 → 후생동물

① 바이러스(Virus) : 생물과 미생물의 중간형태. 대사기능이 없어 기생서식

② 세균(Bacteria) : 가장 간단한 단세포
  ㉠ 호기성 박테리아 경험식 : $C_5H_7NO_2$(혐기성 $C_5H_9NO_3$)
  ㉡ 형태학적 분류 : 구균(원형), 간균(막대기모양), 나선균(나선모양), 방선균(균사체)
  ㉢ 세포의 구성 : 수분 80%, 고형물 20%(유기물 : 90%, 무기물 : 10%)
  ㉣ 세균 서식조건
    • BOD : N : P = 100 : 5 : 1
    • 온도 : 20℃
    • pH : 6~8

③ 균류(Fungi) : 흔히 곰팡이라 하며 탄소동화작용을 하지 않는 미생물로서 곰팡이류, 효모(yeast), 사상균, Sphnerotillus 등이 여기에 속한다.
  • 경험식 : $C_{10}H_{17}NO_6$
  • 특징 : 슬러지 벌킹(팽화) 현상의 원인이 되는 것으로 물질대사 범위가 넓다.

④ 조류(Algae) : 광합성 작용을 하는 유일한 미생물로, 엽록소를 가진다.
  ㉠ 경험식 : $C_5H_8NO_2$
  ㉡ 분류
    • 원핵조류 : 내부분화 미흡, 남조류, 편모가 없다.
    • 진핵조류 : 내부분화 구분, 녹조류, 규조류, 편모가 있다.
  ㉢ 조류의 영향
    수중에 N, P 등의 영양염류가 유입되면 조류가 번성하여 수중의 CO_2를 소모하게 되는데 CO_2의 농도가 낮아져 pH가 증가하게 된다. 반대로 O_2는 과포화 상태가 된다. 영양염이 감소되면서 조류는 사멸하게 되고 호기성 박테리아가 번성하여 O_2 농도가 감소하고 점점 혐기성화·늪지화로 되어간다.

> **참고정리**
>
> ✔ 광합성 작용
>
> ① 영향인자
> - 빛의 강도 : 빛의 강도에 비례하여 증가
> - 빛의 파장 : 가시광선 파장(400~800nm)에서 일어남
> - 온도 : 일반적으로 10℃ 증가 시 광합성량 2배 증가
>
> ② 광합성(엽록소, Chl-a) : $C_6H_{12}O_6 + 6O_2 \underset{\text{광합성 작용}}{\overset{\text{호흡 작용}}{\rightleftarrows}} 6CO_2 + 6H_2O$
>
> - 주간 : 광합성 작용이 일어남
> - 야간 : 호흡 작용이 일어남

2 미생물의 분류

(1) DO 관계

① 절대(편성)호기성 미생물 : 자유산소(O_2) 이용
② 절대(편성)혐기성 미생물 : 결합산소(HNO_3, H_2SO_4)
③ 미호기성
④ 임의성 미생물

(2) 온도

종류	온도(℃)	
	범위	최적
친한성(psychrophilic)	-10~30	12~18
친온성(mesophilic)	20~50	25~40
친열성(thermophilic)	35~75	55~65

(3) 탄소원

① 독립영양계 미생물 : CO_2를 탄소원으로 이용하는 미생물
   예 조류, 질산화미생물, 황세균

② 종속영양계 미생물 : 유기물질이나 환원된 탄소를 이용하는 미생물
   예 일반세균, 균류, 원생동물

(4) 에너지원

① 광영양계 미생물 : 이화 작용에 있어 에너지를 빛으로 얻는 미생물
② 화학영양계 미생물 : 이화 작용에 있어 에너지를 화학적 산화·환원에너지로부터 얻는 미생물

3 미생물(세포)의 증식단계

(1) 미생물(세포)의 증식곡선

유도기(Ⅰ) – 대수증식기(Ⅱ) – 정지기(Ⅲ) – 사멸기(Ⅳ)

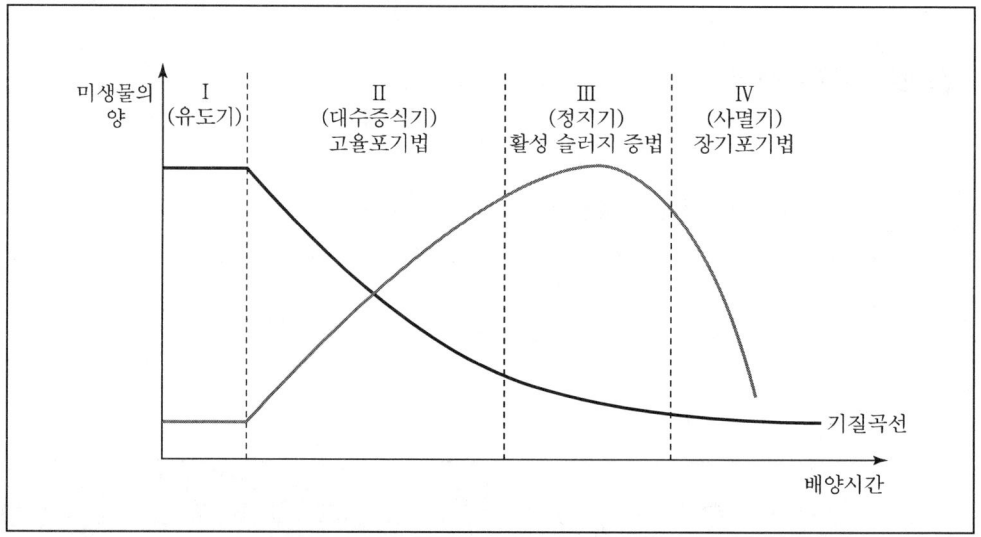

① 유도기 : 미생물이 주위환경에 적응하는 단계로, 미생물 수는 크게 증식하지 않는다. (지체기, 적응기)
② 대수증식기 : 미생물이 유기물을 빠르게 분해하여 미생물 수가 급격히 증가하는 단계 (대수기, 대수성장단계)
③ 정지기 : 영양분이 감소하여 미생물의 증식률과 사망률이 비슷한 단계(감소성장단계)
④ 사멸기 : 유기물이 감소하여 미생물 수가 급격히 감소하는 단계로, 미생물은 자신의 원형질을 분해하여 에너지를 얻는 단계(내호흡단계, 내생성장단계)

(2) 미생물의 성장과 유기물과의 관계 곡선

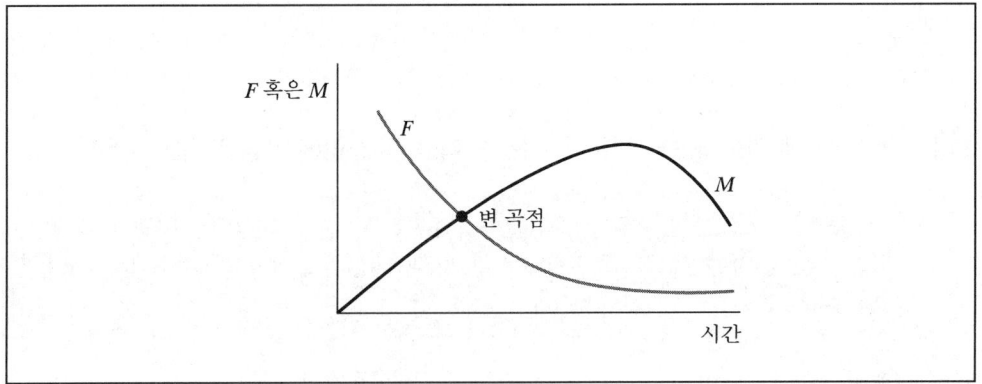

유기물이 유입되면서 미생물이 유도기를 지나 변곡점까지의 성장단계를 log 성장상태 또는 지수성장단계라고 하며, 변곡점을 지나면서 정지기, 사멸기를 나타낸다.

(3) Monod 식

세포를 생물학적 공정에 맞추어 배양 시 기질에 따른 생장속도를 방정식으로 나타내는 식으로 제한된 기질에 대한 세포생장을 나타낸다.

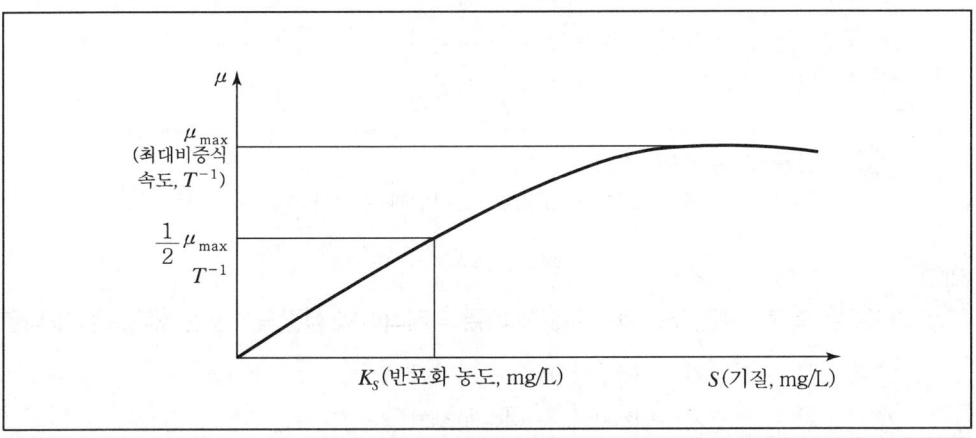

세포의 비증식 속도

Monod 공식 $\Rightarrow \mu = \mu_{\max} \times \left(\dfrac{S}{K_s + S} \right)$

여기서, μ : 세포의 비증식 속도(T^{-1})
$\mu_{\max}$: 최대 비증식 속도(T^{-1})
K_s : 반포화 농도(mg/L)
S : 기질 농도(mg/L)

적중예상문제

01 폐수처리에 이용되는 미생물의 구분 중 다음 ( ) 안에 가장 적합한 것은?

> 미생물은 산소의 섭취 유무에 따라 분류하기도 하는데, ( ) 미생물은 용존산소가 아닌 SO_4^{2-}, NO_3^- 등과 같은 산화물을 용존산소로 섭취하기 때문에 그 결과 황화수소, 암모니아, 질소 등을 발생시킨다.

① 질산성　　　　　　　　② 호기성
③ 혐기성　　　　　　　　④ 통기성

02 회분식으로 일정한 양의 에너지와 영양분을 한 번만 주고 미생물을 배양했을 때 미생물의 성장과정을 순서(초기 → 말기)대로 옳게 나타낸 것은?

① 대수성장기 → 유도기 → 정지기 → 사멸기
② 유도기 → 대수성장기 → 정지기 → 사멸기
③ 대수성장기 → 정지기 → 유도기 → 사멸기
④ 유도기 → 정지기 → 대수성장기 → 사멸기

> 미생물의 성장과정 순서
> 유도기 → 대수성장기 → 정지기 → 사멸기 순서이다.

03 다음 중 회분식 배양조건에서 시간에 따른 박테리아의 성장곡선을 순서대로 옳게 나열한 것은?

① 유도기 → 사멸기 → 대수성장기 → 정지기
② 유도기 → 사멸기 → 정지기 → 대수성장기
③ 대수성장기 → 정지기 → 유도기 → 사멸기
④ 유도기 → 대수성장기 → 정지기 → 사멸기

정답　01 ③　02 ②　03 ④

04 다음은 미생물의 성장단계에 관한 설명이다. ( ) 안에 알맞은 것은?

> ( )란 일정한 양의 에너지와 영양분이 한 번만 주어지는 회분식 배양에서 접종 전 배양 말기의 불리한 조건에서 대사산물이나 효소가 고갈된 접종세포가 새로운 환경에 적응할 때까지의 소요 기간을 말한다.

① 내생호흡기
② 지체기
③ 감소성장기
④ 대수성장기

05 다음 중 친온성 미생물의 성장속도가 가장 빠른 온도 분포는?

① 10℃ 부근
② 15℃ 부근
③ 20℃ 부근
④ 35℃ 부근

06 용존산소가 충분한 조건의 수중에서 미생물에 의한 단백질 분해순서를 올바르게 나타낸 것은?

① $NO_3^- \rightarrow NO_2^- \rightarrow NH_4^+ \rightarrow$ Amino acid
② $NH_4^+ \rightarrow NO_2^- \rightarrow NO_3^- \rightarrow$ Amino acid
③ Amino acid $\rightarrow NO_3^- \rightarrow NO_2^- \rightarrow NH_4^+$
④ Amino acid $\rightarrow NH_4^+ \rightarrow NO_2^- \rightarrow NO_3^-$

정답 04 ② 05 ④ 06 ④

CHAPTER 06 물리적 처리

1 스크린(Screen)

스크린은 하수 중의 협잡물을 제거하여 펌프, 배관 등의 손상과 막힘을 방지하고 동시에 다음 공정의 처리시설을 보호하여 하수처리를 용이하게 하는 데 설치 목적이 있다.

(1) 제거대상물질

부유협잡물

(2) 설치목적

후속설비보호(펌프의 마모 방지, 관로 폐색 방지 등)

(3) 종류

1) 형상에 따른 분류

  ① 봉 스크린 : 일반적으로 많이 사용한다.
  ② 격자 스크린
  ③ 망 스크린

2) 크기에 따른 분류

  ① 세목 스크린 : 눈의 간격 50mm 이하
  ② 조목 스크린 : 눈의 간격 50mm 이상

(4) 설계기준

① 설치위치 : 일반적으로 침사지와 조합하여 침사지 앞부분에 설치하며, 조목 스크린은 침사지 앞에, 세목 스크린은 침사지 뒤에 설치하는 것을 원칙으로 한다.
② 경사각 : 인력식 45~60°, 기계식 70°이다.
③ 통과 유속 : 유속을 크게 하면 침사지의 효율을 감소시키고, 스크린 찌꺼기를 유실할 우려가 있으므로 0.45~0.80m/sec로 하는 것이 좋다.

2 침사지(Grit Chamber)

침사지는 일반적으로 하수 중의 직경 0.2mm 이상의 비부패성 무기물 및 입자가 큰 부유물을 제거하여 방류수역의 오염 및 토사의 침전을 방지하고 또는 펌프 및 처리시설의 파손이나 폐쇄를 방지하여 처리작업을 원활히 하도록 펌프 및 처리시설의 앞에 설치한다.

(1) 중력식 침사지

1) **형상 및 지수** : 직사각형이나 정사각형 등으로 하고 지수는 2지 이상으로 한다.

2) **구조**

   ① 수밀성 있는 철근콘크리트구조로 한다.
   ② 저부경사는 $\frac{1}{100} \sim \frac{1}{200}$으로 한다.

3) **평균유속** : 0.3m/sec를 표준으로 한다(상수 : 2~7cm/sec).

4) **체류시간** : 30~60sec를 표준으로 한다.

5) **표면부하율** : 오수침사지의 경우 $1,800 m^3/m^2 \cdot day$ 정도로 하고, 우수침사지의 경우 $3,600 m^3/m^2 \cdot day$ 정도로 한다.

3 예비처리

(1) 유량 조정조

유량 조정조의 설치 목적은 유입 하수의 유량과 수질의 변동을 흡수해서 균등화함으로써 처리시설의 처리 효율을 높이고 처리수질의 향상을 도모하는 데 있다.

1) **유량 조절방법**

   ① 직렬(in-line) 방식 : 유입하수의 전량이 통과되어, 수량 및 수질 균일화 효과가 있다.
   ② 병렬(off-line) 방식 : 1일 최대하수량을 초과하는 유량만 저류로 통과되어, 수질의 균일화에 효과가 적다.

2) **조의 용량** : 1일 최대오수량을 일시적으로 저장할 수 있어야 한다.

3) 구조 및 수심

① 형상은 직사각형 또는 정사각형을 표준으로 한다.
② 철근 콘크리트 구조로 하며 유효수심은 3~5m를 표준으로 한다.
③ 조 내 침전물의 발생을 방지하기 위한 교반장치를 설치한다.

(2) 예비포기조

① 목적 : 유지분리 촉진, 혐기성화 방지, 처리시설 향상을 위한 전처리(악취 방지)
② BOD 제거 : 30~45분 포기(Floc 형성시간)
③ 악취 제거 : 10~15분 포기시간

(3) pH 조정조

1) 후속처리를 원활하게 하기 위해 설치

① 후속 생물학적 처리를 위한 pH 중화
② 후속 화학적 처리를 위한 pH 조정

2) 산 중화 : 염기성 용액 사용($NaOH$, $Ca(OH)_2$, CaO, Na_2CO_3 등)

3) 알칼리 중화 : 산 용액 사용(H_2SO_4, HCl, H_2CO_3 등)

4 침전지

침전지는 고형물입자를 침전·제거해서 하수를 정화하는 시설로서 대상 고형물에 따라 1차 침전지와 2차 침전지로 나눌 수 있다.

1차 침전지는 1차 처리 및 생물학적 처리를 위한 예비처리의 역할을 수행하며, 2차 침전지는 생물학적 처리에 의해 발생되는 슬러지와 처리수를 분리하고, 침전한 슬러지의 농축을 주목적으로 한다. 소규모 하수처리시설에서는 처리방식에 따라서 1차 침전지를 생략할 수도 있다.

(1) 1차 침전지·2차 침전지의 비교

구분	1차 침전지	2차 침전지
제거대상	침전 가능한 유기물 제거 Stokes Law 적용(물과 밀도차가 크다.)	포기조에서 형성된 미생물 Floc 제거 Stokes Law 적용이 안 됨
표면적 부하율	계획일 최대 오수량에 대해 25~70$m^3/m^2 \cdot day$ (분류식 : 35~70, 합류식 : 25~50)	계획일 최대 오수량에 대해 20~30$m^3/m^2 \cdot day$

구분	1차 침전지	2차 침전지
형식	• 형상 : 원형, 직사각형 또는 정사각형으로 한다. • 지수 : 최소 2지 이상 • 직사각형 : 폭 : 길이=1 : 3, 폭 : 깊이=1 : 1~2.25 : 1 기울기 : $\frac{1}{100} \sim \frac{50}{100}$ • 원형, 정사각형의 폭 : 깊이=6 : 1~12 : 1, 기울기 : $\frac{1}{20} \sim \frac{1}{10}$ • 측벽의 기울기 : 60°	
월류위어 부하율	250m³/m·day	190m³/m·day
수심	2.5~4m	
침전시간	2~4hr	3~5hr
여유고	40~60cm	

5 침강이론

(1) Ⅰ형 침전(독립침전)

① 입자의 상호작용 없이 침전하는 형태
② 비중이 1보다 큰 입자의 침전 형태
③ 스토크스 법칙 적용
④ 침사지, 1차 침전지 적용

(2) Ⅱ형 침전(응집, 응결침전)

① Floc이 형성되면서 침전하는 형태
② 입자가 서로 응결되면서 침전하는 형태
③ 침강속도가 Ⅰ형 침전보다 빠름

(3) Ⅲ형 침전(방해, 간섭, 계면, 지역침전)

① 플록 형성 후 침강하는 입자들이 서로 방해를 받아 침전속도가 감소하는 침전 형태
② 함께 침전하는 입자들의 상부에 고체와 액체의 경계면 형성
③ 입자 등은 서로 간의 상대적 위치를 변경시키려 하지 않고 전체 입자들은 한 개의 단위로 침전
④ 모든 입자는 동일한 속도로 침전

(4) Ⅳ형 침전(압축, 압밀침전)

① 침전된 입자들이 그 자체의 무게로 인하여 하부의 물을 상부로 분리시키는 침전형태
② 농축조 침전

참고정리

✔ Stokes 법칙

1. 작용하는 힘

   ① 중력(F_g) = $m \cdot a = \rho_p \cdot \forall \cdot g$
   ② 부력(F_b) = $m \cdot a = \rho \cdot \forall \cdot g$
   ③ 침강력(F_w) = $F_g - F_b = \dfrac{\pi d^3}{6}(\rho_p - \rho)g$
   ④ 저항력(F_d) = $3 \cdot \pi \cdot \mu \cdot d \cdot V_g$

2. 저항력(F_d) = 침강력(F_w)

   $$3 \cdot \pi \cdot \mu \cdot d \cdot v_g = \dfrac{\pi d^3}{6}(\rho_p - \rho_w)g$$

   $$V_g = \dfrac{d_p^{\,2}(\rho_p - \rho_w) \cdot g}{18 \cdot \mu}$$

   여기서, V_g : 침강속도(m/sec)
   d_p : 입자의 직경(m)
   ρ_p : 입자의 밀도(kg/m³)
   ρ_w : 유체의 밀도(kg/m³)
   g : 중력가속도(9.8m/sec²)
   μ : 점성계수(kg/m · sec)

3. 영향

   ① 침강속도는 입자와 폐수의 밀도차에 따라 비례한다.
   ② 침강속도는 입자 크기의 제곱에 비례한다.
   ③ 침강속도는 점성계수에 반비례한다.
   ④ 온도가 증가할수록 점성계수는 작아지기 때문에 침강속도는 증가한다.

4. R_{ep}(레이놀즈수)

   $$R_{ep} = \dfrac{관성력}{점성력} = \dfrac{D \cdot V \cdot \rho}{\mu}$$

   여기서, μ : 점도(kg/m · sec)
   D : 유로의 직경(m)
   V : 유속(m/sec)
   ρ : 유체밀도(kg/m³)
   R_{ep} : 레이놀즈수(무차원)

   $R_{ep} < 1$: 층류
   $1 < R_{ep} < 500$: 전이영역
   $R_{ep} > 500$: 난류

참고정리

✔ 관련식

① 유량(Q)(단위 : m^3/day)

$$Q = A \cdot V = \frac{V}{t} \quad \forall = Q \times t, \quad t = \forall \div Q$$

② 제거율$(\eta) = \dfrac{BOD_i - BOD_o}{BOD_i} \times 100$

※ 2단 직렬 연결 $\eta_t(\%) = \eta_1 + \eta_2(1-\eta_1)$

※ 3단 직렬 연결 $\eta_t(\%) = \eta_1 + \eta_2(1-\eta_1) + \eta_3(1-\eta_1)(1-\eta_2)$

③ BOD 부하량(kg/day) = BOD 농도(mg/L) × 폐수량(m^3/day)

④ 월류위어 부하율 → $\dfrac{월류유량}{월류길이}\left(\dfrac{m^3}{m \cdot day}\right)$

⑤ BOD 용적부하(L_V) → $\dfrac{BOD_i \times Q_i}{\forall}\left(\dfrac{kg}{m^3 \cdot day}\right)$

⑥ BOD 면적부하(L_A) → $\dfrac{BOD_i \times Q_i}{A}\left(\dfrac{kg}{m^2 \cdot day}\right)$

⑦ 수면부하율(V_o) : 유입 부하(량)를 수면적(침전면적)으로 나눈 값

V_o(수면적부하, 설계침강속도, 표면부하율, 표면부하속도)

$= \dfrac{Q}{A} = \dfrac{W \times H \times V}{W \times L} = \dfrac{H \times V}{L}$

단위 : $m^3/m^2 \cdot day = m/day$

수면부하율이 작을수록 처리효율은 증가된다.

※ 침전효율$(\eta) = \dfrac{V_g}{V_o}$

$V_g \geqq V_o$ 100% 제거

$V_g < V_o$ 부분 제거

⑧ 동수반경(R, 경심)

$R = \dfrac{단면적}{윤변} = \dfrac{A}{P}$

적중예상문제

01 다음 중 하·폐수 처리시설의 일반적인 처리계통으로 가장 적합한 것은?

① 침사지 – 1차 침전지 – 소독조 – 포기조
② 침사지 – 1차 침전지 – 포기조 – 소독조
③ 침사지 – 소독조 – 포기조 – 1차 침전지
④ 침사지 – 포기조 – 소독조 – 1차 침전지

02 도시 폐수처리 계통도의 처리순서로 가장 올바른 것은?

① 유입수 → 침사지 → 1차 침전지 → 포기조 → 최종 침전지 → 염소소독조 → 유출수
② 유입수 → 염소소독조 → 침사지 → 1차 침전지 → 포기조 → 최종 침전지 → 유출수
③ 유입수 → 침사지 → 1차 침전지 → 최종 침전지 → 염소소독조 → 포기조 → 유출수
④ 유입수 → 1차 침전지 → 침사지 → 포기조 → 최종 침전지 → 염소소독조 → 유출수

03 스크린 설치 목적으로 가장 거리가 먼 것은?

① 슬러지 생성량 증가
② 펌프손상 방지
③ 약품 처리 시 부하 감소
④ 유기물 부하 감소

스크린 설치 목적과 슬러지 생성량 증가는 연관성이 없다.

04 다음 중 물리적 예비처리공정으로 볼 수 없는 것은?

① 스크린   ② 침사지   ③ 유량조정조   ④ 소화조

05 폐수처리 공정 중 예비처리인 스크리닝(Screening)에 관한 설명으로 옳지 않은 것은?

① 유입수 중의 부유협잡물을 제거하여 후속처리과정을 원활하게 할 목적으로 설치한다.
② 통과유속은 2m/sec 이하로 한다.
③ 사석의 퇴적 방지를 위해 스크린으로의 접근유속은 0.45m/sec 이상이 되어야 한다.
④ 대부분 침사지 전방에 설치한다.

정답 01 ② 02 ① 03 ① 04 ④ 05 ②

통과유속은 0.45~0.8m/sec 이하로 한다.

06 폐수 속에 있는 부유물 중에서 스크린으로 제거되는 것으로 가장 적절한 것은?

① 그릿 ② 슬러지
③ 위어 ④ 협잡물

 스크린의 제거대상물질은 부유 협잡물이다.

07 무기성 부유물질, 자갈, 모래, 뼈 등 토사류를 제거하여 기계 장치 및 배관의 손상이나 막힘을 방지하는 시설로 가장 적합한 것은?

① 침전지 ② 침사지
③ 조정조 ④ 부상조

08 모래, 자갈, 뼛조각 등의 무기물로 구성된 혼합물을 무엇이라 하는가?

① Screen ② Grit
③ Sludge ④ Scum

09 물속에서 입자가 침강하고 있을 때 스토크스(Stokes)의 법칙이 적용된다고 한다. 다음 중 입자의 침강속도에 가장 큰 영향을 주는 변화인자는?

① 입자의 밀도 ② 물의 밀도
③ 물의 점도 ④ 입자의 직경

10 스토크스 법칙에 따른 입자의 침전속도에 관한 설명으로 틀린 것은?

① 침전속도는 입자와 물의 밀도차에 비례한다.
② 침전속도는 중력가속도에 비례한다.
③ 침전속도는 입자지름의 제곱에 반비례한다.
④ 침전속도는 물의 점도에 반비례한다.

정답 06 ④ 07 ② 08 ② 09 ④ 10 ③

11 스토크스 법칙에 따라 침전하는 구형 입자의 침전속도는 입자직경(d)과 어떤 관계가 있는가?

① $d^{\frac{1}{2}}$에 비례
② d에 비례
③ d에 반비례
④ d^2에 비례

12 침전지에서 지름이 0.1mm이고 비중이 2.65인 모래입자가 침전하는 경우 침전속도는?
(단, Stokes 법칙을 적용, 물의 점도 : 0.01g/cm·s)

① 0.898cm/s
② 0.792cm/s
③ 0.726cm/s
④ 0.625cm/s

풀이
$$V_g = \frac{dp^2(\rho_p - \rho_w) \cdot g}{18 \cdot \mu}$$
$$= \frac{(0.01)^2(2.65-1) \times 980}{18 \times 0.01} = 0.898\text{cm/sec}$$

13 레이놀즈수의 관계인자와 거리가 먼 것은?

① 관의 직경
② 액체의 점도
③ 액체의 비표면적
④ 입자의 속도

풀이
$$R_{ep} = \frac{관성력}{점성력} = \frac{D \cdot V \cdot \rho}{\mu}$$

14 부상법으로 처리해야 할 폐수의 성상으로 가장 적합한 것은?

① 수중에 용존유기물의 농도가 높은 경우
② 비중이 물보다 낮은 고형물이 많은 경우
③ 수온이 높은 폐수
④ 독성물질을 함유한 폐수

풀이 부상법은 비중이 물보다 낮은 고형물이 많은 경우에 적합하다.

15 다음 중 용존공기 부상법에서 공기와 고형물 간의 비를 나타내는 것은?

① A/S 비   ② F/M 비   ③ C/N 비   ④ SVI 비

16 1차 침전지의 깊이 4m, 표면적 1m²에 대해 30m³/day으로 폐수가 유입된다. 이때의 체류시간은?

① 2.3시간   ② 3.2시간   ③ 5.5시간   ④ 6.1시간

풀이 $t(hr) = \dfrac{(4 \times 1)m^3}{30m^3} \bigg| \dfrac{day}{1day} \bigg| \dfrac{24hr}{1day} = 3.2(hr)$

17 인구 5,500명이 사는 도시에 3,500m³/day의 하수를 처리하는 하수처리시설이 있다. 이 시설의 침전지의 부피가 150m³일 때, 이론적인 하수 체류시간은?

① 약 1시간   ② 약 1시간 20분   ③ 약 1시간 50분   ④ 약 2시간 15분

풀이 $t(hr) = \dfrac{150m^3}{3,500m^3} \bigg| \dfrac{day}{1day} \bigg| \dfrac{24hr}{1day} = 1.02(hr)$

18 폭 8m, 길이 28m, 높이가 3m인 침전지의 유입 수량이 0.07m³/sec일 때 체류시간은?

① 약 2시간 40분   ② 약 2시간 50분
③ 약 3시간 5분   ④ 약 3시간 28분

풀이 $t(hr) = \dfrac{(8 \times 28 \times 3)m^3}{0.07m^3} \bigg| \dfrac{sec}{3,600sec} \bigg| \dfrac{hr}{3,600sec} = 2.667(hr)$

19 인구 5,000명의 도시하수처리장에 2,000m³/day의 폐수가 유입된다. 최초침전지의 규격이 15m(L)×6m(W)×3m(H)일 때 침전지의 이론적 수리학적 체류시간(HRT)은?

① 1.88hr   ② 2.14hr   ③ 2.68hr   ④ 3.24hr

풀이 $HRT = \dfrac{(15 \times 6 \times 3)m^3}{2,000m^3} \bigg| \dfrac{day}{1day} \bigg| \dfrac{24hr}{1day} = 3.24(hr)$

정답 15 ① 16 ② 17 ① 18 ① 19 ④

20 폭 10m, 길이 30m, 높이 3m인 장방형 침전지에 0.05m³/sec의 유량이 유입될 때 체류시간 (hr)은?

① 3   ② 4   ③ 5   ④ 6

$$t(hr) = \frac{(10 \times 30 \times 3)m^3}{0.05m^3} \bigg| \frac{sec}{} \bigg| \frac{hr}{3,600sec} = 5(hr)$$

21 7,000m³/day의 하수를 처리하는 침전지의 유입하수의 SS 농도가 400mg/L, 유출하수의 SS 농도가 200mg/L이라면 이 침전지의 SS 제거율은?

① 3%   ② 25%   ③ 50%   ④ 70%

$$\eta(제거율) = \frac{SS_i - SS_o}{SS_i} \times 100$$
$$= \frac{400 - 200}{400} \times 100 = 50(\%)$$

22 한 침전지가 9,000m³/day의 하수를 처리한다. 침전지의 유입하수의 SS 농도가 500mg/L, 침전지 유출수의 SS 농도가 100mg/L일 때, 이 침전지의 SS 제거율은?

① 60%   ② 70%   ③ 80%   ④ 90%

$$\eta(제거율) = \frac{SS_i - SS_o}{SS_i} \times 100$$
$$= \frac{500 - 100}{500} \times 100 = 80(\%)$$

23 폭 2m, 길이 15m인 침사지에 100cm 수심으로 폐수가 유입할 때 체류시간이 50초라면 유량은?

① 2,000m³/hr   ② 2,160m³/hr   ③ 2,280m³/hr   ④ 2,480m³/hr

$$Q(유량) = \frac{V(체적)}{t(체류시간)}$$
$$Q(m^3/hr) = \frac{(2 \times 15 \times 1)m^3}{50sec} \bigg| \frac{3,600sec}{1hr} = 2,160(m^3/hr)$$

정답 20 ③ 21 ③ 22 ③ 23 ②

24 200m³의 포기조에 BOD 370mg/L인 폐수가 1,250m³/day의 유량으로 유입되고 있다. 이 포기조의 BOD 용적부하는?

① 1.78kg/m³ · day ② 2.31kg/m³ · day
③ 2.98kg/m³ · day ④ 3.12kg/m³ · day

BOD 용적부하(Lv) = $\dfrac{BOD_i \times Q_i}{\forall}\left(\dfrac{kg}{m^3 \cdot day}\right)$

= $\dfrac{0.37 \times 1,250}{200}$ = 2.31 (kg/m³ · day)

25 농축대상 슬러지양이 500m³/d이고, 슬러지의 고형물 농도가 15g/L일 때, 농축조의 고형물 부하를 2.6kg/m² · hr로 하기 위해 필요한 농축조의 면적은?(단, 슬러지의 비중은 1.0이고, 24시간 연속가동 기준)

① 110.4m² ② 120.2m² ③ 142.4m² ④ 156.3m²

X(m²) = $\dfrac{15g}{L}\left|\dfrac{m^2 \cdot hr}{2.6kg}\right|\dfrac{500m^3}{day}\left|\dfrac{1kg}{10^3g}\right|\dfrac{10^3L}{1m^3}\left|\dfrac{1day}{24hr}\right|$ = 120.19(m²)

26 지름이 20m, 깊이가 3m인 원형 침전지에서 시간당 416.7m³의 하수를 처리하는 경우 수면적 부하는?(단, 24시간 연속가동)

① 31.8m³/m² · day ② 36.6m³/m² · day
③ 42.0m³/m² · day ④ 48.3m³/m² · day

X(m³/m² · day) = $\dfrac{416.7m^3}{hr}\left|\dfrac{4}{\pi \times 20^2 m^2}\right|\dfrac{24hr}{1day}$ = 31.83(m³/m² · day)

27 수심이 4m이고, 체류시간이 3시간인 장방형 침전지의 수면적 부하는?

① 32m³/m² · 일 ② 30m³/m² · 일 ③ 28m³/m² · 일 ④ 26m³/m² · 일

X(m³/m² · day) = $\dfrac{4m}{3hr}\left|\dfrac{24hr}{day}\right|$ = 32(m³/m² · day)

정답 24 ② 25 ② 26 ① 27 ①

28 최초 유입폐수의 BOD는 250mg/L, 살수여상의 BOD 용적부하는 0.2kg/m³·day일 때, 유효깊이가 3m인 살수여상의 표면 부하율은?(단, 살수여상 유입 전 1차 침전지의 BOD 처리효율은 20%이다.)

① 3m/day ② 4m/day
③ 5m/day ④ 6m/day

$$X(m^3/m^2 \cdot day) = \frac{0.2kg}{m^3 \cdot day} \left| \frac{m^3}{0.25 \times 0.8kg} \right| \frac{3m}{} = 3(m^3/m^2 \cdot day)$$

29 염소혼화지에 2,000m³/day의 처리수가 유입되고 혼화시간을 15분으로 했을 때, 혼화지 수로의 유효길이는?(단, 혼화지의 폭은 1.0m, 수심은 0.8m이다.)

① 약 12m ② 약 15m
③ 약 20m ④ 약 26m

$$L(m) = \frac{2,000m^3}{day} \left| \frac{15min}{1 \times 0.8} \right| \frac{1day}{1,440min} = 26.04(m)$$

30 폐수량 1,000m³/일, BOD 100mg/L일 때 총 BOD 부하량은?

① 1kg/일 ② 10kg/일
③ 100kg/일 ④ 1,000kg/일

$$X(kg/일) = \frac{0.1kg}{m^3} \left| \frac{1,000m^3}{day} \right| = 100(kg/일)$$

31 폐수의 유량이 20,000m³/일, 부유물질의 농도가 150mg/L이고, 이 중 하천바닥에 침전하는 것이 30%라면, 그 침전량은 얼마인가?

① 900kg/일 ② 950kg/일
③ 1,000kg/일 ④ 1,050kg/일

$$X(kg/일) = \frac{0.15kg}{m^3} \left| \frac{20,000m^3}{day} \right| \frac{30}{100} = 900(kg/일)$$

정답 28 ① 29 ④ 30 ③ 31 ①

32 침전현상의 분류 중 독립침전에 대한 설명으로 가장 적합한 것은?

① 부유물의 농도가 낮은 상태에서 응결하지 않는 입자의 침전으로, 입자의 특성에 따라 침전한다.
② 서로 응결하여 입자가 점점 커져 속도가 빨라지는 침전이다.
③ 입자의 농도가 큰 경우의 침전으로, 입자들이 너무 가까이 있을 때 행해지는 침전이다.
④ 입자들이 고농도로 있을 때의 침전으로, 서로 접촉해 있을 때의 침전이다.

33 부유물의 농도와 부유물 입자의 특성에 따른 침전현상의 4가지 형태가 아닌 것은?

① 독립침전　　　　　　　　② 응집침전
③ 지역침전　　　　　　　　④ 분리침전

화학적 처리

1 흡착

(1) 흡착의 정의
흡착이란 흡착제를 사용하여 용액으로부터 오염물질을 제거하는 것으로 생물학적 처리를 거친 물의 최종 처리공정으로서 잔류하는 용존유기물을 제거하는 데 목적이 있다.

(2) 흡착의 메커니즘
① 1단계는 유기물질이 물을 통해 고액경계면까지 이동하는 단계
② 2단계는 유기물질이 흡착제의 공극을 통해 분산·확산하는 단계
③ 3단계는 확산된 유기물질이 입자의 미세공극의 표면위에 흡착되는 단계
　3단계의 반응은 그 반응속도가 매우 빨라, 흡착은 1·2단계의 반응에 의하여 결정된다.

(3) 물리적 흡착과 화학적 흡착 비교

구분	물리적 흡착	화학적 흡착
반응력	반데르발스(Van der Waals)힘	특징적인 화학적 힘
반응온도	낮다.	높다.
형태	다분자층 흡착	단분자층 흡착
흡착속도	빠르다.	느리다.
재생	가능하다(가역적).	불가능하다(비가역적).

(4) 활성탄의 종류

활성탄명	제조방법	특징	용도
입상활성탄 (GAC)	탄을 세분화시켜 탈피치 등을 혼합한다. 혼합물을 성형기로 성형하여 다시 탄화시키고, 그 후 수증기에 의하여 재생시킨다.	• 분말에 비해 흡착속도가 느리다. • 물과 분리가 쉽다. • 재생하기 쉽다. • 흡착탑에 충진하거나 유동상에 사용한다. • 분말보다 취급이 용이하다.	유동층 및 이동층용, 유동칼럼용, 상수 및 기타 하·폐수처리용 등

활성탄명	제조방법	특징	용도
분말활성탄 (PAC)	입상 등의 가공을 하지 않고 부활시킨다.	• 흡착속도가 빠르다. • 사용할 때 복잡한 장치가 필요하지 않고 접촉여과에 의해 흡착된다. • 분말의 비산이 있고 취급이 불편하다.	접촉여과용, 하·폐수처리용, 기타
생물활성탄 (BAC)	입상활성탄에 미생물을 도포시켜 재생시킨다.	• 용존성 유기물질 제거율이 높다. • 저온 시 제거율이 낮으므로 계절적인 고려가 필요하다. • 재생 없이 수년간 이용 가능하다. • 건설비 및 운전비용이 절감된다. • GAC 공정 운전상의 변형공정이다. • 활성탄이 서로 부착, 응집되어 수두손실이 증가될 수 있다. • 정상상태까지의 기간이 길다. • 활성탄에 병원균이 자랐을 때 문제가 야기될 수 있다.	상수 및 하·폐수 처리용, 정수장 등

(5) 흡착공식

흡착공식에는 프로인들리히(Freundlich) 등온흡착식, 랭뮤어(Langmuir) 등온흡착식, BET 흡착식, 기브스(Gibbs) 흡착식 등이 있다.

1) 프로인들리히(Freundlich) 등온흡착식

주어진 온도에서 용액내의 농도와 단위 질량의 흡착제에 흡착되는 용질의 양 사이에 평형관계가 잘 성립하는 관계식으로 다음과 같이 나타낼 수 있다.

$$\frac{X}{M} = KC^{1/n}$$

여기서, X : 흡착제에 흡착된 피흡착물질의 양(mg/L)
M : 흡착제 사용량(mg/L)
C : 흡착 후 출구 농도(mg/L)
K, n : 온도에 따라 변하는 상수

2) 랭뮤어(Langmuir) 등온흡착식

$$\frac{X}{M} = \frac{abC}{1+bC}$$

여기서, a, b : 경험상수

2 응집처리

2차 처리수 중에는 침전이 어려운 미세입자, 부유고형물 등이 존재하는데 이는 전하를 지니고 서로 안정되게 수중에 존재하며, 탁도를 유발하고, 생물학적 처리시설로는 제거가 어려운 경우가 있다. 따라서 응집제를 사용하여 미세입자들을 응집시켜 플록으로 형성하고, 완속 교반으로 플록 입자를 크게 성장시켜 침전성을 양호하게 하여 미세부유물질 등을 제거한다. 이때 응집보조제를 병행하면 효율이 증진된다.

(1) 제거대상 물질

1) 콜로이드(Colloid)성 물질 : 소수성 콜로이드[염(응집제)에 민감]
2) 인(P) 처리 : 응집침전[금속염첨가법, Lime첨가법(석회첨가법, 정석탈인법)]
3) TSS, BOD, COD 제거

※ 질소(N) 처리 : 질소는 침전되지 않기 때문에 탈질화균으로 제거한다.

(2) 응집에 미치는 인자

응집에 미치는 인자	내용
수온	• 높을수록 응집제의 화학반응이 촉진된다. • 낮을수록 응집제의 사용량이 많아진다.
pH	응집제의 종류에 따라 최적의 pH 조건이 다르다.
알칼리도	알칼리도가 높으면 응집에 효과적이다.
용존물질의 성분	응집반응을 방해하는 용존성 물질의 존재 여부를 검토하여야 한다.
교반조건	응집반응을 위한 적절한 교반조건이 필요하다.

(3) 응집제의 종류 및 장단점

구분	응집제 종류	장점	단점	적정 pH
무기 응집제	황산알루미늄 ($Al_2(SO_4)_3 \cdot 18H_2O$)	• 가격이 저렴하다. • 거의 모든 현탁성 물질이나 부유물의 제거에 유효하다. • 독성이 없어 대량 사용이 가능하다. • 결정은 부식성이 없고 취급이 용이하다. • 철염과 같이 시설을 더럽히지 않는다.	• Floc의 비중이 가볍다. • 적정 pH 폭이 좁다.	5.5~8.5

구분	응집제 종류	장점	단점	적정 pH
무기 응집제	황산 제2철 ($Fe_2(SO_4)_3$)	• Floc이 빠르게 침전한다. • 적정 pH 폭이 넓다.	• 알칼리도 보조제로 사용한다. • 철이온이 잔류한다. • 부식성이 크다.	4~12
	황산 제1철 ($Fe_2O_4 \cdot 7H_2O$)	• 황산알루미늄에 비해 가격이 저렴하다. • Floc이 빠르게 침전한다.	• 철이온이 잔류한다. • 부식성이 크다.	9~11
	염화 제2철 ($FeCl_3$)	• Floc이 빠르게 침전한다. • 적정 pH폭이 넓다.	• 부식성이 강하다. • 취급에 주의해야 한다.	4~12
유기 응집제	Polymer	• 황산알루미늄으로 처리하기 곤란한 폐수에 유효하다. • 탈수성 개선과 슬러지 발생량이 적다.	• 가격이 고가이다.	

참고정리

✔ **반응식**

① 황산알루미늄(Alum ; Aluminium sulfate, 명반, 황산반토)

$$Al_2(SO_4)_3 \cdot 18H_2O + 3Ca(OH)_2 \rightarrow 2Al(OH)_2 \downarrow + 3CaSO_4 + 18H_2O$$

② 염화 제2철($FeCl_3$)

$$2FeCl_3 + 3Ca(HCO_3)_2 \rightarrow 2Fe(OH)_3 \downarrow + 3CaCl_2 + 6CO_2$$

✔ **응집보조제**

응집보조제는 정수처리에 있어서 응집제의 효과를 높이기 위하여 첨가되는 약품을 말하며, 그 목적에 따라서 다음과 같이 분류한다.

① Floc 형성조제 : 알긴산나트륨, 규산나트륨 등
② Floc 중질화제 : 벤토나이트, 카오린 등
③ pH 조정제 : 산, 알칼리

(4) 응집교반시험(Jar – Test)

폐수처리 시 응집제를 현장 적용할 때 최적 pH의 범위와 응집제의 최적 주입농도를 알기 위한 시험을 응집교반시험이라고 한다.

응집교반시험의 실시 순서는 다음과 같다.

① 처리하려는 폐수를 4~6개의 비커에 500mL 또는 1L씩 동일량으로 취한다.
② pH 조정을 위한 약품과 응집제를 짧은 시간 안에 주입시킨다(응집제의 주입량은 왼쪽에서 오른쪽으로 증가시켜 주며 이론상으로 3번째의 비커에서 응집이 가장 잘 일어나도록 한다.). → 응집(Coagulation)
③ 교반기로 최대의 속도로 급속 혼합(120~150rpm)시킨다.
④ 교반기의 회전속도를 완속교반(20~70rpm)으로 감소시키고 10~30분간 교반시킨다. → 응결(Flocculation)
⑤ Floc이 발생하는 시간을 기록한다.
⑥ 약 30~60분간 침전시킨 후 상징수를 분석한다.

③ 염소소독

(1) 유리잔류염소의 생성

하수 내 염소를 주입하면 낮은 pH에서는 차아염소산(HOCl)의 생성률이 높고 높은 pH에서는 차아염소산이온(OCl^-)가 높게 나타난다. 소독력은 차아염소산(HOCl)이 차아염소산이온(OCl^-)보다 약 80배 정도 크다.

- 가수분해 : $Cl_2 + H_2O \rightleftharpoons HOCl + HCl$ (pH 5~6)
- 이온화 : $HOCl \rightleftharpoons H^+ + OCl^-$ (pH 8 이상)

(2) 결합잔류염소(클로라민, Chloramine)

하수에는 상당한 양의 암모니아가 함유되어 있는데 염소가 주입되면 상호 반응하여 클로라민(Chloramine) 화합물을 형성한다. 이 또한 살균력을 가지고 있기는 하나 유리잔류염소보다 약하다. 그러나 이취미를 유발하지 않고 살균작용이 오래 지속되는 것이 장점이다.

- $NH_3 + HOCl \rightarrow NH_2Cl(Monochloramine) + H_2O$ (pH 8.5 이상)
- $NH_2Cl + HOCl \rightarrow NHCl_2(Dichloramine) + H_2O$ (pH 4.5~8.5)
- $NHCl_2 + HOCl \rightarrow NCl_3(Trichloramine) + H_2O$ (pH 4.4 이하)

> **참고정리**
>
> ✔ 클로라민 분해반응(N_2, N_2O(gas))↑
> ① $2NH_2Cl + HOCl \rightleftharpoons N_2\uparrow + 3HCl + H_2O$
> ② $NH_2Cl + NHCl_2 \rightleftharpoons N_2\uparrow + 3HCl$
> ③ $NH_2Cl + NHCl_2 + HOCl \rightleftharpoons N_2O\uparrow + 4HCl$
> ④ $4NH_2Cl + 3Cl_2 + H_2O \rightleftharpoons N_2\uparrow + N_2O\uparrow + 10HCl$

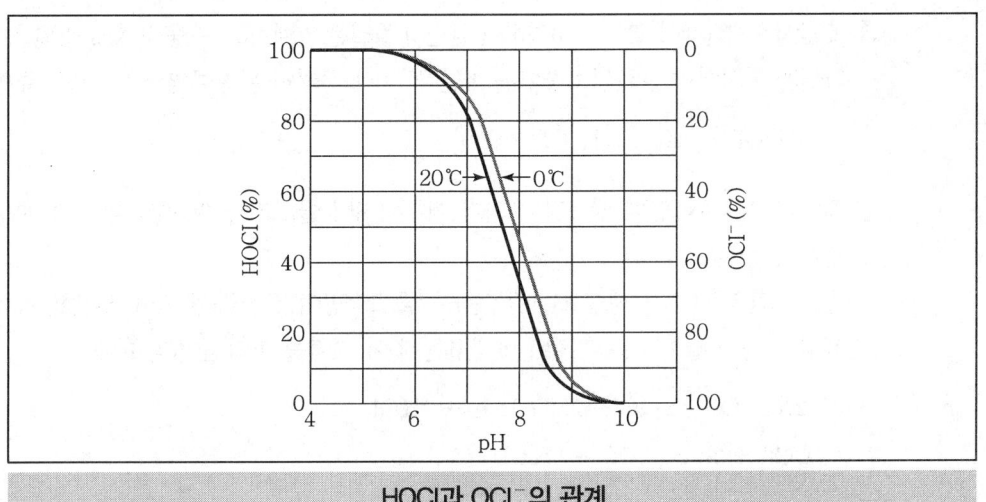

HOCl과 OCl⁻의 관계

(3) 파과점 염소 주입

살균(소독)을 위해 물속에 염소를 주입할 때 살균이 시작되는 염소량을 의미하며, 수중의 질소화합물(NH_3) 제거 시 사용하기도 한다.

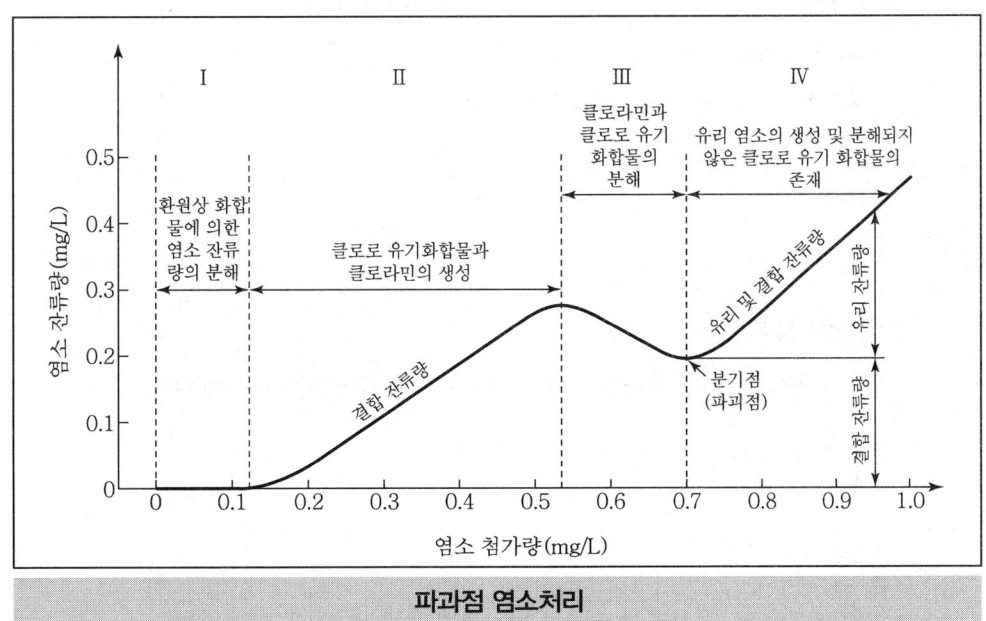

파과점 염소처리

① Ⅰ단계 : 수중에 염소를 주입하면 염소는 환원성 물질(Fe^{2+}, Mn^{2+}, H_2S 등)과 먼저 반응하여 산화시키므로 잔류염소량은 증가하지 않는다.

② Ⅱ단계 : 계속해서 염소를 주입하면 환원성 물질은 없어지고, 수중의 NH_3와 반응하여 클로라민을 형성하여 잔류염소량이 증가한다. 이때 증가하는 잔류염소는 결합잔류염소이다.

$$HOCl + NH_3 \rightarrow NH_2Cl + H_2O$$

③ Ⅲ단계 : 클로라민의 생성과 파괴가 이루어지나 클로라민 파괴가 더 크기 때문에 전체량은 감소한다.
클로라민의 파괴가 생성보다 우수하여 클로라민이 감소하게 되며 일정한 지점에서 파괴와 생성이 같아지는 지점이 발생하는데 이 지점을 파과점이라 한다.

$$2NH_2Cl + HOCl \rightarrow N_2 + H_2O + 3HCl$$
$$3Cl_2 + 2NH_3 \rightarrow N_2 + 6HCl$$

④ Ⅳ단계 : 파과점을 지나 계속 염소를 주입하면 염소와 결합할 물질이 없기 때문에 주입된 염소량이 잔류염소량이 된다. 유리잔류염소를 형성하여 살균력을 갖는다.

염소주입량 = 염소요구량 + 유리 및 결합잔류염소량

참고정리

✔ **총괄반응**

$$3Cl_2 + 3H_2O \rightarrow 3HOCl + 3HCl$$
$$2NH_3 + 2HOCl \rightarrow 2NH_2Cl + 2H_2O$$
$$2NH_2Cl + HOCl \rightarrow N_2 \uparrow + 3HCl + H_2O$$
$$\overline{3Cl_2 + 2NH_3 \rightarrow N_2 \uparrow + 6HCl}$$

(4) Chick 법칙

염소소독으로 인해 세균을 사멸시키는 비율은 1차 반응식에 따른다.

$$\ln\left(\frac{N_t}{N_o}\right) = -K \cdot t$$

$$N_t = N_o e^{-K \cdot t}$$

여기서, N_t : t시간 후에 남아 있는 세균의 수(수/mL)
N_o : 초기 세균의 수(수/mL)
K : 살균계수
t : 살균시간

4 여과

(1) 여과법의 메커니즘

① 거름작용(Straining) : 여재의 공극보다 큰 입자는 기계적으로 걸러지게 되고, 여재의 공극보다 작은 입자는 우연접촉에 의하여 여과지 내에서 포집된다.
② 침전(Sedimentation) : 입자들은 여과지 내에서 여재 위에 침전하게 된다.
③ 충돌(Impaction) : 무거운 입자는 유선을 따라 흐르지 않고 잡히게 된다.
④ 차단(Interception) : 유선과 함께 움직이는 많은 입자들은 여재의 표면에서 접촉하여 제거된다.
⑤ 부착(Adhesion) : 응집성 입자들은 여재를 지나칠 때 여재 표면에 붙게 된다.
⑥ 화학적 흡착 : 입자가 일단 여재의 표면이나 다른 입자의 근처에 오도록 한 후에 계속 거기에 붙어 있도록 하는 것은 이들 중 하나 또는 여러 개의 메커니즘에 의한 것이다.
⑦ 응집 : 큰 입자에 작은 입자가 붙어서 더 큰 입자가 만들어진다. 그 다음 이러한 입자들은 위에 열거한 제거 메커니즘 중 하나 또는 여러 개의 작용으로 제거된다.
⑧ 생물증식 : 여과지 내에서의 생물증식에 의하여 공극의 부피가 줄어들고 위에 열거한 메커니즘에 의한 입자 제거가 증대되기도 한다.

(2) 여재의 종류

① 모래(일반적으로 많이 사용, 비중 : 2.55~2.65)
② 안트라사이트(무연탄, 비중 : 1.4~1.6)
③ 인공경량사(비중 : 1.75~1.82)
④ 석류석(Garnet, 비중 : 3.15~4.3)
⑤ 일메나이트(티타늄철광, 비중 : 4.5~5)

(3) 급속여과 방식과 완속여과 방식의 비교

구분	급속여과 방식	완속여과 방식
원리	원수 중의 현탁물질을 약품으로 응집시킨 후에 입상 여과층에서 비교적 빠른 속도로 물을 통과시켜 여재에 부착시키거나 여과층에서 체걸름 작용으로 탁질을 제거하는 고액분리공정을 총칭한다.	모래층과 모래층 표면에 증식하는 미생물군에 의하여 수중의 부유물질이나 용해성 물질 등의 불순물을 포착하여 산화·분해하는 방법에 의존하는 정수방법이다.
여과 속도	120~150m/day	4~5m/day
모래층 두께	60~70cm(유효경 : 0.45~0.7mm)	70~90cm(유효경 : 0.3~0.45mm)
균등계수	1.7 이하	2.0 이하

구분	급속여과 방식	완속여과 방식
구조 및 형상	• 중력식을 표준으로 한다. • 여과면적＝계획정수량/여과속도 • 여과면적 : 150m²/지 • 여과지 수는 예비지를 포함하여 2지 이상으로 하고 10지를 넘을 경우에는 여과지 수의 1할 정도를 예비지로 설치한다. • 여유고는 30cm 정도로 한다.	• 여과지 깊이 : 2.5~3.5m • 형상은 직사각형을 표준으로 한다. • 여과지 수는 예비지를 포함하여 2지 이상으로 하고, 10지를 넘을 경우에는 여과지수의 1할 정도를 예비지로 설치한다. 여유고는 30cm 정도로 한다.

참고정리

① 균등계수 $U = \dfrac{P_{60}}{P_{10}}$

　여기서, P_{60} : 여재 60%를 통과한 입자의 크기
　　　　P_{10} : 여재 10%를 통과한 입자의 크기
　※ 균등계수(U)가 1에 가까울수록 공극이 커지며 탁질의 억류 가능성이 높아진다.

② 유효경 : 여재 10%를 통과한 입자의 크기
③ 역세수량(Q)＝여과면적(A)×여과속도(V)
④ 역세척 : 여과지의 하부에서 물을 주입하여 모래층[沙層]의 두께를 120~130% 정도로 팽창시키고 6~8분 정도 세척을 지속하는 조작이다.

(4) 급속여과의 운영상 문제점

① 니구(Mud Ball) : 여과 및 역세정을 반복하면서 여과지 표면에 잔류하는 점착성 고형물이 여재입자와 서로 엉겨 덩어리를 형성하게 되는 것을 말하며, 역세정 시 내부로 이동하여 여과수의 수질을 악화시키는 원인이 된다.
② 공기장애(Air Binding) : 수중의 용존공기가 여과지 내의 부압 발생이나 수온의 상승으로 용존공기의 용해도 저하에 따라 기포가 발생되는 현상이다.
③ 탁질누출현상(Break Through) : 여과의 진행에 따른 현탁물질이 여층에 억류되어 여층이 폐색되어 국부적으로 부압이 발생되는 현상이다.

(5) 여과장치의 수두손실의 영향

① 여층(모래)의 두께가 클수록 손실수두는 증가한다.
② 여과속도가 클수록 손실수두는 증가한다.
③ 물의 점도, 수온, 여재 직경이 클수록 손실수두는 증가한다.

적중예상문제

01 A폐수를 활성탄을 이용하여 흡착법으로 처리하고자 한다. 폐수 내 오염물질의 농도를 30mg/L에서 10mg/L로 줄이는 데 필요한 활성탄의 양은?(단, $X/M = KC^{1/n}$ 사용, $K = 0.5$, $n = 1$)

① 3.0mg/L ② 3.3mg/L ③ 4.0mg/L ④ 4.6mg/L

$$\frac{X}{M} = K \cdot C^{1/n}$$

$$\frac{30-10}{M} = 0.5 \times 10^{1/1} \quad \therefore M = 4.0(\text{mg/L})$$

02 폐수 처리에 있어서 활성탄은 주로 어떤 목적으로 사용되는가?

① 흡착 ② 중화 ③ 침전 ④ 부유

03 다음 중 물리적 흡착의 특징을 모두 고른 것은?

㉠ 흡착과 탈착이 비가역적이다.
㉡ 온도가 낮을수록 흡착량은 많다.
㉢ 흡착이 다층(Multi-Layers)에서 일어난다.
㉣ 분자량이 클수록 잘 흡착된다.

① ㉠, ㉡ ② ㉡, ㉣ ③ ㉠, ㉡, ㉢ ④ ㉡, ㉢, ㉣

물리적 흡착은 재생이 가능한 가역적 흡착이다.

04 응집침전법으로 폐수를 처리하기 전에 응집제와 응집보조제 투여량을 결정하는 응집실험 (Jar-Test)의 일반적인 과정을 순서대로 바르게 나열한 것은?

① 침전 → 완속교반 → 응집제와 보조제 주입 → 급속교반
② 응집제와 보조제 주입 → 급속교반 → 완속교반 → 침전
③ 급속교반 → 응집제와 보조제 주입 → 완속교반 → 침전
④ 완속교반 → 응집제와 보조제 주입 → 급속교반 → 침전

정답 01 ③ 02 ① 03 ② 04 ②

05 A폐수의 응집 처리를 위해 약품교반시험(Jar – Test)을 실시하였다. 폐수시료 300mL에 대하여 0.2%의 황산알루미늄 15mL를 넣었을 때 가장 좋은 결과가 나왔다면, 이 경우 황산알루미늄의 사용량은 폐수시료에 대하여 몇 mg/L인가?

① 10mg/L ② 50mg/L ③ 100mg/L ④ 150mg/L

 $X(mg/L) = \dfrac{0.2 \times 10^4 mg}{L} \left| \dfrac{15mL}{300mL} \right. = 100(mg/L)$

06 일반적으로 약품교반시험(Jar – Test)에 관한 다음 설명 중 ( ) 안에 가장 적합한 것은?

> 약품교반시험은 시료를 일련의 유리 비커에 담고, 여기에 응집제와 응집보조제의 양을 달리 주입하여 (㉠)으로 혼합한 후, (㉡)으로 하여 침전시킨다.

① ㉠ 1~5분 정도 100rpm ㉡ 10~15분간 40~50rpm
② ㉠ 1시간 정도 40~50rpm ㉡ 1~5분간 600rpm
③ ㉠ 1~5분 정도 1,200rpm ㉡ 1시간 5,000rpm
④ ㉠ 1시간 정도 150rpm ㉡ 1~5분간 1,200rpm

 약품교반시험은 시료를 일련의 유리 비커에 담고, 여기에 응집제와 응집보조제의 양을 달리 주입하여 1~5분 정도 100rpm으로 혼합한 후, 10~15분간 40~50rpm으로 하여 침전시킨다.

07 약품교반시험(Jar – Test)을 실시한 결과 pH 7.3에서 500mL의 폐수에 0.2% $Al_2(SO_4)_3 \cdot 18H_2O$(밀도 = 1.0g/cm³) 용액 20mL를 넣었을 경우 가장 효과가 좋았다면 이 폐수 100 m³/day를 처리하기 위해 소요되는 적정 응집제 투입량(kg/day)은?

① 8kg/day ② 10kg/day ③ 12kg/day ④ 14kg/day

$X(kg/day) = \dfrac{0.2 \times 10^4 mg}{L} \left| \dfrac{20mL}{500mL} \right| \dfrac{100m^3}{day} \left| \dfrac{10^3 L}{1m^3} \right| \dfrac{1kg}{10^6 mg} = 8(kg/day)$

08 일반적인 폐수처리공정에서 최적 응집제 투입량을 결정하기 위한 약품교반시험(Jar – Test)에 관한 설명으로 가장 적합한 것은?

① 응집제 투입량 대 상징수의 SS 잔류량을 측정하여 최적 응집제 투입량을 결정
② 응집제 투입량 대 상징수의 알칼리도를 측정하여 최적 응집제 투입량을 결정

③ 응집제 투입량 대 상징수의 용존산소를 측정하여 최적 응집제 투입량을 결정
④ 응집제 투입량 대 상징수의 대장균군수를 측정하여 최적 응집제 투입량을 결정

09 무기응집제인 알루미늄염의 장점이 아닌 것은?

① 적정 pH 폭이 넓다.   ② 독성이 없어 대량으로 주입할 수 있다.
③ 시설을 더럽히지 않는다.   ④ 가격이 저렴하다.

 알루미늄염의 단점 중 하나는 적정 pH 폭이 좁은 것이다.

10 명반(Alum)을 폐수에 첨가하여 응집처리를 할 때, 투입조에 약품 주입 후 응집조에서 완속교반을 행하는 주된 목적은?

① 명반이 잘 용해되도록 하기 위해
② Floc과 공기의 접촉을 원활히 하기 위해
③ 형성되는 Floc을 가능한 한 뭉쳐 밀도를 키우기 위해
④ 생성된 Floc을 가능한 한 미립자로 하여 수량을 증가시키기 위해

 완속교반을 행하는 주된 목적은 크고 무거운 Floc을 만들기 위해서이다.

11 폐수처리 과정 중 응집제를 넣어 완속교반하는 주된 목적은?

① 입자를 미세하게 하기 위하여   ② 크고 무거운 Floc을 만들기 위해
③ 응집제와 폐수입자의 접촉을 위하여   ④ 응집제를 확산시키기 위하여

 문제 10번 해설 참조

12 다음 중 황산알루미늄에 비하여 처리수의 pH 강하가 적고 알칼리 소비량도 적은 무기성 고분자 응집제는?

① PAC(Poly Aluminium Chloride)
② ABS(Alkyl Benzene Sulfonate)
③ PCB(Polychlorinated Biphenyl)
④ PCDD(Polychlorinated Dibenzo-p-Dioxin)

13 폐수 처리에 사용되는 응집제로 적당하지 않은 것은?

① 황산알루미늄　② 석회　③ 염화제2철　④ 치아염소산나트륨

14 다음 중 응집침전을 위한 폐수 처리에서 일반적으로 가장 널리 사용되는 응집제는?

① 염화칼슘　② 석회　③ 수산화나트륨　④ 황산알루미늄

15 다음 중 폐수의 응집 처리 시 응집의 원리로 볼 수 없는 것은?

① Zeta Potential을 감소시킨다.
② Van Der Waals를 증가시킨다.
③ 응집제를 투여하여 입자끼리 뭉치게 한다.
④ 콜로이드 입자의 표면전하를 증가시킨다.

16 상수처리에 사용되는 오존살균에 대한 설명으로 옳지 않은 것은?

① 저장이 어려우므로 오존발생기를 이용하여 현장에서 생산한다.
② 오존은 HOCl보다 더 강력한 산화제이다.
③ 상수의 최종살균을 위해 가장 권장되는 방법이다.
④ 수용액에서 오존은 매우 불안정하여 20℃의 증류수에서의 반감기는 20~30분 정도이다.

 상수의 최종살균을 위해 가장 권장되는 방법은 잔류성이 있는 염소소독이다.

17 염소의 수중 용해상태가 다음 표와 같을 때, 살균력이 가장 큰 것은?

구분	OCl⁻	HOCl
㉠	80%	20%
㉡	60%	40%
㉢	40%	60%
㉣	20%	80%

① ㉠　② ㉡　③ ㉢　④ ㉣

 HOCl의 함량이 높은 것일수록 살균력이 강하다.

정답　13 ④　14 ④　15 ④　16 ③　17 ④

18 염소를 이용하여 살균할 때 주입된 염소량과 남아 있는 염소량과의 차이를 무엇이라 하는가?

① 염소요구량   ② 유리염소량   ③ 잔류염소량   ④ 클로라민

> 염소주입량＝염소요구량＋염소잔류량

19 염소는 폐수 내의 질소화합물과 결합하여 무엇을 형성하는가?

① 유리염소   ② 클로라민   ③ 액체염소   ④ 암모니아

> 염소는 폐수 내의 질소화합물과 결합하여 클로라민을 형성한다.

20 염소주입에 의하여 폐수 중의 질소화합물과 반응하여 생성되는 물질은 무엇인가?

① 유리잔류질소   ② 액체질소   ③ 트리할로메탄   ④ 클로라민

> 문제 19번 해설 참조

21 다음 중 다른 살균방법에 비해 염소살균을 더 선호하는 이유로 가장 적합한 것은?

① 특정 온도에서의 반응성 증가   ② 부반응의 억제
③ 잔류염소의 효과   ④ 인체에 대한 면역성 증가

> 잔류성이 있기 때문이다.

22 $50,000m^3/day$의 상수를 살균하기 위해 $20kg/day$의 염소가 사용되고 있는데 15분 접촉 후 잔류염소는 $0.2mg/L$이다. 이때 ㉠ 염소주입농도와 ㉡ 염소요구량은 각각 얼마인가?

① ㉠ 0.8mg/L, ㉡ 0.4mg/L   ② ㉠ 0.2mg/L, ㉡ 0.4mg/L
③ ㉠ 0.4mg/L, ㉡ 0.8mg/L   ④ ㉠ 0.4mg/L, ㉡ 0.2mg/L

> 염소주입량＝염소요구량＋염소잔류량
>
> ㉠ 염소주입농도$(mg/L) = \dfrac{20kg}{day} \Big| \dfrac{day}{50,000m^3} \Big| \dfrac{10^6 mg}{1kg} \Big| \dfrac{1m^3}{10^3 L} = 0.4(mg/L)$
>
> ㉡ 염소요구량＝$0.4 - 0.2 = 0.2(mg/L)$

정답 18 ① 19 ② 20 ④ 21 ③ 22 ④

23 A공장의 최종 방류수 4,000m³/day에 염소를 60kg/day로 주입하여 방류하고 있다. 염소주입 후 잔류염소량이 3mg/L이었다면 이때 염소요구량은 몇 mg/L인가?

① 12mg/L ② 17mg/L ③ 20mg/L ④ 23mg/L

 염소요구량 = 염소주입량 − 염소잔류량

염소주입농도(mg/L) = $\dfrac{60\text{kg}}{\text{day}} \bigg| \dfrac{\text{day}}{4,000\text{m}^3} \bigg| \dfrac{10^6\text{mg}}{1\text{kg}} \bigg| \dfrac{1\text{m}^3}{10^3\text{L}} = 15(\text{mg/L})$

염소요구량 = 15 − 3 = 12(mg/L)

24 폐수의 살균에 대한 설명으로 옳지 않은 것은?

① NH_2Cl보다는 HOCl이 살균력이 크다.
② 보통 온도를 높이면 살균속도가 빨라진다.
③ 같은 농도일 경우 유리잔류염소는 결합잔류염소보다 빠르게 작용하므로 살균능력도 훨씬 크다.
④ HOCl이 오존보다 더 강력한 산화제이다.

 오존이 HOCl보다 더 강력한 산화제이다.

25 다음 중 염소 살균이 가장 큰 장점은?

① 대장균을 선택적으로 살균한다.
② 낮은 농도에서도 효과적이며, 충분한 양 투여 시 지속적인 살균효과를 나타낸다.
③ 독성 유해화학물질도 제거할 수 있고, 특히 냄새 제거에 탁월한 효능을 나타낸다.
④ 플랑크톤 제거에 가장 효과적이다.

26 염소의 살균력에 관한 설명으로 가장 거리가 먼 것은?

① 온도가 높을수록 살균속도가 빨라진다.
② 오존은 HOCl보다 더 강력한 산화제이다.
③ 같은 농도의 경우 NH_2Cl이 HOCl보다 살균력이 강하다.
④ 같은 농도의 경우 유리잔류염소는 결합잔류염소보다 살균력이 강하다.

 같은 농도의 경우 HOCl이 NH_2Cl보다 살균력이 강하다.

정답 23 ① 24 ④ 25 ② 26 ③

27 염소 주입 시 물속의 오염물을 산화시키고 처리수에 남아 있는 염소의 양을 무엇이라 하는가?

① 잔류염소량　　　　　　② 염소요구량
③ 투입염소량　　　　　　④ 파괴염소량

28 살균 강도가 가장 큰 염소 결합형태는?

① HOCl　　　　　　　　② OCl$^-$
③ NHCl　　　　　　　　④ NHCl$_2$

29 완속여과의 특징을 나타낸 것이다. 이 중 잘못된 것은?

① 손실수두가 비교적 적다.　　　② 유지관리비가 적다.
③ 시공비가 적고 부지가 좁다.　　④ 처리수의 수질이 양호하다.

30 여과지의 운전 중 발생하는 주요 문제점으로 가장 거리가 먼 것은?

① 진흙 덩어리의 축적　　　　② 공기결합
③ 여재층의 수축　　　　　　④ 슬러지벌킹 발생

정답　27 ①　28 ①　29 ③　30 ④

CHAPTER 08 생물학적 처리

1 표준 활성슬러지 공법

(1) 호기성 처리 기본조건

① 영향조건 : BOD : N : P = 100 : 5 : 1
② 온도 : 중온(20~30℃)
③ pH : 6~8
④ 용존산소 : 0.5~2(ppm)
⑤ 독성물질이 없어야 한다.

(2) 처리효율

① 유기물질 : BOD : 85~90%, SS : 85~90%
② 영양염류 : T-N : 20~30%, T-P : 10~25%

(3) 설계인자

① HRT : 6~8시간
② SRT : 3~6일
③ F/M : 0.2~0.4kgBOD/kg MLSS · day
④ MLSS : 1,500~2,500mg/L
⑤ 반송률 : 50~100%
⑥ 반응조 수심 : 4~6m

(4) 표준활성슬러지법의 설계

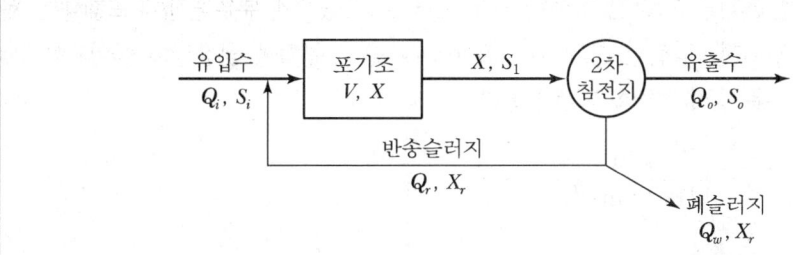

여기서, V : 포기조 부피(m^3)
X : 포기조 내 고형물의 농도(MLSS 농도, mg/L)
Q_w : 잉여(폐)슬러지 유량(m^3/day) Q_r : 반송유량(m^3/day)
S_i, S_o : 유입 · 유출 SS 농도(mg/L) X_r : 반송 슬러지 농도(mg/L)

① HRT(수리학적 체류시간) : 하·폐수가 반응조에 체류하는 시간(6~8시간)

$$HRT = \frac{\forall}{Q}$$

② SRT(고형물 체류시간)=MCRT(미생물 체류시간) : 활성슬러지가 반응조에 체류하는 시간(3~6일)

$$SRT = \frac{\forall X}{Q_w X_w + Q_o S_o}$$

$$SRT = \frac{\forall X}{Q_w X_w} \text{ (유출수의 S 무시)}$$

③ F/M 비(BOD-MLSS 부하) (kg · BOD_5/kg · MLSS · day, $0.3 day^{-1}$)

$$\frac{F}{M} = \frac{FOOD}{MLSS} = \frac{BOD \times Q}{\forall X} = \frac{L_V}{X}$$

※ BOD 용적부하(L_V) → $L_V = \frac{BOD \times Q}{\forall} \left(\frac{kg}{m^3 \cdot day}\right)$

BOD 용적부하(L_A) → $L_A = \frac{BOD \times Q}{A} \left(\frac{kg}{m^2 \cdot day}\right)$

2 슬러지 지표(SVI)

반응조 내 혼합액을 30분간 정체한 경우 1g의 활성슬러지 부유물질이 포함하는 용적을 mL로 표시한 것이다. 적절한 SVI(50~150mL/g)를 맞춰줘야 침강성이 좋아지며 200 이상으로 과대할 경우 슬러지 팽화가 발생한다.

$$\text{SVI}(\text{mL/g}) = \frac{\text{SV}_{30}(\text{mL/L})}{\text{MLSS}(\text{mg/L})} \times 10^3$$

$$\text{SVI} = \frac{\text{SV}_{30}(\%)}{\text{MLSS}(\text{mg/L})} \times 10^4$$

> **참고정리**
>
> ✔ 슬러지 밀도지수(SDI)
> 활성슬러지의 침강성을 보여주는 지표로, 혼합액 100mL 중 부유물질(g)로 표시하며 값이 클수록 침강성이 우수하다.
>
> $$\text{SDI}(\text{g/100mL}) = \frac{100}{\text{SVI}}$$

3 활성슬러지 공법의 운영 시 문제점과 미생물

(1) 슬러지 팽화(Sludge Bulking)

포기조 내의 사상세균(Sphaerotillus, Gestrichum, Bacillus 등)이 증가함으로써 발생하는 것으로 슬러지가 뿌옇게 올라오는 현상이다.

1) 원인
  ① SRT가 짧을 경우
  ② DO 농도가 낮을 경우
  ③ F/M가 높을 경우
  ④ 질소(N) 또는 인(P) 등의 영양원소 결핍
  ⑤ 영양상태가 불균형할 경우
  ⑥ MLSS 농도가 낮을 경우

2) 대책
  ① 적절한 SRT를 유지한다.
  ② DO 농도를 높게 유지(2ppm 이상)한다.
  ③ F/M 비를 낮게 유지한다.

④ 영양물질 BOD : N : P=100 : 5 : 1을 유지한다.
⑤ MLSS를 적당히 유지(1,500~2,500mg/L)한다.

(2) 슬러지 상승(Sludge Rising)

유입폐수 중의 질소성분에 DO가 부족하면 탈질화 현상이 일어나면서 슬러지 덩어리를 부상시키는 것을 말한다.

> **참고정리**
>
> ✔ 슬러지 상승현상 대책
> ① 체류시간을 단축한다.
> ② 포기량을 줄여 질산화 정도를 줄인다.
> ③ SRT를 감소시킨다.

4 활성슬러지법의 변법

(1) 단계식 포기법(Step Aeration)

표준 활성슬러지법에서는 유입구 부근에 유기물의 과부하에 따른 DO 부족 현상이 나타나고 유출구 부근에서 유기물이 적어지고 DO가 과부하가 되는 현상이 발생한다. 이러한 단점을 보완하기 위해서 유입수를 포기조의 전체 길이에 분할하여 유입시킨다.

포기조 내 오염부하량을 균등화시키므로 처리효율을 향상시킬 수 있는 장점이 있다. F/M 비는 0.2~0.4 정도이고 BOD 용적부하는 0.4~1.4 정도이다.

(2) 점감식 포기법

유기물 농도가 높은 입구 측에 DO를 많이 공급해주고 유기물 농도가 낮은 출구 측에 DO를 적게 공급해주는 방법으로 산기관의 수를 조절하여 산소이용률을 균등하게 할 수 있어 운전비용이 적게 소요된다.

(3) 접촉안정법

접촉조(포기조)와 안정조를 사용하는 것이 특징이다.

반송오니를 안정조(3~6시간) 내에서 포기함으로써 충분한 산화가 이루어지도록 하여 안정화시키고 응집, 흡착력과 플록 형성력을 강화해 접촉조에서 하수와 30~60분간 혼합 접촉시켜 유기물을 흡착 제거한다. 콜로이드 상태로 존재하는 도시하수 처리에 적합하며 시설의 규모를 작게 할 수 있어 소용부지 면적이 적게 소요된다.

(4) 장기포기법

장기포기법은 플러그 흐름 반응조에 대한 포기시간(18~36시간)이 길고 BOD 용적부하가 적으며, 포기조 내의 MLSS가 높게 유지되는 것이 특징이다. 이것은 잉여슬러지의 생산량이 적고, 유입수량 및 부하변동에 강한 장점을 지니고 있는 반면, 동력비의 소모가 많은 단점이 있다.

또한, 장기포기법은 SRT를 충분히 길게 유지해서 잉여슬러지를 최소화하는 공법으로 분해 가능한 유기물은 내생호흡 단계에서 제거하도록 설계한다. 포기시간은 12~24hr, F/M 비는 0.03~0.05 이하로 소규모 처리시설에 적합하며 반송률은 50~50%, MLSS는 3,500~5,000mg/L이다.

(5) 산화구법

산화구법(Oxidation Ditch)은 1차 침전지를 설치하지 않고, 타원형 무한수로의 반응조를 이용하여 기계식 포기장치에 의해 포기를 행하며, 2차 침전지에서 고액분리가 이루어지는 저부하형 활성슬러지 공법이다.

> **참고정리**
>
> ✔ **산화구법의 특징**
> ① 산화구법은 저부하에서 운전되므로 유입하수량, 수질의 시간변동 및 수온저하(5℃ 부근)가 있어도 안정된 유기물 제거를 기대할 수 있다.
> ② SRT가 길어 질화반응이 진행되기 때문에 무산소 조건을 적절히 만들면 70% 정도의 질소 제거가 가능하다.
> ③ 질산화 반응에 의해 처리수의 pH 저하 및 처리수질의 악화를 방지하기 위하여 반응조 내 무산소영역을 만들거나, 무산소시간을 설정하여 탈질반응을 일으켜 질산화로 소비된 알칼리도를 보충할 수 있다.
> ④ 산화구 내의 혼합상태에 따른 용존산소농도는 흐름의 방향에 따라 농도구배가 발생하지만 MLSS 농도, 알칼리도 등은 구 내에서 균일하다.
> ⑤ 슬러지 발생량은 유입 SS 양당 대략 75% 정도이다. 이 비율은 표준활성슬러지법과 비교하여 작은 것이다.
> ⑥ 잉여슬러지는 호기성 분해가 이루어지게 되므로, 표준활성슬러지법에 비해 안정화되어 있다.
> ⑦ 체류시간이 길고 수심이 얕으므로 넓은 처리장 부지가 소요된다.
>
> ✔ **산화구법의 설계**
> ① SRT = 8~50(day)
> ② F/M 비 = 0.03~0.05(kgBOD/kgSS · 일)
> ③ MLSS = 3,000~4,000(mg/L)
> ④ HRT = 16~24(hr)

(6) 순산소 활성슬러지법

공기 대신 순수한 산소를 직접 포기조에 공급하는 방법으로 MLSS 농도를 증가시켜 포기조를 작게 해도 정화가 가능하게 한 것이다.

> **참고정리**
>
> ✔ 순산소 활성슬러지법의 특징
> ① 포기시간이 짧다(표준활성슬러지법의 1/2 정도, 효율은 비슷).
> ② MLSS 농도는 표준활성슬러지법의 2배 이상으로 유지가 가능하다(고농도 폐수에만 적용).
> ③ 포기조 내의 SVI는 보통 100 이하로 유지되고, 슬러지의 침강성은 양호하다.
> ④ 2차 침전지에서 스컴이 발생하는 경우가 많다.

┃ 순산소 활성슬러지법의 설계 ┃

항목	설계
HRT	1.5~3.0(hr)
SRT	1.5~4.0(hr)
F/M 비	0.3~0.6(kgBOD/kgSS · day)
MLSS 농도	3,000~4,000(mg/L)
슬러지 반송비	20~50(%)

(7) 심층식 포기법

심층포기조는 수심이 깊은 조를 이용하여 용지 이용률을 높이고자 고안된 공법이다.

> **참고정리**
>
> ✔ 심층식 포기법의 특징
> ① 포기조를 설치하기 위해서 필요한 단위용량당 용지면적은 조의 수심에 비례해서 감소하므로 용지 이용률이 높다.
> ② 산기수심을 깊게 할수록 단위송기량당 압축동력은 증대하지만, 산소용해력 증대에 따라 송기량이 감소하기 때문에 소비동력은 증가하지 않는다.
> ③ 산기수심이 깊을수록 용존질소 농도가 증가하여 2차 침전지에서 과포화분의 질소가 재기포화되는 경우가 있다.
> ④ 수심은 10m 정도로 하며 형상은 직사각형으로 하고, 폭은 수심에 대해 1배 정도로 한다.

(8) 초심층 포기법

심층포기법보다 더 깊은 수심(50~150m)을 유지하여 높은 산소 농도를 얻을 수 있다.

> **참고정리**
>
> ✔ **초심층 포기법의 특징**
> ① 고부하 운전이 가능하다.
> ② 포기조 내 MLSS 농도를 높게 유지할 수 있다.
> ③ 시설 면적이 작다.
> ④ 송풍량이 적고, 악취 대책이 쉽다.
> ⑤ 송기 동력이 작고, 에너지를 절약할 수 있다.
> ⑥ 탈기시설이 필요하다.
> ⑦ 지질 조건(암반 깊이 등)에 따라 포기조 깊이의 결정에 제약을 받는 경우가 있다.

(9) 연속회분식 반응조(SBR ; Sequencing Batch Reactor)

1개의 반응조에 반응조와 2차 침전지의 기능을 갖게 하여, 활성슬러지에 의한 반응과 혼합액의 침전, 상징수의 배수, 침전슬러지의 배출공정 등을 반복하여 처리하는 방식이다. 연속회분식 활성슬러지법에는 고부하형과 저부하형이 있다.

> **참고정리**
>
> ✔ **연속회분식 반응조의 특징**
> ① 단일 반응조에서 1주기(Cycle) 중에 호기-무산소 등의 조건을 설정하여 질산화와 탈질화를 도모할 수 있다.
> ② 충격부하 또는 첨두유량에 대한 대응성이 강하다.
> ③ 처리용량이 큰 처리장에서는 적용하기 어렵다.
> ④ 자동화를 실시하기가 용이하다.
> ⑤ 수리학적 과부하에도 MLSS의 누출이 없다.
> ⑥ 설계자료가 제한적이다.
> ⑦ 소유량에 적합하다.

5 살수여상법

살수여상법(Tricking Filter)은 부착생물을 이용한 오염물질의 처리방법으로 자갈, 쇄석, 플라스틱제 등의 매체로 채워진 반응조 위에 살수기 혹은 고정상 노즐로 폐수를 균등하게 살수하여 매체층을 거치면서 폐수 내의 오염물질을 제거하는 공정이다.

처리수는 바닥의 배수시설에 집수된 다음 침전지에서 고액분리되며, 슬러지는 반송하지 않으나, 처리수는 여상의 종류에 따라 재순환시키기도 한다.

(1) 활성슬러지법과 살수여상법의 비교

항목	활성슬러지법	살수여상법
소요면적	작다.	크다.
수두손실	작다.	크다.
건설비	많다.	적다.
Bulking	발생한다.	발생하지 않는다.
파리(Psychoda)	발생하지 않는다.	발생한다.
온도영향	크다.	비교적 적다.
슬러지 발생	많다.	적다.
충격부하영향	크다.	작다.
포기시설	필요(강제포기)	불필요(자연환기)
처리시설	대규모	소규모
유지관리비	많다.	적다.
운전관리	어렵다.	쉽다.

(2) 살수여상법의 장단점

장점	단점
포기에 동력이 필요 없다.	여상의 폐색이 잘 일어난다(Ponding).
건설비와 유지비가 적게 든다.	냄새가 발생하기 쉽다.
운전이 간편하다.	여름철에 파리발생의 문제가 있다.
폐수의 수질이나 수량의 변동에 덜 민감하다.	겨울철에는 동결문제가 있다.
온도에 의한 영향을 적게 받고 특히 저온에서도 가능하다.	미생물막의 탈락(Sloughing off)으로 처리수가 악화되는 수가 있다.
활성슬러지법에서와 같이 Bulking의 문제가 없다.	수두손실이 크다.

> **참고정리**
>
> ✔ 연못화(Ponding) 현상의 원인과 방지대책
>   ① 원인
>   • 여재의 크기가 균일하지 않거나 너무 작을 때
>   • 여재가 파괴되었을 때
>   • 유기물의 부하량이 과도할 때

② 방지대책
- 여상표면의 여재를 자주 긁어준다.
- 여상표면을 고압수증기로 자주 씻어준다.
- 1일 이상 여상을 담수하고 건조시킨다.
- 고농도의 염소를 1주 간격으로 주입한다.

6 회전원판법

회전원판법(RBC ; Rotating Biological Contractor)은 살수여상법보다 발전된 폐수처리법으로 회전축(Shaft)에 수직으로 가까이 배치한 얇은 원형 판들을 폐수가 흐르는 물통에 약 40% 정도 잠기게 한 후 수직축을 1rpm 속도로 회전시킨다. 원판이 회전하며 폐수에 잠기는 동안에는 호기성 생물막이 폐수 내의 유기물을 제거하며, 생물막이 공기에 노출되면 산소의 계속적인 공급이 이루어진다. 원판 표면에 두꺼운 생물막이 생성되면 원판의 회전으로 인한 전단력 때문에 막이 탈리되고 탈리된 생물막은 2차 침전지에서 제거된다. 부유증식과 부착증식의 병용이다.

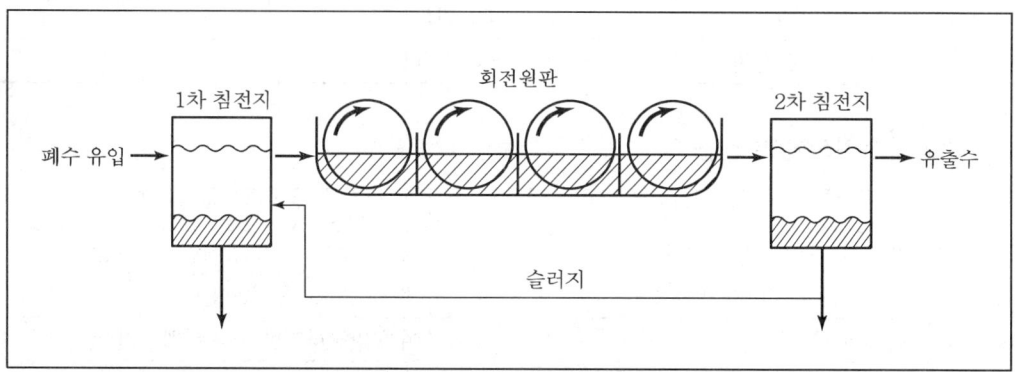

회전원판법의 처리공정

│ 회전원판법의 장단점 │

장점	단점
• 질소, 인 등의 영양염류의 제거가 가능하다. • 슬러지의 반송이 없다. • 미생물에 대한 산소 공급 소요전력이 적다. • 충격부하 및 부하변동에 강하다. • 잉여슬러지의 생산량이 적다. • 벌킹 현상이 일어나지 않는다. • 단회로 현상의 제어가 쉽다.	• 생물량의 인위적인 조절이 곤란하다. • 처리수의 투명도가 낮다. • 외기기온에 민감하다. • 회전체가 구조적으로 취약하여 대규모 처리시설에 적용하기 곤란하다. • 운영상의 문제점으로 구동축 파손, 원판 손상, 베어링 손상, 악취 발생 등이 있다. • 운영변수가 많아 모델링이 복잡하다.

7 접촉산화법

접촉산화법은 생물막을 이용한 처리방식의 한 가지로서, 반응조 내의 접촉재 표면에 발생 부착된 호기성 미생물의 대사활동에 의해 하수를 처리하는 방식이다. 1차 침전지 유출수 중의 유기물은 호기상태의 반응조 내에서 접촉재 표면에 부착된 생물에 흡착되어 미생물의 산화 및 동화작용에 의해 분해·제거된다.

(1) 접촉산화법의 특징

① 반송슬러지가 필요하지 않으므로 운전관리가 용이하다.
② 비표면적이 큰 접촉재를 사용하여 부착생물량을 다량으로 보유할 수 있기 때문에, 유입기질의 변동에 유연히 대응할 수 있다.
③ 생물상이 다양하여 처리효과가 안정적이다.
④ 슬러지의 자산화가 기대되어 잉여슬러지양이 감소한다.
⑤ 부착생물량을 임의로 조정할 수 있어서 조작조건의 변경에 대응하기 쉽다.
⑥ 접촉재가 조 내에 있기 때문에, 부착생물량의 확인이 어렵다.
⑦ 고부하에서 운전하면 생물막이 비대화되어 접촉재가 막히는 경우가 발생한다.

(2) 장단점

장점	단점
• 유지관리가 용이하다. • 조 내 슬러지 보유량이 크고 생물상이 다양하다. • 분해속도가 낮은 기질제거에 효과적이다. • 부하, 수량변동에 대하여 완충능력이 있다. • 난분해성 물질 및 유해물질에 대한 내성이 높다. • 수온의 변동에 강하다. • 슬러지 반송이 필요 없고, 슬러지 발생량이 적다. • 소규모시설에 적합하다.	• 미생물량과 영향인자를 정상상태로 유지하기 위한 조작이 어렵다. • 반응조 내 매체를 균일하게 포기 교반하는 조건 설정이 어렵고 사수부가 발생할 우려가 있으며, 포기비용이 약간 높다. • 매체에 생성되는 생물량은 부하조건에 의하여 결정된다. • 고부하 시 매체의 폐쇄위험이 크기 때문에 부하조건에 한계가 있다. • 초기 건설비가 높다.

적중예상문제

01 생물학적 처리방법 중 활성슬러지법에 관한 설명으로 거리가 먼 것은?

① 산기식 포기장치에서 산기장치의 일부가 폐쇄되었을 경우 수면의 흐름이 균일하지 못하다.
② 용존성 유기물을 제거하는 데 적합하다.
③ 슬러지 팽화현상과 거품이 생성될 수 있다.
④ 겨울철에 동결될 수 있고 연못화 현상이 발생할 수 있다.

 겨울철에 동결될 수 있고 연못화 현상이 발생할 수 있는 것은 살수여상법에 대한 설명이다.

02 활성슬러지공법으로 하(폐)수를 처리하는 과정에서 발생하는 각종 슬러지에 관한 설명으로 옳은 것은?

① 1차 슬러지(Primary Settling Sludge)는 포기조 바닥에 퇴적된 슬러지이다.
② 잉여슬러지(Excess Sludge)는 최초침전지에서 발생한 슬러지로 포기조에 투입된다.
③ 반송슬러지(Return Sludge)는 최종침전지에서 발생하는 활성슬러지로 포기조에 재투입된다.
④ 소화슬러지(Digested Sludge)는 혐기성 소화조 내부에서 안정화되지 못하고 부상하는 스컴의 일종이다.

03 각 생물학적 처리방법에 관한 설명으로 옳지 않은 것은?

① 산화지법 : 수심 1m 이하의 경우 호기성 세균의 산소공급원은 조류와 균류이다.
② 접촉산화법 : 생물막을 이용한 처리방식의 일종으로 포기조에 접촉여재를 침적하여 포기, 교반시켜 처리한다.
③ 살수여상법 : 연못화에 따른 악취, 파리의 이상번식 등이 문제점으로 지적되고 있다.
④ 회전원판법 : 미생물 부착성장형으로서 슬러지의 반송이 필요 없다.

 산화지법
미생물과 조류의 생물화학적 작용을 이용하여 하수 및 폐수를 자연 정화시키는 공법이다.

04 BOD가 200mg/L이고, 폐수량이 1,500m³/day인 폐수를 활성슬러지법으로 처리하고자 한다. F/M 비가 0.4kg/kg·day라면 MLSS 1,500mg/L로 운전하기 위해서 요구되는 포기조 용적은?

① 900m³ ② 800m³ ③ 600m³ ④ 500m³

$$F/M = \frac{BOD \times Q}{\forall \cdot X} \quad V = \frac{BOD \times Q}{F/M \cdot X}$$

$$V = \frac{200 \times 1,500}{0.4 \times 1,500} = 500(m^3)$$

05 활성슬러지법의 운전조건 중 F/M 비(kg BOD/kg MLSS·일)는 얼마로 유지하는 것이 가장 적합한가?

① 200~400 ② 20~40 ③ 2~4 ④ 0.2~0.4

06 활성슬러지 공법에 의한 운영상의 문제점으로 옳지 않은 것은?

① 거품 발생 ② 연못화 현상
③ Floc 해체 현상 ④ 슬러지부상 현상

연못화 현상은 살수여상법의 문제점이다.

07 다음 중 BOD 600ppm, SS 40ppm인 폐수를 처리하기 위한 공정으로 가장 적합한 것은?

① 활성슬러지법 ② 역삼투법
③ 이온교환법 ④ 오존소화법

BOD와 SS의 제거효율이 우수한 것은 활성슬러지법이다.

08 다음 중 활성슬러지공법으로 하수 처리 시 주로 사상성 미생물의 이상번식으로 2차 침전지에서 침전성이 불량한 슬러지가 침전되지 못하고 유출되는 현상을 의미하는 것은?

① 슬러지 벌킹 ② 슬러지 시딩
③ 연못화 ④ 역세

정답 04 ④ 05 ④ 06 ② 07 ① 08 ①

09 활성슬러지공법으로 운전할 때 발생되는 문제점으로 가장 거리가 먼 것은?

① 슬러지 Bulking   ② 슬러지 Rising
③ Pin Floc   ④ Ponding

> Ponding 현상은 살수여상법의 문제점이다.

10 활성슬러지 공법에서 슬러지 반송의 주된 목적은?

① 영양물질 공급   ② pH 조절
③ DO 조절   ④ MLSS 조절

11 활성슬러지 공법에서 2차 침전지 슬러지를 포기조로 반송시키는 주된 목적은?

① 슬러지를 순환시켜 배출슬러지를 최소화하기 위해
② 포기조 내 요구되는 미생물 농도를 적절하게 유지하기 위해
③ 최초침전지 유출수를 농축하기 위해
④ 폐수 중 무기고형물을 산화하기 위해

12 활성슬러지법은 여러 가지 변법이 개발되어 왔으며, 각 방법은 특별한 운전이나 제거효율을 달성하기 위하여 발전되었다. 다음 중 활성슬러지법의 변법으로 볼 수 없는 것은?

① 다단 포기법   ② 접촉 안정법
③ 장기 포기법   ④ 오존 안정법

13 다음 중 살수여상법으로 폐수를 처리할 때 유지관리상 주의할 점이 아닌 것은?

① 슬러지의 팽화   ② 여상의 폐쇄
③ 생물막의 탈락   ④ 파리의 발생

> 슬러지의 팽화는 활성슬러지법의 운영상 문제점이다.

정답 09 ④ 10 ④ 11 ② 12 ④ 13 ①

14 탱크에 쇄석 등의 여재를 채우고 위에서 폐수를 뿌려 쇄석 표면에 번식하는 미생물이 폐수와 접촉하여 유기물을 섭취 분해하여 폐수를 생물학적으로 처리하는 방식은?

① 활성슬러지법　　　　　　　　② 호기성 산화지법
③ 회전원판법　　　　　　　　　④ 살수여상법

15 다음 설명에 해당하는 폐수처리 공정은?

> • 호기성 미생물을 이용한다.
> • 대표적인 부착성장식 생물학적 처리공법이다.
> • 쇄석이나 플라스틱과 같은 여재를 채운 탱크에 폐수를 뿌려주어 유기물을 섭취 분해한다.
> • 연못화 현상이 일어나거나 파리의 번식과 악취 발생 우려가 있다.

① 고정소각법　② 살수여상법　③ 라쿤법　④ 활성슬러지법

16 미생물과 조류의 생물화학적 작용을 이용하여 하수 및 폐수를 자연 정화시키는 공법으로, 라군(Lagoon)이라고도 하며, 시설비와 운영비가 적게 들기 때문에 소규모 마을의 오수처리에 많이 이용되는 것은?

① 회전원판법　② 부패조법　③ 산화지법　④ 살수여상법

17 다음 중 조류를 이용한 산화지(Oxidation Pond)법으로 폐수를 처리할 경우에 가장 중요한 영향 인자는?

① 산화지의 표면모양　　　　　　② 물의 색깔
③ 햇빛　　　　　　　　　　　　④ 산화지 바닥 흙입자 모양

18 살수여상에서 발생하는 연못화 현상의 원인으로 가장 거리가 먼 것은?

① 유기물 부하량이 너무 적어 처리되지 않을 경우
② 매질이 너무 작거나 균일하지 못한 경우
③ 미생물 점막이 과도하게 탈리되어 공극을 메울 경우
④ 최초침전지에서 현탁고형물이 충분히 제거되지 않을 경우

정답　14 ④　15 ②　16 ③　17 ③　18 ①

연못화 현상의 원인
ⓐ 여재의 크기가 균일하지 않거나 너무 작을 때
ⓑ 여재가 파괴되었을 때
ⓒ 유기물의 부하량이 과도할 때

19 회전원판 접촉법과 가장 관계가 먼 것은?

① 호기성 처리
② 고밀도 폴리에틸렌
③ 포기기
④ 생물학적 처리

 회전원판 접촉법에서는 포기조(포기기)가 필요 없다.

20 폐수처리시설의 2차 침전지에서 팽화현상은 주로 어떤 결과를 초래하는가?

① 활성슬러지를 부패시킨다.
② 포기조 산기관을 막는다.
③ 유출수의 SS 농도가 높아진다.
④ 포기조 내의 이상난류를 발생시킨다.

21 활성슬러지공법으로 처리하고 있는 어떤 폐수처리시설 포기조의 운영관리 자료 중 적절하지 않은 것은?

① SV가 20~30%이다.
② DO가 7~9mg/L이다.
③ MLSS가 3,000mg/L이다.
④ pH가 6~8이다.

용존산소(DO) : 0.5~2(ppm)

22 활성슬러지 공정에서 미생물량에 대한 유입 유기물량을 나타낸 것은?

① A/S 비
② F/M 비
③ C/N 비
④ SAR 비

23 활성슬러지공법에 있어서 MLSS를 가장 적합하게 표현한 것은?

① 최종 방류수 중의 부유물질
② 포기조 혼합액 중의 부유물질
③ 최초 유입수 중의 부유물질
④ 탈수 슬러지 중의 부유물질

정답 19 ③ 20 ③ 21 ② 22 ② 23 ②

24 살수여상에 의한 폐수처리 원리로 가장 알맞은 것은?

① 폐수 내의 고형물이 산소와 결합하여 침전물을 형성한다.
② 쇄석 내의 재질에 의해 용존 유기물이 여과된다.
③ 폐수 내의 고형물이 쇄석의 기공에 의해 흡수 및 흡착된다.
④ 쇄석 표면에 번식하는 미생물이 폐수와 접촉하여 유기물을 섭취·분해한다.

25 활성슬러지공법에서 포기조 내 SVI(SVI ; Sludge Volume Index)가 적정 값보다 높을 때 발생할 수 있는 현상으로 가장 적합한 것은?

① 슬러지의 밀도가 증가한다. ② 슬러지 벌킹의 우려가 있다.
③ 슬러지 내 휘발성분이 감소한다. ④ 슬러지는 아주 빨리 침강한다.

 침전성이 양호한 SVI의 범위는 50~150이다. 이 이상이 되면 슬러지 벌킹이 발생한다.

26 다음 중 슬러지 팽화의 지표로서 가장 관계가 깊은 것은?

① 함수율   ② SVI   ③ TSS   ④ NBDCOD

27 슬러지 침전성을 나타내는 값으로 SVI가 사용된다. 다음 중 침전성이 양호한 SVI의 범위로 가장 적합한 것은?

① 1,000~2,000   ② 500~1,000   ③ 200~500   ④ 50~150

 문제 25번 해설 참조

28 다음 중 SVI(Sludge Volume Index)와 SDI(Sludge Density Index)의 관계로 옳은 것은?

① SVI=100/SDI   ② SVI=10/SDI   ③ SVI=1/SDI   ④ SVI=SDI/100

29 포기조 내 슬러지 용적지표(SVI ; Sludge Volume Index)가 높다면 다음 중 어느 것을 의미하는가?

① 슬러지의 밀도가 증가하였다. ② 슬러지 내 휘발성분이 줄어들었다.
③ 슬러지 팽화의 우려가 있다. ④ 슬러지는 아주 빨리 침강한다.

정답 24 ④ 25 ② 26 ② 27 ④ 28 ① 29 ③

30 MLSS 농도가 2,500mg/L인 혼합액을 1L 메스실린더에 취하여 30분 후 슬러지 부피를 측정한 결과 350mL였다. 이때 용적지표(SVI)는?

① 80　　　　② 100　　　　③ 120　　　　④ 140

$$SVI(mL/g) = \frac{SV_{30}(mL/L)}{MLSS(mg/L)} \times 10^3$$
$$= \frac{350(mL/L)}{2,500(mg/L)} \times 10^3 = 140$$

31 MLSS 농도가 3,000mg/L인 포기조 혼합액을 1,000mL 메스실린더로 취해 30분간 정치시켰을 때 침강슬러지가 차지하는 용적은 440mL였다. 이때 슬러지 밀도지수(SDI)는?

① 146.7　　　② 73.4　　　③ 1.36　　　④ 0.68

$$SDI(g/100mL) = \frac{100}{SVI}$$
$$SVI(mL/g) = \frac{440(mL/L)}{3,000(mg/L)} \times 10^3 = 146.67$$
$$\therefore SDI(g/100mL) = \frac{100}{146.67} = 0.6818$$

고도처리

1 질소(N) 제거법

(1) 물리적 질소 제거

1) 암모니아 탈기법(Ammonia Stripping)

① 제거 메커니즘

폐수에 공기를 주입하여 암모니아의 분압을 감소시키면 암모니아가 물로부터 분리되어 공중으로 날아가는 현상을 이용한 공정이다. 폐수 중 암모니아 탈기를 위해서는 석회석 등을 첨가하는 방법으로 pH를 9.5~10.5로 높여 암모늄(NH_4^+) 형태가 아닌 자유암모니아(NH_3)로 변환시킨 후 폐수에 다량의 공기를 접촉시킨다.

$$NH_3\uparrow + H_2O \Leftrightarrow NH_4^+ + OH^-$$

② 특징
- pH가 증가할수록 NH_3 비율이 증가한다.
- 암모니아성 질소는 제거효율이 우수하나 유기질소, 아질산성 질소, 질산성 질소의 제거 효율은 낮다.
- 동절기에 효율이 감소한다.
- 탑 내에 탄산칼슘의 스케일이 생성되기도 한다.
- pH 7에서는 암모늄 이온으로 물속에 존재하지만 pH 11 이상에서는 암모니아 상태로 존재한다.

2) 파과점 염소주입법(Breakpoint Chlorination)

① 제거 메커니즘

폐수에 파과점 이상으로 염소를 주입하여 암모니아성 질소를 산화시켜 질소 가스나 기타 안정된 화합물로 바꾸는 공정이다. 산화되기 쉬운 유기물질 등이 존재하면 염소는 1차적으로 이들과 반응하고 2차로 암모니아와 반응하게 되므로 효율은 낮아진다.

$$2NH_4^+ + 3Cl_2 \Leftrightarrow N_2\uparrow + 6HCl + 2H^+$$

$$2NH_3 + 3HOCl \Leftrightarrow N_2\uparrow + 3HCl + 3H_2O$$

② 특징
- 수중에 염소를 주입하면 먼저 환원성 물질(Fe^{2+}, Mn^{2+})과 반응한다.
- 수중에 NH_3와 반응하여 클로라민을 형성한다.
- 클로라민의 생성과 파괴가 이루어지나 파괴가 더 크기 때문에 전체 클로라민은 감소한다.
- 파과점을 지나 계속 염소를 주입하면 주입된 염소량이 잔류염소량이 된다.

(2) 생물학적 질소 제거

1) 질소의 제거원리

① 질산화(Nitrification)
- 질산화 반응은 호기성 상태하에서 독립영양 미생물인 Nitrosomonas와 Nitrobactor에 의해서 NH_4^+가 2단계를 거쳐 NO_3^-로 변한다.

$$1단계 : NH_4^+ + \frac{3}{2}O_2 \rightarrow NO_2^- + 2H^+ + H_2O \,(Nitrosomonas)$$

$$2단계 : NO_2^- + \frac{1}{2}O_2 \rightarrow NO_3^- \,(Nitrobactor)$$

$$전체반응 : NH_4^+ + 2O_2 \rightarrow NO_3^- + 2H^+ + H_2O$$

- 질산화 반응과정에서 질산화 미생물의 세포합성을 위하여 HCO_3^-가 소비되면서 pH는 저하된다.

$$NH_4^+ + 4CO_2 + HCO_3^- + H_2O \rightarrow C_5H_7NO_2 + 5O_2$$

- 질산화 미생물은 독립영양미생물로 질소화합물을 산화하여 얻은 에너지를 이용하여 성장하는 균으로서, 증식속도는 일반적으로 활성슬러지 공정의 종속영양미생물보다 더디기 때문에 질산화 미생물을 위해서는 비교적 긴 체류시간이 요구된다.
- 질산화를 위한 적정 운전조건 : pH 7.4~8.6, 온도 28~32℃, SRT 25일 이상, DO 2mg/L 이상(적정운전조건이 아닐 경우 질산화가 느려지거나 중지된다.)
- 질산화 공정은 BOD 제거와 질산화 기능의 분리 정도에 따라 분류될 수 있는데 BOD 제거와 질산화가 하나의 반응조에서 일어나는 것을 단일단계(Single-stage) 질산화 공정, 다른 반응조에서 일어나는 것을 분리단계(Separated-stage) 질산화 공정이라 한다.

② 탈질산화(Denitrification)
- 탈질산화반응은 용존산소가 존재하지 않는 조건하(무산소 상태, Anoxic Condition)에서 통성혐기성 미생물(Pseudomonas, Micrococcus, Acromobacter, Bacillus)에 의하여 질산화된 질소(NO_2^-, NO_3^-)를 N_2 질소가스로 방출 제거하는 것이다.

> ※ 무산소(Anoxic) 조건 : 유리용존산소(O_2)가 없는 대신 결합산소 형태로 존재하는 상황으로 NO_2^-, NO_3^- 등이 존재하는 조건
> ※ 혐기(Anaerobic) 조건 : 유리용존산소(O_2)도 없고 결합산소 형태로 존재하는 산소도 없는 조건
> ※ 통성혐기성 미생물 : 종속영양미생물 중에서 용존산소가 결핍되어 질산성 질소에 포함되어 있는 결합산소를 이용하여 유기물질을 분해하는 미생물균을 통성혐기성 미생물이라고 한다.

- 통성혐기성 미생물은 종속영양미생물이므로 반드시 탈질미생물이 이용할 수 있는 유기물(탄소공급원)이 있어야 하는데, 분해되기 쉬운 유기물일수록 탈질효율이 높아지기 때문에 메탄올(CH_3OH) 등이 이용된다.

$$
\begin{aligned}
&1단계 \;\;\;\;: 6NO_3^- + 2CH_3OH \rightarrow 6NO_2^- + 2CO_2 + 4H_2O \\
&2단계 \;\;\;\;: 6NO_2^- + 3CH_3OH \rightarrow 3N_2\uparrow + 3CO_2 + 4H_2O + 6OH^- \\
&전체반응 : 6NO_3^- + 5CH_3OH \rightarrow 3N_2\uparrow + 5CO_2 + 7H_2O + 6OH^-
\end{aligned}
$$

- 탈질산화 과정에서는 질산화 과정과 반대로 알칼리도가 생성되어 pH는 증가하게 된다.
- 탈질산화를 위한 적정 운전조건 : pH : 7.0~8.0, 온도 28~32℃, DO 0.2mg/L 이하, C/N 비 2~6, 내부반송률 100~700%(상기조건 외의 환경에서는 탈질률이 급격히 저하된다.)

2 인(P) 제거법

(1) 물리・화학적 인(P)의 제거

1) 응집제 첨가 활성슬러지법

알루미늄염이나 철염 등의 3가 금속이온이 폐수 중의 3가 인산이온과 반응하여 인산염을 형성함으로써 제거되는 원리를 이용한 방법이다.

2) 정석탈인법(Phosphorus Crystallization)

① 제거원리

정인산이온(PO_4^{3-})이 칼슘이온(Ca^{2+})과 반응하여 하이드록시아파타이트(Hydroxa-yapatite)를 생성하는 반응을 이용한 방법이다.

② 정석탈인법의 특성

응집침전법에 비하여 약품주입량이 현저히 적고 화학 슬러지의 발생량도 적다.

※ 슬러지 탈수성의 크기 : 석회> Al > Fe
탄산이온(CO_3^-)의 알칼리도가 폐수 중에 존재하면 정석반응이 방해를 받게 되므로 탈탄산의 전처리과정이 필요하게 된다.

(2) 생물학적 인의 제거

1) 인의 방출과 섭취
- 혐기성 조건 : 미생물이 긴장(Stress) 상태 → 미생물에 의한 유기물의 흡수가 일어나면서 인이 방출된다.
- 호기성 조건 : 과다축적 현상 → BOD 소비와 더불어 미생물 세포 생산을 위한 인의 급격한 흡수가 일어난다.

2) 인 제거 공법

① A/O(Anaerobic/Aerobic) 공법
- 혐기성 상태에서 미생물에 의한 유기물의 흡수가 일어나면서 인이 방출된다.
- 호기성 상태에서 BOD가 소비되면서 인의 과잉 흡수가 일어난다.
- 표준활성슬러지법의 반응조 전반 20~40% 정도를 혐기반응조로 하는 것이 표준이다.

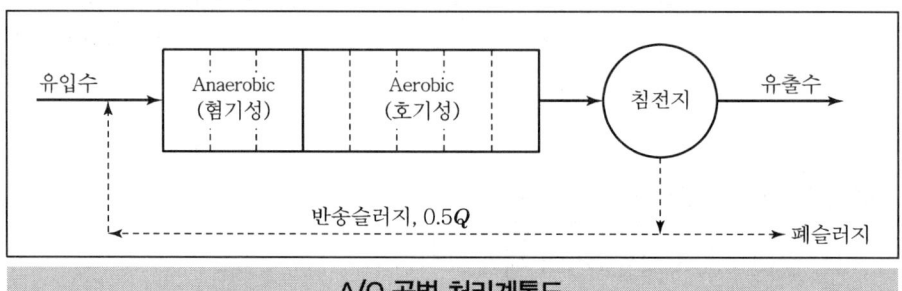

A/O 공법 처리계통도

┃ 인 제거 공법의 장단점 ┃

장점	단점
• 운전이 비교적 간단하다. • 폐슬러지 내 인의 함량이 비교적 높고 (3~5%) 비료의 가치가 크다. • 비교적 수리학적 체류시간이 짧다.	• 온도가 낮을 경우 높은 BOD/P 비가 요구된다. • 추운 기후의 운전조건에서 성능이 불확실하다. • 공정의 유연성이 제한적이다.

② Phostrip 공법(Sidestream 공법)
- Phostrip 공법은 생물학적 방법과 화학적 방법을 조합시킨 공정으로서 활성슬러지 공정의 반송슬러지 일부가 혐기성 인 용출조로 들어가 8~12시간 혐기성 상태를 유지시키게 된다.
- 용출된 인은 상등수로 월류되어 다른 조에서 석회(Lime)나 기타 응집제로 처리되어 1차 침전지로 배출시키거나 응결/침전 탱크에서 화학침전물 형태로 고액분리된다.

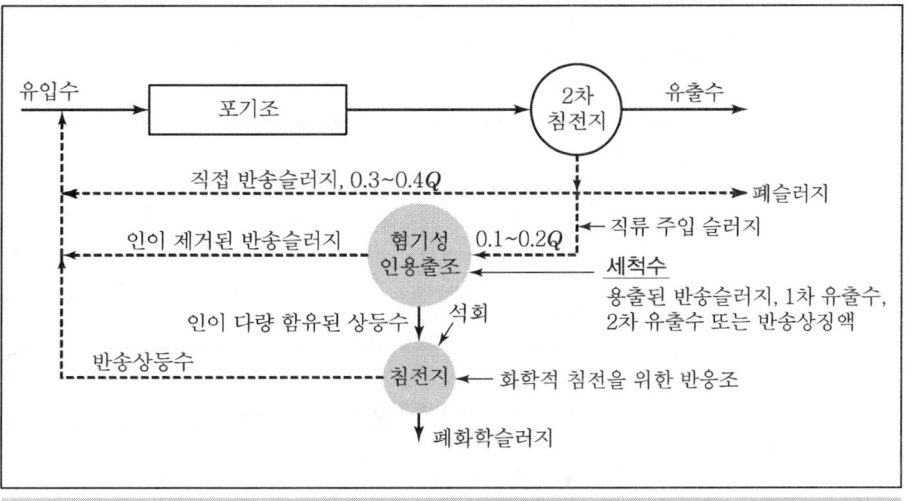

Phostrip 공법 처리계통도

| Phostrip 공법의 장단점 |

장점	단점
• 기존 활성슬러지 처리장에 쉽게 적용 가능하다. • 인 제거 시 BOD/P 비에 의하여 조절되지 않는다. • Mainstream 화학침전에 비하여 약품사용량이 적다. • 유입수의 유기물 부하에 영향을 받지 않는다.	• 혐기성 탈인조의 운전조작, Lime 주입 등과 관련된 고도의 운전기술이 요구된다. • 최종침전지에서 인 방출을 억제하기 위해 혼합액의 DO 농도를 높여 주어야 한다. • Stripping을 위해 별도의 반응조가 필요하다.

3 생물학적 질소(N)와 인(P)의 동시 제거

(1) 질소 · 인 제거공법

1) A²/O 공법(혐기조 · 무산소 · 호기조)
   - 인 제거를 위한 A/O 공정에서 질소 제거가 가능하도록 무산소(Anoxic)조를 추가한 방법으로, 호기조(포기조)에서 질산화를 통하여 생성된 질산성 질소를 무산소조로 반송하여 탈질함으로써 질소를 제거(T−N 제거율은 40~70%)할 수 있다.
   - 인은 혐기성 조에서 인이 방출되고 호기성 조에서 인의 초과축적으로 인한 급격한 흡수가 일어난다.

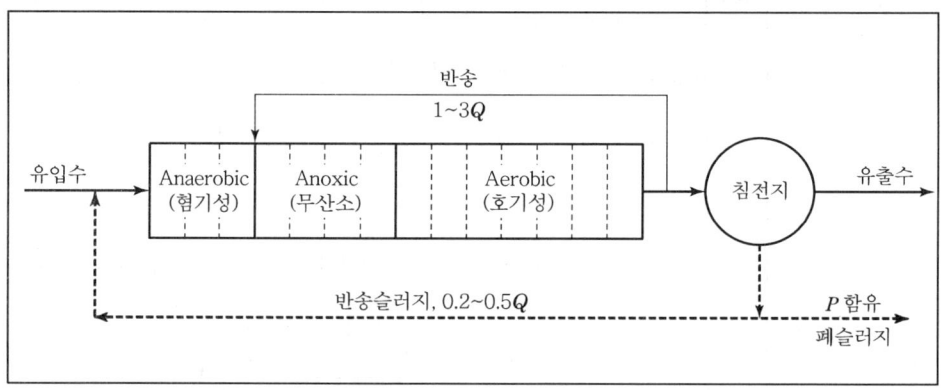

A²/O 공법의 처리계통도

[각 반응조의 역할]

① 혐기조(Anaerobic) : 혐기성 유기물분해, 유기물(BOD) 제거 및 인의 방출
② 무산소조(Anoxic) : 질소 제거(탈질)
③ 호기조(Aerobic) : 유기물(BOD) 제거 및 인의 과잉섭취, 질산화

∥ A²/O 공법의 장단점 ∥

장점	단점
• 질소와 인의 동시제거가 가능하다. • 폐슬러지 내 인(P)의 함량이 35% 정도로 높아 비료가치가 있다. • 응집제 등을 첨가해서 인을 제거하는 방법에 비해서는 약품비가 소모되지 않아 경제적이고 슬러지 발생량을 줄일 수 있어 슬러지 처리비용을 감소시킬 수 있다.	• 최적 운전조건의 설정이 어렵고 실제 적용 시 안정적인 인 제거가 곤란하다. • 동절기에는 성능이 불안정하게 된다. • 슬러지 처리계통도에서 인이 용출될 가능성이 있다.

2) 5단계 Bardenpho 공법

- 원래 질소 제거를 위해 개발된 것인데 인 제거를 겸하도록 하기 위해 1차 무산소조 앞에 혐기성 조를 추가하고 반송슬러지로 하여금 인을 방출케 한다.
- 고형물 체류시간(SRT)이 A^2/O 공정(4~27일)에 비하여 길기 때문에(10~40일) 유기성 탄소의 산화능력이 크다.
- 내부반송률이 비교적 높게 유지되고 수리학적 체류시간과 SRT가 길기 때문에 고도로 처리된 유출수와 안정된 슬러지를 얻을 수 있다.

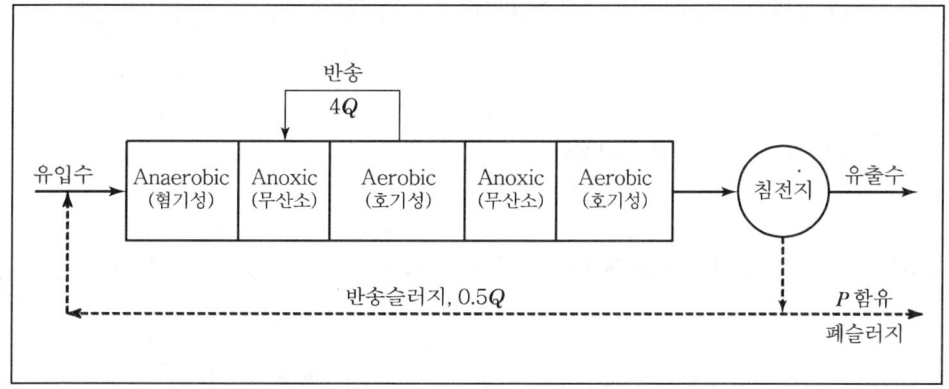

5단계 Bardenpho 공법의 처리계통도

[각 반응조의 역할]

① 혐기조(1) : 유기물(BOD) 제거 및 인의 방출
② 무산소조(1) : 탈질(70% 정도 제거)
③ 호기조(1) : 유기물(BOD) 제거 및 인의 과잉섭취, 질산화
④ 무산소조(2) : 탈질
⑤ 호기조(2) : 잔류 질소 가스 제거

적중예상문제

01 질소의 고도처리 방법 중 폐수의 pH를 11 이상으로 높여 기체 상태의 암모니아로 전환시킨 다음, 공기를 불어넣어 제거하는 방법은?

① 탈기   ② 막분리법   ③ 세포합성   ④ 이온교환

02 탈기법으로 수중의 암모니아를 제거하고자 할 때, 25℃에서 가장 적절한 pH는?

① 4.5   ② 5.6   ③ 7.0   ④ 11.0

> 암모니아 탈기법의 pH는 11이다.

03 다음 중 생물학적 고도 폐수처리 방법으로 인을 제거할 수 있는 공법으로 가장 거리가 먼 것은?

① A/O 공법   ② Indore 공법
③ Phostrip 공법   ④ Bardenpho 공법

04 다음 중 생물학적 원리를 이용하여 인(P)만을 효과적으로 제거하기 위한 고도처리 공법으로 가장 적합한 것은?

① A/O 공법   ② A^2/O 공법
③ 4단계 Bardenpho 공법   ④ 5단계 Bardenpho 공법

> 인(P)만을 효과적으로 제기하기 위한 고도처리 공법 : A/O 공법, Phostrip 공법

05 혐기성 조/호기성 조의 과정을 거치면서 질소 제거는 고려되지 않지만 하·폐수 내의 유기물 산화와 생물학적으로 인(P)을 제거하는 공법으로 가장 적합한 것은?

① A/O 공법   ② A^2/O 공법
③ S/L 공법   ④ 4단계 Bardenpho 공법

> 문제 04번 해설 참조

정답 01 ①   02 ④   03 ②   04 ①   05 ①

06 생물학적 처리공법으로 하수 내의 질소를 처리할 때, 탈질이 주로 이루어지는 공정은?

① 탈인조　　　　　　　　　② 포기조
③ 무산소조　　　　　　　　④ 침전조

 탈질은 무산소조에서 이루어진다.

07 생물학적으로 질소와 인을 제거하는 A^2/O 공정 중 혐기조의 주된 역할은?

① 질산화　　　　　　　　　② 탈질화
③ 인의 방출　　　　　　　　④ 인의 과잉섭취

 A^2/O 공정 중 각 반응조의 역할
　㉠ 혐기조(Anaerobic) : 혐기성 유기물 분해, 유기물(BOD) 제거 및 인의 방출
　㉡ 무산소조(Anoxic) : 질소 제거(탈질)
　㉢ 호기조(Aerobic) : 유기물(BOD) 제거 및 인의 과잉섭취, 질산화

08 생물학적 원리를 이용한 하·폐수 고도처리공법 중 A/O 공법의 일반적인 공정의 순서로 가장 적합한 것은?

① 혐기조 → 호기조 → 침전지
② 무산소조 → 호기조 → 무산소조 → 재포기조 → 침전지
③ 호기조 → 무산소조 → 침전지
④ 혐기조 → 무산소조 → 호기조 → 무산소조 → 침전지

09 유기물질의 질산화 과정에서 아질산이온(NO_2^-)이 질산이온(NO_3^-)으로 변할 때 주로 관여하는 것은?

① 디프테리아　　　　　　　② 니트로박터
③ 니트로조모나스　　　　　④ 카로티노모나스

 $NO_2^- + \dfrac{1}{2} O_2 \rightarrow NO_3^-$ (Nitrobactor)

정답　06 ③　07 ③　08 ①　09 ②

CHAPTER 10 분뇨 및 슬러지 처리

1 슬러지 처리의 목표

(1) 안정화(安定化)
슬러지 중의 유기고형물질이 더 이상 부패균에 의해 부패되더라도 주위의 환경에 악영향을 미치지 않는 상태가 되어야 한다. 즉, 토양이나 표면수 또는 공기를 오염시키지 않는 상태로 되어야 한다.

(2) 안전화(安全化)
특히 하수슬러지 속에는 각종 병원균, 기생충란 등이 존재하기 쉬운데 앞의 안정화 과정에서 대부분 사멸되나 사멸되지 않았으면 슬러지의 이용에 지장을 주므로 살균의 필요성이 대두된다.

(3) 부피의 감소화(減量化)
슬러지 처리의 1차적인 목적은 부피의 감소에 있다고 할 수 있다. 슬러지의 안정화로 고액분리가 용이하게 되고 처분을 쉽게 할 수 있을 뿐만 아니라 비용도 절감된다.

(4) 처분의 확실성
슬러지를 처분하는 동안 슬러지를 처분하기에 편리하고 안전하게 해야 한다.

2 슬러지 처리 계통도

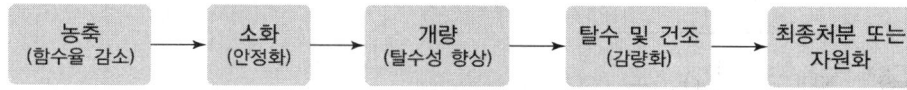

③ 슬러지 농축방법의 비교

농축방법	장점	단점
중력식 농축	• 간단한 구조, 유지관리 용이 • 1차 슬러지에 적합 • 저장과 농축이 동시에 가능 • 약품을 사용하지 않음 • 동력비 소요가 적음	• 악취 발생 문제 • 잉여슬러지의 농축에 부적합 • 잉여슬러지의 경우 소요면적이 큼
부상식 농축	• 잉여슬러지에 효과적 • 고형물 회수율이 비교적 높음 • 약품 주입 없이도 운전 가능	• 동력비가 많이 소요 • 악취문제 발생 • 다른 방법보다 소요면적이 큼 • 유지관리가 어려우며 건물 내부에 설치시 부식문제 유발
원심분리 농축	• 소요면적이 적음 • 잉여슬러지에 효과적 • 운전조작이 용이 • 악취가 적음 • 연속운전 가능 • 고농도로 농축 가능	• 시설비와 유지관리비가 고가 • 유지관리가 어려움

④ 소화(안정화) : 분해 가능한 유기물 제거

| 혐기성 소화법과 비교한 호기성 소화법의 장단점 |

구분	호기성 소화법	
장점	• 최초시공비 절감 • 운전용이	• 악취 발생 감소 • 상징수의 수질 양호
단점	• 소화슬러지의 탈수 불량 • 저온시의 효율 저하	• 포기에 소요되는 동력비 과다 • 가치 있는 부산물이 생성되지 않음

⑤ 슬러지 개량

슬러지 개량이란 슬러지의 물리적 · 화학적 특성을 개선하여 탈수량 및 탈수율을 증가시키는 것으로 개량방법에는 세정, 열처리, 동결, 약품첨가 등이 있다.

참고정리

✓ **혐기성 처리**

① 공정의 개요

혐기성 소화란 슬러지에 존재하는 탄수화물, 지방, 단백질의 형태의 유기 고형물을 가수분해하고 발효시켜 궁극적으로 메탄으로 전환시키는 혐기성 미생물들의 일련의 혼합배양 과정을 말한다. 보통 슬러지의 유기 고형물량은 이런 방법에 의해 50%까지 감소한다.

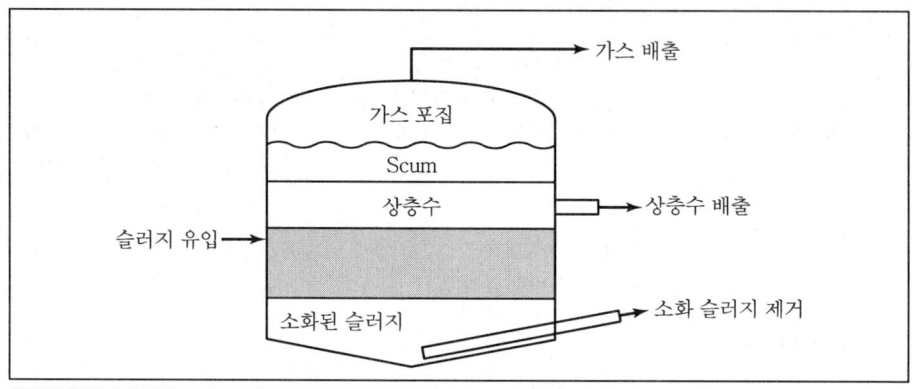

혐기성 소화장치 개념도

② 혐기성 처리 메커니즘 : 유기물의 혐기성 분해반응은 2단계를 거친다.

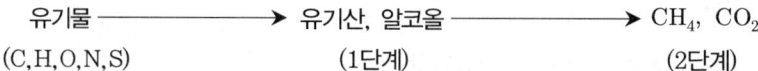

- 1단계 : 유기산 형성과정(산성소화과정) 유기산균에 의해 유기물이 유기산이나 알코올로 변환되는 단계
- 2단계 : 메탄 발효과정(알칼리소화과정, 가스화 과정). 메탄균에 의해 유기산이나 알코올 등이 분해되어 CH_4, CO_2이 생성되는 단계

③ 혐기성 처리의 장단점

장점	단점
• 유기물 농도가 높은 폐수를 처리할 수 있다. • 슬러지 생산량이 적다. • 슬러지의 탈수성이 좋다. • 동력비, 유지관리비가 적게 소요된다. • 에너지원으로 사용 가능한 메탄(CH_4)가스를 생성한다 (지방>단백질>탄수화물(CH_4 생성량)). • 질소나 인등 영양염류 요구량이 적다. • 호기성 처리의 슬러지의 비료가치가 더 높다.	• 처리효율이 낮다. • 처리수의 수질이 낮기 때문에 후처리시설이 필요하다. • 미생물의 초기 순응시간이 길다. • 반응속도가 느리다. • 초기 건설비가 많이 소요되고, 소요부지면적이 많이 필요하다. • 운전이 비교적 어렵다.

적중예상문제

01 혐기성 소화조의 장점이라 볼 수 없는 것은?

① 폐슬러지양 감소
② 유출수의 수질 양호
③ 고농도 폐수처리
④ 이용 가능한 가스 생산

 유출수의 수질이 양호한 것은 호기성 소화의 장점이다.

02 혐기성 소화조의 운전 중 소화가스 발생량이 현저히 감소하였다. 예상할 수 있는 원인과 가장 거리가 먼 것은?

① 저농도의 슬러지 유입
② 소화조 내부의 온도저하
③ 과다한 유기산 생성
④ 과다교반

 소화가스 발생량 저하의 원인
  ㉠ 저농도 슬러지 유입
  ㉡ 소화슬러지 과잉배출
  ㉢ 조 내 온도저하
  ㉣ 소화가스 누출
  ㉤ 과다한 산 생성

03 혐기성 소화과정에서 에너지원이 될 수 있는 최종생성물은?

① CO_2 ② CH_4 ③ H_2S ④ NH_3

04 500g의 $C_6H_{12}O_6$가 완전한 혐기성 분해를 한다고 가정할 때 발생 가능한 CH_4 가스용적으로 옳은 것은?(단, 표준상태 기준)

① 약 24.4L   ② 약 62.2L   ③ 약 186.7L   ④ 약 1,339.3L

$C_6H_{12}O_6 \rightarrow 3CH_4 + 3CO_2$
180(g) : 3×22.4(L)
500(g) : X(L)
∴ X = 186.667(L)

정답 01 ② 02 ④ 03 ② 04 ③

05 다음 중 호기성 소화방식에 관한 특성으로 가장 거리가 먼 것은?

① 산화분해에 의해 혐기성 소화보다 악취가 적은 편이다.
② 포기로 인하여 동력비가 많이 소요된다.
③ 소화속도가 혐기성에 비해 느린 편이며, 효율은 온도변화에 상관없이 일정하다.
④ 생성된 슬러지의 탈수성이 나쁜 편이다.

 호기성 소화방식 혐기성에 비해 소화속도가 빠르다.

CHAPTER 11. 기타 오염물질 처리

1 크롬 폐수 처리

크롬 중 6가 크롬(Cr^{6+}, 황색)은 독성이 강하므로 3가 크롬(Cr^{3+}, 청록색)으로 환원시킨 후 수산화물($Cr(OH)_3$)로 침전시켜 제거하는 방법이 가장 많이 쓰이며, 이 방법을 환원침전 법이라고 한다.

(1) 환원반응

Cr^{6+}이 Cr^{3+}으로 환원하기 위해서는 pH 2~3이 가장 적절하며 pH가 낮을수록 반응속도가 빨라서 좋으나, 경제성이 떨어지는 단점이 있다. pH를 2~3인 산성으로 만들어주기 위해 산(H_2SO_4)을 주입하고, 환원시켜 주기 위해 환원제($FeSO_4$, Na_2SO_3, $NaHSO_3$, SO_2, Fe)도 주입한다.

(2) 침전반응

3가 크롬의 침전은 pH 8~9 정도가 적절하며, 환원반응에서 pH가 2~3이 되어 있기 때문에 pH를 높여주기 위해 이 반응에서는 알칼리제($NaOH$, $Ca(OH)_2$)를 투입한다.

2 시안 폐수 처리

시안을 함유한 폐수를 처리하는 방법에는 알칼리 염소처리법, 오존 산화법, 전해 산화법, 미생물학적 처리법, 감청법, 산성 탈기법, 포기법, 이온교환법 등이 있다. 가장 많이 사용되는 방법은 알칼리 염소처리법이다.

알칼리 염소처리법

알칼리 염소처리법은 시안을 함유한 폐수를 알칼리성으로 만들고 염소를 이용하여 산화분해 시켜 처리하는 방법이다. 시안폐수에 알칼리를 투입하여 pH를 10~10.5로 유지하고, 산화제인 Cl_2와 NaOH 또는 NaOCl로 산화시켜 CNO로 산화한 다음, H_2SO_4와 NaOCl을 주입해 CO_2와 N_2로 분해 처리한다.

1단계 반응 시($CN^- \rightarrow CNO^-$) pH가 10 이하이면 CNCl이 발생되고, 2단계 반응 시($CNO^- \rightarrow CO_2\uparrow$, $N_2\uparrow$) pH가 8 이하가 되면 Cl_2 가스가 발생하므로 운전상 유의하여야 한다.

- 1단계 : $NaCN + NaClO \rightarrow NaCNO + NaCl$
- 2단계 : $2NaCNO + 3NaClO + H_2O \rightarrow 2CO_2 + N_2 + 2NaOH + 3NaCl$

∴ $2NaCN + 5NaClO + H_2O \rightarrow N_2 + 2CO_2 + 2NaOH + 5NaCl$

※ 시안의 반응비
  $2CN^- \equiv 5NaOCl$
  $2CN^- \equiv 5Cl_2$

적중예상문제

01 염소계 산화제를 이용하여 무해한 CO_2와 N_2로 분해시키는 보편적인 알칼리 산화법으로 처리할 수 있는 폐수는?

① 시안 함유 폐수   ② 크롬 함유 폐수   ③ 납 함유 폐수   ④ PCB 함유 폐수

> 알칼리 염소처리법은 시안을 함유한 폐수를 알칼리성으로 만들고 염소를 이용하여 산화분해시켜 처리하는 방법이다. 시안폐수에 알칼리를 투입하여 pH를 10~10.5로 유지하고, 산화제인 Cl_2와 NaOH 또는 NaOCl로 산화시켜 CNO로 산화한 다음, H_2SO_4와 NaOCl을 주입해 CO_2와 N_2로 분해 처리한다.

02 다음 중 환원법과 수산화제2철 공침법으로 처리할 수 있는 폐수는?

① 염소 함유 폐수   ② 비소 함유 폐수   ③ COD 함유 폐수   ④ 색도 함유 폐수

> 일반적으로 비소는 칼슘 · 알루미늄 · 마그네슘 · 철 · 바륨 등의 수산화물에 흡착 또는 공침된다.

03 어느 공장폐수의 Cr^{6+}이 600mg/L이고, 이 폐수를 아황산나트륨으로 환원 처리하고자 한다. 폐수량이 40m³/day일 때, 하루에 필요한 아황산나트륨의 이론량은?(단, Cr의 원자량은 52, Na_2SO_3의 분자량은 126, 반응식은 아래 식을 이용하여 계산하시오.)

$$2H_2CrO_4 + 3Na_2SO_3 + 3H_2SO_4 \rightarrow Cr_2(SO_4)_3 + 3Na_2SO_4 + 5H_2O$$

① 약 72kg   ② 약 80kg   ③ 약 87kg   ④ 약 95kg

> $2Cr \equiv 3Na_2SO_3$
> $2 \times 52g : 3 \times 126g$
> $\dfrac{0.6kg}{m^3} \Big| \dfrac{40m^3}{day} : X$
> $\therefore X = 87.23kg$

04 Cr^{6+} 함유 폐수 처리법으로 가장 적합한 것은?

① 환원 → 침전 → 중화   ② 환원 → 중화 → 침전
③ 중화 → 침전 → 환원   ④ 중화 → 환원 → 침전

정답 01 ① 02 ② 03 ③ 04 ②

Cr^{6+}을 Cr^{3+}으로 환원하기 위해서는 pH 2~3이 가장 적절하며 pH가 낮을수록 반응속도가 빨라서 좋으나, 경제성이 떨어지는 단점이 있다. pH를 2~3인 산성으로 만들어주기 위해 산(H_2SO_4)을 주입하고, 환원시켜주기 위해 환원제($FeSO_4$, Na_2SO_3, $NaHSO_3$, SO_2, Fe)도 주입한다.

05 유독한 6가 크롬이 함유된 폐수를 처리하는 과정에서 환원제로 사용하기에 적합한 것은?

① O_3 ② Cl_2 ③ $FeSO_4$ ④ $NaOCl$

06 크롬의 환원에 사용되는 환원제가 아닌 것은?

① SO_2 ② Na_2SO_3 ③ $FeSO_4$ ④ Al_2SO_4

07 다음 중 크롬함유 폐수처리 시 사용되는 크롬환원제에 해당하지 않는 것은?

① NH_2SO_4 ② Na_2SO_3 ③ $FeSO_4$ ④ SO_2

08 다음 중 6가 크롬(Cr^{6+}) 함유 폐수를 처리하기 위한 가장 적합한 방법은?

① 아말감법 ② 환원침전법
③ 오존산화법 ④ 충격법

09 다음 중 카드뮴(Cd) 함유 폐수처리법으로 거리가 먼 것은?

① 수산화물 침전법 ② 황화물 침전법
③ 탄산염 침전법 ④ 시안화제2철 침전법

 카드뮴(Cd) 함유 폐수처리법
수산화물 침전법, 황화물 응집침전법, 침전부상법 또는 이온부상법, 흡착법, 이온교환수지 등

10 다음 오염물질 함유폐수 중 알칼리 조건하에서 염소처리(산화)가 필요한 것은?

① 시안(CN) ② 알루미늄(Al)
③ 6가 크롬(Cr^{6+}) ④ 아연(Zn)

 시안(CN)폐수는 알칼리 염소법으로 처리한다.

정답 05 ③ 06 ④ 07 ① 08 ② 09 ④ 10 ①

CHAPTER 12 공정시험 기준

1 농도 표시

① 백분율(Parts Per Hundred)
  ㉠ 용액 100mL 중의 성분무게(g), 또는 기체 100mL 중의 성분무게(g)를 표시할 때는 W/V %
  ㉡ 용액 100mL 중의 성분용량(mL), 또는 기체 100mL 중의 성분용량(mL)을 표시할 때는 V/V %
  ㉢ 용액 100g 중 성분용량(mL)을 표시할 때는 V/W %, 용액 100g 중 성분무게(g)를 표시할 때는 W/W %의 기호를 쓴다. 다만, 용액의 농도를 '%'로만 표시할 때는 W/V %를 사용한다.

② 천분율(ppt ; parts per thousand)을 표시할 때는 g/L, g/kg의 기호를 쓴다.
③ 백만분율(ppm ; parts per million)을 표시할 때는 mg/L, mg/kg의 기호를 쓴다.
④ 십억분율(ppb ; parts per billion)을 표시할 때는 μg/L, μg/kg의 기호를 쓴다.
⑤ 기체 중의 농도는 표준상태(0℃, 1기압)로 환산 표시한다.

2 온도 표시

온도의 표시는 셀시우스(Celsius) 법에 따라 아라비아 숫자의 오른쪽에 ℃를 붙인다. 절대온도는 K로 표시하고, 절대온도 0K는 −273℃로 한다.

① 표준온도 : 0℃
② 상온 : 15~25℃
③ 실온 : 1~35℃
④ 찬 곳은 따로 규정이 없는 한 0~15℃의 곳을 뜻한다.
⑤ 냉수 : 15℃ 이하
⑥ 온수 : 60~70℃
⑦ 열수는 약 100℃를 말한다.

⑧ "수욕 상 또는 수욕 중에서 가열 한다."라 함은 따로 규정이 없는 한 수온 100℃에서 가열함을 뜻하고 약 100℃의 증기욕을 사용할 수 있다.
⑨ 각각의 시험은 따로 규정이 없는 한 상온에서 조작하고 조작 직후에 그 결과를 관찰한다. 단, 온도의 영향이 있는 것의 판정은 표준온도를 기준으로 한다.

3 시약 및 용액

(1) 시약

① 시험에 사용하는 시약은 따로 규정이 없는 한 1급 이상 또는 이와 동등한 규격의 시약을 사용하여 각 시험항목별 4.0 시약 및 표준용액에 따라 조제하여야 한다.
② 이 공정시험기준에서 각 항목의 분석에 사용되는 표준물질은 소급성이 인증된 것을 사용한다.

(2) 용액

① 용액의 앞에 몇 %라고 한 것(예 20% 수산화나트륨 용액)은 수용액을 말하며, 따로 조제방법을 기재하지 아니하였으며 일반적으로 용액 100mL에 녹아 있는 용질의 g 수를 나타낸다.
② 용액 다음의 ( ) 안에 몇 N, 몇 M, 또는 %라고 한 것[예 아황산나트륨용액(0.1N), 아질산 나트륨용액(0.1M), 구연산이암모늄용액(20%)]은 용액의 조제방법에 따라 조제하여야 한다.
③ 용액의 농도를 (1→10), (1→100) 또는 (1→1,000) 등으로 표시하는 것은 고체성분에 있어서는 1g, 액체성분에 있어서는 1mL를 용매에 녹여 전체 양을 10mL, 100mL 또는 1,000mL로 하는 비율을 표시한 것이다.
④ 액체 시약의 농도에 있어서, 예를 들어 염산(1+2)이라고 되어 있을 때에는 염산 1mL와 물 2mL를 혼합하여 조제한 것을 말한다.

4 관련 용어의 정의

① 시험조작 중 '즉시'란 30초 이내에 표시된 조작을 하는 것을 뜻한다.
② '감압 또는 진공'이라 함은 따로 규정이 없는 한 15mmHg 이하를 뜻한다.
③ '이상'과 '초과', '이하', '미만'이라고 기재하였을 때는 '이상'과 '이하'는 기산점 또는 기준점인 숫자를 포함하며, '초과'와 '미만'의 기산점 또는 기준점인 숫자를 포함하지 않는 것을 뜻한다. 또 'a~b'라 표시한 것은 a 이상 b 이하임을 뜻한다.
④ '바탕시험을 하여 보정한다.'라 함은 시료에 대한 처리 및 측정을 할 때, 시료를 사용하지 않고 같은 방법으로 조작한 측정치를 빼는 것을 뜻한다.
⑤ 방울수라 함은 20℃에서 정제수 20방울을 적하할 때, 그 부피가 약 1mL 되는 것을 뜻한다.
⑥ '항량으로 될 때까지 건조한다.'라 함은 같은 조건에서 1시간 더 건조할 때 전후 무게의 차가 g당 0.3mg 이하일 때를 말한다.
⑦ 용액의 산성, 중성 또는 알칼리성을 검사할 때는 따로 규정이 없는 한 유리전극법에 의한 pH 미터로 측정하고 구체적으로 표시할 때는 pH 값을 사용한다.
⑧ '용기'라 함은 시험용액 또는 시험에 관계된 물질을 보존, 운반 또는 조작하기 위하여 넣어두는 것으로 시험에 지장을 주지 않도록 깨끗한 것을 뜻한다.
⑨ '밀폐용기'라 함은 취급 또는 저장하는 동안에 이물질이 들어가거나 또는 내용물이 손실되지 아니하도록 보호하는 용기를 말한다.
⑩ '기밀용기'라 함은 취급 또는 저장하는 동안에 밖으로부터의 공기 또는 다른 가스가 침입하지 아니하도록 내용물을 보호하는 용기를 말한다.
⑪ '밀봉용기'라 함은 취급 또는 저장하는 동안에 기체 또는 미생물이 침입하지 아니하도록 내용물을 보호하는 용기를 말한다.
⑫ '차광용기'라 함은 광선이 투과하지 않는 용기 또는 투과하지 않게 포장을 한 용기이며, 취급 또는 저장하는 동안에 내용물이 광화학적 변화를 일으키지 아니하도록 방지할 수 있는 용기를 말한다.
⑬ 여과용 기구 및 기기를 기재하지 않고 '여과한다.'라고 하는 것은 KSM 7602 거름종이 5종 또는 이와 동등한 여과지를 사용하여 여과함을 말한다.
⑭ '정밀히 단다.'라 함은 규정된 양의 시료를 취하여 화학저울 또는 미량저울로 칭량함을 말한다.
⑮ 무게를 '정확히 단다.'라 함은 규정된 수치의 무게를 0.1mg까지 다는 것을 말한다.
⑯ '정확히 취하여'라 하는 것은 규정한 양의 액체를 부피피펫으로 눈금까지 취하는 것을 말한다.
⑰ '약'이라 함은 기재된 양에 대하여 ±10% 이상의 차가 있어서는 안 된다.
⑱ '냄새가 없다.'라고 기재한 것은 냄새가 없거나, 또는 거의 없는 것을 표시하는 것이다.
⑲ 시험에 쓰는 물은 따로 규정이 없는 한 증류수 또는 정제수로 한다.

적중예상문제

01 다음 중 황산(1 + 2) 혼합용액은?

① 물 1mL에 황산을 가하여 전체 2mL로 한 용액
② 황산 1mL를 물에 희석하여 전체 2mL로 한 용액
③ 물 1mL와 황산 2mL를 혼합한 용액
④ 황산 1mL와 물 2mL를 혼합한 용액

02 다음은 수질오염공정시험기준상 방울수에 대한 설명이다. ( ) 안에 알맞은 것은?

> 방울수라 함은 20℃에서 정제수 (㉠)을 적하할 때, 그 부피가 약 (㉡) 되는 것을 뜻한다.

① ㉠ 10방울, ㉡ 1mL
② ㉠ 20방울, ㉡ 1mL
③ ㉠ 10방울, ㉡ 0.1mL
④ ㉠ 20방울, ㉡ 0.1mL

03 수질오염공정시험방법상 따로 규정이 없는 한 감압 또는 진공의 기준으로 옳은 것은?

① 5mmHg 이하
② 10mmHg 이하
③ 15mmHg 이하
④ 20mmHg 이하

04 농도표시에 관한 다음 설명 중 거리가 먼 것은?

① 1%는 1ppm의 1,000배이다.
② 액체의 비중이 1일 경우 1mg/L는 1ppm이다.
③ 슬러지의 농도 표시는 슬러지 1kg에 함유된 mg 수가 주로 사용된다.
④ 1ppmb는 1ppm의 $\frac{1}{1,000}$ 농도를 의미한다.

 $1\% = 10^4 \text{ppm}$

정답 01 ④ 02 ② 03 ③ 04 ①

05 위어(Weir)의 설치 목적으로 가장 알맞은 것은?
① pH 측정 ② DO 측정 ③ MLSS 측정 ④ 유량 측정

06 폐수처리장에서 개방유로의 유량 측정에 이용되는 것으로 단면의 형상에 따라 삼각, 사각 등이 있는 것은?
① 확산기(Diffuser) ② 산기기(Aerator)
③ 위어(Weir) ④ 피토전극기(Pitot Electrometer)

07 개방유로의 유량 측정에 주로 사용되는 것으로서, 일정한 수위와 유속을 유지하기 위해 침사지의 폐수가 배출되는 출구에 설치하는 것은?
① 그릿(Grit) ② 스크린(Screen)
③ 배출관(Out-Flow Tube) ④ 위어(Weir)

08 시간당 200m³의 폐수가 유입되는 침전조 위어(Weir)의 유효길이가 50m라면 월류부하는?
① 2m³/m·hr ② 4m³/m·hr ③ 8m³/m·hr ④ 15m³/m·hr

$$X(m^3/m \cdot hr) = \frac{200m^3}{hr} \bigg| \frac{}{50m} = 4(m^3/m \cdot hr)$$

09 시간당 225m³의 폐수를 유입하는 침전조가 있다. 위어의 유효길이를 30m라 하면 월류부하(m³/m·day)는?
① 50 ② 100 ③ 180 ④ 200

$$X(m^3/m \cdot day) = \frac{225m^3}{hr} \bigg| \frac{}{30m} \bigg| \frac{24hr}{1day} = 180(m^3/m \cdot day)$$

10 62.5m³/h의 폐수가 24시간 균일하게 유입되는 폐수처리장의 침전지에서 이 침전지의 월류부하를 100m³/m·day로 할 때 월류위어의 유효길이는?
① 10m ② 12m ③ 15m ④ 50m

정답 05 ④ 06 ③ 07 ④ 08 ② 09 ③ 10 ③

풀이 $X(m) = \dfrac{62.5m^3}{hr} \left| \dfrac{m \cdot day}{100m^3} \right| \dfrac{24hr}{1day} = 15(m)$

11 원형 침전지에 유입되는 폐수의 평균유량은 62.5m³/hr이고, 월류부하를 90m³/m · day로 하려면 월류위어의 (유효)길이는?(단, 24시간 연속 가동기준)

① 13.67m
② 14.44m
③ 15.67m
④ 16.67m

풀이 $X(m) = \dfrac{62.5m^3}{hr} \left| \dfrac{m \cdot day}{90m^3} \right| \dfrac{24hr}{1day} = 16.667(m)$

12 다음 중 1N H_2SO_4 용액으로 옳은 것은?

① 용액 1mL 중 H_2SO_4 98g 함유
② 용액 1,000mL 중 H_2SO_4 98g 함유
③ 용액 1,000mL 중 H_2SO_4 49g 함유
④ 용액 1mL 중 H_2SO_4 49g 함유

풀이 1N H_2SO_4 = 49g/L

13 수질관리를 위해 대장균군을 측정하는 주목적으로 가장 타당한 것은?

① 다른 수인성 병원균의 존재 가능성을 알기 위하여
② 호기성 미생물의 성장 가능 여부를 알기 위하여
③ 공장폐수의 유입 여부를 알기 위하여
④ 수은의 오염 정도를 측정하기 위하여

정답 11 ④ 12 ③ 13 ①

PART 03 폐기물 처리

Craftsman Environmental

Chapter 01 폐기물의 특성 및 발생
Chapter 02 폐기물의 수거·운반
Chapter 03 압축·파쇄·선별·탈수
Chapter 04 폐기물의 자원화·퇴비화
Chapter 05 분뇨 및 슬러지 처리
Chapter 06 소 각
Chapter 07 매 립

CHAPTER 01 폐기물의 특성 및 발생

1 폐기물의 분류체계

(1) 폐기물의 분류

폐기물은 생활폐기물과 사업장폐기물로 분류된다. 사업장폐기물은 사업장 일반폐기물, 지정폐기물, 건설폐기물로 분류된다.

(2) 지정폐기물 분류체계

① 부식성(폐산 pH 2.0 이하), 폐알칼리(pH 12.5 이상)
② EP독성, 반응성, 발화성(폐유, 폐유기용제)
③ 독성(PCB함유폐기물, 폐농약, 폐석면)
④ 용출특성(광재, 분진, 폐주물사 및 샌드블라스트폐사, 소각 잔재물 등)
⑤ 난분해성(폐합성수지, 폐페인트 등)
⑥ 유해 가능성

2 발생량 및 성상

(1) 쓰레기 발생량 예측방법

① 경향예측 모델
② 다중회귀 모델
③ 동적모사 모델

(2) 발생량 조사방법

① 적재차량계수 분석법
- 일정기간 동안 특정지역 쓰레기 수거차량의 대수를 조사하여 폐기물의 겉보기 비중을 보정하여 중량으로 환산하여 폐기물 발생량을 조사하는 방법이다.
- 중간 적하장이나 중계 처리장에서 직접 측정한다.
- 밀도 또는 압축 정도에 따라 오차가 크다.

② 직접계근법
- 일정기간 동안 특정지역의 쓰레기 수거·운반 차량을 중계처리장이나 중간 적하장에서 직접 계근하는 방법이다.
- 장점 : 비교적 정확하게 발생량을 파악할 수 있다.
- 단점 : 작업량이 많고 번거롭다.

③ 물질수지법
- 주로 산업폐기물의 발생량을 추산할 때 이용하는 방법으로 원료 물질의 유입과 생산물질의 유출 관계를 근거로 계산하는 방법이다.
- 비용이 많이 소요되고 작업량이 많아 잘 이용되지 않는다.

3 폐기물 배출 특성

(1) 폐기물 발생시점에 미치는 인자
① 기후에 따라 쓰레기의 발생량과 종류가 달라진다.
② 수거빈도가 클수록 쓰레기 발생빈도가 증가한다.
③ 쓰레기통의 크기가 클수록 쓰레기 발생량이 증가하는 경향이 있다.
④ 재활용품의 회수 및 재이용률이 높을수록 발생량은 감소한다.

(2) 폐기물 발생량에 미치는 인자
① 도시규모와 생활수준에 비례하여 증가한다.
② 도시의 평균 연령층, 교육수준에 따라 발생량이 달라진다.
③ 쓰레기통의 크기에 비례하여 증가한다.

4 폐기물의 발열량 측정방법

(1) 열량계에 의한 방법
① 고체·액체연료 : 봄베 열량계
② 기체연료 : 융겔스식 열량계

(2) 원소분석에 의한 방법
- 듀롱(Dulong) 식 (유효수소 고려)

$$HHV(kcal/kg) = 8,100C + 34,250\left(H - \frac{O}{8}\right) + 2,250S$$

> **참고정리**
>
> ① 고위발열량(Hh) : 총 발열량, 열량계로 직접 측정하는 발열량
> ② 저위발열량(Hl) : 진발열량, 고위발열량에서 수분에 응축 잠열을 제외한 열량
> ③ 관계식
>   ㉠ 고체·액체연료
> $Hh = Hl + 600(9H + W)$
> $Hl = Hh - 600(9H + W)$
>   ㉡ 기체연료
> $Hh = Hl + 480\sum H_2O$
> $Hl = Hh - 480\sum H_2O$

(3) 추정식에 의한 방법

(4) 물리적 조성에 의한 방법

> **참고정리**
>
> ✔ 계산식 정리
>   ① 물질수지식 : 건조, 농축, 탈수
> $V_1(100 - W_1) = V_2(100 - W_2)$
>   여기서, V_1 : 처음 슬러지양
> V_2 : 나중 슬러지양
> W_1 : 처음 함수율
> W_2 : 나중 함수율
>
>   ② 폐기물 발생량
>   ㉠ $X(m^3/day) = \dfrac{발생량(kg/인·일) \times 인구 수(인)}{밀도(kg/m^3)}$
>   ㉡ $X(kg/인·일) = \dfrac{쓰레기량(m^3/일) \times 쓰레기밀도(kg/m^3)}{인구 수(인)}$
>
>   ③ 트럭 대수 $= \dfrac{쓰레기량(m^3/day) \times 쓰레기밀도(kg/m^3)}{적재용량(kg/대)}$
>   ④ 평균함수량
>   ⑤ 발열량
>   ⑥ 가연물질의 양

적중예상문제

01 폐기물관리법령상 지정폐기물 중 부식성 폐기물의 '폐산' 기준으로 옳은 것은?

① 액체상태의 폐기물로서 수소이온 농도지수가 2.0 이하인 것으로 한정한다.
② 액체상태의 폐기물로서 수소이온 농도지수가 3.0 이하인 것으로 한정한다.
③ 액체상태의 폐기물로서 수소이온 농도지수가 5.0 이하인 것으로 한정한다.
④ 액체상태의 폐기물로서 수소이온 농도지수가 5.5 이하인 것으로 한정한다.

02 지정폐기물의 정의 및 그 특징에 관한 설명 중 틀린 것은?

① 생활폐기물 중 환경부령으로 정하는 폐기물을 의미한다.
② 유독성 물질을 함유하고 있다.
③ 2차 혹은 3차 환경오염의 유발 가능성이 있다.
④ 일반적으로 고도의 처리기술이 요구된다.

 사업장폐기물 중 대통령령으로 정하는 폐기물을 의미한다.

03 현행 폐기물관리법령상 지정폐기물 중 부식성 폐기물의 폐산(㉠)과 폐알칼리(㉡)의 판정기준은?(단, 액체상태의 폐기물이며, 기타 조건은 제외)

① ㉠ pH 2.0 이하, ㉡ pH 12.5 이상
② ㉠ pH 3.0 이하, ㉡ pH 12.5 이상
③ ㉠ pH 2.0 이하, ㉡ pH 11.0 이상
④ ㉠ pH 3.0 이하, ㉡ pH 11.0 이상

04 다음은 폐기물공정시험기준(방법)상 고상 또는 반고상 폐기물에 대해 지정폐기물의 매립방법을 결정하기 위한 용출시험방법이다. ( ) 안에 적합한 것은?

> 시료 조제방법에 따라 조제한 시료 100g 이상을 정확히 달아 정제수에 염산을 넣어 pH를 5.8~6.3으로 한 용매(mL)를 시료 : 용매 = ( )(W : V)의 비로 2,000mL 삼각플라스크에 넣어 혼합한다.

① 1 : 1
② 1 : 5
③ 1 : 10
④ 1 : 50

정답 01 ① 02 ① 03 ① 04 ③

05 다음 중 쓰레기 발생량 예측방법이 아닌 것은?

① 경향예측 모델
② 다중회귀 모델
③ 동적모사 모델
④ 정적모사 모델

> **쓰레기 발생량 예측방법**
> ㉠ 경향예측 모델
> ㉡ 다중회귀 모델
> ㉢ 동적모사 모델

06 다음 중 쓰레기 발생량 산정방법으로 가장 거리가 먼 것은?

① 적재차량 계수분석법
② 직접계근법
③ 물질수지법
④ 직접 경향 분석법

> **쓰레기 발생량 조사(산정)방법**
> ㉠ 적재차량 계수분석법
> ㉡ 직접계근법
> ㉢ 물질수지법

07 일정기간 동안 특정지역의 쓰레기 수거차량의 대수를 조사하여 이 값에 쓰레기의 밀도를 곱한 후 중량으로 환산하여 쓰레기 발생량을 산출하는 방법은?

① 경향법
② 직접계근법
③ 물질수지법
④ 적재차량 계수분석법

08 주로 사업장폐기물의 발생량을 추산할 때 이용하는 방법으로 원료 물질의 유입과 생산물질의 유출 관계를 근거로 계산하는 방법은?

① 직접계근법
② 성분분석법
③ 물질수지법
④ 적재차량 계수분석법

09 폐기물 발생량의 조사방법으로 가장 거리가 먼 것은?

① 적재차량 계수분석법
② 직접계근법
③ 간접계근법
④ 물질수지법

정답 05 ④ 06 ④ 07 ④ 08 ③ 09 ③

10 쓰레기의 발생량을 산정하는 방법 중 일정기간 동안 특정지역의 쓰레기 수거차량의 대수를 조사하여 이 값이 밀도를 곱하여 중량으로 환산하는 방법은?

① 물질수지법　　　　　　　　② 직접계근법
③ 적재차량 계수분석법　　　　④ 적환법

11 쓰레기 발생량에 영향을 미치는 요인에 대한 설명 중 가장 적합한 것은?

① 기후에 따라 쓰레기 발생량과 종류가 다르게 된다.
② 수거빈도가 잦으면 쓰레기 발생량이 감소하는 경향이 있다.
③ 쓰레기통의 크기가 클수록 쓰레기 발생량이 감소하는 경향이 있다.
④ 재활용품의 회수 및 재이용률이 높을수록 쓰레기 발생량은 증가한다.

12 다음 폐기물의 감량화 방안 중 폐기물이 발생원에서 발생되지 않도록 사전에 조치하는 발생원 대책으로 거리가 먼 것은?

① 적정 저장량 관리　　　　　② 과대포장 금지
③ 철저한 분리수거 실시　　　④ 폐기물로부터 회수에너지 이용

> 폐기물로부터 회수에너지를 이용하는 것은 최종처분단계에서 행한다.

13 폐기물 처리기술의 3대 기본원칙이 아닌 것은?

① 감량화　　② 안정화　　③ 파쇄화　　④ 무해화

> 폐기물 처리기술의 3대 기본원칙은 감량화, 안정화, 무해화이다.

14 폐기물의 3성분이라 볼 수 없는 것은?

① 수분　　② 무연분　　③ 회분　　④ 가연분

> 폐기물의 3성분이란 수분, 가연분, 회분을 말한다.

정답　10 ③　11 ①　12 ④　13 ③　14 ②

15 도시 폐기물의 개략분석(Proximate Analysis) 시 4가지 구성성분에 해당하지 않는 것은?

① 다이옥신(Dioxin)
② 휘발성 고형물(Volatile Solids)
③ 고정탄소(Fixed Carbon)
④ 회분(Ash)

> 다이옥신은 발암물질로 개략분석에 해당하지 않는다.

16 다음은 어느 도시 쓰레기에 대하여 성분별로 수분함량을 측정한 결과이다. 이 쓰레기의 평균 수분함량(%)은?

성분	중량비(%)	수분함량(%)
음식물	45	70
종이	30	8
기타	25	6

① 31.2% ② 32.4% ③ 35.4% ④ 37.6%

> 평균 수분함량(%) = $\dfrac{45 \times 0.7 + 30 \times 0.08 + 25 \times 0.06}{45 + 30 + 25} \times 100 = 35.4(\%)$

17 A도시 쓰레기를 분류하여 성분별로 수분함량을 측정한 결과가 아래와 같다. 이 폐기물의 평균 수분함량은?

성분	구성비(중량%)	수분함량(%)
음식물	30	80
종이류	40	10
섬유류	5	5
플라스틱류	10	1
유리류	10	1
금속류	5	2

① 3.13% ② 13.33% ③ 28.55% ④ 41.22%

> 평균 수분함량(%) = $\dfrac{30 \times 0.8 + 40 \times 0.1 + 5 \times 0.05 + 10 \times 0.01 + 10 \times 0.01 + 5 \times 0.02}{30 + 40 + 5 + 10 + 10 + 5} \times 100$
> = 28.55(%)

정답 15 ① 16 ③ 17 ③

18 폐기물 시료 100kg을 달아 건조시킨 후의 시료 중량을 측정하였더니 40kg이었다. 이 폐기물의 수분함량(%, w/w)은?

① 40%   ② 50%   ③ 60%   ④ 80%

19 어느 도시 쓰레기를 분류하여 성분별로 수분함량을 측정한 결과 구성비가 중량으로 음식물 30%, 종이 50%, 금속 20%이고, 수분함량은 각각 70%, 20%, 10%였다. 이 쓰레기의 수분함량은 몇 %인가?

① 30%   ② 33%   ③ 36%   ④ 39%

  평균 수분함량(%) = $\dfrac{30\times 0.7 + 50\times 0.2 + 20\times 0.1}{30+50+20}\times 100 = 33(\%)$

20 수분함량이 20%인 쓰레기를 건조시켜 5%가 되도록 하려면 쓰레기 1톤당 증발시켜야 할 수분의 양은?(단, 쓰레기 비중은 1.0)

① 126.1kg   ② 132.3kg
③ 157.9kg   ④ 184.7kg

  $V_1(100-W_1) = V_2(100-W_2)$
$1{,}000(100-20) = V_2(100-5)$ $V_2 = 842.1(kg)$
∴ 증발시켜야 할 수분량 = $1{,}000 - 842.1 = 157.9(kg)$

21 함수율이 20%인 폐기물을 건조시켜 함수율이 2.3%가 되도록 하려면 폐기물 1,000kg당 증발시켜야 할 수분의 양은?(단, 폐기물 비중은 1.0)

① 약 127kg   ② 약 158kg   ③ 약 181kg   ④ 약 192kg

  $V_1(100-W_1) = V_2(100-W_2)$
$1{,}000(100-20) = V_2(100-2.3)$ $V_2 = 818.83(kg)$
∴ 증발시켜야 할 수분량 = $1{,}000 - 818.33 = 181.17(kg)$

정답 18 ③ 19 ② 20 ③ 21 ③

22 수분함량이 25%(w/w)인 쓰레기를 건조시켜 수분함량이 10%(w/w)인 쓰레기로 만들려면 쓰레기 1톤당 약 얼마의 수분을 증발시켜야 하는가?

① 약 46kg ② 약 83kg ③ 약 167kg ④ 약 250kg

$V_1(100-W_1) = V_2(100-W_2)$
$1,000(100-25) = V_2(100-10)$ $V_2 = 833.33(kg)$
∴ 증발시켜야 할 수분량 $= 1,000 - 833.33 = 166.67(kg)$

23 수분함량이 10%인 쓰레기를 건조시켜 수분함량을 5%로 하기 위해 쓰레기 1톤당 증발시켜야 하는 수분의 양은?(단, 쓰레기 비중은 1.0)

① 10.0kg ② 41.4kg ③ 52.6kg ④ 100kg

$V_1(100-W_1) = V_2(100-W_2)$
$1,000(100-10) = V_2(100-5)$ $V_2 = 947.36(kg)$
∴ 증발시켜야 할 수분량 $= 1,000 - 947.36 = 52.64(kg)$

24 수분함량이 25%인 쓰레기를 건조시켜 수분함량이 5%인 쓰레기가 되도록 하려면 쓰레기 1톤당 증발시켜야 하는 수분량은 약 얼마인가?(단, 쓰레기 비중은 1.0)

① 40kg ② 129kg ③ 175kg ④ 210kg

$V_1(100-W_1) = V_2(100-W_2)$
$1,000(100-25) = V_2(100-5)$ $V_2 = 789.47(kg)$
∴ 증발시켜야 할 수분량 $= 1,000 - 789.47 = 210.53(kg)$

25 고형물 함량이 3wt%인 액상 폐기물 100kg을 고형물 함량 20wt%로 농축시켰을 때 제거된 수분의 양은?

① 65kg ② 75kg ③ 85kg ④ 95kg

$V_1(100-W_1) = V_2(100-W_2)$
$100(3) = V_2(20)$ $V_2 = 15(kg)$
∴ 제거된 수분량 $= 100 - 15 = 85(kg)$
[참고] 100 − 수분량 = 고형물 함량

정답 22 ③ 23 ③ 24 ④ 25 ③

26 85%의 함수율을 갖고 있는 쓰레기를 건조시켜 함수율이 25%가 되었다면 쓰레기 1톤에 대하여 증발한 수분의 양은?(단, 비중은 모두 1.0)

① 600kg ② 700kg ③ 800kg ④ 900kg

$V_1(100-W_1) = V_2(100-W_2)$
$1,000(100-85) = V_2(100-25)$ $V_2 = 200(kg)$
∴ 증발한 수분량 = $1,000 - 200 = 800(kg)$

27 함수율이 40%(w/w)인 폐기물을 건조시켜 함수율 20%(w/w)로 하였다면 중량은 어떻게 변화되는가?(단, 비중은 모두 1.0 기준)

① 원래의 1/4로 된다.   ② 원래의 1/2로 된다.
③ 원래의 3/4로 된다.   ④ 원래의 5/6로 된다.

$V_1(100-W_1) = V_2(100-W_2)$
$V_1(100-40) = V_2(100-20)$
$V_2 = \dfrac{3}{4}V_1$

28 함수율이 60%인 폐기물 1,000kg을 건조시켜 함수율을 25%로 하였을 때 건조 후의 폐기물 중량은?(단, 건조 전후의 기타 특성변화는 고려하지 않음)

① 약 0.47ton ② 약 0.53ton ③ 약 0.67ton ④ 약 0.78ton

$V_1(100-W_1) = V_2(100-W_2)$
$1,000(100-60) = V_2(100-25)$
$V_2 = 533.33(kg) = 0.53(ton)$

29 함수율이 97%인 슬러지 3,850m³를 농축하여 함수율 94%로 낮추었을 때 슬러지의 부피는? (단, 슬러지 비중은 1.0)

① 1,800m³ ② 1,925m³ ③ 2,200m³ ④ 2,400m³

$V_1(100-W_1) = V_2(100-W_2)$
$3,850(100-97) = V_2(100-94)$
$V_2 = 1,925(m^3)$

정답 26 ③ 27 ③ 28 ② 29 ②

30 5,000,000명이 거주하는 도시에서 1주일 동안 100,000m³의 쓰레기를 수거하였다. 쓰레기의 밀도가 0.4ton/m³이면 1인 1일 쓰레기 발생량은?

① 0.8kg/인·일
② 1.14kg/인·일
③ 2.14kg/인·일
④ 8kg/인·일

$$X(kg/인·일) = \frac{400kg}{m^3} \left| \frac{100,000m^3}{1주} \right| \frac{1주}{7일} \left| \frac{1}{5,000,000인} \right. = 1.14(kg/인·일)$$

31 500,000명이 거주하는 지역에서 1주일 동안 10,780m³의 쓰레기를 수거하였다. 쓰레기 밀도가 0.5ton/m³이면 1인 1일 쓰레기 발생량은?

① 1.29kg/인·일
② 1.54kg/인·일
③ 1.82kg/인·일
④ 1.91kg/인·일

$$X(kg/인·일) = \frac{500kg}{m^3} \left| \frac{10,780m^3}{1주} \right| \frac{1주}{7일} \left| \frac{1}{500,000인} \right. = 1.54(kg/인·일)$$

32 인구 750명인 마을에서 적재함의 부피가 5m³인 차량으로 7일 동안 쓰레기를 4회 수거하였다. 적재 시의 쓰레기 밀도가 0.5t/m³이면, 이 마을의 1인 1일 쓰레기 발생량은?

① 1.2kg/인·일
② 1.9kg/인·일
③ 2.2kg/인·일
④ 2.5kg/인·일

$$X(kg/인·일) = \frac{500kg}{m^3} \left| \frac{5m^3}{7일} \right| \frac{4회}{750인} = 1.9(kg/인·일)$$

33 인구 2,650,000명인 도시에서 1,154,000ton/year의 쓰레기가 발생하였다. 이 도시의 1인당 1일 쓰레기 발생량은?

① 0.98kg/인·일
② 1.19kg/인·일
③ 1.51kg/인·일
④ 2.14kg/인·일

$$X(kg/인·일) = \frac{1,154,000ton}{year} \left| \frac{1}{2,650,000인} \right| \frac{10^3 kg}{1ton} \left| \frac{1year}{365일} \right. = 1.19(kg/인·일)$$

정답 30 ② 31 ② 32 ② 33 ②

34 인구 18만 명인 도시에서 1일 1명당 2.5kg의 원단위로 폐기물이 발생된 경우 그 발생량은? (단, 폐기물 밀도는 500kg/m³이다.)

① 180m³/day ② 360m³/day ③ 720m³/day ④ 900m³/day

$$X(m^3/day) = \frac{2.5kg}{인 \cdot 일} \left| \frac{m^3}{500kg} \right| 180,000인 = 900(m^3/day)$$

35 인구가 20,000명인 지역에서 일주일 동안 수거한 쓰레기량은 1,500m³이다. 1인 1일 쓰레기 발생량은?(단, 쓰레기 밀도는 0.5ton/m³이다.)

① 3.50kg/인·일 ② 4.45kg/인·일 ③ 5.36kg/인·일 ④ 6.43kg/인·일

$$X(kg/인 \cdot 일) = \frac{500kg}{m^3} \left| \frac{1,500m^3}{7일} \right| \frac{1}{20,000인} = 5.357(kg/인 \cdot 일)$$

36 인구 100,000명이 거주하고 있는 도시에 1인 1일당 쓰레기 발생량이 평균 1kg이다. 적재용량이 4.5톤인 트럭을 이용하여 하루에 수거를 마치려면 최소 몇 대가 필요한가?

① 12대 ② 20대 ③ 23대 ④ 32대

$$X(대) = \frac{1kg}{인 \cdot 일} \left| 100,000인 \right| \frac{대}{4,500kg} = 23(대)$$

37 쓰레기의 양이 4,000m³이며, 밀도는 1.2ton/m³이다. 적재용량이 8ton인 차량으로 운반한다면 몇 대의 차량이 필요한가?

① 120대 ② 400대 ③ 500대 ④ 600대

 $$X(대) = \frac{1,200kg}{m^3} \left| \frac{4,000m^3}{} \right| \frac{대}{8,000kg} = 600(대)$$

38 인구 100,000명인 도시에서 발생하는 쓰레기를 적재용량이 15m³인 트럭 20대를 이용하여 매일 수거한다. 수거된 쓰레기의 평균 밀도가 350kg/m³이라면, 1인당 1일 배출하는 양은? (단, 트럭은 1회 운행기준)

① 0.98kg/인·일 ② 1.05kg/인·일 ③ 1.13kg/인·일 ④ 1.21kg/인·일

정답 34 ④ 35 ③ 36 ③ 37 ④ 38 ②

$$X(kg/인 \cdot 일) = \frac{350kg}{m^3} \left| \frac{15m^3}{대} \right| \frac{20대}{일} \left| \frac{1}{100,000인} \right. = 1.05(kg/인 \cdot 일)$$

39 밀도 0.9톤/m³, 부피 1,000m³의 쓰레기를 적재유효용량이 13톤인 차량으로 동시에 운반하고자 한다면 몇 대의 차량이 필요한가?

① 68대　　　② 70대　　　③ 72대　　　④ 75대

$$X(대) = \frac{900kg}{m^3} \left| \frac{1,000m^3}{} \right| \frac{대}{13,000kg} = 69.23 = 70(대)$$

40 인구 100,000명의 중소도시에서 발생되는 총 쓰레기의 양이 200m³/day(밀도 750kg/m³)이다. 적재용량 5ton인 트럭으로 운반할 경우 1일 소요되는 트럭 대수는?(단, 트럭은 1일 1회 운행)

① 12대　　　② 18대　　　③ 24대　　　④ 30대

$$X(대/일) = \frac{750kg}{m^3} \left| \frac{200m^3}{day} \right| \frac{대}{5,000kg} = 30(대/일)$$

41 듀롱 공식을 적용하여 슬러지의 건조무게당 발열량을 구하는 방법은?

① 원소분석법　　② 근사치분석법　　③ 열량계법　　④ 열분해법

42 쓰레기의 저위발열량을 측정하는 방법으로 알맞지 않은 것은?

① 추정식에 의한 방법　　　② 단열열량계에 의한 방법
③ 흡착식에 의한 방법　　　④ 원소분석에 의한 방법

43 통상적으로 소각로의 설계기준이 되는 진발열량을 의미하는 것은?

① 고위발열량　　　　　　　　　② 저위발열량
③ 고위발열량과 저위발열량의 기하평균　　④ 고위발열량과 저위발열량의 산술평균

고위발열량은 총 발열량, 저위발열량은 진발열량이라 한다.

 39 ② 40 ④ 41 ① 42 ③ 43 ②

44 폐기물의 저위발열량(LHV)을 구하는 식으로 옳은 것은?(단, HHV : 폐기물의 고위발열량(kcal/kg), H : 폐기물의 원소분석에 의한 수소 조성비(kg/kg), W : 폐기물의 수분함량(kg/kg), 600 : 수증기 1kg의 응축열(kcal))

① LHV=HHV−600W
② LHV=HHV−600(H+W)
③ LHV=HHV−600(9H+W)
④ LHV=HHV+600(9H+W)

45 소각로를 설계할 때 가장 기본이 되는 폐기물 발열량인 고위발열량(HHV)과 저위발열량(LHV)과의 관계로 옳은 것은?(단, 발열량의 단위는 kcal/kg, W는 수분함량 %이며, 수소함량은 무시한다.)

① LHV=HHV+6W
② LHV=HHV−6W
③ HHV=LHV+9W
④ HHV=LHV−9W

46 다음 중 폐기물의 발열량을 측정하기 위한 주 실험장비는?

① Bomb Calorimeter
② pH−Tester
③ Jar−Tester
④ Gas Chromatography

47 A도시 쓰레기의 조성이 탄소 55%, 수소 10%, 산소 30%, 질소 3%, 황 1%, 회분 1%일 때, 고위발열량(kcal/kg)은?(단, HHV(kcal/kg) = 81C + 342.5(H − 0/8) + 22.5S이다.)

① 약 4,518
② 약 5,318
③ 약 6,118
④ 약 6,618

HHV(kcal/kg) = 81C + 342.5(H − 0/8) + 22.5S
= 81×55 + 342.5(10 − 30/8) + 22.5×1 = 6618.125(kcal/kg)

48 도시 쓰레기의 조성을 분석하였더니 탄소 30%, 수소 10%, 산소 45%, 질소 5%, 황 0.5%, 회분 9.5%일 때 듀롱(Dulong) 식을 이용한 고위발열량은?

① 약 2,450kcal/kg
② 약 3,940kcal/kg
③ 약 4,440kcal/kg
④ 약 5,360kcal/kg

HHV(kcal/kg) = 81C + 342.5(H − 0/8) + 22.5S
= 81×30 + 342.5(10 − 45/8) + 22.5×0.5 = 3939.68(kcal/kg)

정답 44 ③ 45 ② 46 ① 47 ④ 48 ②

49 어느 도시 쓰레기의 조성이 탄소 50%, 수소 5%, 산소 39%, 질소 3%, 황 0.5%, 회분 2.5%일 때 고위발열량은?(단, 듀롱의 식 이용)

① 약 3,900kcal/kg
② 약 4,100kcal/kg
③ 약 5,700kcal/kg
④ 약 7,440kcal/kg

> 풀이 $HHV(kcal/kg) = 81C + 342.5(H - O/8) + 22.5S$
> $= 81 \times 50 + 342.5(5 - 39/8) + 22.5 \times 0.5 = 4104.06(kcal/kg)$

50 쓰레기의 고위발열량이 11,000kcal/kg, 수소 조성비가 13%, 수분함량이 5%일 때 저위발열량은?

① 약 9,900kcal/kg
② 약 10,300kcal/kg
③ 약 10,500kcal/kg
④ 약 10,700kcal/kg

> 풀이 $Hl = Hh - 600(9H + W)$
> $= 11,000 - 600(9 \times 0.13 + 0.05) = 10,268(kcal/kg)$

51 중량비로 수소가 15%, 수분이 1%인 연료의 고위발열량이 9,500kcal/kg일 때 저위발열량은?

① 8,684kcal/kg
② 8,968kcal/kg
③ 9,271kcal/kg
④ 9,554kcal/kg

> 풀이 $Hl = Hh - 600(9H + W)$
> $= 9,500 - 600(9 \times 0.15 + 0.01) = 8,684(kcal/kg)$

52 밀도가 350kg/m³인 폐기물의 가연 성분이 무게비로 35%였다. 이 폐기물 6m³ 중에 포함되어 있는 가연성 물질의 양은?

① 735kg
② 1,175kg
③ 1,225kg
④ 1,317kg

> 풀이 $X(kg) = \dfrac{350kg}{m^3} \left| \dfrac{35}{100} \right| \dfrac{6m^3}{} = 735(kg)$

정답 49 ② 50 ② 51 ① 52 ①

CHAPTER 02 폐기물의 수거·운반

1 수거노선 선정요령

① 지형이 언덕인 경우는 내려가면서 수거한다.
② 반복운행 또는 U자 회전을 피하여 수거한다.
③ 출발점은 차고와 가까운 곳으로 한다(출발점은 차고와 가깝게 하고 수거된 마지막 컨테이너가 처분지의 가장 가까이에 위치하도록 배치).
④ 시계방향으로 수거노선을 정한다.
⑤ 아주 많은 양의 쓰레기가 발생되는 발생원은 하루 중 가장 먼저 수거한다.
⑥ 적은 양의 쓰레기가 발생하나 동일한 수거빈도를 받기를 원하는 수거지점은 가능한 같은 날 왕복 내에서 수거한다.
⑦ 가능한 한 지형지물 및 도로 경계와 같은 장벽을 이용하여 간선도로 부근에서 시작하고 끝나도록 배치한다.
⑧ 수거지점과 수거빈도를 정하는 데 있어서 기존정책이나 규정을 참고한다.
⑨ 수거인원 및 차량형식이 같은 기존 시스템의 조건들을 서로 관련시킨다.

2 수거방법

(1) 문전수거

① 수거인부가 방문하여 수거
② 2.3MHT, 수거효율이 가장 낮음

(2) 타종수거

0.84MHT, 수거 효율이 가장 높음

(3) 대형 쓰레기통 수거

3 MHT

쓰레기 1ton을 수거하는 데 인부 1인이 소요하는 총 시간

$$\text{MHT} = \frac{\text{총 작업시간}}{\text{총 수거량}} = \frac{\text{Man}(人) \times t_h(\text{h/day}) \times t(\text{day})}{W(\text{ton})}$$

4 폐기물 수송방식

(1) 모노레일 수송

쓰레기를 적환장에서 최종처분장까지 수송하는 데 적용된다.

1) 장점

자동화 · 무인화가 가능하다.

2) 단점

가설이 어렵고 설치비가 높으며 시설 완료 후 경로 변경이 곤란하다.

(2) 컨테이너 수송

광대한 지역에서 적용될 수 있는 방법으로 수집차량이 컨테이너를 철도역거리까지 운반한 후 철도차량에 적재하여 매립지까지 운반한다.

1) 장점

① 악취문제가 해결된다.
② 안정성이 우수하다.

2) 단점

① 수집차의 집중과 청결유지가 가능한 철도의 기지 선정이 어렵다.
② 사용 후 컨테이너의 세정에 많은 물을 사용하므로 폐수처리 문제가 발생한다.

(3) 컨베이어 수송

지하에 설치된 컨베이어로 쓰레기를 수송함으로써 각 가정의 쓰레기를 처분장까지 운반한다.

1) 장점

① 악취문제가 해결된다.
② 경관을 보전할 수 있다.

2) 단점

① 시설비가 고가이다.

② 컨베이어가 마모되므로 정기적인 정비가 필요하다.

(4) 관거(Pipe Line) 수송

1) 공기 수송

공기의 동압에 의해 쓰레기를 수송하는 방식으로 고층주택밀집지역에 적합하다. 쓰레기가 수공관 내에 통과할 때의 소음, 펌프의 배기음, 기계음 등의 소음이 발생하므로 소음방지시설을 설치하여야 한다.

① 진공 수송 : 쓰레기를 받는 쪽에서 흡인하여 수송하는 방식이다.
  ㉠ 진공압력 : $0.5 kg_f/cm^2$
  ㉡ 경제적 수집거리 : 약 2km

② 가압 수송 : 송풍기로 쓰레기를 불어서 수송하는 방식이다.
  ㉠ 진공 수송보다는 수송거리를 더 길게 할 수 있다.
  ㉡ 경제적 수집거리 : 최고 5km

2) 반죽(슬러리, Slurry) 수송

쓰레기를 분쇄하여 반죽 상태로 만든 다음 펌프로 하수도에 흘려보내는 방식이다.

① 장점 : 관의 마모가 적고 동력이 적게 든다.
② 단점 : 쓰레기의 파쇄장비가 필요하며, 폐수처리문제가 발생하고 많은 물이 소요된다.

3) 캡슐 수송

쓰레기를 충전한 캡슐을 수송관 내에 삽입하여 공기, 물의 흐름을 이용하여 수송하는 방식이다. 공기수송에 소요되는 동력보다 적게 소요되며, 수송거리는 수 km~ 수십 km이다.

∥ 관거 또는 파이프 라인(Pipe Line) 수거방법의 장단점 ∥

장점	단점
• 완전자동화 가능하다. • 분진, 소음, 진동, 악취 등의 문제점이 없는 가장 이상적인 수거방식이다. • 교통체증을 유발시키지 않으며, 미관상의 불쾌감을 유발하지 않는다.	• 전처리 공정이 필요하다. • 설비비가 비싸고, 일단 가설된 경우는 변동하기 어렵다. • 잘못 투입된 폐기물을 회수하기가 어렵다. • 장거리를 이송하는 데 부적합하다(2.5km 이내). • 시스템에 대한 고도의 신뢰성이 필요하다. • 쓰레기로 인한 사고(화재, 폭발)에 대비한 예비시스템이 필요하다. • 쓰레기의 발생밀도가 높은 인구밀집지역 및 아파트 지역 등에서 현실성이 있다.

5 적환장의 설계 및 운전요령

(1) 적환장의 필요성

① 처분지가 수집장소로부터 16km 이상 멀리 떨어져 있을 때
② 작은 용량의 수집차량($15m^3$)을 사용할 때
③ 저밀도 거주지역이 존재할 때
④ 반죽(슬러리) 수송이나 공기 수송방식을 사용할 때
⑤ 불법투기와 다량의 쓰레기들이 발생할 때
⑥ 상업지역에서 폐기물 수집에 소형용기를 많이 사용할 때

(2) 적환장 위치

① 수거해야 할 쓰레기 발생지역의 무게중심에 가까운 곳
② 쉽게 간선도로에 연결될 수 있고 2차 보조 수송수단과의 연결이 쉬운 곳
③ 적환장의 운영에 있어서 인근 주민들의 반대가 적고 환경적 영향이 최소인 곳
④ 건설과 운영이 가장 경제적인 곳

(3) 적환장의 형식

소용수송차량에서 대형수송차량으로 적재하는 데 사용하는 방법으로 분류

1) 직접 투하방식

① 소형차에서 대형차로 직접 투하하는 방식이다.
② 건설비와 운영비가 적어 소도시에 적합하다.
③ 주택가와 거리가 먼 교외 지역에 설치 가능한 적환장 방식이다.

2) 저장 투하방식

① 쓰레기를 저장 피트에 저장하여 불도저, 압축기로 적환하는 방식이다.
② 작업순서 : 투입(Load) → 압축(Pack) → 적재(Transfer)
③ 대도시의 대용량 쓰레기처리에 적합하다.
④ 수거차의 대기시간을 단축시킨다.
⑤ 쓰레기 저장 피트는 보통 2~5m의 깊이, 계획 처리량의 0.5~2일분의 쓰레기를 저장할 수 있다.
⑥ 수거차의 대기시간이 없이 빠른 시간 내에 적하를 마치므로 적환 내외의 교통체증현상을 없애주는 효과가 있다.

3) 직접 · 저장 결합방식
　① 부패성 쓰레기는 직접 투입하고, 재활용품이 많은 쓰레기는 별도 투하하여 재활용품을 선별한 뒤 수송차량에 적재하여 매립지로 수송하게 되는 방식이다.
　② 재활용품의 회수율을 증대시키고자 할 때 적합한 방식이다.

(4) 적환장의 문제점
① 작업 시 폐기물 비산으로 위생상 유해
② 도시미관상 불청결
③ 교통상의 장애
④ 인근 주민의 불평호소

적중예상문제

01 폐기물 수거노선을 결정할 때 고려사항으로 거리가 먼 것은?

① 가능한 한 시계방향으로 수거노선을 정한다.
② 출발점은 차고지와 가깝게 한다.
③ 수거인원 및 차량형식이 같은 기존 시스템의 조건들을 서로 관련시킨다.
④ 쓰레기 발생량이 가장 많은 곳을 하루 중 가장 나중에 수거한다.

 쓰레기 발생량이 가장 많은 곳을 하루 중 가장 먼저 수거한다.

02 쓰레기 수거노선을 설정할 때의 유의사항으로 가장 거리가 먼 것은?

① 가능한 한 간선도로 부근에서 시작하고 끝나도록 한다.
② 언덕길은 내려가면서 수거한다.
③ 발생량이 많은 곳은 하루 중 가장 먼저 수거한다.
④ 가능한 한 시계반대방향으로 수거노선을 정한다.

 가능한 한 시계방향으로 수거노선을 정한다.

03 폐기물 수거 노선을 결정할 때 유의해야 할 사항으로 가장 거리가 먼 것은?

① 교통량이 적은 새벽에 수거한다.
② 언덕지역은 아래로 내려가면서 수거한다.
③ 발생량이 적은 곳은 먼저 수거한다.
④ 가능한 한 한 번 간 곳은 다시 가지 않는다.

 발생량이 많은 곳을 먼저 수거한다.

04 쓰레기 수거노선을 결정할 때 고려사항으로 틀린 것은?

① U자형 회전을 피하여 수거한다.
② 가능한 한 시계방향으로 수거노선을 정한다.
③ 아주 많은 양의 쓰레기가 발생되는 발생원은 하루 중 가장 나중에 수거한다.
④ 적은 양의 쓰레기가 발생하나 동일한 수거빈도를 원하는 수거지점은 가능한 한 같은 날 왕복 내에서 수거하도록 한다.

정답 01 ④ 02 ④ 03 ③ 04 ③

아주 많은 양의 쓰레기가 발생되는 발생원은 하루 중 가장 먼저 수거한다.

05 도시에서 생활쓰레기를 수거할 때 고려할 사항으로 가장 거리가 먼 것은?
① 처음 수거지역은 차고지에서 가깝게 설정한다.
② U자형 회전을 피하여 수거한다.
③ 교통이 혼잡한 지역은 출·퇴근 시간을 피하여 수거한다.
④ 쓰레기가 적게 발생하는 지점은 하루 중 가장 먼저 수거하도록 한다.

 쓰레기가 가장 많이 발생하는 지점은 하루 중 가장 먼저 수거하도록 한다.

06 관거(Pipe-Line)를 이용한 폐기물 수거방법에 관한 설명으로 가장 거리가 먼 것은?
① 폐기물 발생빈도가 높은 곳이 경제적이다.
② 가설 후에 경로변경이 곤란하다.
③ 25km 이상의 장거리 수송에 현실성이 있다.
④ 큰 폐기물은 파쇄, 압축 등의 전처리를 해야 한다.

 관거(Pipe-Line)를 이용한 폐기물 수거방법은 장거리를 이송하는 데 부적합하다(2.5km 이내).

07 관거(Pipe-line) 수거에 관한 설명으로 틀린 것은?
① 자동화·무공해화가 가능하다.
② 가설 후에 경로 변경이 곤란하고 설치비가 높다.
③ 잘못 투입된 물건의 회수가 용이하다.
④ 큰 쓰레기는 파쇄, 압축 등의 전처리를 해야 한다.

 잘못 투입된 폐기물을 회수하기가 어렵다.

08 새로운 폐기물 수집·운송 수단인 파이프라인 수송의 단점이 아닌 것은?
① 잘못 투입된 물건의 회수 곤란
② 조대폐기물은 파쇄, 압축 등의 전처리 필요
③ 장거리 수송의 곤란
④ 폐기물 발생 밀도가 높은 곳은 사용 불가능

정답 05 ④ 06 ③ 07 ③ 08 ④

09 쓰레기 수송방법 중 자동화·무공해화가 가능하고 눈에 띄지 않는다는 장점을 가지고 있으며 공기 수송, 반죽 수송, 캡슐 수송 등의 방법으로 쓰레기를 수거하는 방법은?

① 모노레일 수거　　　　　　　② 관거 수거
③ 컨베이어 수거　　　　　　　④ 컨테이너 철도수거

10 폐기물의 발생원에서 처리장까지의 거리가 먼 경우 중간 지점에 설치하여 운반비용을 절감시키는 역할을 하는 것은?

① 적환장　　② 소화조　　③ 살포장　　④ 매립지

11 다음 중 적환장의 위치로 적당하지 않은 곳은?

① 쉽게 간선도로에 연결될 수 있고 2차 보조 수송수단에의 연결이 쉬운 곳
② 수거해야 할 쓰레기 발생지역의 무게중심으로부터 먼 곳
③ 공중의 반대가 적고 환경적 영향이 최소인 곳
④ 건설과 운용이 가장 경제적인 곳

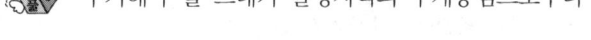 수거해야 할 쓰레기 발생지역의 무게중심으로부터 가까운 곳

12 다음 중 적환장이 필요한 경우와 거리가 먼 것은?

① 수집 장소와 처분 장소가 비교적 먼 경우
② 작은 용량의 수집 차량을 사용할 경우
③ 작은 규모의 주택들이 밀집되어 있는 경우
④ 상업지역에서 폐기물 수거에 대형용기를 주로 사용하는 경우

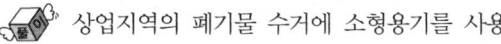 상업지역의 폐기물 수거에 소형용기를 사용할 때

13 다음 중 적환장을 설치할 필요성이 가장 낮은 경우는?

① 공기 수송방식을 사용하는 경우
② 폐기물 수집에 대형 컨테이너를 많이 사용하는 경우
③ 처분장이 원거리에 있어 도중에 불법 투기의 가능성이 있는 경우
④ 처분장이 멀리 떨어져 있어 소형 차량에 의한 수송이 비경제적일 경우

정답　09 ②　10 ①　11 ②　12 ④　13 ②

폐기물 수집에 소형 컨테이너를 많이 사용하는 경우

14 폐기물 수집을 위한 적환장의 설치 이유로 가장 거리가 먼 것은?

① 작은 용량의 수집차량을 이용할 때
② 불법투기가 발생할 때
③ 상업지역의 수거에 대형용기를 사용할 때
④ 처분지가 수집장소로부터 비교적 멀리 떨어져 있을 때

 상업지역의 수거에 소형용기를 사용할 때

15 쓰레기 수거 시 수거작업 간의 노동력을 비교하는 MHT(Man · Hour/Ton)를 옳게 설명한 것은?

① 수거인부 1인이 쓰레기 1톤을 수거하는 데 소요되는 총 시간
② 쓰레기 1톤을 1시간 동안 수거하는 데 소요되는 인부 수
③ 작업자 1인이 1시간 동안 수거할 수 있는 쓰레기의 총량
④ 쓰레기 1톤을 수거하는 데 필요한 인부 수와 수거시간을 더한 값

16 쓰레기 1톤을 수거하는 데 수거인부 1인이 소요하는 총 시간을 뜻하는 용어는?

① MHS
② MHT
③ MTS
④ MTH

17 다음 중 MHT에 대한 설명으로 옳지 않은 것은?

① man · hour/ton을 뜻한다.
② 폐기물의 수거효율을 평가하는 단위로 쓰인다.
③ MHT가 클수록 수거효율이 좋다.
④ 수거작업 간의 노동력을 비교하기 위한 것이다.

MHT가 작을수록 수거효율이 좋다.

정답 14 ③ 15 ① 16 ② 17 ③

18 쓰레기 수거 시 수거작업 간의 노동력을 비교하기 위하여 사용하는 MHT를 가장 옳게 설명한 것은?

① 작업자 1인이 쓰레기 1톤을 수거하는 데 소요되는 총 시간
② 쓰레기 1톤을 1시간 동안 수거하는 데 필요한 작업자 수
③ 작업자 1인이 1시간 동안 수거할 수 있는 쓰레기 총량
④ 쓰레기 1톤을 1시간 동안 수거할 때 총 수거효율

19 폐기물 수거 효율을 결정하고 수거작업 간의 노동력을 비교하기 위한 단위로 옳은 것은?

① ton/man · hour
② man · hour/ton
③ ton · man/hour
④ hour/ton · man

20 1,792,500ton/year의 쓰레기를 2,725명의 인부가 수거하고 있다면 수거인부의 수거능력(MHT)은?(단, 수거인부의 1일 작업시간은 8시간, 1년 작업일수는 310일이다.)

① 2.16 ② 2.95 ③ 3.24 ④ 3.77

$$\text{MHT} = \frac{2{,}725\text{인}}{1{,}792{,}500\text{ton}} \left| \frac{\text{year}}{1\text{년}} \right| \frac{310\text{일}}{1\text{년}} \left| \frac{8\text{hr}}{1\text{일}} \right. = 3.77$$

21 4,000,000ton/year의 쓰레기를 하루에 6,667명의 인부가 수거하고 있다면 수거능력(MHT)은?(단, 수거인부의 1일 작업시간은 8시간, 1년 작업일수는 300일이다.)

① 3 ② 4 ③ 5 ④ 6

$$\text{MHT} = \frac{6{,}667\text{인}}{4{,}000{,}000\text{ton}} \left| \frac{\text{year}}{1\text{년}} \right| \frac{300\text{일}}{1\text{년}} \left| \frac{8\text{hr}}{1\text{일}} \right. = 4$$

22 A지역의 쓰레기 수거량은 연간 3,500,000톤이다. 이 쓰레기를 5,000명이 수거한다면 수거능력은 얼마인가?(단, 수거인부의 1일 작업시간은 8시간, 1년 작업일수는 300일이다.)

① 2.34MHT ② 3.43MHT ③ 3.87MHT ④ 4.21MHT

$$\text{MHT} = \frac{5{,}000\text{인}}{3{,}500{,}000\text{ton}} \left| \frac{\text{year}}{1\text{년}} \right| \frac{300\text{일}}{1\text{년}} \left| \frac{8\text{hr}}{1\text{일}} \right. = 3.43$$

정답 18 ① 19 ② 20 ④ 21 ② 22 ②

23 A도시의 1년간 쓰레기 수거량은 3,400,000톤이다. 이 쓰레기를 5,500명이 하루 8시간씩 수거하였다면 수거능력(MHT)은?(단, 1년간 작업일수는 310일이다.)

① 4.01man · hr/ton
② 3.37man · hr/ton
③ 2.72man · hr/ton
④ 2.15man · hr/ton

풀이 $\text{MHT} = \dfrac{5,500인}{3,400,000\text{ton}} \left| \dfrac{\text{year}}{1년} \right| \dfrac{310일}{1년} \left| \dfrac{8\text{hr}}{1일} \right. = 4.01$

24 A도시 지역의 쓰레기 수거량은 4,500,000ton/년이다. 이 쓰레기를 6,000명의 인부가 수거한다면 수거능력은?(단, 1일 작업시간은 8시간, 1년 작업일수는 300일이다.)

① 2.8MHT
② 3.0MHT
③ 3.2MHT
④ 3.8MHT

풀이 $\text{MHT} = \dfrac{6,000인}{4,500,000\text{ton}} \left| \dfrac{\text{year}}{1년} \right| \dfrac{300일}{1년} \left| \dfrac{8\text{hr}}{1일} \right. = 3.2$

정답 23 ① 24 ③

CHAPTER 03 압축 · 파쇄 · 선별 · 탈수

1 압축

(1) 압축의 목적 및 효과

1) 목적

폐기물을 기계적으로 압축하여 덩어리(Baling)로 만들어 부피를 감소시키는 것이 주목적이다.

2) 효과

① 부피 감소(1/10), 무게 감소
② 밀도 증가, 운송비 절감, 날림 방지
③ 유효 매립면적 증대, 복토 소요량 감소

(2) 압축비(CR)

$$CR = \frac{V_1}{V_2} = \frac{\text{압축 전 부피}}{\text{압축 후 부피}} = \frac{100}{(100-VR)}$$

1) 부피감소율(VR)

$$VR(\%) = \frac{\text{감소되는 부피}}{\text{초기 부피}} \times 100$$

$$= \left(\frac{V_1 - V_2}{V_1}\right) \times 100 = \left(1 - \frac{V_2}{V_1}\right) \times 100$$

$$= \left(1 - \frac{1}{CR}\right) \times 100$$

2 파쇄

(1) 파쇄 메커니즘
① 압축작용
② 절단(전단)작용
③ 충격작용

(2) 입자크기 분포
① 평균입자크기(중위경) : 입자의 무게기준으로 50%가 통과할 수 있는 체눈의 크기
② 특성입자크기 : 입자의 무게기준으로 63.2%가 통과할 수 있는 체눈의 크기

(3) 파쇄목적
① 입자크기의 균일화
② 겉보기 비중의 증가
③ 비표면적 증가
④ 특정성분의 분리
⑤ 소각 시 연소 촉진
⑥ 유가물질의 분리

(4) 종류

1) 전단파쇄기(Shear Shredder)

① 파쇄원리 : 고정날과 가동날 사이에 폐기물을 투입하여 절단한다.
② 대상 폐기물 : 목질계, 지질계, 고무, 폐타이어, 플라스틱 등, 대형 가연성 쓰레기의 파쇄에 적당하다.
③ 특징
　㉠ 소각로 전처리에 많이 이용된다.
　㉡ 처리용량이 작아 대량, 연속파쇄에 부적합하다.
　㉢ 이물질에 대한 대응성이 약하다.
　㉣ 투입구가 커서 트럭에서 직접 투입할 수 있다.
　㉤ 분진, 소음, 진동이 적다.
　㉥ 폭발위험이 거의 없다.
　㉦ 충격파쇄기에 비해 파쇄속도가 느리다.

2) 충격파쇄기

① 파쇄 원리 : 투입된 폐기물은 중심축의 주위를 고속회전하고 있는 회전 해머의 충격에 의해 파쇄한다. 도시폐기물 파쇄 시 소요동력은 15kW·h/ton이며, 대부분 회전식이다. 대표적인 충격파쇄기로 해머밀(Hammer mill)이 있다.

② 대상 폐기물 : 와륵계, 유리계, 건조 목질계 등의 파쇄에 효과적이다.(고무류, 폐타이어 파쇄에는 부적합)

③ 특징
  ㉠ 소각로 전처리(목질계)에 많이 이용된다.
  ㉡ 대량 처리가 가능하다.
  ㉢ 이물질에 대한 대응성이 강하다.
  ㉣ 연성이 있는 물질에는 부적합하다.
  ㉤ 분진, 소음, 진동 등의 문제가 발생한다.
  ㉥ 폭발위험이 있으므로 대책 강구가 요구된다.

3) 조합파쇄기

① 파쇄 원리 : 회전식 해머에 전단 칼날을 장착하여 폐기물을 충격파쇄/전단한다.
② 대상 폐기물 : 거의 모든 폐기물에 적용 가능하며, 혼합 폐기물 파쇄에 효과적이다.

③ 특징
  ㉠ 대량 처리가 가능하다.
  ㉡ 대형 폐기물도 쉽게 처리 가능하다.
  ㉢ 자동차용 고무타이어도 쉽게 파쇄된다.

4) 압축파쇄기

① 파쇄 원리 : 불도저의 캐터 필터와 같은 것을 이용하여 폐기물을 압축파쇄한다.
② 대상 폐기물 : 대형 쓰레기의 예비처리에 적합하며, 폐콘크리트, 와륵계, 유리계 등의 파쇄에 효과적이다.

③ 특징
  ㉠ 대형 쓰레기의 예비처리에 적당하다.
  ㉡ 깨지기 쉬운 폐기물에 적합하다(유리 등).
  ㉢ 기타 폐기물은 압축 효과만 있다.
  ㉣ 압축파쇄기는 파쇄기의 마모가 적고 비용이 적게 소요된다.

5) 습식파쇄기

① **습식펄퍼(Wet Pulper)** : 절단 로터(rotor)가 달린 믹서(Mixer)를 이용하여 종이나 주방쓰레기를 다량의 물과 격회류시켜 파쇄하고 슬러리 상태로 만든 후 분리한다. 소음, 분진, 폭발사고를 방지할 수 있다.

② **회전드럼식(Rotary Drum)** : 수분을 가하여 회전시켜 폐기물을 서로 부딪히게 하여 파쇄한다.

③ **펄버라이저(Pulverizer)** : 폐기물을 물과 섞어 잘게 부순 뒤 물과 분리하여 용적을 감소시키는 파쇄장치이다.
  ㉠ 섬유물질을 회수하는 데 이용된다.
  ㉡ 폭발, 화재 위험성이 없다.
  ㉢ 악취가 발생하지 않고 위생적이다.
  ㉣ 폐수처리시설이 필요하다.

6) 냉동저온파쇄기(냉각파쇄기)

① **파쇄원리** : 상온에서 파쇄하기 어려운 물질(타이어 등)의 파쇄가 가능하며, 냉매(Dry ice, 액체 질소)를 이용하여 -120℃ 범위까지 냉각시켜 파쇄시킨다.

② **대상 폐기물**
  ㉠ 금속이 들어 있는 자동차용 폐타이어 파쇄에 적당하다.
  ㉡ 전선피복, 모터 등의 후육 금속 파쇄에 적당하다.

③ **특징**
  ㉠ 파쇄제품의 형상이 고르며, 폭발, 유독성이 문제되지 않는다.
  ㉡ 파쇄된 폐기물의 재질별 크기가 균일하다.
  ㉢ 재질별 성능이 우수하다.
  ㉣ 액체질소 등의 냉각제에 소요되는 비용이 많다.
  ㉤ 오스테나이트계 스테인리스(Stainless)가 기계적 특성, 우수한 내식성 등의 장점이 있어 많이 사용된다.
  ㉥ 소음진동을 줄일 수 있으나 투자비가 커 특수용도로 주로 활용된다.
  ㉦ 복합재질의 선택 파쇄가 가능하며 입도를 작게 할 수 있다.
  ㉧ 파쇄에 소요되는 동력이 적다.
  ㉨ 상온에서 파쇄하기 어려운 물질의 파쇄가 가능하다.

3 선별

(1) 수선별(손선별, Hand Separation)

① 사람이 직접 손으로 분류한다.
② 정확도가 높고, 파쇄 공정 전 폭발 가능성이 있는 위험 물질을 분리한다.
③ 사람이 작업환경에 직접적으로 노출되어 먼지, 악취에 쉽게 노출되고, 부상의 염려가 있으며 기계선별보다 작업량이 떨어진다.
④ 9m/min 이하의 속도로 이동하는 컨베이어 한쪽 또는 양쪽에 사람이 서서 선별한다.
⑤ 벨트폭은 한쪽에서만 작업할 경우는 60cm, 양쪽 작업 시에는 90~120cm로 한다.
⑥ 작업효율은 0.5ton/인 · hr이다.

(2) 스크린선별(체선별)

주로 큰 폐기물로부터 후속처리 장치를 보호하거나 재료회수를 위해 많이 사용한다.

(3) 자력선별(Magnetic Separation)

영구자석의 자장을 이용하여 철성분을 제거, 또는 회수할 경우에 사용한다.

(4) 공기선별(Air Separation)

폐기물 내의 가벼운 물질인 종이나 플라스틱류 등 무거운 물질로부터 선별한다.

(5) 광학분리(Optical Separation)

물질이 가진 광학적 특성의 차를 이용하여 분리한다.(예 돌, 코르크 등의 불투명한 물질과 유리와 같은 투명한 물질의 분리)

4 탈수

(1) 시료 중 수분의 함유 형태

1) 수분의 함유 형태

① 간극수(Cavernous Water) : 큰 고형물입자 간극에 존재하는 수분으로, 가장 많은 양을 차지하며, 고형물질과 직접 결합해 있지 않기 때문에 농축 등의 방법으로 용이하게 분리 가능한 수분이다.

② (틈새)모관결합수(Capillary Water) : 미세한 슬러지 고형물 입자 사이의 얇은 틈에 존재하는 수분으로 모세관 현상을 일으켜서 모세관압으로 결합되어 있는 수분이다. 모세관 표면장력의 전체의 힘과 반대로 작용하는 동일 힘을 가하면 제거가 가능하다.

즉, 원심력, 진공압 등 기계적 압착으로 분리시킨다.

③ **부착수(Adhesion Water)** : 콜로이드상 입자의 결합수나 생물학적 처리로 생기는 미세 슬러지에 부착되어 있는 수분이다.

④ **내부수** : 내부수란 세포액으로 이루어진 내부 수분으로, 세포막을 파괴해야만 제거가 가능하므로 제거가 쉽지 않다. 단, 호기성/염기성 분해, 고온가열, 냉동조작으로 가하면 내부수를 외부수로 바꿀 수 있다.

> **참고정리**
>
> ① 탈수성이 가장 양호한 것
>   (틈새)모관결합수 > 간극모관결합수 > 쐐기상모관결합수 > 표면부착수 > 내부수
> ② 고형질과의 결합이 가장 강한 것 : 내부수 > 표면부착수
> ③ 함수율이 가장 높은 것 : 간극 모관결합수(≒67%) > 모관결합수 > 표면부착수 > 내부수
> ④ 함수율이 가장 낮은 것 : 내부수(≒9%)

2) 함수율과 슬러지의 밀도변화

$$\frac{슬러지양(SL)}{밀도(\rho_{SL})} = \frac{고형물량(TS)}{밀도(\rho_{TS})} + \frac{수분량(W)}{밀도(\rho_W)}$$

$$\frac{SL}{\rho_{SL}} = \frac{VS}{\rho_{VS}} + \frac{FS}{\rho_{FS}} + \frac{W}{\rho_W}$$

적중예상문제

01 다음 중 폐기물의 중간처리가 아닌 것은?
① 압축　　② 파쇄　　③ 선별　　④ 매립

 매립은 최종처리이다.

02 쓰레기를 압축하는 목적으로 가장 거리가 먼 것은?
① 저장이 쉽도록 한다.
② 운반비를 줄일 수 있다.
③ 부피를 감소시켜 운반이 쉽도록 한다.
④ 재활용 물질을 분리·선별할 때 쉽도록 한다.

 재활용 물질을 분리·선별할 때 쉽도록 하는 것은 선별에 대한 내용이다.

03 수거된 폐기물을 압축하는 이유로 거리가 먼 것은?
① 저장에 필요한 용적을 줄이기 위해
② 수송 시 부피를 감소시키기 위해
③ 매립지의 수명을 연장시키기 위해
④ 소각장에서 소각 시 원활한 연소를 위해

04 압축기를 사용하여 어떤 쓰레기를 압축시켰더니 처음 부피의 1/4이 되었다. 이때의 압축비는?
① 3/4　　② 4/5　　③ 2　　④ 4

압축비$(CR) = \dfrac{100}{100 - \text{부피감소율}(V_R)} = \dfrac{100}{100 - (100 \times \dfrac{3}{4})} = 4$

05 밀도가 $0.4t/m^3$인 쓰레기를 매립하기 위해 밀도 $0.85t/m^3$으로 압축하였다. 압축비는?
① 약 0.6　　② 약 1.8　　③ 약 2.1　　④ 약 3.3

정답　01 ④　02 ④　03 ④　04 ④　05 ③

$$CR = \frac{V_1}{V_2} = \frac{0.85t/m^3}{0.4t/m^3} = 2.125$$

06 폐기물을 압축시켰을 때 부피감소율이 75%였다면 압축비는?

① 1.5　　　② 2.0　　　③ 2.5　　　④ 4.0

압축비(CR) $= \dfrac{100}{100 - \text{부피감소율}(V_R)} = \dfrac{100}{100 - 75} = 4$

07 쓰레기를 압축시켜 45%의 용적감소율이 있었다면 압축비는?

① 약 1.25　　　② 약 1.54　　　③ 약 1.67　　　④ 약 1.82

압축비(CR) $= \dfrac{100}{100 - \text{부피감소율}(V_R)} = \dfrac{100}{100 - 45} = 1.818$

08 부피가 1,000m³이고 밀도가 400kg/m³인 폐기물을 밀도가 600kg/m³이 되도록 압축시키면 부피는 얼마로 되는가?

① 약 454m³　　　② 약 521m³　　　③ 약 593m³　　　④ 약 667m³

$$CR = \frac{V_1}{V_2} = \frac{600kg/m^3}{400kg/m^3} = 1.5$$

$$X(m^3) = 1,000m^3 \times \frac{1}{1.5} = 666.67(m^3)$$

09 처음 부피가 1,000m³인 폐기물을 압축하여 500m³인 상태로 부피를 감소시켰다면 체적 감소율은?

① 2%　　　② 10%　　　③ 50%　　　④ 100%

$$VR(\%) = \frac{\text{감소되는 부피}}{\text{초기 부피}} \times 100$$
$$= \frac{500m^3}{1,000m^3} \times 100 = 50(\%)$$

정답　06 ④　07 ④　08 ④　09 ③

10 압축 전 폐기물의 밀도가 0.4톤/m³이고, 압축 후에는 0.85톤/m³이었다면 부피감소율은? (단, 압축 전 부피 1 기준)

① 37% ② 41% ③ 47% ④ 53%

$$VR(\%) = \frac{감소되는\ 부피}{초기\ 부피} \times 100$$
$$= \left(\frac{V_1 - V_2}{V_1}\right) \times 100 = \left(1 - \frac{V_2}{V_1}\right) \times 100$$
$$= \left(1 - \frac{0.4 t/m^3}{0.85 t/m^3}\right) \times 100 = 53(\%)$$

11 밀도가 0.5톤/m³인 폐기물을 0.8톤/m³으로 압축하였다면 부피감소율은?

① 23.7% ② 27.5% ③ 33.5% ④ 37.5%

$$VR(\%) = \left(\frac{V_1 - V_2}{V_1}\right) \times 100 = \left(1 - \frac{V_2}{V_1}\right) \times 100$$
$$= \left(1 - \frac{0.5 t/m^3}{0.8 t/m^3}\right) \times 100 = 37.5(\%)$$

12 폐기물을 파쇄시키는 목적으로 적합하지 않은 것은?

① 분리 및 선별을 용이하게 한다.
② 매립 후 빠른 지반침하를 유도한다.
③ 부피를 감소시켜 수송효율을 증대시킨다.
④ 비표면적이 넓어져 소각을 용이하게 한다.

파쇄처리의 목적
㉠ 입자크기의 균일화   ㉡ 겉보기 비중의 증가
㉢ 비표면적 증가   ㉣ 특정 성분의 분리
㉤ 소각 시 연소촉진   ㉥ 유가물질의 분리

13 폐기물처리에서 '파쇄(Shredding)'의 목적과 거리가 먼 것은?

① 부식효과 억제   ② 겉보기 비중의 증가
③ 특정 성분의 분리   ④ 고체물질 간의 균일혼합효과

정답 10 ④ 11 ④ 12 ② 13 ①

14 폐기물을 파쇄시키는 과정에서 발생할 수 있는 문제점과 가장 거리가 먼 것은?

① 먼지 발생 ② 소음 및 진동 발생
③ 폭발 발생 ④ 침출수 발생

15 폐기물의 파쇄작용이 일어나게 되는 힘의 3종류와 가장 거리가 먼 것은?

① 압축력 ② 전단력 ③ 원심력 ④ 충격력

> 파쇄대상물에 작용하는 3가지 힘은 압축력, 전단력, 충격력이다.

16 다음 중 효율적인 파쇄를 위해 파쇄대상물에 작용하는 3가지 힘에 해당되지 않는 것은?

① 충격력 ② 정전력 ③ 전단력 ④ 압축력

17 폐기물 파쇄에 관한 다음 설명 중 가장 거리가 먼 것은?

① 전단식 파쇄기는 고정칼이나 왕복칼 또는 회전칼을 이용하여 폐기물을 절단한다.
② 충격식 파쇄기는 대량 처리가 가능하다.
③ 충격식 파쇄기는 연성이 있는 물질에는 부적합한 편이다.
④ 전단식 파쇄기는 유리나 목질류 등을 파쇄하는 데 이용되며, 해머밀은 대표적인 전단식 파쇄기에 해당한다.

> 해머밀은 대표적인 충격식 파쇄기에 해당한다.

18 폐기물 파쇄 전후의 입자크기와 입자크기 분포를 이해하는 것은 폐기물 특성을 파악하는 데 매우 중요하다. 대표적으로 사용하는 특성입경은 입자의 무게기준으로 몇 %가 통과할 수 있는 체눈의 크기를 말하는가?

① 36.8% ② 50% ③ 63.2% ④ 80.7%

> 특성입경은 입자의 무게기준으로 63.2%가 통과할 수 있는 체눈의 크기를 말한다.

정답 14 ④ 15 ③ 16 ② 17 ④ 18 ③

19 폐기물 파쇄기에 관한 다음 설명 중 틀린 것은?

① 전단파쇄기는 대개 고정칼, 회전칼과의 교합에 의하여 폐기물을 전단한다.
② 전단파쇄기는 충격파쇄기에 비하여 파쇄속도는 느리나, 이물질의 혼입에 대하여는 강하다.
③ 전단파쇄기는 파쇄물의 크기를 고르게 할 수 있다.
④ 전단파쇄기는 주로 목재류, 플라스틱류 및 종이류를 파쇄하는 데 이용된다.

이물질에 대한 대응성이 강한 것은 충격파쇄기의 특징이다.

20 다음 중 고정날과 가동날의 교차에 의해 폐기물을 파쇄하는 것으로 파쇄속도가 느린 편이며, 주로 목재류, 플라스틱 및 종이류 파쇄에 많이 사용되고, 왕복식, 회전식 등이 해당하는 파쇄기의 종류는?

① 냉온파쇄기 ② 전단파쇄기 ③ 충격파쇄기 ④ 압축파쇄기

21 폐기물의 중간처리 공정 중 금속, 유리, 플라스틱 등 재활용 가능한 성분을 분리하기 위한 것은?

① 압축 ② 건조 ③ 선별 ④ 파쇄

22 파쇄하였거나 파쇄하지 않은 폐기물로부터 철분을 회수하기 위해 가장 많이 사용되는 폐기물 선별방법은?

① 공기선별 ② 스크린선별
③ 자석선별 ④ 손선별

23 철과 같이 재활용 가치가 높은 자원을 수거된 폐기물로부터 선별하는 데 적합한 선별방법은?

① 공기선별 ② 자석선별
③ 부상선별 ④ 스크린선별

24 다음 중 광학분류기(Optical Sorter)를 이용하기에 가장 적당한 것은?

① 종이와 플라스틱의 분리 ② 색유리와 일반유리의 분리
③ 딱딱한 물질과 물렁한 물질의 분리 ④ 유기물과 무기물의 분리

정답 19 ② 20 ② 21 ③ 22 ③ 23 ② 24 ②

25 폐기물 선별에 관한 다음 설명 중 옳지 않은 것은?

① 영구자석을 이용한 선별방법은 별다른 동력이 소요되지 않으나 주입되는 폐기물의 양이 적어야 한다.
② 스크린 선별방법은 주로 큰 폐기물로부터 후속 처리 장치를 보호하거나 재료회수를 위해 많이 사용한다.
③ 스크린 선별방식 중 골재분리에는 회전식이, 도시 폐기물선별에는 진동식이 일반적으로 많이 사용된다.
④ 관성 선별방법은 중력이나 탄도학을 이용한 방법이다.

> 스크린 선별방식 중 골재분리에는 진동식이, 도시 폐기물선별에는 회전식이 일반적으로 많이 사용된다.

26 슬러지 내의 수분 중 일반적으로 가장 많은 양을 차지하며 고형물질과 직접 결합해 있지 않기 때문에 농축 등의 방법으로 용이하게 분리할 수 있는 수분은?

① 간극수　　② 모관결합수　　③ 부착수　　④ 내부수

27 슬러지를 구성하는 다음 수분 중 ( ) 안에 가장 알맞은 것은?

( )는 미세한 슬러지 고형물의 입자 사이의 얇은 틈에 존재하는 수분으로 모세관압으로 결합되어 있는 수분이다. 원심력, 진공압 등 기계적 압착으로 분리시킨다.

① 간극수　　② 모관결합수　　③ 부착수　　④ 내부수

28 다음 중 슬러지 건조 시 가장 늦게 증발되는 수분 형태는?

① 간극모관결합수　② 내부수　③ 표면부착수　④ 모관결합수

29 슬러지나 분뇨의 탈수 가능성을 나타내는 것은?

① 균등계수　　② 알칼리도　　③ 여과비저항　　④ 유효경

30 슬러지 내의 수분을 제거하기 위한 탈수 및 건조방법에 해당하지 않는 것은?

① 산화지법
② 슬러지 건조상법
③ 원심분리법
④ 벨트프레스법

 산화지법은 생물학적 폐수처리방법의 일종이다.

31 다음 중 슬러지 탈수방법으로 가장 거리가 먼 것은?

① 원심분리법
② 산화지법
③ 진공여과법
④ 벨트프레스법

 슬러지 탈수방법에는 가압탈수, 벨트프레스, 원심탈수, 필터프레서, 진공여과 등이 있다.

정답 30 ① 31 ②

폐기물의 자원화 · 퇴비화

1 고형화 연료(RDF)

(1) 개요

폐기물 중의 가연성 물질만을 선별하여 함수율, 불순물, 입경 등을 조절하여 연료화시킨 것이다.

(2) RDF의 소각로 채용상의 문제

① 기존의 고체연료 연소시설에 사용이 가능하다.
② 부패되기 쉬운 유기물질이므로 수분함량을 15% 이하로 유지한다.
③ 염소(Cl) 함량이 문제될 시 PVC 함량을 감소한다.
④ 연소 시 부식과 폭발사고의 위험이 따른다.
⑤ NO_x, SO_x는 문제되지 않으나 분진과 냄새가 발생한다.
⑥ 연료공급의 신뢰성이 문제될 수 있다.
⑦ 시설비가 고가이고 숙련된 기술이 필요하다.

(3) RDF의 구비조건

① 칼로리가 15% 이상으로 높아야 한다.
② 함수율이 15% 이하로 낮아야 한다.
③ 재의 함량이 적어야 한다.
④ 대기오염도가 낮아야 한다.
⑤ RDF의 조성이 균일해야 한다.
⑥ 저장 및 운반이 용이해야 한다.
⑦ 기존의 고체연료 연소시설에 사용이 가능하여야 한다.

(4) 종류

① Fluff RDF : 절단된 폐기물에서 불연성 물질 제거 후 연료화 방법이다(수분함량 15~20%).
② Pellet RDF : 압밀 성형(직경이 10~20mm이고 길이가 30~50mm)
③ Powder RDF : 분쇄하여 분말화, 0.5mm 이하

2 퇴비화

(1) 개요

유기성 폐기물을 호기성 조건으로 분해시켜 그중의 분해성 성분을 가스화하여 안정화하는 방법이다.

복잡한 유기물 + O_2 → 보다 덜 복잡한 유기물(humic) + CO_2 + H_2O + NH_3 + 열

(2) 퇴비화의 특징

1) 장점

① 유기성 폐기물을 재활용함으로써 폐기물을 감량화할 수 있다.
② 생산품인 퇴비는 토양의 이화학적 성질을 개선시키는 토양개량제로 사용할 수 있다.
③ 운영 시에 소요되는 에너지가 낮다.
④ 초기의 시설투자비가 낮다.
⑤ 다른 폐기물처리 기술에 비해 고도의 기술수준이 요구되지 않는다.

2) 단점

① 생산된 퇴비는 비료가치가 낮다.
② 다양한 재료를 이용하므로 퇴비제품의 품질표준화가 어렵다.
③ 소요부지의 면적이 크고, 부지선정이 어렵다.
④ 퇴비가 완성되어도 부피가 크게 감소하지는 않는다(50% 이하).
⑤ 퇴비 중에 비발효 성분인 플라스틱 등의 이물질이나 중금속류가 함유된다.
⑥ 악취 발생 문제가 있다.

3) 퇴비화 조건

① 수분량 : 50~60(Wt%)
② C/N비 : 30이 적정범위
③ 온도 : 적절한 온도 50~60℃
④ 입경 : 가장 적당한 입자 크기는 5cm 이하
⑤ pH : 약알칼리 상태(pH 6~8)

⑥ 공기 : 호기적 산화 분해로 산소의 존재가 필수적. 산소함량(5~15%), 공기주입률 (50~200L/min · m³)

4) 퇴비의 특성

① 갈색 또는 암갈색
② 낮은 C/N비
③ 미생물 활동에 의한 계속적인 성질의 변화
④ 높은 양이온 교환능력(CEC)
⑤ 수분보유능력이 우수

3 열분해

(1) 정의

열분해란 무산소 또는 공기가 부족한 상태에서 폐기물을 고온으로 가열하여 가스상, 액체상 및 고체상의 연료를 생산하는 공정을 말한다.

(2) 생성되는 물질

① 기체 : H_2, CH_4, CO, CO_2, NH_3, H_2S, HCN
② 액체 : 식초산, 아세톤, 메탄올, 오일, 타르, 방향성 물질
③ 고체 : Char(순수한 탄소), 불활성 물질

(3) 열분해법과 소각처리의 비교

① 소각법에 비해 배기가스량이 적다.
② 소각법에 비해 황 및 중금속이 회분 속에 고정되는 비율이 크다.
③ 소각법에 비해 3가 크롬이 6가 크롬으로 산화되는 경우가 없다.
④ 소각법에 비해 다이옥신 발생량이 적다.

4 안정화 · 고형화

(1) 의의

광의적인 의미의 고형화는 폐기물에 고형화제를 첨가함으로써 고형화 과정이 진행되는 동안 폐기물의 물리적 성질을 변화시키는 공정을 총칭한다.

(2) 대상폐기물

유해 중금속류의 함량이 일정기준을 초과하는 지정 폐기물로서 매립 전 중간처리에 채용된다.

(3) 필수 검토사항

① 유기 용매 및 기름 : 일반적으로 부적합하다.
② 산화제 : 유기 고형화 공정에 부적합하다.
③ 할로겐족 : 시멘트 및 석회 기초법에서 침출 가능성이 높다.
④ 중금속, 방사능 물질 : 일반적으로 적합하다.

(4) 최종 처분을 위한 고화처리의 목적(효과)

① 폐기물의 취급 및 물리적 특성이 향상된다.
② 오염물질이 이동되는 표면적이 감소한다.
③ 폐기물 내 오염물질의 용해도가 감소한다.
④ 오염물질의 독성이 감소된다.

(5) 주요 고형화처리 방법

1) 시멘트 기초법

① 고농도의 중금속 폐기물에 적합하다.
② 가장 널리 사용되는 방법 중 하나로 포틀랜드시멘트를 이용한다.
③ 중금속이온이 불용성의 수산화물이나 탄산염으로 침전된다.

2) 석회 기초법

① 특징 : 폐기물+석회+포졸란 → 고형화

② 포졸란
㉠ 규소를 함유하는 미세한 분말상태의 물질
㉡ 석회와 결합하여 불용성
㉢ 수밀성화합물 형성

③ 포졸란 물질 : 비산재(Fly Ash), 화산재, 점토, 슬래그, 응회암 등

3) 열가소성 플라스틱법

① 특징 : 고온(130~150℃)에서 열가소성 플라스틱과 건조된 폐기물을 혼합하여 냉각시킴으로써 고형화시키는 방법이다.

4) 유기 중합체법

폐기물의 고형성분을 스펀지와 같은 유기 중합체에 물리적으로 고립시키는 방법이다.

5) 자가 시멘트법

배연 탈황(석회 흡수법) 후 발생되는 슬러지(FGD ; 주성분 $CaSO_4$와 $CaCO_3$)를 처리할 때 많이 이용되는 방법으로 슬러지 중 일부를 생석회화한 다음 소량의 물과 첨가제를 가하여 고형화하는 방법이다.

6) 피막형성법(표면 캡슐화법)

폐기물을 건조시킨 수 1,2 − 폴리부타디엔과 같은 결합체를 혼합하여 고온에서 응고시킨 다음 여기에 폴리에틸렌 등과 같은 플라스틱으로 피막을 입혀 고형화시키는 방법이다.

7) 유리화법

폐기물에 규소를 혼합하여 유리화시키는 방법이다.

(6) 고형화처리 방법의 장단점

방법	장점	단점
시멘트 기초법	① 원료가 풍부하고 값이 싸다. ② 시멘트 혼합과 처리기술이 잘 발달되어 있고 특별한 기술이 필요치 않으며 장치 이용이 쉽다. ③ 폐기물의 건조나 탈수가 필요하지 않다. ④ 다양한 폐기물을 처리할 수 있다. ⑤ 사용되는 시멘트의 양을 조절함으로써 폐기물 콘크리트의 강도를 높일 수 있다.	① 시멘트와 그 밖의 첨가제는 폐기물의 무게와 부피를 증가시킨다. ② 낮은 pH에서 폐기물성분의 용출가능성이 있다.
석회 기초법	① 가격이 매우 싸고 널리 이용 가능하다. ② 공정에 요구되는 운전이 간단하고 널리 이용된다. ③ 석회−포졸란 반응의 화학성은 간단하고 잘 알려져 있다. ④ 흔히 탈수가 필요하지 않다.	① 최종처분 물질의 양이 증가한다. ② pH가 낮을 때 폐기물 성분의 용출가능성이 증가한다.
피막형성법 (표면 캡슐화법)	① 낮은 혼합률(MR)을 가진다. ② 침출성이 가장 낮다.	① 많은 에너지를 요구한다. ② 값비싼 시설과 숙련된 기술을 요구한다. ③ 피막형성을 위한 수지 값이 비싸다. ④ 화재의 위험성이 있다.

방법	장점	단점
열가소성 플라스틱법	① 용출 손실률은 시멘트 기초법에 비해 상당히 낮다. ② 수용액의 침투에 저항성이 매우 크다. ③ 고화처리된 폐기물성분을 나중에 회수하여 재활용할 수 있다.	① 장치가 복잡하고 고도의 숙련된 기술이 필요하다. ② 높은 온도에서 분해되는 물질에는 사용할 수 없다. ③ 폐기물은 건조시켜야 한다. ④ 처리과정에서 화재의 위험성이 있다. ⑤ 에너지 요구량이 크다. ⑥ 혼합률(MR)이 비교적 높다.
유기 중화체법	① 혼합률(MR)이 낮다. ② 저온도 공정이다.	① 고형성분만이 처리 가능하다. ② 고화처리된 폐기물은 처분 시 2차 용기에 넣어 매립해야 한다.
자가 시멘트법	① 혼합률(MR)이 낮다. ② 중금속의 처리에 효율적이다. ③ 탈수 등 전처리가 필요 없다.	① 장치비가 크며 숙련된 기술을 요한다. ② 보조에너지가 필요하다. ③ 많은 황화물을 가지는 폐기물에만 적합하다.
유리화법	① 첨가제의 비용이 비교적 싸다. ② 1차 오염물질의 발생이 거의 없다.	① 에너지가 집약적이다. ② 장치 및 부대비용이 많이 든다.

적중예상문제

01 RDF(Refuse Derived Fuel)의 구비조건으로 가장 거리가 먼 것은?

① 열함량이 높고 동시에 수분함량이 낮아야 한다.
② 염소함량이 낮아야 한다.
③ 미생물 분해가 가능하며, 재의 함량이 높아야 한다.
④ 균질성이어야 한다.

 재의 함량이 낮아야 한다.

02 폐기물 고체연료(RDF)의 구비조건으로 옳지 않은 것은?

① 열량이 높을 것
② 함수율이 높을 것
③ 대기 오염이 적을 것
④ 성분 배합률이 균일할 것

 함수율은 낮아야 한다.

03 RDF에 대한 설명으로 틀린 것은?

① 소각로에서 사용할 경우 부식발생으로 수명이 단축될 수 있다.
② 폐기물 중의 가연성 물질만을 선별하여 함수율, 불순물, 입경 등을 조절하여 연료화시킨 것이다.
③ 부패하기 쉬운 유기물질로 구성되어 있기 때문에 수분함량이 증가하면 부패한다.
④ RDF 소각로의 경우 시설비 및 동력비가 저렴하며, 운전이 용이하다.

04 RDF에 관한 설명으로 틀린 것은?

① RDF는 Refuse Derived Fuel의 약자이다.
② 폐기물 중의 가연성 성분만을 선별하여 함수율, 불순물, 입경 등을 조절하여 연료화시킨 것이다.
③ 부패하기 쉬운 유기물질로 구성되어 있기 때문에 수분함량이 증가하면 부패한다.
④ 시설비 및 동력비가 저렴하며, 운전이 용이하다.

 시설비 및 동력비가 많이 소요되고 운전이 어렵다.

정답 01 ③ 02 ② 03 ④ 04 ④

05 폐기물에서 에너지를 회수하는 방법이 아닌 것은?

① 혐기성 소화　　② 슬러지 개량　　③ RDF 제조　　④ 소각열 회수

 폐기물에서 에너지를 회수하는 방법에는 혐기성 소화, 소각열 회수, 열분해, 퇴비화, RDF 제조 등이 있다.

06 다음 중 유기성 폐기물의 퇴비화 특성으로 가장 거리가 먼 것은?

① 생산된 퇴비는 비료가치가 높으며, 퇴비완성 시 부피감소율이 70% 이상으로 큰 편이다.
② 초기 시설투자비가 낮고, 운영 시 소요 에너지도 낮은 편이다.
③ 다른 폐기물 처리기술에 비해 고도의 기술수준이 요구되지 않는다.
④ 퇴비제품의 품질표준화가 어렵고, 부지가 많이 필요하다.

 생산된 퇴비는 비료가치가 낮고, 소요부지의 면적이 크고, 부지선정이 어렵다.

07 폐기물의 퇴비화에 대한 설명으로 옳지 않은 것은?

① 퇴비화의 주요 목적은 폐기물 중에 함유된 분해 가능한 유기물질을 생물학적으로 안정시키고 비료 및 토양개량제로 사용할 수 있게 하는 것이다.
② 퇴비화 공정은 유기성 폐기물의 호기성 산화분해가 주 과정으로 여러 종류의 중온 및 고온성 미생물이 관여한다.
③ 퇴비화가 완성되면 악취가 없는 안정한 유기물로 병원균이 거의 없으며, 토양 중의 여러 가지 양이온을 흡착할 수 있는 능력이 증가한다.
④ 퇴비화 과정은 호기성 분해가 일어나므로 공기를 공급하며 일반적으로 3~4시간 이내에 완성된다.

 퇴비화는 보통 2~3개월이 소요된다.

08 퇴비화 공정에 관한 설명으로 가장 적합한 것은?

① 크기를 고르게 할 필요 없이 발생된 그대로의 상태로 숙성시킨다.
② 미생물을 사멸시키기 위해 최적 온도는 90℃ 정도로 유지한다.
③ 충분히 물을 뿌려 수분을 100%에 가깝게 유지한다.
④ 소비된 산소의 보충을 위해 규칙적으로 교반한다.

정답 05 ②　06 ①　07 ④　08 ④

09 퇴비화가 진행되었을 때 나타나는 특징으로 거리가 먼 것은?

① 병원균이 사멸되어 거의 없다.
② 수분 보유능력과 양이온 교환능력이 낮아진다.
③ C/N 비가 10~20 정도로 낮아진다.
④ 악취가 거의 없고 안정화된다.

> 퇴비화가 진행되면 수분 보유능력과 양이온 교환능력이 높아진다.

10 쓰레기를 퇴비화시킬 때의 적정 C/N 비 범위는?

① 1~5 ② 20~35 ③ 100~150 ④ 250~300

> 적정 C/N 비율은 30 정도이다.

11 다음 중 폐기물의 퇴비화 공정에서 유지시켜 주어야 할 최적 조건으로 가장 적합한 것은?

① 온도 : 20±2℃ ② 수분 : 5~10%
③ C/N 비율 : 100~150 ④ pH : 6~8

> 퇴비화의 최적 조건
> ㉠ pH : 6~8
> ㉡ 온도 : 50~60℃
> ㉢ C/N 비율 : 30
> ㉣ 수분함량 : 50~60%

12 다음 중 퇴비화의 최적 조건으로 가장 적합한 것은?

① 수분 50~60%, pH 5.5~8 정도 ② 수분 50~60%, pH 8.5~10 정도
③ 수분 80~85%, pH 5.5~8 정도 ④ 수분 80~85%, pH 8.5~10 정도

13 폐기물의 퇴비화 공정에서 발생된 생성물로 가장 거리가 먼 것은?

① NO_3^- ② CO_2 ③ O_3 ④ H_2O

> 오존은 광화학반응으로 생성되는 물질이다.

정답 09 ② 10 ② 11 ④ 12 ① 13 ③

14 다음 중 퇴비화 공정에 있어서 분해가 가장 더딘 물질은?

① 아미노산　　② 니그닌　　③ 탄수화물　　④ 글루코스

> 유기물 분해순서
> 당분＞지방＞단백질＞섬유질(셀룰로오스, 니그닌 등)

15 다음 중 폐기물 처리를 위해 가장 우선적으로 추진해야 하는 방향은?

① 퇴비화　　② 감량　　③ 위생매립　　④ 소각열회수

> 폐기물 처리를 위해 가장 우선적으로 추진해야 하는 사항은 감량화이다.
> (감량화＞재활용＞에너지 회수＞소각＞매립)

16 '열분해'에 대한 설명으로 가장 적합한 것은?

① 일반적으로 이론공기가 공급된 상태에서 스팀을 주입하는 방법이다.
② 공기가 부족한 상태에서 폐기물을 연소시켜 고체, 액체 및 기체 상태의 연료를 생산하는 공정이다.
③ 수소가 많은 상태에서 액체연료를 회수하는 방법이다.
④ 200~350℃ 정도의 산소가 없는 상태에서 고압의 조건으로 유기물을 분해하여 기체의 연료를 회수하는 방법이다.

17 폐기물을 안정화 및 고형화시킬 때의 폐기물 특성으로 거리가 먼 것은?

① 오염물질의 독성 증가
② 폐기물 취급 및 물리적 특성 향상
③ 오염물질이 이동되는 표면적 감소
④ 폐기물 내에 있는 오염물질의 용해성 제한

> 폐기물을 안정화 및 고형화시키면 오염물질의 독성은 감소한다.

18 폐기물의 안정화에 관한 설명으로 거리가 먼 것은?

① 폐기물의 물리적 성질을 변화시켜 취급하기 쉬운 물질을 만든다.
② 오염물질의 손실과 전달이 발생할 수 있는 표면적을 감소시킨다.
③ 폐기물 내 오염물질의 용존성 및 용해성을 증가시킨다.
④ 오염물질의 독성을 감소시킨다.

정답　14 ②　15 ②　16 ②　17 ①　18 ③

19 슬러지의 안정화 방법으로 볼 수 없는 것은?

① 혐기성 소화   ② 살수여상법
③ 호기성 소화   ④ 퇴비화

 살수여상법은 생물학적 폐수처리방법의 일종이다.

20 다음에서 설명하는 폐기물 안정화법에 해당하는 것은?

- 고농도의 중금속 폐기물에 적합하다.
- 가장 널리 사용되는 방법 중 하나로 포틀랜드시멘트를 이용한다.
- 중금속이온이 불용성의 수산화물이나 탄산염으로 침전된다.

① 유리화법   ② 석회기초법
③ 시멘트기초법   ④ 열가소성 플라스틱법

21 다음 중 폐기물의 고형화 처리방법에 해당되지 않는 것은?

① 시멘트기초법   ② 활성탄 흡착법
③ 유기 중합체법   ④ 열가소성 플라스틱법

 고형화 처리방법의 종류에는 시멘트기초법, 석회기초법, 피막형성법, 열가소성 플라스틱법, 유리화법 등이 있다.

CHAPTER 05 분뇨 및 슬러지 처리

1 분뇨의 특성

(1) 분뇨 처리의 목적

① 최종 생성물의 감량화
② 생물학적으로 안정화
③ 위생적으로 안전화

(2) 분뇨의 발생과 배출 특성

1) 분뇨 발생량

    ① 발생량 평균 1.1(L/인·day)
    ② 분 : 뇨의 고형물비 7 : 1
    ③ 분 : 뇨의 부피구성비 1 : 10
    ④ 1인 1일 평균 100g의 분과 700~800g의 뇨를 배출

2) 수거율 : 전국 평균 0.9~1.2(L/day). 대도시일수록 수거율이 높은 편이다.

3) C/N 비 10, pH : 7~8.5, 비중 : 1.02

    점토 : 1.2~2.2,   수분함량 : 95%
    토사 : 0.3~0.5%, 협잡물 : 4~7%

4) 분은 VS(200,000mg/L)의 10~20%, 뇨는 80~90%가 질소화합물이 있다.

   분과 뇨의 각 함유량은 다음 표와 같다.

구분	발생량비	TS 비	VS 중 N
분	1	7	10~20%
뇨	10	1	80~90%

2 슬러지 처리

(1) 기본 목표

① 생화학적 안정화
② 위생적 안전화
③ 각종 생성물의 감량 및 감용화
④ 기타 처분의 확실성

(2) 슬러지 처리 계통도

농축(함수율 감소) → 소화(안정화) → 개량(탈수성 향상) → 탈수 및 건조(감량화) → 최종 처분 또는 자원화

(3) 슬러지 농축

1) 슬러지 농축효과

① 가열에 필요한 에너지가 감소한다.
② 알칼리도의 농도가 높아져 소화과정이 보다 안정해진다.
③ 유기물의 농도가 높아진다.
④ 소화 시 식종 미생물의 유출을 감소시킨다.
⑤ 혼합효과를 최대로 발휘하게 한다.
⑥ 소화과정을 더 잘 조절할 수 있다.
⑦ 상징수의 양을 감소시킨다.

2) 슬러지 농축방법과 장단점

① 중력식 농축

장점	단점
• 구조 간단, 유지관리가 용이하다. • 1차 슬러지에 적합하다. • 저장, 농축이 동시에 가능하다. • 약품을 사용하지 않는다. • 동력비 소요가 적다.	• 악취문제가 발생한다. • 잉여 슬러지의 농축에 부적합하다. • 잉여 슬러지의 경우 소요면적이 크다.

② 부상식 농축

장점	단점
• 잉여 슬러지에 효과적이다. • 고형물 회수율이 비교적 높다. • 약품주입 없이도 운전이 가능하다.	• 동력비가 많이 소요된다. • 악취문제가 발생한다. • 다른 방법보다 소요면적이 크다. • 유지관리가 어렵고, 건물 내부에 설치 시 부식문제가 발생할 수 있다.

③ 원심분리 농축

장점	단점
• 소요면적이 적다. • 잉여 슬러지에 효과적이다. • 운전조작이 용이하다. • 악취가 적다. • 연속운전이 가능하다. • 고농도로 농축이 가능하다.	• 설비와 유지관리비가 고가이다. • 유지관리가 어렵다.

(4) 소화

1) 혐기성 소화법(메탄 발효법)

혐기성 소화는 혐기성균의 활동에 의해 슬러지가 분해되어 안정화·감량화되는 것이다.

2) 호기성 소화와 비교한 혐기성 소화의 장단점

장점	단점
• 유효한 자원인 메탄이 생성된다. • 처리 후 슬러지 생성량이 적다. • 동력비 및 유지관리비가 적게 든다(운전비가 적게 든다.). • 슬러지의 탈수 및 건조가 쉽다. • 기생충, 전염병균이 사멸한다.	• 초기 시설비가 많이 든다(동력시설 불필요). • 악취 문제가 발생한다. • 소화속도가 늦다. • 혐기성 세균은 온도, pH 및 기타 화합물의 영향에 민감하다. • 소화조 가온이 필요하고 유지관리에 숙련을 요한다. • 소화액의 BOD가 높고 냄새가 난다.

3) 혐기성 분해의 3단계

① 제1단계 → 가수분해 발효 단계 : 유기산, 단당류, 아미노산

② 제2단계 → 아세트산과 수소생성 단계 : 프로피온산, 부티르산

③ 제3단계 → 메탄생성 단계 : 메탄, 이산화탄소, 물

4) 유기물 분해순서

당분 – 지방 – 단백질 – 섬유질(셀룰로오스 – 리그닌 – 헤미셀룰로오스)

5) 호기성 소화

호기성 미생물의 내생호흡을 이용하여 유기물의 안정화를 도모하고, 슬러지 감량 및 처리에 적합한 슬러지를 만든다.

❚ 호기성 소화법의 장단점 ❚

장점	단점
• 슬러지 혼입률이 높아도 큰 영향이 없다. • 악취발생이 감소한다. • 운전이 용이하다. • 상징수의 수질이 양호하다.	• 슬러지양이 많고, 소화 슬러지의 탈수성이 불량하다. • 포기에 드는 동력비가 많이 든다. • 유기물 감소율이 저조하다. • 저온 시의 효율저하가 있다. • 연료가스 등 가치 있는 부산물이 생성되지 않는다.

(5) 슬러지의 개량

① 개량의 목적 : 슬러지의 탈수성을 개선한다.
② 개량방법 : 세정, 열처리, 동결, 약품첨가

(6) 슬러지의 탈수

1) 탈수목적

슬러지를 최종처분하기 전에 부피(감량화)를 감소시키고 취급이 용이하도록 만들기 위해 행한다.

2) 탈수방법

① 슬러지 건조상

자갈층 위에 모래층이 설치된 건조상에 슬러지를 주입시켜 아래로는 탈수, 위로는 건조시키는 방법이다. 자갈층의 깊이는 20~40cm, 자갈의 직경은 0.3~2.5cm 이상이어야 하고 모래층은 깊이 10~23cm, 모래의 직경은 0.3~1.2mm이어야 한다.

② 건조용 라군(Drying Lagoon)

라군에 슬러지를 주입하여 침전시킨 후 상등수는 제거하고 슬러지 깊이 0.7~1.4m으로 하여 수분을 증발 · 건조시키는 방법이다. 20~40%의 고형물 함량으로 건조시키기 위하여 3~12개월이 소요되고, 건조 후에 라군을 비워 놓는 3~6개월의 기간을

합하여 1회 건조시키는 데 1~3년의 기간이 소요된다. 적절한 설계를 위하여 강우량, 강우빈도, 증발량, 온도, 슬러지의 성질, 토양의 투수성을 고려하여야 한다. 라군의 바닥은 지하수위로부터 최소 45cm 이상 이격되어야 한다.

③ 진공탈수(Vacuum Filtration, 진공탈수(여과))
다공성 여재(Filter Media)를 사이에 두고 한쪽을 진공상태로 감압시켜 탈수하는 방법이다.

④ 가압(Filter Press) 탈수(압축여과)
슬러지에 대기압 이상의 압력을 가하여 여과·탈수하는 방법이다.

⑤ 벨트 프레스(Belt Press) 탈수
1개 또는 2개의 이동하는 벨트(Belt) 사이에 슬러지를 연속적으로 탈수시키는 방법이다.

⑥ 원심탈수
슬러지를 선회시켜 원심력을 부여하고 슬러지로부터 고형물을 분리하는 방법이다.

적중예상문제

01 분뇨처리의 목적으로 가장 거리가 먼 것은?

① 최종 생성물의 감량화　　② 생물학적으로 안정화
③ 위생적으로 안전화　　　　④ 슬러지의 균일화

 분뇨처리의 목적
　㉠ 최종 생성물의 감량화　㉡ 생물학적으로 안정화　㉢ 위생적으로 안전화

02 분뇨처리의 기본목표가 아닌 것은?

① 안전화　　② 유기화　　③ 감량화　　④ 안정화

03 다음 중 분뇨수거 및 처분계획을 세울 때 계획하는 우리나라 성인 1인당 1일 분뇨배출량의 평균범위로 가장 적합한 것은?

① 0.2~0.5L　　② 0.9~1.1L　　③ 2.3~2.5L　　④ 3.0~3.5L

 우리나라 성인 1인당 1일 분뇨배출량은 1.1(L/인 · day)이다.

04 분뇨의 특성으로 옳지 않은 것은?

① 분뇨는 연중 배출량 및 특성 변화 없이 일정하다.
② 분뇨는 대량의 유기물을 함유하고 점도가 높다.
③ 분뇨에 포함되어 있는 질소화합물은 소화 시 소화조 내의 pH 강하를 막아준다.
④ 분뇨는 도시하수에 비해 고형물 함유도가 높다.

05 분뇨의 일반적인 특성에 대한 설명 중 틀린 것은?

① 유기물을 많이 함유하고 있다.　　② 고액분리가 쉽다.
③ 토사 및 협잡물을 다량 함유하고 있다.　　④ 염분 및 질소의 농도가 높다.

 분뇨는 고액분리가 어렵다.

06 다음 중 분뇨의 특성으로 가장 거리가 먼 것은?

① 고농도 유기물을 함유하며, 고액분리가 쉽다.
② 분과 뇨의 구성비는 약 1 : 8~10 정도이고, 질소화합물의 함유형태는 분의 경우 VS의 12~20% 정도이다.
③ 하수슬러지에 비해 염분 및 질소 농도가 높은 편이다.
④ 토사 및 협잡물을 다량 함유한다.

 분뇨는 고농도 유기물을 함유하며, 고액분리가 어렵다.

07 다음 분뇨의 성질을 설명한 것 중에서 틀린 것은?

① 분뇨는 고액분리가 어렵다.
② 뇨의 휘발성 고형물의 80~90%는 질소화합물이다.
③ 분과 뇨의 고형물질이 비는 약 7 : 1 정도이다.
④ 분뇨는 시간에 따른 특성 변화가 적다.

08 슬러지나 분뇨의 탈수 가능성을 나타내는 것은?

① 균등계수   ② 알칼리도   ③ 여과비저항   ④ 유효경

09 $0.5m^3$/분의 송분펌프로 2시간 가동했을 때 송분된 분뇨의 양은 얼마인가?

① $50m^3$ ② $60m^3$ ③ $70m^3$ ④ $80m^3$

$$X(m^3) = \frac{0.5m^3}{min} \left| \frac{2hr}{} \right| \frac{60min}{1hr} = 60m^3$$

10 다음 슬러지 처리공정 중 개량단계에 해당되는 것은?

① 소각   ② 소화   ③ 탈수   ④ 세정

 슬러지의 개량방법
세정, 열처리, 동결, 약품첨가

정답 06 ① 07 ④ 08 ③ 09 ② 10 ④

11 다음 중 일반적인 슬러지처리 계통도를 바르게 나열한 것은?

① 농축 → 안정화 → 개량 → 탈수 → 소각 → 최종처분
② 농축 → 안정화 → 소각 → 탈수 → 개량 → 최종처분
③ 안정화 → 개량 → 탈수 → 농축 → 소각 → 최종처분
④ 안정화 → 농축 → 탈수 → 개량 → 소각 → 최종처분

12 다음 중 일반적인 슬러지처리 계통도로 가장 적합한 것은?

① 슬러지 → 농축 → 개량 → 탈수 → 소각 → 매립
② 슬러지 → 소화 → 탈수 → 개량 → 농축 → 매립
③ 슬러지 → 탈수 → 건조 → 개량 → 소각 → 매립
④ 슬러지 → 개량 → 탈수 → 농축 → 소각 → 매립

13 어느 슬러지 건조상의 길이가 40m이고, 폭은 25m이다. 여기에 30cm 깊이로 슬러지를 주입할 때 전체 건조기간 중 슬러지의 부피가 70% 감소하였다면 건조된 슬러지의 부피는 몇 m^3가 되겠는가?

① $50m^3$ ② $70m^3$ ③ $90m^3$ ④ $110m^3$

 $X(m^3) = \dfrac{40 \times 25 \times 0.3(m^3)}{} \bigg| \dfrac{100-70}{100} = 90(m^3)$

14 함수율이 97%인 슬러지 $3,850m^3$를 농축하여 함수율을 94%로 낮추었을 때 슬러지의 부피는?(단, 슬러지 비중은 1.0이다.)

① $1,800m^3$ ② $1,925m^3$ ③ $2,200m^3$ ④ $2,400m^3$

 $V_1(100-W_1) = V_2(100-W_2)$
$3,850(100-97) = V_2(100-94)$
$V_2 = 1,925(m^3)$

15 함수율이 97%인 슬러지 $3,600m^3$를 농축하여 함수율을 94%로 낮추었을 때 슬러지의 부피는?(단, 슬러지 비중은 1이다.)

① $1,800m^3$ ② $2,000m^3$ ③ $2,200m^3$ ④ $2,400m^3$

정답 11 ① 12 ① 13 ③ 14 ② 15 ①

$$V_1(100-W_1) = V_2(100-W_2)$$
$$3,600(100-97) = V_2(100-94)$$
$$V_2 = 1,800 (m^3)$$

16 슬러지를 가열(210℃ 정도)·가압(120atm 정도)시켜 슬러지 내의 유기물이 공기에 의해 산화되도록 하는 공법은?

① 가열 건조   ② 습식 산화   ③ 혐기성 산화   ④ 호기성 소화

17 슬러지 농축의 장점으로 가장 거리가 먼 것은?

① 후속 처리시설인 소화조의 부피를 감소시킬 수 있다.
② 슬러지 탈수시설의 규모가 작아지므로 슬러지 처리비용이 절감된다.
③ 슬러지 개량에 소요되는 약품의 종류를 줄일 수 있다.
④ 슬러지의 부피가 감소되므로 슬러지 수송의 경우 수송관과 펌프의 용량이 작아도 가능하다.

18 슬러지 농축으로 얻는 장점이 아닌 것은?

① 후속 처리시설인 소화조의 부피를 감소시킬 수 있다.
② 소화조에서 미생물과 양분의 접촉을 차단시킬 수 있다.
③ 슬러지 수송에 드는 비용을 절감할 수 있다.
④ 슬러지 개량에 소요되는 약품비를 절약할 수 있다.

19 슬러지 농축방법으로 적절하지 않은 것은?

① 명반 응집제 첨가 농축방법   ② 중력식 농축방법
③ 원심분리 농축방법   ④ 용존공기부상 농축방법

20 다음 중 슬러지 개량(Conditioning)의 주목적은?

① 악취 제거   ② 슬러지의 무해화   ③ 탈수성 향상   ④ 부패 방지

21 다음 중 슬러지 개량(Conditioning) 방법에 해당하지 않는 것은?

① 슬러지 세척   ② 열처리   ③ 약품처리   ④ 관성분리

정답 16 ② 17 ③ 18 ② 19 ① 20 ③ 21 ④

22 슬러지 내의 수분 중 일반적으로 가장 많은 양을 차지하며 고형물질과 직접 결합해 있지 않기 때문에 농축 등의 방법으로 용이하게 분리할 수 있는 수분은?

① 간극수　　② 모관결합수　　③ 부착수　　④ 내부수

23 슬러지를 구성하는 다음 수분 중 (　) 안에 가장 알맞은 것은?

> (　)는 미세한 슬러지 고형물의 입자 사이의 얇은 틈에 존재하는 수분으로 모세관압으로 결합되어 있는 수분이다. 원심력, 진공압 등 기계적 압착으로 분리시킨다.

① 간극수　　② 모관결합수　　③ 부착수　　④ 내부수

24 다음 중 슬러지 건조 시 가장 늦게 증발되는 수분 형태는?

① 간극모관결합수　　② 내부수　　③ 표면부착수　　④ 모관결합수

25 폐수처리 공정에서 발생되는 슬러지를 혐기성으로 소화처리시키는 목적으로 거리가 먼 것은?

① 슬러지의 무게와 부피를 증가시킨다.　　② 병원균을 통제할 수 있다.
③ 이용가치가 있는 부산물을 얻을 수 있다.　　④ 슬러지를 안정화시킨다.

26 슬러지 혐기성 소화의 장점과 거리가 먼 것은?

① 병원균을 죽일 수 있다.
② 슬러지 발생량을 감소시킬 수 있다.
③ 메탄가스와 같은 가치 있는 부산물을 얻을 수 있다.
④ 호기성 소화에 비해 처리시간이 짧아 경제적이다.

 호기성 소화에 비해 처리시간이 길어 비경제적이다.

27 슬러지의 혐기성 소화처리에 관한 설명으로 적절하지 않은 것은?

① 슬러지의 무게와 부피를 감소시킨다.
② 이용가치가 있는 부산물을 얻을 수 있다.
③ 병원균을 죽이거나 통제할 수 있다.
④ 호기성 소화보다 빠른 시간에 처리할 수 있다.

정답　22 ①　23 ②　24 ②　25 ①　26 ④　27 ④

CHAPTER 06 소 각

1 연소계산

(1) 고체 및 액체 연료

- $C + O_2 \rightarrow CO_2$

    12kg : 32kg : 44kg

    $22.4Sm^3 : 22.4Sm^3 : 22.4Sm^3$

- $H_2 + \frac{1}{2}O_2 \rightarrow H_2O$

    2kg : 16kg : 18kg

    $22.4Sm^3 : 11.2Sm^3 : 22.4Sm^3$

- $S + O_2 \rightarrow SO_2$

    32kg : 32kg : 64kg

    $22.4Sm^3 : 22.4Sm^3 : 22.4Sm^3$

| 공기의 조성 |

중량(%)	용적(%)
산소(O_2) 23.2	산소(O_2) 21
질소(N_2) 76.8	질소(N_2) 79

① 체적 이론산소량($O_o (m^3/kg)$)

$$O_o = \frac{22.4}{12}C + \frac{11.2}{2}\left(H - \frac{O}{8}\right) + \frac{22.4}{32}S \, (Sm^3/kg)$$

$$= 1.867C + 5.6\left(H - \frac{O}{8}\right) + 0.7S$$

$$= 1.867C + 5.6H - 0.7O + 0.7S$$

② 중량 이론산소량(O_o (Kg/kg))

$$O_o = \frac{32}{12}C + \frac{16}{2}\left(H - \frac{O}{8}\right) + \frac{32}{32}S \text{ (kg/kg)}$$

$$= 2.667C + 8\left(H - \frac{O}{8}\right) + S$$

$$= 2.667C + 8H + S - O$$

※ 유기 화합물질 반응식

$$C_aH_bO_cN_d + \left[\frac{4a+b-2c}{4}\right]O_2 \rightarrow a[CO_2] + \frac{b}{2}[H_2O] + \frac{d}{2}[N_2]$$

③ 이론공기량(A_o (m^3/kg))

$$A_o = O_o \times \frac{1}{0.21} = \frac{1}{0.21}\left[1.867C + 5.6\left(H - \frac{O}{8}\right) + 0.7S\right]$$

④ 이론공기량(A_o (kg/kg))

$$A_o = O_o \times \frac{1}{0.232} = \frac{1}{0.232}\left[2.667C + 8\left(H - \frac{O}{8}\right) + S\right]$$

예상문제

분자식 C_xH_y으로 표시되는 탄화수소 $1Nm^3$를 연소하는 데 필요한 이론공기량을 구하시오.

〈연소 반응식〉

$C_xH_y + \left(x + \frac{y}{4}\right)O_2 \rightarrow xCO_2 + \frac{y}{2}H_2O$

$22.4(Nm^3) : \left(x + \frac{y}{4}\right) \times 22.4(Nm^3)$

$1(Nm^3) : X(=O_o), \quad X(=O_o) = \left(x + \frac{y}{4}\right)(Nm^3)$

$\therefore A_o = O_o \times \frac{1}{0.21} = \left(x + \frac{y}{4}\right) \times \frac{1}{0.21} = 4.76x + 1.19y(Nm^3/Nm^3)$

예상문제

어떤 폐기물의 원소조성이 다음과 같을 때 연소 시 필요한 이론공기량은?

- 가연분 : 60%(C=42%, H=15%, O=40%, S=3%)
- 회분 : 40%(단, 중량 기준, 표준상태 기준)

이론공기량(kg/kg)은 다음 식으로 계산된다.

〈계산식〉 $A_o = O_{om} \times \dfrac{1}{0.232} = \dfrac{1}{0.232}\left[2.667C + 8\left(H - \dfrac{O}{8}\right) + S\right]$

$= 11.49C + 34.48H + 4.31S - 4.31O$

여기서, 탄소함량(C) $= 0.6 \times 0.42 = 0.252$
수소함량(H) $= 0.6 \times 0.15 = 0.09$
산소함량(O) $= 0.6 \times 0.4 = 0.24$
황함량(S) $= 0.6 \times 0.03 = 0.018$

∴ $A_o = 11.49C + 34.48H + 4.31S - 4.31O$
$= (11.49 \times 0.252) + (34.48 \times 0.09) + (4.31 \times 0.018) - (4.31 \times 0.24) = 5.04(kg/kg)$

⑤ 실제공기량(A)

$A = m \times A_o$

여기서, m : 공기비(m>1), $m = \dfrac{A}{A_o}$

예상문제

탄소, 수소의 중량조성이 각각 86%, 14%인 액체연료를 매시 5kg 연소하는 경우 배기가스의 분석치는 CO_2 10.5%, O_2 5.5%, N_2 84%였다. 이 경우 매시 실제 필요한 공기량은?

실제공기량은 다음 식으로 계산된다.
〈계산식〉 $A = m \times A_o$

㉠ $m = \dfrac{N_2}{N_2 - 3.76 \times O_2} = \dfrac{84}{84 - 3.76 \times 5.5} = 1.33$

㉡ $A_o = \dfrac{1}{0.21}\{1.867 \times 0.86 + 5.6 \times 0.14\} = 11.38(m^3/kg)$

∴ $A = 1.33 \times 11.38 \times 5 = 75.68(Sm^3/h)$

⑥ 과잉공기량(A_G)

$$A_G = A - A_o = mA_o - A_o = (m-1)A_o$$

⑦ 과잉공기율(A_p)

$$A_P = \frac{과잉공기량}{이론공기량} = \frac{A - A_o}{A_o} = \frac{(m-1)A_o}{A_o} = (m-1) \times 100$$

⑧ 공기비(m)

$$m = \frac{실제공기량}{이론공기량} = \frac{실제공기량}{실제공기량 - 과잉공기량} \text{(완전연소)}$$

실제공기량 $A = \dfrac{N_2}{0.79}$, 과잉공기량 $= \dfrac{O_2}{0.21}$

$$m = \frac{N_2/0.79}{N_2/0.79 - O_2/0.21} = \frac{N_2}{N_2 - 3.76 O_2}$$

또는 $m = \dfrac{21}{21 - O_2}$ (N_2가 약 79%일 때)

$$m = \frac{N_2}{N_2 - 3.76[O_2 - 0.5CO]} \text{ (불완전연소)}$$

단, $N_2 = 100 - (CO_2 + O_2 + CO) \ldots (\%)$

$$m = \frac{CO_{2\max}}{CO_2}$$

예상문제

배기가스성분을 검사해보니 O_2량이 10.5%(부피기준)였다. 완전연소로 가정한다면 공기비는?

완전연소 시 공기비(m)의 계산 공식은 다음과 같다.

〈계산식〉 $m = \dfrac{21}{21 - O_2(\%)} = \dfrac{21}{21 - 10.5(\%)} = 2$

예상문제

어떤 폐기물의 원소조성이 다음과 같고, 실제공기량이 6Sm³일 때 공기비는?

- 가연분 : 60%(C=45%, H=10%, O=40%, S=5%)
- 수분 : 30%
- 회분 : 10%

과잉공기비는 다음 식으로 계산된다.

〈계산식〉 $m = \dfrac{A(실제공기량)}{A_o(이론공기량)}$

㉠ $A = 6(Sm^3)$

㉡ $A_o = \dfrac{1}{0.21}\left\{1.867C + 5.6\left(H - \dfrac{O}{8}\right) + 0.7S\right\}$

$= \dfrac{1}{0.21}\left\{(1.867 \times 0.6 \times 0.45) + 5.6\left(0.6 \times 0.1 - \dfrac{0.6 \times 0.4}{8}\right)\right.$

$\left. + (0.7 \times 0.6 \times 0.05)\right\} = 3.3(Sm^3/kg)$

∴ $m = \dfrac{6}{3.3} = 1.8$

㉠ 공기비가 클 경우
- 연소실의 냉각효과를 가져온다.
- 배기가스의 증가로 인한 열손실이 증가한다.
- 배기가스의 온도 저하(저온 부식) 및 SO_X, NO_X 등의 생성량이 증가한다.

㉡ 공기비가 작을 경우
- 불완전연소의 원인(매연 및 검댕 발생)이 된다.
- 불완전연소로 인한 열손실이 있다.
- CO, HC의 농도가 증가한다.

⑨ 이론가스량($G_o(Sm^3/kg)$)

G_o = 이론공기 중 질소량 + 연소생성물

$= 0.79 \times A_o + CO_2 + SO_2 + H_2O + N_2 + W$

$= (1 - 0.21) \times A_o + CO_2 + SO_2 + H_2O + N_2 + W$

물을 제외하면 → 이론건조가스(G_{od})
물을 포함하면 → 이론습윤가스(G_{ow})

$$G_{od} = (1-0.21) \times A_o + CO_2 + SO_2 + N_2$$
$$= (1-0.21) \times A_o + 1.867C + 0.7S + 0.8N$$

$$G_{ow} = (1-0.21) \times A_o + CO_2 + SO_2 + H_2O + N_2 + W$$
$$= (1-0.21) \times A_o + 1.867C + 0.7S + 0.8N + 11.2H + 1.244W$$

> **참고정리**
>
> ✔ 이론습윤가스량(G_o)(kg/kg)
> $$G_{ow} = (1-0.232) \times A_o + 3.667C + 2S + 9H + N + W$$
> $$= 0.768 \times A_o + 3.667C + 2S + 9H + N + W$$

⑩ 실제가스량($G(Sm^3/kg)$)

실제가스량(G) = 이론가스량 + 과잉공기량
$$= G_o + (m-1) \times A_o = (m-0.21) \times A_o + 연료생성물$$

⑪ 공연비(AFR)

$$AFR_m = \frac{m_a \times M_a}{m_f \times M_f} = \frac{O_o \times \frac{1}{0.21} \times 29}{1 \times 질량} \ (kg \cdot Air/kg \cdot fuel)$$

$$AFR_v = \frac{m_a \times 22.4}{m_f \times 22.4} = \frac{O_o \times \frac{1}{0.21} \times 22.4}{1 \times 22.4}$$

여기서, m_a : 공기의 moL 수
  M_a : 공기의 1moL 질량(≒29)
  m_f : 연료의 moL 수 = 항상 1moL
  M_f : 연료의 1moL의 질량

⑫ 최대탄산가스율(CO_{2max})(%)

$$CO_{2max}(\%) = \frac{CO_2}{G_{od}} \times 100$$

여기서, CO_2 : 연소 시 발생되는 연료단위량당 CO_2의 양(m^3),
고체·액체 연료 시는 1.867C를 사용

※ 최대탄산가스율[$(CO_2)_{max}(\%)$]과 공기비(m)의 관계

〈계산식〉

$$(CO_2)_{max} = \frac{21(CO_2)}{21-(O_2)} \text{ (완전연소)}$$

$$m = \frac{(CO_2)_{max}}{CO_2}$$

$$(CO_2)_{max} = m \times CO_2, \quad m(공기비) = \frac{21}{21-(O_2)}$$

위 식에 대입하면

$$\therefore (CO_2)_{max} = \frac{21(CO_2)}{21-(O_2)}$$

(2) 기체연료

① $CO + \frac{1}{2}O_2 \rightarrow CO_2$

② $H_2 + \frac{1}{2}O_2 \rightarrow H_2O$

③ $CH_4 + 2O_2 \rightarrow CO_2 + 2H_2O$

④ $C_3H_8 + 5O_2 \rightarrow 3CO_2 + 4H_2O$

⑤ $C_4H_{10} + 6.5O_2 \rightarrow 4CO_2 + 5H_2O$

  ㉠ 이론산소량(Sm^3/kg)

   $\therefore O_o(Sm^3/kg) = 0.5CO + 0.5H_2 + 2CH_4 + 5C_3H_8 + 6.5C_4H_{10}$

  ㉡ 이론공기량(Sm^3/kg)

   $\therefore A_o(Sm^3/kg) = O_o \times \frac{1}{0.21}$

2 소각로의 종류와 특성

(1) 화격자 소각로(스토커 소각로)

1) 특징

① 복동식과 흔들이식이 있다.
② 연속적인 소각과 배출이 가능하다.
③ 수분이 많거나 발열량이 낮은 폐기물도 어느 정도 소각이 가능하다.
④ 플라스틱과 같이 열에 쉽게 용융되는 폐기물의 연소에는 적합하지 않다.
⑤ 고온에서 기계적으로 구동하여 금속부의 마멸이 심할 수 있다.
⑥ 쓰레기를 대량으로 간편하게 소각 처리하는 데 적합하다.

2) 장단점

장점	단점
• 연속적인 소각과 배출이 가능하다. • 수분이 많은 쓰레기의 소각도 가능하다. • 발열량이 낮은 쓰레기의 소각도 가능하다.	• 체류시간이 길고 교반력이 약하며 국부가열이 발생할 염려가 있다. • 고온 중에서 기계적으로 구동하기 때문에 금속부의 마모손실이 심하다. • 수분이 많은 것이나 플라스틱과 같이 열에 쉽게 용해되는 물질은 화격자가 막힐 염려가 있다.

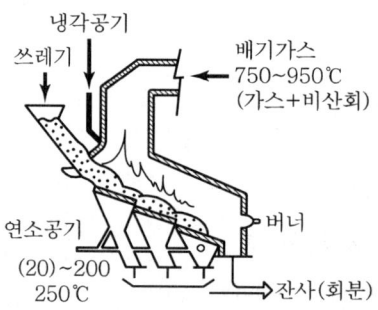

(2) 회전로 소각로(Rotary Kiln)

1) 적용

슬러지, 분뇨, 도료, 찌꺼기, 다습 폐기물 등의 소각에 채용한다.

2) 장단점

장점	단점
• 넓은 범위의 액상 또는 고상 폐기물을 소각할 수 있다. • 노의 회전속도를 조절하여 폐기물의 체류시간을 조정할 수 있다. • 용융 상태의 물질에 의하여 방해받지 않는다. • 드럼이나 대형 용기를 파쇄하지 않고 그대로 투입할 수 있다. • 공급장치의 설계 시 유연성이 있다. • 폐기물에 높은 난류도와 공기에 대한 접촉을 크게 할 수 있다. • 폐기물의 소각에 방해됨이 없이 연속적으로 재를 배출한다. • 습식 가스세정시스템과 함께 사용할 수 있다. • 대체로 예열, 혼합, 파쇄 등의 전처리 없이 폐기물의 주입이 가능하다.	• 특히 처리량이 적을 때 설치비가 높다. • 대형폐기물로 인한 내화재의 파손 때문에 운용에 주의를 요한다. • 완전연소되기 전에 대기 중으로 부유성 물질이 배출될 수 있다. • 구형 및 원통형 물질은 완전연소가 끝나기 전에 굴러떨어질 수 있다. • 노에서의 공기 유출이 크므로 종종 다량의 과잉 공기가 필요하다. • 대기 오염 제어시스템에 대한 분진 부하율이 높다. • 비교적 열효율이 낮은 편이다.

(3) 유동층 소각로(Fluid Bed Incinerator)

1) 구조

하부에서 뜨거운 가스로 모래를 가열하고 부상시키고, 상부에서는 폐기물을 주입하여 소각시키는 방식이다.

2) 대상

난연성 폐기물 소각, 슬러지, 폐유 등 소각

3) 장단점

장점	단점
• 유동 매체의 열용량이 커서 액상, 기상 및 고형 폐기물의 전소 및 혼소가 가능하다. • 반응시간이 빨라 소각시간이 짧다(노 부하율이 높다.). • 연소효율이 높아 미연소분의 배출이 적고 2차 연소실이 불필요하다. • 가스의 온도가 낮고 과잉공기량이 낮다. NO_x도 적게 배출된다. • 기계적 가동부분이 적어 고장률이 낮다. • 노 내 온도의 자동 제어로 열회수가 용이하다.	• 상(床)으로부터 찌꺼기의 분리가 어렵다. • 폐기물의 투입이나 유동화를 위해 파쇄가 필요하다. • 유동 매질의 손실로 인한 보충이 필요하다. • 상 재료의 용융을 막기 위해 연소 온도는 816°C를 초과할 수 없다. • 운전비, 특히 동력비가 높다.

4) 유동매체의 구비조건
① 불활성일 것
② 열충격에 강할 것
③ 융점이 높을 것
④ 내마모성이 있을 것
⑤ 비중이 작을 것
⑥ 공급이 안정적일 것
⑦ 값이 저렴할 것
⑧ 미세하고 입도분포가 균일할 것

❸ 연소형태

(1) **고체상태** : 증발연소, 표면연소, 분해연소, 발연연소

(2) **액체상태** : 증발연소, 액면연소, 등심연소, 분해연소

(3) **기체상태** : 예혼합연소, 부분 예혼합연소, 확산연소

① **증발연소** : 연료 자체가 증발하여 타는 경우이며, 휘발유와 같이 끓는점이 낮은 기름의 연소와 왁스가 액화하여 다시 기화되어 연소하는 것이 여기에 속한다.

② **분해연소** : 석탄, 목재 또는 고분자의 가연성 고체는 열분해하여 발생한 가연성 가스가 연소하며, 이 열로서 다시 열분해를 일으킨다. 이 연소 과정도 증발연소와 같이 불꽃을 발생하며, 기체 연료의 연소와 비슷하다.

③ **표면연소** : 코크스와 분해연소가 끝난 석탄은 열분해가 일어나기 어려운 탄소가 주성분으로, 그것 자체가 연소하는 과정이다. 연소되면 적열할 따름이지 화염은 없다.

④ **확산연소** : 기체연료와 같이 공기의 화산에 의한 연소를 말한다.

⑤ **자기연소(내부연소)** : 나이트로 글리세린 등은 공기 중 산소를 필요로 하지 않고, 분자 자신 속의 산소에 의하여 연소하는 반응식이다.

⑥ **액면연소** : 화재 시 많이 볼 수 있으며, 액체상 가연물의 연소형태이다.

⑦ **등심연소** : 연료심지로 빨아올려 심지의 표면에서 증발연소시키는 형태, 비점이 높은 액체연료의 연소형태이다.

⑧ **혼합기연소** : 기체 연료와 공기를 알맞은 비율로 혼합(AFR)하여, 혼합기에 넣어 점화하여 연소하는 반응이다.

> **참고정리**

✔ **열교환기**
폐열을 전량 흡수하기 위해서는 부피가 매우 커야 하므로 보일러 등과 함께 설치하여 폐열을 보조적으로 회수하는 데 이용한다.

① 과열기
　㉠ 보일러에서 발생되는 포화증기에 다수의 수분이 함유되어 있으므로 이것을 과열하여 수분을 제거하고 과열도가 높은 증기를 얻기 위해 설치한다.
　㉡ 과열기의 재료는 탄소강을 비롯, 니켈, 크롬, 몰리브덴, 바나듐 등을 함유한 특수 내열 강관을 사용한다.
　㉢ 과열기는 부착 위치에 따라 방사형 과열기, 대류형 과열기 및 방사, 대류형 과열기로 분류한다.
　㉣ 방사형 과열기는 화실의 천장부 또는 노벽에 배치되고, 주로 화염의 방사열을 이용하는 과열기이다.
　㉤ 대류형 과열기는 보통 제1, 제2연도의 중간에 설치하고 연소가스의 대류에 의한 전달열을 받는 과열기이다.
　㉥ 방사, 대류형 과열기는 대류 전달면 입구 가까이에 설치하고 방사열과 대류 전달열을 동시에 이용하는 과열기이다.

② 재열기
　㉠ 과열기와 같은 구조로 되어 있으며 과열기의 중간 또는 뒤쪽에 배치된다.
　㉡ 재열기는 증기 터빈 속에 소정의 팽창을 하여 포화증기에 가까워진 증기를 도중에서 이끌어내어 그 압력으로 재차 가열하여 터빈에 되돌려 팽창시키는 경우에 사용한다.

③ 이코노마이저(Economizer, 절탄기)
　㉠ 연도에 설치되며, 보일러 전열면을 통하여 연소가스의 여열로 보일러 급수를 예열하여 보일러의 효율을 높이는 장치이다.
　㉡ 그 부대 효과로 급수 예열에 의해 보일러수와의 온도차가 감소하므로 보일러 드럼에 발생하는 열응력이 경감되는 것을 들 수 있다.

④ 공기예열기
　연도 가스 여열을 이용하여 연소용 공기를 예열함으로써 보일러의 효율을 높이는 장치이다.

적중예상문제

01 소각로에서 완전연소를 위한 3가지 조건(일명 3T)으로 옳은 것은?

① 시간-온도-혼합
② 시간-온도-수분
③ 혼합-수분-시간
④ 혼합-수분-온도

 완전연소의 구비조건(3T)
㉠ 체류시간은 가능한 한 길어야 한다(Time).
㉡ 연소용 공기를 예열한다(Temperature).
㉢ 공기와 연료를 적절히 혼합한다(Turbulence).

02 유기물을 완전연소시키기 위한 폐기물의 연소성능 필요조건 항목(3T)으로 가장 거리가 먼 것은?

① 온도   ② 기압   ③ 체류시간   ④ 혼합

03 연소 시 연소온도를 높일 수 있는 조건으로 가장 거리가 먼 것은?

① 완전연소시킨다.
② 연소용 공기를 예열한다.
③ 과잉공기량을 많게 한다.
④ 발열량이 높은 연료를 사용한다.

04 소각장에서 폐기물을 연소시킬 때 조건으로 가장 거리가 먼 것은?

① 완전연소를 위해 체류시간은 가능한 한 짧아야 한다.
② 연료와 공기가 충분히 혼합되어야 한다.
③ 공기/연료비가 적절해야 한다.
④ 점화온도가 적정하게 유지되고 재의 방출이 최소화될 수 있는 소각로 형태이어야 한다.

05 소각시설의 연소온도를 높이기 위한 방법으로 옳지 않은 것은?

① 발열량이 높은 연료 사용
② 환경영향평가
③ 연료의 예열
④ 연료의 완전연소

정답 01 ① 02 ② 03 ③ 04 ① 05 ②

06 소각시설의 연소온도가 너무 높을 때 주로 발생되는 대기오염물질은?

① 질소산화물   ② 탄화수소류
③ 일산화탄소   ④ 수증기와 재

 질소산화물은 고온생성물질이다.

07 도시쓰레기의 소각 시 장점이 아닌 것은?

① 위생적이다.   ② 운전비용이 적게 든다.
③ 폐열이용이 가능하다.   ④ 매립 쓰레기 양이 감소한다.

08 탄소 30kg과 수소 15kg을 완전연소시키는 데 필요한 이론적인 산소의 양은?(단, 각각의 성분은 완전연소하여 이산화탄소와 물로 됨)

① 200kg   ② 240kg   ③ 280kg   ④ 320kg

$C + O_2 \rightarrow CO_2$
12kg : 32kg
30kg : X_1 $X_1 = 80(kg)$

$H_2 + \dfrac{1}{2}O_2 \rightarrow H_2O$
2kg : 16kg
15kg : X_2 $X_2 = 120(kg)$

이론산소량 = $X_1 + X_2 = 200(kg)$

[다른 풀이방식]
$O_o(kg) = 2.667C + 8H + S - O = 2.667 \times 30 + 8 \times 15 = 200(kg)$

09 탄소 75kg과 수소 15kg을 완전연소시키는 데 필요한 이론적인 산소의 양은?(단, 각각의 성분은 완전연소하여 이산화탄소와 물로 됨)

① 180kg   ② 240kg   ③ 280kg   ④ 320kg

10 탄소 6kg을 완전연소시킬 때 필요한 이론산소량은?

① $6Sm^3$ ② $11.2Sm^3$ ③ $22.4Sm^3$ ④ $53.3Sm^3$

11 완전연소를 위한 이론공기량을 산출하는 식으로 옳은 것은?(단, 부피 기준임)

① 이론공기량=이론산소량×0.21
② 이론공기량=이론산소량÷0.21
③ 이론공기량=이론산소량×0.79
④ 이론공기량=이론산소량÷0.79

12 에탄가스 $1Sm^3$의 완전연소에 필요한 이론공기량은?

① $8.67Sm^3$
② $10.67Sm^3$
③ $12.67Sm^3$
④ $16.67Sm^3$

 $C_2H_6 + 3.5O_2 \rightarrow 2CO_2 + 3H_2O$
$1Sm^3 : 3.5Sm^3$

$A_o(Sm^3) = O_o \times \dfrac{1}{0.21} = 3.5 \times \dfrac{1}{0.21} = 16.667(Sm^3)$

13 메탄올 4kg이 완전연소하는 데 필요한 이론공기량은?(단, 표준상태 기준)

① $5Sm^3$
② $10Sm^3$
③ $15Sm^3$
④ $20Sm^3$

 $CH_3OH + 1.5O_2 \rightarrow CO_2 + 2H_2O$
$32kg : 1.5 \times 22.4Sm^3$
$4kg : X \qquad X = 4.2(Sm^3)$

$A_o(Sm^3) = O_o \times \dfrac{1}{0.21} = 4.2 \times \dfrac{1}{0.21} = 20(Sm^3)$

14 메탄올(CH_3OH) 1kg을 12%의 과잉공기를 공급하여 완전연소시킬 때 소요되는 공기의 양은?(단, 표준상태 기준)

① $4.4Sm^3$
② $5.0Sm^3$
③ $5.6Sm^3$
④ $6.2Sm^3$

 $CH_3OH + 1.5O_2 \rightarrow CO_2 + 2H_2O$
$32kg : 1.5 \times 22.4Sm^3$
$1kg : X \qquad X = 1.05(Sm^3)$

$A_o(Sm^3) = O_o \times \dfrac{1}{0.21} = 1.05 \times \dfrac{1}{0.21} \times 1.12 = 5.6(Sm^3)$

정답 11 ② 12 ④ 13 ④ 14 ③

15 A고체연료의 탄소, 수소, 산소 및 황의 무게비가 각각 85%, 5%, 9%, 1%일 때 완전연소에 필요한 이론공기량은?(단, 표준상태 기준)

① 1.81Sm³/kg ② 2.45Sm³/kg ③ 8.62Sm³/kg ④ 10.54Sm³/kg

$A_o = O_o \times \dfrac{1}{0.21}$
$= \left(1.867 \times 0.85 + 5.6\left(0.05 - \dfrac{0.09}{8}\right) + 0.7 \times 0.01\right) \times \dfrac{1}{0.21} = 8.62(Sm^3/kg)$

16 탄소, 수소, 산소, 황을 무게로 각각 87%, 4%, 8%, 1% 함유한 중유의 연소에 필요한 이론산소량이 1.80Sm³/kg이라면 이론공기량은?

① 약 2.8Sm³/kg ② 약 5.2Sm³/kg ③ 약 8.6Sm³/kg ④ 약 10.3Sm³/kg

$A_o = O_o \times \dfrac{1}{0.21} = 1.8 \times \dfrac{1}{0.21} = 8.57(Sm^3/kg)$

17 다음 중 공기비의 정의를 옳게 나타낸 것은?

① 연소물질량과 이론공기량 간의 비
② 연소에 필요한 절대공기량
③ 공급공기량과 배출가스량 간의 비
④ 실제공기량과 이론공기량 간의 비

18 연료를 연소시킬 때 실제 공급된 공기량을 A, 이론공기량을 A_o라 할 때 과잉공기율을 옳게 나타낸 것은?

① $\dfrac{A - A_o}{A}$ ② $\dfrac{A - A_o}{A_o}$ ③ $\dfrac{A}{A_o} + 1$ ④ $\dfrac{A_o}{A} - 1$

19 쓰레기를 연소시키기 위한 이론공기량이 10Sm³/kg이고 공기비가 1.1일 때 실제로 공급된 공기량은?

① 0.5Sm³/kg ② 0.5Sm³/kg ③ 10.0Sm³/kg ④ 11.0Sm³/kg

$A = mA_o = 1.1 \times 10 = 11(Sm^3/kg)$

정답 15 ③ 16 ③ 17 ④ 18 ② 19 ④

20 탄소 6kg이 이론적으로 완전연소할 때 발생하는 이산화탄소의 양은?

① 44kg ② 36kg ③ 22kg ④ 12kg

$C + O_2 \rightarrow CO_2$
12kg : 44kg
6kg : X   X = 22(kg)

21 옥탄(C_8H_{18})연료의 이론적 완전연소 시 부피기준에서의 AFR(Mole Air/Mole Fuel)은?

① 12.5 ② 41.5 ③ 59.5 ④ 74.5

$C_8H_{18} + 12.5O_2 \rightarrow 8CO_2 + 9H_2O$

$$AFR_v = \frac{m_a \times 22.4}{m_f \times 22.4} = \frac{12.5 \times \frac{1}{0.21} \times 22.4}{1 \times 22.4} = 59.52$$

22 발열량이 800kcal/kg인 폐기물을 하루에 6톤씩 소각한다. 소각로 연소실의 용적이 125m³이고, 1일 운전시간이 8시간이면 연소실의 열발생률은?

① 3,600kcal/m³ · hr ② 4,000kcal/m³ · hr
③ 4,400kcal/m³ · hr ④ 4,800kcal/m³ · hr

연소실 열발생률 = $\frac{G_f \times Hl}{V}$

$$= \frac{6ton}{day} \left| \frac{1day}{8hr} \right| \frac{800kcal}{kg} \left| \frac{1,000kg}{1ton} \right| \frac{1}{125m^3} = 4,800 kcal/m^3 \cdot hr$$

여기서, G_f : 연료량(kg/hr), Hl : 저위발열량(kcal/kg), V : 연소실 체적(m³)

23 가로 1.2m, 세로 2m, 높이 12m의 연소실에서 저위발열량이 10,000kcal/kg인 중유를 1시간에 10kg씩 연소시킨다면 연소실의 열발생률은 얼마인가?

① 2,888kcal/m³ · hr ② 3,472kcal/m³ · hr
③ 4,985kcal/m³ · hr ④ 5,644kcal/m³ · hr

연소실 열발생률 = $\frac{G_f \times Hl}{V}$

$$= \frac{10kg}{hr} \left| \frac{10,000kcal}{kg} \right| \frac{1}{1.2 \times 2 \times 12(m^3)} = 3,472.2(kcal/m^3 \cdot hr)$$

정답 20 ③ 21 ③ 22 ④ 23 ②

24 쓰레기 소각능력이 $100kg/m^2 \cdot hr$이고, 소각할 쓰레기의 양이 $5,100kg/day$이다. 하루 8시간 소각로를 운전한다면 화격자의 면적은?

① $10.90m^2$ ② $9.38m^2$ ③ $6.38m^2$ ④ $5.69m^2$

풀이) $X(m^2) = \dfrac{5,100kg}{day} \left| \dfrac{m^2 \cdot hr}{100kg} \right| \dfrac{1day}{8hr} = 6.375(m^2)$

25 쓰레기의 소각능력이 $100kg/m^2 \cdot hr$이고, 소각할 쓰레기의 양이 $7,500kg/day$이다. 하루 8시간 소각로를 운전한다면 화격자의 면적은?

① $10.90m^2$ ② $9.38m^2$
③ $6.38m^2$ ④ $5.69m^2$

풀이) $X(m^2) = \dfrac{7,500kg}{day} \left| \dfrac{m^2 \cdot hr}{100kg} \right| \dfrac{1day}{8hr} = 9.375(m^2)$

26 쓰레기 발생량이 $24,000kg/$일이고 발생량이 $500kcal/kg$이라면 노 내 열부하가 $50,000\ kcal/m^3 \cdot hr$인 소각로의 용적은?(단, 1일 가동시간은 12hr이다.)

① $20m^3$ ② $40m^3$
③ $60m^3$ ④ $80m^3$

풀이) $X(m^3) = \dfrac{500kcal}{kg} \left| \dfrac{24,000kg}{day} \right| \dfrac{m^3 \cdot hr}{50,000kcal} \left| \dfrac{1day}{12hr} \right. = 20(m^3)$

27 다음 중 연료형태에 따른 연소의 종류에 해당하지 않는 것은?

① 분해연소 ② 조연연소
③ 증발연소 ④ 표면연소

28 다음 중 연료 자체가 타는 경우로 휘발유와 같이 끓는점이 낮은 기름의 연소나 왁스가 액화하여 다시 기화되어 연소되는 형태는?

① 분해연소 ② 표면연소 ③ 자기연소 ④ 증발연소

정답 24 ③ 25 ② 26 ① 27 ② 28 ④

29 휘발유와 같이 끓는점이 낮은 기름의 연소는 주로 어떤 연소방식인가?
① 증발연소 ② 분해연소 ③ 표면연소 ④ 자기연소

30 다음 중 소각로의 형식이라 볼 수 없는 것은?
① 펌프식 ② 화격자식 ③ 유동상식 ④ 회전로식

31 다음 중 하부로부터 가스를 주입하여 모래를 띄운 후 이를 가열하여 상부로부터 폐기물을 주입하여 소각하는 형식은?
① 유동상 소각로 ② 회전식 소각로
③ 다단식 소각로 ④ 화격자 소각로

32 화상 위에서 쓰레기를 태우는 방식으로 플라스틱처럼 열에 열화, 용해되는 물질의 소각에 적합하여 체류시간이 길고 국부적으로 가열될 염려가 있는 소각로는?
① 고정상 ② 화격자 ③ 회전로 ④ 다단로

33 유동상 소각로의 장점으로 거리가 먼 것은?
① 유동매체의 열용량이 커서 전소 및 혼소가 가능하다.
② 연소효율이 높아 미연소분의 배출이 적고 2차 연소실이 불필요하다.
③ 유동매체의 손실이 없어 유지관리비가 적게 소요된다.
④ 과잉공기량이 적고 질소산화물도 적게 배출된다.

풀이 유동상 소각로는 유동매체의 손실이 있어 유지관리비가 많이 소요된다.

34 다음 중 로터리 킬른 방식의 장점으로 거리가 먼 것은?
① 드럼이나 대형용기를 파쇄하지 않고 그대로 투입할 수 있다.
② 예열이나 혼합 등 전처리가 거의 필요 없다.
③ 열효율이 높고, 적은 공기비로도 완전연소가 가능하다.
④ 습식가스 세정시스템과 함께 사용할 수 있다.

정답 29 ① 30 ① 31 ① 32 ① 33 ③ 34 ③

회전로 소각로는 열효율이 낮은 것이 단점이다.

35 하부에서 뜨거운 가스로 모래를 가열하여 부상시키고, 상부에서는 폐기물을 주입하여 소각시키는 형태의 소각로는?

① 액체 주입형 소각로   ② 화격자 소각로
③ 회전형 소각로   ④ 유동상 소각로

36 다음 그림과 같이 쓰레기를 대량으로 간편하게 소각 처리하는 데 적합하고, 연속적인 소각과 배출이 가능한 소각로의 형태는?

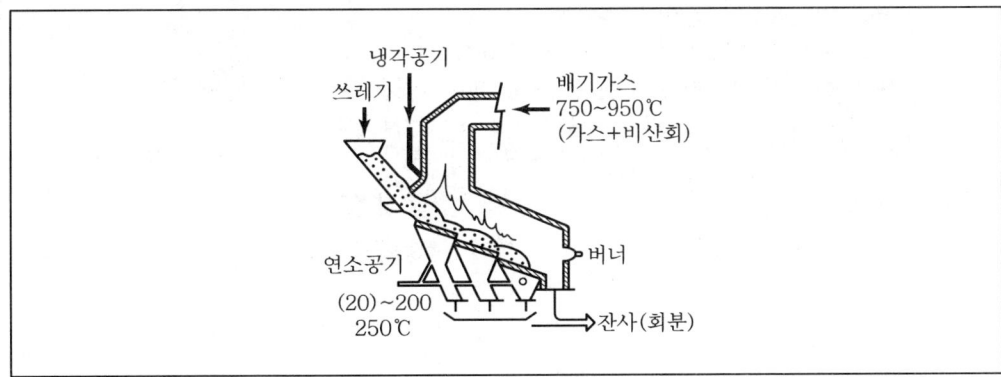

① 스토커식   ② 유동상식
③ 회전로식   ④ 분무연소식

37 소각로 형식 중 회전로(Rotary Kiln)가 가지는 장점으로 거리가 먼 것은?

① 공급장치의 설계에 있어 유연성이 있다.
② 비교적 열효율이 높다.
③ 넓은 범위의 액상 또는 고상 폐기물을 각각 또는 섞어서 소각할 수 있다.
④ 대체로 파쇄 등의 전처리 없이 폐기물의 주입이 가능하다.

 문제 34번 해설 참조

정답 35 ④ 36 ① 37 ②

38 스토커(Stoker)방식 소각로의 장점으로 틀린 것은?

① 연속적인 소각과 배출이 가능하다.
② 체류시간이 짧고, 교반력이 강하며, 국부가열의 최소화로 고효율 유지가 가능하다.
③ 수분이 많은 쓰레기의 소각도 가능하다.
④ 발열량이 낮은 쓰레기의 소각도 가능하다.

 스토커 소각로는 체류시간이 길고 교반력이 약하며, 국부가열이 발생할 염려가 있다.

39 다음에서 설명하는 소각로 형식은?

- 복동식과 흔들이식이 있다.
- 연속적인 소각과 배출이 가능하다.
- 수분이 많거나 발열량이 낮은 폐기물도 어느 정도 소각이 가능하다.
- 플라스틱과 같이 열에 쉽게 용융되는 폐기물의 연소에는 적합하지 않다.
- 고온에서 기계적으로 구동하여 금속부의 마멸이 심할 수 있다.

① 다단로 ② 회전로
③ 유동상 소각로 ④ 화격자 소각로

정답 38 ② 39 ④

매 립

1 매립방법

(1) 매립방법에 따른 분류

1) 단순매립

폐기물을 다짐 없이 매립지에 투기한 후 중간복토를 하지 않고 최종복토만 하는 방식이다.
① 장점 : 복토재가 거의 필요 없다. 단위체적당 매립량이 가장 많다.
② 단점 : 비위생적인 매립방법이다. 악취 및 침출수 발생량이 많다. 주변 토양과 수질에 악영향을 미친다.

2) 위생매립

① 샌드위치 방식

폐기물층과 복토층을 수평으로 하여 반복적으로 일정한 두께로 쌓는 방식으로 복토재가 셀 방식에 비해 적게 소요되며 좁은 산간 매립지에 적합하다. 1일 작업량이 적어 복토를 하지 못할 경우 폐기물의 비산 및 악취가 발생된다.

② 셀(Cell) 방식

폐기물을 비탈지게(경사 15~25%) 셀 모양으로 쌓고 각 셀마다 복토를 해 나가는 것으로 위생매립 시 가장 많이 이용되는 방식이다. 매립방법 중 가장 위생적이며, 침출수량이 적고, 매립층 내의 수분이나 발생 가스의 이동이 억제된다. 장래 토지 이용에 유리하고, 고밀도 매립이 가능하나 유지관리비 및 복토재가 많이 소요되는 단점이 있다.

③ 압축매립(Baling System)

폐기물을 압축시켜 덩어리로 만드는 과정을 Baling이라고 하며, 이를 매립하는 방식(유해 폐기물의 안전매립 방법). 쓰레기의 발생량이 증가하고 있는 쓰레기 매립지의 확보 및 사용연한이 크게 문제화되고 있는 시점에서 운반이 쉽고 안정성에 유리하며 지가가 비쌀 경우에 유효한 방법이다.

㉠ 장점 : 운반이 쉽고 안전성이 높다. 매립지 소요면적, 복토재가 적게 든다. 매립지 반의 침하가 거의 없다. 매립지에서 압축이 필요하지 않게 된다.
㉡ 단점 : 중간 처리시설이 필요하며, 비용이 많이 든다.

(2) 육상(내륙)매립

1) 도랑식(Trench Method)

① 폭 20m, 깊이 10m 정도의 도랑을 판 후 매립한다.
② 파낸 흙을 복토재로 이용 가능한 경우 경제적이다.
③ 사전 정비 작업이 그다지 필요하지 않으나 단층매립만 가능하므로 매립용량이 낭비된다.
④ 침출수 수집장치나 차수막 설치가 어렵다.

2) 지역식(평지매립법)

해당 지역이 트렌치(Trench) 굴착을 하기에 적당하지 않을 때 시행할 수 있는 방법이다.

① 경사식(Ramp Method) : 평지매립법의 일종으로 복토의 일부를 매립지 바닥에서 얻을 수 있을 때 이용한다.
② 계곡매립식 : 계곡, 협곡, 건조한 채석장과 같은 자연적 저지나 인공적 저지가 존재하는 지역에서 이용 가능한 방법이다.

(3) 해양매립

처분장의 면적이 크고, 1일 처분량이 비교적 많다. 처분장이 평면이고 매립작업이 연속적인 투입방법이므로 완전한 샌드위치 방식에 의한 매립이 곤란하다. 수중부에서 쓰레기를 고르게 깔고 압축작업 및 복토를 실시하기 어려우므로 근본적으로 내륙매립과는 다르다.

1) 순차투입 공법

호안 측에서 쓰레기를 순차적으로 매립하는 방식이다. 내수배제가 곤란하고, 수심이 깊은 지역은 수중투기 공법이 적당하다. 바닥지반이 연약한 경우에는 매립된 쓰레기의 하중에 의해 연약층이 유동 및 지반층에 의한 침하가 발생할 수 있다. 부유성 쓰레기가 많아 수면부와 육지부의 경계를 구분할 수 없어 안전사고를 유발할 가능성이 있다.

2) 박층뿌림 공법

밑면이 뚫린 바지선 등으로 쓰레기를 박층으로 떨어뜨려 뿌려줌으로써 바닥지반의 하중을 균등하게 해주는 방법이다. 내수배제가 곤란하고 수심이 깊은 지역에 채용된다. 지반개량이 특히 필요한 지역, 설비가 대규모인 매립지 등에 적합하다.

3) 내수배제 또는 수중투기 공법

수중부의 매립방법은 외주호안이나 중간제방 등에 고립된 매립지 내의 해수 등을 그대로 놓아둔 채 쓰레기를 투기하거나 또는 매립에 앞서 내수를 일부 배제한 후 쓰레기를 투기하는 방법 및 내수를 완전히 배제하여 육상매립과 비슷한 형태로 매립하는 방법이다.

② 복토의 종류와 기준

(1) 복토재의 구비조건

① 투수계수가 낮을 것
② 위생상 안전할 것
③ 원료가 저렴하고 살포가 용이하며 악천후에도 사용이 가능할 것

(2) 인공복토재의 조건

① 투수율이 낮을 것
② 독성이 없을 것
③ 생분해가 가능할 것
④ 위생문제에 적합할 것
⑤ 내구성이 있고 가격이 저렴할 것

(3) 복토의 목적별 복토방법

① 일일 복토

매일 실시, 최소 15cm 이상 실시, 화재예방과 악취발산 억제, 우수침투 억제, 매개곤충, 보균생물 서식 방지, 폐기물 비산 방지, 차수성 및 통기성이 좋은 사질토계 토양이 적합, 연탄재 또는 퇴비 등도 사용이 가능하다.

② 중간복토

매립이 7일 이상 정지될 때 실시, 30cm 이상 실시, 화재예방, 악취발산 억제 및 가스배출 억제, 우수침투 방지, 폐기물 운반차량 통행로 확보, 차수성이 좋고, 통기성이 나쁜 점성토계 토양이 적합하다.

③ 최종복토

최종 매립완료 후 실시, 60cm 이상, 우수침투 방지, 식물의 성장을 위한 장소 제공, 매립가스의 유출 차단, 해충 서식 억제, 침식 방지, 침식에 저항력이 크고 투수성이 작으며, 식생에 적합한 양질토양을 사용한다.

3 LFG(Landfill Gas) 발생의 각 단계

(1) 제1단계(호기성 단계)
① 투입 폐기물 중에 함유된 공기에 의해 호기성 상태를 유지한다.
② 폐기물 매립 후 수일~수개월가량 지속된다.
③ 수분함량이 많을수록 반응이 가속화되어 2단계로 빨리 넘어가게 된다.

(2) 제2단계(비메탄 발효기, 통성 혐기성 단계)
① 혐기성 단계이지만 메탄이 형성되지 않는 단계로서 혐기성으로 전이가 일어나는 단계이다.
② 통성 혐기성균의 활동에 의해 지방산, 알코올, NH_3, N_2, CO_2(가장 많이 배출) 등을 생성한다.
③ H_2가 생성되기 시작하면, SO_4^{2-}, NO_3^- 등은 환원된다.
④ 수분이 충분할수록 3단계로 빨리 넘어가게 된다.

(3) 제3단계(혐기성 메탄생성 축적 단계)
① 혐기성 단계로 메탄가스가 생성되기 시작한다.
② CH_4의 비율이 높아지면서 H_2, CO_2의 비율은 낮아진다.
③ 온도가 55도까지 증가된다.

(4) 제4단계(혐기성 정상단계)
① 매립 후 약 1~2년이 경과된 후에 일어나며, 혐기성 분해반응이 정상으로 진행되어 생성되는 가스의 조성이 거의 일정하게 된다.
② 가스의 조성은 CH_4 55%, CO_2 40%, 기타 N_2 및 O_2 5% 정도이다.

참고정리

✔ **폐기물 분류(폐기물관리법)**
  ① 생활폐기물 : 사업장폐기물 이외의 폐기물
  ② 사업장폐기물
    ㉠ 건설폐기물
    ㉡ 지정폐기물 ⓐ 폐유·폐산등사업장폐기물
              ⓑ 의료폐기물(구. 감염성 폐기물)
    ㉢ 사업장 일반 폐기물

✔ **생활폐기물과 지정폐기물의 분류기준 : 유해성**

✔ **폐기물 분류(공정시험기준)**
  ① 액상폐기물 : 고형물 함량 5% 미만
  ② 반고상폐기물 : 고형물 함량 5% 이상, 15% 미만
  ③ 고상폐기물 : 고형물 함량 15% 이상

✔ **우리나라의 지정 폐기물 분류체계**

항 목	폐기물의 종류	판정기준
부식성	• 폐산 • 폐알칼리	• pH 2.0 이하 • pH 12.5 이상
EP독성 반응성 발화성	• 폐유기용제 • 폐유	할로겐족 외의 모든 유기용제 기름 성분 5% 이상
독 성	• PCB 함유폐기물 • 폐농약 • 폐석면	• PCB 액상(2mg/L 이상) • PCB 액상 이외(0.003mg/L 이상)

용출특성	• 광재
	• 분진
	• 폐주물사 및 샌드블라스트폐사
	• 폐내화물 및 도자기 편류
	• 소각 잔재물
	• 안정화 또는 고형화 처리물
	• 폐촉매
	• 폐흡착제 및 폐흡수제
		※ 중금속
		  Pb, Cu ⇒ 3mg/L 이상
		  As, Cr^{6+} ⇒ 1.5mg/L 이상
		  CN, 유기인 ⇒ 1mg/L 이상
		  Cd, TCE ⇒ 0.3mg/L 이상
		  PCE ⇒ 0.1mg/L 이상
		  Hg ⇒ 0.005mg/L 이상

난분해성	폐합성 고분자 화합물, 폐합성 수지, 폐합성 고무, 폐페인트 및 폐래커	
유해가능성	오니(수분 95% 미만, 고형물 5% 이상)	납 등 10항목에 대해 허용 용출농도 이상인 것
기 타	기타 환경부장관이 정하는 것	

참고정리

✔ **지정폐기물의 종류 및 대표적인 처리방법**
1. 폐산 : 중화법, 증발농축법, 냉각결정법, 배소법(분해법)
   ① 중화법
      ㉠ 석회중화법 : 소석회($Ca(OH)_3$)로 중화
      ㉡ 암모니아중화법 : 산화티탄 폐산으로 황산암모늄염을 회수
   ② 증발농축법
      ㉠ 액중연소증발농축법 : 연소가스를 직접 액중에 분출하거나, 버너를 액중에 설치하여 직접 연소시켜서 고온의 연소가스를 액중으로 분출시켜 폐액을 가열하여 수분을 증발시키는 방법
      ㉡ 진공증발농축법 : 농황산을 진공증발장치에 의하여 농축시켜 황산을 회수
   ③ 냉각결정법 : 폐산을 냉각시켜 염($FeSO_4 \cdot 7H_2O$)을 석출/분리하는 방법
   ④ 배소법(분해법) : 폐염산을 고온으로 주입시켜 수분을 증발시켜 염화철을 분해하여 생성하는 염화수소를 염산으로 회수하는 방법

2. 폐알칼리 : 진공증발농축법

✔ **시료의 축소방법**
1. 구획법
   ① 모아진 대시료를 네모꼴로 엷게 균일한 두께로 편다.
   ② 이것을 가로 4등분, 세로 5등분하여 20개의 덩어리로 나눈다.
   ③ 20개의 각 부분에서 균등량씩을 취하여 혼합한 후 하나의 시료로 한다.
2. 교호삽법
   ① 분쇄한 대시료를 단단하고 깨끗한 평면 위에 원추형으로 쌓는다.
   ② ①의 원추를 장소를 바꾸어 다시 쌓는다.
   ③ 원추에서 일정량을 취하여 장방형으로 도포하고 계속해서 일정량을 취하여 그 위에 입체로 쌓는다.
   ④ ③의 육면체의 측면을 교대로 돌면서 균등량씩을 취하여 두 개의 원추를 쌓는다.
   ⑤ 하나의 원추는 버리고 나머지 원추를 ①~④의 조작을 반복하면서 적당한 크기까지 줄인다.
3. 원추4분법
   ① 분쇄한 대시료를 단단하고 깨끗한 평면 위에 원추형으로 쌓아 올린다.
   ② ①의 원추를 장소를 바꾸어 다시 쌓는다.
   ③ 원추의 꼭지를 수직으로 눌러서 평평하게 만들고 이것을 부채꼴로 사등분한다.
   ④ 마주 보는 두 부분을 취하고 반은 버린다.
   ⑤ 반으로 준 시료를 ①~④의 조작을 반복하여 적당한 크기까지 줄인다.

참고정리

✔ 국제환경협약

① 바젤조약(협약)(Basel Convention) : 1982년 세베소 사건을 계기로 1989년 체결된 국제조약으로 유해폐기물 국가 간 이동 및 그 처분의 규제에 관한 내용을 담고 있는 조약이다.

② 런던덤핑협약 : 정식 명칭은 폐기물 기타 물질의 투기에 의한 해양오염 방지 협약(Convention on The Prevention of Marine Pollution by Dumping of Wastes and Other Matters)이다. 1972년에 폐기물 기타 물질의 투기에 의한 해양오염 방지협약이 체결되었는데, 이 협약은 종래에 보통 런던덤핑협약으로 불리었으나, 1992년 11월에 개최된 제15차 협의당사국 회의에서 런던협약(London Convention)으로 변경하였다.
런던협약은 국내수역(Internal Waters) 밖에 있는 모든 해양지역에 각종 폐기물을 투기하는 것을 방지함으로써 해양오염을 막기 위한 목적에서 채택되었으며, 미국, 프랑스, 독일, 영국, 러시아, 우리나라 등 70여 개국이 가입한 다자 협약이다.

③ 스톡홀름협약 : 잔류성 유기오염물질(POPs)을 국제적으로 규제하기 위해 채택된 협약이다.

적중예상문제

01 다음 중 매립지에서 유기물이 혐기성 분해될 때 가장 늦게 일어나는 단계는?

① 가수분해 단계 ② 알코올발효 단계
③ 메탄 생성 단계 ④ 산 생성 단계

유기물의 혐기성 분해 시 최종생성 단계는 메탄 생성 단계이다.

02 매립지에서의 가스 생성과정을 크게 4단계로 분류할 때 각 단계에 관한 일반적인 설명으로 옳지 않은 것은?

① 1단계 : 호기성 단계로 O_2가 소모되며, CO_2 발생이 시작된다.
② 2단계 : 호기성 전이 단계이며 NO_3^-가 산화되기 시작한다.
③ 3단계 : 혐기성 단계이며 CH_4가 발생하기 시작한다.
④ 4단계 : 정상적인 혐기단계로 CH_4와 CO_2의 함량이 거의 일정하다.

2단계는 혐기성 전이가 일어나는 단계이다.

03 생활 쓰레기를 매립하였을 경우 다음 중 매립초기(2단계)에 가스구성비(부피 %)가 가장 큰 것은?(단, 2단계는 혐기성 단계이나 메탄이 형성되지 않는 단계이다.)

① CO_2 ② C_2H_8 ③ H_2S ④ O_3

04 유기성 폐기물 매립장(혐기성)에서 가장 많이 발생되는 가스는?(단, 정상상태(Steady-State)이다.)

① 일산화탄소 ② 이산화탄소 ③ 메탄 ④ 부탄

05 매립지역 선정 시 고려사항으로 옳지 않은 것은?

① 매몰 후 덮을 수 있는 충분한 흙이 있어야 하며, 점토의 용이성 등 흙의 성질을 고려해야 한다.
② 용지 매수가 쉽고 경제적이어야 한다.
③ 입지선정 후에 야기될 주민들의 반응도 고려한다.
④ 지하수 침투를 용이하게 하기 위해 낮은 지역으로 선정한다.

정답 01 ③ 02 ② 03 ① 04 ③ 05 ④

06 폐기물 매립지 입지 선정 시 적격 기준항목으로 거리가 먼 것은?

① 토지 : 주민 밀집 지역인 곳
② 토양 : 주변 토양을 복토재로 사용 가능한 곳
③ 지형 및 지질 : 경제성 있는 매립용량 확보가 가능한 곳
④ 수문 : 강우 배제 및 침출수 발생의 제어가 용이한 곳

07 다음 중 내륙매립 공법의 종류가 아닌 것은?

① 도랑형공법 ② 압축매립공법 ③ 샌드위치공법 ④ 박층뿌림공법

08 다음은 폐기물의 매립공법에 관한 설명이다. 가장 적합한 것은?

> 쓰레기를 매립하기 전에 이의 감량화를 목적으로 먼저 쓰레기를 일정한 더미형태로 압축하여 부피를 감소시킨 후 포장을 실시하여 매립하는 방법으로, 쓰레기 발생량 증가와 매립지 확보 및 사용연한 문제에 있어서 운반이 쉽고 안정성이 유리하다는 것과 지가(地價)가 비쌀 경우 유효한 방법이다.

① 압축매립공법 ② 도랑형공법 ③ 셀공법 ④ 순차투입공법

09 다음 중 해안매립공법에 해당하는 것은?

① 셀공법 ② 압축매립공법 ③ 박층뿌림공법 ④ 샌드위치공법

10 매립처분시설의 분류 중 폐기물에 포함된 수분, 폐기물 분해에 의하여 생성되는 수분, 매립지에 유입되는 강우에 의하여 발생하는 침출수의 유출방지와 매립지 내부로의 지하수 유입방지를 위해 설치하는 것은?

① 부패조 ② 안정탑 ③ 덮개시설 ④ 차수시설

11 매립지의 복토기능으로 거리가 먼 것은?

① 화재 발생 방지
② 우수의 이동 및 침투방지로 침출수량 최소화
③ 유해가스 이동성 향상
④ 매립지의 압축효과에 따른 부등침하의 최소화

정답 06 ① 07 ④ 08 ① 09 ③ 10 ④ 11 ③

12 매립시설에서 복토의 목적과 거리가 먼 것은?

① 빗물 배제 ② 화재 방지
③ 식물 성장 방지 ④ 폐기물의 비산 방지

13 다음 중 매립지에서 복토를 하여 덮개시설을 하는 목적으로 가장 거리가 먼 것은?

① 악취발생 억제 ② 해충 및 야생동물의 번식 방지
③ 쓰레기의 비산 방지 ④ 식물 성장의 억제

14 다음 중 덮개시설에 관한 설명으로 옳지 않은 것은?

① 당일복토는 매립 작업 종료 후에 매일 실시한다.
② 셀(Cell)방식의 매립에서는 상부면의 노출기간이 7일 이상이므로 당일복토는 주로 사면부에 두께 15cm 이상으로 실시한다.
③ 당일복토재로 사질토를 사용하면 압축작업이 쉽고 통기성은 좋으나 악취발산의 가능성이 커진다.
④ 중간복토의 두께는 15cm 이상으로 하고, 우수배제를 위해 중간복토층은 최소 0.5% 이상의 경사를 둔다.

 중간복토
매립이 7일 이상 정지될 때 실시, 30cm 이상 실시, 화재예방, 악취발산 및 가스배출 억제, 우수 침투 방지, 폐기물 운반차량 통행로 확보, 차수성이 좋고, 통기성이 나쁜 점성토계 토양이 적합하다.

15 폐기물 매립지의 덮개시설에 대한 설명으로 가장 거리가 먼 것은?

① 덮개시설은 매립 후 안전한 사후관리를 위해 필요하다.
② 덮개흙으로 가장 적합한 것은 Clay이며, 투수계수가 큰 것이 좋다.
③ 덮개흙은 연소가 잘 되지 않아야 한다.
④ 덮개시설은 악취, 비산, 해충 및 야생동물 번식, 화재 방지 등을 위해 설치한다.

정답 12 ③ 13 ④ 14 ④ 15 ②

16 매립지의 폐기물에 포함된 수분, 매립지에 유입되는 빗물에 의해 발생하는 침출수의 유출 방지와 매립지 내부로의 지하수 유입을 방지하기 위하여 설치하는 것은?

① 차수시설 ② 복토시설
③ 다짐시설 ④ 회수시설

17 차수시설에 관한 설명으로 옳지 않은 것은?

① 점토의 경우 급경사면을 포함한 어떤 지반에도 효과적으로 적용 가능하고, 부등침하가 발생하지 않는다.
② 점토의 경우 양이온 교환능력 등에 의한 오염물질의 정화기능도 가지고 있을 뿐 아니라 벤토나이트 등을 첨가하면 차수성을 향상시킬 수 있다.
③ 연직차수막은 매립지 바닥에 수평방향으로 불투수층이 넓게 분포하고 있는 경우에 수직 또는 경사로 불투수층을 시공한다.
④ 합성고무 및 합성수지계 차수막은 자체의 차수성은 우수하나 두께가 얇아서 찢어지거나 접합이 불완전하면 차수성이 떨어진다.

 점토의 경우 투수율이 상대적으로 높으며 균등질의 불투수층 시공이 용이하지 못하고, 지반침하에 대응성이 낮다. 합성차수막에 비해 포설두께가 크다.

18 매립지 차수시설에 대한 설명 중 가장 거리가 먼 것은?

① 차수시설은 매립이 시작되면 복구가 불가능하므로 차수막의 특성에 따라 완벽하게 설계 및 시공되어야 한다.
② 차수시설은 형태에 따라 매립지의 바닥 및 경사면의 차수를 위한 표면차수공과 매립지의 하류부 또는 주변부에 연직으로 설치하는 연직차수시설로 나뉜다.
③ 점토에 벤토나이트 등을 첨가하면 차수성을 향상시킬 수 있다.
④ 합성수지 및 고무계 차수막은 내화학성과 내구성이 높아 경사면 및 지반침하의 우려가 있는 곳에도 직접 시공할 수 있다.

19 지역이기주의를 나타내는 용어로 폐기물의 최종매립지 확보를 어렵게 만드는 현상은?

① NIMBY 현상 ② PIMBY 현상
③ 3D 현상 ④ 3P 현상

정답 16 ① 17 ① 18 ④ 19 ①

MEMO

PART 04 소음진동

Craftsman Environmental

Chapter 01 소음진동의 기초
Chapter 02 소음의 측정
Chapter 03 진동의 측정
Chapter 04 소음 방지
Chapter 05 진동 방지
Chapter 06 소음진동의 영향

CHAPTER 01 소음진동의 기초

1 소음과 진동의 정의

(1) 소음(騷音, Noise)

듣기 싫은 음, 일상생활을 방해하는 음, 생리적 기능에 변화를 주는 음, 청력을 방해하는 음으로서 발생음원이 무엇이든 간에 불쾌감을 주고, 작업상 능률을 저하시키는 소리이다. 즉, 소음의 정의는 인간이 감각적으로 원하지 않는 소리(Unwanted Sound Or Undesired Sound)의 총칭이다.

(2) 진동(Vibration)

소음진동규제법의 정의에 의하면 기계, 기구의 사용으로 인하여 발생되는 강한 흔들림을 말한다.

2 주파수와 파장

(1) 주파수(Frequency : f)

1초 동안에 한 파장 또는 주기의 Cycle 수를 말하며, 단위는 Hz(cycle/sec)이다.

$$f = c/\lambda = 1/T \, (\text{Hz})$$

(2) 주기(Period : T)

어떤 현상이 일정한 시간마다 똑같은 변화를 되풀이할 때, 그 일정한 시간을 이르는 말로 한 파장이 전파하는 데 걸리는 시간을 말하며, 단위는 초(Sec)이다.

$$T = 1/f$$

(3) 파장(Wavelength : λ)

파동에서 같은 위상(位相)을 가진 서로 이웃한 두 점 사이의 거리. 곧, 전파나 음파 따위의 마루에서 다음 마루까지의 거리, 또는 골에서 다음 골까지의 거리를 말하며, 단위는 m이다.

$$\lambda = c/f \, (\text{m})$$

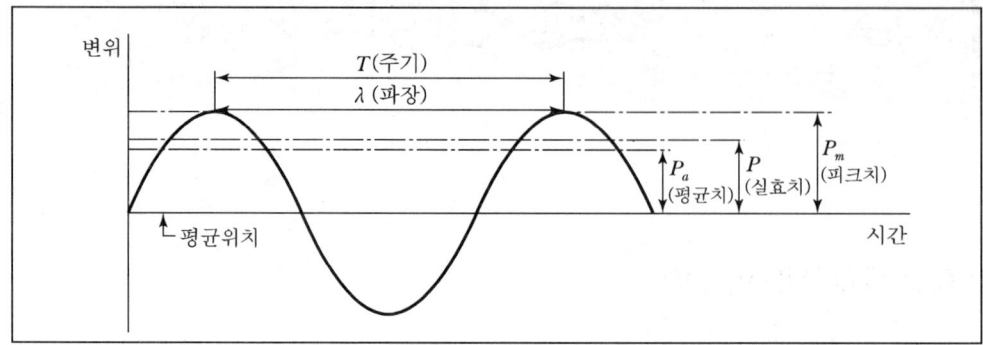

※ 음속(Speed of Sound : C) : 음파가 1초 동안에 전파하는 거리를 말한다. 단위는 m/s이고, 통상 고체나 액체 중에서 음속은 c = 331.42 + 0.6t(여기서, t : 공기온도 (℃))으로 구한다.

3 음압과 음의 세기 레벨

(1) 음압(Sound Pressure : P)

음에너지에 의해 매질에는 미세한 압력변화가 생기며 이 압력 변화 부분을 음압이라 한다. 단위는 N/m^2(Pa)이다.

$$P = \frac{P_m}{\sqrt{2}} (N/m^2)$$

여기서, P_m : 피크치

(2) 음의 세기(Sound Intensity : I)

단위면적을 단위시간에 통과하는 음에너지를 말하며 단위는 W/m^2이다.

$$I = P \times v = \frac{P^2}{\rho c} (W/m^2)$$

※ 입자속도 $V = \frac{P}{\rho c}$

(3) 음향출력(Acoustic Power : W)

음원으로부터 단위시간당 방출되는 총 음에너지를 말한다.

$$W = I \times S (W)$$

여기서, S : 표면적(m^2)

(4) 음의 세기 레벨(SIL ; Sound Intencity Level)

$$SIL = 10\log\left(\frac{I}{I_o}\right)dB$$

I_o(최소가청음의 세기) $= 10^{-12} W/m^2$ (0~130까지 140단계로 표시)

※ 최대가청음의 세기 : $10(W/m^2)$
※ 사람이 직접 귀로 들을 수 있는 가청주파수의 범위 : 20~20,000Hz
※ 파장 : 1.7cm~17m

(5) 음압레벨(SPL ; Sound Pressure Level)

$$SPL = 20\log\left(\frac{P}{P_o}\right)dB$$

P_o(최소음압실효치) $= 2 \times 10^{-5} N/m^2$

※ $SIL = 10\log\left(\frac{I}{I_o}\right)$ I에 $\frac{P^2}{\rho c}$을, ρc에 400을, I_o에 10^{-12}을 대입하면

$$SIL = 10\log\left(\frac{P^2}{400 \times 10^{-12}}\right) = 10\log\left(\frac{P}{2 \times 10^{-5}}\right)^2 = 20\log\left(\frac{P}{2 \times 10^{-5}}\right) = SPL$$

(6) 음향파워레벨(PWL ; Sound Power Level)

$$PWL = 10\log\left(\frac{W}{W_o}\right)dB$$

여기서, W_o(기준음향파워) $:= 10^{-12} W$ W : 대상음향파워

(7) SPL과 PWL의 관계

1) 무지향성 점음원

① 자유공간 : $SPL = PWL - 10\log(4\pi r^2)$
                   $= PWL - (20\log r + 10\log 4\pi)$
                   $= PWL - 20\log r - 11 dB$

② 반자유공간 : $SPL = PWL - 10\log(2\pi r^2)$
                     $= PWL - (20\log r + 10\log 2\pi)$
                     $= PWL - 20\log r - 8 dB$

2) 무지향성 선음원

① 자유공간 : $SPL = PWL - 10\log(2\pi r)$
                   $= PWL - 10\log r - 8 dB$

② 반자유공간 : $SPL = PWL - 10\log(\pi r)$
$\qquad\qquad\qquad\quad = PWL - 10\log r - 5dB$

(8) 음의 크기레벨(L_L ; Loudness Level)

음의 크기의 수준을 나타내는 단위로서 1,000Hz을 기준으로 해서 나타난 dB을 Phon이라 한다. dB와 Phon과의 관계는 주파수(Hz)에 따라 달라지나, 1,000Hz을 기준으로 해서 나타난 dB을 1Phon이라 한다.

(9) 음의 크기(S ; Loudness)

1,000Hz(기본주파수) 순음의 음의 세기레벨 40dB의 음의 크기를 1Sone로 정의하며, $S = 2^{(L_L - 40)/10}$ (Sone)(L_L은 phon 수이다.)

※ $L_L = 33.3\log S + 40$(phon)

(10) 소음통계레벨(L_N)

총 측정시간의 N(%)을 초과하는 소음레벨로 %가 적을수록 큰 소음레벨이다.

예 $L_{10} > L_{50} > L_{90}$

(11) 지향계수(Q ; Directivity Factor)

지향계수는 방향계수라고도 하며, 특정 방향에 대한 음의 지향도를 나타낸 것이다.

(12) 지향지수(DI ; Directivity Index)

음원의 중심에서 특정 방향으로 반경 r(m)로 떨어진 곳의 음압레벨을 SPLi라 하고, 반경이 r(m)인 구의 표면에서 측정한 음압 레벨 SPL의 평균치를 SPLa라 할 때 지향지수는 다음 식으로 표현한다.

DI = SPLi − SPLa = 10log Q(dB)

※ SPLi = PWL − 10log S + DI(dB)

| 지향계수와 지향지수의 관계 |

구분	지향계수	지향지수
점음원	1	0
반 자유공간	2	3
두 면이 접하는 구석	4	6
세 면이 접하는 구석	8	9

4 음의 성질

(1) 음의 반사

$$반사율(a_r) = \frac{I_r}{I_i} = \left(\frac{\rho_2 c_2 - \rho_1 c_1}{\rho_2 c_2 + \rho_1 c_1}\right)^2$$

여기서, $\rho_1 c_1$, $\rho_2 c_2$: 고유음향 임피던스

(2) 음의 투과

$$투과율(\tau) = \frac{I_t}{I_i} = 1 - a_r = \frac{4(\rho_1 c_1 \times \rho_2 c_2)}{(\rho_2 c_2 + \rho_1 c_1)}$$

이때, 투과손실(TL) $= 10\log\left(\dfrac{1}{\tau}\right)$

(3) 음의 흡수

$$\alpha = \frac{I_i - I_r}{I_i}$$

(4) 음의 회절

파동이 진행할 때 장애물 뒤쪽으로 음이 전파되는 현상이다.

(5) 음의 굴절

음파가 한 매질에서 타 매질로 통과할 때 구부러지는 현상이다.

적중예상문제

01 두 개의 진동체의 고유진동수가 같을 때 한쪽을 울리면 다른 쪽도 울리는 현상을 무엇이라 하는가?

① 공명　　② 진폭　　③ 회절　　④ 굴절

> 두 개의 진동체의 고유진동수가 같을 때 한쪽을 울리면 다른 쪽도 울리는 현상을 공명이라 한다.

02 파동이 진행할 때 장애물 뒤쪽으로 음이 전파되는 현상을 무엇이라 하는가?

① 회절　　② 굴절　　③ 음선　　④ 흡음

03 음의 굴절에 관한 다음 설명 중 틀린 것은?

① 음파가 한 매질에서 타 매질로 통과할 때 구부러지는 현상이다.
② 대기의 온도차에 의한 굴절은 온도가 낮은 쪽으로 굴절한다.
③ 음원보다 상공의 풍속이 클 때 풍상 측에서는 상공으로 굴절한다.
④ 밤(지표 부근의 온도가 상공보다 저온)이 낮(지표 부근의 온도가 상공보다 고온)보다 거리감쇠가 크다.

> 밤(지표 부근의 온도가 상공보다 저온)이 낮(지표 부근의 온도가 상공보다 고온)보다 거리감쇠가 작다.

04 음은 파동에 의해 전파되므로 장애물 뒤쪽의 암역(Shadow Zone)에도 어느 정도 음이 전달된다. 이는 소리가 장애물의 모퉁이를 돌아 전해지기 때문인데 이 현상을 무엇이라 하는가?

① 반사　　② 굴절　　③ 회절　　④ 간섭

> 파동이 진행할 때 장애물 뒤쪽으로 음이 전파되는 현상을 회절이라 한다.

05 진동수가 100Hz, 속도가 50m/s인 파동의 파장은?

① 0.5m　　② 1m　　③ 1.5m　　④ 2m

정답 01 ①　02 ①　03 ④　04 ③　05 ①

풀이 $\lambda = c/f\,(m)$
$= \dfrac{50}{100} = 0.5\,(m)$

06 진동수가 200Hz이고 속도가 50m/s인 파동의 파장은?

① 25cm   ② 50cm   ③ 75cm   ④ 100cm

풀이 $\lambda = c/f\,(m)$
$= \dfrac{50}{200} = 0.25\,(m) = 25\,(cm)$

07 음향파워레벨이 125dB인 기계의 음향파워는 약 얼마인가?

① 125W   ② 12.5W   ③ 32W   ④ 3.2W

풀이 $PWL = 10\log\left(\dfrac{W}{W_o}\right)(dB)$

㉠ W_o(기준음향파워) $= 10^{-12}\,W$
㉡ $W =$ 대상음향파워

$125 = 10\log\left(\dfrac{W}{10^{-12}}\right)\quad 12.5 = \log\left(\dfrac{W}{10^{-12}}\right)\quad 12.5 = \log W + 12$
$\therefore W = 3.2\,(W)$

08 음향출력 100W인 점음원이 반 자유공간에 있을 때 10m 떨어진 지점의 음의 세기는?

① $0.08\,W/m^2$ ② $0.16\,W/m^2$ ③ $1.59\,W/m^2$ ④ $3.18\,W/m^2$

 $PWL = 10\log\dfrac{W}{W_o}\,dB,\quad SPL = PWL - 20\log r - 8\,dB$

㉠ $PWL = 10\log\left(\dfrac{W}{W_o}\right) = 10\log\left(\dfrac{100}{10^{-12}}\right) = 140\,dB$

㉡ $SPL = PWL - 20\log r - 8\,dB = 140 - 20\log 10 - 8 = 112$

$SPL = 10\log\left(\dfrac{I}{I_o}\right)$

$112 = 10\log\left(\dfrac{I}{10^{-12}}\right)$

$\therefore I = 0.158\,(W/m^2)$

정답 06 ① 07 ④ 08 ②

09 음향파워레벨(PWL)이 100dB일 때 음향출력(W)은?

① 0.01Watt ② 0.02Watt ③ 0.10Watt ④ 0.20Watt

풀이 $PWL = 10\log\left(\dfrac{W}{W_o}\right)$

$100 = 10\log\left(\dfrac{W}{10^{-12}}\right)$

∴ $W = 10^{-2}(W)$

10 소음통계레벨(L_N)에 관한 설명으로 옳지 않은 것은?

① L_{50}은 중앙치라고 한다.
② L_{10}은 80%레인지 상단치라고 한다.
③ 총 측정시간의 N(%)를 초과하는 소음레벨을 의미한다.
④ L_{90}은 L_{10}보다 큰 값을 나타낸다.

풀이 소음통계레벨(L_N)
총 측정시간의 N(%)을 초과하는 소음레벨 %가 적을수록 큰 소음레벨
예 $L_{10} > L_{50} > L_{90}$

적중 11 아파트 벽의 음향투과율이 0.1%라면 투과손실은?

① 10dB ② 20dB ③ 30dB ④ 50dB

풀이 투과손실(TL) $= 10\log\left(\dfrac{1}{\tau}\right)$

$= 10\log\left(\dfrac{1}{0.001}\right) = 30(dB)$

12 A벽체의 투과손실이 32dB일 때, 이 벽체의 투과율은?

① 6.3×10^{-4} ② 7.3×10^{-4} ③ 8.3×10^{-4} ④ 9.3×10^{-4}

풀이 $TL = 10\log\left(\dfrac{1}{t}\right)$

$32 = 10\log\left(\dfrac{1}{t}\right)$

∴ $t = 1/10^{3.2} = 6.3 \times 10^{-4}$

정답 09 ① 10 ④ 11 ③ 12 ①

13 어느 벽체에서 입사음의 세기가 $10^{-2}(W/m^2)$이고, 투과음의 세기가 $10^{-4}(W/m^2)$이다. 이 벽체의 투과손실은?

① 10dB ② 15dB ③ 20dB ④ 30dB

 $TL = 10\log\left(\dfrac{1}{t}\right)$, $t = \dfrac{I_t}{I_i}$

$\therefore TL = 10\log\left(\dfrac{I_i}{I_t}\right) = 10\log\left(\dfrac{10^{-2}}{10^{-4}}\right) = 20(dB)$

14 A벽체 입사음의 세기가 $10^{-3} W/m^2$이고, 투과음의 세기가 $10^{-6} W/m^2$일 때 투과손실은?

① 10dB ② 20dB ③ 30dB ④ 60dB

 $TL = 10\log\left(\dfrac{I_i}{I_t}\right) = 10\log\left(\dfrac{10^{-3}}{10^{-6}}\right) = 30(dB)$

15 무지향성 점음원이 자유공간에 있을 때 지향계수는?

① 0 ② 1 ③ 2 ④ 4

 지향계수와 지향지수

구분	지향계수	지향지수
점음원	1	0
반 자유공간	2	3
두 면이 접하는 구석	4	6
세 면이 접하는 구석	8	9

16 다음 ( ) 안에 알맞은 것은?

( )은 1,000Hz 순음의 음세기레벨 40dB의 음크기를 말한다.

① SIL ② PNL ③ Sone ④ NNI

 음의 크기(Loudness : S)
1,000Hz(기본주파수) 순음의 음의 세기레벨 40dB의 음의 크기를 1Sone로 정의하며, $S = 2^{(L_L - 40)/10}(Sone)$ (L_L은 phon 수이다.)

정답 13 ③ 14 ③ 15 ② 16 ③

17 60phon의 소리는 50phon의 소리에 비해 몇 배 크게 들리는가?

① 2배　　　② 3배　　　③ 4배　　　④ 5배

 $S = 2^{(L_L - 40)/10}$

　㉠ 60phon　$S = 2^{(60-40)/10} = 4$
　㉡ 50phon　$S = 2^{(50-40)/10} = 2$

18 1,000Hz에서 정상적인 성인의 귀로 가청할 수 있는 최소 음압실효치는?

① $2 \times 10^{-5} N/m^2$　② $5 \times 10^{-5} N/m^2$　③ $2 \times 10^{-12} N/m^2$　④ $5 \times 10^{-12} N/m^2$

 P_o(최소 음압실효치) $= 2 \times 10^{-5} N/m^2$

19 파동의 특성을 설명하는 용어로 옳지 않은 것은?

① 파동의 가장 높은 곳을 마루라 한다.
② 매질의 진동방향과 파동의 진행방향이 직각인 파동을 횡파라고 한다.
③ 마루와 마루 또는 골과 골 사이의 거리를 주기라 한다.
④ 진동의 중앙에서 마루 또는 골까지의 거리를 진폭이라 한다.

 마루와 마루 또는 골과 골 사이의 거리를 파장이라 한다.

20 다음 중 종파(소밀파)에 해당하는 것은?

① 물결파　　② 전자기파　　③ 음파　　④ 지진파의 S파

 종파는 파동의 진행방향과 매질의 진행방향이 서로 평행인 파동이다. 종파의 예로 음파, 지진파(P파)가 있으며, 매질이 없으면 전파되지 않는다.

21 파동의 종류 중 '횡파'에 관한 설명으로 틀린 것은?

① 파동의 진행방향과 매질의 진동방향이 서로 평행한다.
② 매질이 없어도 전파된다.
③ 물결파(수면파)는 횡파이다.
④ 지진파의 S파는 횡파이다.

 횡파는 파동의 진행방향과 매질의 진행방향이 서로 직각인 파동이다. 횡파의 예로 물결(수면)파, 지진파(S파)가 있다.

정답　17 ①　18 ①　19 ③　20 ③　21 ①

소음의 측정

1 용어정리

① **소음도** : 소음계의 청감보정회로를 통하여 측정한 지시치를 말한다.
② **암소음** : 한 장소에 있어서 특정인 음을 대상으로 생각할 경우 대상소음이 없을 때 그 장소의 소음을 대상소음에 대한 암소음이라 한다.
③ **대상소음** : 암소음 이외에 측정하고자 하는 특정의 소음을 말한다.
④ **충격음** : 폭발음, 타격음과 같이 극히 짧은 시간 동안에 발생하는 높은 세기의 음을 말한다.
⑤ **등가소음도** : 임의의 측정시간 동안 발생한 변동소음의 총 에너지를 같은 시간 내의 정상 소음의 에너지로 등가하여 얻어진 소음도를 말한다.
⑥ **측정소음도** : 이 시험방법에 정한 측정방법으로 측정한 소음도 및 등가소음도 등을 말한다.
⑦ **평가소음도** : 대상소음도의 충격음, 관련 시간대에 대한 측정소음, 발생시간의 백분율, 시간별, 지역별 등의 보정치를 보정한 후 얻어진 소음도를 말한다.

2 소음의 측정점

① 공장의 부지경계선 중 피해가 우려되는 장소로서 소음도가 높을 것으로 예상되는 지점의 지면 위 1.2~1.5m 높이로 한다.
② 공장의 부지경계선이 불명확하거나 공장의 부지경계선에 비하여 피해자 측 부지경계선에서의 소음도가 더 큰 경우에는 피해자 측 부지경계선으로 한다.
③ 측정지점에 담, 건물 등 높이가 1.5m를 초과하는 장애물이 있는 경우에는 장애물로 부터 소음원 방향으로 1~3.5m 떨어진 지점으로 한다. 다만, 그 장애물이 방음벽이거나 충분한 차음이 예상되는 경우에는 장애물 밖의 1~3.5m 떨어진 지점 중에서 암영대의 영향이 적은 지점으로 한다.

3 암소음 보정

측정소음에 암소음을 보정하여 대상소음으로 한다.
① 측정소음도가 암소음도보다 10dB(A) 이상 크면 암소음의 영향이 극히 작기 때문에 암소음의 보정 없이 측정소음도를 대상소음도로 한다.
② 측정소음도가 암소음도보다 3~9dB(A) 사이로 크면 암소음의 영향을 받으므로 측정소음도에 보정표에 의한 보정치를 보정한 후 대상소음도를 구한다.

┃ 암소음 영향의 보정표 ┃

측정소음도와 암소음도의 차	3	4	5	6	7	8	9
보정값	-3	-2			-1		

4 소음계산

① 합 $L = 10\log(10^{L_1/10} + 10^{L_2/10} + \cdots 10^{L_n/10})$ (L = 음압레벨)
② 차 $L = 10\log(10^{L_1/10} - 10^{L_2/10})$

5 거리감쇠

① 거리가 2배 되면 점음원은 6dB, 선음원은 3dB 감소한다.
② 주파수가 크고, 습도와 기온이 낮을 때 감쇠가 증가한다.

> **참고정리**
>
> ① Masking 효과 : 크고 작은 두 소리가 동시에 들릴 때 큰 소리만 듣고 작은 소리는 듣지 못하는 현상으로 음파의 간섭에 의해 발생
> 예 Back Music, 차 안의 Stereo 음
>
> ② 청각구조
>
> | 구조 | 매질 | 역할 |
> |---|---|---|
> | 외이 | 기체(공기) | 이개-집음기, 외이도-음증폭, 고막-진동판 |
> | 중이 | 고체(뼈) | 증폭 임피던스 변환기 |
> | 내이 | 액체(림프액) | 난원창-진동판, 유스타키오관(이관)-기압조절 |

적중예상문제

01 다음 중 소음·진동에 관련한 용어의 정의로 옳지 않은 것은?

① 반사음은 한 매질 중의 음파가 다른 매질의 경계면에 입사한 후 진행방향을 변경하여 본래의 매질 중으로 되돌아오는 음을 말한다.
② 정상소음은 시간적으로 변동하지 아니하거나 또는 변동폭이 작은 소음을 말한다.
③ 등가소음도는 임의의 측정시간 동안 발생한 변동소음의 총 에너지를 같은 시간 내의 정상소음의 에너지로 등가하여 얻어진 소음도를 말한다.
④ 지발발파는 수 시간 내에 시간차를 두고 발파하는 것을 말한다.

 지발발파란 0.1~0.5초 간격으로 발파시키는 것을 말한다.

02 70dB과 80dB인 두 소음의 합성레벨을 구하는 식으로 옳은 것은?

① $10\log(10^{70}+10^{80})$　　② $10\log(70+80)$
③ $10\log(10^{70/10}+10^{80/10})$　　④ $10\log\left[\dfrac{(80+70)}{2}\right]$

03 음압레벨 90dB인 기계 1대가 가동 중이다. 여기에 음압레벨 88dB인 기계 1대를 추가로 가동시킬 때 합성음압레벨은?

① 92dB　　② 94dB　　③ 96dB　　④ 98dB

 $L = 10\log(10^{L_1/10}+10^{L_2/10}+\cdots+10^{L_n/10})$
$= 10\log(10^{90/10}+10^{88/10}) = 92.14(\text{dB})$

04 80dB의 소음과 90dB의 소음이 동시에 발생할 경우 합성소음레벨은?

① 약 80dB　　② 약 85dB　　③ 약 90dB　　④ 약 93dB

$L = 10\log(10^{80/10}+10^{90/10}) = 90.41(\text{dB})$

정답　01 ④　02 ③　03 ①　04 ③

05 음세기 레벨이 80dB인 전동기 3대가 동시에 가동된다면 합성 소음레벨은?

① 약 81dB   ② 약 83dB   ③ 약 85dB   ④ 약 89dB

 $L = 10\log(10^{80/10} + 10^{80/10} + 10^{80/10}) = 84.77(dB)$

06 환경기준 중 소음 측정점 및 측정조건에 관한 설명으로 옳지 않은 것은?

① 손으로 소음계를 잡고 측정할 경우 소음계는 측정자의 몸으로부터 0.5m 이상 떨어져야 한다.
② 소음계의 마이크로폰은 주 소음원 방향으로 향하도록 한다.
③ 옥외측정을 원칙으로 한다.
④ 일반지역의 경우 장애물이 없는 지점의 지면 위 0.5m 높이로 한다.

 소음 측정점 및 측정조건은 공장의 부지경계선 중 피해가 우려되는 장소로서 소음도가 높을 것으로 예상되는 지점의 지면 위 1.2~1.5m 높이로 한다.

07 소음·진동 환경오염공정시험기준상 소음의 배출허용기준을 측정할 때, 손으로 소음계를 잡고 측정할 경우에 소음계는 측정자의 몸으로부터 최소 얼마 이상 떨어져야 하는가?

① 0.1m 이상   ② 0.3m 이상   ③ 0.5m 이상   ④ 1.5m 이상

08 소음과 관련된 용어의 정의 중 '측정소음도에서 배경소음을 보정한 후 얻어지는 소음도'를 의미하는 것은?

① 대상소음도   ② 배경소음도   ③ 등가소음도   ④ 평가소음도

09 다음은 소음·진동환경오염공정시험기준에서 사용되는 용어의 정의이다. ( ) 안에 알맞은 것은?

> (   )란 임의의 측정시간 동안 발생한 변동소음의 총 에너지를 같은 시간 내의 정상소음의 에너지로 등가하여 얻어진 소음도를 말한다.

① 등가소음도   ② 평가소음도
③ 배경소음도   ④ 정상소음도

정답 05 ③ 06 ④ 07 ③ 08 ① 09 ①

10 다음 중 소음레벨에 관한 설명으로 가장 적합한 것은?

① 변동하는 소음의 에너지 평균값으로 어떤 시간대에서 변동하는 소음 에너지를 같은 시간 동안의 정상소음 에너지로 치환한 값이다.
② 소음에 의해 대화에서 방해되는 정도를 표현하기 위해 사용한다.
③ 소음계의 주파수 보정 회로를 A에 놓고 측정하였을 때의 지시값을 말한다.
④ 항공기에 의해 어느 지역에 장시간 동안 노출되는 소음을 평가하는 척도이다.

11 소음의 배출허용기준 측정방법에서 소음계의 청감보정회로는 어디에 고정하여 측정하여야 하는가?

① A특성 ② B특성 ③ D특성 ④ F특성

12 측정소음레벨이 84dB(A)이고, 배경소음레벨이 75dB(A)일 때 대상소음레벨은?

① 74dB(A) ② 83dB(A) ③ 84dB(A) ④ 85dB(A)

 암소음 영향의 보정표

측정소음도와 암소음도의 차	3	4	5	6	7	8	9
보정값	−3	−2			−1		

13 소음원의 형태가 점음원의 경우 음원으로부터 거리가 2배 멀어질 때 음압레벨의 감쇠치는?

① 1dB ② 3dB ③ 6dB ④ 9dB

 거리가 2배가 되면 점음원인 경우 6dB, 선음원인 경우 3dB 감소한다.

14 선음원의 거리감쇠에서 거리가 2배로 되면 음압레벨의 감쇠치는?

① 1dB ② 2dB ③ 3dB ④ 4dB

 문제 13번 해설 참조

15 인체 귀의 구조 중 고막의 진동을 쉽게 할 수 있도록 외이와 중이의 기압을 조절하는 것은?

① 고막 ② 고실창
③ 달팽이관 ④ 유스타키오관

16 다음 중 중이(中耳)에서 음의 전달매질은?

① 음파 ② 공기
③ 림프액 ④ 뼈

17 귀의 내부구조 중 외이와 중이의 기압을 조절하는 기관에 해당하는 것은?

① 고막 ② 유스타키오관
③ 난원창 ④ 이소골

18 마스킹 효과에 관한 내용으로 알맞지 않은 것은?

① 음파의 맥동에 의해 일어난다.
② 두 음의 주파수가 비슷할 때 효과가 대단히 커진다.
③ 저음이 고음을 잘 마스킹한다.
④ 두 음의 주파수가 거의 같을 때는 효과가 감소한다.

19 마스킹 효과에 관한 설명 중 맞지 않는 것은?

① 저음이 고음을 잘 마스킹한다.
② 두 음의 주파수가 비슷할 때는 마스킹 효과가 대단히 커진다.
③ 두 음의 주파수 차가 클 때는 Doppler 현상에 의해 효과가 감소한다.
④ 음파의 간섭에 의해 일어난다.

정답 15 ④ 16 ④ 17 ② 18 ① 19 ③

CHAPTER 03 진동의 측정

1 용어정리

① **진동원** : 진동을 발생하는 기계 · 기구 · 시설 및 기타 물체를 말한다.
② **배경진동** : 한 장소에 있어서 특정의 진동을 대상으로 생각할 경우 대상 진동이 없을 때 그 장소의 진동을 대상진동에 대한 배경진동이라 한다.
③ **진동레벨** : 진동레벨계의 감각보정회로(수직)를 통하여 측정한 진동가속도레벨의 지시치를 말하며 단위는 dB(V)로 표시한다.
④ **측정진동레벨** : 소음진동 공정시험기준에서 정한 측정방법에 의해 측정한 진동레벨을 말한다.
⑤ **배경진동** : 한 장소에 있어서의 특정의 진동을 대상으로 생각할 경우 대상진동이 없을 때 그 장소의 진동을 대상진동에 대한 배경진동이라 한다.
⑥ **정상진동** : 시간적으로 변동하지 아니하거나 또는 변동폭이 작은 진동을 말한다.
⑦ **충격진동** : 단조기의 사용, 폭약의 발파 시 등과 같이 극히 짧은 시간 동안에 발생하는 높은 세기의 진동을 말한다.

2 측정조건의 일반사항

① 진동픽업(pick-up)의 설치장소는 옥외지표를 원칙으로 하고 복잡한 반사, 회절현상이 예상되는 지점을 피한다.
② 진동픽업의 설치장소는 완충물이 없고 충분히 다져서 단단히 굳은 장소로 한다.
③ 진동픽업의 설치장소는 경사 또는 요철이 없는 장소로 하고 수평면을 충분히 확보할 수 있는 장소로 한다.
④ 진동픽업은 수직방향 진동레벨을 측정할 수 있도록 설치한다.
⑤ 진동픽업 및 진동레벨계를 온도, 자기, 전기 등의 외부영향을 받지 않는 장소에 설치한다.

3 배경진동의 보정

측정진동레벨이 배경진동을 보정하여 대상진동레벨로 한다.
① 측정진동레벨이 배경진동레벨보다 10dB(V) 이상 크면 배경진동 영향이 극히 작기 때문에 측정진동레벨을 대상진동레벨로 한다.
② 측정진동레벨이 배경진동레벨보다 3~9.9dB(V) 차이로 크면 배경진동의 영향이 있기 때문에 측정진동레벨에 배경진동을 보정하여 대상진동레벨을 구한다.

∥ 배경진동 영향의 보정표 ∥

단위 : dB(V)

측정소음도와 암소음도의 차	3	4	5	6	7	8	9
보정값	-3	-2	-2	-1	-1	-1	-1

적중예상문제

01 진동레벨 중 가장 많이 쓰이는 수직진동레벨의 단위로 옳은 것은?

① dB(A)　　　　　　　　　② dB(V)
③ dB(L)　　　　　　　　　④ dB(C)

02 어떤 기계의 가동진동레벨이 77dB이고, 정지(배경)진동레벨이 68dB이었다면 이 기계의 발생 진동 레벨은?

① 76dB　　　　　　　　　② 75dB
③ 74dB　　　　　　　　　④ 73dB

> 배경진동 영향의 보정표　　　　　　　　　　　　　　　　　　　단위 : dB(V)

측정소음도와 암소음도의 차	3	4	5	6	7	8	9
보정값	−3	−2	−2	−1	−1	−1	−1

03 측정된 진동레벨이 배경진동레벨보다 몇 dB 이상 높으면(크면) 배경진동의 영향을 무시할 수 있는가?

① 5dB　　　② 10dB　　　③ 15dB　　　④ 20dB

04 진동측정에 사용되는 용어의 정의로 틀린 것은?

① 배경진동 : 한 장소에 있어서의 특정의 진동을 대상으로 생각할 경우 대상진동이 없을 때 그 장소의 진동을 대상진동에 대한 배경진동이라 한다.
② 정상진동 : 시간적으로 변동하지 아니하거나 또는 변동폭이 작은 진동을 말한다.
③ 측정진동레벨 : 대상진동레벨에 관련시간대에 대한 평가진동레벨 발생시간의 백분율, 시간별, 지역별 등의 보정치를 보정한 후 얻어진 진동레벨을 말한다.
④ 충격진동 : 단조기의 사용, 폭약의 발파 시 등과 같이 극히 짧은 시간 동안에 발생하는 높은 세기의 진동을 말한다.

> 측정진동레벨은 소음진동 시험방법에서 정한 측정방법으로 측정한 진동레벨을 말한다.

정답　01 ②　02 ①　03 ②　04 ③

05 진동측정 시 진동픽업을 설치하기 위한 장소로 옳지 않은 것은?

① 경사 또는 요철이 없는 장소
② 완충물이 있고 충분히 다져서 단단히 굳은 장소
③ 복잡한 반사, 회절현상이 없는 지점
④ 온도, 전자기 등의 외부 영향을 받지 않는 곳

 진동픽업의 설치장소는 완충물이 없고 충분히 다져서 단단히 굳은 장소로 한다.

CHAPTER 04 소음 방지

1 음의 발생

1) 공기(기류)음 : 공기의 압력 변화에 의한 음
   ① 난류음 : 와류에 의해 발생하는 음(예 선풍기, 송풍기)
   ② 맥동음 : 주기적으로 발생되는 음(예 엔진, 진동펌프, 압축기 등)

2) 고체음 : 기계의 진동에 의한 음
   ① 1차 고체음(정적음) : 진동이 지반 진동을 수반하여 발생되는 음
   ② 2차 고체음(동적음) : 기계 본체의 마찰이나 충격 등에 의해 발생되는 음

2 흡음대책

1) 평균 흡음률 산정방법

$$\overline{\alpha} = \frac{\sum Si \cdot ai}{\sum Si}$$

2) 잔향시간 측정에 의한 방법

$$\overline{\alpha} = \frac{0.161V}{ST}$$

여기서, T=잔향시간
V=부피

잔향시간(T)은 실내에서 음원을 끈 순간부터 음압레벨이 60dB(에너지 밀도가 10^{-6} 감소) 감소되는 데 소요되는 시간

3) 감음계수(NRC)

1/3 옥타브 대역으로 측정한 중심 주파수 250, 500, 1,000, 2,000Hz에서의 흡음률 산술평균치

$$NRC = \frac{1}{4}(\alpha_{250} + \alpha_{500} + \alpha_{1,000} + \alpha_{2,000})$$

> 📌 참고정리
>
> ✔ **흡음재료의 종류**
>   ① 다공질 흡음재료 : 암면, 유리섬유, 유리솜, 발포수지재료(연속기포), 폴리우레탄폼
>   ② 판구조 흡음재료 : 석고보도, 합판, 알루미늄, 하드보드, 철판

3 차음대책

1) 투과손실(TL) = $10\log\left(\dfrac{1}{\tau}\right)$

2) 단일벽의 투과손실

　① 수직입사

　　TL = $20\log(m \cdot f) - 43\,(\mathrm{dB})$

　② 난입사

　　TL = $18\log(m \cdot f) - 44\,(\mathrm{dB})$

　　　여기서, m : 벽체의 면밀도($\mathrm{kg/m^2}$)
　　　　　　 f : 입사되는 주파수(Hz)

적중예상문제

01 음파가 난입사하고 질량법칙이 적용되는 경우, 교실의 단일벽 면밀도가 330kg/m³이면 0.15kHz에서의 투과손실은?(단, TL(dB) = 18log(m · f) − 44 적용)

① 26.6dB
② 36.6dB
③ 40.5dB
④ 56.6dB

풀이
TL(dB) = 18log(m · f) − 44
= 18log(330×150) − 44 = 40.5(dB)

02 음파가 난입사하고 질량법칙이 적용되는 경우, 교실의 단일벽 면밀도가 300kg/m³이라면 0.1kHz에서의 투과손실은?(단, TL = 18log(m · f) − 44 적용)

① 26.6dB
② 36.6dB
③ 46.6dB
④ 56.6dB

풀이
TL(dB) = 18log(m · f) − 44
= 18log(300×100) − 44 = 36.6(dB)

03 어느 벽체의 입사음의 세기가 10^{-2}W/m²이고, 투과음의 세기가 10^{-4}W/m²이었다. 이 벽체의 투과율과 투과손실은?

① 투과율 = 10^{-2}, 투과손실 = 20dB
② 투과율 = 10^{-2}, 투과손실 = 40dB
③ 투과율 = 10^{2}, 투과손실 = 20dB
④ 투과율 = 10^{2}, 투과손실 = 40dB

풀이
투과율$(\tau) = \dfrac{I_t}{I_i}$, 투과손실(TL) = $10\log\left(\dfrac{1}{\tau}\right)$

㉠ 투과율$(\tau) = \dfrac{10^{-4}}{10^{-2}} = 10^{-2}$

㉡ 투과손실(TL) = $10\log\left(\dfrac{1}{10^{-2}}\right) = 20$(dB)

정답 01 ③ 02 ② 03 ①

04 방음대책을 음원대책과 전파경로대책으로 구분할 때 다음 중 음원대책이 아닌 것은?

① 소음기 설치 ② 방음벽 설치
③ 공명 방지 ④ 방진 및 방사율 저감

풀이 방음벽 설치는 전파경로대책이다.

05 방음대책을 음원대책과 전파경로대책으로 구분할 때 음원대책에 해당하는 것은?

① 거리감쇠 ② 소음기 설치
③ 방음벽 설치 ④ 공장건물 내벽의 흡음 처리

06 방음대책을 음원대책과 전파경로대책으로 구분할 때, 다음 중 전파경로대책에 해당하는 것은?

① 강제력 저감 ② 방사율 저감
③ 파동의 차단 ④ 지향성 변환

07 바닥면적이 5×6m이고, 높이가 3m인 방의 바닥, 벽, 천장의 흡음률이 각각 0.1, 0.2, 0.6일 때 평균흡음률은?

① 약 0.18 ② 약 0.27 ③ 약 0.31 ④ 약 0.35

풀이
$$\bar{\alpha} = \frac{\sum S_i \cdot a_i}{\sum S_i}$$
$$= \frac{5 \times 6 \times 0.1 + 5 \times 6 \times 0.6 + 6 \times 3 \times 2 \times 0.2 + 5 \times 3 \times 2 \times 0.2}{5 \times 6 \times 2 + 6 \times 3 \times 2 + 5 \times 3 \times 2} = 0.27$$

08 정재파 관내법을 사용하여 시료의 흡음성능을 측정하였더니 1,000Hz 순음인 Sine파의 정재파비가 1.5이었다면, 이 흡음재의 흡음률은 얼마인가?

① 0.86 ② 0.90 ③ 0.92 ④ 0.96

풀이 흡음률$(\alpha_t) = \dfrac{4}{n + \dfrac{1}{n} + 2}$ 여기서, n = 정재파 비

$= \dfrac{4}{1.5 + \dfrac{1}{1.5} + 2} = 0.96$

정답 04 ② 05 ② 06 ④ 07 ② 08 ④

09 가로×세로×높이가 각각 3×5×2m이고, 바닥, 벽, 천장의 흡음률이 각각 0.1, 0.2, 0.6일 때, 이 방의 평균흡음률은?

① 0.13　　② 0.19　　③ 0.27　　④ 0.31

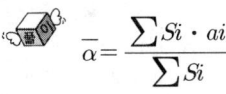
$$\overline{\alpha} = \frac{\sum Si \cdot ai}{\sum Si}$$
$$= \frac{3\times5\times0.1+3\times5\times0.6+5\times2\times2\times0.2+3\times2\times2\times0.2}{3\times5\times2+5\times2\times2+3\times2\times2} = 0.27$$

10 소음제어를 위한 방법 중 기류음(공기음)의 발생대책이 아닌 것은?

① 분출유속의 저감　　② 관의 곡률 완화
③ 밸브의 다단화　　④ 가진력 억제

 가진력 억제는 고체음 대책이다.

11 다음 중 다공질 흡음재료에 해당하지 않는 것은?

① 암면　　② 유리섬유
③ 발포수지재료(연속기포)　　④ 석고보드

 흡음재료의 종류
　㉠ 다공질 흡음재료 : 암면, 유리섬유, 유리솜, 발포수지재료(연속기포), 폴리우레탄폼
　㉡ 판구조 흡음재료 : 석고보드, 합판, 알루미늄, 하드보드, 철판

12 다음 중 다공질 흡음재가 아닌 것은?

① 암면　　② 비닐시트
③ 유리솜　　④ 폴리우레탄폼

정답　09 ③　10 ④　11 ④　12 ②

CHAPTER 05. 진동 방지

1 방진대책

(1) 발생원 대책
① 가진력 감소
② 불평형의 밸런싱
③ 탄성 지지
④ 동적 흡진

(2) 전파경로 대책
① 거리감쇠를 크게 하기
② 방진구 설치

(3) 수진측 대책
① 탄성지지
② 강성변경

2 진동레벨(VAL)

$$VAL = 20\log\left(\frac{A_{rms}}{A_r}\right) dB$$

여기서, A_{rms} : 측정대상 진동의 가속도 실효치(m/sec²) $\left(\frac{A_m}{\sqrt{2}}\right)$

A_r : 10^{-5}(m/sec²)

A_m : 진동가속도 진폭(m/sec²)

수직진동은 4~8Hz 범위에서 가장 민감하고, 수평진동은 1~2Hz 범위에서 가장 민감하다.

❸ 음장의 종류

1) 근음장

   음원으로부터 근접한 거리에서 발생하고 음의 세기는 음압의 2승과 비례관계가 없으며, 음원의 크기, 주파수, 방사면의 위상에 크게 영향을 받는 음장이다.

2) 음압레벨은 음원에서 거리가 2배로 되면 6dB씩 감소(역 2승 법칙)하고 음의 세기는 음압의 2승에 비례한다.

3) 음장의 종류

   ① **자유음장** : 원음장 중 역 2승 법칙이 만족되는 구역
   ② **잔향음장** : 음원의 직접음과 벽에 의한 반사음이 중첩되는 구역
   ③ **확산음장** : 잔향음장에 속하며 음의 에너지 밀도가 각 위치에서 일정한 구역

4) 방진재료의 종류별 특성

종류	특성
금속스프링 (고유진동수 4Hz 이하)	• 환경요소(온도, 부식, 용해 등)에 대한 저항성이 크다. • 최대변위가 허용된다. • 저주파 차진에 좋다. • 뒤틀리거나 오그라들지 않는다. • 감쇠가 거의 없으며, 공진 시에 전달률이 매우 크다. • 고주파 진동 시에 단락된다. • 로킹이 일어나지 않도록 주의해야 한다.
방진고무 (고유진동수 4Hz 이상)	• 형상의 선택이 비교적 자유롭다. • 회전방향의 스프링정수를 광범위하게 선택할 수 있다. • 고무 자체의 내부마찰에 의해 저항을 얻을 수 있어 고주파 진동의 차진에 양호하다. • 내부마찰에 의해 열화된다. • 내유 및 내열성이 약하다.
공기스프링 (고유진동수 1Hz 이하)	• 설계 시에 스프링 높이·스프링 정수를 각각 독립적으로 광범위하게 설정할 수 있다. • 자동제어가 가능하다. • 부하능력이 광범위하다. • 하중의 변화에 따라 고유진동수를 일정하게 유지할 수 있다. • 구조가 복잡하고 시설비가 많이 소요된다. • 압축기 등 부대시설이 필요하다. • 공기가 누출될 위험이 있다.

적중예상문제

01 원음장 중 음원에서 거리가 2배로 되면 음압레벨이 6dB씩 감소되는 음장은?

① 근접음장　　② 자유음장　　③ 잔향음장　　④ 확산음장

> 자유음장은 원음장 중 역 2승 법칙이 만족되는 구역이다.

02 다음 중 배경진동의 보정 없이 측정진동레벨을 대상진동레벨로 하는 것은 측정진동레벨이 배경진동레벨보다 최소 몇 dB 이상 큰 경우인가?

① 5　　② 7　　③ 9　　④ 10

> 배경진동 영향의 보정표　　　　　　　　　　　　　　　　　　(단위 : dB(V))

측정소음도와 암소음도의 차	3	4	5	6	7	8	9
보정값	−3	−2	−2	−1	−1	−1	−1

03 다음은 진동과 관련한 용어설명이다. (　) 안에 알맞은 것은?

> (　　)은(는) 1~90Hz 범위의 주파수 대역별 진동가속도레벨에 주파수 대역별 인체의 진동감각 특성(수직 또는 수평감각)을 보정한 후의 값들을 dB로 합산한 것이다.

① 진동레벨　　② 등감각곡선　　③ 변위진폭　　④ 진동수

> 진동레벨계의 감각보정회로(수직)를 통하여 측정한 진동가속도레벨의 지시치를 말하며 단위는 dB(V)로 표시한다.

04 금속스프링의 장점이라 볼 수 없는 것은?

① 환경요소(온도, 부식, 용해 등)에 대한 저항성이 크다.
② 최대변위가 허용된다.
③ 공진 시에 전달률이 매우 크다.
④ 저주파 차진에 좋다.

정답 01 ②　02 ④　03 ①　04 ③

풀이 공진 시에 전단률이 매우 큰 것은 금속스프링의 단점이다.

05 가속도진폭의 최댓값이 0.01m/s^2인 정현진동의 진동 가속도 레벨은?(단, 기준 10^{-5}m/s^2)

① 약 28dB ② 약 30dB ③ 약 57dB ④ 약 60dB

풀이 $\text{VAL} = 20\log\left(\dfrac{A_s}{A_r}\right)\text{dB}$ $A_{rms} = \left(\dfrac{A_m}{\sqrt{2}}\right)$

㉠ $A_{rms} = \dfrac{0.01}{\sqrt{2}} = 7.07 \times 10^{-3}$

㉡ $\text{VAL} = 20\log\left(\dfrac{7.07 \times 10^{-3}}{10^{-5}}\right) = 56.988(\text{dB})$

정답 05 ③

소음진동의 영향

1 소음공해의 특징

① 축적성이 없다.
② 감각공해이다.
③ 국소적 · 다발적이다.
④ 주위의 민원이 많다.
⑤ 대책 후 처리할 물질이 발생되지 않는다.

2 인체의 영향

① **순환계** : 혈압상승, 맥박증가, 말초혈관 수축 등
② **호흡기계** : 호흡횟수 증가, 호흡의 깊이 감소
③ **소화기계** : 타액분비량 증가, 위핵산도 저하, 위 수축운동 감퇴
④ **혈액** : 혈당도 상승, 백혈구 수 증가, 혈중 아드레날린 증가

3 청력손실

어떤 주파수에 대해 정상 귀의 최소 가청치와 피검사자와의 최소 가청치의 비를 dB로 나타낸 것이다.

(1) 난청의 판정

500~2,000Hz 범위에서 청력손실이 25dB 이상이면 난청이라 한다.
① **소음성 난청** : 영구적 난청으로 4,000Hz에서 청력손실
② **노인성 난청** : 6,000Hz에서 청력손실 시작

(2) 평균 청력손실

$$\frac{a+2b+c}{4}(\text{dB})$$

여기서, a : 옥타브밴드 500Hz에서 청력손실(dB)
b : 옥타브밴드 1,000Hz에서 청력손실(dB)
c : 옥타브밴드 2,000Hz에서 청력손실(dB)

4 공해진동

① 사람에게 불쾌감을 주는 진동으로 목적을 저해하고, 쾌적한 생활환경을 파괴하며 사람의 건강 및 건물에 피해를 주는 진동이다.
② 일반적으로 공해진동의 주파수의 범위는 1~90Hz이다.
③ 공해진동레벨은 60~80dB까지가 많다.
④ 인간이 느끼는 진동가속도의 범위는 1Gal(0.01m/sec^2)~1,000Gal(10m/sec^2)이다.

적중예상문제

01 소음의 영향으로 옳지 않은 것은?

① 소음성 난청은 소음이 높은 공장에서 일하는 근로자들에게 나타나는 직업병으로 4,000Hz 정도에서부터 난청이 시작된다.
② 단순 반복 작업보다는 보통 복잡한 사고, 기억을 필요로 하는 작업에 더 방해가 된다.
③ 혈중 아드레날린 및 백혈구 수가 감소한다.
④ 말초혈관 수축, 맥박증가 같은 영향을 미친다.

 혈중 아드레날린 및 백혈구 수가 증가한다.

02 진동 감각에 대한 인간의 느낌을 설명한 것으로 옳지 않은 것은?

① 진동수 및 상대적인 변위에 따라 느낌이 다르다.
② 수직 진동은 주파수 4~8Hz에서 가장 민감하다.
③ 수평 진동은 주파수 1~2Hz에서 가장 민감하다.
④ 인간이 느끼는 진동가속도의 범위는 0.01~10Gal이다.

 인간이 느끼는 진동가속도의 범위는 1~1,000Gal이다.

03 다음 중 공해진동에 관한 설명으로 옳지 않은 것은?

① 일반적으로 공해진동의 주파수 범위는 1~90Hz이다.
② 사람에게 불쾌감을 주는 진동을 말한다.
③ 공해진동레벨은 60~80dB까지가 많다.
④ 수직진동은 50Hz 이상에서 영향이 크다.

 수직진동은 1~2Hz 이상에서 영향이 크다.

04 레이노씨 현상(Raynaud's Phenomenon)은 주로 어떤 원인으로 인해 발생하는가?

① 소음　　② 진동　　③ 빛　　④ 먼지

 레이노씨 현상은 국소진동에 의한 현상이다.

정답　01 ③　02 ④　03 ④　04 ②

PART 05 실기

Chapter 01 용존산소 분석

CHAPTER 01 용존산소 분석

1 적정법(Titrimetric Method)

물속에 존재하는 용존산소(Dissolved Oxygen)를 측정하기 위하여 시료에 황산망간과 알칼리성 요오드칼륨 용액을 넣어 생기는 수산화제일망간이 시료 중의 용존산소에 의하여 산화되어 수산화제이망간으로 되고, 황산 산성에서 용존산소량에 대응하는 요오드를 유리한다. 유리된 요오드를 티오황산나트륨으로 적정하여 용존산소의 양을 정량하는 방법이다.

2 분석방법

① 시료를 가득 채운 300mL BOD병에 황산망간용액 1mL, 알칼리성 요오드화칼륨 – 아자이드화나트륨용액 1mL를 넣고 기포가 남지 않게 조심하여 마개를 닫고 병을 여러 차례 회전하면서 섞는다.
② 2분 이상 정치시킨 후에, 상층액에 미세한 침전이 남아 있으면 다시 회전시켜 혼화한 다음 정치하여 완전히 침전시킨다.
③ 100mL 이상의 맑은 층이 생기면 마개를 열고 황산 2mL를 병목으로부터 넣는다. 갈색의 침전물이 생긴다.
④ 마개를 다시 닫고 갈색의 침전물이 완전히 용해할 때까지 병을 회전시킨다.
⑤ BOD병의 용액 200mL를 정확히 취하여 황색이 될 때까지 티오황산나트륨 용액(0.025M)으로 적정한 다음, 전분용액 1mL를 넣어 용액을 청색으로 만든다. 이후 다시 티오황산나트륨 용액(0.025M)으로 용액이 청색에서 무색이 될 때까지 적정한다.

BOD 병에 시료를 가득 채운다. (300mL)	시료를 병의 벽면을 타고 천천히 채워 공기 중의 산소가 녹아들어가지 않도록 한다. 병벽에 공기가 있으면 두드려서 올려 보낸 후 마개를 닫고 넘친 것을 버린다.

⬇ 황산망간용액($MnSO_4$) 1mL 주입
    알칼리성 요오드화 칼륨·아자이드화나트륨 용액 1mL 주입

혼합 및 침전	기포가 남지 않게 마개를 닫고 병을 회전하면서 섞는다(너무 과하지 않게). 2분 이상 정치시키면 아래층은 갈색 침전물이 위층은 맑은 액이 생긴다.

⬇ 황산 2mL 주입

분취	황산 주입 후 마개를 닫고 갈색 침전물이 완전히 용해할 때까지 회전시킨다. 이 용액 200mL를 삼각플라스크에 분취한다.

⬇

적정	0.025M-티오황산나트륨 용액으로 황색이 될 때까지 적정한다.

⬇ 전분 용액 1mL 주입

적정	0.025M-티오황산나트륨 용액으로 무색이 될 때까지 적정한다.

DO 분석 Flow Chart

답안지 DO-적정법

1. 용존산소 농도 계산 산출식을 쓰고, 각 항목의 의미를 쓰시오.

   답 : 용존산소(mg/L) $= a \times f \times \dfrac{V_1}{V_2} \times \dfrac{1,000}{V_1 - R} \times 0.2$

   여기서, a : 적정에 소비된 티오황산나트륨 용액(0.025M)의 양(mL)
   　　　　f : 티오황산나트륨(0.025M)의 인자(factor)
   　　　　V_1 : 전체 시료의 양(mL)
   　　　　V_2 : 적정에 사용한 시료의 양(mL)
   　　　　R : 황산망간 용액과 알칼리성 요오드화칼륨-아자이드화나트륨 용액 첨가량(mL)
   　　　　0.2 : 0.025M-티오황산나트륨 용액 1mL에 상당하는 산소의 양(mg)

2. 용존산소 농도는?

적정량(mL)		확인	

구술시험

1. 시료채취장치를 순서대로 나열하시오.

   ( ) - ( ) - ( ) - ( ) - ( ) - ( )

   답 :

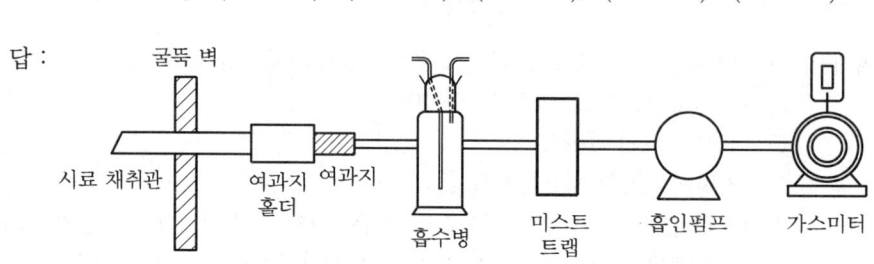

시료 채취관 - 여과지 홀더 - 여과지 - 흡수병 - 미스트 트랩 - 흡인펌프 - 가스미터

2. 시료에 맞는 흡수액을 적시오.

   답 : <분석대상 가스별 흡수액과 바이패스병 용액>

분석 대상 가스	흡수병 용액	바이패스병 용액
암모니아	붕산용액(0.5W/V%)	황산(10%) 용액
염화수소	수산화나트륨용액(0.1N)	수산화나트륨용액(20W/V%)
황산화물	과산화수소수(1+9)	과산화수소수(1+9)
황화수소	아연아민착염용액	수산화나트륨용액(20W/V%)

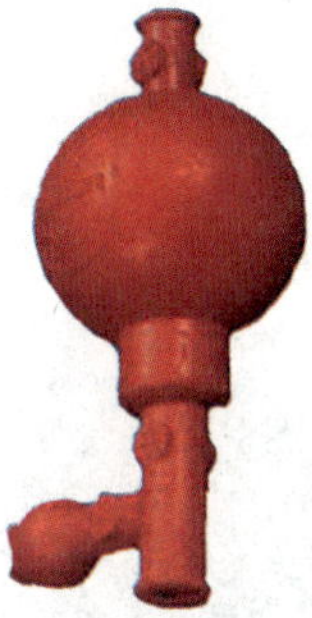

BOD병	필라	메스피펫
삼각플라스크	용량플라스크	메스실린더
뷰렛	증류수 통	증류수 병

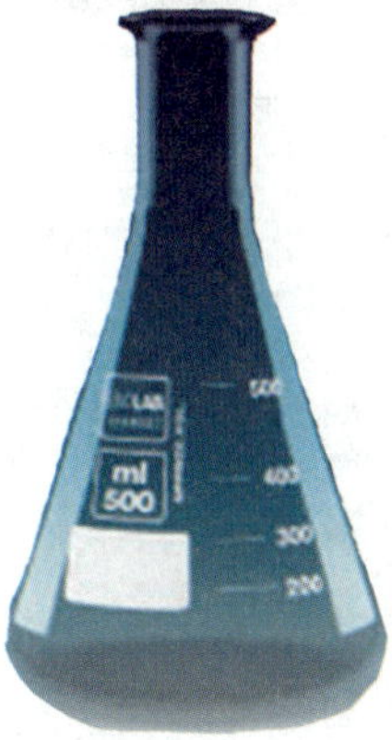

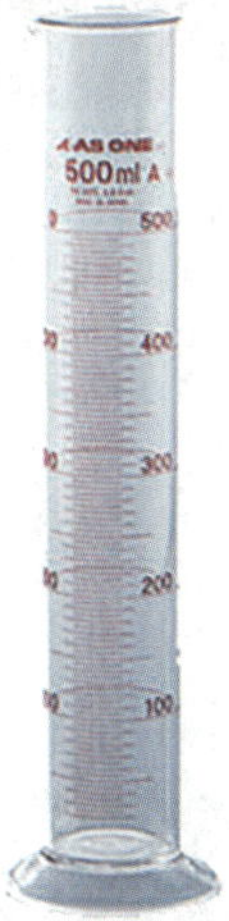

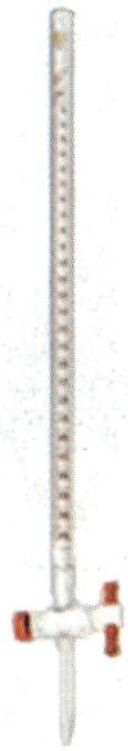

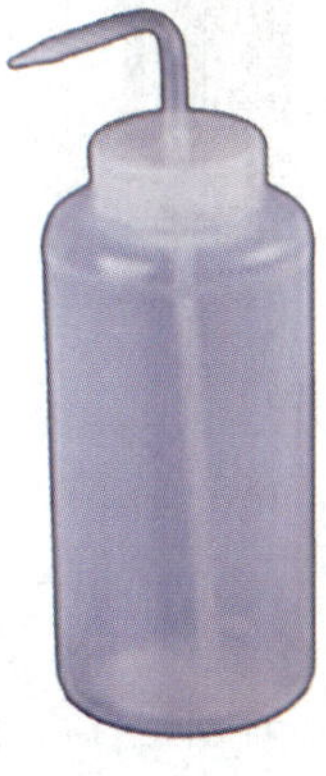

1	2	3

황산망간 용액 1mL와 알칼리성 요오드화칼륨-아자이드화나트륨 용액 1mL를 주입한 후 혼합한 시료의 장면	혼합 및 침전(아래층은 갈색 침전물이 위층은 맑은 액이 생긴다.)	황산 2mL을 주입한 시료의 장면

4	5
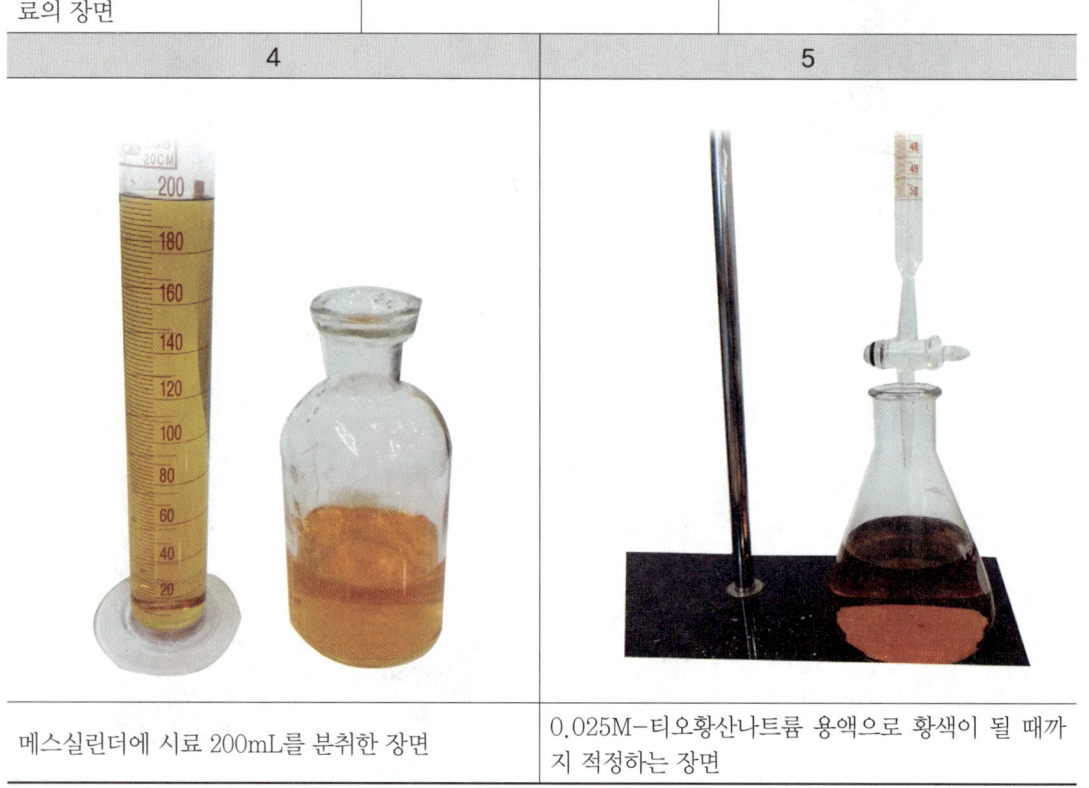	
메스실린더에 시료 200mL를 분취한 장면	0.025M-티오황산나트륨 용액으로 황색이 될 때까지 적정하는 장면

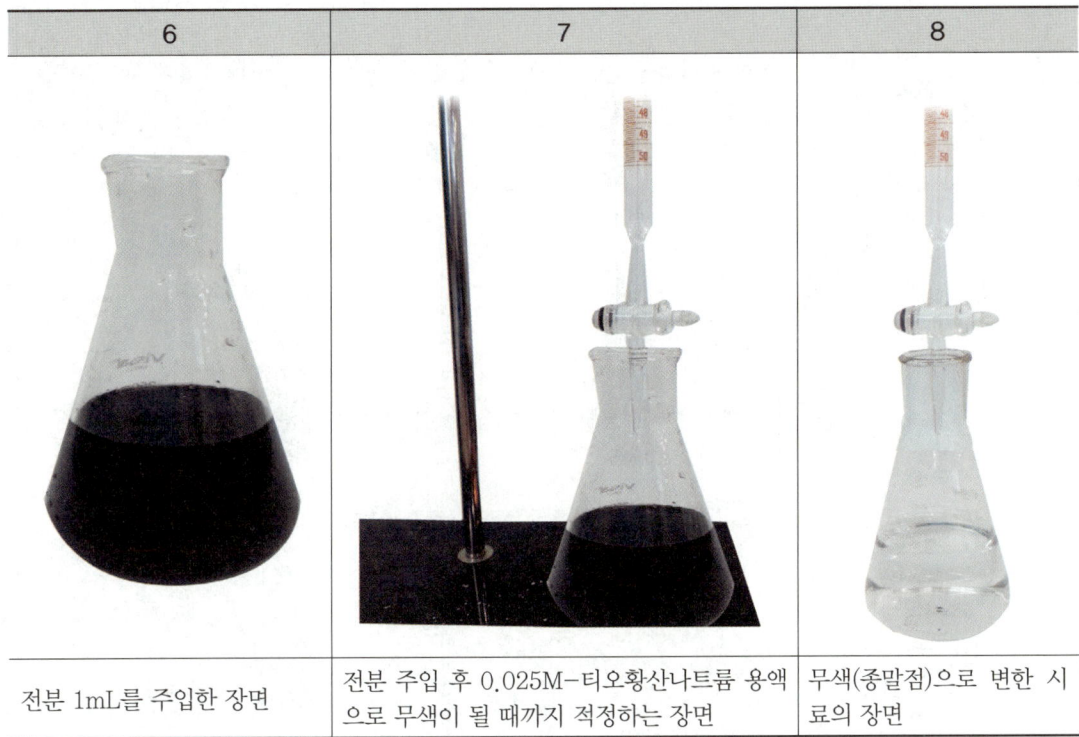

6	7	8
전분 1mL를 주입한 장면	전분 주입 후 0.025M-티오황산나트륨 용액으로 무색이 될 때까지 적정하는 장면	무색(종말점)으로 변한 시료의 장면

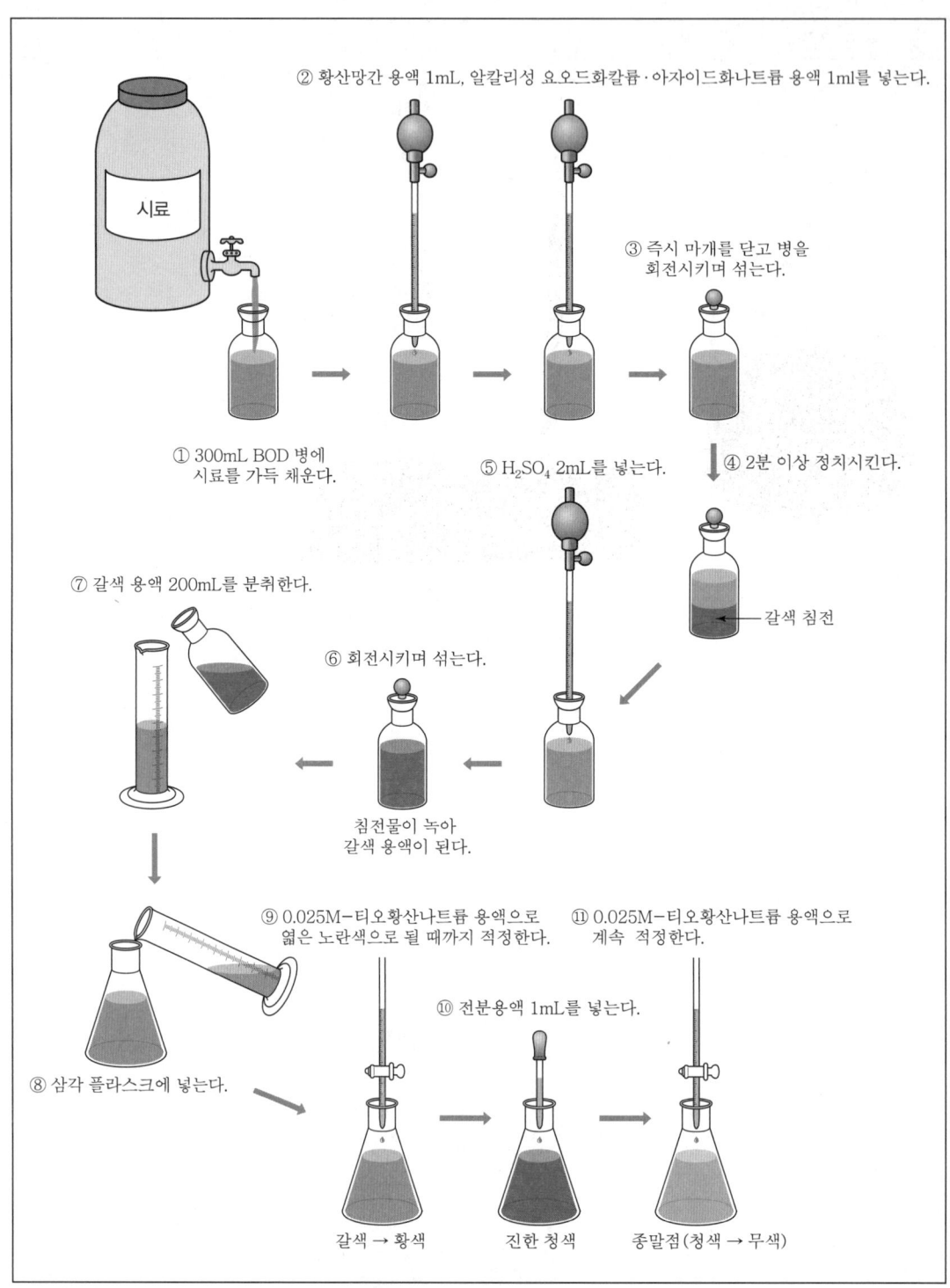

용존산소 측정과정

PART 06 과년도 기출문제

Craftsman Environmental

- 2010년 제1회 시행
- 2010년 제2회 시행
- 2010년 제5회 시행
- 2011년 제1회 시행
- 2011년 제2회 시행
- 2011년 제5회 시행
- 2012년 제1회 시행
- 2012년 제2회 시행
- 2012년 제5회 시행
- 2013년 제1회 시행
- 2013년 제2회 시행
- 2013년 제5회 시행
- 2014년 제1회 시행
- 2014년 제2회 시행
- 2014년 제5회 시행
- 2015년 제1회 시행
- 2015년 제2회 시행
- 2015년 제4회 시행
- 2015년 제5회 시행
- 2016년 제1회 시행
- 2016년 제2회 시행
- 2016년 제4회 시행
- 2016년 제5회 시행(CBT 복원문제)

2010년 1회 시행

01 다음 중 오존층의 두께를 표시하는 단위는?
① VAL ② OTL
③ Pa   ④ Dobson

> 오존층의 두께를 표시하는 단위는 Dobson으로 100Dobson은 1mm이다.

02 다음 중 온실효과의 주원인 물질로 가장 적합한 것은?
① 이산화탄소 ② 암모니아
③ 황산화물   ④ 프로필렌

03 연료의 완전연소 조건으로 가장 거리가 먼 것은?
① 공기(산소)의 공급이 충분해야 한다.
② 공기와 연료의 혼합이 잘 되어야 한다.
③ 연소실 내의 온도를 가능한 한 낮게 유지해야 한다.
④ 연소를 위한 체류시간이 충분해야 한다.

> 연소실 내의 온도를 가능한 한 높게 유지해야 한다.

04 다음 중 여과집진장치의 효율 향상조건으로 거리가 먼 것은?
① 간헐식 털어내기 방식은 높은 집진율을 얻는 경우에 적합하고, 연속식 털어내기 방식은 고농도의 함진가스 처리에 적합하다.
② 필요에 따라 유리섬유의 실리콘 처리 등을 하여 적합한 여포재를 선택하도록 한다.
③ 겉보기 여과속도가 클수록 미세한 입자를 포집한다.
④ 여포의 파손 및 온도, 압력 등을 상시 파악하여 기능의 손상을 방지한다.

> 겉보기 여과속도가 작을수록 미세한 입자를 포집한다.

05 메탄 5Sm³를 공기비 1.2로 완전연소시킬 때 필요한 이론 공기량(Sm³)은?
① 47.6 ② 50.3
③ 53.9 ④ 57.1

> 〈반응식〉 $CH_4 + 2O_2 \rightarrow CO_2 + 2H_2O$
> $1Sm^3 : 2Sm^3$
> $5Sm^3 : X \quad X=10Sm^3$
>
> 〈계산식〉 $A_o = O_o \times \dfrac{1}{0.21}$
> $A_o = 10 \times \dfrac{1}{0.21} \times 1.2 = 57.14(Sm^3)$

06 다음 중 후드(Hood)를 이용하여 오염물질을 효율적으로 흡인하는 요령으로 거리가 먼 것은?
① 발생원에 후드를 최대한 접근시킨다.
② 국부적인 흡인방식으로 주 발생원을 대상으로 한다.
③ 후드의 개구면적을 가급적 넓게 한다.
④ 충분한 포착속도를 유지한다.

> 후드의 개구면적을 가급적 좁게 한다.

정답 01 ④ 02 ① 03 ③ 04 ③ 05 ④ 06 ③

07 일산화탄소의 특성으로 옳지 않은 것은?

① 무색무취의 기체이다.
② 물에 잘 녹고, CO_2로 쉽게 산화된다.
③ 연료 중 탄소의 불완전연소 시에 발생한다.
④ 헤모글로빈과의 결합력이 강하다.

> 일산화탄소는 난용성 기체이며 CO_2로 쉽게 산화되지 않는다.

08 질소산화물을 촉매환원법으로 처리할 때, 어떤 물질로 환원되는가?

① N_2
② HNO_3
③ CH_4
④ NO_2

> 질소산화물은 N_2 형태로 환원된다.

09 다음과 같은 특성을 지닌 굴뚝 연기의 모양은?

- 대기의 상태가 하층부는 불안정하고 상층부는 안정할 때 볼 수 있다.
- 하늘이 맑고 바람이 약한 날의 아침에 볼 수 있다.
- 지표면의 오염농도가 매우 높게 된다.

① 환상형
② 원추형
③ 훈증형
④ 구속형

10 다음에서 설명하는 대기권으로 적합한 것은?

- 지면으로부터 약 11~50km까지의 권역이다.
- 고도가 높아지면서 온도가 상승하는 층이다.
- 오존이 많이 분포하여 태양광선 중의 자외선을 흡수한다.

① 열권
② 중간권
③ 성층권
④ 대류권

11 전기집진장치에 관한 설명으로 옳지 않은 것은?

① 관성력집진장치에 비해 집진효율이 높다.
② 압력손실이 커서 동력비가 많이 소요된다.
③ 약 350°C 정도의 고온가스를 처리할 수 있다.
④ 전압변동과 같은 조건변동에 쉽게 적응하기 어렵다.

> 전기집진장치의 압력손실은 10~20mmH₂O로 작은 편이다.

12 황(S) 성분이 1%인 중유를 10t/h로 연소하는 보일러에서 발생하는 배출가스 중 SO_2를 $CaCO_3$로 완전 탈황하는 경우, 이론상 필요한 $CaCO_3$의 양은?(단, 중유의 S는 모두 SO_2로 배출되며, $CaCO_3$ 분자량 : 100)

① 약 0.9t/h
② 약 0.6t/h
③ 약 0.3t/h
④ 약 0.1t/h

> S ≡ $CaCO_3$
> 32(kg) : 100(kg)
> $\frac{10ton}{hr} \bigg| \frac{1}{100}$: X
> ∴ X = 0.3125(ton/hr)

13 대기오염물질과 주요 발생원의 연결로 가장 적합한 것은?

① 납 – 비료 및 암모니아 제조공업
② 수은 – 알루미늄공업, 유리공업
③ 벤젠 – 석유정제, 포르말린 제조
④ 브롬 – 석면제조, 니켈광산

14 직렬로 조합된 집진장치의 총 집진율은 99%였다. 2차 집진장치의 집진율이 96%라면 1차 집진장치의 집진율은?

① 75%   ② 82%
③ 90%   ④ 94%

$\eta_t = \eta_1 + \eta_2(1-\eta_1)$
$0.99 = \eta_1 + 0.96(1-\eta_1)$
$0.04\eta_1 = 0.03$
$\therefore \eta_1 = \dfrac{0.03}{0.04} = 0.75 = 75(\%)$

15 직경이 $5\mu m$이고 밀도가 $3.7g/cm^3$인 구형의 먼지입자가 공기 중에서 중력침강할 때 종말침강속도는?(단, 스토크스 법칙이 적용되며, 공기의 밀도는 무시하고, 점성계수는 $1.85 \times 10^{-5} kg/m \cdot s$이다.)

① 약 0.27cm/s   ② 약 0.32cm/s
③ 약 0.36cm/s   ④ 약 0.41cm/s

$V_g = \dfrac{d_p^2(\rho_p - \rho)g}{18 \cdot \mu}$

여기서, V_g : 중력침강속도(cm/sec)
d_p : 입자의 직경(5×10^{-4}cm)
ρ_p : 입자의 밀도($3.7g/cm^3$)
g : 중력가속도($980cm/sec$)
μ : 처리기체의 점도
   ($1.85 \times 10^{-4} g/cm \cdot sec$)

$V_g = \dfrac{(5 \times 10^{-4})^2 (3.7) \times 980}{18 \times 1.85 \times 10^{-4}}$
   $= 0.272 (cm/sec)$

16 염소의 수중 용해상태가 다음 표와 같을 때, 살균력이 가장 큰 것은?

구분	OCl⁻	HOCl
㉠	80%	20%
㉡	60%	40%
㉢	40%	60%
㉣	20%	80%

① ㉠   ② ㉡
③ ㉢   ④ ㉣

HOCl의 함량이 높은 것이 살균력이 강하다.

17 다음 중 상향류 혐기성 슬러지상(UASB)의 특징으로 가장 거리가 먼 것은?

① 기계적인 교반이나 여재가 필요 없기 때문에 비용이 적게 든다.
② 수리학적 체류시간을 작게 할 수 있어 반응조 용량이 축소된다.
③ 고형물의 농도가 높아도 고형물 및 미생물 유실의 염려가 없다.
④ 미생물 체류시간을 적절히 조절하면 저농도 유기성 폐수의 처리도 가능하다.

고형물의 농도가 높으면 고형물 및 미생물 유실의 염려가 있다.

18 미생물과 조류의 생물화학적 작용을 이용하여 하수 및 폐수를 자연 정화시키는 공법으로, 라군(Lagoon)이라고도 하며, 시설비와 운영비가 적게 들기 때문에 소규모 마을의 오수처리에 많이 이용되는 것은?

① 회전원판법   ② 부패조법
③ 산화지법   ④ 살수여상법

산화지법
미생물과 조류의 생물화학적 작용을 이용하여 하수 및 폐수를 자연 정화시키는 공법이다.

정답 14 ① 15 ① 16 ④ 17 ③ 18 ③

19 응집실험에서 폐수 500mL에 0.2% - $Al_2(SO_4)_3 \cdot 18H_2O$ 용액 25mL를 주입하였을 때 최적조건으로 나타났다. 같은 폐수를 2,000m³/day로 처리하는 경우 필요한 응집제의 양(kg/day)은?(단, 응집용액의 밀도는 1.0g/mL이다.)

① 200 ② 300
③ 400 ④ 500

$$X(kg/day) = \frac{0.2 \times 10^4 mg}{L} \left| \frac{25mL}{500mL} \right| \frac{2,000m^3}{day} \left| \frac{10^3 L}{1m^3} \right| \frac{1kg}{10^6 mg}$$
$$= 200(kg/day)$$

20 유독한 6가 크롬이 함유된 폐수를 처리하는 과정에서 환원제로 사용하기에 적합한 것은?

① O_3 ② Cl_2
③ $FeSO_4$ ④ $NaOCl$

 Cr^{6+}을 Cr^{3+}으로 환원하기 위한 환원제에는 $FeSO_4$, Na_2SO_3, $NaHSO_3$, SO_2, Fe 등이 있다.

21 1차 침전지의 깊이가 4m, 표면적 1m²에 대해 30m³/day으로 폐수가 유입된다. 이때의 체류시간은?

① 2.3시간 ② 3.2시간
③ 5.5시간 ④ 6.1시간

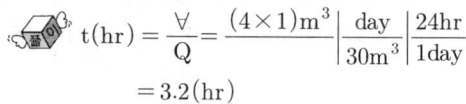

22 물속에서 입자가 침강하고 있을 때 스토크스(Stokes)의 법칙이 적용된다고 한다. 다음 중 입자의 침강속도에 가장 큰 영향을 주는 변화인자는?

① 입자의 밀도
② 물의 밀도
③ 물의 점도
④ 입자의 직경

23 물의 특성으로 옳지 않은 것은?

① 물의 밀도는 4℃에서 최소가 된다.
② 분자량이 유사한 다른 화합물에 비해 비열이 큰 편이다.
③ 화학 구조적으로 극성을 띠어 많은 물질들을 녹일 수 있다.
④ 상온에서 알칼리금속이나 알칼리토금속 또는 철과 반응하여 수소를 발생시킨다.

 물의 밀도는 4 ℃에서 최대가 된다.

24 수질관리를 위해 대장균군을 측정하는 주목적으로 가장 타당한 것은?

① 다른 수인성 병원균의 존재 가능성을 알기 위하여
② 호기성 미생물 성장 가능 여부를 알기 위하여
③ 공장폐수의 유입 여부를 알기 위하여
④ 수은의 오염 정도를 측정하기 위하여

25 MLSS 농도 3,000mg/L인 포기조 혼합액을 1,000mL 메스실린더로 취해 30분간 정치시켰을 때 침강슬러지가 차지하는 용적은 440mL였다. 이때 슬러지 밀도지수(SDI)는?

① 146.7 ② 73.4
③ 1.36 ④ 0.68

정답 19 ① 20 ③ 21 ② 22 ④ 23 ① 24 ① 25 ④

> $SDI(g/100mL) = \dfrac{100}{SVI}$
>
> $SVI(mL/g) = \dfrac{440(mL/L)}{3,000(mg/L)} \times 10^3 = 146.67$
>
> $\therefore SDI(g/100mL) = \dfrac{100}{146.67} = 0.6818$

26 500g의 $C_6H_{12}O_6$가 완전한 혐기성 분해를 한다고 가정할 때 발생 가능한 CH_4 가스용적으로 옳은 것은?(단, 표준상태 기준)

① 24.4L ② 62.2L
③ 186.7L ④ 1,339.3L

> $C_6H_{12}O_6 \rightarrow 3CH_4 + 3CO_2$
> 180(g) : 3×22.4(L)
> 500(g) : X(L)
> $\therefore X = 186.667(L)$

27 활성슬러지법의 운전조건 중 F/M 비(kg BOD/kgMLSS·일)는 얼마로 유지하는 것이 가장 적합한가?

① 200~400 ② 20~40
③ 2~4 ④ 0.2~0.4

> 활성슬러지법의 운전조건 중 F/M 비(kg BOD/kg MLSS·일)는 0.2~0.4로 유지하는 것이 가장 바람직하다.

28 공장폐수 100mL를 검수로 하여 산성 100℃ $KMnO_4$법에 의한 COD 측정을 하였을 때 시료적정에 소비된 0.025N $KMnO_4$ 용액은 5.13mL이다. 이 폐수의 COD값은?(단, 0.025N $KMnO_4$ 용액의 역가는 0.98이고, 바탕시험 적정에 소비된 0.025N $KMnO_4$ 용액은 0.13mL이다.)

① 9.8mg/L ② 19.6mg/L
③ 21.6mg/L ④ 98mg/L

2012년 5월 수질오염공정시험 기준의 전면 개편으로 해당사항 없음

29 0.04M NaOH 용액을 mg/L로 환산하면?

① 1.6mg/L ② 16mg/L
③ 160mg/L ④ 1,600mg/L

> $X(mg/L) = \dfrac{0.04mol}{L} \Big| \dfrac{40g}{1mol} \Big| \dfrac{10^3 mg}{1g}$
> $= 1,600(mg/L)$

30 농축 대상 슬러지양이 500m³/d이고, 슬러지의 고형물 농도가 15g/L일 때, 농축조의 고형물 부하를 2.6kg/m²·hr로 하기 위해 필요한 농축조의 면적은?(단, 슬러지의 비중은 1.0이고, 24시간 연속가동 기준)

① 110.4m² ② 120.2m²
③ 142.4m² ④ 156.3m²

> $X(m^2)$
> $= \dfrac{15g}{L} \Big| \dfrac{m^2 \cdot hr}{2.6kg} \Big| \dfrac{500m^3}{day} \Big| \dfrac{1kg}{10^3 g} \Big| \dfrac{10^3 L}{1m^3} \Big| \dfrac{1day}{24hr}$
> $= 120.19(m^2)$

31 유기물과 무기물의 함량이 각각 80%, 20%인 슬러지를 소화 처리한 후 유기물과 무기물의 함량이 모두 50%로 되었다. 이때 소화율은?

① 50% ② 67%
③ 75% ④ 83%

> $\eta = \left(1 - \dfrac{VS_2/FS_2}{VS_1/FS_1}\right) \times 100$
> $= \left(1 - \dfrac{50/50}{80/20}\right) \times 100 = 75(\%)$

정답 26 ③ 27 ④ 28 ① 29 ④ 30 ② 31 ③

32 수질오염공정시험기준상 산성 100℃ 과망간산칼륨에 의한 화학적 산소 요구량 측정 시 적정온도로 가장 적합한 것은?

① 25~30℃   ② 60~80℃
③ 110~120℃   ④ 185~200℃

 2012년 5월 수질오염공정시험 기준의 전면 개편으로 해당사항 없음

33 다음 중 수질오염공정시험기준상 폐수의 총인 측정실험에서 분해되기 쉬운 유기물을 함유한 시료의 전처리를 위해 사용되는 시약은?

① 수산화칼륨   ② 과황산칼륨
③ 중크롬산칼륨   ④ 질산칼륨

 분해되기 쉬운 유기물을 함유한 시료의 전처리는 과황산칼륨분해법을 이용한다.

34 지름이 20m, 깊이가 3m인 원형 침전지에서 시간당 416.7m³의 하수를 처리하는 경우 수면적 부하는?(단, 24시간 연속가동)

① 31.8m³/m²·day   ② 36.6m³/m²·day
③ 42.0m³/m²·day   ④ 48.3m³/m²·day

 $X(m^3/m^2 \cdot day)$

$= \dfrac{416.7m^3}{hr} \bigg| \dfrac{4}{\pi \times 20^2 m^2} \bigg| \dfrac{24hr}{1day}$

$= 31.78(m^3/m^2 \cdot day)$

35 경도(Hardness)에 관한 설명으로 거리가 먼 것은?

① Na^+은 농도가 높을 때는 경도와 비슷한 작용을 하여 유사경도라 한다.
② 2가 이상의 양이온 금속의 양을 수산화칼슘으로 환산하여 ppm 단위로 표시한다.
③ 센물 속의 금속이온들은 세제나 비누와 결합하여 세탁효과를 떨어뜨린다.
④ 경도 중 CO_3^{2-}, HCO_3^- 등과 결합한 형태로 있을 때 이를 탄산경도라 하고, 이 성분은 물을 끓일 때 제거된다.

 2가 이상의 양이온 금속의 양을 탄산칼슘으로 환산하여 ppm 단위로 표시한다.

36 분뇨의 일반적인 특성에 대한 설명 중 틀린 것은?

① 유기물을 많이 함유하고 있다.
② 고액분리가 쉽다.
③ 토사 및 협잡물을 다량 함유하고 있다.
④ 염분 및 질소의 농도가 높다.

 분뇨는 고액분리가 어렵다.

37 인구 100,000명의 중소도시에서 발생되는 총 쓰레기의 양이 200m³/day(밀도 750kg/m³)이다. 적재용량이 5ton인 트럭으로 운반하려면 1일 소요되는 트럭 대수는?(단, 트럭은 1일 1회 운행)

① 12대   ② 18대
③ 24대   ④ 30대

 $X(대/일) = \dfrac{750kg}{m^3} \bigg| \dfrac{200m^3}{day} \bigg| \dfrac{대}{5,000kg}$

$= 30(대/일)$

38 폐기물의 중간처리 공정 중 금속, 유리, 플라스틱 등 재활용 가능한 성분을 분리하기 위한 것은?

① 압축   ② 건조
③ 선별   ④ 파쇄

39 연소 시 연소온도를 높일 수 있는 조건으로 가장 거리가 먼 것은?

① 완전연소시킨다.
② 연소용 공기를 예열한다.
③ 과잉 공기량을 많게 한다.
④ 발열량이 높은 연료를 사용한다.

> 과잉 공기량은 적절해야 한다.

40 폐기물 시료 100kg을 달아 건조시킨 후의 시료 중량을 측정하였더니 40kg이었다. 이 폐기물의 수분함량(%, w/w)은?

① 40%   ② 50%
③ 60%   ④ 80%

41 다음 중 슬러지 개량(Conditioning)의 주목적은?

① 악취 제거   ② 슬러지의 무해화
③ 탈수성 향상   ④ 부패 방지

42 도시 쓰레기의 조성을 분석하였더니 탄소 30%, 수소 10%, 산소 45%, 질소 5%, 황 0.5%, 회분 9.5%일 때 듀롱(Dulong) 식을 이용한 고위발열량은?

① 약 2,450kcal/kg   ② 약 3,940kcal/kg
③ 약 4,440kcal/kg   ④ 약 5,360kcal/kg

> HHV(kcal/kg)
> $= 81C + 342.5(H - O/8) + 22.5S$
> $= 81 \times 30 + 342.5(10 - 45/8) + 22.5 \times 0.5$
> $= 3,939.68 \text{(kcal/kg)}$

43 다음 중 유해 폐기물의 국제적 이동의 통제와 규제를 주요 골자로 하는 국제협약(의정서)은?

① 교토의정서   ② 바젤협약
③ 비엔나협약   ④ 몬트리올의정서

44 기계적인 탈수방법에 관한 다음 각 설명 중 가장 거리가 먼 것은?

① 원심분리 탈수를 이용하기 위해서는 슬러지의 고형물의 비중이 물보다 작아야 하며, 정기적 보수는 거의 불필요하다.
② 필터프레스는 여과천으로 덮여 있는 판 사이로 슬러지를 공급시켜 가동한다.
③ 진공 탈수에는 Rotary Drum형, Belt형, Coil형 등이 있다.
④ 원심분리 탈수에는 Basket형, Disk Nozzle형, Solid Bowl형 등이 있다.

> 원심분리 탈수를 이용하기 위해서는 슬러지 고형물의 비중이 물보다 커야 하며, 정기적 보수가 필요하다.

45 다단로 소각에 대한 내용으로 틀린 것은?

① 체류시간이 길어 특히 휘발성이 적은 폐기물의 연소에 유리하다.
② 온도반응이 비교적 신속하여 보조연료 사용조절이 용이하다.
③ 다량의 수분이 증발되므로 수분함량이 높은 폐기물의 연소도 가능하다.
④ 물리·화학적 성분이 다른 각종 폐기물을 처리할 수 있다.

> 온도반응이 느려서 보조연료 사용조절이 용이하지 못하다.

정답 39 ③ 40 ③ 41 ③ 42 ② 43 ② 44 ① 45 ②

46 폐기물관리법령상 지정폐기물 중 부식성 폐기물의 '폐산' 기준으로 옳은 것은?

① 액체상태의 폐기물로서 수소이온 농도지수가 2.0 이하인 것으로 한정한다.
② 액체상태의 폐기물로서 수소이온 농도지수가 3.0 이하인 것으로 한정한다.
③ 액체상태의 폐기물로서 수소이온 농도지수가 5.0 이하인 것으로 한정한다.
④ 액체상태의 폐기물로서 수소이온 농도지수가 5.5 이하인 것으로 한정한다.

47 폐기물공정시험기준(방법)상 용어의 정의 중 "항량으로 될 때까지 건조한다."의 의미로 가장 적합한 것은?

① 같은 조건에서 1시간 더 건조할 때 전후 무게의 차가 g당 0.3mg 이하일 때를 말한다.
② 같은 조건에서 1시간 더 건조할 때 전후 무게의 차가 g당 0.5mg 이하일 때를 말한다.
③ 같은 조건에서 1시간 더 건조할 때 전후 무게의 차가 g당 1mg 이하일 때를 말한다.
④ 같은 조건에서 1시간 더 건조할 때 전후 무게의 차가 g당 5mg 이하일 때를 말한다.

48 퇴비화 공정에 관한 설명으로 가장 적합한 것은?

① 크기를 고르게 할 필요 없이 발생된 그대로의 상태로 숙성시킨다.
② 미생물을 사멸시키기 위해 최적 온도는 90℃ 정도로 유지한다.
③ 충분히 물을 뿌려 수분을 100%에 가깝게 유지한다.
④ 소비된 산소의 보충을 위해 규칙적으로 교반한다.

① 크기를 고르게 한 상태에서 숙성시킨다.
② 미생물을 사멸시키기 위해 최적 온도는 50~60℃ 정도로 유지한다.
③ 수분의 함량은 50~60(Wt%)을 유지한다.

49 인구 2,650,000명인 도시에서 1,154,000 ton/year의 쓰레기가 발생하였다. 이 도시의 1인당 1일 쓰레기 발생량은?

① 0.98kg/인·일
② 1.19kg/인·일
③ 1.51kg/인·일
④ 2.14kg/인·일

$X(kg/인·일)$
$= \dfrac{1,154,000 ton}{year} \Big| \dfrac{10^3 kg}{1 ton} \Big| \dfrac{1 year}{365일} \Big| \dfrac{1}{2,650,000인}$
$= 1.19(kg/인·일)$

50 다음 중 효율적인 파쇄를 위해 파쇄대상물에 작용하는 3가지 힘에 해당되지 않는 것은?

① 충격력   ② 정전력
③ 전단력   ④ 압축력

파쇄대상물에 작용하는 3가지 힘은 압축력, 전단력, 충격력이다.

51 RDF에 대한 설명으로 틀린 것은?

① 소각로에서 사용할 경우 부식 발생으로 수명이 단축될 수 있다.
② 폐기물 중의 가연성 물질만을 선별하여 함수율, 불순물, 입경 등을 조절하여 연료화시킨 것이다.
③ 부패하기 쉬운 유기물질로 구성되어 있기 때문에 수분함량이 증가하면 부패한다.
④ RDF 소각로의 경우 시설비 및 동력비가 저렴하며, 운전이 용이하다.

정답 46 ① 47 ① 48 ④ 49 ② 50 ② 51 ④

RDF 소각로의 경우 시설비가 고가이고 숙련된 기술이 필요하다.

52 폐기물 매립지의 덮개시설에 대한 설명으로 가장 거리가 먼 것은?

① 덮개시설은 매립 후 안전한 사후관리를 위해 필요하다.
② 덮개흙으로 가장 적합한 것은 Clay이며, 투수계수가 큰 것이 좋다.
③ 덮개흙은 연소가 잘 되지 않아야 한다.
④ 덮개시설은 악취, 비산, 해충 및 야생동물 번식, 화재 방지 등을 위해 설치한다.

 덮개흙은 투수계수가 작고 식생에 적합한 양질의 토양을 사용하는 것이 적당하다.

53 처음 부피가 1,000m³인 폐기물을 압축하여 500m³인 상태로 부피를 감소시켰다면 체적 감소율은?

① 2% ② 10%
③ 50% ④ 100%

 $VR(\%) = \dfrac{감소되는\ 부피}{초기부피} \times 100$

$= \dfrac{500m^3}{1,000m^3} \times 100 = 50(\%)$

54 수분함량이 25%(w/w)인 쓰레기를 건조시켜 수분함량이 10%(w/w)인 쓰레기로 만들려면 쓰레기 1톤당 약 얼마의 수분을 증발시켜야 하는가?

① 46kg ② 83kg
③ 167kg ④ 250kg

$V_1(100 - W_1) = V_2(100 - W_2)$
$1,000(100 - 25) = V_2(100 - 10)$
$V_2 = 833.33(kg)$
∴ 증발시켜야 할 수분량 = 1,000 - 833.33
= 166.67(kg)

55 도시 폐기물의 개략분석(Proximate Analysis) 시 4가지 구성성분에 해당하지 않는 것은?

① 다이옥신(Dioxin)
② 휘발성 고형물(Volatile Solids)
③ 고정탄소(Fixed Carbon)
④ 회분(Ash)

 다이옥신은 발암물질로 개략분석에 해당하지 않는다.

56 60phon의 소리는 50phon의 소리에 비해 몇 배 크게 들리는가?

① 2배 ② 3배
③ 4배 ④ 5배

$S = 2^{(L_L - 40)/10}$
㉠ 60phon $S = 2^{(60-40)/10} = 4$
㉡ 50phon $S = 2^{(50-40)/10} = 2$

57 음세기 레벨이 80dB인 전동기 3대가 동시에 가동된다면 합성 소음레벨은?

① 약 81dB ② 약 83dB
③ 약 85dB ④ 약 89dB

$L = 10\log(10^{80/10} + 10^{80/10} + 10^{80/10})$
$= 84.77(dB)$

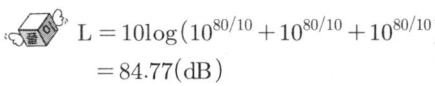
정답 52 ② 53 ③ 54 ③ 55 ① 56 ① 57 ③

58 소음원의 형태가 점음원의 경우 음원으로부터 거리가 2배 멀어질 때 음압레벨의 감쇠치는?

① 1dB
② 3dB
③ 6dB
④ 9dB

 거리가 2배가 되면 점음원인 경우 6dB, 선음원인 경우 3dB 감소한다.

59 투과손실이 32dB인 벽체의 투과율은?

① 3.2×10^{-3}
② 3.2×10^{-4}
③ 6.3×10^{-3}
④ 6.3×10^{-4}

 $TL = 10\log\left(\dfrac{1}{t}\right)$

$32 = 10\log\left(\dfrac{1}{t}\right)$

∴ t=1/10^{3.2}=6.3×10^{-4}

60 소음제어를 위한 방법 중 기류음(공기음)의 발생대책이 아닌 것은?

① 분출유속의 저감
② 관의 곡률 완화
③ 밸브의 다단화
④ 가진력 억제

 가진력 억제는 고체음 발생을 제어하는 대책이다.

정답 58 ③ 59 ④ 60 ④

2010년 2회 시행

01 다음과 같은 피해를 주는 대기오염물질은?

- 식물에 미치는 영향은 급성이거나 만성이며, 잎 뒤쪽 표피 밑의 세포가 피해를 입기 시작하며, 보통 백화현상에 의해 맥간반점을 형성한다.
- 지표식물로는 자주개나리, 보리, 참깨, 담배 등이 있으며 강한 식물로는 양배추, 무궁화, 옥수수 등이 있다.

① 아황산가스 ② 일산화탄소
③ 오존 ④ 불화수소가스

02 흡착에 관한 다음 설명 중 옳지 않은 것은?

① 물리적 흡착은 가역적이므로 흡착제의 재생이나 오염가스의 회수에 유리하다.
② 물리적 흡착에서 흡착량은 온도의 영향을 받지 않는다.
③ 물리적 흡착은 대체로 용질의 분압이 높을수록 증가하고 분자량이 클수록 잘 흡착된다.
④ 화학적 흡착은 물리적 흡착보다 분자 간의 결합력이 강하기 때문에 흡착과정에서의 발열량이 더 크다.

 물리적 흡착에서 흡착량은 온도가 낮을수록 증가한다.

03 A전기집진장치의 집진극 면적/처리유량이 $A/Q=200(m/s)^{-1}$로 운전되고 있다. 입구먼지농도 $C_i=100g/m^3$, 출구먼지농도 $C_o=1.23g/m^3$일 때 이 먼지의 겉보기 이동속도는?(단, Deutsch Anderson 식 $\eta = 1 - \exp\left(-\dfrac{A \cdot W_e}{Q}\right)$ 이용)

① 0.013m/s ② 0.022m/s
③ 0.029m/s ④ 0.036m/s

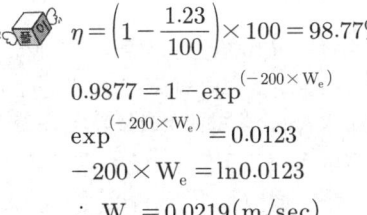

$\eta = \left(1 - \dfrac{1.23}{100}\right) \times 100 = 98.77\%$

$0.9877 = 1 - \exp^{(-200 \times W_e)}$

$\exp^{(-200 \times W_e)} = 0.0123$

$-200 \times W_e = \ln 0.0123$

$\therefore W_e = 0.0219 (m/sec)$

04 다음은 연소에 관한 설명이다. ( ) 안에 알맞은 것은?

목재, 석탄, 타르 등은 연소 초기에 열분해에 의해 가연성 가스가 생성되고 이것이 긴 화염을 발생시키면서 연소하는데 이러한 연소를 ( )라 한다.

① 표면연소 ② 분해연소
③ 증발연소 ④ 확산연소

 목재, 석탄, 타르 등은 연소 초기에 열분해에 의해 가연성 가스가 생성되고 이것이 긴 화염을 발생시키면서 연소하는데, 이러한 연소를 '분해연소'라 한다.

05 배출가스 중 아황산가스를 접촉산화법에 의해 산화시켜 황산으로 회수하고자 할 때 사용되는 촉매로 적합한 것은?

① V_2O_5, K_2SO_4
② SiO_2, $KMnO_4$
③ MgO, $KHSO_4$
④ Al_2O_3, $CaCO_3$

정답 01 ① 02 ② 03 ② 04 ② 05 ①

아황산가스를 접촉산화법에 의해 산화시켜 황산으로 회수하고자 할 때 사용되는 촉매에는 V_2O_5, K_2SO_4가 있다.

06 다음에서 설명하는 장치분석법에 해당하는 것은?

> 이 법은 기체시료 또는 기화(氣化)한 액체나 고체시료를 운반가스(Carrier Gas)에 의하여 분리, 관내에 전개시켜 기체상태에서 분리되는 각 성분을 분석하는 방법으로 일반적으로 무기물 또는 유기물의 대기오염 물질에 대한 정성(定性), 정량(定量) 분석에 이용한다.

① 흡광광도법
② 원자흡광광도법
③ 가스크로마토그래프법
④ 비분산적외선분석법

07 직경이 20cm, 유효높이 16m인 여과자루를 사용하여 농도가 5g/m³의 배출가스를 1,200m³/min으로 처리하였다. 여과 속도가 2cm/sec일 때 필요한 여과자루의 수는?

① 95   ② 96
③ 100 ④ 107

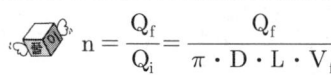 $n = \dfrac{Q_f}{Q_i} = \dfrac{Q_f}{\pi \cdot D \cdot L \cdot V_f}$

㉠ $Q_f = 1,200 (m^3/min) = 20 (m^3/sec)$
㉡ $Q_i = A \times V = \pi \times D \times L \times V_f$
    $= \pi \times 0.2 \times 16 \times 0.02 = 0.201 (m^3/sec)$

∴ $n = \dfrac{20}{0.201} = 99.5 ≒ 100 (개)$

08 중력집진장치에서 효율 향상 조건으로 옳지 않은 것은?

① 침강실 처리가스 속도가 작을수록 미립자가 포집된다.
② 침강실 입구폭이 클수록 유속이 느려지며 미세한 입자가 포집된다.
③ 침강실 내의 배기가스 기류는 균일하여야 한다.
④ 침강실의 높이가 높고 수평거리가 짧을수록 집진율이 높아진다.

 침강실의 높이가 작고 수평거리가 길수록 집진율이 높아진다.

09 황(S) 함량이 2.0%인 중유를 시간당 5ton으로 연소시킨다. 배출가스 중의 SO_2를 $CaCO_3$로 완전히 흡수시킬 때 필요한 $CaCO_3$의 양을 구하면? (단, 중유 중의 황 성분은 전량 SO_2로 연소된다.)

① 278.3kg/hr   ② 312.5kg/hr
③ 351.7kg/hr   ④ 379.3kg/hr

$$S \equiv CaCO_3$$
$$32(kg) : 100(kg)$$
$$\dfrac{5,000kg}{hr} \Big| \dfrac{2}{100} : X$$
∴ $X = 312.5 (kg/hr)$

10 다음 중 전기집진장치에서 먼지의 겉보기 전기저항이 $10^{12} \Omega \cdot cm$보다 높은 경우 투입하는 물질로 거리가 먼 것은?

① NaCl   ② NH_3
③ H_2SO_4 ④ Soda Lime(소다회)

 암모니아(NH_3)는 전기저항이 $10^4 \Omega \cdot cm$보다 낮은 경우 제비산 현상이 일어났을 때 투입되는 물질이다.

정답 06 ③ 07 ③ 08 ④ 09 ② 10 ②

11 효율이 90%인 전기집진기를 효율 99%가 되도록 개조하려면 개조 전보다 집진극의 면적을 몇 배로 늘려야 하는가?(단, Deutsch Anderson 식 $\eta = 1 - \exp\left(-\dfrac{A \times W_e}{Q}\right)$ 적용하고, 기타 조건은 고려하지 않는다.)

① 2배　　　　② 3배
③ 6배　　　　④ 9배

㉠ 90%일 때 $A = \ln(1-0.9)K = -2.3K$
㉡ 99%일 때 $A = \ln(1-0.99)K = -4.6K$
∴ $\dfrac{-4.6K}{-2.3K} = 2(배)$

12 집진효율이 50%인 중력집진장치와 집진효율이 99%인 여과집진장치가 직렬로 연결된 집진시설이 있다. 중력집진장치로 유입되는 먼지의 농도가 3,000Sm³일 때, 여과집진장치 출구의 먼지 농도는?

① 1mg/Sm³　　　　② 5mg/Sm³
③ 10mg/Sm³　　　　④ 15mg/Sm³

$\eta_t = \eta_1 + \eta_2(1 - \eta_1)$
　　$= 0.5 + 0.99(1 - 0.5)$
　　$= 99.5(\%)$
$C_o = 3,000 \times (1 - 0.995) = 15(\text{mg/Sm}^3)$

13 대기오염공정시험방법상 시험의 기재 및 용어에 관한 설명으로 틀린 것은?

① "정확히 단다."라 함은 규정한 양의 검체를 취하여 분석용 저울로 0.1mg까지 다는 것을 뜻한다.
② 시험조작 중 '즉시'란 1 분 이내에 표시된 조작을 하는 것을 뜻한다.
③ "항량이 될 때까지 건조한다 또는 강열한다."라 함은 따로 규정이 없는 한 보통의 건조방법으로 1시간 더 건조 또는 강열할 때 전후 무게의 차가 매 g당 0.3mg 이하일 때를 뜻한다.
④ '감압 또는 진공'이라 함은 따로 규정이 없는 한 15mmHg 이하를 뜻한다.

시험조작 중 '즉시'란 30초 이내에 표시된 조작을 하는 것을 뜻한다.

14 대기오염방지시설 중 유해가스상 물질을 처리할 수 있는 흡착장치의 종류와 가장 거리가 먼 것은?

① 고정층 흡착장치　　② 촉매층 흡착장치
③ 이동층 흡착장치　　④ 유동층 흡착장치

흡착장치의 종류에는 고정층 흡착장치, 이동층 흡착장치, 유동층 흡착장치가 있다.

15 다음 중 연소조절에 의한 질소산화물의 발생을 억제하는 방법으로 거리가 먼 것은?

① 과잉공기공급량을 증가시킨다.
② 연소부분을 냉각시킨다.
③ 배출가스를 재순환시킨다.
④ 2단 연소시킨다.

질소산화물은 이론공기량으로 연소 시 최대로 나타나며 이론공기량보다 적거나 많으면 감소한다.

16 탈산소계수 0.1/day인 어떤 유기물질의 BOD_5가 200mg/L이었다. 3일 후에 남아 있는 BOD 값은? (단, 상용대수 적용)

① 192.3mg/L　　　　② 189.4mg/L
③ 184.6mg/L　　　　④ 146.6mg/L

$BOD_t = BOD_u(1 - 10^{-K \cdot t})$
$BOD_t = BOD_u \times 10^{-K \cdot t}$
㉠ $BOD_u = \dfrac{200}{(1 - 10^{-0.1 \times 5})}$
　　　　$= 292.495(\text{mg/L})$

정답　11 ①　12 ④　13 ②　14 ②　15 ①　16 ④

ⓒ $BOD_3 = 292.495 \times 10^{-0.1 \times 3}$
　　　　　$= 146.59 (mg/L)$

17 다음 중 불소 제거를 위한 폐수처리 방법으로 가장 적합한 것은?

① 화학침전　　② P/L 공정
③ 살수여상　　④ UCT 공정

 불소를 제거하는 방법에는 활성알루미나법, 응집제거법, 골탄법, 전기분해법 등이 있다.

18 1N H_2SO_4 용액으로 옳은 것은?

① 용액 1mL 중 H_2SO_4 98g 함유
② 용액 1,000mL 중 H_2SO_4 98g 함유
③ 용액 1,000mL 중 H_2SO_4 49g 함유
④ 용액 1mL 중 H_2SO_4 49g 함유

19 Ca^{2+}의 농도가 40mg/L, Mg^{2+}의 농도가 24mg/L인 물의 경도(mg/L as $CaCO_3$)는? (단, Ca의 원자량은 40, Mg의 원자량은 24이다.)

① 100　　② 150
③ 200　　④ 250

 $TH = \sum M_c^{2+}(mg/L) \times \dfrac{50}{Eq}$
　　　$= 40 \times \dfrac{50}{40/2} + 24 \times \dfrac{50}{24/2}$
　　　$= 200(mg/L \text{ as } CaCO_3)$

20 알칼리도(Alkalinity)에 관한 설명으로 틀린 것은?

① 산을 중화시킬 수 있는 능력의 척도이다.
② 알칼리도 유발물질은 수산화물, 중탄산염, 탄산염 등이다.
③ 알칼리도는 화학적 응집, 물의 연수화, 부식제어를 위한 자료로 이용된다.
④ pH 7까지 낮추는 데 주입된 산의 양을 CaOppm으로 환산한 값을 총 알칼리도라 한다.

 총 알칼리도는 처음 pH에서 pH 4.5까지 소요된 산의 양을 $CaCO_3$ ppm으로 환산한 값을 말한다.

21 유기물의 호기성으로 완전분해 시 최종 산물은?

① 이산화탄소와 메탄　　② 일산화탄소와 메탄
③ 이산화탄소와 물　　④ 일산화탄소와 물

22 침전현상의 분류 중 독립침전에 대한 설명으로 가장 적합한 것은?

① 부유물의 농도가 낮은 상태에서 응결하지 않는 입자의 침전으로 입자의 특성에 따라 침전한다.
② 서로 응결하여 입자가 점점 커져 속도가 빨라지는 침전이다.
③ 입자의 농도가 큰 경우의 침전으로 입자들이 너무 가까이 있을 때 행해지는 침전이다.
④ 입자들이 고농도로 있을 때의 침전으로 서로 접촉해 있을 때의 침전이다.

23 비점오염원의 특징으로 거리가 먼 것은?

① 지표수 유출이 거의 없는 갈수 시 하천수 수질 악화에 큰 영향을 미친다.
② 기상조건, 지질, 지형 등의 영향이 크다.
③ 빗물, 지하수 등에 의하여 희석되거나 확산되면서 넓은 장소로부터 배출된다.
④ 일 간·계절 간의 배출량 변화가 크다.

비점오염원은 홍수 시 오염원으로 주목받는다.

24 다음은 어떤 중금속에 관한 설명인가?

- 상온에서 유일하게 액체상태로 존재하는 금속이다.
- 인체에 증기로 흡입 시 뇌 및 중추신경계에 큰 영향을 미친다.
- 체내에 축적되어 Hunter-Russel 증후군을 일으킨다.

① Cr ② Hg
③ Mn ④ As

25 pH 2인 용액의 수소이온[H^+] 농도(mol/L)는?

① 0.01 ② 0.1
③ 1   ④ 100

$[H^+] = 10^{-pH}$
$[H^+] = 10^{-2} = 0.01 \, (\text{mol/L})$

26 A공장의 BOD 배출량은 400인의 인구당량에 해당한다. A공장의 폐수량이 200m³/day일 때 이 공장폐수의 BOD(mg/L) 값은?(단, 1인이 하루에 배출하는 BOD는 50g이다.)

① 100 ② 150
③ 200 ④ 250

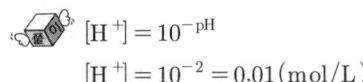
$X(\text{mg/L}) = \dfrac{50g}{\text{인} \cdot \text{일}} \Big| \dfrac{400\text{인}}{} \Big| \dfrac{\text{day}}{200\text{m}^3}$
$= 100 \, (\text{mg/L})$

27 다음 중 조류를 이용한 산화지(Oxidation Pond)법으로 폐수를 처리할 경우에 가장 중요한 영향 인자는?

① 산화지의 표면모양
② 물의 색깔
③ 햇빛
④ 산화지 바닥 흙입자 모양

산화지는 미생물과 조류의 생물화학적 작용을 이용하여 하수 및 폐수를 자연 정화시키는 공법으로 햇빛이 중요한 인자가 된다.

28 수자원에 대한 일반적인 설명으로 틀린 것은?

① 호수는 미생물의 번식이 있고, 수온변화에 따른 성층이 형성된다.
② 지표수는 무기물이 풍부하고 지하수보다 깨끗하며 연중 수온이 일정하다.
③ 수량 면에서는 무한하지만 사용 목적이 극히 한정적인 수자원은 바닷물이다.
④ 호수는 물의 움직임이 적어 한 번 오염되면 회복이 어렵다.

지표수는 유기물이 풍부하고 지하수보다 오염이 심하며, 연중 수온의 변화가 심하다.

29 신도시를 중심으로 설치되며 생활오수는 하수처리장으로, 우수는 별도의 관거를 통해 직접 수역으로 방류하는 배제방식은?

① 합류식 ② 분류식
③ 직각식 ④ 원형식

30 62.5m³/h의 폐수가 24시간 균일하게 유입되는 폐수처리장의 침전지에서 이 침전지의 월류부하를 100m³/m·day로 할 때 월류위어의 유효길이는?

① 10m ② 12m
③ 15m ④ 50m

$$X(m) = \frac{62.5 m^3}{hr} \left| \frac{m \cdot day}{100 m^3} \right| \frac{24 hr}{1 day} = 15 (m)$$

31 다음 중 생물학적 원리를 이용하여 인(P)만을 효과적으로 제거하기 위한 고도처리공법으로 가장 적합한 것은?

① A/O 공법
② A²/O 공법
③ 4단계 Bardenpho 공법
④ 5단계 Bardenpho 공법

 A/O 공정은 인(P)만을 효과적으로 제거하기 위한 고도처리공법이다.

32 다음 중 수질오염공정시험기준에 의거 페놀류를 측정하기 위한 시료의 보존방법(㉠)과 최대보존기간(㉡)으로 가장 적합한 것은?

① ㉠ 현장에서 용존산소 고정 후 어두운 곳 보관
㉡ 8시간
② ㉠ 즉시 여과 후 4℃ 보관
㉡ 48시간
③ ㉠ 4℃ 보관, H_3PO_4로 pH 4 이하 조정한 후 $CuSO_4$ 1g/L 첨가
㉡ 28일
④ ㉠ 20℃ 보관
㉡ 즉시 측정

33 다음 설명에 해당하는 폐수처리 공정은?

- 호기성 미생물을 이용한다.
- 대표적인 부착성장식 생물학적 처리공법이다.
- 쇄석이나 플라스틱과 같은 여재를 채운 탱크에 폐수를 뿌려주어 유기물을 섭취 분해한다.
- 연못화 현상이 일어나거나 파리 번식 및 악취 발생 우려가 있다.

① 고정소각법
② 살수여상법
③ 라쿤법
④ 활성슬러지법

34 다음 중 크롬함유 폐수처리 시 사용되는 크롬 환원제에 해당하지 않는 것은?

① NH_2SO_4
② Na_2SO_3
③ $FeSO_4$
④ SO_2

 크롬을 환원시키기 위한 환원제로는 $FeSO_4$, Na_2SO_3, $NaHSO_3$, SO_2, Fe 등이 있다.

35 상수처리에 사용되는 오존살균에 관한 다음 설명 중 옳지 않은 것은?

① 저장이 어려우므로 오존발생기를 이용하여 현장에서 생산한다.
② 오존은 HOCl보다 더 강력한 산화제이다.
③ 상수의 최종살균을 위해 가장 권장되는 방법이다.
④ 수용액에서 오존은 매우 불안정하여 20℃의 증류수에서의 반감기는 20~30분 정도이다.

 상수의 최종살균을 위해 가장 권장되는 방법은 염소소독이다.

36 20%의 수분을 포함하고 있는 폐기물을 연소시킨 결과 고위발열량은 2,500kcal/kg이었다. 저위발열량은?(단, 추정식에 의한다.)

① 2,480kcal/kg
② 2,380kcal/kg
③ 2,020kcal/kg
④ 1,860kcal/kg

 $Hl = Hh - 600(9H + W)$
$= 2,500 - 600 \times 0.2 = 2,380 (kcal/kg)$

정답 31 ① 32 ③ 33 ② 34 ① 35 ③ 36 ②

37 슬러지를 가열(210℃ 정도)·가압(120atm 정도)시켜 슬러지 내의 유기물이 공기에 의해 산화되도록 하는 공법은?

① 가열 건조 ② 습식 산화
③ 혐기성 산화 ④ 호기성 소화

38 다음 중 폐기물의 고형화 처리방법에 해당되지 않는 것은?

① 시멘트 기초법 ② 활성탄 흡착법
③ 유기 중합체법 ④ 열가소성 플라스틱법

 고형화 처리방법의 종류에는 시멘트 기초법, 석회 기초법, 피막형성법, 열가소성 플라스틱법, 유리화법, 유기 중합체법 등이 있다.

39 다음 원자흡광광도 측정에 사용되는 가연성 가스와 조연성 가스의 조합 중 불꽃의 온도가 높으므로 불꽃 중에서 해리하기 어려운 내화성 산화물을 만들기 쉬운 원소의 분석에 가장 적합한 것은?

① 아세틸렌-아산화질소
② 프로판-공기
③ 수소-공기
④ 석탄가스-공기

 2012년 5월 수질오염공정시험 기준의 전면 개편으로 해당사항 없음

40 폐기물공정시험기준(방법)에 따라 폐기물 중의 카드뮴을 원자흡광광도계로 분석할 때 측정파장은?

① 123.6nm ② 228.8nm
③ 583.3nm ④ 880nm

 2012년 5월 수질오염공정시험 기준의 전면 개편으로 해당사항 없음

41 다음은 폐기물공정시험기준(방법)에 명시된 용기의 정의이다. ( ) 안에 알맞은 것은?

> ( )라 함은 취급 또는 저장하는 동안에 기체 또는 미생물이 침입하지 아니하도록 내용물을 보호하는 용기를 말한다.

① 밀폐용기 ② 기밀용기
③ 밀봉용기 ④ 차광용기

 밀봉용기라 함은 취급 또는 저장하는 동안에 기체 또는 미생물이 침입하지 아니하도록 내용물을 보호하는 용기를 말한다.

42 함수율 40%(w/w)인 폐기물을 건조시켜 함수율 20%(w/w)로 하였다면 중량은 어떻게 변화되는가?(단, 비중은 모두 1.0 기준)

① 원래의 1/4로 된다.
② 원래의 1/2로 된다.
③ 원래의 3/4로 된다.
④ 원래의 5/6로 된다.

$V_1(100-W_1) = V_2(100-W_2)$
$V_1(100-40) = V_2(100-20)$
$V_2 = \frac{3}{4}V_1$

43 탄소 30kg과 수소 15kg을 완전연소시키는데 필요한 이론적인 산소의 양은?(단, 각각의 성분은 완전연소하여 이산화탄소와 물로 됨)

① 200kg ② 240kg
③ 280kg ④ 320kg

$$C + O_2 \rightarrow CO_2$$
12kg : 32kg
30kg : X_1 $X_1 = 80$(kg)

$$H_2 + \frac{1}{2}O_2 \rightarrow H_2O$$
2kg : 16kg
15kg : X_2 $X_2 = 120$(kg)
이론산소량 = $X_1 + X_2 = 200$(kg)

[다른 풀이방식]
$O_o(kg) = 2.667C + 8H + S - O$
$= 2.667 \times 30 + 8 \times 15 = 200$(kg)

44 다음 중 하부로부터 가스를 주입하여 모래를 띄운 후 이를 가열하여 상부로부터 폐기물을 주입하여 소각하는 형식은?

① 유동상 소각로
② 회전식 소각로
③ 다단식 소각로
④ 화격자 소각로

45 다음은 폐기물공정시험기준(방법)상 고상 또는 반고상 폐기물에 대해 지정폐기물의 매립방법을 결정하기 위한 용출시험방법이다. ( ) 안에 적합한 것은?

시료 조제방법에 따라 조제한 시료 100g 이상을 정확히 달아 정제수에 염산을 넣어 pH를 5.8~6.3으로 한 용매(mL)를 시료 : 용매=( )(W : V)의 비로 2,000mL 삼각플라스크에 넣어 혼합한다.

① 1 : 1
② 1 : 5
③ 1 : 10
④ 1 : 50

46 관거(Pipeline) 수거에 관한 설명으로 틀린 것은?

① 자동화·무공해화가 가능하다.
② 가설 후에 경로 변경이 곤란하고 설치비가 높다.
③ 잘못 투입된 물건의 회수가 용이하다.
④ 큰 쓰레기는 파쇄, 압축 등의 전처리를 해야 한다.

 잘못 투입된 폐기물을 회수하기가 어렵다.

47 다음 중 유기성 폐기물의 퇴비화 특성으로 가장 거리가 먼 것은?

① 생산된 퇴비는 비료가치가 높으며, 퇴비 완성 시 부피감소율이 70% 이상으로 큰 편이다.
② 초기 시설투자비가 낮고, 운영 시 소요 에너지도 낮은 편이다.
③ 다른 폐기물 처리기술에 비해 고도의 기술수준이 요구되지 않는다.
④ 퇴비제품의 품질표준화가 어렵고, 부지가 많이 필요한 편이다.

 생산된 퇴비는 비료가치가 낮고, 소요부지의 면적이 크며, 부지선정이 어렵다.

48 착화온도에 관한 다음 설명 중 옳은 것은?

① 분자구조가 간단할수록 착화온도는 낮아진다.
② 발열량이 작을수록 착화온도는 낮아진다.
③ 활성화에너지가 작을수록 착화온도는 높아진다.
④ 화학결합의 활성도가 클수록 착화온도는 낮아진다.

착화온도란 연료 자체가 자기발화하는 온도이다.
 ① 분자구조가 간단할수록 착화온도는 높아진다.
 ② 발열량이 작을수록 착화온도는 높아진다.
 ③ 활성화에너지가 작을수록 착화온도는 낮아진다.

정답 44 ① 45 ③ 46 ③ 47 ① 48 ④

49 매립지에서의 가스 생성과정을 크게 4단계로 분류할 때 각 단계에 관한 일반적인 설명으로 옳지 않은 것은?

① 1단계 : 호기성 단계로 O_2가 소모되며, CO_2 발생이 시작된다.
② 2단계 : 호기성 전이단계이며 NO_3^-가 산화되기 시작한다.
③ 3단계 : 혐기성 단계이며 CH_4가 발생하기 시작한다.
④ 4단계 : 정상적인 혐기단계로 CH_4와 CO_2의 함량이 거의 일정하다.

 NO_3^-가 산화되기 시작하는 단계는 통성혐기성 단계이다.

50 500,000명이 거주하는 지역에서 일주일 동안 10,780m³의 쓰레기를 수거하였다. 쓰레기 밀도가 0.5톤/m³이면 1인 1일 쓰레기 발생량은?

① 1.29kg/인·일
② 1.54kg/인·일
③ 1.82kg/인·일
④ 1.91kg/인·일

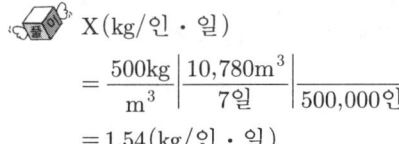

51 4,000,000ton/year의 쓰레기를 하루에 6,667명의 인부가 수거하고 있다면 수거능력(MHT)은? (단, 수거인부의 1일 작업시간은 8시간, 1년 작업일수는 300일로 한다.)

① 3
② 4
③ 5
④ 6

$$MHT = \frac{6667인}{4,000,000ton} \bigg| \frac{year}{1년} \bigg| \frac{300일}{1일} \bigg| \frac{8hr}{} = 4$$

52 다음 중 적환장의 위치로 적당하지 않은 곳은?

① 쉽게 간선도로에 연결될 수 있고 2차 보조 수송수단에의 연결이 쉬운 곳
② 수거해야 할 쓰레기 발생지역의 무게중심으로부터 먼 곳
③ 공중의 반대가 적고 환경적 영향이 최소인 곳
④ 건설과 운용이 가장 경제적인 곳

 수거해야 할 쓰레기 발생지역의 무게중심으로부터 가까운 곳

53 다음은 폐기물의 매립공법에 관한 설명이다. 가장 적합한 것은?

> 쓰레기를 매립하기 전에 이의 감량화를 목적으로 먼저 쓰레기를 일정한 더미형태로 압축하여 부피를 감소시킨 후 포장을 실시하여 매립하는 방법으로, 쓰레기 발생량 증가와 매립지 확보 및 사용연한 문제에 있어서 운반이 쉽고 안정성이 유리하다는 것과 지가(地價)가 비쌀 경우 유효한 방법이다.

① 압축매립공법
② 도랑형 공법
③ 셀공법
④ 순차투입공법

54 다음 중 슬러지 개량(Conditioning) 방법에 해당하지 않는 것은?

① 슬러지 세척
② 열처리
③ 약품처리
④ 관성분리

 슬러지 개량이란 슬러지의 물리적·화학적 특성을 개선하여 탈수량 및 탈수율을 증가시키는 것으로 개량방법에는 세정, 열처리, 동결, 약품첨가 등이 있다.

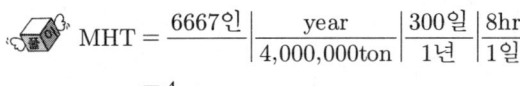

55 다음은 폐기물관리법상 용어의 정의이다. ( ) 안에 알맞은 것은?

( )이란 보건·의료기관, 동물병원, 시험·검사 기관 등에서 배출되는 폐기물 중 인체에 감염 등 위해를 줄 우려가 있는 폐기물과 인체 조직 등 적출물, 실험동물의 사체 등 보건·환경보호상 특별한 관리가 필요하다고 인정되는 폐기물로서 대통령령으로 정하는 폐기물을 말한다.

① 병원폐기물 ② 의료폐기물
③ 적출폐기물 ④ 기관폐기물

56 진동 수가 100Hz, 속도가 50m/s인 파동의 파장은?

① 0.5m ② 1m
③ 1.5m ④ 2m

$\lambda = c/f \, (\text{m})$
$= \dfrac{50}{100} = 0.5 \, (\text{m})$

57 다음 중 중이(中耳)에서 음의 전달매질은?

① 음파 ② 공기
③ 림프액 ④ 뼈

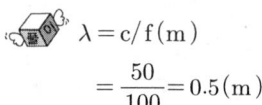
㉠ 외이의 전달매질 : 기체(공기)
㉡ 중이의 전달매질 : 고체(뼈)
㉢ 내이의 전달매질 : 액체(림프액)

58 어느 벽체에서 입사음의 세기가 $10^{-2}(\text{W/m}^2)$이고, 투과음의 세기가 $10^{-4}(\text{W/m}^2)$이다. 이 벽체의 투과손실은?

① 10dB ② 15dB
③ 20dB ④ 30dB

$\text{TL} = 10\log\left(\dfrac{1}{t}\right)$, $t = \dfrac{I_t}{I_i}$
$= 10\log\left(\dfrac{I_i}{I_t}\right) = 10\log\left(\dfrac{10^{-2}}{10^{-4}}\right)$
$= 20(\text{dB})$

59 다음은 소음·진동환경오염공정시험기준에서 사용되는 용어의 정의이다. ( ) 안에 알맞은 것은?

( )란 임의의 측정시간 동안 발생한 변동소음의 총 에너지를 같은 시간 내의 정상 소음의 에너지로 등가하여 얻어진 소음도를 말한다.

① 등가소음도 ② 평가소음도
③ 배경소음도 ④ 정상소음도

등가소음도는 임의의 측정시간 동안 발생한 변동소음의 총 에너지를 같은 시간 내의 정상소음의 에너지로 등가하여 얻어진 소음도를 말한다.

60 측정소음레벨이 84dB(A)이고, 배경소음레벨이 75dB(A)일 때 대상소음 레벨은?

① 74dB(A) ② 83dB(A)
③ 84dB(A) ④ 85dB(A)

암소음 영향의 보정표

측정소음도와 암소음도의 차	3	4	5	6	7	8	9
보정값	−3	−2			−1		

정답 55 ② 56 ① 57 ④ 58 ③ 59 ① 60 ②

2010년 5회 시행

01 유동층 흡착장치에 관한 설명으로 옳지 않은 것은?

① 가스의 유속을 빠르게 할 수 있다.
② 다단의 유동층을 이용하여 가스와 흡착제를 향류로 접촉시킬 수 있다.
③ 흡착제의 마모가 적게 일어난다.
④ 조업조건에 따른 주어진 조건의 변동이 어렵다.

유동층 흡착장치는 흡착제의 마모가 많이 일어난다.

02 2대의 집진장치가 직렬로 배치되어 있다. 1차 집진장치의 집진율은 80%이고 2차 집진장치의 집진율은 90%일 때 총 집진효율은?

① 85% ② 90%
③ 95% ④ 98%

$$\eta_t = \eta_1 + \eta_2(1-\eta_1)$$
$$= 0.8 + 0.9(1-0.8)$$
$$= 98(\%)$$

03 1,000m³/min의 배출가스를 여과집진시설을 이용하여 겉보기 여과속도 1cm/sec로 처리하고자 할 때 필요한 Bag Filter의 수량은?(단, Bag Filter 사양: 반지름 78mm, 유효길이: 3m)

① 829개   ② 1,134개
③ 2,268개 ④ 3,802개

$$n = \frac{Q_f}{Q_i} = \frac{Q_f}{\pi \cdot D \cdot L \cdot V_f}$$

㉠ $Q_f = 1,000(m^3/min) = 16.667(m^3/sec)$

㉡ $Q_i = A \times V = \pi \times D \times L \times V_f$
$= \pi \times 2 \times 0.078 \times 3 \times 0.01$
$= 0.0147(m^3/sec)$

∴ $n = \frac{16.667}{0.0147} = 1,133.81 ≒ 1,134(개)$

04 다음 설명하는 대기오염물질에 해당하는 것은?

- 강산화제로 작용하고, 눈에 통증을 일으킨다.
- 빛을 분산시키므로 가시거리를 단축시킨다.
- 화학식은 $CH_3COOONO_2$이다.

① Acetic acid ② PAN
③ PBN   ④ CFC

05 세정 집진장치의 입자 포집원리로 가장 거리가 먼 것은?

① 관성충돌   ② 확산작용
③ 응집작용   ④ 여과작용

함진가스를 세정액과 접촉시켜, 관성충돌, 접촉차단, 확산, 응집 등에 의해 분리포집하는 장치이다.

06 원심력 집진장치의 집진효율을 높이는 방법으로 옳지 않은 것은?

① 배기관경이 클수록 입경이 작은 먼지를 제거할 수 있다.
② 한계 입구유속 내에서는 그 입구유속이 클수록 효율은 높은 반면 압력손실도 높아진다.

정답 01 ③ 02 ④ 03 ② 04 ② 05 ④ 06 ①

③ 고농도일 경우는 병렬연결하여 사용하고, 응집성이 강한 먼지는 직렬연결(단수 3단 이내)하여 사용한다.
④ 침강먼지 및 미세먼지의 재비산을 막기 위해 스키어와 회전깃 등을 사용한다.

 배기관경이 작을수록 입경이 작은 먼지를 제거할 수 있다.

07 다음 중 포집먼지의 중화가 적당한 속도로 행해지기 때문에 이상적인 전기집진이 이루어질 수 있는 전기 저항의 범위로 가장 적절한 것은?

① $10^2 \sim 10^4$ Ω · cm ② $10^5 \sim 10^{10}$ Ω · cm
③ $10^{12} \sim 10^{14}$ Ω · cm ④ $10^{15} \sim 10^{18}$ Ω · cm

 가장 적절한 전하량의 범위 : $10^4 \sim 10^{11}$ Ω · cm
㉠ 10^4 Ω · cm 이하 : 재비산 현상이 발생하여 집진효율 감소
㉡ $10^{11} \sim 10^{12}$ Ω · cm : 불꽃방전(스파크 발생)
㉢ 10^{12} Ω · cm 이상 : 역전리 현상이 발생하여 집진효율 감소

08 정지공기 중에서 침강하는 직경이 $3\mu m$인 구형입자의 종말침강속도는? (단, 스토크스 법칙을 적용하며, 입자의 밀도는 $5.2g/cm^3$, 점성계수는 $1.85 \times 10^{-5} kg/m \cdot sec$이다.)

① 0.115cm/sec ② 0.138cm/sec
③ 0.234cm/sec ④ 0.345cm/sec

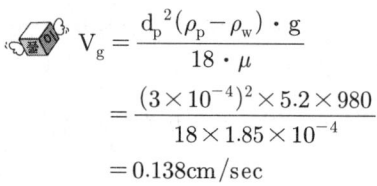

$$V_g = \frac{d_p^2(\rho_p - \rho_w) \cdot g}{18 \cdot \mu}$$
$$= \frac{(3 \times 10^{-4})^2 \times 5.2 \times 980}{18 \times 1.85 \times 10^{-4}}$$
$$= 0.138 cm/sec$$

09 사이클론으로 100% 집진할 수 있는 최소 입경을 의미하는 것은?

① 절단입경 ② 기하학적 입경
③ 임계입경 ④ 유체역학적 입경

 먼지의 크기 표시
㉠ 스토크스 직경 : 본래의 먼지와 밀도 및 침강속도가 동일한 구형 입자의 직경
㉡ 공기역학적 직경 : 본래의 먼지와 침강속도가 동일하며, 밀도 $1g/cm^3$인 구형 입자의 직경
㉢ 한계입경(임계입경, 최소제거입경) : 100% 집진할 수 있는 최소입경
㉣ 절단입경(Cut Size) : 원심력집진장치에서 50%의 집진율을 보이는 입자의 크기

10 다음에서 설명하는 실내공기 오염물질은?

- 자연 방사능 물질 중의 하나이다.
- 무색무취의 기체로 공기보다 9배 정도 무겁다.
- 주요 발생원은 토양, 시멘트, 콘크리트, 대리석 등의 건축자재와 지하수, 동굴 등이다.

① 석면 ② 라돈
③ 포름알데히드 ④ 휘발성 유기화합물

 라돈(Rn)에 대한 설명이다.

11 중력집진장치의 집진효율 향상 조건으로 옳지 않은 것은?

① 침강실 내의 처리가스 속도를 크게 한다.
② 침강실 내의 처리가스 흐름을 균일하게 한다.
③ 침강실의 높이를 적게 하고, 길이를 길게 한다.
④ 다단일 경우에는 단수가 증가될수록 압력손실은 커지나 효율은 증가한다.

 침강실 내의 처리가스 속도를 작게 한다.

정답 07 ② 08 ② 09 ③ 10 ② 11 ①

12 다음 건조한 대기의 화학적 구성 중 농도가 가장 높은 것은?

① 질소
② 산소
③ 아르곤
④ 이산화탄소

 표준상태에서 건조공기의 조성
질소 > 산소 > 아르곤 > 탄산가스 > 네온 > 헬륨

13 여과집진장치의 특징으로 가장 거리가 먼 것은?

① 폭발성, 점착성 및 흡습성의 먼지 제거에 매우 효과적이다.
② 가스 온도에 따라 여재의 사용이 제한된다.
③ 수분이나 여과속도에 대한 적용성이 낮다.
④ 여과재의 교환으로 유지비가 고가이다.

 여과집진장치는 폭발성, 점착성 및 흡습성의 먼지 제거가 어렵다.

14 다음 오염물질 중 '알루미늄공업, 요업, 인산비료공업, 유리공업' 등이 주요 배출 관련 업종인 것은?

① NH_3
② HF
③ Cd
④ Pb

 알루미늄공업, 요업, 인산비료공업, 유리공업은 불소화합물의 주요 배출원이다.

15 여름철 광화학스모그의 일반적 발생조건으로만 옳게 묶여진 것은?

㉠ 반응성 탄화수소의 농도가 크다.
㉡ 기온이 높고 자외선이 강하다.
㉢ 대기가 매우 불안정한 상태이다.

① ㉠, ㉡
② ㉠, ㉢
③ ㉡, ㉢
④ ㉢

 광화학스모그의 발생조건
㉠ 탄화수소 또는 VOC
㉡ 햇빛(자외선)
㉢ 질소산화물

16 여과재 운전 중에 발생하는 주요 문제점으로 가장 거리가 먼 것은?

① 여재의 부패
② 진흙덩어리의 축적
③ 여재층의 수축
④ 공기결합

 여과재 운전 중에 발생하는 주요 문제점
㉠ 니구(Mud Ball)
㉡ 공기장애(Air Binding)
㉢ 탁질누출현상(Break Through)
㉣ 공기결합

17 다음 중 폐수처리의 대표적인 부착성장식 생물학적 처리공법은?

① 활성슬러지법
② 이온교환법
③ 살수여상법
④ 임호프탱크

18 다음 수처리 공정 중 스토크스(Stokes) 법칙이 가장 잘 적용되는 공정은?

① 1차 소화조
② 1차 침전지
③ 살균조
④ 포기조

스토크스(Stokes) 법칙은 물보다 비중이 큰 물질을 제거하는 1차 침전지에서 적용된다.

정답 12 ① 13 ① 14 ② 15 ① 16 ① 17 ③ 18 ②

19 0.05N-HCl용액의 pH는 얼마인가?(단, HCl은 100% 이온화한다.)

① 1   ② 1.3
③ 3   ④ 5

HCl → H$^+$ + Cl$^-$
0.05M : 0.05M
pH = $-\log[H^+]$ = $-\log[0.05]$ = 1.3

20 추운 겨울에 호수가 표면부터 어는 현상 및 호수의 전도현상과 가장 밀접한 연관이 있는 물의 특성은?

① 증산   ② 밀도
③ 증발열   ④ 용해도

밀도차에 의한 변화들이다.

21 수질오염공정시험기 중에 의거 부유물질(SS)을 측정하고자 할 때 반드시 필요한 것은?

① 배지
② Gas Chromatography
③ 배양기
④ GF/C 여지

부유물질(SS)을 측정하고자 할 때 반드시 필요한 장치에는 유리섬유여과지(GF/C 여지), 건조기, 데시케이터, 시계접시가 있다.

22 상수처리 오존 주입에 관한 설명으로 옳은 것은?

① 생물학적 분해 불가능한 유기물 처리에도 적용할 수 있다.
② 트리할로메탄의 생성이 큰 문제로 대두된다.
③ 잔류성이 커서 살균 후 미생물의 증식에 의한 2차 오염의 우려가 없다.
④ 시설비 및 장비비가 저렴하며, 고도의 운전기술이 불필요하다.

② 트리할로메탄의 생성이 큰 문제로 대두되는 것은 염소소독이다.
③ 오존 소독은 잔류성이 없다.
④ 오존 소독은 시설비 및 장비비가 고가이며 고도의 운전기술이 필요하다.

23 탈산소계수가 0.15/day인 어느 유기물질의 BOD$_5$가 200ppm이었다. 2일 후 남아 있는 BOD는?(단, 상용대수 적용)

① 105   ② 118
③ 122   ④ 136

$BOD_t = BOD_u(1-10^{-K \cdot t})$
$= BOD_u \times 10^{-K \cdot t}$
㉠ $BOD_u = \dfrac{200}{(1-10^{-0.15 \times 5})}$
$= 243.25(mg/L)$
㉡ $BOD_2 = 243.258 \times 10^{-0.15 \times 2}$
$= 121.92(mg/L)$

24 하천에 유입되는 폐수량이 3,000m³/일이며, 수중에서 0.1ppm의 Cr을 함유하고 있을 때, 유입되는 Cr의 양은?

① 0.3kg Cr/day   ② 3.0kg Cr/day
③ 30kg Cr/day   ④ 300kg Cr/day

$X(Cr) = \dfrac{0.1mg}{L} \bigg| \dfrac{3,000m^3}{day} \bigg| \dfrac{10^3L}{1m^3} \bigg| \dfrac{1kg}{10^6mg}$
$= 0.3kg\ Cr/day$

정답 19 ② 20 ② 21 ④ 22 ① 23 ③ 24 ①

25 부유물질(SS)의 측정대상으로 가장 적합한 것은?

① 특정용매에 용해되어 있는 액체상 물질
② 기름상의 물질
③ 생물학적으로 분해되는 유기물질
④ 여과에 의하여 분리되는 물질

 부유물질은 여과 전후의 유리섬유 여과지의 무게 차를 산출하여 부유물질의 양을 구한다.

26 폐수 중의 오염물질을 제거할 때 부상이 침전보다 좋은 점을 설명한 것으로 가장 적합한 것은?

① 침전속도가 느린 작거나 가벼운 입자를 짧은 시간 내에 분리시킬 수 있다.
② 침전에 의해 분리되기 어려운 유해중금속을 효과적으로 분리시킬 수 있다.
③ 침전에 의해 분리되기 어려운 색도 및 경도 유발물질을 효과적으로 분리시킬 수 있다.
④ 침전속도가 빠르고 큰 입자를 짧은 시간 내에 분리시킬 수 있다.

 부상법은 비중이 물보다 낮은 고형물이 많은 경우에 적합하다.

27 수중 용존산소와 관련된 일반적인 설명으로 옳지 않은 것은?

① 온도가 높을수록 용존산소 값은 감소한다.
② 물의 흐름이 난류일 때 산소의 용해도는 높다.
③ 유기물이 많을수록 용존산소 값은 커진다.
④ 일반적으로 용존산소 값이 클수록 깨끗한 물로 간주할 수 있다.

 유기물이 많을수록 용존산소 값은 작아진다.

28 혐기성 소화조의 완충능력(Buffer Capacity)을 표현하는 것으로 가장 적합한 것은?

① 탁도　　　　② 경도
③ 알칼리도　　④ 응집도

 혐기성 소화조의 완충능력(Buffer Capacity)은 알칼리도로 나타낸다.

29 다음은 미생물의 성장단계에 관한 설명이다. ( ) 안에 알맞은 것은?

( )란 일정한 양의 에너지와 영양분이 한 번만 주어지는 회분식 배양기에서 접종 전 배양 말기의 불리한 조건에서 대사산물이나 효소가 고갈된 접종세포가 새로운 환경에 적응할 때까지의 소요기간을 말한다.

① 내생호흡기　　② 지체기
③ 감소성장기　　④ 대수성장기

30 다음 중 침사지 설치의 주요 목적으로 가장 거리가 먼 것은?

① 모래와 자갈 등의 제거
② 콜로이드 물질의 제거
③ 비중이 큰 무기물질의 제거
④ 산기관 막힘 방지

 침사지는 무기성 부유물질, 자갈, 모래, 뼈 등 토사류를 제거하여 기계장치 및 배관의 손상이나 막힘을 방지하는 목적으로 설치한다.

31 C_2H_5OH를 완전산화시킬 때 ThOD/TOC의 비는 얼마인가?

① 1.92　　　② 2.67
③ 3.31　　　④ 4

$C_2H_5OH + 3O_2 \rightarrow 2CO_2 + 3H_2O$
1mol : 3×32g
ThOD = 96g
TOC = 24g
∴ $\dfrac{ThOD}{TOC} = \dfrac{96}{24} = 4$

32 화학적 산소요구량(COD)에 대한 설명으로 옳은 것은?

① 측정하는 데 5일이 소요된다.
② 생물화학적 산소요구량과 동일한 값을 나타낸다.
③ 미생물에 의해 분해되지 않는 유기물도 산화시킨다.
④ 시료 중의 호기성 미생물의 증식과 호흡작용에 의해 소비되는 용존산소의 양을 측정하는 방법이다.

①, ②, ④는 생물화학적 산소요구량(BOD)에 대한 설명이다.

33 포기조의 유입량은 1,765m³/day, BOD 총량은 250kg/day일 때, BOD 용적부하를 0.4kg/m³ · day로 하였다. 포기조 체류시간은 얼마인가?

① 12.5hr   ② 10.5hr
③ 8.5hr   ④ 7.5hr

체류시간(t) = $\dfrac{부피(\forall)}{유량(Q)}$
① 유량(Q)=1,765m³/day=73.54hr
② 부피(∀)=부피(∀) = $\dfrac{250kg}{day} \Big| \dfrac{m^3 \cdot day}{0.4kg}$
   = 625m³
∴ 체류시간(t) = $\dfrac{625m^3}{73.54m^3/hr}$ = 8.5(hr)

34 물속에서 단백질과 같은 유기질소의 질산화가 진행될 때 다음 중 가장 늦게 생성되는 물질은?

① Org-N   ② NH_3-N
③ NO_2-N   ④ NO_3-N

질산화의 마지막 단계는 NO_3-N이다.

35 입자의 농도가 큰 경우의 침전으로 입자들이 서로 방해함으로써 독립적으로 침전하지 못하고 침전물과 액체 사이에 경계면을 이루면서 진행되는 침전형태로서 방해침전이라고도 하는 것은?

① 독립침전   ② 응집침전
③ 지역침전   ④ 압축침전

36 다음 설명하는 폐기물 안정화법에 해당하는 것은?

- 고농도의 중금속 폐기물에 적합하다.
- 가장 널리 사용되는 방법 중 하나로 포틀랜드 시멘트를 이용한다.
- 중금속이온이 불용성의 수산화물이나 탄산염으로 침전된다.

① 유리화법
② 석회기초법
③ 시멘트기초법
④ 열가소성 플라스틱법

37 다음 중 퇴비화 공정에 있어서 분해가 가장 더딘 물질은?

① 아미노산   ② 니그닌
③ 탄수화물   ④ 글루코스

유기물 분해순서
당분 > 지방 > 단백질 > 섬유질(셀롤로오스, 니그닌 등)

38 폐기물관리법령상 지정폐기물의 종류 중 부식성 폐기물의 폐알칼리 기준으로 옳은 것은?

① 액체상태의 폐기물로서 수소이온농도지수가 2.0 이하인 것으로 한정한다.
② 액체상태의 폐기물로서 수소이온농도지수가 5.6 이하인 것으로 한정한다.
③ 액체상태의 폐기물로서 수소이온농도지수가 8.6 이상인 것으로 한정하며, 수산화칼륨 및 수산화나트륨을 포함한다.
④ 액체상태의 폐기물로서 수소이온농도지수가 12.5 이상인 것으로 한정하며, 수산화칼륨 및 수산화나트륨을 포함한다.

 폐산의 기준은 pH 2.0 이하, 폐알칼리의 기준은 pH 12.5 이상이다.

39 A도시의 쓰레기를 분류하여 다음 표와 같은 결과를 얻었다. 이 쓰레기의 평균 함수율(%)은?

성분	구성중량(%)	함수율(%)
연탄재	50	10
주방쓰레기	30	50
종이쓰레기	20	5

① 15%   ② 18%
③ 21%   ④ 24%

 평균 함수율(%)
$= \dfrac{50 \times 0.1 + 30 \times 0.5 + 20 \times 0.05}{50 + 30 + 20} \times 100$
$= 21(\%)$

40 다음 중 로터리 킬른 방식의 장점으로 거리가 먼 것은?

① 열효율이 높고, 적은 공기비로도 완전연소가 가능하다.
② 예열이나 혼합 등 전처리가 거의 필요 없다.
③ 드럼이나 대형 용기를 파쇄하지 않고 그대로 투입할 수 있다.
④ 습식가스 세정시스템과 함께 사용할 수 있다.

 회전로(로터리 킬른) 소각로는 열효율이 낮은 것이 단점이다.

41 폐기물을 파쇄처리할 때 발생하는 문제점으로 가장 거리가 먼 것은?

① 먼지 발생   ② 소음 및 진동 발생
③ 폭발 발생   ④ 침출수 발생

 침출수 발생은 매립 시 발생하는 문제점이다.

42 폐기물 분석을 위한 시료의 축소방법에 해당하지 않는 것은?

① 구획법   ② 원추사분법
③ 교호삽법   ④ 면체분할법

 시료의 축소방법
㉠ 구획법, ㉡ 교호삽법, ㉢ 원추사분법

43 폐기물을 소각처리 시 연료가 잘 연소되기 위해서 갖추어야 할 조건으로 가장 거리가 먼 것은?

① 공기연료비가 적절해야 한다.
② 공기와 연료가 잘 혼합되어야 한다.
③ 완전연소를 위해 가능한 체류시간이 짧아야 한다.
④ 소각로는 점화온도가 유지되고 재의 방출이 최소가 되어야 한다.

완전연소를 위해 가능한 체류시간이 길어야 한다.

44 다음 중 소각로 형식으로 가장 거리가 먼 것은?

① 화격자식(Stoker Type)
② 소화식(Digestion Type)
③ 유동상식(Fluidized Bed Type)
④ 회전로식(Rotary Kiln Type)

 소화식은 소각로 형식이 아니다.

45 다음 중 쓰레기의 저위발열량을 측정하는 방법으로 거리가 먼 것은?

① 흡착식에 의한 방법
② 단열열량계에 의한 방법
③ 추정식에 의한 방법
④ 원소분석에 의한 방법

 저위발열량을 측정하는 방법에는 단열열량계에 의한 방법, 추정식에 의한 방법, 원소분석에 의한 방법이 있다.

46 다음 중 폐기물 선별방법으로 가장 거리가 먼 것은?

① 산화 선별   ② 공기 선별
③ 자석 선별   ④ 스크린 선별

 선별방법
㉠ 수 선별(손 선별, Hand Separation)
㉡ 스크린 선별(체 선별)
㉢ 자석 선별(Magnetic Separation)
㉣ 공기 선별(Air Separation)
㉤ 광학분리(Optical Separation)

47 쓰레기 1톤을 건조시킨 후 무게를 측정하였더니 550kg이 되었다면 수분함량은?

① 35%   ② 45%
③ 56%   ④ 85%

$V_1(100 - W_1) = V_2(100 - W_2)$
$1{,}000(100 - W_1) = 550(100 - 0)$
$\therefore W_1 = 45(\%)$

48 쓰레기의 발생량을 산정하는 방법 중 비교적 정확하게 파악할 수 있는 장점이 있으나 작업량이 많고 번거로운 단점이 있는 것은?

① 직접계근법
② 물질수지법
③ 중량환산법
④ 적재차량 계수분석법

49 밀도가 450kg/m³인 생활 폐기물을 매립하기 위해 850kg/m³로 압축하였다면 압축비는?

① 1.54   ② 1.73
③ 1.89   ④ 2.11

$CR = \dfrac{V_1}{V_2} = \dfrac{850\text{kg/m}^3}{450\text{kg/m}^3} = 1.89$

50 인구 180,000명인 도시에서 1일 1인당 2.5kg의 원단위로 폐기물이 발생된 경우 그 발생량은? (단, 폐기물 밀도는 500kg/m³이다.)

① 180m³/day   ② 360m³/day
③ 720m³/day   ④ 900m³/day

$X(\text{m}^3/\text{day}) = \dfrac{2.5\text{kg}}{\text{인} \cdot \text{일}} \left| \dfrac{\text{m}^3}{500\text{kg}} \right| \dfrac{180{,}000\text{인}}{}$
$= 900(\text{m}^3/\text{day})$

정답 44 ② 45 ① 46 ① 47 ② 48 ① 49 ③ 50 ④

51 고형 폐기물의 파쇄처리 목적으로 거리가 먼 것은?

① 특정 성분의 분리
② 겉보기 밀도의 증가
③ 비표면적의 증가
④ 부식효과 방지

 파쇄처리 목적
　㉠ 입자크기의 균일화
　㉡ 겉보기 밀도의 증가
　㉢ 비표면적의 증가
　㉣ 특정성분의 분리
　㉤ 소각 시 연소 촉진
　㉥ 유가물질의 분리

52 폐기물 소각 시 활용할 수 있는 열량은 폐기물의 총 발열량에서 소각할 때 연소가스 중의 수분이 수증기로 배출되는 응축열을 뺀 값이다. 수증기 1kg의 응축열(0℃ 기준)은 약 몇 kcal인가?

① 400kcal　② 500kcal
③ 600kcal　④ 700kcal

 수증기 1kg의 응축열은 600kcal이다.

53 옥탄(C_8H_{18})을 이론공기량으로 완전연소시킬 때 질량기준 공기연료비(AFR ; Air/Fuel Ratio)는?

① 12　② 15
③ 18　④ 22

 $C_8H_{18} + 12.5O_2 \rightarrow 8CO_2 + 9H_2O$

$$AFR_v = \frac{m_a \times M_a}{m_f \times M_f} = \frac{12.5 \times \frac{1}{0.21} \times 29}{1 \times 114} = 15.14$$

54 다음 중 RDF(Rdfuse Derived Fuel)의 구비조건으로 옳지 않은 것은?

① 함수율이 높을 것
② 조성이 균일할 것
③ 재의 양이 적을 것
④ 칼로리가 높을 것

 RDF의 구비조건
　㉠ 칼로리가 15% 이상으로 높아야 한다.
　㉡ 함수율이 15% 이하로 낮아야 한다.
　㉢ 재의 함량이 적어야 한다.
　㉣ 대기오염도가 낮아야 한다.
　㉤ RDF의 조성이 균일해야 한다.
　㉥ 저장 및 운반이 용이해야 한다.
　㉦ 기존의 고체연료 연소시설에 사용이 가능하여야 한다.

55 다음에서 설명하는 매립시설로 가장 적합한 것은?

> 폐기물에 포함된 수분, 폐기물의 분해 시 생성되는 수분, 빗물에 유입되는 침출수의 유출을 방지하기 위한 것으로 매립이 시작되면 보수 및 복구가 불가능하므로 완벽하게 설계·시공해야 한다. 사용되는 재료는 합성고무 및 합성수지계 막이나 점토가 사용된다.

① 덮개 시설　② 차수 시설
③ 저류 구조물　④ 지하수 검사시설

56 하나의 파면 상의 모든 점이 파원이 되어 각각 2차적인 구면파를 사출하여 그 파면들을 둘러싸는 면이 새로운 파면을 만드는 현상을 의미하는 것은?

① 도플러효과　② 마스킹효과
③ 비트효과　④ 호이겐스 원리

57 측정음압이 1Pa일 때 음압레벨은 몇 dB인가?

① 50dB ② 77dB
③ 84dB ④ 94dB

 SPL = $20\log\left(\dfrac{P}{P_o}\right)$ dB

P_o(최소음압실효치) = $2 \times 10^{-5} \text{N/m}^2$

SPL = $20\log\left(\dfrac{1}{2 \times 10^{-5}}\right)$ = 93.98dB

58 다음 중 가청주파수의 범위로 옳은 것은?

① 20Hz 이하 ② 20~20,000Hz
③ 20~20,000kHz ④ 20,00 kHz 이상

 사람이 직접 귀로 들을 수 있는 가청주파수의 범위는 20~20,000Hz이다.

59 인체의 청각기관 중 외이(外耳)에 해당하는 것은?

① 고막 ② 이소골
③ 이관 ④ 와우각

 이관(유스타키오관) – 중이
와이각(달팽이관) – 내이
고막 – 외이

60 1초당 10회 진동하는 파동의 파장이 5m이면 이 파동의 전파속도는 몇 m/sec인가?

① 2m/sec ② 50m/sec
③ 500m/sec ④ 1,000m/sec

 C = $\lambda \times f$ = 5×10 = 50(m/sec)

정답 57 ④ 58 ② 59 ① 60 ②

2011년 1회 시행

01 다음에서 설명하는 대기오염물질은?

> 자동차 등에서 배출된 질소산화물과 탄화수소가 광화학반응을 일으키는 과정에서 생성되며, 가죽제품이나 고무제품을 각질화시킨다. 대기환경보전법상 대기 중 농도가 일정기준을 초과하면 경보를 발령하고 있다.

① VOC
② O_3
③ CO_2
④ CFC

02 유해가스의 처리에 사용되는 충진탑의 내부에 채워 넣는 충진물이 갖추어야 할 조건으로 옳지 않은 것은?

① 공극률이 커야 한다.
② 단위용적에 대하여 표면적이 작아야 한다.
③ 마찰저항이 작아야 한다.
④ 충진밀도가 커야 한다.

 충진물의 구비조건
　㉠ 단위용적당 비표면적이 커야 한다.
　㉡ 마찰저항이 작아야 한다.
　㉢ 압력손실이 작고 충진밀도가 커야 한다.
　㉣ 내식성과 내열성이 커야 한다.
　㉤ 공극률이 커야 한다.

03 연소조절에 의한 NOx 발생의 억제방법으로 옳지 않은 것은?

① 2단 연소를 실시한다.
② 과잉공기량을 삭감시켜 운전한다.
③ 배기가스를 재순환시킨다.
④ 부분적인 고온영역을 만들어 연소효율을 높인다.

 질소산화물은 고온생성물질이다.

04 다음 중 냉장고의 냉매와 스프레이용 분사제 등 CFC 화학물질이 대기에 미치는 가장 주된 오염현상은?

① 산성비
② 오존층 파괴
③ 도플러 효과
④ Rayleigh 현상

 CFC는 오존층을 파괴하는 물질이다.

05 다음 중 물에 대한 용해도가 가장 큰 기체는?(단, 온도는 30℃ 기준이며, 기타 조건은 동일하다.)

① SO_2
② CO_2
③ HCl
④ H_2

 용해도의 크기
　HCl > HF > NH_3 > SO_2

06 CH_4, 90%, CO_2, 6%, O_2, 4%인 기체연료 $1Sm^3$에 대하여 $10Sm^3$의 공기를 사용하여 연소하였다. 이때 공기비는?

① 1.19
② 1.49
③ 1.79
④ 2.09

정답 01 ② 02 ② 03 ④ 04 ② 05 ③ 06 ①

풀이
$$A_o = O_o \times \frac{1}{0.21} \quad m = \frac{A}{A_o}$$
$$A_o = (2 \times 0.9 - 0.04) \times \frac{1}{0.21}$$
$$= 8.38(\text{Sm}^3/\text{Sm}^3)$$
$$\therefore m = \frac{10}{8.38} = 1.19$$

07 다음 중 1차 및 2차 오염물질에 모두 해당될 수 있는 것은?

① 이산화탄소　② 납
③ 알데히드　　④ 일산화탄소

풀이 1, 2차 대기오염물질의 종류
SO_2, SO_3, H_2SO_4, NO, NO_2, HCHO, 케톤류, 유기산 등이다.

08 다음 설명에 해당하는 대기오염물질은?

> 보통 백화현상에 의해 맥간반점을 형성하고 지표식물로는 자주개나리, 보리, 담배 등이 있고, 강한 식물로는 협죽도, 양배추, 옥수수 등이 있다.

① 황산화물　② 탄화수소
③ 일산화탄소　④ 질소산화물

09 집진장치의 입구 더스트 농도가 2.8g/Sm^3이고 출구 더스트 농도가 0.1g/Sm^3일 때 집진율(%)은?

① 87.5　② 94.2
③ 96.4　④ 98.8

풀이
$$\eta = (1 - \frac{C_o}{C_i}) \times 100$$
$$= (1 - \frac{0.1}{2.8}) \times 100 = 96.43(\%)$$

10 사이클론의 집진효율 향상 조건으로 옳지 않은 것은?

① 일정 한계 내에서 입구 가스의 속도를 빠르게 한다.
② 배기관의 지름을 크게 한다.
③ 고농도일 때는 병렬연결을 한다.
④ 블로다운(Blow-down) 효과를 이용한다.

 풀이 배기관의 지름을 작게 한다.

11 유해가스 측정을 위한 시료 채취장치가 순서대로 바르게 구성된 것은?

① 굴뚝-시료채취관-여과재-흡수병-건조재-흡인펌프-가스미터
② 굴뚝-건조제-흡인펌프-가스미터-시료채취관-여과재-흡수병
③ 굴뚝-시료채취관-가스미터-여과재-흡수병-건조제-흡인펌프
④ 굴뚝-가스미터-흡인펌프-건조제-흡수병-시료채취관-여과재

12 여과식 집진장치에서 지름이 0.3m 길이가 3m인 원통형 여과포 18개를 사용하여 유량이 $30\text{m}^3/\text{min}$인 가스를 처리할 경우에 여과포의 표면 여과속도는 얼마인가?

① 0.39m/min　② 0.59m/min
③ 0.79m/min　④ 0.99m/min

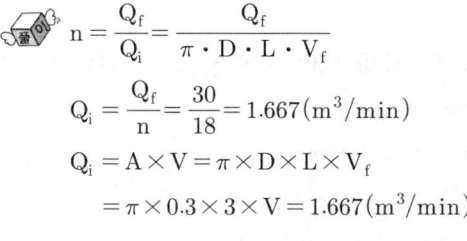
$$n = \frac{Q_f}{Q_i} = \frac{Q_f}{\pi \cdot D \cdot L \cdot V_f}$$
$$Q_i = \frac{Q_f}{n} = \frac{30}{18} = 1.667(\text{m}^3/\text{min})$$
$$Q_i = A \times V = \pi \times D \times L \times V_f$$
$$= \pi \times 0.3 \times 3 \times V = 1.667(\text{m}^3/\text{min})$$
$$\therefore V = 0.59(\text{m/min})$$

정답 07 ③　08 ①　09 ③　10 ②　11 ①　12 ②

13 다음 중 유체의 흐름을 판별하는 레이놀즈수를 나타낸 식은?

① 점성력/관성력 ② 관성력/점성력
③ 탄성력/마찰력 ④ 마찰력/탄성력

$$R_e = \frac{관성력}{점성력} = \frac{D \cdot V \cdot \rho}{\mu}$$

14 아황산가스의 대기환경 중 기준치가 0.06 ppm이라면 몇 $\mu g/Sm^3$인가?(단, 모두 표준상태로 가정한다.)

① 85.7 ② 99.7
③ 135.7 ④ 171.4

$$X(\mu g/Sm^3) = \frac{0.06mL}{m^3} \left| \frac{64mg}{22.4mL} \right| \frac{10^3 \mu g}{1mg}$$
$$= 171.43(\mu g/Sm^3)$$

15 다음과 같이 정의되는 입자의 직경은?

측정하고자 하는 입자와 동일한 침강속도를 가지며, 밀도가 $1g/cm^3$인 구형 입자의 직경을 말한다.

① 페렛 직경(Feret Diameter)
② 마틴 직경(Martin Diameter)
③ 공기역학 직경(Aerodynamic Diameter)
④ 스토크스 직경(Stokes Diameter)

16 다음 중 살수여상법으로 폐수를 처리할 때 유지관리상 주의할 점이 아닌 것은?

① 슬러지의 팽화 ② 여상의 폐쇄
③ 생물막의 탈락 ④ 파리의 발생

슬러지의 팽화는 활성슬러지법에서 발생한다.

17 Cr^{6+} 함유 폐수 처리법으로 가장 적합한 것은?

① 환원 → 침전 → 중화
② 환원 → 중화 → 침전
③ 중화 → 침전 → 환원
④ 중화 → 환원 → 침전

Cr^{6+}을 Cr^{3+}으로 환원하기 위해서는 pH 2~3이 가장 적절하며 pH가 낮을수록 반응속도가 빨라서 좋으나, 경제성이 떨어지는 단점이 있다. pH를 2~3인 산성으로 만들어주기 위해 산(H_2SO_4)을 주입하고, 환원시켜 주기 위해 환원제($FeSO_4$, Na_2SO_3, $NaHSO_3$, SO_2, Fe)도 주입한다.

18 300mL BOD병에 분석대상 시료를 0.2% 넣고, 나머지는 희석수로 채운 다음 최초의 DO 농도를 측정한 결과 6.8mg/L 이었으며, 5일간 배양 후의 DO 농도는 2.6mg/L 이었다. 이 시료의 BOD(mg/L)는?

① 8,200 ② 6,300
③ 4,800 ④ 2,100

$$BOD = (D_1 - D_2) \times P = (6.8 - 2.6) \times 500$$
$$= 2,100(mg/L)$$

여기서, 희석배수(P) = $\frac{희석된 시료량}{시료량}$

$$= \frac{300mL}{0.6mL} = 500(배)$$

시료량 = 분석대상 시료의 0.2%
$$= 300mL \times \frac{0.2}{100} = 0.6mL$$

19 화학적 산소요구량(COD)에 대한 설명 중 옳지 않은 것은?

① 미생물에 의해 분해되지 않는 물질도 측정이 가능하다.
② 염소이온의 방해는 황산은을 첨가함으로써 감소시킬 수 있다.

정답 13 ② 14 ④ 15 ③ 16 ① 17 ② 18 ④ 19 ④

③ BOD 시험치보다 빨리 구할 수 있으므로 폐수처리시설 운영 시 유용하게 사용 가능하다.
④ 우리나라는 알칼리성 100℃에서 $K_2Cr_2O_4$를 이용하여 측정하도록 규정하고 있다.

 2012년 5월 수질오염공정시험 기준의 전면 개편으로 해당사항 없음

20 염소는 폐수 내의 질소화합물과 결합하여 무엇을 형성하는가?

① 유리염소　　② 클로라민
③ 액체염소　　④ 암모니아

 염소는 폐수 내의 질소화합물과 결합하여 클로라민을 형성한다.

21 에탄올의 농도가 250mg/L인 폐수의 이론적인 화학적 산소 요구량은?

① 397.3mg/L　　② 415.6mg/L
③ 457.5mg/L　　④ 521.7mg/L

 $C_2H_5OH + 3O_2 \rightarrow 2CO_2 + 3H_2O$
　　46g　　：　3×32g
　250mg/L　：　X
∴ X(COD) = 521.7(mg/L)

22 다음 중 용존산소에 영향을 주는 인자에 대한 설명으로 옳지 않은 것은?

① 물의 온도가 높을수록 용존산소량은 감소한다.
② 불순물의 농도가 높을수록 용존산소량은 감소한다.
③ 물의 흐름이 난류일 때 산소의 용해도가 낮다.
④ 현재 물속에 녹아 있는 용존산소량이 적을수록 용해도가 증가한다.

 물의 흐름이 난류일 때 산소의 용해도가 증가한다.

23 다음 중 비점오염원에 해당하는 것은?

① 농경지 배수
② 폐수처리장 방류수
③ 축산폐수
④ 공장의 산업폐수

 비점오염원
산림수, 농경지 배수, 도로유출수

24 활성슬러지법은 여러 가지 변법이 개발되어 왔으며, 각 방법은 특별한 운전이나 제거효율을 달성하기 위하여 발전되었다. 다음 중 활성슬러지법의 변법으로 볼 수 없는 것은?

① 다단포기법　　② 접촉안정법
③ 장기포기법　　④ 오존안정법

 활성슬러지법의 변법
㉠ 단계식 포기법(Step Aeration)
㉡ 점감식 포기법
㉢ 접촉안정법
㉣ 장기폭기법
㉤ 산화구법

25 여과지의 운전 중 발생하는 주요 문제점으로 가장 거리가 먼 것은?

① 진흙 덩어리의 축적
② 공기결합
③ 여재층의 수축
④ 슬러지벌킹 발생

 여과지의 운전 중 발생하는 주요 문제점
㉠ 니구(Mud Ball)
㉡ 공기장애(Air Binding)
㉢ 탁질누출현상(Break Through)

정답　20 ②　21 ④　22 ③　23 ①　24 ④　25 ④

26 234ppm의 NaCl 용액의 농도는 몇 M인가? (단, 원자량은 Na : 23, Cl : 35.5이며, 용액의 비중은 1.0)

① 0.002
② 0.004
③ 0.025
④ 0.050

풀이) $X(mol/L) = \dfrac{234mg}{L} \left| \dfrac{1mol}{58.5g} \right| \dfrac{1g}{10^3 mg}$
$= 0.004(mol/L)$

27 MLSS 농도가 2,500mg/L인 혼합액을 1L 메스실린더에 취하여 30분 후 슬러지 부피를 측정한 결과 350mL였다. SVI는?

① 80
② 100
③ 120
④ 140

풀이) $SVI(mL/g) = \dfrac{SV_{30}(mL/L)}{MLSS(mg/L)} \times 10^3$
$= \dfrac{350(mL/L)}{2,500(mg/L)} \times 10^3 = 140$

28 폭 2m, 길이 15m인 침사지에 100cm 수심으로 폐수가 유입할 때 체류시간이 50초라면 유량은?

① 2,000m³/hr
② 2,160m³/hr
③ 2,280m³/hr
④ 2,480m³/hr

풀이) $Q(유량) = \dfrac{V(체적)}{t(체류시간)}$
$Q(m^3/hr) = \dfrac{(2 \times 15 \times 1)m^3}{50sec} \left| \dfrac{3,600sec}{1hr} \right.$
$= 2,160(m^3/hr)$

29 질소의 고도처리방법 중 폐수의 pH를 11 이상으로 높여 기체 상태의 암모니아로 전환시킨 다음, 공기를 불어 넣어 제거하는 방법은?

① 탈기법
② 막분리법
③ 세포합성법
④ 이온교환법

30 200m³의 포기조에 BOD 370mg/L인 폐수가 1,250m³/day의 유량으로 유입되고 있다. 이 포기조의 BOD 용적부하는?

① 1.78kg/m³·day
② 2.31kg/m³·day
③ 2.98kg/m³·day
④ 3.12kg/m³·day

풀이) BOD 용적부하(Lv)
$= \dfrac{BOD_i \times Q_i}{\forall} \left(\dfrac{kg}{m^3 \cdot day} \right)$
$= \dfrac{0.37 \times 1,250}{200} = 2.31(kg/m^3 \cdot day)$

31 펜톤(Fenton) 산화반응에 대한 설명으로 옳은 것은?

① 황화수소의 난분해성 유기물질 산화
② 과산화수소의 난분해성 유기물질 산화
③ 오존의 난분해성 유기물질 산화
④ 아질산의 난분해성 유기물질 산화

풀이) 펜톤(Fenton) 산화반응이란 OH 라디칼에 의한 산화반응으로 과산화수소가 철(촉매)의 존재 하에 결합이 파괴되어 생성되는 OH 라디칼에 의해 난분해성 물질이 산화·분해되는 반응을 말한다.

32 다음 중 다른 살균방법에 비해 염소살균을 더 선호하는 이유로 가장 적합한 것은?

① 잔류염소의 효과
② 부반응의 억제
③ 특정온도에서의 반응성 증가
④ 인체에 대한 면역성 증가

풀이) 염소살균은 잔류성이 있기 때문에 선호한다.

정답 26 ② 27 ④ 28 ② 29 ① 30 ② 31 ② 32 ①

33 펄프 공장에서 배출되는 폐수의 BOD₅값이 260 mg/L이고 탈산소계수 [K, (상용대수 베이스)]가 0.2/day라면 최종 BOD(mg/L)는?

① 265 ② 289
③ 312 ④ 352

$BOD_t = BOD_u(1 - 10^{-K \cdot t})$
$260 = BOD_u(1 - 10^{-0.2 \times 5})$
$BOD_u = \dfrac{260}{(1 - 10^{-1})} = 288.89 \, (mg/L)$

34 총인을 아스코르빈산 환원법에 의해 흡광도 측정을 할 때 880nm에서 측정이 불가능할 경우 측정파장 값으로 옳은 것은?

① 220nm ② 568nm
③ 710nm ④ 1,065nm

2012년 5월 수질오염공정시험 기준의 전면 개편으로 해당사항 없음

35 다음에서 물리적 흡착의 특징을 모두 고른 것은?

㉠ 흡착과 탈착이 비가역적이다.
㉡ 온도가 낮을수록 흡착량은 많다.
㉢ 흡착이 다층(Multi-Layers)에서 일어난다.
㉣ 분자량이 클수록 잘 흡착된다.

① ㉠, ㉡
② ㉡, ㉣
③ ㉠, ㉡, ㉢
④ ㉡, ㉢, ㉣

물리적 흡착은 재생이 가능한 가역적 흡착이다.

36 폐기물의 발생원에서 처리장까지의 거리가 먼 경우 중간 지점에 설치하여 운반비용을 절감시키는 역할을 하는 것은?

① 적환장 ② 소화조
③ 살포장 ④ 매립지

37 쓰레기 1톤을 수거하는 데 수거인부 1인이 소요하는 총 시간을 뜻하는 용어는?

① MHS ② MHT
③ MTS ④ MTH

38 수분함량이 20%인 쓰레기를 건조시켜 5%가 되도록 하려면 쓰레기 1톤당 증발시켜야 할 수분의 양은?(단, 쓰레기의 비중은 1.0으로 동일)

① 126.1kg ② 132.3kg
③ 157.9kg ④ 184.7kg

$V_1(100 - W_1) = V_2(100 - W_2)$
$1,000(100 - 20) = V_2(100 - 5)$
$V_2 = 842.1 \, (kg)$
∴ 증발시켜야 할 수분량 $= 1,000 - 842.1 = 157.9 \, (kg)$

39 폐기물을 압축시켰을 때 부피감소율이 75%였다면 압축비는?

① 1.5 ② 2.0
③ 2.5 ④ 4.0

압축비(CR) $= \dfrac{100}{100 - 부피감소율(V_R)}$
$= \dfrac{100}{100 - 75} = 4.0$

40 분뇨의 특성으로 옳지 않은 것은?

① 분뇨는 연중 배출량 및 특성 변화 없이 일정하다.
② 분뇨는 대량의 유기물을 함유하고 점도가 높다.
③ 분뇨에 포함되어 있는 질소화합물은 소화 시 소화조 내의 pH 강하를 막아준다.
④ 분뇨는 도시하수에 비해 고형물 함유도가 높다.

 분뇨는 연중 배출량 및 특성 변화가 심하다.

41 다음 중 덮개시설에 관한 설명으로 옳지 않은 것은?

① 당일 복토는 매립 작업 종료 후에 매일 실시한다.
② 셀(Cell)방식의 매립에서는 상부면의 노출기간이 7일 이상이므로 당일 복토는 주로 사면부에 두께 15cm 이상으로 실시한다.
③ 당일 복토재로 사질토를 사용하면 압축작업이 쉽고 통기성은 좋으나 악취발산의 가능성이 커진다.
④ 중간복토의 두께는 15cm 이상으로 하고, 우수배제를 위해 중간복토층은 최소 0.5% 이상의 경사를 둔다.

 중간복토
매립이 7일 이상 정지될 때 실시, 30cm 이상 실시, 화재예방, 악취발산 억제 및 가스배출 억제, 우수침투 방지, 폐기물 운반차량 통행로 확보, 차수성이 좋고, 통기성이 나쁜 점성토계 토양이 적합하다.

42 다음 중 슬러지 처리의 일반적인 계통도로 옳은 것은?

① 농축-안정화-개량-탈수-소각-최종처분
② 안정화-탈수-농축-개량-소각-최종처분
③ 안정화-농축-탈수-소각-개량-최종처분
④ 농축-탈수-개량-안정화-소각-최종처분

 슬러지 처리 계통도
농축(함수율 감소) → 소화(안정화) → 개량(탈수성 향상) → 탈수 및 건조(감량화) → 최종 처분 또는 자원화

43 A도시 쓰레기를 분류하여 성분별로 수분함량을 측정한 결과가 아래와 같다. 이 폐기물의 평균 수분함량은?

성분	구성비(중량%)	수분함량(%)
음식물	30	80
종이류	40	10
섬유류	5	5
플라스틱류	10	1
유리류	10	1
금속류	5	2

① 3.13% ② 13.33%
③ 28.55% ④ 41.22%

 평균 수분함량(%)
$$= \frac{30\times0.8+40\times0.1+5\times0.05+10\times0.01+10\times0.01+5\times0.02}{30+40+5+10+10+5}\times100$$
$= 28.55(\%)$

44 중량비로 수소가 15%, 수분이 1%인 연료의 고위발열량이 9,500kcal/kg일 때 저위발열량은?

① 8,684kcal/kg ② 8,968kcal/kg
③ 9,271kcal/kg ④ 9,554kcal/kg

 $Hl = Hh - 600(9H+W)$
$= 9,500 - 600(9\times0.15+0.01)$
$= 8,684 \text{(kcal/kg)}$

45 매립지의 복토기능으로 거리가 먼 것은?

① 화재 발생 방지
② 우수의 이동 및 침투방지로 침출수량 최소화
③ 유해가스 이동성 향상
④ 매립지의 압축효과에 따른 부등침하의 최소화

 유해가스 이동성 저하

46 다음 중 연료형태에 따른 연소의 종류에 해당하지 않는 것은?

① 분해연소　　② 조연연소
③ 증발연소　　④ 표면연소

 연소형태
  ㉠ 고체상태 : 증발연소, 표면연소, 분해연소, 발연연소
  ㉡ 액체상태 : 증발연소, 액면연소, 등심연소, 분해연소
  ㉢ 기체상태 : 예혼합연소, 부분 예혼합연소, 확산연소

47 무기성 고형화에 대한 설명으로 가장 거리가 먼 것은?

① 다양한 산업폐기물에 적용이 가능하다.
② 수밀성과 수용성이 높아 다양한 적용이 가능하나 처리비용은 고가이다.
③ 고형화 재료에 따라 고화체의 체적 증가가 다양하다.
④ 상온 및 상압하에서 처리가 가능하다.

 ② 유기성 고형화에 대한 설명이다.

48 폐기물 처리에서 '파쇄(Shredding)'의 목적과 거리가 먼 것은?

① 부식효과 억제
② 겉보기 비중의 증가
③ 특정 성분의 분리
④ 고체물질 간의 균일혼합효과

 파쇄처리의 목적
  ㉠ 입자크기의 균일화
  ㉡ 겉보기 비중의 증가
  ㉢ 비표면적 증가
  ㉣ 특정 성분의 분리
  ㉤ 소각 시 연소 촉진
  ㉥ 유가물질의 분리

49 쓰레기의 발생량 산정방법 중 일정기간 동안 특정지역의 쓰레기 수거차량의 대수를 조사하여 이 값에 밀도를 곱하여 중량으로 환산하는 방법은?

① 물질수지법　　② 직접 계근법
③ 적재차량 계수분석법　　④ 적환법

 적재차량 계수분석법을 설명하고 있다.

50 다음 중 폐기물의 중간처리가 아닌 것은?

① 압축　　② 파쇄
③ 선별　　④ 매립

 매립은 최종처리이다.

51 다음 중 매립지에서 유기물이 혐기성 분해될 때 가장 늦게 일어나는 단계는?

① 가수분해 단계　　② 알코올 발효 단계
③ 메탄 생성 단계　　④ 산 생성 단계

> 유기물의 혐기성 분해 시 최종 생성 단계는 메탄 생성 단계이다.

52 슬러지나 분뇨의 탈수 가능성을 나타내는 것은?

① 균등계수　　　② 알칼리도
③ 여과비 저항　　④ 유효경

> 슬러지나 분뇨의 탈수 가능성을 나타내는 지표는 여과비 저항이다.

53 차수시설에 관한 설명으로 옳지 않은 것은?

① 점토의 경우 급경사면을 포함한 어떤 지반에도 효과적으로 적용 가능하고, 부등침하가 발생하지 않는다.
② 점토의 경우 양이온 교환능력 등에 의한 오염물질의 정화기능도 가지고 있을 뿐 아니라 벤토나이트 등을 첨가하면 차수성을 향상시킬 수 있다.
③ 연직차수막은 매립지 바닥에 수평방향으로 불투수층이 넓게 분포하고 있는 경우에 수직 또는 경사로 불투수층을 시공한다.
④ 합성고무 및 합성수지계 차수막은 자체의 차수성은 우수하나 두께가 얇아서 찢어지거나 접합이 불완전하면 차수성이 떨어진다.

> 점토의 경우 투수율이 상대적으로 높아 급경사면 등에 적용이 어렵고 부등침하가 발생한다.

54 폐기물의 기름성분 분석방법 중 중량법(노말헥산 추출시험방법)에 관한 설명으로 옳지 않은 것은?

① 25℃의 물중탕에서 30분간 방치하고, 따로 물 20mL를 취하여 시료의 시험방법에 따라 시험하여 바탕시험액으로 한다.
② 정량범위는 5~200mg이고 표준편차율은 5~20%이다.
③ 시료에 적당한 응집제 등을 넣어 노말헥산 추출물질을 포집한 다음 노말헥산으로 추출하고 잔류물의 무게를 측정하여 노말헥산 추출물질의 양으로 한다.
④ 시료적당량을 분액깔때기에 넣고 메틸오렌지용액(0.1W/V%)을 2~3방울 넣고 황색이 적색으로 변할 때까지 염산(1+1)을 넣어 pH 4 이하로 조절한다.

> 2012년 5월 수질오염공정시험 기준의 전면 개편으로 해당사항 없음

55 탄소 6kg을 완전연소시킬 때 필요한 이론산소량(Sm^3)은?

① $6Sm^3$　　　② $11.2Sm^3$
③ $22.4Sm^3$　　④ $53.3Sm^3$

> C　+　O_2　→　CO_2
> 12(kg)　:　$22.4Sm^3$
> 6(kg)　:　X　　X=$11.2Sm^3$

56 음압레벨 90dB인 기계 1대가 가동 중이다. 여기에 음압레벨 88dB인 기계 1대를 추가로 가동시킬 때 합성음압레벨은?

① 92dB　　　② 94dB
③ 96dB　　　④ 98dB

> $L = 10\log(10^{L_1/10} + 10^{L_2/10} + \cdots + 10^{L_n/10})$
> $= 10\log(10^{90/10} + 10^{88/10}) = 92.14(dB)$

57 파동의 특성을 설명하는 용어로 옳지 않은 것은?

① 파동의 가장 높은 곳을 마루라 한다.
② 매질의 진동방향과 파동의 진행방향이 직각인 파동을 횡파라고 한다.

정답 52 ③　53 ①　54 ①　55 ②　56 ①　57 ③

③ 마루와 마루 또는 골과 골 사이의 거리를 주기라 한다.
④ 진동의 중앙에서 마루 또는 골까지의 거리를 진폭이라 한다.

 마루와 마루 또는 골과 골 사이의 거리를 파장이라 한다.

58 방음대책을 음원대책과 전파경로대책으로 구분할 때 음원대책에 해당하는 것은?
① 거리감쇠
② 소음기 설치
③ 방음벽 설치
④ 공장건물 내벽의 흡음처리

 음원대책
　　㉠ 소음기 설치
　　㉡ 공명방지
　　㉢ 방진 및 방사율 저감
　　㉣ 강제력 저감

　전파경로대책
　　㉠ 방음벽 설치
　　㉡ 지향성 변화
　　㉢ 거리감쇠

59 소음과 관련된 용어의 정의 중 '측정소음도에서 배경소음을 보정한 후 얻어지는 소음도'를 의미하는 것은?
① 대상소음도
② 배경소음도
③ 등가소음도
④ 평가소음도

 측정소음도에서 배경소음을 보정한 후 얻어지는 소음도를 대상소음도라 한다.

60 소음의 배출허용기준 측정방법에서 소음계의 청감보정회로는 어디에 고정하여 측정하여야 하는가?
① A특성
② B특성
③ D특성
④ F특성

 소음계의 청감보정회로는 A특성에 고정하여 측정한다.

2011년 2회 시행

01 중력집진장치에서 먼지의 침강속도 산정에 관한 설명으로 옳지 않은 것은?

① 중력가속도에 비례한다.
② 입경의 제곱에 비례한다.
③ 먼지와 가스의 비중차에 반비례한다.
④ 가스의 점도에 반비례한다.

 먼지와 가스의 비중차에 비례한다.

02 NO 가스를 산화흡수법으로 제거시키고자 한다. 이 방법의 산화제로 적합하지 않은 것은?

① CO   ② O_3
③ $KMnO_4$ ④ $NaClO_2$

 CO는 환원제이다.

03 집진율이 각각 90%와 98%인 두 개의 집진장치를 직렬로 연결하였다. 1차 집진장치 입구의 먼지농도가 $5.9g/m^3$일 경우 2차 집진장치 출구에서 배출되는 먼지 농도는?

① $11.8mg/m^3$ ② $15.7mg/m^3$
③ $18.3mg/m^3$ ④ $21.1mg/m^3$

$\eta_t = \eta_1 + \eta_2(1-\eta_1)$
$= 0.9 + 0.98(1-0.9) = 0.998$
$\therefore C_o = C_i \times (1-\eta) = 5.9 \times (1-0.998)$
$= 0.0118(g/m^3) = 11.8(mg/m^3)$

04 유해가스를 배출시키기 위해 설치한 가로 30cm, 세로 50cm인 직사각형 송풍관의 상당직경(D_o)은?(단, 간이식에 의함)

① 37.5cm   ② 38.5cm
③ 39.5cm   ④ 40.0cm

상당직경(D_o) = $\dfrac{단면적}{윤변} = \dfrac{2ab}{a+b}$
$= \dfrac{2 \times 30 \times 50}{30+50} = 37.5cm$

05 대기환경보전법상 용어의 정의로 옳지 않은 것은?

① 기후·생태계 변화유발물질이란 지구 온난화 등으로 생태계의 변화를 가져올 수 있는 기체상물질로서 온실가스와 환경부령으로 정하는 것을 말한다.
② 매연이란 연소할 때에 생기는 유리탄소가 주가 되는 미세한 입자상 물질을 말한다.
③ 먼지란 대기 중에 떠다니거나 흩날려 내려오는 입자상 물질을 말한다.
④ 온실가스란 자외선 복사열을 흡수하여 온실효과를 유발하는 대기 중의 가스상태 물질로서 이산화탄소, 메탄, 아산화질소, 수소불화탄소, 과불화탄소, 육불화황을 말한다.

 '온실가스'란 적외선 복사열을 흡수하거나 다시 방출하여 온실효과를 유발하는 대기 중의 가스상태 물질로서 이산화탄소, 메탄, 아산화질소, 수소불화탄소, 과불화탄소, 육불화황을 말한다.

정답 01 ③ 02 ① 03 ① 04 ① 05 ④

06 탄소 12kg이 완전연소하는 데 필요한 이론 공기량(Sm^3)은?

① 22.4 ② 32.4
③ 86.7 ④ 106.7

$$C + O_2 \rightarrow CO_2$$
$$12(kg) : 22.4Sm^3$$
$$12(kg) : X \quad X = 22.4Sm^3$$
$$\therefore A_o = 22.4m^3 \times \frac{1}{0.21} = 106.7(Sm^3)$$

07 대기오염공정시험기준상 굴뚝 배출가스 중 질소산화물의 연속자동 측정방법이 아닌 것은?

① 용액전도율법 ② 적외선 흡수법
③ 자외선 흡수법 ④ 화학발광법

질소산화물의 연속측정법
  ㉠ 화학발광법   ㉡ 적외선 흡수법
  ㉢ 자외선 흡수법 ㉣ 정전위 전해분석법

08 다음 중 헨리 법칙이 가장 잘 적용되는 기체는?

① O_2 ② HCl
③ SO_2 ④ HF

헨리의 법칙은 난용성인 기체(NO, NO_2, CO, O_2)에 적용하는 법칙이다.

09 다음 설명에 해당하는 국지풍은?

- 해안 지방에서 낮에는 태양열에 의하여 육지가 바다보다 빨리 온도가 상승하므로, 육지의 공기가 팽창되어 상승기류가 생기게 된다.
- 이때, 바다에서 육지로 8~15km 정도까지 바람이 불게 되며, 주로 여름에 빈발한다.

① 해풍 ② 육풍
③ 산풍 ④ 곡풍

해풍은 바다에서 육지로, 육풍은 육지에서 바다로 분다. 해륙풍이 부는 원인은 낮에는 바다보다 육지가 빨리 데워져서 육지의 공기가 상승하기 때문에 바다에서 육지로 8~15km 정도까지 바람(해풍)이 분다.

10 메탄 1mol이 완전연소할 경우 건조연소 배기가스 중의 CO_2 농도는 몇 %인가?(단, 부피기준)

① 11.73 ② 16.25
③ 21.03 ④ 23.82

$$CO_2(\%) = \frac{CO_2}{G_{od}} \times 100,$$
$$CH_4 + 2O_2 \rightarrow CO_2 + 2H_2O$$
㉠ $A_o = 2 \times \frac{1}{0.21} = 9.5238(m^3/m^3)$
㉡ $CO_2 = 1(m^3/m^3)$
㉢ $G_{od} = 0.79 A_o + CO_2 = 0.79 \times 9.5238 + 1$
$= 8.52(m^3/m^3)$
$\therefore CO_2(\%) = \frac{1}{8.52} \times 100 = 11.73(\%)$

11 대기 중 광화학반응에 의한 광화학 스모그가 잘 발생하는 조건으로 가장 거리가 먼 것은?

① 일사량이 클 때
② 역전이 생성될 때
③ 대기 중 반응성 탄화수소, NOx, O_3 등의 농도가 높을 때
④ 습도가 높고, 기온이 낮은 아침일 때

기온이 높은 한낮에 자주 발생한다.

12 다음 업종 중 불화수소가 주된 배출원에 해당하는 것은?

① 고무가공, 인쇄공업
② 인산비료, 알루미늄 제조
③ 내연기관, 폭약제조
④ 코크스 연소로, 제철

 불화수소의 배출원은 알루미늄공업, 유리공업, 도자기(요업)공업, 인산비료공업 등이다.

13 A집진장치의 집진효율은 99%이다. 이 집진시설 유입구의 먼지농도가 13.5g/Sm³일 때, 집진장치의 출구농도는?

① 0.0135g/Sm³   ② 0.135g/Sm³
③ 1,350g/Sm³   ④ 13.5g/Sm³

 $C_o = C_i \times (1-\eta)$
$= 13.5 \times (1-0.99) = 0.135 g/Sm^3$

14 다음 흡수장치 중 장치 내의 가스속도를 가장 크게 해야 하는 것은?

① 분무탑   ② 벤투리스크러버
③ 충진탑   ④ 기포탑

벤투리스크러버의 유속이 60~90m/sec로 가장 빠르다.

15 기체연료를 버너노즐로 분출시켜 외부공기와 혼합하여 연소시키는 방법은?

① 확산 연소법
② 사전혼합 연소법
③ 화격자 연소법
④ 미분탄 연소법

16 침사지에서 폐수의 평균유속이 0.3m/s, 유효수심이 1.0m, 수면적 부하가 1,800m³/m²·d일 때, 침사지의 유효길이는?

① 20.2m   ② 14.4m
③ 10.6m   ④ 7.5m

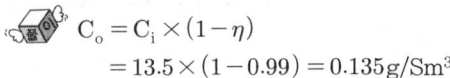
$$X(m) = \frac{0.3m}{sec} \left| \frac{m^2 \cdot day}{1,800m^3} \right| \frac{1m}{} \left| \frac{86,400sec}{1day} \right.$$
$= 14.4(m)$

17 A폐수를 활성탄을 이용하여 흡착법으로 처리하고자 한다. 폐수 내 오염 물질의 농도를 30mg/L에서 10mg/L로 줄이는 데 필요한 활성탄의 양은?(단, $\frac{X}{M}=KC^{1/n}$ 사용, K=0.5, n=1)

① 3.0mg/L   ② 3.3mg/L
③ 4.0mg/L   ④ 4.6mg/L

$\frac{X}{M} = K \cdot C^{1/n}$
$\frac{30-10}{M} = 0.5 \times 10^{1/1}$ $M = 4.0(mg/L)$

18 염소를 이용하여 살균할 때 주입된 염소량과 남아 있는 염소량의 차이를 무엇이라 하는가?

① 염소요구량   ② 유리염소량
③ 잔류염소량   ④ 클로라민

 염소주입량=염소요구량+유리 및 결합잔류염소량

19 다음 중 황산(1+2) 혼합용액은?

① 물 1mL에 황산을 가하여 전체 2mL로 한 용액
② 황산 1mL를 물에 희석하여 전체 2mL로 한 용액
③ 물 1mL와 황산 2mL를 혼합한 용액
④ 황산 1mL와 물 2mL를 혼합한 용액

정답 12 ② 13 ② 14 ② 15 ① 16 ② 17 ③ 18 ① 19 ④

20 다음은 수질오염공정시험기준상 6가 크롬의 흡광광도법 측정원리이다. ( ) 안에 알맞은 것은?

> 6가 크롬에 디페닐카르바지드를 작용시켜 생성하는 (㉠)의 착화합물의 흡광도를 (㉡)nm에서 측정하여 6가 크롬을 정량한다.

① ㉠ 적자색, ㉡ 253.7
② ㉠ 적자색, ㉡ 540
③ ㉠ 청색, ㉡ 253.7
④ ㉠ 청색, ㉡ 540

 2012년 5월 수질오염공정시험 기준의 전면 개편으로 해당사항 없음

21 다음 ( ) 안에 가장 적합한 수질오염물질은?

> 물속에 있는 ( )의 대부분은 산업폐기물과 광산폐기물에서 유입된 것이며, 아연정련업, 도금공업, 화학공업(염료, 촉매, 염화비닐 안정제), 기계제품제조업(자동차부품, 스프링, 항공기) 등에서 배출된다.
> 그 처리법으로 응집침전법, 부상분리법, 여과법, 흡착법 등이 있다.

① 수은 ② 페놀
③ PCB ④ 카드뮴

22 폐수처리장에서 개방유로의 유량측정에 이용되는 것으로 단면의 형상에 따라 삼각, 사각 등이 있는 것은?

① 확산기(Diffuser)
② 산기기(Aerator)
③ 위어(Weir)
④ 피토전극기(Pitot Electrometer)

23 7,000m³/day의 하수를 처리하는 침전지의 유입하수의 SS농도가 400mg/L, 유출하수의 SS농도가 200mg/L이라면 이 침전지의 SS제거율은?

① 3% ② 25%
③ 50% ④ 70%

 $\eta(\text{제거율}) = \dfrac{SS_i - SS_o}{SS_i} \times 100$

$= \dfrac{400 - 200}{400} \times 100 = 50(\%)$

24 다음 중 응집침전을 위한 폐수처리에서 일반적으로 가장 널리 사용되는 응집제는?

① 염화칼슘 ② 석회
③ 수산화나트륨 ④ 황산알루미늄

 폐수처리에서 일반적으로 가장 널리 사용되는 응집제는 황산알루미늄이다.

25 산도(Acidity)나 경도(Hardness)는 무엇으로 환산하는가?

① 염화칼슘 ② 수산화칼슘
③ 질산칼슘 ④ 탄산칼슘

 산도(Acidity)나 경도(Hardness)는 탄산칼슘을 환산한다.

26 BOD, SS의 제거율이 비교적 높고 악취나 파리의 발생이 거의 없으며, 설치면적은 적게 드나 슬러지 팽화의 문제점이 있고 슬러지 생성량이 비교적 많은 생물학적 처리방법은?

① 활성슬러지법 ② 회전원판법
③ 산화지법 ④ 살수여상법

정답 20 ② 21 ④ 22 ③ 23 ③ 24 ④ 25 ④ 26 ①

27 다음 중 회분식 배양조건에서 시간에 따른 박테리아의 성장곡선을 순서대로 옳게 나열한 것은?

① 유도기 → 사멸기 → 대수성장기 → 정지기
② 유도기 → 사멸기 → 정지기 → 대수성장기
③ 대수성장기 → 정지기 → 유도기 → 사멸기
④ 유도기 → 대수성장기 → 정지기 → 사멸기

28 효과적인 응집을 위해 실시하는 약품교반 실험장치(Jar-Tester)의 일반적인 실험순서가 바르게 나열된 것은?

① 정치 침전 → 상징수 분석 → 응집제 주입 → 급속 교반 → 완속 교반
② 급속 교반 → 완속 교반 → 응집제 주입 → 정치 침전 → 상징수 분석
③ 상징수 분석 → 정치 침전 → 완속 교반 → 급속 교반 → 응집제 주입
④ 응집제 주입 → 급속 교반 → 완속 교반 → 정치 침전 → 상징수 분석

 약품교반 실험장치(Jar-Tester)의 일반적인 실험순서
응집제 주입 → 급속 교반 → 완속 교반 → 정치 침전 → 상징수 분석

29 다음 중 BOD 600ppm, SS 40ppm인 폐수를 처리하기 위한 공정으로 가장 적합한 것은?

① 활성슬러지법
② 역삼투법
③ 이온교환법
④ 오존소화법

 BOD와 SS가 함유된 폐수를 처리하는 경우 활성슬러지법이 적당하다.

30 염산(HCl) 0.001mol/L의 pH는?(단, 이 농도에서 염산은 100% 해리한다.)

① 2   ② 2.5
③ 3   ④ 3.5

 $HCl \rightarrow H^+ + Cl^-$
0.001M : 0.001M
$pH = -\log[H^+] = -\log[0.001] = 3$

31 자연수에 존재하는 다음 이온 중 알칼리도를 유발하는 데 가장 크게 기여하는 것은?

① OH^- ② CO_3^{2-}
③ HCO_3^- ④ NH_4^+

 알칼리도를 유발하는 데 가장 크게 기여하는 것은 수산화이온(OH^-)이다.

32 상수도계획 시 여과에 관한 설명으로 옳지 않은 것은?

① 완속여과를 채용할 경우 색도, 철, 망간도 어느 정도 제거된다.
② 완속여과는 생물막에 의한 세균, 탁질 제거와 생화학적 산화반응에 의해 다양한 수질인자에 대응할 수 있다.
③ 급속여과의 여과속도는 70~90m/day를 표준으로 하고, 침전은 필수적이나 약품 사용은 필요치 않다.
④ 급속여과는 탁도 유발물질의 제거효과는 좋으나 세균은 안심할 정도로의 제거가 어려운 편이다.

 급속여과의 여과속도는 120~150m/day를 표준으로 한다.

33 물 분자가 극성을 가지는 이유로 가장 적합한 것은?

① 산소와 수소의 원자량의 차
② 산소와 수소의 전기음성도의 차
③ 산소와 수소의 끓는점의 차
④ 산소와 수소의 온도 변화에 따른 밀도의 차

 물 분자가 극성을 가지는 이유는 산소와 수소의 전기음성도의 차 때문이다.

34 시간당 200m³의 폐수가 유입되는 침전조의 위어(Weir)의 유효길이가 50m라면 월류부하는?

① 2m³/m · hr ② 4m³/m · hr
③ 8m³/m · hr ④ 15m³/m · hr

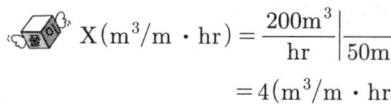
$$X(m^3/m \cdot hr) = \frac{200m^3}{hr} \Big| \frac{}{50m}$$
$$= 4(m^3/m \cdot hr)$$

35 유기물질의 질산화 과정에서 아질산이온(NO_2^-)이 질산이온(NO_3^-)으로 변할 때 주로 관여하는 것은?

① 디프테리아   ② 니트로박터
③ 니트로조모나스 ④ 카로티노모나스

 유기물질의 질산화 과정에서 아질산이온(NO_2^-)이 질산이온(NO_3^-)으로 변할 때 주로 관여하는 박테리아는 니트로박터(Nitrobacter)이다.

36 폐기물 파쇄 전후의 입자크기와 입자크기 분포를 이해하는 것은 폐기물 특성을 파악하는 데 매우 중요하다. 대표적으로 사용하는 특성입경은 입자의 무게기준으로 몇 %가 통과할 수 있는 체눈의 크기를 말하는가?

① 36.8%   ② 50%
③ 63.2%   ④ 80.7%

 입자크기 분포
  ㉠ 평균입자 크기(중위경) : 입자의 무게기준으로 50%가 통과할 수 있는 체눈의 크기
  ㉡ 특성입자크기 : 입자의 무게기준으로 63.2%가 통과할 수 있는 체눈의 크기

37 다음 중 내륙매립 공법의 종류가 아닌 것은?

① 도랑형공법
② 압축매립공법
③ 샌드위치공법
④ 박층뿌림공법

 박층뿌림공법은 해안매립공법이다.

38 매립처분시설의 분류 중 폐기물에 포함된 수분, 폐기물 분해에 의하여 생성되는 수분, 매립지에 유입되는 강우에 의하여 발생하는 침출수의 유출방지와 매립지 내부로의 지하수 유입방지를 위해 설치하는 것은?

① 부패조   ② 안정탑
③ 덮개시설 ④ 차수시설

39 침출수를 혐기성 여상으로 처리하고자 한다. 유입유량이 1,000m³/day이고, BOD가 500mg/L, 처리효율이 90%라면 이때 혐기성 여상에서 발생되는 메탄가스의 양은?(단, 1.5m³ 가스/BOD kg, 가스 중 메탄함량 60%)

① 350m³/day   ② 405m³/day
③ 510m³/day   ④ 550m³/day

정답 33 ② 34 ② 35 ② 36 ③ 37 ④ 38 ④ 39 ②

$$\text{CH}_4(\text{m}^3/\text{day})$$
$$= \frac{1{,}000\text{m}^3}{\text{day}} \left| \frac{0.5\text{kg}}{\text{m}^3} \right| \frac{90}{100} \left| \frac{1.5\text{m}^3\text{gas}}{1\text{kg BOD}} \right| \frac{60}{100}$$
$$= 405(\text{m}^3/\text{day})$$

40 하부에서 뜨거운 가스로 모래를 가열하여 부상시키고, 상부에서는 폐기물을 주입하여 소각시키는 형태의 소각로는?

① 액체 주입형 소각로
② 화격자 소각로
③ 회전형 소각로
④ 유동상 소각로

41 어느 슬러지 건조상의 길이가 40m이고, 폭은 25m이다. 여기에 30cm 깊이로 슬러지를 주입할 때 전체 건조기간 중 슬러지의 부피가 70% 감소하였다면 건조된 슬러지의 부피는 몇 m³가 되겠는가?

① 50m³ ② 70m³
③ 90m³ ④ 110m³

$$X(\text{m}^3) = \frac{40 \times 25 \times 0.3(\text{m}^3)}{} \left| \frac{100-70}{100} \right.$$
$$= 90(\text{m}^3)$$

42 슬러지 내의 수분을 제거하기 위한 탈수 및 건조방법에 해당하지 않는 것은?

① 산화지법 ② 슬러지 건조상법
③ 원심분리법 ④ 벨트프레스법

슬러지 탈수방법에는 가압탈수, 벨트프레스, 원심탈수, 필터프레스, 진공여과 등이 있다.

43 1,792,500ton/year의 쓰레기를 2,725명의 인부가 수거하고 있다면 수거인부의 수거능력(MHT)은?(단, 수거인부의 1일 작업시간은 8시간, 1년 작업일수는 310일이다.)

① 2.16 ② 2.95
③ 3.24 ④ 3.77

$$\text{MHT} = \frac{2{,}725\text{인}}{1{,}792{,}500\text{ton}} \left| \frac{\text{year}}{1\text{년}} \right| \frac{310\text{일}}{1\text{일}} \left| \frac{8\text{hr}}{} \right.$$
$$= 3.77$$

44 아래 그림과 같이 쓰레기를 대량으로 간편하게 소각 처리하는 데 적합하고, 연속적인 소각과 배출이 가능한 소각로의 형태는?

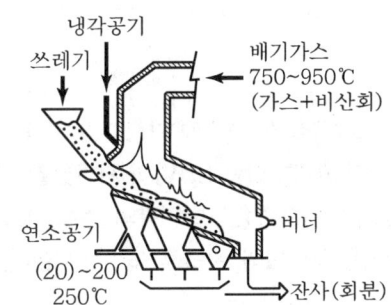

① 스토커식 ② 유동상식
③ 회전로식 ④ 분무연소식

45 일정기간 동안 특정지역의 쓰레기 수거차량의 대수를 조사하여 이 값에 밀도를 곱한 후 중량으로 환산하여 폐기물 발생량을 산정하는 방법을 무엇이라 하는가?

① 직접계근
② 적재차량 계수분석법
③ 간접계근법
④ 대수조사법

46 폐기물 고체연료(RDF)의 구비조건으로 옳지 않은 것은?

① 열량이 높을 것
② 함수율이 높을 것
③ 대기오염이 적을 것
④ 성분 배합률이 균일할 것

 RDF의 구비조건
㉠ 칼로리가 15% 이상으로 높아야 한다.
㉡ 함수율이 15% 이하로 낮아야 한다.
㉢ 재의 함량이 적어야 한다.
㉣ 대기오염도가 낮아야 한다.
㉤ RDF의 조성이 균일해야 한다.
㉥ 저장 및 운반이 용이해야 한다.
㉦ 기존의 고체연료 연소시설에 사용이 가능하여야 한다.

47 소각로를 설계할 때 가장 기본이 되는 폐기물 발열량인 고위발열량(HHV)과 저위발열량(LHV)의 관계로 옳은 것은?(단, 발열량의 단위는 kcal/kg, W는 수분함량 %이며, 수소함량은 무시한다.)

① $LHV = HHV + 6W$
② $LHV = HHV - 6W$
③ $HHV = LHV + 9W$
④ $HHV = LHV - 9W$

48 폐기물의 파쇄작용이 일어나게 되는 힘의 3종류와 가장 거리가 먼 것은?

① 압축력
② 전단력
③ 원심력
④ 충격력

 파쇄대상물에 작용하는 3가지 힘은 압축력, 전단력, 충격력이다.

49 폐기물을 파쇄시키는 목적으로 적합하지 않은 것은?

① 분리 및 선별을 용이하게 한다.
② 매립 후 빠른 지반침하를 유도한다.
③ 부피를 감소시켜 수송효율을 증대시킨다.
④ 비표면적이 넓어져 소각을 용이하게 한다.

 파쇄처리의 목적
㉠ 입자크기의 균일화 ㉡ 겉보기 비중의 증가
㉢ 비표면적 증가   ㉣ 특정 성분의 분리
㉤ 소각 시 연소 촉진 ㉥ 유가물질의 분리

50 다음 중 일반적인 슬러지처리 계통도로 가장 적합한 것은?

① 슬러지 → 농축 → 개량 → 탈수 → 소각 → 매립
② 슬러지 → 소화 → 탈수 → 개량 → 농축 → 매립
③ 슬러지 → 탈수 → 건조 → 개량 → 소각 → 매립
④ 슬러지 → 개량 → 탈수 → 농축 → 소각 → 매립

51 다음 중 분뇨수거 및 처분계획을 세울 때 계획하는 우리나라 성인 1인당 1일 분뇨배출량의 평균 범위로 가장 적합한 것은?

① 0.2~0.5L
② 0.9~1.1L
③ 2.3~2.5L
④ 3.0~3.5L

 우리나라 성인 1인당 1일 분뇨배출량은 1.1(L/인·day)이다.

52 파쇄하였거나 파쇄하지 않은 폐기물로부터 철분을 회수하기 위해 가장 많이 사용되는 폐기물 선별방법은?

① 공기 선별
② 스크린 선별
③ 자석 선별
④ 손 선별

정답 46 ② 47 ② 48 ③ 49 ② 50 ① 51 ② 52 ③

철과 같이 재활용 가치가 높은 자원을 수거된 폐기물로부터 선별하는 데 적합한 선별방법은 자석선별이다.

53 관거(Pipe – Line)를 이용한 폐기물 수거방법에 관한 설명으로 가장 거리가 먼 것은?

① 폐기물 발생빈도가 높은 곳이 경제적이다.
② 가설 후에 경로변경이 곤란하다.
③ 25km 이상의 장거리 수송에 현실성이 있다.
④ 큰 폐기물은 파쇄, 압축 등의 전처리를 해야 한다.

관거(Pipe–Line)를 이용한 폐기물 수거방법은 장거리를 이송하는 데 부적합하다(2.5km 이내).

54 연료를 연소시킬 때 실제 공급된 공기량을 A, 이론 공기량을 A_o라 할 때 과잉공기율을 옳게 나타낸 것은?

① $\dfrac{A - A_o}{A}$ ② $\dfrac{A - A_o}{A_o}$

③ $\dfrac{A}{A_o} + 1$ ④ $\dfrac{A_o}{A} - 1$

55 에탄가스 $1Sm^3$의 완전연소에 필요한 이론 공기량은?

① $8.67Sm^3$ ② $10.67Sm^3$
③ $12.67Sm^3$ ④ $16.67Sm^3$

$C_2H_6 + 3.5O_2 \rightarrow 2CO_2 + 3H_2O$
$1Sm^3 : 3.5Sm^3$

$A_o(Sm^3) = O_o \times \dfrac{1}{0.21} = 3.5 \times \dfrac{1}{0.21}$
$\qquad = 16.667(Sm^3)$

56 A벽체의 투과손실이 32dB일 때, 이 벽체의 투과율은?

① 6.3×10^{-4} ② 7.3×10^{-4}
③ 8.3×10^{-4} ④ 9.3×10^{-4}

$TL = 10\log\left(\dfrac{1}{t}\right)$

$32 = 10\log\left(\dfrac{1}{t}\right)$

$\therefore t = 1/10^{3.2} = 6.3 \times 10^{-4}$

57 다음은 소음의 표현이다. (   ) 안에 알맞은 것은?

1(   )은 1,000Hz 순음의 음세기레벨 40dB의 음 크기를 말한다.

① SIL   ② PNL
③ Sone   ④ NNI

1Sone은 1,000Hz 순음의 음세기레벨 40dB의 음 크기를 말한다.

58 금속스프링의 장점이라 볼 수 없는 것은?

① 환경요소(온도, 부식, 용해 등)에 대한 저항성이 크다.
② 최대변위가 허용된다.
③ 공진 시에 전달률이 매우 크다.
④ 저주파 차진에 좋다.

금속스프링은 감쇠가 거의 없으며, 공진 시에 전달률이 매우 크다는 단점이 있다.

59 인체 귀의 구조 중 고막의 진동을 쉽게 할 수 있도록 외이와 중이의 기압을 조정하는 것은?

① 고막
② 고실창
③ 달팽이관
④ 유스타키오관

60 음향출력 100W인 점음원이 반 자유공간에 있을 때 10m 떨어진 지점의 음의 세기(W/m²)는?

① 0.08
② 0.16
③ 1.59
④ 3.18

풀이> $PWL = 10\log\left(\dfrac{W}{W_o}\right) dB$

$SPL = PWL - 20\log r - 8 dB$

㉠ $PWL = 10\log\left(\dfrac{W}{W_o}\right) = 10\log\left(\dfrac{100}{10^{-12}}\right)$
$= 140 dB$

㉡ $SPL = PWL - 20\log r - 8 dB$
$= 140 - 20\log 10 - 8 = 112$

$SPL = 10\log\left(\dfrac{I}{I_o}\right)$

$112 = 10\log\left(\dfrac{I}{10^{-12}}\right)$

$\therefore I = 0.158 (W/m^2)$

정답 59 ④ 60 ②

2011년 5회 시행

01 다음 기체연료 중 저위발열량이 가장 큰 것은?

① 수소　　　　② 메탄
③ 부탄　　　　④ 에탄

주요 기체연료의 발열량 크기
프로판 > 부탄 > 에탄 > 아세틸렌 > 메탄 > 일산화탄소 > 수소

02 집진장치 출구 가스의 먼지농도가 $0.02g/m^3$, 먼지통과율은 0.5%일 때, 입구 가스 먼지농도(g/m^3)는?

① $3.5g/m^3$　　② $4.0g/m^3$
③ $4.5g/m^3$　　④ $8.0g/m^3$

$$C_i = \frac{C_o}{1-\eta} = \frac{C_o}{P}$$
$$= \frac{0.02}{0.005} = 4(g/m^3)$$

03 황 함유량 1.5%인 액체연료 20톤을 이론적으로 완전연소시킬 때 생성되는 SO_2의 부피는? (단, 연료 중 황은 완전연소하여 100% SO_2로 전환된다.)

① $140Sm^3$　　② $170Sm^3$
③ $210Sm^3$　　④ $250Sm^3$

$S + O_2 \rightarrow SO_2$
32kg : $22.4Sm^3$
$\frac{20,000kg | 1.5}{| 100}$: X
∴ $X(SO_2) = 210Sm^3$

04 감압 또는 진공이라 함은 따로 규정이 없는 한 얼마 이하를 의미하는가?

① 15mmHg 이하　　② 20mmHg 이하
③ 30mmHg 이하　　④ 76mmHg 이하

'감압 또는 진공'이라 함은 따로 규정이 없는 한 15mmHg 이하를 뜻한다.

05 다음 연소의 종류 중 니트로글리세린과 같이 공기 중의 산소 공급 없이 그 물질의 분자 자체에 함유하고 있는 산소를 이용하여 연소하는 것은?

① 분해연소　　② 증발연소
③ 자기연소　　④ 확산연소

06 다음과 같은 특성을 지닌 집진장치는?

- 고농도 함진가스의 전처리에 사용될 수 있다.
- 배출가스의 유속은 보통 0.3~3m/s 정도가 되도록 설계한다.
- 시설의 규모는 크지만 유지비가 저렴하다.
- 압력손실은 10~15mmH₂O 정도이다.

① 중력집진장치　　② 원심력집진장치
③ 여과집진장치　　④ 전기집진장치

07 연소 시 연소상태를 조절하여 질소산화물 발생을 억제하는 방법으로 가장 거리가 먼 것은?

① 저온도 연소
② 저산소 연소
③ 공급공기량의 과량 주입
④ 수증기 분무

정답　01 ③　02 ②　03 ③　04 ①　05 ③　06 ①　07 ③

질소산화물은 이론 공기량으로 연소 시 최대로 나타나며 이론공기량보다 적거나 많으면 감소한다.

08 다음에 해당하는 대기오염물질은?

- 상온에서 무색투명하고, 일반적으로 불쾌한 자극성 냄새를 내는 액체이다.
- 대단히 증발하기 쉬우며, 인화점이 −30℃ 정도이고, 대단히 연소하기 쉽다.
- 이 물질의 증기는 공기보다 2.64배 정도 무겁다.

① 아황산가스　　② 이황화탄소
③ 이산화질소　　④ 일산화질소

 이황화탄소(CS_2)에 대한 설명이다.

09 A집진장치의 압력손실이 $444mmH_2O$, 처리가스량이 $55m^3/s$인 송풍기의 효율이 77%일 때 이 송풍기의 소요동력은?

① 256kW　　② 286kW
③ 298kW　　④ 311kW

 $kW = \dfrac{\Delta P \cdot Q}{102 \times \eta} \times \alpha$

$= \dfrac{444 \times 55}{102 \times 0.77} = 310.92(kW)$

10 다음 대기오염물질 중 특정대기 유해물질에 해당하지 않는 것은?

① 프로필렌 옥사이드
② 석면
③ 벤지딘
④ 이산화황

이산화황 특정대기 유해물질에 해당하지 않는다.

11 런던형 스모그에 관한 설명으로 가장 거리가 먼 것은?

① 주로 아침 일찍 발생한다.
② 습도와 기온이 높은 여름에 주로 발생한다.
③ 복사역전 형태이다.
④ 시정거리가 100m 이하이다.

 런던형 스모그는 습도가 높고 온도가 낮은 겨울철에 발생한다.

12 다음 중 대류권에 해당하는 사항으로만 옳게 나열된 것은?

㉠ 고도가 상승함에 따라 기온이 감소한다.
㉡ 오존의 밀도가 높은 오존층이 존재한다.
㉢ 지상으로부터 50~85km 사이의 층이다.
㉣ 공기의 수직이동에 의한 대류현상이 일어난다.
㉤ 눈이나 비가 내리는 등의 기상현상이 일어난다.

① ㉠, ㉡, ㉢
② ㉠, ㉣, ㉤
③ ㉢, ㉣, ㉤
④ ㉡, ㉢, ㉣

 ㉡은 성층권 ㉢은 중간권에 대한 내용이다.

13 다음 실내공기 오염물질 중 주로 단열재, 절연재, 브레이크, 방열재 등에서 발생되며 인체에 다량 흡입되면 피부질환, 호흡기질환, 폐암, 중피종 등을 유발시키는 것은?

① 총부유세균　　② 석면
③ 오존　　④ 일산화탄소

 석면에 대한 내용이다.

정답　08 ②　09 ④　10 ④　11 ②　12 ②　13 ②

14 관성력 집진장치에서 집진율 향상 조건으로 옳지 않은 것은?

① 일반적으로 충돌 직전의 처리가스의 속도가 적고, 처리 후의 출구 가스속도는 빠를수록 미립자의 제거가 쉽다.
② 기류의 방향전환 각도가 작고, 방향전환 횟수가 많을수록 압력손실은 커지나 집진은 잘 된다.
③ 적당한 모양과 크기의 호퍼가 필요하다.
④ 함진 가스의 충돌 또는 기류의 방향전환 직전의 가스속도가 빠르고, 방향전환 시의 곡률반경이 작을수록 미세입자의 포집이 가능하다.

 일반적으로 충돌 직전의 처리가스 속도가 빠르고, 처리 후의 출구 가스속도는 느릴수록 미립자의 제거가 쉽다.

15 $0.3g/Sm^3$ 인 HCl의 농도를 ppm으로 환산하면?(단, 표준상태 기준)

① 116.4ppm ② 137.7ppm
③ 167.3ppm ④ 184.1ppm

 $X(mL/m^3) = \dfrac{0.3g}{m^3} \Big| \dfrac{22.4mL}{36.5mg} \Big| \dfrac{10^3 mg}{1g}$
$= 184.1(mL/m^3)$

16 농도를 알 수 없는 염산 50mL를 완전히 중화시키는 데 0.4 N수산화나트륨 25mL가 소모되었다. 이 염산의 농도는?

① 0.2N ② 0.4N
③ 0.6N ④ 0.8N

 $N \cdot V = N' \cdot V'$
$X \times 50 = 0.4 \times 25$
$\therefore X = 0.2N$

17 탱크에 쇄석 등의 여재를 채우고 위에서 폐수를 뿌려 쇄석 표면에 번식하는 미생물이 폐수와 접촉하여 유기물을 섭취 분해하여 폐수를 생물학적으로 처리하는 방식은?

① 활성슬러지법 ② 호기성 산화지법
③ 회전원판법   ④ 살수여상법

18 어느 공장폐수의 Cr^{6+}이 600mg/L이고, 이 폐수를 아황산나트륨으로 환원처리하고자 한다. 폐수량이 $40m^3$/day일 때, 하루에 필요한 아황산나트륨의 이론량은?(단, Cr의 원자량은 52, Na_2SO_3의 분자량은 126, 반응식은 아래 식을 이용하여 계산하시오.)

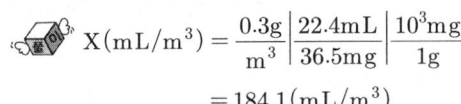

① 72kg ② 80kg
③ 87kg ④ 95kg

 $2Cr^{6+} \equiv 3Na_2SO_3$
$2 \times 52g : 3 \times 126g$
$\dfrac{0.6kg}{m^3} \Big| \dfrac{40m^3}{day} : X$
$\therefore X = 87.23kg$

19 활성슬러지 공법에 의한 운영상의 문제점으로 옳지 않은 것은?

① 거품 발생   ② 연못화 현상
③ Floc 해체 현상 ④ 슬러지부상 현상

 연못화 현상은 살수여상에 대한 문제점이다.

20 물의 깊이에 따라 나타나는 수온성층에 해당되지 않는 것은?

① 수온약층 ② 표수층
③ 변수층   ④ 심수층

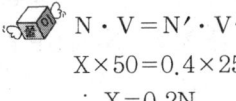 14 ① 15 ④ 16 ① 17 ④ 18 ③ 19 ② 20 ③

성층이 형성될 경우 표수층 → 수온약층(변온층) → 심수층 → 저니층으로 구분된다.

21 실험실에서 일반적으로 BOD_5를 측정할 때 배양 조건은?

① 5℃에서 10일간 배양
② 5℃에서 20일간 배양
③ 20℃에서 5일간 배양
④ 20℃에서 10일간 배양

 BOD_5를 측정할 때 배양 조건은 20℃에서 5일간 배양한다.

22 경도(Har Dness)에 관한 설명으로 옳지 않은 것은?

① SO_4^{2-}, NO_3^-, Cl^-와 화합물을 이루고 있을 때 나타나는 경도를 영구경도라고도 한다.
② 경도가 높은 물은 관로의 통수저항을 감소시켜 공업용수(섬유제지 등)로 적합하다.
③ 탄산경도는 일시경도라고도 한다.
④ Na^+은 경도를 유발하는 이온은 아니지만 그 농도가 높을 때 경도와 비슷한 작용을 하므로 유사경도라 한다.

 경도가 높은 물은 관로의 통수저항을 증가시켜 공업용수(섬유제지 등)로 부적합하다.

23 오염물질과 피해형태의 연결로 가장 거리가 먼 것은?

① 페놀-냄새
② 인-부영양화
③ 유기물-용존산소 결핍
④ 시안-골연화증

 시안-질식증상

24 활성슬러지법의 미생물 성장은 35℃ 정도까지의 경우 10℃ 증가할 때마다 그 성장속도가 일반적으로 몇 배로 증가되는가?

① 2배로 증가
② 16배로 증가
③ 32배로 증가
④ 64배로 증가

 미생물 성장은 10℃ 증가할 때마다 약 2배 증가한다.

25 생물학적 원리를 이용하여 폐수 중의 인과 질소를 동시에 제거하는 공정 중 혐기조의 역할로 가장 적합한 것은?

① 유기물 흡수, 인의 과잉 흡수
② 유기물 흡수, 인 방출
③ 유기물 흡수, 탈질소
④ 유기물 흡수, 질산화

 혐기조에서는 인의 방출과 유기물 흡수가 일어난다.

26 물속에서 입자가 침강하고 있을 때 스토크스(Stokes)의 법칙이 적용된다고 한다. 다음 중 입자의 침강속도에 가장 큰 영향을 주는 변화인자는?

① 입자의 밀도
② 물의 밀도
③ 물의 점도
④ 입자의 직경

27 부피 $150m^3$인 종말침전지로 유입되는 폐수량이 $900m^3/day$일 때, 이 침전지의 체류시간은?

① 3시간
② 4시간
③ 5시간
④ 6시간

$t(hr) = \dfrac{\forall}{Q} = \dfrac{150m^3}{900m^3} \left|\dfrac{day}{1day}\right|\dfrac{24hr}{1day} = 4(hr)$

28 다음 중 지하수의 일반적인 수질 특성에 관한 설명으로 옳지 않은 것은?

① 수온의 변화가 심하다.
② 무기물 성분이 많다.
③ 지질 특성에 영향을 받는다.
④ 지표면 깊은 곳에서는 무산소 상태로 될 수 있다.

 지하수의 수온변화는 일정하다.

29 다음 중 생물학적 고도 폐수처리방법으로 인을 제거할 수 있는 공법으로 가장 거리가 먼 것은?

① A/O 공법   ② Indore 공법
③ Phostrip 공법   ④ Bardenpho 공법

 생물학적 고도 폐수처리방법으로 인을 제거할 수 있는 공법에는 A/O 공법, A^2/O 공법, Phostrip 공법, Bardenpho 공법, UCT공법, VIP공법 등이 있다.

30 다음 중 해양오염 현상으로 거리가 먼 것은?

① 적조   ② 부영양화
③ 용존산소과포화 ④ 온열배수 유입

 용존산소과포화는 해양오염 현상이 아니다.

31 물의 성질에 관한 설명으로 옳지 않은 것은?

① 물 분자 안의 수소는 부분적으로 양전하(δ^+)를, 산소는 부분적으로 음전하(δ^-)를 갖는다.
② 물은 분자량이 유사한 다른 화합물에 비하여 비열은 작고, 압축성이 크다.
③ 물은 4℃ 부근에서 최대 밀도를 나타낸다.
④ 일반적으로 물의 점도는 온도가 높아짐에 따라 작아진다.

 물은 분자량이 유사한 다른 화합물에 비하여 비열이 크고, 압축성이 작다.

32 폐수의 화학적 산소요구량을 측정하기 위해 산성 100℃ 과망간산칼륨법으로 측정하였다. 바탕시험 적정에 소비된 0.025N 과망간산칼륨 용액의 양이 0.1mL, 시료용액의 적정에 소비된 0.025N 과망간산칼륨 용액의 양이 5.1mL일 때 COD(mg/L)는?(단, 0.025N 과망간산칼륨의 역가는 1.000, 시험에 사용한 시료의 양은 100mL이다.)

① 4.0mg/L   ② 6.0mg/L
③ 8.0mg/L   ④ 10.0mg/L

 2012년 5월 수질오염공정시험 기준의 전면 개편으로 해당사항 없음

33 레이놀즈수의 관계인자와 거리가 먼 것은?

① 입자의 지름   ② 액체의 점도
③ 액체의 비표면적 ④ 입자의 속도

$R_e = \dfrac{관성력}{점성력} = \dfrac{D \cdot V \cdot \rho}{\mu}$ 로 액체의 비표면적과는 상관이 없다.

34 하천의 유량은 1,000m³/일, BOD농도 26ppm이며, 이 하천에 흘러드는 폐수의 양이 100m³/일, BOD 농도 165ppm이라고 하면 하천과 폐수가 완전 혼합된 후 BOD 농도는?(단, 혼합에 의한 기타 영향 등은 고려하지 않는다.)

① 38.6ppm   ② 44.9ppm
③ 48.5ppm   ④ 59.8ppm

정답 28 ① 29 ② 30 ③ 31 ② 32 ④ 33 ③ 34 ①

$$C_m = \frac{C_1 \cdot Q_1 + C_2 \cdot Q_2}{Q_1 + Q_2}$$
$$= \frac{26 \times 1,000 + 165 \times 100}{1,000 + 100}$$
$$= 38.64 (mg/L)$$

35 다음 중 오염원별 하·폐수 발생량이 가장 많은 것은?
① 생활하수　　　② 공장폐수
③ 축산폐수　　　④ 매립지 침출수

 하·폐수 발생량이 가장 많은 것은 생활하수이다.

36 다음 중 수분 및 고형물 함량 측정에 필요한 실험기구와 거리가 먼 것은?
① 증발접시　　　② 전자저울
③ Jar-Tester　　④ 데시케이터

 Jar-Tester는 응집교반시험이다.

37 탄소 6kg이 이론적으로 완전연소할 때 발생하는 이산화탄소의 양(kg)은?
① 44kg　　　② 36kg
③ 22kg　　　④ 12kg

$C + O_2 \rightarrow CO_2$
12kg : 44kg
6kg : X　　$X(CO_2) = 22(kg)$

38 인구 100,000명이 거주하고 있는 도시에 1인 1일당 쓰레기 발생량이 평균 1kg이다. 적재용량 4.5톤 트럭을 이용하여 하루에 수거를 마치려면 최소 몇 대가 필요한가?

① 12대　　　② 20대
③ 23대　　　④ 32대

 $X(대) = \dfrac{1kg}{인 \cdot 일} \Big| \dfrac{100,000인}{} \Big| \dfrac{대}{4,500kg}$
$= 23(대)$

39 다음 폐기물의 감량화 방안 중 폐기물이 발생원에서 발생되지 않도록 사전에 조치하는 발생원 대책으로 거리가 먼 것은?
① 적정 저장량 관리
② 과대포장 사용금지
③ 철저한 분리수거 실시
④ 폐기물로부터 회수에너지 이용

 폐기물로부터 회수에너지를 이용하는 것은 최종 처분단계에서 행한다.

40 RDF(Refuse Derived Fuel)의 구비조건으로 가장 거리가 먼 것은?
① 열함량이 높고 동시에 수분함량이 낮아야 한다.
② 염소함량이 낮아야 한다.
③ 미생물 분해가 가능하며, 재의 함량이 높아야 한다.
④ 균질성이어야 한다.

RDF의 구비조건
㉠ 칼로리가 15% 이상으로 높아야 한다.
㉡ 함수율이 15% 이하로 낮아야 한다.
㉢ 재의 함량이 적어야 한다.
㉣ 대기오염도가 낮아야 한다.
㉤ RDF의 조성이 균일해야 한다.
㉥ 저장 및 운반이 용이해야 한다.
㉦ 기존의 고체연료 연소시설에 사용이 가능하여야 한다.

41 폐기물의 3성분이라 볼 수 없는 것은?

① 수분　　② 무연분
③ 회분　　④ 가연분

폐기물의 3성분이란 수분, 가연분, 회분을 말한다.

42 폐기물의 저위발열량(LHV)을 구하는 식으로 옳은 것은?(단, HHV : 폐기물의 고위발열량(kcal/kg) H : 폐기물의 원소분석에 의한 수소 조성비(kg/kg) W : 폐기물의 수분 함량(kg/kg) 600 : 수증기 1kg의 응축열(kcal))

① LHV＝HHV－600W
② LHV＝HHV－600(H＋W)
③ LHV＝HHV－600(9H＋W)
④ LHV＝HHV＋600(9H＋W)

43 밀도가 0.4t/m³인 쓰레기를 매립하기 위해 밀도 0.85t/m³으로 압축하였다. 압축비는?

① 0.6　　② 1.8
③ 2.1　　④ 3.3

$$CR = \frac{V_1}{V_2} = \frac{0.85t/m^3}{0.4t/m^3} = 2.125$$

44 다음 중 일반적인 슬러지처리 계통도를 바르게 나열한 것은?

① 농축→안정화→개량→탈수→소각→최종처분
② 농축→안정화→소각→탈수→개량→최종처분
③ 안정화→개량→탈수→농축→소각→최종처분
④ 안정화→농축→탈수→개량→소각→최종처분

45 도시에서 생활쓰레기를 수거할 때 고려할 사항으로 가장 거리가 먼 것은?

① 처음 수거지역은 차고지에서 가깝게 설정한다.
② U자형 회전을 피하여 수거한다.
③ 교통이 혼잡한 지역은 출·퇴근 시간을 피하여 수거한다.
④ 쓰레기가 적게 발생하는 지점은 하루 중 가장 먼저 수거하도록 한다.

쓰레기가 가장 많이 발생하는 지점은 하루 중 가장 먼저 수거하도록 한다.

46 연소가스의 잉여열을 이용하여 보일러에 주입되는 물을 예열함으로써 보일러드럼에 발생되는 열응력을 감소시켜 보일러의 효율을 높이는 장치는?

① 과열기(Super Heater)
② 재열기(Reheater)
③ 절탄기(Economizer)
④ 공기예열기(Air Preheater)

이코노마이저(Economizer, 절탄기)
　㉠ 연도에 설치되며, 보일러 전열면을 통하여 연소가스의 여열로 보일러 급수를 예열하여 보일러의 효율을 높이는 장치이다.
　㉡ 그 부대 효과로 급수 예열에 의해 보일러수와의 온도차가 감소하므로 보일러 드럼에 발생하는 열응력이 경감되는 것을 들 수 있다.

47 폐기물 수거 효율을 결정하고 수거작업 간의 노동력을 비교하기 위한 단위로 옳은 것은?

① ton/man · hour
② man · hour/ton
③ ton · man/hour
④ hour/ton · man

48 아래 그림과 같은 내륙매립공법은?

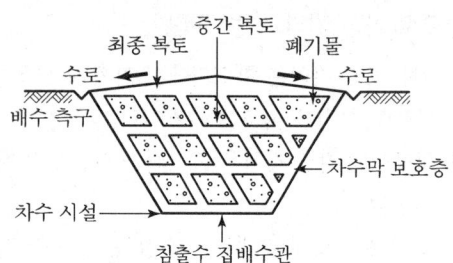

① 셀공법 ② 수중투기공법
③ 순차투입공법 ④ 박층뿌림공법

49 다음 중 안정된 매립지에서 가장 많이 발생되는 가스는?

① CH_4 ② O_2
③ N_2 ④ H_2S

 안정된 매립지에서는 CH_4, CO_2가 주로 발생한다.

50 소각로에서 완전연소를 위한 3가지 조건(일명 3T)으로 옳은 것은?

① 시간-온도-혼합
② 시간-온도-수분
③ 혼합-수분-시간
④ 혼합-수분-온도

 완전연소의 구비조건(3T)
  ㉠ 체류시간은 가능한 한 길어야 한다(Time).
  ㉡ 연소용 공기를 예열한다(Temperature).
  ㉢ 공기와 연료를 적절히 혼합한다(Turbulence).

51 85%의 함수율을 갖고 있는 쓰레기를 건조시켜 함수율이 25%가 되었다면 쓰레기 1톤에 대하여 증발하는 수분의 양은?(단, 비중은 모두 1.0)

① 600kg ② 700kg
③ 800kg ④ 900kg

$V_1(100-W_1) = V_2(100-W_2)$
$1,000(100-85) = V_2(100-25)$
$V_2 = 200(kg)$
∴ 증발시켜야 할 수분량 = $1,000 - 200$
   $= 800(kg)$

52 폐기물 분석시료를 얻기 위한 시료의 축소방법 중 다음에 해당하는 것은?

> ㉠ 대시료를 네모꼴로 엷게 균일한 두께로 편다.
> ㉡ 이것을 가로 4등분, 세로 5등분하여 20개의 덩어리로 나눈다.
> ㉢ 20개의 각 부분에서 균등량씩 취한 다음, 혼합하여 하나의 시료로 한다.

① 균일법 ② 구획법
③ 교호삽법 ④ 원추사분법

53 유해 폐기물의 국가 간 불법적인 교역을 통제하기 위한 국제협약은?

① 교토의정서 ② 바젤협약
③ 리우협약 ④ 몬트리올의정서

54 폐기물의 안정화에 관한 설명으로 거리가 먼 것은?

① 폐기물의 물리적 성질을 변화시켜 취급하기 쉬운 물질을 만든다.
② 오염물질의 손실과 전달이 발생할 수 있는 표면적을 감소시킨다.
③ 폐기물 내 오염물질의 용존성 및 용해성을 증가시킨다.
④ 오염물질의 독성을 감소시킨다.

 폐기물 내 오염물질의 용존성 및 용해성을 감소시킨다.

55 다음 중 적환장이 필요한 경우와 거리가 먼 것은?

① 수집 장소와 처분 장소가 비교적 먼 경우
② 작은 용량의 수집 차량을 사용할 경우
③ 작은 규모의 주택들이 밀집되어 있는 경우
④ 상업지역에서 폐기물 수거에 대형 용기를 주로 사용하는 경우

 상업지역에서 폐기물 수거에 소형 용기를 주로 사용하는 경우

56 방음대책을 음원대책과 전파경로대책으로 구분할 때 다음 중 음원대책이 아닌 것은?

① 소음기 설치   ② 방음벽 설치
③ 공명방지   ④ 방진 및 방사율 저감

 음원대책
　　㉠ 소음기 설치　　㉡ 공명방지
　　㉢ 방진 및 방사율 저감　　㉣ 강제력 저감

　전파경로대책
　　㉠ 방음벽 설치　　㉡ 지향성 변화
　　㉢ 거리감쇠

57 소음통계레벨(L_N)에 관한 설명으로 옳지 않은 것은?

① L_{50}은 중앙치라고 한다.
② L_{10}은 80% 레인지 상단치라고 한다.
③ 총 측정시간의 N(%)를 초과하는 소음레벨을 의미한다.
④ L_{90}은 L_{10}보다 큰 값을 나타낸다.

 소음통계레벨(L_N)
　총 측정시간의 N(%)을 초과하는 소음레벨로 %가 적을수록 큰 소음레벨이다.
　$L_{10} > L_{50} > L_{90}$

58 아파트 벽의 음향투과율이 0.1%라면 투과손실은?

① 10dB   ② 20dB
③ 30dB   ④ 50dB

 투과손실(TL) = $10\log\left(\dfrac{1}{\tau}\right)$
　　　　　　= $10\log\left(\dfrac{1}{0.001}\right) = 30(dB)$

59 소음의 영향으로 옳지 않은 것은?

① 소음성 난청은 소음이 높은 공장에서 일하는 근로자들에게 나타나는 직업병으로 4,000Hz 정도에서부터 난청이 시작된다.
② 단순반복작업보다는 보통 복잡한 사고, 기억을 필요로 하는 작업에 더 방해가 된다.
③ 혈중 아드레날린 및 백혈구 수가 감소한다.
④ 말초혈관 수축, 맥박증가 같은 영향을 미친다.

 혈중 아드레날린 및 백혈구 수가 증가한다.

60 다음 중 다공질 흡음재료에 해당하지 않는 것은?

① 암면
② 유리섬유
③ 발포수지재료(연속기포)
④ 석고보드

 다공질 흡음재료에는 암면, 유리섬유, 유리솜, 발포수지재료, 폴리우레탄폼 등이 있다.

2012년 1회 시행

01 수소 10%, 수분 5%인 중유의 고위발열량이 10,000kcal/kg일 때 저위발열량(kcal/kg)은?

① 9,310 ② 9,430
③ 9,590 ④ 9,720

$Hl = Hh - 600(9H + W)$
$= 10,000 - 600(9 \times 0.1 + 0.05)$
$= 9,430(kcal/kg)$

02 원심력 집진장치에 관한 설명으로 옳지 않은 것은?

① 구조가 간단하고 취급이 용이한 편이다.
② 압력손실이 20mmH₂O 정도로 작고, 고집진율을 얻기 위한 전문적인 기술이 불필요하다.
③ 점(흡)착성 배출가스 처리는 부적합하다.
④ 블로다운 효과를 사용하여 집진효율 증대가 가능하다.

압력손실이 50~150mmH₂O 정도로 큰 편이고, 고집진율을 얻기 위한 전문적인 기술이 필요하다.

03 직경이 30cm, 길이가 15m인 여과자루를 사용하여 농도가 3g/m³의 배출가스를 1,000m³/min으로 처리하였다. 여과속도가 1.5cm/s일 때 필요한 여과자루의 개수는?

① 75개 ② 79개
③ 83개 ④ 87개

$n = \dfrac{Q_f}{Q_i} = \dfrac{Q_f}{\pi \cdot D \cdot L \cdot V_f}$

㉠ $Q_f = 1,000(m^3/min) = 16.667(m^3/sec)$
㉡ $Q_i = A \times V$
$= \pi \times D \times L \times V_f$
$= \pi \times 0.3 \times 15 \times 0.015$
$= 0.212(m^3/sec)$

∴ $n = \dfrac{16.667}{0.212} = 78.62 = 79(개)$

04 대기상태가 중립조건일 때 발생하며, 연기의 수직이동보다 수평이동이 크기 때문에 오염물질이 멀리까지 퍼져나가고 지표면 가까이에는 오염의 영향이 거의 없으며, 이 연기 내에서는 오염의 단면분포가 전형적인 가우시안분포를 나타내는 연기형태는?

① 환상형 ② 부채형
③ 원추형 ④ 지붕형

05 (CO₂)max는 어떤 조건으로 연소시켰을 때 연소가스 중 이산화탄소의 농도를 말하는가?

① 공급할 수 있는 최대공기량으로 과잉연소시켰을 때
② 이론공기량으로 완전연소시켰을 때
③ 과잉공기량으로 부족연소시켰을 때
④ 부족공기량으로 부족연소시켰을 때

최대탄산가스율((CO₂)max)은 이론공기량으로 완전연소시켰을 때 이론건조가스량 중 이산화탄소의 농도를 말한다.

정답 01 ② 02 ② 03 ② 04 ③ 05 ②

06 직경이 200mm인 표면이 매끈한 직관을 통하여 125m³/min의 표준공기를 송풍할 때, 관내 평균풍속(m/s)은?

① 약 50m/s   ② 약 53m/s
③ 약 60m/s   ④ 약 66m/s

풀이) $V = \dfrac{Q}{A}$

　㉠ $Q = 125 \text{m}^3/\text{min}$

　㉡ $A = \dfrac{\pi}{4}D^2 = \dfrac{\pi}{4} \times 0.2^2 = 0.0314(\text{m}^2)$

　∴ $V = \dfrac{125\text{m}^3}{\text{min}} \left| \dfrac{1}{0.0314\text{m}^2} \right| \dfrac{1\text{min}}{60\text{sec}}$

　　　$= 66.35(\text{m/sec})$

07 흡수공정으로 유해가스를 처리할 때, 흡수액이 갖추어야 할 요건으로 옳지 않은 것은?

① 휘발성이 커야 한다.
② 점성이 작아야 한다.
③ 용해도가 커야 한다.
④ 용매의 화학적 성질과 비슷해야 한다.

풀이) 흡수액은 휘발성이 작아야 한다.

08 대류권에서는 온실가스이며 성층권에서는 오존층 파괴물질로 알려져 있는 것은?

① CO   ② N_2O
③ HCl   ④ SO_2

풀이) N_2O(아산화질소)가 해당한다.

09 로스앤젤레스(Los Angeles)형 스모그 발생 조건으로 가장 거리가 먼 것은?

① 방사성 역전형태
② 23~32℃의 고온
③ 광화학적 반응
④ 석유계 연료

풀이) 로스앤젤레스형 스모그의 역전형태는 공중역전(침강역전)이다.

10 악취성분을 직접연소법으로 처리하고자 할 때 일반적인 연소온도로 가장 적합한 것은?

① 100~150℃   ② 200~300℃
③ 600~800℃   ④ 1,400~1,500℃

풀이) 악취성분을 직접연소법으로 처리하고자 할 때 일반적인 연소온도는 600~800℃이다.

11 농황산의 비중이 약 1.84, 농도는 75%라면 이 농황산의 몰농도(mol/L)는?(단, 농황산의 분자량은 98이다.)

① 9   ② 11
③ 14   ④ 18

풀이) $X(\text{mol/L}) = \dfrac{1.84\text{g}}{\text{mL}} \left| \dfrac{1\text{mol}}{98\text{g}} \right| \dfrac{75}{100} \left| \dfrac{10^3\text{mL}}{1\text{L}} \right.$

　　　$= 14.08(\text{mol/L})$

12 탄소 87%, 수소 10%, 황 3%의 조성을 가진 중유 1.7kg을 완전연소시킬 때, 필요한 이론공기량(Sm^3)은?

① 9   ② 14
③ 18   ④ 21

풀이) $A_o(Sm^3/kg) = O_o(Sm^3/kg) \times \dfrac{1}{0.21}$

　㉠ $O_o = 1.867 \times 0.87 + 5.6 \times 0.1 + 0.7 \times 0.03$
　　　$= 2.21(Sm^3/kg)$

　㉡ $A_o(Sm^3/kg) = 2.21 \times \dfrac{1}{0.21} \times 1.7$
　　　$= 17.8(Sm^3)$

정답 06 ④ 07 ① 08 ② 09 ① 10 ③ 11 ③ 12 ③

13 다음 중 수세법을 이용하여 제거시킬 수 있는 오염물질로 가장 거리가 먼 것은?

① NH_3 ② SO_2
③ NO_2 ④ Cl_2

난용성 기체인 NO_2는 수세법을 적용하기 어렵다.

14 오염가스를 흡착하기 위하여 사용되는 흡착제와 가장 거리가 먼 것은?

① 활성탄 ② 활성망간
③ 마그네시아 ④ 실리카겔

흡착제의 종류에는 활성탄, 실리카겔, 활성 알루미나, 합성 제올라이트, 보크사이트, 마그네시아 등이 있으며 가장 일반적으로 많이 이용되는 흡착제는 활성탄이다.

15 다음과 같은 특성에 가장 적합한 연료는?

- 저질의 연료로 고온을 얻을 수 있다.
- 연소효율이 높고, 안정된 연소가 된다.
- 점화와 소화가 쉽고 연소 조절이 간편하여 연소의 자동제어에 적합하다.
- 대기오염 방지 측면에서 볼 때 재, 매연, 황산화물 등의 발생이 거의 없는 청정연료이다.

① 석탄 ② 아탄
③ 벙커C유 ④ LNG

기체연료를 설명하고 있다.

16 해수의 특성에 관한 설명으로 옳지 않은 것은?

① 해수의 pH는 약 8.2 정도로 약알칼리성을 지닌다.
② 해수의 주요 성분 농도비는 거의 일정하다.
③ 염분은 적도해역에서는 높고, 남북 양극 해역에서는 다소 낮다.
④ 해수의 Mg/Ca 비는 300~400 정도로 담수보다 크다.

해수의 Mg/Ca 비는 3~4 정도로 담수보다 크다.

17 20℃ 재폭기 계수가 6.0day^{-1}이고, 탈산소 계수가 0.2day^{-1}이면 자정계수는?

① 1.2 ② 20
③ 30 ④ 120

$f = \dfrac{K_2}{K_1} = \dfrac{6}{0.2} = 30$

18 염소계 산화제를 이용하여 무해한 CO_2와 N_2로 분해시키는 보편적인 알칼리 산화법으로 처리할 수 있는 폐수는?

① 시안 함유 폐수 ② 크롬 함유 폐수
③ 납 함유 폐수 ④ PCB 함유 폐수

알칼리 염소처리법은 시안을 함유한 폐수를 알칼리성으로 만들고 염소를 이용하여 산화분해시켜 처리하는 방법이다. 시안폐수에 알칼리를 투입하여 pH를 10~10.5로 유지하고, 산화제인 Cl_2와 NaOH 또는 NaOCl로 산화시켜 CNO로 산화한 다음, H_2SO_4와 NaOCl을 주입해 CO_2와 N_2로 분해처리한다.

19 하천이 유기물로 오염되었을 경우 자정과정을 오염원으로부터 하천 유하 거리에 따라 분해지대, 활발한 분해지대, 회복지대, 정수지대의 4단계로 구분한다. 다음과 같은 특성을 나타내는 단계는?

정답 13 ③ 14 ② 15 ④ 16 ④ 17 ③ 18 ① 19 ②

- 용존산소의 농도가 아주 낮거나 때로는 거의 없어 부패 상태에 도달하게 된다.
- 이 지대의 색은 짙은 회색을 나타내고, 암모니아나 황화수소에 의해 썩은 달걀 냄새가 나게 되며 흑색과 점성질이 있는 퇴적물질이 생기고 기포방울이 수면으로 떠오른다.
- 혐기성 분해가 진행되어 수중의 탄산가스 농도나 암모니아성 질소의 농도가 증가한다.

① 분해지대 ② 활발한 분해지대
③ 회복지대 ④ 정수지대

20 30m × 18m × 3.6m 규격의 직사각형 조에 물이 가득 차 있다. 약품주입농도를 69mg/L로 하기 위해서 주입해야 할 약품량(kg)은?

① 약 214kg ② 약 156kg
③ 약 148kg ④ 약 134kg

$$X(kg) = \frac{69mg}{L} \left| \frac{30 \times 18 \times 3.6(m^3)}{} \right| \frac{1kg}{10^6 mg} \left| \frac{10^3 L}{1m^3} \right.$$
$$= 134.14(kg)$$

21 물속의 탄소유기물이 호기성 분해를 하여 발생하는 것은?

① 암모니아 ② 탄산가스
③ 메탄가스 ④ 유화수소

호기성 분해 시 생성되는 산물은 탄산가스이다.

22 생물학적 처리방법 중 활성슬러지법에 관한 설명으로 거리가 먼 것은?

① 산기식 포기장치에서 산기장치의 일부가 폐쇄되었을 경우 수면의 흐름이 균일하지 못하다.
② 용존성 유기물을 제거하는 데 적합하다.

③ 슬러지 팽화현상과 거품이 생성될 수 있다.
④ 겨울철에 동결될 수 있고 연못화 현상이 발생할 수 있다.

겨울철에 동결될 수 있고 연못화 현상이 발생할 수 있는 것은 살수여상법에 대한 설명이다.

23 다음 중 하·폐수 처리시설의 일반적인 처리계통도로 가장 적합한 것은?

① 침사지 − 1차 침전지 − 소독조 − 포기조
② 침사지 − 1차 침전지 − 포기조 − 소독조
③ 침사지 − 소독조 − 포기조 − 1차 침전지
④ 침사지 − 포기조 − 소독조 − 1차 침전지

폐수처리 계통도
유입수 → 침사지 → 1차 침전지 → 포기조 → 최종침전지 → 염소소독조 → 유출수

24 pH에 관한 설명으로 옳지 않은 것은?

① pH는 수소이온농도를 그 역수의 상용대수로서 나타내는 값이다.
② pH 표준액의 조제에 사용되는 물은 정제수를 증류하여 그 유출액을 15분 이상 끓여서 이산화탄소를 날려 보내고 산화칼슘 흡수관을 달아 식힌 후 사용한다.
③ pH 표준액 중 보통 산성표준액은 3개월, 염기성 표준액은 산화칼슘 흡수관을 부착하여 1개월 이내에 사용한다.
④ pH 미터는 보통 아르곤 전극 및 산화전극으로 된 지시부와 검출부로 되어 있다.

pH 미터는 크게 검출부와 지시부로 구성되어 있는데, 검출부는 유리전극과 비교전극으로부터 기전력을 검출하는 일을 하며, 지시부는 검출부에서 검출한 기전력을 pH로 알려주는 역할을 한다.

25 응집침전법으로 폐수를 처리하기 전에 응집제와 응집보조제 투여량을 결정하는 응집실험(Jar-Test)의 일반적인 과정을 순서대로 바르게 나열한 것은?

① 침전 → 완속교반 → 응집제와 보조제 주입 → 급속교반
② 응집제와 보조제 주입 → 급속교반 → 완속교반 → 침전
③ 급속교반 → 응집제와 보조제 주입 → 완속교반 → 침전
④ 완속교반 → 응집제와 보조제 주입 → 급속교반 → 침전

26 침전지에서 지름이 0.1mm이고 비중이 2.6인 모래입자가 침전하는 경우 침전속도는?(단, 스토크스 법칙을 적용, 물의 점도 : 0.01g/cm · s)

① 0.898 cm/s
② 0.792 cm/s
③ 0.726 cm/s
④ 0.625 cm/s

$V_g = \dfrac{d_p^2(\rho_p - \rho_w) \cdot g}{18 \cdot \mu}$

$= \dfrac{(0.01)^2(2.6-1) \times 980}{18 \times 0.01} = 0.898 \text{cm/sec}$

27 물속에 녹는 산소의 양은 대기 중에 존재하는 산소의 분압에 의존한다는 것으로 겨울철보다 기압이 낮은 여름철에 강이나 호수에 살고 있는 어패류들의 질식현상이 자주 발생하는 원인을 설명할 수 있는 법칙은?

① 헨리의 법칙
② 라울의 법칙
③ 보일의 법칙
④ 헤스의 법칙

28 0.05%는 몇 ppm인가?

① 5ppm
② 50ppm
③ 500ppm
④ 5,000ppm

$1\% = 10^4 \text{ppm}$ $0.05\% = 500 \text{ppm}$

29 회분식으로 일정한 양의 에너지와 영양분을 한 번만 주고 미생물을 배양했을 때 미생물의 성장과정을 순서(초기 → 말기)대로 옳게 나타낸 것은?

① 대수 성장기 → 유도기 → 정지기 → 사멸기
② 유도기 → 대수 성장기 → 정지기 → 사멸기
③ 대수 성장기 → 정지기 → 유도기 → 사멸기
④ 유도기 → 정지기 → 대수 성장기 → 사멸기

미생물의 성장과정 순서
유도기 → 대수 성장기 → 정지기 → 사멸기

30 BOD가 200mg/L이고, 폐수량이 1,500m³/day인 폐수를 활성슬러지법으로 처리하고자 한다. F/M 비가 0.4kg/kg · day라면 MLSS 1,500mg/L로 운전하기 위해서 요구되는 포기조 용적은?

① 900m³
② 800m³
③ 600m³
④ 500m³

$F/M = \dfrac{BOD \times Q}{\forall \cdot X}$ $V = \dfrac{BOD \times Q}{F/M \cdot X}$

$V = \dfrac{200 \times 1,500}{0.4 \times 1,500} = 500(\text{m}^3)$

31 활성슬러지법의 운전조건 중 F/M 비(kg BOD/kg MLSS · 일)는 얼마로 유지하는 것이 가장 적합한가?

① 200~400
② 20~40
③ 2~4
④ 0.2~0.4

정답 25 ② 26 ① 27 ① 28 ③ 29 ② 30 ④ 31 ④

활성슬러지법의 운전조건 중 F/M 비(kg BOD/kg MLSS·일)는 0.2~0.4로 유지하는 것이 가장 바람직하다.

32 각 생물학적 처리방법에 관한 설명으로 옳지 않은 것은?

① 산화지법 : 수심 1m 이하의 경우 호기성 세균의 산소공급원은 조류와 균류이다.
② 접촉산화법 : 생물막을 이용한 처리방식의 일종으로 포기조에 접촉여재를 침적하여 포기, 교반시켜 처리한다.
③ 살수여상법 : 연못화에 따른 악취, 파리의 이상번식 등이 문제점으로 지적되고 있다.
④ 회전원판법 : 미생물 부착성장형으로서 슬러지의 반송이 필요없다.

산화지법 – 미생물과 조류의 생물화학적 작용을 이용하여 하수 및 폐수를 자연정화시키는 공법이다.

33 다음 중 환원법과 수산화제2철 공침법으로 처리할 수 있는 폐수는?

① 염소 함유 폐수
② 비소 함유 폐수
③ COD 함유 폐수
④ 색도 함유 폐수

일반적으로 비소는 칼슘·알루미늄·마그네슘·철·바륨 등의 수산화물에 흡착 또는 공침된다.

34 1M H_2SO_4 10mL를 1M NaOH로 중화할 때 소요되는 NaOH의 양은?

① 5mL
② 10mL
③ 15mL
④ 20mL

$NVf = N'V'f'$
$2 \times 10 = 1 \times X$
$X = 20(mL)$

35 다음 중 적조현상을 발생시키는 주된 원인물질은?

① Cl
② P
③ Mg
④ Fe

적조현상을 발생시키는 원인물질은 인(P)이다.

36 압축기를 사용하여 어떤 쓰레기를 압축시켰더니 처음 부피의 1/4이 되었다. 이때의 압축비는?

① 3/4
② 4/5
③ 2
④ 4

압축비(CR) = $\dfrac{100}{100 - 부피감소율(V_R)}$
= $\dfrac{100}{100 - (100 \times \frac{3}{4})} = 4$

37 철과 같이 재활용 가치가 높은 자원을 수거된 폐기물로부터 선별하는 데 적합한 선별방법은?

① 공기 선별
② 자석 선별
③ 부상 선별
④ 스크린 선별

38 분뇨처리의 목적으로 가장 거리가 먼 것은?

① 최종 생성물의 감량화
② 생물학적으로 안정화
③ 위생적으로 안전화
④ 슬러지의 균일화

정답 32 ① 33 ② 34 ④ 35 ② 36 ④ 37 ② 38 ④

분뇨처리의 목적
　㉠ 최종 생성물의 감량화
　㉡ 생물학적으로 안정화
　㉢ 위생적으로 안전화

39 다음 중 고정날과 가동날의 교차에 의해 폐기물을 파쇄하는 것으로 파쇄 속도가 느린 편이며, 주로 목재류, 플라스틱 및 종이류 파쇄에 많이 사용되고, 왕복식, 회전식 등이 해당하는 파쇄기의 종류는?

① 냉온파쇄기　　② 전단파쇄기
③ 충격파쇄기　　④ 압축파쇄기

40 다음 슬러지 처리공정 중 개량단계에 해당되는 것은?

① 소각　　② 소화
③ 탈수　　④ 세정

 슬러지의 개량방법
　세정, 열처리, 동결, 약품첨가

41 다음 중 매립지에서 복토를 하여 덮개시설을 하는 목적으로 가장 거리가 먼 것은?

① 악취발생 억제
② 해충 및 야생동물의 번식방지
③ 쓰레기의 비산방지
④ 식물성장의 억제

42 다음 중 공기비의 정의를 옳게 나타낸 것은?

① 연소물질량과 이론공기량 간의 비
② 연소에 필요한 절대공기량
③ 공급공기량과 배출가스량 간의 비
④ 실제공기량과 이론공기량 간의 비

 공기비는 실제공기량과 이론공기량의 비를 말한다.

43 투입량이 1ton/h이고, 회수량이 600kg/h (그중 회수대상 물질이 550kg/h)이며, 제거량은 400kg/h(그중 회수대상 물질은 70kg/h)일 때, 회수율을 Rietema 식에 의해 구하면?

① 45%　　② 66%
③ 76%　　④ 87%

 Rietema 식 $E(\%) = X회수율 - Y회수율$
$$= \left(\frac{X_1}{X_0} - \frac{Y_1}{Y_0}\right) \times 100$$

여기서, X_0 : 투입된 물질 중 회수대상물질
　　　　X_1 : 회수된 물질 중 회수대상물질
　　　　Y_0 : 투입된 물질 중 회수대상물질이 아닌 것
　　　　Y_1 : 회수물질 중 기타 물질

$E(\%) = X회수율 - Y회수율$
$$= \left(\frac{550}{620} - \frac{50}{380}\right) \times 100$$
$$= 75.55(\%)$$

44 강도 I_0의 단색광이 정색액을 통화할 때 그 빛의 80%가 흡수되었다면 흡광도는?

① 0.097　　② 0.347
③ 0.699　　④ 80

흡광도$(A) = \log\frac{1}{t}$　　t : 투과도

$\therefore A = \log\frac{1}{0.2} = 0.6989$

45 폐기물공정시험기준(방법)에서 방울수라 함은 20℃에서 정제수 몇 방울을 적하할 때 그 부피가 약 1mL가 되는 것을 의미하는가?

① 5   ② 10
③ 20   ④ 50

 방울수라 함은 20℃에서 정제수 20방울을 적하할 때 그 부피가 약 1mL가 되는 것을 의미한다.

46 쓰레기를 퇴비화시킬 때의 적정 C/N 비 범위는?

① 1~5   ② 20~35
③ 100~150   ④ 250~300

 C/N 비율은 30 정도이다.

47 어느 도시 쓰레기의 조성이 탄소 50%, 수소 5%, 산소 39%, 질소 3%, 황 0.5%, 회분 2.5% 일 때 고위발열량은?(단, 듀롱의 식 이용)

① 약 3,900kcal/kg   ② 약 4,100kcal/kg
③ 약 5,700kcal/kg   ④ 약 7,440kcal/kg

 HHV(kcal/kg)
= 81C + 342.5(H − O/8) + 22.5S
= 81×50 + 342.5(5 − 39/8) + 22.5×0.5
= 4,104.06(kcal/kg)

48 다음은 어느 도시 쓰레기에 대하여 성분별로 수분함량을 측정한 결과이다. 이 쓰레기의 평균 수분함량(%)은?

성분	중량비(%)	수분함량(%)
음식물	45	70
종이	30	8
기타	25	6

① 31.2%   ② 32.4%
③ 35.4%   ④ 37.6%

 평균 수분함량(%)
$$= \frac{45 \times 0.7 + 30 \times 0.08 + 25 \times 0.06}{45 + 30 + 25} \times 100$$
$$= 35.4(\%)$$

49 매립지역 선정 시 고려사항으로 옳지 않은 것은?

① 매몰 후 덮을 수 있는 충분한 흙이 있어야 하며, 점토의 용이성 등 흙의 성질을 고려해야 한다.
② 용지 매수가 쉽고 경제적이어야 한다.
③ 입지 선정 후에 야기될 주민들의 반응도 고려한다.
④ 지하수 침투를 용이하게 하기 위해 낮은 지역으로 선정한다.

50 다음 중 폐기물의 발열량을 측정하기 위한 주 실험장비는?

① Bomb Calorimeter
② pH−Tester
③ Jar−Tester
④ Gas Chromatography

 Bomb calorimeter(봄 열량계)는 발열량을 측정하는 장비이다.

51 함수율이 60%인 폐기물 1,000kg을 건조시켜 함수율을 25%로 하였을 때 건조 후의 폐기물 중량은?(단, 건조 전후의 기타 특성 변화는 고려하지 않음)

① 약 0.47ton   ② 약 0.53ton
③ 약 0.67ton   ④ 약 0.78ton

$V_1(100-W_1) = V_2(100-W_2)$
$1,000(100-60) = V_2(100-25)$
$V_2 = 5333.33(kg) = 0.53(ton)$

52 다음 중 침출수 중의 난분해성 유기물의 처리에 사용되는 것은?

① 중크롬산(Bichromate) 용액
② 옥살산(Oxalic Acid) 용액
③ 펜톤(Fenton) 시약
④ 네슬러(Nessler) 시약

 펜톤(Fenton) 시약을 이용하여 침출수 중의 난분해성 유기물의 처리한다.

53 5,000,000명이 거주하는 도시에서 1주일 동안 100,000m³의 쓰레기를 수거하였다. 쓰레기의 밀도가 0.4ton/m³이면 1인 1일 쓰레기 발생량은?

① 0.8kg/인·일
② 1.14kg/인·일
③ 2.14kg/인·일
④ 8kg/인·일

 $X(kg/인·일)$
$= \dfrac{400kg}{m^3} \Big| \dfrac{100,000m^3}{1주} \Big| \dfrac{1주}{7일} \Big| \dfrac{1}{5,000,000인}$
$= 1.14(kg/인·일)$

54 쓰레기 수거 시 수거 작업 간의 노동력을 비교하는 MHT(Man·Hour/Ton)를 옳게 설명한 것은?

① 수거인부 1인이 쓰레기 1톤을 수거하는 데 소요되는 총시간
② 쓰레기 1톤을 1시간 동안 수거하는 데 소요되는 인부수
③ 작업자 1인이 1시간 동안 수거할 수 있는 쓰레기의 총량
④ 쓰레기 1톤을 수거하는 데 필요한 인부수와 수거시간을 더한 값

55 다음 중 고상폐기물을 정의할 때 고형물의 함량기준은?

① 3% 이상
② 5% 이상
③ 10% 이상
④ 15% 이상

56 진동수가 100Hz, 속도가 50m/s인 파동의 파장은?

① 0.5m
② 1m
③ 1.5m
④ 2m

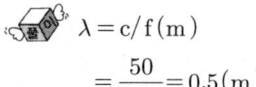 $\lambda = c/f(m)$
$= \dfrac{50}{100} = 0.5(m)$

57 진동레벨 중 가장 많이 쓰이는 수직진동레벨의 단위로 옳은 것은?

① dB(A)
② dB(V)
③ dB(L)
④ dB(C)

 진동레벨계의 감각보정회로(수직)를 통하여 측정한 진동가속도레벨의 지시치를 말하며 단위는 dB(V)로 표시한다.

58 음향파워레벨이 125dB인 기계의 음향파워는 약 얼마인가?

① 125W
② 12.5W
③ 32W
④ 3.2W

> 풀이 PWL $= 10\log\left(\dfrac{W}{W_0}\right)$ dB
>
> W_0(기준음향파워) $= 10^{-12}$ W,
> W = 대상음향파워
> $125 = 10\log\left(\dfrac{W}{10^{-12}}\right)$ $12.5 = \log\left(\dfrac{W}{10^{-12}}\right)$
> $12.5 = \log W + 12$
> $\therefore W = 3.2$(W)

59 70dB과 80dB인 두 소음의 합성레벨을 구하는 식으로 옳은 것은?

① $10\log(10^{70} + 10^{80})$
② $10\log(70 + 80)$
③ $10\log(10^{70/10} + 10^{80/10})$
④ $10\log[(80 + 70)/2]$

> 풀이 $L = 10\log(10^{L_1/10} + 10^{L_2/10} + \cdots + 10^{L_n/10})$
> $= 10\log(10^{70/10} + 10^{80/10})$

60 환경기준 중 소음 측정점 및 측정조건에 관한 설명으로 옳지 않은 것은?

① 손으로 소음계를 잡고 측정할 경우 소음계는 측정자의 몸으로부터 0.5m 이상 떨어져야 한다.
② 소음계의 마이크로폰은 주 소음원 방향으로 향하도록 한다.
③ 옥외측정을 원칙으로 한다.
④ 일반지역의 경우 장애물이 없는 지점의 지면 위 0.5m 높이로 한다.

> 풀이 소음 측정점 및 측정조건은 공장의 부지경계선 중 피해가 우려되는 장소로서 소음도가 높을 것으로 예상되는 지점의 지면 위 1.2~1.5m 높이로 한다.

2012년 2회 시행

01 중력식 집진장치의 효율 향상 조건으로 거리가 먼 것은?
① 침강실의 입구폭이 작을수록 미세한 입자가 포집된다.
② 침강실 내의 처리가스 속도가 작을수록 미립자가 포집된다.
③ 다단일 경우는 단수가 증가할수록 압력손실은 커지지만 효율은 향상된다.
④ 침강실의 높이가 낮고, 길이가 길수록 집진효율이 높아진다.

 중력식 집진장치의 침강실의 입구폭이 작을수록 유속이 빨라져서 미세한 입자를 포집할 수 없다.

02 중량비로 수소가 15%, 수분이 1% 함유되어 있는 액체 연료의 저위발열량은 12,184kcal/kg이다. 이 연료의 고위발열량은 얼마인가?
① 11,368kcal/kg
② 12,000kcal/kg
③ 13,000kcal/kg
④ 13,503kcal/kg

$Hh = Hl + 600(9H + W)$
$= 12,184 + 600(9 \times 0.15 + 0.01)$
$= 13,000 \,(\text{kcal/kg})$

03 연료가 완전연소되기 위한 조건으로 옳지 않은 것은?
① 연소온도를 낮게 유지하여야 한다.
② 공기와 연료의 혼합이 잘 되어야 한다.
③ 공기(산소)의 공급이 충분하여야 한다.
④ 연소를 위한 체류시간이 충분하여야 한다.

완전연소 조건
㉠ 공기(산소)의 공급이 충분해야 한다.
㉡ 공기와 연료의 혼합이 잘 되어야 한다.
㉢ 연소를 위한 체류시간이 충분해야 한다.

04 일반적으로 광원으로부터 나오는 빛을 단색화장치 또는 필터에 의하여 좁은 파장범위의 빛만을 선택하여 액층을 통과시킨 다음 광전측광으로 하여 목적성분의 농도를 정량하는 분석방법은?
① 가스크로마토그래피법
② 흡광광도법
③ 원자흡광광도법
④ 비분산 적외선분산법

05 촉매산화법으로 악취물질을 함유한 가스를 산화·분해하여 처리하고자 할 때, 다음 중 가장 적합한 연소 온도 범위는?
① 100~150℃
② 250~450℃
③ 650~800℃
④ 650~800℃

 촉매산화법의 연소온도는 250~450℃이며, 직접연소법의 연소온도는 600~800℃이다.

06 2Sm³의 기체연료를 연소시키는 데 필요한 이론공기량은 18Sm³이고 실제 사용한 공기량은 21.6Sm³이다. 이때의 공기비는?
① 0.6
② 1.2
③ 2.4
④ 3.6

정답 01 ① 02 ③ 03 ① 04 ② 05 ② 06 ②

$m = \dfrac{A}{A_o} = \dfrac{21.6}{18} = 1.2$

07 A집진장치의 압력손실이 250mmH₂O이고, 처리가스량이 6,000m³/hr일 때 소요동력을 구하면?(단, 송풍기 효율 : 65%, 여유율 : 20%)

① 6.12kW ② 7.54kW
③ 8.45kW ④ 9.19kW

$kW = \dfrac{\Delta P \cdot Q}{102 \times \eta} \times \alpha$
$= \dfrac{250 \times 6,000/3600}{102 \times 0.65} \times 1.2 = 7.54 (kW)$

08 다음 중 건조대기 중에 가장 많은 비율로 존재하는 비활성 기체는?

① He ② Ne
③ Ar ④ Xe

 건조공기의 구성
질소(N₂) > 산소(O₂) > 아르곤(Ar) > 탄산가스(CO₂) > 네온(Ne)

09 연료의 발열량에 관한 설명으로 옳지 않은 것은?

① 연료의 단위량(기체연료 1Sm³, 고체 및 액체연료 1kg)이 완전연소할 때 발생하는 열량(kcal)을 발열량이라 한다.
② 발열량은 열량계로 측정하여 구하거나 연료의 화학성분 분석결과를 이용하여 이론적으로 구할 수 있다.
③ 저위발열량은 총 발열량이라고도 하며 연료 중의 수분 및 연소에 의해 생성된 수분의 응축열을 포함한 열량이다.
④ 실제 연소에 있어서는 연소 배출가스 중의 수분은 보통 수증기 형태로 배출되어 이용이 불가능하므로 발열량에서 응축열을 제외한 나머지 열량이 유효하게 이용된다.

 저위발열량은 진발열량이라 하며 연료 중의 수분 및 연소에 의해 생성된 수분의 응축열을 제외한 열량이다.

10 다음 중 런던형 스모그에 해당하는 역전의 종류로 가장 적합한 것은?

① 침강성 역전 ② 복사성 역전
③ 전선성 역전 ④ 난류성 역전

 런던형 스모그의 역전형태는 복사성(방사, 지표, 접지) 역전 형태이다.

11 냉매, 세정제, 분사제, 발포제로 널리 사용되는 물질로 최근 성층권에서 오존 고갈현상으로 문제되는 물질은?

① 석면 ② 염화불화탄소
③ 염화수소 ④ 다이옥신

염화불화탄소(CFCs)를 설명하고 있다.

12 세정집진장치의 입자 포집원리에 관한 설명으로 옳지 않은 것은?

① 미립자 확산에 의하여 액적과의 접촉을 쉽게 한다.
② 배기가스의 습도 감소로 인하여 입자가 응집하여 제거 효율이 증가한다.
③ 액적에 입자가 충돌하여 부착한다.
④ 입자를 핵으로 한 증기의 응결에 의하여 응집성을 증가시킨다.

 배기가스의 증습에 의하여 입자가 서로 응집한다.

정답 07 ② 08 ③ 09 ③ 10 ② 11 ② 12 ②

13 프로판 $1Sm^3$을 이론적으로 완전연소하는 데 필요한 이론공기량(Sm^3)은?

① $\dfrac{2}{0.79}$ ② $\dfrac{2}{0.21}$
③ $\dfrac{5}{0.79}$ ④ $\dfrac{5}{0.21}$

 〈반응식〉 $C_3H_8 + 5O_2 \rightarrow 3CO_2 + 4H_2O$
　　　　　　m^3 : $5m^3$
　　　　　$A_o = 5 \times \dfrac{1}{0.21}$

〈계산식〉 $A_o = O_o \times \dfrac{1}{0.21}$

14 대기조건 중 고도가 높아질수록 기온이 증가하여 수직온도차에 의해 혼합이 이루어지지 않는 상태는?

① 과단열상태 ② 중립상태
③ 기온역전상태 ④ 등온상태

 대기조건 중 고도가 높아질수록 기온이 증가하여 수직온도차에 의한 혼합이 이루어지지 않는 상태는 기온역전상태이다.

15 다음 연료 중 일반적으로 착화온도가 가장 높은 것은?

① 갈탄(건조) ② 무연탄
③ 역청탄 ④ 목탄

 착화온도란 연료 자체가 자기발화하는 온도로 보기 중에서는 무연탄이 가장 높다.
무연탄 > 역청탄 > 목탄 > 갈탄

16 1차 침전지의 깊이가 4m, 표면적 $1m^2$에 대해 $30m^3/day$으로 폐수가 유입된다. 이때의 체류시간은?

① 2.3hr ② 3.2hr
③ 5.5hr ④ 6.1hr

 $t(hr) = \dfrac{(4 \times 1)m^3}{30m^3} \bigg| \dfrac{day}{1} \bigg| \dfrac{24hr}{1day} = 3.2(hr)$

17 다음 중 생물학적 폐수처리방법과 가장 거리가 먼 것은?

① 활성슬러지법 ② 산화지법
③ 부상분리법 ④ 살수여상법

 부상분리법은 물리적 폐수처리방법이다.

18 질소 제거를 위한 고도처리방법으로 거리가 먼 것은?

① 탈기 ② A/O 공정
③ 염소 주입 ④ 살수여상법

A/O 공정은 인(P)만을 효과적으로 제거하기 위한 고도처리공법이다.

19 산성 과망간산칼륨 적정에 의한 화학적 산소요구량(COD_{Mn}) 시험방법에 관한 설명으로 옳지 않은 것은?

① 시료를 황산산성으로 하여 과망간산칼륨 일정과량을 넣고 30분간 수욕상으로 가열반응시킨다.
② 염소이온은 과망간산에 의해 정량적으로 산화되어 음의 오차를 유발하므로 황산칼륨을 첨가하여 염소이온의 간섭을 제거한다.
③ 가열과정에서 오차가 발생할 수 있으므로 물중탕의 온도와 가열시간을 잘 지켜야 한다.

정답 13 ④ 14 ③ 15 ② 16 ② 17 ③ 18 ② 19 ②

④ 아질산염은 아질산성 질소 1mg당 1.1mg의 산소를 소모하여 COD 값의 오차를 유발한다.

 염소이온은 과망간산에 의해 정량적으로 산화되어 양의 오차를 유발하므로 황산은을 첨가하여 염소이온의 간섭을 제거한다.

20 다음 중 크롬 함유 폐수처리 시 사용되는 크롬환원제에 해당하지 않는 것은?

① NH_2SO_4
② Na_2SO_3
③ $FeSO_4$
④ SO_2

 크롬을 환원시키기 위한 환원제로는 $FeSO_4$, Na_2SO_3, $NaHSO_3$, SO_2, Fe 등이 있다.

21 다음 중 활성슬러지공법으로 하수를 처리할 때 주로 사상성 미생물의 이상번식으로 2차 침전지에서 침전성이 불량한 슬러지가 침전되지 못하고 유출되는 현상을 의미하는 것은?

① 슬러지 벌킹
② 슬러지 사상
③ 연못화
④ 역세

 슬러지 벌킹(팽화)현상을 설명하고 있다.

22 포기조에서 1L 용량의 메스실린더에 시료를 채취하여 30분간 침강시켰더니 슬러지 부피가 150mL가 되었다. 포기조의 MLSS가 2,500mg/L이었다면 이때 SVI는?

① 210
② 180
③ 120
④ 60

$$SVI(mL/g) = \frac{SV_{30}(mL/L)}{MLSS(mg/L)} \times 10^3$$
$$= \frac{150(mL/L)}{2,500(mg/L)} \times 10^3 = 60$$

23 미생물 성장곡선에서 다음과 같은 특성을 보이는 단계는?

• 살아 있는 미생물들이 조금밖에 없는 양분을 두고 서로 경쟁하고, 신진대사율은 큰 비율로 감소한다.
• 미생물은 그들 자신의 원형질을 분해시켜 에너지를 얻는 자산화 과정을 겪게 되어 전체 원형질 무게는 감소된다.

① 지체기
② 대수성장기
③ 감소성장기
④ 내생호흡기

 내생호흡단계를 설명하고 있다.

24 성층이 형성될 경우 수면 부근에서부터 하부로 내려가면서 형성된 층의 구분으로 옳은 것은?

① 표수층 → 수온약층 → 심수층
② 심수층 → 수온약층 → 표수층
③ 수온약층 → 심수층 → 표수층
④ 수온약층 → 표수층 → 심수층

 성층이 형성될 경우
표수층 → 수온약층(변온층) → 심수층 → 저니층으로 구분된다.

25 생태계의 생물적 요소 중 유기물을 스스로 합성할 수 없으며, 생산자나 소비자의 생체, 사체와 배출물을 에너지원으로 하여 무기물을 생성하고 용존산소를 소비하는 분해자로, 일반적으로 유기물과 영양물질이 풍부한 환경에서 잘 자라며, 물질순환과 자정작용에 중요한 역할을 하는 종으로 가장 적합한 것은?

① 조류
② 호기성 독립 영양 세균
③ 호기성 종속 영양 세균
④ 혐기성 종속 영양 세균

26 아래 설명에 해당하는 생물적 요소로 가장 적합한 것은?

- 고형물질의 표면에 부착하여 생장하는 미생물이다.
- 핵의 형태가 뚜렷한 단세포가 서로 연결되어 일정한 형태를 이룬다.
- 다세포로 구성된 균사, 생식세포를 형성하는 자실체로 구성되어 있다.
- 각 세포는 독립된 생존능력을 가지며, 영양물질과 에너지 물질인 유기물을 세포 표면으로 흡수하여 생장한다.

① 곰팡이 ② 바이러스
③ 원생동물 ④ 수서곤충

27 다음 침전에 해당하는 것은?

입자들이 고농도로 있을 때의 침전현상으로서, 활성슬러지공법으로 폐수를 처리하는 경우에 최종침전지의 하부에서 일어난다. 이 침전은 슬러지 중력농축 공정에서 중요한 요소로, 포기조로의 반송을 위해 활성슬러지가 농축되어야 하는 활성슬러지 공법의 최종침전지에서 특히 중요하다.

① 독립침전 ② 압축침전
③ 지역침전 ④ 응집침전

 압축침전을 설명하고 있다.

28 용존산소와 관련하여 폐수처리 시 이용되는 미생물의 구분 중 다음 (　) 안에 가장 적합한 것은?

미생물은 산소 섭취 유무에 따라 분류하기도 하는데, (　)미생물은 용존산소가 아닌 SO_4^{2-}, NO_3^- 등과 같은 산화물을 용존산소로 섭취하기 때문에 그 결과 황화수소, 질소가스 등을 발생시킨다.

① 질산성 ② 호기성
③ 혐기성 ④ 통기성

 미생물은 산소 섭취 유무에 따라 분류하기도 하는데, 혐기성 미생물은 용존산소가 아닌 SO_4^{2-}, NO_3^- 등과 같은 산화물을 용존산소로 섭취하기 때문에 그 결과 황화수소, 질소가스 등을 발생시킨다.

29 부영양화의 원인물질 또는 영향물질의 양을 측정하는 정량적 평가방법으로 가장 거리가 먼 것은?

① 경도 측정
② 투명도 측정
③ 영양염류 농도 측정
④ 클로로필-a 농도 측정

 부영양화도 지수(TSI)
투명도[TSI(SD)], 클로로필-a농도[TSI(CHI-a)], 총인의 농도[TSI(T-P)] 중 어느 한 항목만 측정하여 각각의 부영양화 지수로 표현할 수 있도록 하였다.

30 0.001N-NaOH 용액의 농도를 ppm으로 옳게 나타낸 것은?

① 40 ② 400
③ 4,000 ④ 40,000

 $X(mg/L) = \dfrac{0.001eq}{L} \left| \dfrac{40g}{1eq} \right| \dfrac{10^3 mg}{1g}$
　　　　$= 40(mg/L)$

31 다음 중 표준대기압(1atm)이 아닌 것은?

① 760mmHg ② 14.7PSI
③ 10.33mH₂O ④ 1,013N/m²

$1atm = 760mmHg = 14.7PSI = 10.33mH_2O$
　　　$= 101.3 \times 10^3 N/m^2$

정답 26 ①　27 ②　28 ③　29 ①　30 ①　31 ④

32 침전지에서 입자가 100% 제거되기 위해 요구되는 침전속도를 의미하는 것으로 침전지에 유입되는 유량을 침전지 표면적으로 나눈 값으로 표현되는 것은?

① 레이놀즈 속도   ② 표면 부하율
③ 한계 속도   ④ 헤젠 상수

33 시안 농도(CN^-) 100mg/L인 폐수 15m³를 처리하는 데 필요한 차아염소산나트륨(NaOCl)의 이론량은 얼마인가? (단, NaOCl의 분자량은74.5, 시안 함유폐수는 다음 반응식과 같이 염소화합물로 시안을 산화분해하여 처리한다.)

$$2NaCN + 5NaOCl + H_2O$$
$$\rightarrow 5NaCl + 2CO_2 + N_2 + 2NaOH$$

① 7.1kg   ② 8.4kg
③ 9.1kg   ④ 10.7kg

```
  2CN     ≡     5NaOCl
  2×26(g)  :    5×74.5(g)
  15m³ | 0.1kg
       |  m³    :    X

∴ X = 10.745(kg)
```

34 부유물질(Suspended Solids)에 관한 설명으로 옳지 않은 것은?

① 부유물질은 물에 녹는 고형물질로서 유리섬유 거름종이(GF/C)를 통과하는 고형물질의 양을 mg/L로 표시한다.
② 부유물질의 농도는 하·폐수의 특성이나 처리장의 처리효율을 평가하는 데 이용된다.
③ 침강성 고형물질은 하수처리장의 1차 침전지에서 침강에 필요한 유속을 결정하는 기초자료가 된다.
④ 부유물질이 많을 경우에는 물속 어류의 아가미에 부착되어 질식시키는 원인이 된다.

 부유물질은 물에 용해되지 않는 물질로서 유리섬유 거름종이(GF/C)를 통과하지 못하는 고형물질의 양을 mg/L로 표시한다.

35 소도시에서 발생하는 하수를 산화지로 처리하고자 한다. 유입 BOD 농도가 200g/m³이고, 유량이 6,000m³/day이며, BOD 부하량이 300kg/ ha·day 라면 필요한 산화지의 면적은 몇 ha인가?

① 1ha   ② 2ha
③ 3ha   ④ 4ha

$$X(ha) = \frac{200g}{m^3} \left| \frac{6,000m^3}{day} \right| \frac{ha \cdot day}{300kg} \left| \frac{1kg}{10^3 g} \right.$$
$$= 4(ha)$$

36 다음 중 폐기물의 선별목적으로 가장 적합한 것은?

① 폐기물의 부피 감소
② 폐기물의 밀도 증가
③ 폐기물 저장면적의 감소
④ 재활용 가능한 성분의 분리

37 다음 중 소각로의 형식이라 볼 수 없는 것은?

① 펌프식   ② 화격자식
③ 유동상식   ④ 회전로식

 소각로의 형식으로는 화격자식, 회전로식, 유동상식, 고정상식, 다단로식 등이 있다.

정답 32 ② 33 ④ 34 ① 35 ④ 36 ④ 37 ①

38 도금, 피혁제조, 색소, 방부제, 약품제조업 등의 폐기물에서 주로 검출될 수 있는 성분은?

① PCB ② Cd
③ Cr   ④ Hg

 도금, 피혁제조, 색소, 방부제, 약품제조업 등의 폐기물에서 주로 검출되는 성분은 크롬(Cr)이다.

39 폐기물을 안정화 및 고형화시킬 때의 폐기물의 전환 특성으로 거리가 먼 것은?

① 오염물질의 독성 증가
② 폐기물 취급 및 물리적 특성 향상
③ 오염물질이 이동되는 표면적 감소
④ 폐기물 내에 있는 오염물질의 용해성 제한

 오염물질의 독성 증가는 해당 사항이 없다.

40 소규모 분뇨처리시설인 임호프 탱크(Imhoff tank)의 구성 요소와 거리가 먼 것은?

① 침전실 ② 소화실
③ 스컴실 ④ 포기조

 임호프 탱크는 침전실, 소화실, 스컴실로 구성된다.

41 발열량이 800kcal/kg인 폐기물을 용적이 125m³인 소각로에서 1일 8시간씩 연소하여 연소실의 열발생률이 4,000kcal/m³·hr이었다. 이 소각로에서 하루에 소각한 폐기물의 양은?

① 1톤 ② 3톤
③ 5톤 ④ 7톤

 X(ton)

$$= \frac{4,000\text{kcal}}{\text{m}^3 \cdot \text{hr}} \Big| \frac{\text{kg}}{8,000\text{kcal}} \Big| 125\text{m}^3 \Big| \frac{8\text{hr}}{1\text{day}} \Big| \frac{1\text{ton}}{10^3\text{kg}}$$

$$= 5(\text{ton})$$

42 주로 산업폐기물의 발생량을 추산할 때 이용하는 방법으로 우선 조사하고자 하는 계(System)의 경계를 정확하게 설정한 다음 투입되는 원료와 제품의 흐름을 근거로 폐기물의 발생량을 추정하는 방법으로서 비용이 많이 들며 상세한 데이터가 있을 때 사용하는 방법은?

① 계수분석법 ② 직접계근법
③ 흐름분석법 ④ 물질수지법

43 황(S) 함유량이 2.5%이고, 비중이 0.87인 중유를 350L/h로 태울 경우 SO_2 발생량(Sm^3/h)은?

① 약 2.7 ② 약 3.6
③ 약 4.6 ④ 약 5.3

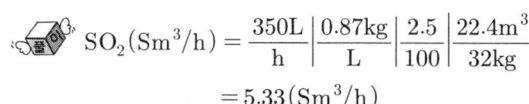
$$SO_2(Sm^3/h) = \frac{350\text{L}}{\text{h}} \Big| \frac{0.87\text{kg}}{\text{L}} \Big| \frac{2.5}{100} \Big| \frac{22.4\text{m}^3}{32\text{kg}}$$
$$= 5.33(Sm^3/h)$$

44 다음 그림과 같은 형태를 갖는 것으로서 하부로부터 뜨거운 공기를 주입하여 모래를 부상시켜 폐기물을 태우는 소각로는?

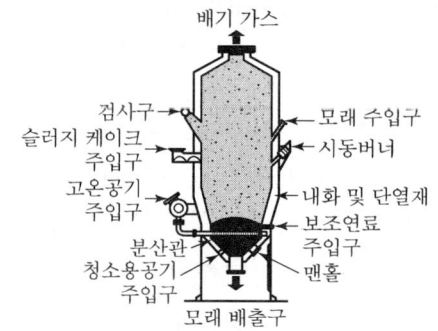

정답 38 ③ 39 ① 40 ④ 41 ③ 42 ④ 43 ④ 44 ②

① 화격자 소각로 ② 유동상 소각로
③ 열분해 용융 소각로 ④ 액체 주입형 소각로

45 로터리 킬른의 장점으로 가장 거리가 먼 것은?

① 예열, 혼합 등 전처리 없이 폐기물 주입이 가능하다.
② 습식가스 세정시스템과 함께 사용할 수 있다.
③ 넓은 범위의 액상 및 고상폐기물을 함께 연소 가능하다.
④ 비교적 열효율이 높으며, 먼지가 적게 발생된다.

 회전로 소각로(Rotary Kiln)는 열효율이 낮은 것이 단점이다.

46 수분함량이 25%인 쓰레기를 건조시켜 수분함량이 5%인 쓰레기가 되도록 하려면 쓰레기 1톤당 증발시켜야 하는 수분량은 약 얼마인가?(단, 쓰레기 비중은 1.0으로 가정함)

① 40kg ② 129kg
③ 175kg ④ 210kg

$V_1(100 - W_1) = V_2(100 - W_2)$
$1,000(100 - 25) = V_2(100 - 5)$
$V_2 = 789.47(kg)$
∴ 증발시켜야 할 수분량 = $1,000 - 789.47$
$= 210.53(kg)$

47 폐기물을 분석하기 위한 시료의 축소화 방법으로만 옳게 나열된 것은?

① 구획법, 교호삽법, 원추사분법
② 구획법, 교호삽법, 직접계근법
③ 교호삽법, 물질수지법, 원추사분법
④ 구획법, 교호삽법, 적재차량계수법

 시료의 축소방법
  ㉠ 구획법
  ㉡ 교호삽법
  ㉢ 원추사분법

48 다음 중 폐기물 중간처리 공정에 해당하지 않는 것은?

① 압축 ② 파쇄
③ 선별 ④ 매립

 매립은 최종처리 공정에 포함된다.

49 다음 중 슬러지 개량(Conditioning)의 주목적은?

① 악취 제거
② 슬러지의 무해화
③ 탈수성 향상
④ 부패 방지

 슬러지 개량의 주목적은 탈수성 향상에 있다.

50 폐기물공정시험기준(방법)에 따라 폐기물 중의 카드뮴을 원자흡광광도계로 분석할 때 측정파장은?

① 123.3nm ② 228.8nm
③ 583.3nm ④ 880nm

폐기물 중의 카드뮴을 원자흡광광도계로 분석할 때 측정파장은 228.8nm이다.

51 다음은 어떤 폐기물의 매립공법에 관한 설명인가?

> 쓰레기를 매립하기 전에 이의 감량화를 목적으로 먼저 쓰레기를 일정한 더미형태로 압축하여 부피를 감소시킨 후 포장을 실시하여 매립하는 방법으로 쓰레기 발생량 증가와 매립지 확보 및 사용연한 안정성이 있으며 지가(地價)가 비쌀 경우에도 유효한 방법이다.

① 압축매립공법 ② 도랑형공법
③ 셀공법   ④ 순차투입공법

52 다음은 폐기물 매립처분시설 중 어떤 시설에 해당하는 설명인가?

> • 악취, 쓰레기의 비산, 해충 및 야생동물의 번식, 화재 등을 방지하기 위해 설치한다.
> • 쓰레기의 매립 및 다짐 작업에 필요할 뿐만 아니라 우수의 침투를 방지하는 효과가 있어 침출수 발생량을 감소시키는 역할도 한다.
> • 이 시설은 매일복토, 중간복토, 최종복토로 나눈다.

① 차수 시설   ② 덮개 시설
③ 저류 구조물   ④ 우수 집배수 시설

53 다음 중 유기물의 혐기성 소화분해 시 발생되는 물질로 거리가 먼 것은?

① 산소   ② 알코올
③ 유기산 ④ 메탄

 유기물의 혐기성 분해 시 산소는 발생하지 않는다.

54 폐기물의 수거를 용이하게 하기 위해 적환장의 설치가 필요한 이유로 가장 거리가 먼 것은?

① 작은 규모의 주택들이 밀집되어 있는 경우
② 폐기물 수집에 소형 컨테이너를 많이 사용하는 경우
③ 처분장이 수집장소에 바로 인접하여 있는 경우
④ 반죽수송이나 공기수송방식을 사용하는 경우

 처분장이 수집장소와 거리가 비교적 먼 경우 적환장을 설치한다.

55 다음과 같은 특성을 가진 폐기물 선별방법은?

> • 예부터 농가에서 탈곡작업에 이용되어 온 것으로 그 작업이 밀폐된 용기 내에서 행해지도록 한 것
> • 공기 중 각 구성물질의 낙하속도 및 공기저항의 차에 따라 폐기물을 분별하는 방법
> • 종이나 플라스틱과 같은 가벼운 물질과 유리, 금속 등의 무거운 물질을 분리하는 데 효과적임

① 스크린 선별   ② 공기 선별
③ 자력 선별   ④ 손 선별

56 각각 음향파워레벨이 89dB, 91dB, 95dB인 음의 파워레벨은?

① 92.4dB   ② 95.5dB
③ 97.2dB   ④ 101.7dB

$$L = 10\log\left\{\frac{1}{n}(10^{L_1/10} + 10^{L_2/10} \cdots + 10^{L_n/10})\right\}$$
$$L = 10\log\left\{\frac{1}{3}(10^{89/10} + 10^{91/10} + 10^{95/10})\right\}$$
$$= 92.4(dB)$$

57 다음 지반을 전파하는 파에 관한 설명 중 옳은 것은?

① 종파는 파동의 진행방향과 매질의 진동방향이 서로 수직이다.
② 종파는 매질이 없어도 전파된다.
③ 음파는 종파에 속한다.
④ 지진파의 S파는 파동의 진행방향과 매질의 진동방향이 서로 평행하다.

정답 51 ① 52 ② 53 ① 54 ③ 55 ② 56 ① 57 ③

음파 및 지진파는 종파에 해당한다.

58 다음 그림에서 파장은 어느 부분인가?(단, 가로축은 시간, 세로축은 변위)

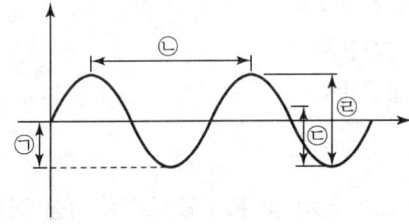

① ㉠　　　　　　② ㉡
③ ㉢　　　　　　④ ㉣

파장은 전파나 음파 따위의 마루에서 다음 마루까지의, 또는 골에서 다음 골까지의 거리를 말하며, 단위는 m이다.

59 음향파워레벨(PWL)이 100dB인 음원의 음향파워는?

① 0.01W　　　　② 0.1W
③ 1W　　　　　 ④ 10W

$PWL = 10\log\left(\dfrac{W}{W_o}\right)$

$100 = 10\log\left(\dfrac{W}{10^{-12}}\right)$

$\therefore W = 10^{-2}(W)$

60 마스킹 효과에 관한 설명 중 옳지 않은 것은?

① 저음이 고음을 잘 마스킹한다.
② 두 음의 주파수가 비슷할 때는 마스킹 효과가 대단히 커진다.
③ 두 음의 주파수가 거의 같을 때는 Doppler 현상에 의해 마스킹 효과가 커진다.
④ 음파의 간섭에 의해 일어난다.

두 음의 주파수가 거의 같을 때는 Doppler 현상에 의해 마스킹 효과가 감소한다.

정답　58 ②　59 ①　60 ③

2012년 5회 시행

01 연료의 연소 시 공기비가 클 경우에 나타나는 현상으로 가장 거리가 먼 것은?

① 연소실내의 온도가 낮아짐
② 배기가스 중 NOx 양 증가
③ 배기가스에 의한 열손실의 증대
④ 불완전연소에 의한 매연 증대

 공기비가 작을 경우 불완전연소에 의한 매연 및 검댕이 증가한다.

02 원심력 집진장치에 관한 설명으로 옳지 않은 것은?

① 처리가능 입자는 3~100μm이며, 저효율 집진장치 중 집진율이 우수하고, 경제적인 이유로 전처리 장치로 많이 사용된다.
② 설치비와 유지비가 저렴한 편이다.
③ 점착성이나 딱딱한 입자가 함유된 배출가스에 적합하다.
④ 블로다운 효과와 관련이 있다.

 원심력 집진장치는 점착성이나 딱딱한 입자가 함유된 배출가스에 부적합하다.

03 다음 그림과 같은 집진원리를 갖는 집진장치는?

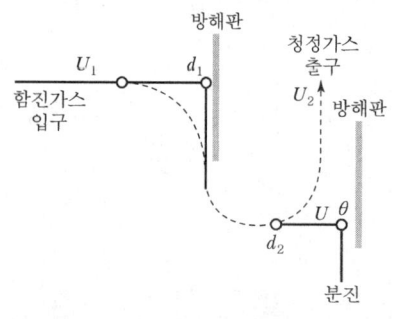

① 중력집진장치
② 관성력집진장치
③ 전기집진장치
④ 음파집진장치

04 후드의 설치 및 흡인요령으로 가장 적합한 것은?

① 후드를 발생원에 근접시켜 흡인시킨다.
② 후드의 개구면적을 점차적으로 크게 하여 흡인속도에 변화를 준다.
③ 에어커튼(Air Curtain)은 제거하고 행한다.
④ 배풍기(Blower)의 여유량은 두지 않고 행한다.

 후드의 개구면적을 점차적으로 적게 하여 흡인속도에 변화를 준다.

05 다음 중 집진장치에 관한 설명으로 옳은 것은?

① 사이클론은 여과식 집진장치 해당한다.
② 중력집진장치는 고효율 집진장치에 해당한다.
③ 여과집진장치는 수분이 많은 점착성의 먼지처리에 적합하다.
④ 전기집진장치는 코로나 방전을 이용하여 집진하는 장치이다.

 ① 사이클론은 원심력을 이용한 집진장치이다.
② 중력집진장치는 저효율 집진장치에 해당한다.
③ 여과집진장치는 수분이 많은 점착성의 먼지처리에 부적합하다.

정답 01 ④ 02 ③ 03 ② 04 ① 05 ④

06 다음과 같은 특성을 지닌 굴뚝 연기의 모양은?

- 대기의 상태가 하층부는 불안정하고 상층부는 안정할 때 볼 수 있다.
- 하늘이 맑고 바람이 약한 날의 아침에 볼 수 있다.
- 지표면의 오염 농도가 매우 높게 된다.

① 환상형 ② 원추형
③ 훈증형 ④ 구속형

07 황(S) 함량이 2.0%인 중유를 시간당 5ton으로 연소시킨다. 배출가스 중의 SO_2를 $CaCO_3$로 완전히 흡수시킬 때 필요한 $CaCO_3$의 양을 구하면? (단, 중유 중의 황 성분은 전량 SO_2로 연소된다.)

① 278.3 kg/hr ② 312.5 kg/hr
③ 351.7 kg/hr ④ 379.3 kg/hr

 S ≡ $CaCO_3$
32(kg) : 100(kg)
$\frac{5000kg}{h} \Big| \frac{2}{100}$: X

∴ X=312.5(kg/hr)

08 다음 집진장치 중 일반적으로 동력비가 가장 적게 드는 것은?

① 벤투리스크러버 ② 사이클론
③ 살수탑 ④ 중력집진장치

09 다음 중 선택적인 촉매환원법으로 질소산화물을 처리할 때 사용되는 환원제로 가장 적합한 것은?

① 수산화칼슘 ② 암모니아
③ 염화수소 ④ 불화수소

 선택적 환원제로는 암모니아가 있다.

10 황록색의 유독한 기체로 물에 잘 녹으며 강한 자극성이 있는 기체는?

① Cl_2 ② NH_3
③ CO_2 ④ CH_4

 염소(Cl_2)를 설명하고 있다.

11 세정집진장치는 유수식, 가압수식, 회전식으로 분류될 수 있는데, 다음 중 유수식의 분류에 해당되는 것은?

① 분수형 ② 벤투리스크러버
③ 충전탑 ④ 분무탑

 유수식은 물 중에 가스를 분사하는 형태로 분수형, 오리피스 스크러버 등이 있다. 벤투리스크러버, 충전탑, 분무탑은 가압수식이다.

12 중력집진장치의 효율을 향상시키는 조건으로 거리가 먼 것은?

① 침강실 내의 배기가스의 기류는 균일해야 한다.
② 침강실의 높이가 높고, 길이가 짧을수록 집진율이 높아진다.
③ 침강실 내의 처리가스 유속이 작을수록 미립자가 포집된다.
④ 침강실의 입구폭이 클수록 미세입자가 포집된다.

 침강실의 높이는 작고, 길이는 길수록 효율이 증가한다.

13 원형 송풍관의 길이가 10m, 내경이 300mm, 직관 내 속도압이 15mmH₂O, 철판의 관마찰계수가 0.004일 때 이 송풍관의 압력손실은?

① 1mmH₂O ② 4mmH₂O
③ 8mmH₂O ④ 18mmH₂O

정답 06 ③ 07 ② 08 ④ 09 ② 10 ① 11 ① 12 ② 13 ③

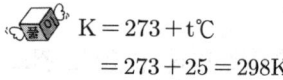
$$\Delta P = 4 \times f \times \frac{L}{D} \times \frac{\gamma V^2}{2g}$$
$$\Delta P = 4 \times 0.004 \times \frac{10}{0.3} \times 15 = 8 (mmH_2O)$$
여기서, $\frac{\gamma V^2}{2g}$ = 속도압

14 실제공기량(A)을 바르게 나타낸 식은?
(단, A_o : 이론공기량, m : 공기비, m > 1)

① $A = mA_o$
② $A = (m+1)A_o$
③ $A = (m-1)A_o$
④ $A = A_o/m$

15 섭씨온도 25℃는 절대온도 몇 K인가?

① 25K
② 45K
③ 273K
④ 298K

 $K = 273 + t℃$
$= 273 + 25 = 298K$

16 다음 중 폐수를 응집침전으로 처리할 때 영향을 주는 주요 인자와 가장 거리가 먼 것은?

① 수온
② pH
③ DO
④ Colloid의 종류와 농도

 응집침전 시에는 DO 농도와는 상관이 없다.

17 다음 중 생물학적 방법으로 가장 적합하게 처리할 수 있는 오염물질은?

① 중금속
② 유기물
③ 방사능
④ 시안 화합물

 생물학적 방법으로 가장 적합하게 처리할 수 있는 오염물질은 유기물이다.

18 다음과 같은 특성을 가지는 생물학적 폐수처리 방법은?

- 대표적인 부착 성장식 생물학적 처리공법이다.
- 매질(media)로 채워진 탱크에 위에서 폐수를 뿌려 주면 매질 표면에 붙어 있는 미생물이 유기물을 섭취하여 제거한다.
- 여재의 크기가 균일하지 않거나 매질이 파손되는 경우에는 연못화 현상이 일어날 수 있다.

① 회전원판법
② 살수여상법
③ 활성슬러지법
④ 산화지

19 A공장폐수의 최종 BOD 값이 200mg/L이고, 탈산소계수(K)가 0.2/day일 때 BOD_5 값은?(단, BOD 소비식은 $Y = L_o(1-10^{-Kt})$을 이용할 것)

① 90mg/L
② 120mg/L
③ 150mg/L
④ 180mg/L

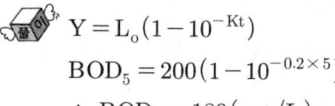 $Y = L_o(1-10^{-Kt})$
$BOD_5 = 200(1-10^{-0.2 \times 5})$
∴ $BOD_5 = 180(mg/L)$

20 물 분자의 화학적 구조에 관한 설명으로 옳지 않은 것은?

① 물 분자는 1개의 산소 원자와 2개의 수소 원자가 공유결합하고 있다.
② 물 분자에는 2개의 고립 전자쌍이 산소 원자에 남아 있다.
③ 산소는 전기 음성도가 매우 커서 공유 결합을 하고 있으나 극성을 갖지는 않는다.
④ 물 분자의 산소는 음성 전하를 가지며, 수소는 양성 전하를 가지고 있어 인접한 분자 사이에 수소 결합을 하고 있다.

 물은 극성을 가지고 있다.

21 다음 중 물리적 예비처리공정으로 볼 수 없는 것은?

① 스크린   ② 침사지
③ 유량조정조   ④ 소화조

22 다음 중 수질오염공정시험기준에 의거 페놀류를 측정하기 위한 시료의 보존방법(㉠)과 최대 보존기간(㉡)으로 가장 적합한 것은?

① ㉠ 현장에서 용존산소 고정 후 어두운 곳 보관
　㉡ 8시간
② ㉠ 즉시 여과 후 4℃ 보관
　㉡ 48시간
③ ㉠ 20℃ 보관
　㉡ 즉시 측정
④ ㉠ 4℃ 보관, H_3PO_4로 pH 4 이하 조정한 후 $CuSO_4$ 1g/L 첨가
　㉡ 28일

23 0.00001M HCl 용액의 pH는 얼마인가?(단, HCl은 100% 이온화한다.)

① 2   ② 3
③ 4   ④ 5

 $[H^+] = 10^{-5}(M)$
　　　$pH = -\log[H^+] = -\log(10^{-5}) = 5$

24 활성슬러지공법을 적용하고 있는 폐수종말처리시설에서 운전상 발생하는 문제점에 관한 설명으로 옳지 않은 것은?

① 슬러지 팽화는 플록의 침전성이 불량하여 농축이 잘 되지 않는 것을 말한다.
② 슬러지 팽화의 원인 대부분은 각종 환경조건이 악화된 상태에서 사상성 박테리아나 균류 등의 성장이 둔화되기 때문이다.
③ 포기조에서 암갈색의 거품은 미생물 체류시간이 길고 과도한 과포기를 할 때 주로 발생한다.
④ 침전성이 좋은 슬러지가 떠오르는 슬러지 부상문제는 주로 과포기나 저하부에 의해 포기조에서 상당한 질산화가 진행되는 경우 침전조에서 침전 슬러지를 오래 방치할 때 탈질이 진행되어 야기된다.

 슬러지 팽화의 원인은 포기조 내의 사상성 세균이 증가됨으로써 발생한다.

25 다음 중 콜로이드 물질의 크기 범위로 가장 적합한 것은?

① 0.001~1μm   ② 10~50μm
③ 100~1,000μm   ④ 1,000~10,000μm

 콜로이드의 입자 크기는 0.001~1μm이다.

26 다음 폐수처리법 중 입자의 고액분리방법과 가장 거리가 먼 것은?

① 전기투석   ② 부상분리
③ 침전   ④ 침사지

 전기투석은 막여과방법이다.

27 우리나라 강수량 분포의 특성으로 가장 거리가 먼 것은?

① 월별 강수량 차이가 큰 편이다.
② 하천수에 대한 의존량이 큰 편이다.
③ 6월과 9월 사이에 연 강수량의 약 2/3 정도가 집중되는 경향이 있다.
④ 세계 평균과 비교 시 연간 총 강수량은 낮으나, 인구 1인당 가용수량은 높다.

정답 21 ④ 22 ④ 23 ④ 24 ② 25 ① 26 ① 27 ④

28 다음 중 수중의 알칼리도를 ppm 단위로 나타낼 때 기준이 되는 물질은?

① $Ca(OH)_2$ ② CH_3OH
③ $CaCO_3$ ④ HCl

29 식품공장폐수를 200배 희석하여 측정한 DO는 8.6mg/L이었고, 5일 동안 배양한 후 DO는 4.2mg/L이었다. 이 폐수의 생물학적 산소요구량은?

① 750mg/L ② 785mg/L
③ 880mg/L ④ 915mg/L

 $BOD(mg/L) = (D_1 - D_2) \times P$
$= (8.6 - 4.2) \times 200$
$= 880(mg/L)$

30 다음 중 수질오염공정시험기준에 따른 총질소 분석방법에 해당하는 것은?

① 굴절법 ② 당도법
③ 전기전도도법 ④ 자외선/가시선 분광법

 총 질소 분석방법
㉠ 자외선/가시선 분광법(산화법)
㉡ 자외선/가시선 분광법(카드뮴 – 구리 환원법)
㉢ 자외선/가시선 분광법(환원증류 – 킬달법)
㉣ 연속흐름법

31 0.04M NaOH 용액을 mg/L로 환산하면?

① 1.6mg/L ② 16mg/L
③ 160mg/L ④ 1,600mg/L

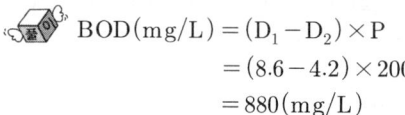
 $X(mg/L) = \dfrac{0.04mol}{L} \bigg| \dfrac{40g}{1mol} \bigg| \dfrac{10^3 mg}{1g}$
$= 1,600(mg/L)$

32 아래 그래프는 자정단계에 따른 용존산소의 변화량을 나타낸 것이다. 이에 관한 설명으로 옳지 않은 것은?

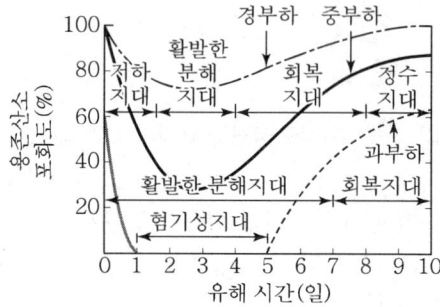

① 저하지대는 오염물질의 유입으로 수질이 저하되어 오염에 약한 고등생물은 오염에 강한 미생물로 교체한다.
② 활발한 분해지대는 용존산소가 가장 높아 활발한 분해가 일어나는 상태에 도달되고, 호기성 세균의 번식이 활발하다.
③ 회복지대는 수질이 점차 깨끗해지며, 기포의 발생이 감소하는 등 분해지대와는 반대현상이 장거리에 걸쳐 발생한다.
④ 정수지대는 마치 오염되지 않은 자연수처럼 보이며, 용존산소 농도가 증가하여 오염되지 않은 자연수계에서 살 수 있는 식물이나 동물이 번식한다.

 활발한 분해지대는 용존산소가 가장 낮아 혐기성 박테리아가 번성하는 단계이다.

33 지하수를 사용하기 위해 수질 분석을 하였더니 칼슘이온 농도가 40mg/L이고, 마그네슘이온 농도가 36mg/L이었다. 이 지하수의 총경도(as $CaCO_3$)는?

① 16mg/L ② 79mg/L
③ 120mg/L ④ 250mg/L

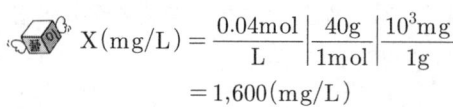

 $TH = \sum M_c^{2+} \times \dfrac{50}{Eq}$ (mg/L as CaCO₃)

$TH = 40(\text{mg/L}) \times \dfrac{50}{40/2} + 36(\text{mg/L}) \times \dfrac{50}{24/2}$

$= 250(\text{mg/L as CaCO}_3)$

34 다음과 같은 특성을 가지는 수질오염물질은?

- 은백색의 광택이 있고 경도가 높은 금속으로 도금과 합금 재료로 많이 쓰인다.
- 6가 이온은 특히 독성이 강하여 3가 이온의 100배 정도 더 해롭다.
- 피부염, 피부궤양을 일으키며 흡입으로 코, 폐, 위장에 점막을 생성하고 폐암을 유발한다.

① 크롬 ② 구리
③ 수은 ④ 카드뮴

35 다음 용어 중 흡착과 가장 관련이 깊은 것은?

① 도플러효과
② VAL
③ 플랑크 상수
④ 프로인틀리히의 식

 프로인틀리히의 공식을 많이 이용한다.

36 폐기물 파쇄의 목적으로 옳지 않은 것은?

① 용적의 감소
② 입경분포의 균일화
③ 겉보기 밀도의 감소
④ 매립 시 부등침하 억제효과

37 소형차량으로 수거한 쓰레기를 대형차량으로 옮겨 운반하기 위해 마련하는 적환장의 위치로 적합하지 않은 곳은?

① 주요 간선도로에 인접한 곳
② 수송 측면에서 가장 경제적인 곳
③ 공중위생 및 환경피해가 최소인 곳
④ 가능한 한 수거지역에서 멀리 떨어진 곳

 수거해야 할 쓰레기 발생지역의 무게중심에 가까운 곳에 설치해야 한다.

38 유동상 소각로에서 유동상의 매질이 갖추어야 할 조건이 아닌 것은?

① 불활성   ② 낮은 융점
③ 내마모성   ④ 작은 비중

 유동매체의 구비조건은 융점이 높아야 한다.

39 강열감량 및 유기물함량 – 중량법에 관한 설명으로 옳지 않은 것은?

① 시료를 황산암모늄용액(5%)에 넣고 가열하여 탄화시킨다.
② 시료에 시약을 넣고 가열하여 탄화 후 (600±25)℃의 전기로 안에서 3시간 강열한 다음 데시케이터에서 식힌 후 무게를 단다.
③ 평량병 또는 증발접시는 백금제, 석영제 또는 사기제 도가니 또는 접시로 가급적 무게가 적은 것을 사용한다.
④ 데시케이터는 실리카겔과 염화칼슘이 담겨 있는 것을 사용한다.

시료를 질산암모늄용액(25%)에 넣고 가열하여 탄화시킨다.

정답 34 ① 35 ④ 36 ③ 37 ④ 38 ② 39 ①

40 쓰레기 수거노선을 설정하는 데 유의하여야 할 사항으로 옳지 않은 것은?

① U자형 회전을 피해 수거한다.
② 가능한 한 한 번 간 길은 다시 가지 않는다.
③ 가능한 한 시계방향으로 수고노선을 정한다.
④ 출발점은 차고지와 가깝게 하고 수거된 마지막 컨테이너는 처분장과 가깝도록 배치한다.

 적은 양의 쓰레기가 발생하나 동일한 수거빈도를 원하는 수거지점은 가능한 한 같은 날 왕복 내에서 수거한다.

41 A폐기물의 성분을 분석한 결과 가연성 물질의 함유율이 무게기준으로 50%였다. 밀도가 700 kg/m³인 A폐기물 10m³에 포함된 가연성 물질의 양은?

① 500kg ② 1,500kg
③ 2,500kg ④ 3,500kg

$$X(kg) = \frac{700kg}{m^3} \left| \frac{10m^3}{1} \right| \frac{50}{100} = 3,500(kg)$$

42 폐기물 처리 시 에너지를 회수 또는 재활용할 수 있는 처리법과 가장 거리가 먼 것은?

① 표준활성처리 ② 열분해
③ 발효 ④ RDF

 표준활성처리는 폐수처리방법의 일종이다.

43 습식산화법의 일종으로 슬러지에 통상 200~270℃ 정도의 온도와 70atm 정도의 압력을 가하여 산소에 의해 유기물을 화학적으로 산화시키는 공법은?

① 짐머만(Zimmerman) 공법
② 유동산화(Fluidized oxidation) 공법
③ 내산화(Inter oxidation) 공법
④ 포졸란(Pozzolan) 공법

44 밑면을 개방할 수 있는 바지선에 폐기물을 적재하여 대상지점에 투하하는 방식으로 내수배제가 곤란하고 수심이 깊은 지역 등에 적합한 해안매립공법은?

① 도랑식공법
② 셀공법
③ 샌드위치공법
④ 박층뿌림공법

45 아래 그림과 같은 차수시설에 관한 설명으로 옳지 않은 것은?

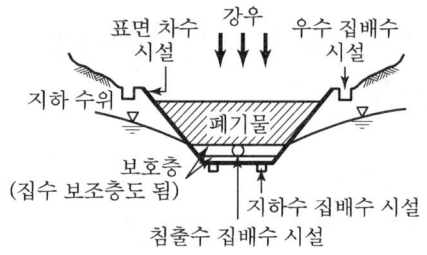

① 매립지의 침출수 유출을 방지한다.
② 지하수가 매립지 내부로 유입하는 것을 방지한다.
③ 매립지 내에서의 물의 이동은 헨리 법칙으로 나타낸다.
④ 투수방지를 위해 불투성 차수막 또는 점토를 사용한다.

 매립지 내에서의 물의 이동은 헨리 법칙과는 관계가 없다.

46 다음 그림은 폐기물을 매립한 후 발생하는 생성가스 농도변화를 단계적으로 나타낸 것이다. 유기물이 효소에 의해 발효하는 '혐기성 비메탄' 단계는?

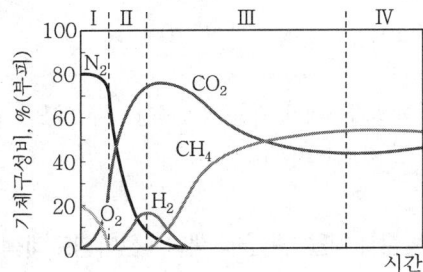

① Ⅰ단계　　　② Ⅱ단계
③ Ⅲ단계　　　④ Ⅳ단계

 혐기성 비메탄 단계는 Ⅱ단계이다.

47 매립지의 폐기물에 포함된 수분, 매립지에 유입되는 빗물에 의해 발생하는 침출수의 유출방지와 매립지 내부로의 지하수 유입을 방지하기 위하여 설치하는 것은?

① 차수시설　　　② 복토시설
③ 다짐시설　　　④ 회수시설

48 폐기물의 초기 무게가 250g이고 건조 후 폐기물의 무게가 200g이라면 이때 수분함량은?

① 15%　　　② 20%
③ 25%　　　④ 30%

 수분함량(%) $= \dfrac{50}{250} \times 100 = 20(\%)$

49 매립시설에서 복토의 목적으로 가장 거리가 먼 것은?

① 빗물 배제　　　② 화재 방지
③ 식물 성장 방지　④ 폐기물의 비산방지

 식물의 성장 방지는 복토의 목적에 해당하지 않는다.

50 화격자 소각로의 소각능률이 $220kg/m^2 \cdot hr$ 이고 80,000kg의 폐기물을 1일 8시간 소각한다면 이때 화격자의 면적은?

① $41.6m^2$　　　② $45.5m^2$
③ $49.7m^2$　　　④ $54.6m^2$

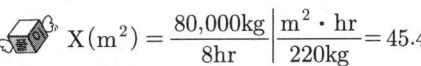

$X(m^2) = \dfrac{80,000kg}{8hr} \left| \dfrac{m^2 \cdot hr}{220kg} \right. = 45.45(m^2)$

51 유해폐기물을 '무기적 고형화'에 의한 처리방법에 관한 특성비교로 옳지 않은 것은?(단, 유기적 고형화 방법과 비교)

① 고도의 기술이 필요하며, 촉매 등 유해물질이 사용된다.
② 수용성이 작고, 수밀성이 양호하다.
③ 고화재료 구입이 용이하며, 재료가 무독성이다.
④ 상온, 상압에서 처리가 용이하다.

 고도의 기술이 필요하며, 촉매 등 유해물질이 사용되는 것은 유기적 고형화 방법의 특징이다.

52 다음 중 효율적인 파쇄를 위해 파쇄대상물에 작용하는 3가지 힘에 해당되지 않는 것은?

① 충격력　　　② 정전력
③ 전단력　　　④ 압축력

 파쇄대상물에 작용하는 힘은 압축력, 전단력, 충격력이다.

정답　46 ②　47 ①　48 ②　49 ③　50 ②　51 ①　52 ②

53 폐기물관리법상 지정폐기물 중 부식성 폐기물의 '폐산' 기준으로 옳은 것은?

① 액체상태의 폐기물로서 수소이온 농도지수가 2.0 이하인 것으로 한정한다.
② 액체상태의 폐기물로서 수소이온 농도지수가 3.0 이하인 것으로 한정한다.
③ 액체상태의 폐기물로서 수소이온 농도지수가 5.0 이하인 것으로 한정한다.
④ 액체상태의 폐기물로서 수소이온 농도지수가 5.5 이하인 것으로 한정한다.

54 하수처리장에서 발생하는 슬러지를 혐기성으로 소화처리하는 목적으로 가장 거리가 먼 것은?

① 병원균의 사멸
② 독성 중금속 및 무기물의 제거
③ 무게와 부피감소
④ 메탄과 같은 부산물 회수

55 다음 중 퇴비화의 최적조건으로 가장 적합한 것은?

① 수분 50~60%, pH 5.5~8 정도
② 수분 50~60%, pH 8.5~10 정도
③ 수분 80~85%, pH 5.5~8 정도
④ 수분 80~85%, pH 8.5~10 정도

56 음향파워가 0.1Watt일 때 PWL은?

① 1dB
② 10dB
③ 100dB
④ 110dB

$PWL = 10\log\left(\dfrac{W}{W_0}\right)$
$= 10\log\left(\dfrac{0.1}{10^{-12}}\right) = 110(dB)$

57 점음원에서 10m 떨어진 곳에서의 음압레벨이 100dB일 때, 이 음원으로부터 20m 떨어진 곳의 음압레벨은?

① 92dB
② 94dB
③ 102dB
④ 104dB

 거리가 2배가 되면 점음원인 경우 6dB, 선음원인 경우 3dB 감소한다.

58 방음대책을 음원대책과 전파경로대책으로 분류할 때, 다음 중 주로 전파경로대책에 해당하는 것은?

① 방음벽 설치
② 소음기 설치
③ 발생원의 유속저감
④ 발생원의 공명방지

 전파경로대책
㉠ 방음벽 설치   ㉡ 흡음처리
㉢ 거리감쇠   ㉣ 지향성 변화

59 다음은 음의 크기에 관한 설명이다. ( ) 안에 알맞은 것은?

> ( ) 순음의 음세기레벨 40dB의 음 크기를 1Sone이라 한다.

① 10Hz
② 100Hz
③ 1,000Hz
④ 10,000Hz

 음의 크기는 1,000Hz 순음의 음세기레벨 40dB의 음 크기를 1Sone이라 한다.

60 다음 중 다공질 흡음재에 해당하지 않는 것은?

① 암면
② 비닐시트
③ 유리솜
④ 폴리우레탄폼

다공질 흡음재료에는 암면, 유리섬유, 유리솜, 발포수지재료, 폴리우레탄폼 등이 있다.

정답 53 ① 54 ② 55 ① 56 ④ 57 ② 58 ① 59 ③ 60 ②

2013년 1회 시행

01 바람을 일으키는 3가지 힘에 해당되지 않는 것은?

① 응집력　　　② 전향력
③ 마찰력　　　④ 기압 경도력

 바람을 일으키는 3가지 힘은 기압 경도력, 전향력, 마찰력이다.

02 건조한 대기의 구성성분 중 질소, 산소 다음으로 많은 부피를 차지하고 있는 것은?

① 아르곤　　　② 이산화탄소
③ 네온　　　　④ 오존

 건조공기의 조성

질소(N_2) > 산소(O_2) > 아르곤(Ar) > 탄산가스(CO_2) > 네온(Ne) > 헬륨(He) > 메탄(CH_4)

03 탄소 12kg을 완전연소시키는 데 필요한 이론 산소량(Sm^3)은?(단, 표준상태 기준)

① 11.2　　　② 22.4
③ 53.3　　　④ 106.7

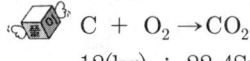 $C + O_2 \rightarrow CO_2$
12(kg) : 22.4Sm^3
12(kg) : X　　　X = 22.4Sm^3

04 일산화탄소의 특성으로 옳지 않은 것은?

① 무색무취의 기체이다.
② 물에 잘 녹고, CO_2로 쉽게 산화된다.
③ 연료 중 탄소의 불완전연소 시에 발생한다.
④ 헤모글로빈과의 결합력이 강하다.

 일산화탄소는 물에 잘 녹지 않고, CO_2로 쉽게 산화되지 않는다.

05 다음 중 산성비에 관한 설명으로 가장 거리가 먼 것은?

① 독일에서 발생한 슈바르츠발트(검은 숲이란 뜻)의 고사 현상은 산성비에 의한 대표적인 피해이다.
② 바젤협약은 산성비 방지를 위한 대표적인 국제협약이다.
③ 산성비에 의한 피해로는 파르테논 신전과 아크로폴리스 같은 유적의 부식 등이 있다.
④ 산성비의 원인물질은 H_2SO_4, HCl, HNO_3 등이 있다.

 산성비 방지를 위한 국제적 협약에는 헬싱키 의정서, 소피아 의정서, 제네바협약이 있다.

06 다음 중 주로 광화학반응에 의하여 생성되는 물질은?

① CH_4　　　② PAN
③ NH_3　　　④ HC

 광화학반응에 의해 생성되는 오염물질은 대부분 2차 오염물질이며 O_3, PAN($CH_3COOONO_2$), 아크롤레인(CH_2CHCHO), NOCl, H_2O_2 등이다.

정답 01 ①　02 ①　03 ②　04 ②　05 ②　06 ②

07 다음 중 대기오염물질 중 1차 생성오염물질은?

① CO_2
② PAN
③ O_3
④ H_2O_2

 1차 오염물질은 2차 오염물질을 제외한 오염물질이다.

08 집진장치에 관한 설명으로 옳은 것은?

① 사이클론은 여과집진장치에 해당된다.
② 중력집진장치는 고효율 집진장치에 해당된다.
③ 여과집진장치는 수분이 많은 먼지처리에 적합하다.
④ 전기집진장치는 코로나 방전을 이용하여 집진하는 장치이다.

 ① 사이클론은 원심력집진장치에 해당된다.
② 중력집진장치는 저효율 집진장치에 해당된다.
③ 여과집진장치는 수분이 많은 먼지처리에 부적합하다.

09 수소가 15%, 수분이 0.5% 함유된 중유의 저위발열량이 10,300kcal/kg일 때, 고위발열량은?

① 9,487kcal/kg
② 10,805kcal/kg
③ 11,113kcal/kg
④ 12,300kcal/kg

 $Hh = Hl + 600(9H + W)$
$= 10,300 + 600(9 \times 0.15 + 0.005)$
$= 11,113 (kcal/kg)$

10 액화천연가스의 주성분은?

① 나프타
② 메탄
③ 부탄
④ 프로판

 액화천연가스(LNG)는 메탄이 주성분이다.

11 화학흡착의 특성에 해당되는 것은?(단, 물리흡착과 비교)

① 온도범위가 낮다.
② 흡착열이 낮다.
③ 여러 층의 흡착층이 가능하다.
④ 흡착제의 재생이 이루어지지 않는다.

 화학흡착은 단분자층 흡착으로 재생이 불가능한 비가역적 반응이다.

12 여과집진장치의 특징으로 가장 거리가 먼 것은?

① 폭발성, 점착성 및 흡습성의 먼지 제거에 매우 효과적이다.
② 가스 온도에 따라 여재의 사용이 제한된다.
③ 수분이나 여과속도에 대한 적응성이 낮다.
④ 여과재의 교환으로 유지비가 고가이다.

여과집진장치는 폭발성, 점착성 및 흡습성의 먼지 제거에 매우 곤란하다.

13 다음 중 일반적으로 배기가스의 입구처리속도가 증가하면 제거효율이 커지며, 블로다운 효과와 관련된 집진장치는?

① 중력집진장치
② 원심력집진장치
③ 전기집진장치
④ 여과집진장치

14 사이클론의 집진효율을 높이는 블로다운 효과를 위해 호퍼부에서 처리가스량의 몇 % 정도를 흡인하는가?

① 0.1~0.5%
② 5~10%
③ 100~120%
④ 150~180%

정답 07 ① 08 ④ 09 ③ 10 ② 11 ④ 12 ① 13 ② 14 ②

블로다운 효과는 사이클론에 있어서 처리가스량의 5~10%를 흡인하여 선회기류의 흐트러짐을 방지하고 유효원심력을 증대시키는 효과로 집진효율이 향상된다.

15 다음 세정집진장치 중 스로트부 가스속도가 60~90m/s 정도인 것은?

① 충전탑
② 분무탑
③ 제트스크러버
④ 벤투리스크러버

 벤투리스크러버는 스로트부의 가스속도가 60~90m/sec로 여러 집진장치 중 유속이 가장 빠르다.

16 A식품 제조공장에서 배출되고 있는 폐수의 BOD_5 값이 480mg/L이고, 탈산소계수가 0.2/day 라면 최종 BOD_u 값은?(단, 상용대수 적용)

① 497mg/L
② 517mg/L
③ 526mg/L
④ 533mg/L

 $BOD_t = BOD_u(1-10^{-K \cdot t})$

$BOD_u = \dfrac{480}{(1-10^{-0.2 \times 5})} = 533.33 (mg/L)$

17 바닷물(해수)에 관한 설명으로 옳지 않은 것은?

① 해수는 수자원 중에서 97% 이상을 차지하나 사용목적이 극히 한정되어 있는 실정이다.
② 해수의 pH는 약 8.2 정도로 약알칼리성을 띠고 있다.
③ 해수는 약전해질로 염소이온농도가 약 35ppm 정도이다.
④ 해수의 주요 성분 농도비는 거의 일정하다.

 해수는 강전해질로 약 35,000ppm 정도의 염분을 함유하고 있다.

18 살수여상 운전 시 발생하는 일반적인 문제점으로 거리가 먼 것은?

① 악취의 발생
② 연못화 현상
③ 파리의 발생
④ 슬러지 팽화

 살수여상의 문제점
  ㉠ 연못화 현상(Ponding)
  ㉡ 악취 발생
  ㉢ 파리의 발생
  ㉣ 겨울철 동결문제

19 다음과 같은 특성을 갖는 수원은?

• 일반적으로 무기물이 풍부하고 지표수보다 깨끗하다.
• 연중 수온의 변화가 적으므로 수원으로서 많이 이용되고 있다.
• 일 년 내내 온도가 거의 일정하다.

① 호수
② 하천수
③ 지하수
④ 바닷물

20 다음 그래프는 하천에서 질소산화물의 분해과정이다. 이에 관한 설명으로 가장 거리가 먼 것은?

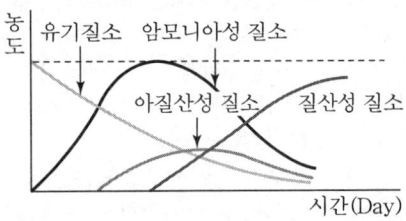

① 유기물에 함유된 유기질소는 점차 무기질소로 변한다.

정답 15 ④ 16 ④ 17 ③ 18 ④ 19 ③ 20 ③

② 질산화 미생물에 의해 최종적으로 질산성 질소로 변한다.
③ 질산성 질소가 다량 검출되면 오염물질이 인근에서 배출되었다고 의심할 수 있다.
④ 유기질소가 다량 검출되면 수인성 전염병을 유발하는 각종 세균의 존재 가능성을 의심할 수 있다.

 유기질소가 다량 검출되면 오염물질이 인근에서 배출되었다고 의심할 수 있다.

21 A공장 폐수의 BOD가 800ppm이다. 유입폐수량 1,000m³/h일 때 1일 BOD 부하량은?(단, 폐수의 비중은 1.0이고, 24시간 연속가동한다.)
① 19.2ton   ② 20.2ton
③ 21.2ton   ④ 22.2ton

$$X(ton) = \frac{0.8kg}{m^3} \middle| \frac{1,000m^3}{hr} \middle| \frac{24hr}{} \middle| \frac{1ton}{10^3 kg}$$
$$= 19.2(ton)$$

22 물이 얼어 얼음이 되는 것과 같이 물질의 상태가 액체상태에서 고체상태로 변하는 현상은 무엇이라 하는가?
① 융해   ② 응고
③ 액화   ④ 승화

23 다음과 같은 특성을 가지는 수질오염 물질은?

- 안료, 화학전지 제조나 도금공장 등에서 발생된다.
- 광산폐수에 함유된 이 물질 때문에 일본에서는 이타이이타이병이 발생했다.
- 급성 중독은 위장 점막에 염증을 일으키며 기침, 현기증, 복통 등의 증상을 나타낸다.

① Cr   ② Cu
③ Hg   ④ Cd

 카드뮴(Cd)을 설명하고 있다.

24 아래 그림은 물분자의 구조이다. 이와 관련된 설명으로 옳지 않은 것은?

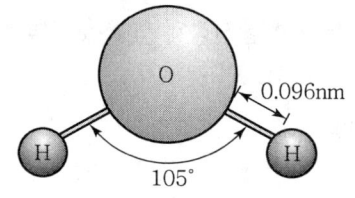

① 분자구조와 비극성의 효과로 작은 쌍극자를 갖는다.
② 산소는 전기 음성도가 매우 커서 공유결합을 하고 있다.
③ 산소원자와 수소원자가 공유결합하고, 2개의 고립전자쌍이 산소원자에 남아 있다.
④ 고립전자쌍은 서로 반발력을 형성하여 분자 모형은 105°의 각도를 가진다.

 물 분자는 극성을 나타낸다.

25 다음 중 비점오염원에 해당하는 것은?
① 농경지   ② 세차장
③ 축산단지   ④ 비료공장

비점오염원에는 산림수, 농경지 배수, 도로유출수 등이 있다.

26 아래 공정은 무기환원제에 의한 크롬 함유 폐수의 처리공정이다. 이에 관한 설명으로 옳지 않은 것은?

① 알칼리를 주입하여 수산화물로 침전시켜 제거한다.
② 3가 크롬을 함유한 폐수는 NaClO 환원제를 사용하여 6가 크롬으로 환원시켜 처리한다.
③ 폐수의 색깔 변화는 황색에서 청록색으로 변하므로 반응의 완결을 알 수 있다.
④ 환원반응은 pH 2~3이 적절하고 pH가 낮을수록 반응속도가 빠르나 비경제적이며 pH 4 이상이 되면 반응속도가 급격히 떨어진다.

 환원제를 주입하여 6가 크롬을 3가 크롬으로 환원시켜 처리한다.

27 생물학적 고도처리방법 중 활성슬러지 공법의 포기조 앞에 혐기성조를 추가시킨 것으로 혐기성조, 호기성조로 구성되고, 질소 제거가 고려되지 않아 높은 효율의 N, P 동시 제거는 곤란한 공법은?

① A/O 공법
② A^2/O 공법
③ VIP 공법
④ UCT 공법

 A/O 공법은 인(P)만 처리하는 공정이다.

28 입자의 침전속도 0.5m/day, 유입유량 50m³/day, 침전지 표면적 50m², 깊이 2m인 침전지에서의 침전효율은?

① 20%
② 50%
③ 70%
④ 90%

 $\eta = \dfrac{V_g}{V_o} \times 100$

㉠ $V_g = 0.5 \, m/day$

㉡ $V_o = \dfrac{50m^3}{day} \Big| \dfrac{}{50m^2} = 1 \, (m/day)$

∴ $\eta = \dfrac{0.5}{1} \times 100 = 50(\%)$

29 0.01M 염산(HCl) 용액의 pH는 얼마인가? (단, 이 농도에서 염산은 100% 해리한다.)

① 1
② 2
③ 3
④ 4

HCl → H⁺ + Cl⁻
0.01M : 0.01M
pH = $-\log[H^+]$ = $-\log[0.01]$ = 2

30 대표적인 부착성장식 생물학적 처리공법 중의 하나로 미생물이 부착된 매체에 하수를 뿌려주어 유기물을 제거하는 공법은?

① 산화지법
② 소화조법
③ 살수여상법
④ 활성슬러지법

31 다음 중 불소 제거를 위한 폐수처리방법으로 가장 적합한 것은?

① 화학침전법
② P/L 공정
③ 살수여상법
④ UCT 공정

 불소는 화학침전법으로 제거가 가능하다.

32 유기물질을 호기성으로 완전분해 시 최종산물은?

① 이산화탄소와 메탄
② 일산화탄소와 메탄
③ 이산화탄소와 물
④ 일산화탄소와 물

 유기물질을 호기성으로 완전분해 시 최종산물은 이산화탄소와 물이다.

정답 27 ① 28 ② 29 ② 30 ③ 31 ① 32 ③

33 다음 중 활성슬러지공법으로 폐수를 처리하는 경우 침전성이 좋은 슬러지가 최종침전지에서 떠오르는 슬러지 부상(Sludge Rising)을 일으키는 원인으로 가장 적합한 것은?

① 층류 형성　② 이온전도도 차
③ 탈질 작용　④ 색도 차

 슬러지 부상(Sludge Rising)을 일으키는 원인은 탈질 작용이다.

34 0.1M 수산화나트륨 용액의 농도는 몇 ppm 인가?

① 40　② 400
③ 4,000　④ 40,000

$$X(mg/L) = \frac{0.1mol}{L} \left| \frac{40g}{1mol} \right| \frac{10^3 mg}{1g}$$
$$= 4,000(ppm)$$

35 Jar-Test와 가장 관련이 깊은 것은?

① 응집제 선정과 주입량 결정
② 흡착제(물리, 화학) 선정과 적용
③ 경도결정
④ 최적 알칼리도 선정

 Jar-Test의 목적은 응집제 투입량 대 상징수의 SS 잔류량을 측정하여 최적 응집제 투입량을 결정하는 것이다.

36 다음 폐기물 분석항목 중 폐기물공정시험기준상 원자흡수분광광도법으로 분석하는 것은?

① 감염성 미생물
② 유기인
③ 폴리클로리네이티드비페닐
④ 6가 크롬

 원자흡수분광광도법으로 분석하는 것은 6가 크롬이다.

37 다음 폐수처리방법 중 고액분리방법이 아닌 것은?

① 부상분리　② 전기투석
③ 원심분리　④ 스크리닝

 전기투석은 이온성 물질을 분리하는 막분리 공정이다.

38 다음 중 적환장을 설치할 필요성이 가장 낮은 경우는?

① 공기수송방식을 사용하는 경우
② 폐기물 수집에 대형 컨테이너를 많이 사용하는 경우
③ 처분장이 원거리에 있어 도중에 불법 투기의 가능성이 있는 경우
④ 처분장이 멀리 떨어져 있어 소형 차량에 의한 수송이 비경제적일 경우

 폐기물 수집에 대형이 아니라 소형 컨테이너를 많이 사용하는 경우 설치할 필요가 있다.

39 400,000명이 거주하는 A지역에서 1주일 동안 8,000m³의 쓰레기를 수거하였다. 이 지역의 쓰레기 발생원 단위가 1.37kg/인·일이면 쓰레기의 밀도(ton/m³)는?

① 0.28　② 0.38
③ 0.48　④ 0.58

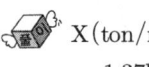

$$X(ton/m^3)$$
$$= \frac{1.37kg}{인 \cdot 일} \left| \frac{400,000인}{} \right| \frac{7일}{8,000m^3} \left| \frac{1ton}{10^3 kg} \right.$$
$$= 0.48(ton/m^3)$$

40 슬러지를 가열(210℃ 정도)·가압(120atm 정도)시켜 슬러지 내의 유기물이 공기에 의해 산화되도록 하는 공법은?

① 가열 건조 ② 습식 산화
③ 혐기성 산화 ④ 호기성 소화

41 A폐기물의 조성이 탄소 42%, 산소 34%, 수소 8%, 황 2%, 회분 14%였다. 이때 고위발열량을 구하면?

① 약 4,070kcal/kg ② 약 4,120kcal/kg
③ 약 4,300kcal/kg ④ 약 4,730kcal/kg

HHV(kcal/kg)
$= 81C + 342.5(H - O/8) + 22.5S$
$= 81 \times 42 + 342.5(8 - 34/8) + 22.5 \times 2$
$= 4,731.38 \text{(kcal/kg)}$

42 슬러지의 안정화 방법으로 볼 수 없는 것은?

① 혐기성 소화 ② 살수여상법
③ 호기성 소화 ④ 퇴비화

살수여상법은 생물학적 폐수처리방법이다.

43 다음 중 Optical Sorter(광학분류기)를 이용하기에 가장 적합한 것은?

① 종이와 플라스틱의 분리
② 색유리와 일반유리의 분리
③ 딱딱한 물질과 물렁한 물질의 분리
④ 유기물과 무기물의 분리

광학분리는 돌, 코르크 등의 불투명한 것과 유리 같은 투명한 것을 분리하는 것으로 물질이 가진 광학적 특성의 차를 이용한다.

44 유기성 폐기물 매립장(혐기성)에서 가장 많이 발생되는 가스는?(단, 정상상태(Steady-State))

① 일산화탄소 ② 이산화질소
③ 메탄 ④ 부탄

45 하부로부터 가스를 주입하여 모래를 부상시켜 이를 가열하고 상부에서 폐기물을 주입하여 태우는 형식의 소각로는?

① 고정상 소각로 ② 화격자 소각로
③ 유동층 소각로 ④ 열분해 용융 소각로

46 가로 1.2m, 세로 2m, 높이 12m의 연소실에서 저위발열량이 12,000kcal/kg인 중유를 1시간에 10kg씩 연소시킨다면 연소실의 열발생률은 얼마인가?

① 2,888kcal/m³·hr
② 3,472kcal/m³·hr
③ 4,167kcal/m³·hr
④ 5,644kcal/m³·hr

$X(\text{kcal/m}^3 \cdot \text{hr})$
$= \dfrac{12,000\text{kcal}}{\text{kg}} \Big| \dfrac{10\text{kg}}{\text{hr}} \Big| \dfrac{1}{(1.2 \times 2 \times 12\text{m}^3)}$
$= 4,166.67(\text{kcal/m}^3 \cdot \text{hr})$

47 다양한 크기를 가진 혼합 폐기물을 크기에 따라 자동으로 분류할 수 있으며, 주로 큰 폐기물로부터 후속처리장치를 보호하기 위해 많이 사용되는 선별방법은?

① 손 선별 ② 스크린 선별
③ 공기 선별 ④ 자석 선별

48 다음 중 폐기물의 퇴비화 시 적정 C/N 비로 가장 적합한 것은?

① 1~2 ② 1~10
③ 5~10 ④ 25~50

 퇴비화시킬 때의 적정 C/N 비는 30 정도이다.

49 혐기성 소화탱크에서 유기물 80%, 무기물 20%인 슬러지를 소화처리하여 소화슬러지의 유기물이 75%, 무기물이 25%가 되었다. 이때 소화효율은?

① 25% ② 45%
③ 75% ④ 85%

 $\eta = \left(1 - \dfrac{VS_2/FS_2}{VS_1/FS_1}\right) \times 100$

$= \left(1 - \dfrac{75/25}{80/20}\right) \times 100 = 25(\%)$

50 건조된 고형물(dry solid)의 비중이 1.42이고, 건조 이전의 dry solid 함량이 38%, 건조중량이 400kg일 때 슬러지 케이크의 비중은?

① 1.32 ② 1.28
③ 1.21 ④ 1.13

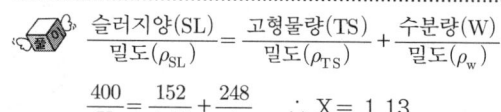

$\dfrac{슬러지양(SL)}{밀도(\rho_{SL})} = \dfrac{고형물량(TS)}{밀도(\rho_{TS})} + \dfrac{수분량(W)}{밀도(\rho_w)}$

$\dfrac{400}{X} = \dfrac{152}{1.42} + \dfrac{248}{1}$ ∴ X = 1.13

51 매립 시 발생되는 매립가스 중 악취를 유발시키는 물질은?

① CH_4 ② CO_2
③ NH_3 ④ CO

52 폐기물의 파쇄작업 시 발생하는 문제점과 가장 거리가 먼 것은?

① 먼지 발생 ② 폐수 발생
③ 폭발 발생 ④ 소음·진동 발생

 폐기물의 파쇄작업 시 폐수는 발생하지 않는다.

53 통상적으로 소각로의 설계기준이 되는 진발열량을 의미하는 것은?

① 고위발열량
② 저위발열량
③ 고위발열량과 저위발열량의 기하평균
④ 고위발열량과 저위발열량의 산술평균

 진발열량은 저위발열량을 의미한다.

54 혐기성 소화방법으로 쓰레기를 처분하려고 한다. 연료로 쓰일 수 있는 가스를 많이 얻으려면 다음 중 어떤 성분이 특히 많아야 유리한가?

① 질소 ② 탄소
③ 산소 ④ 인

 탄소(C)의 함량이 많아야 메탄의 생성률이 높아진다.

55 물의 증발잠열은 약 얼마인가?(단, 기준 0℃)

① 300kcal/kg
② 600kcal/kg
③ 900kcal/kg
④ 1,200kcal/kg

물의 증발잠열은 600kcal/kg이다.

56 어느 벽체의 입사음의 세기가 $10^{-2}W/m^2$이고, 투과음의 세기가 $10^{-4}/m^2$이었다. 이 벽체의 투과율과 투과손실은?

① 투과율 $=10^{-2}$, 투과손실$=20dB$
② 투과율 $=10^{-2}$, 투과손실$=4dB$
③ 투과율 $=10^2$, 투과손실$=20dB$
④ 투과율 $=10^2$, 투과손실$=40dB$

투과율$(t) = \dfrac{I_t}{I_i}$, 투과손실$(TL) = 10\log\left(\dfrac{I_i}{I_t}\right)$

㉠ 투과율$(t) = \dfrac{10^{-4}}{10^{-2}} = 0.01$

㉡ 투과손실$(TL) = 10\log\left(\dfrac{10^{-2}}{10^{-4}}\right) = 20dB$

57 다음은 진동과 관련한 용어설명이다. ( ) 안에 알맞은 것은?

> (　　)은(는) 1~90Hz 범위의 주파수 대역별 진동가속도레벨에 주파수 대역별 인체의 진동감각특성(수직 또는 수평감각)을 보정한 후의 값들을 dB 합산한 것이다.

① 진동레벨　　② 등감각곡선
③ 변위진폭　　④ 진동수

58 하중의 변화에도 기계의 높이 및 고유진동수를 일정하게 유지시킬 수 있으며, 부하능력이 광범위하나 사용 진폭이 적은 것이 많으므로 별도의 댐퍼가 필요한 경우가 많은 방진재는?

① 방진고무　　② 탄성블럭
③ 금속스프링　④ 공기스프링

59 소음계의 성능기준으로 옳지 않은 것은?

① 레벨레인지 변환기의 전환오차는 5dB 이내이어야 한다.
② 측정 가능 주파수 범위는 31.5Hz~8kHz 이상이어야 한다.
③ 측정 가능 소음도 범위는 35~130dB 이상이어야 한다.
④ 지시계기의 눈금오차는 0.5dB 이내이어야 한다.

레벨레인지 변환기의 전환오차는 0.5dB 이내이어야 한다.

60 진동수가 250Hz이고 파장이 5m인 파동의 전파속도는?

① 50m/s　　② 250m/s
③ 750m/s　　④ 1,250m/s

$C = \lambda \times f$
$= 250 \times 5 = 1,250 (m/sec)$

2013년 2회 시행

01 과잉공기비 m을 크게(m > 1)하였을 때의 연소 특성으로 옳지 않은 것은?

① 연소가스 중 CO 농도가 높아져 산업공해의 원인이 된다.
② 통풍력이 강하여 배기가스에 의한 열손실이 크다.
③ 배기가스의 온도저하 및 SO_x, NO_x 등의 생성물이 증가한다.
④ 연소실의 냉각효과를 가져온다.

 과잉공기비 m을 크게(m > 1)하였을 때 연소가스 중 CO 농도는 감소한다.

02 중력집진장치의 효율 향상 조건이라 볼 수 없는 것은?

① 침강실 내의 처리가스 속도를 작게 한다.
② 침강실 내의 배기가스 기류를 균일하게 한다.
③ 침강실의 높이를 낮게 하고, 길이는 길게 한다.
④ 침강실의 블로다운 효과를 유발하여 난류현상을 유발한다.

 블로다운 효과는 원심력 집진장치에서 처리가스량의 5~10%를 흡인하여 선회기류의 흐트러짐을 방지하고 유효원심력을 증대시키는 효과로 집진효율이 향상된다.

03 측정하고자 하는 입자와 동일한 침강속도를 가지며 밀도가 $1g/cm^3$인 구형 입자로 정의되는 직경은?

① 마틴 직경
② 등속도 직경
③ 스토크스 직경
④ 공기역학 직경

 공기역학적 직경을 설명하고 있다.

04 다음 중 압력손실이 가장 큰 집진장치는?

① 중력집진장치
② 전기집진장치
③ 원심력집진장치
④ 벤투리스크러버

 압력손실이 가장 큰 집진장치는 벤투리스크러버이다.

05 런던스모그와 로스앤젤레스 스모그에 대한 비교로 옳지 않은 것은?

항목	런던스모그	로스앤젤레스스모그
① 발생 시 기온	4℃ 이하	24~32℃
② 발생 시 습도	85% 이상	70% 이하
③ 발생 시간	이른 아침	한낮
④ 발생한 달	7~9월	12~1월

 런던스모그 사건은 겨울철에, 로스앤젤레스스모그 사건은 여름철에 발생하였다.

06 흡착법에 관한 설명으로 옳지 않은 것은?

① 물리적 흡착은 Van der waals 흡착이라고도 한다.
② 물리적 흡착은 낮은 온도에서 흡착량이 많다.
③ 화학적 흡착인 경우 흡착과정이 주로 가역적이며 흡착제의 재생이 용이하다.
④ 흡착제는 단위질량당 표면적이 큰 것이 좋다.

화학적 흡착인 경우 흡착과정이 주로 비가역적이며 흡착제의 재생이 용이하지 못하다.

정답 01 ① 02 ④ 03 ④ 04 ④ 05 ④ 06 ③

07 다음 연료 중 탄수소비(C/H)가 가장 작은 연료는?

① 중유 ② 휘발유
③ 경유 ④ 등유

 탄수소비가 작을수록 매연 발생률이 낮다.

08 여과집진장치에 사용되는 다음 여포재료 중 가장 높은 온도에서 사용이 가능한 것은?

① 목면 ② 양모
③ 카네카론 ④ 글라스파이버

 글라스파이버는 최고사용 온도가 250℃로 여포재료 중 가장 높은 온도에서 사용이 가능하다.

09 탄소 18kg이 완전연소하는 데 필요한 이론공기량(Sm^3)은?

① 107 ② 160
③ 203 ④ 2,084

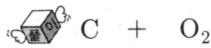

$C + O_2 \rightarrow CO_2$
12kg : 22.4Sm^3
18kg : X   X=33.6Sm^3
$A_o = O_o \times \dfrac{1}{0.21} = 33.6 \times \dfrac{1}{0.21} = 160(Sm^3)$

10 다음 중 연소 시 질소산화물의 저감방법으로 가장 거리가 먼 것은?

① 배출가스 재순환 ② 2단 연소
③ 과잉공기량 증대 ④ 연소부분 냉각

 과잉공기량 증대는 질소산화물 저감방법에 해당하지 않는다.

11 상온에서 무색투명하며 일반적으로 불쾌한 자극성 냄새를 내는 액체로서, 끓는점은 46.45℃(760mmHg)이며, 인화점은 -30℃ 정도인 것은?

① SO ② HF
③ Cl ④ CS_2

 이황화탄소(CS_2)에 대한 설명이다.

12 흡수법을 사용하여 오염물질을 제거하고자 한다. 헨리 법칙에 잘 적용되는 물질과 가장 거리가 먼 것은?

① NO_2 ② CO
③ SO_2 ④ NO

 헨리 법칙은 난용성 기체에 적용되는 법칙이다.

13 SO_2의 1일 평균 농도는 0℃, 1atm에서 100μg/m^3이다. ppm으로 환산하면 얼마인가?(단, SO_2의 분자량 : 64)

① 0.035 ② 0.35
③ 3.5   ④ 35

$X(mL/m^3) = \dfrac{100\mu g}{m^3} \left| \dfrac{22.4mL}{64mg} \right| \dfrac{1mg}{10^3 \mu g}$
$= 0.035(mL/m^3)$

14 대기오염공정시험기준상 굴뚝 배출가스 중 질소산화물을 분석하는 데 사용되는 방법은?

① 페놀디술폰산법 ② 중화적정법
③ 침전적정법 ④ 아르세나조 Ⅲ법

 중화적정법, 침전적정법, 아르세나조 Ⅲ법은 황산화물 분석방법이다.

15 흡수장치의 흡수액이 갖춰야 할 조건으로 옳지 않은 것은?

① 용해도가 작아야 한다.
② 점성이 작아야 한다.
③ 휘발성이 작아야 한다.
④ 화학적으로 안정해야 한다.

 흡수액이 갖춰야 할 조건으로 용해도가 커야 한다.

16 A침전지가 $6,000\,m^3/day$의 하수를 처리한다. 유입수의 SS 농도가 150mg/L, 유출수의 SS 농도가 90mg/L이라면 이 침전지의 SS제거율(%)은?

① 60%   ② 50%
③ 40%   ④ 30%

$$\eta = \left(1 - \frac{C_o}{C_i}\right) \times 100 = \left(1 - \frac{90}{150}\right) \times 100 = 40(\%)$$

17 4℃에서 순수한 물의 밀도는 1g/mL이다. 이때 물 1L의 질량은 얼마인가?

① 1g   ② 10g
③ 100g   ④ 1,000g

$1g/mL = 1,000g/L = 1,000kg/m^3 = 1kg/L$

18 명반(alum)을 폐수에 첨가하여 응집처리를 할 때, 투입조에 약품 주입 후 응집조에서 완속교반을 행하는 주된 목적은?

① 명반이 잘 용해되도록 하기 위해
② floc과 공기와의 접촉을 원활히 하기 위해
③ 형성되는 floc을 가능한 한 뭉쳐 밀도를 키우기 위해
④ 생성된 floc을 가능한 한 미립자로 하여 수량을 증가시키기 위해

 완속교반을 행하는 주된 목적은 floc 형성이다.

19 다음 중 물질 순환속도가 가장 느린 것은?

① 망간   ② 탄소
③ 수소   ④ 산소

20 다음 폐수처리공법 중 고액분리방법과 가장 거리가 먼 것은?

① 부상분리법   ② 전기투석법
③ 스크리닝   ④ 원심분리법

21 다음 중 6가 크롬(Cr^{6+}) 함유 폐수를 처리하기 위한 가장 적합한 방법은?

① 아말감법   ② 환원침전법
③ 오존산화법   ④ 충격법

 6가 크롬의 독성이 강하므로 3가 크롬으로 환원시킨 후 수산화물로 침전시켜 제거하는 방법이 가장 많이 쓰이며, 이 방법을 환원침전법이라고 한다.

22 폐수 중의 오염물질을 제거할 때 부상이 침전보다 좋은 점을 설명한 것으로 가장 적합한 것은?

① 침전속도가 느린 작거나 가벼운 입자를 짧은 시간 내에 분리시킬 수 있다.
② 침전에 의해 분리되기 어려운 유해 중금속을 효과적으로 분리시킬 수 있다.
③ 침전에 의해 분리되기 어려운 색도 및 경도 유발물질을 효과적으로 분리시킬 수 있다.
④ 침전속도가 빠르고 큰 입자를 짧은 시간 내에 분리시킬 수 있다.

정답 15 ① 16 ③ 17 ④ 18 ③ 19 ① 20 ② 21 ② 22 ①

부상은 폐수 중 용해되지 않은 고형물 등에 미세한 기포를 부착시켜 부력의 증가로 오염물질을 부상시켜 제거하는 방법이다.

23 함수율 98%(중량)의 슬러지를 농축하여 함수율 94%(중량)인 농축 슬러지를 얻었다. 이때 슬러지의 용적은 어떻게 변화되는가?(단, 슬러지 비중은 모두 1.0으로 가정한다.)

① 원래의 $\frac{1}{2}$ ② 원래의 $\frac{1}{3}$
③ 원래의 $\frac{1}{6}$ ④ 원래의 $\frac{1}{9}$

24 A공장의 BOD 배출량은 400인의 인구당량에 해당한다. A공장의 폐수량이 $200m^3/day$일 때 이 공장폐수의 BOD(mg/L) 값은?(단, 1인이 하루에 배출하는 BOD는 50g이다.)

① 100 ② 150
③ 200 ④ 250

$BOD(mg/L)$
$= \frac{50g}{인 \cdot 일} \left| \frac{day}{200m^3} \right| \frac{400인}{} \left| \frac{1m^3}{10^3 L} \right| \frac{10^3 mg}{1g}$
$= 100(mg/L)$

25 BOD 400mg/L, 유량 $3,000m^3/day$인 폐수를 MLSS 3,000mg/L인 포기조에서 체류시간을 8시간으로 운전하고자 한다. 이때 F/M 비(BOD-MLSS 부하)는?

① 0.2 ② 0.4
③ 0.6 ④ 0.8

F/M 비 $= \frac{BOD_i \times Q_i}{MLSS \times \forall} = \frac{BOD_i}{MLSS \times t}$

$t = 8hr \Rightarrow 8hr \times \frac{day}{24hr} = 0.33day$

F/M 비 $= \frac{400mg/L}{3,000mg/L \times 0.33day} = 0.404$

26 액체염소의 주입으로 생성된 유리염소, 결합잔류염소의 살균력의 크기를 바르게 나열한 것은?

① HOCl > Chloramines > OCl⁻
② OCl⁻ > HOCl > Chloramines
③ HOCl > OCl⁻ > Chloramines
④ OCl⁻ > Chloramines > HOCl

27 Wipple이 구분한 하천의 자정작용 단계 중 용존 산소의 농도가 아주 낮거나 때로는 거의 없어 부패상태에 도달하게 되는 지대는?

① 정수지대 ② 회복지대
③ 분해지대 ④ 활발한 분해지대

28 침전지 또는 농축조에 설치된 스크레이퍼의 사용 목적으로 가장 적합한 것은?

① 침전물을 부상시키기 위해서
② 스컴(scum)을 방지하기 위해서
③ 슬러지(sludge)를 혼합하기 위해서
④ 슬러지(sludge)를 끌어모으기 위해서

스크레이퍼의 사용 목적은 슬러지(sludge)를 끌어모으기 위해서이다.

29 다음 수처리 공정 중 스토크스(Stokes) 법칙이 가장 잘 적용되는 공정은?

① 1차 소화조 ② 1차 침전지
③ 살균조 ④ 포기조

정답 23 ② 24 ① 25 ② 26 ③ 27 ④ 28 ④ 29 ②

③ 바람을 막아 표면난류 방지
④ 침전 슬러지의 재부상 방지

 정류판(Baffle)의 기능은 유량을 균등하게 분배해 주는 역할을 한다.

 수처리 공정 중 스토크스(Stokes) 법칙이 가장 잘 적용되는 공정은 1차 침전지이다.

30 $C_2H_5NO_2$ 150g 분해에 필요한 이론적 산소 요구량(g)은?(단, 최종분해산물은 CO_2, H_2O, HNO_3이다.)

① 89g ② 94g
③ 112g ④ 224g

$C_2H_5NO_2 + 3.5O_2 \rightarrow 2CO_2 + 2H_2O + HNO_3$
75g : 3.5×32g
150g : X X= 224g

31 폐수처리에서 여과공정에 사용되는 여재로 가장 거리가 먼 것은?

① 모래 ② 무연탄
③ 규조토 ④ 유리

여재의 종류에는 모래, 안트라사이트(무연탄), 인공경량사, 석류석, 규조토 등이 있다.

32 다음 중 적조현상을 발생시키는 주된 원인물질은?

① Cd ② P
③ Hg ④ Cl

적조현상의 원인물질로는 인(P), 질소(N) 등이 있다.

33 침전지 유입부에 설치하는 정류판(Baffle)의 기능으로 가장 적합한 것은?

① 침전지 유입수의 균일한 분배와 분포
② 침전지 내의 침사물 수집

34 다음에서 물리적 흡착의 특징을 모두 고른 것은?

㉠ 흡착과 탈착이 비가역적이다.
㉡ 온도가 낮을수록 흡착량은 많다.
㉢ 흡착이 다층(multi-layers)에서 일어난다.
㉣ 분자량이 클수록 잘 흡착된다.

① ㉠, ㉡ ② ㉡, ㉣
③ ㉠, ㉡, ㉢ ④ ㉡, ㉢, ㉣

 물리적 흡착은 재생이 가능한 가역적 흡착이다.

35 $Cr_2O_7^{-2}$ 이온에서 크롬(Cr)의 산화수는?

① -5 ② -6
③ +5 ④ +6

36 발열량이 800kcal/kg인 폐기물을 하루에 6톤씩 소각한다. 소각로 연소실의 용적이 125m³이고, 1일 운전시간이 8시간이면 연소실의 열 발생률은?

① 3,600kcal/m³·hr
② 4,000kcal/m³·hr
③ 4,400kcal/m³·hr
④ 4,800kcal/m³·hr

 연소실의 열 발생률(kcal/m³·hr)

$= \dfrac{800\text{kcal}}{\text{kg}} \Big| \dfrac{}{125\text{m}^3} \Big| \dfrac{6,000\text{kg}}{\text{day}} \Big| \dfrac{1\text{day}}{8\text{hr}}$

$= 4,800(\text{kcal/m}^3 \cdot \text{hr})$

정답 30 ④ 31 ④ 32 ② 33 ① 34 ④ 35 ④ 36 ④

37 도시폐기물을 개략분석(Proximate Analysis)할 경우 구성되는 4가지 성분으로 거리가 먼 것은?

① 수분
② 질소분
③ 휘발성 고형물
④ 고정탄소

> 개략분석 시 구성되는 4가지 성분으로는 수분, 휘발성 고형물, 고정탄소, 회분이 있다.

38 폐기물의 발열량에 대한 설명으로 옳지 않은 것은?

① 발열량은 연료의 단위량(기체연료는 $1Sm^3$, 고체와 액체연료는 1kg)이 완전연소할 때 발생하는 열량(kcal)이다.
② 고위발열량은 폐기물 중의 수분 및 연소에 의해 생성된 수분의 응축열을 포함하는 열량이다.
③ 열량계로 측정되는 열량은 저위발열량이다.
④ 실제 연소실에서는 고위발열량에서 응축열을 공제한 잔여열량이 유효하게 이용된다.

> 열량계로 측정되는 열량은 고위발열량이다.

39 폐기물 시료 100kg을 달아 건조시킨 후의 시료 중량을 측정하였더니 40kg이었다. 이 폐기물의 수분함량(%, w/w)은?

① 40%
② 50%
③ 60%
④ 80%

40 폐기물 분석을 위한 시료의 축소방법에 해당하지 않는 것은?

① 구획법
② 원추사분법
③ 교호삽법
④ 면체분할법

> 시료의 축소방법에는 구획법, 교호삽법, 원추사분법이 있다.

41 다음 중 유기성 폐기물의 퇴비화 특성으로 가장 거리가 먼 것은?

① 생산된 퇴비는 비료가치가 높으며, 퇴비완성 시 부피감소율이 70% 이상으로 큰 편이다.
② 초기 시설투자비가 낮고, 운영 시 소요 에너지도 낮은 편이다.
③ 다른 폐기물 처리기술에 비해 고도의 기술수준이 요구되지 않는다.
④ 퇴비제품의 품질표준화가 어렵고, 부지가 많이 필요한 편이다.

> 생산된 퇴비는 비료가치가 낮고, 소요부지의 면적이 크고, 부지선정이 어렵다.

42 다음 중 유기성 액상 폐기물을 호기성 분해시킬 때 미생물이 가장 활발하게 활동하는 기간은?

① 고정기
② 대수증식기
③ 휴지기
④ 사멸기

43 퇴비화 시 부식질의 역할로 옳지 않은 것은?

① 토양능의 완충능을 증가시킨다.
② 토양의 구조를 양호하게 한다.
③ 가용성 무기질소의 용출량을 증가시킨다.
④ 용수량을 증가시킨다.

> 부식질은 식물체에 직접 양분으로 이용되지는 않지만 분해되어 질소 또는 그 밖의 양분원소를 다량 방출하는 양분 공급원이다.

44 폐기물을 파쇄하는 이유로 옳지 않은 것은?

① 겉보기 밀도의 증가
② 고체의 치밀한 혼합
③ 부식효과 방지
④ 비표면적의 증가

정답 37 ② 38 ③ 39 ③ 40 ④ 41 ① 42 ② 43 ③ 44 ③

45 침출수 내 난분해성 유기물을 펜톤산화법에 의해 처리하고자 할 때, 사용되는 시약의 구성으로 옳은 것은?

① 과산화수소+철   ② 과산화수소+구리
③ 질산+철   ④ 질산+구리

 펜톤시약은 과산화수소와 철로 구성된다.

46 쓰레기 수거노선을 결정하는 데 유의할 사항으로 옳지 않은 것은?

① 가능한 한 한 번 간 길은 가지 않는다.
② U자형 회전을 피해 수거한다.
③ 발생량이 많은 곳은 하루 중 가장 먼저 수거한다.
④ 가능한 한 반시계방향으로 수거노선을 정한다.

 가능한 한 시계방향으로 수거노선을 정한다.

47 다음 중 로터리 킬른 방식의 장점으로 거리가 먼 것은?

① 열효율이 높고, 적은 공기비로도 완전연소가 가능하다.
② 예열이나 혼합 등 전처리가 거의 필요 없다.
③ 드럼이나 대형 용기를 파쇄하지 않고 그래도 투입할 수 있다.
④ 공급장치의 설계에 있어서 유연성이 있다.

 로타리킬른 방식은 열효율이 낮은 편이다.

48 다음 중 해안매립공법에 해당하는 것은?

① 셀공법   ② 도랑형 공법
③ 순차투입공법   ④ 샌드위치공법

 해양매립의 방법으로는 순차투입공법, 박층뿌림공법, 내수배제 또는 수중투기공법 등이 있다.

49 압축비 1.67로 쓰레기를 압축하였다면 압축 전과 압축 후의 체적 감소율은 몇 %인가?(단, 압축비는 V_i/V_f 이다.)

① 약 20%   ② 약 40%
③ 약 60%   ④ 약 80%

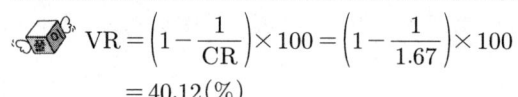
$$VR = \left(1 - \frac{1}{CR}\right) \times 100 = \left(1 - \frac{1}{1.67}\right) \times 100$$
$$= 40.12(\%)$$

50 소각시설의 연소온도를 높이기 위한 방법으로 옳지 않은 것은?

① 발열량이 높은 연료 사용
② 공기량의 과다 주입
③ 연료의 예열
④ 연료의 완전연소

 공기량의 과다 주입은 연소온도를 낮춘다.

51 인구 240,327명의 도시에서 150,000ton/년의 쓰레기를 수거하였다. 이 도시의 쓰레기 발생량은?

① 1.71kg/인·일   ② 1.95kg/인·일
③ 2.05kg/인·일   ④ 2.31kg/인·일

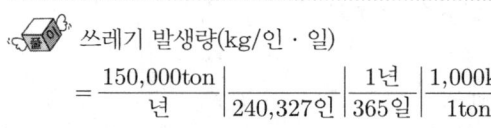
쓰레기 발생량(kg/인·일)
$$= \frac{150,000 \text{ton}}{\text{년}} \left| \frac{1}{240,327\text{인}} \right| \frac{1\text{년}}{365\text{일}} \left| \frac{1,000\text{kg}}{1\text{ton}} \right.$$
$$= 1.71(\text{kg/인·일})$$

52 합성차수막 중 PVC의 장점으로 가장 거리가 먼 것은?

① 작업이 용이하다.
② 강도가 높다.
③ 접합이 용이하다.
④ 자외선, 오존, 기후에 강하다.

자외선, 오존, 기후에 약한 것은 합성차수막 중 PVC의 단점에 해당한다.

53 슬러지를 농축시킴으로써 얻는 이점으로 가장 거리가 먼 것은?

① 소화조 내에서 미생물과 양분이 잘 접촉할 수 있으므로 효율이 증대된다.
② 슬러지 개량에 소요되는 약품이 적게 든다.
③ 후속 처리시설인 소화조 부피를 감소시킬 수 있다.
④ 난분해성 중금속의 완전 제거가 용이하다.

54 분뇨의 특성과 거리가 먼 것은?

① 유기물 농도 및 염분함량이 낮다.
② 질소농도가 높다.
③ 토사와 협잡물이 많다.
④ 시간에 따라 크게 변한다.

 분뇨는 유기물의 농도 및 염분함량이 높다.

55 폐기물 발생량의 산정방법으로 가장 거리가 먼 것은?

① 적재차량 계수분석법 ② 직접계근법
③ 간접계근법 ④ 물질수지법

 폐기물 발생량의 산정방법에는 적재차량 계수분석법, 직접계근법, 물질수지법이 있다.

56 길이 10m, 폭 10m, 높이 10m인 실내의 바닥, 천장, 벽면의 흡음률이 모두 0.0161일 때 Sabine의 식을 이용하여 잔향시간(sec)을 구하면?

① 0.17 ② 1.7
③ 16.7 ④ 167

 Sabine의 식 $\bar{\alpha} = \dfrac{0.161\forall}{S \cdot T}$, $T = \dfrac{0.161\forall}{\bar{\alpha} \cdot S}$

여기서, T : 잔향시간
$\bar{\alpha}$(평균흡음률) = 0.0161
$\forall$(실내 체적) = 10m × 10m × 10m
   = 1,000m³
S(시료의 면적) = 10 × 10 × 6
   = 600m²

∴ $T = \dfrac{0.161\forall}{\bar{\alpha} \cdot S} = \dfrac{0.161 \times 1,000}{0.0161 \times 600}$
  = 16.67(sec)

57 점음원에서 5m 떨어진 지점의 음압레벨이 60dB이다. 이 음원으로부터 10m 떨어진 지점의 음압레벨은?

① 30dB ② 44dB
③ 54dB ④ 58dB

 거리가 2배가 되면 점음원인 경우 6dB, 선음원인 경우 3dB 감소한다.

58 방진대책을 발생원, 전파경로, 수진측 대책으로 분류할 때, 다음 중 전파경로대책에 해당하는 것은?

① 가진력을 감쇠시킨다.
② 진동원의 위치를 멀리하여 거리감쇠를 크게 한다.
③ 동적흡진한다.
④ 수진측의 강성을 변경시킨다.

전파경로 대책에는 진동원의 위치를 멀리하여 거리감쇠를 크게 하거나, 방진구를 설치한다.

59 손으로 소음계를 잡고 측정할 경우 소음계는 측정자의 몸으로부터 얼마 이상 떨어져야 하는가?

① 0.1m 이상 ② 0.2m 이상
③ 0.3m 이상 ④ 0.5m 이상

 손으로 소음계를 잡고 측정할 경우 소음계는 측정자의 몸으로부터 최소 0.5m 이상 떨어져야 한다.

60 파동의 특성을 설명하는 용어로 옳지 않은 것은?

① 파동의 가장 높은 곳을 마루라 한다.
② 매질의 진동방향과 파동의 진행방향이 직각인 파동을 횡파라고 한다.
③ 마루와 마루 또는 골과 골 사이의 거리를 주기라 한다.
④ 진동의 중앙에서 마루 또는 골까지의 거리를 진폭이라 한다.

 마루와 마루 또는 골과 골 사이의 거리를 파장이라 한다.

정답 59 ④ 60 ③

2013년 5회 시행

01 벤투리스크러버의 특징으로 옳지 않은 것은?

① 소형으로 대용량의 가스처리가 가능하다.
② 목부의 처리가스 속도는 보통 60~90m/sec 정도이다.
③ 압력손실은 300~800mmH$_2$O 정도이다.
④ 물방울 입경과 먼지의 입경비는 충돌효율 면에서 3 : 1 전후가 좋다.

 물방울 입경과 먼지의 입경비는 충돌효율 면에서 150 : 1 전후가 좋다.

02 다음 중 연료의 연소과정에서 공기비가 너무 큰 경우 나타나는 현상으로 가장 적합한 것은?

① 배기가스에 의한 열손실이 커진다.
② 오염물의 농도가 커진다.
③ 미연분에 의한 매연이 증가한다.
④ 불완전연소되어 연소효율이 저하한다.

03 전기집진장치에 관한 설명으로 가장 거리가 먼 것은?

① 대량의 가스처리가 가능하다.
② 전압변동과 같은 조건변동에 쉽게 적응할 수 있다.
③ 초기 설비비가 고가이다.
④ 압력손실이 적어 소요동력이 적다.

 전기집진장치는 전압변동과 같은 조건변동에 쉽게 적응하기 어렵다.

04 프로판(C$_3$H$_8$)가스 10kg을 완전연소하는 데 필요한 이론공기량(Sm^3)은?

① 62.2Sm^3 ② 84.2Sm^3
③ 102.2Sm^3 ④ 121.2Sm^3

 〈계산식〉 $A_o = O_o \times \dfrac{1}{0.21}$

〈반응식〉 $C_3H_8 + 5O_2 \rightarrow 3CO_2 + 4H_2O$
44(kg) : 5×22.4(Sm^3)
10(kg) : X

X = 25.45(Sm^3)

∴ $A_o = 25.45 \times \dfrac{1}{0.21} = 121.21$ (Sm^3)

05 중력집진장치의 집진효율 향상 조건으로 옳지 않은 것은?

① 침강실 내의 배기가스 기류는 균일해야 한다.
② 침강실 내의 처리가스 속도가 작을수록 미립자가 포집된다.
③ 침강실의 높이가 높고, 길이가 짧을수록 집진효율이 높아진다.
④ 침강실 입구폭이 클수록 유속이 느려지며, 미세한 입자가 포집된다.

 침강실의 높이가 낮고, 길이가 길수록 집진효율이 높아진다.

06 대기의 상층은 안정되어 있고, 하층은 불안정하여 굴뚝에서 발생한 오염물질이 아래로 지표면에까지 확산되어 오염을 발생시킬 수 있는 연기의 형태는?

① Fanning형 ② Looping형
③ Fumigation형 ④ Trapping형

정답 01 ④ 02 ① 03 ② 04 ④ 05 ③ 06 ③

훈증형(Fumigation)에 대한 설명이다.

07 바람에 관여하는 힘과 거리가 먼 것은?
① 지균력 ② 마찰력
③ 전향력 ④ 기압경도력

 바람에 관여하는 힘은 기압경도력, 전향력, 마찰력이다.

08 굴뚝의 유효높이와 관련된 인자에 관한 설명으로 옳지 않은 것은?
① 배기가스의 유속이 빠를수록 증가한다.
② 외기의 온도차가 작을수록 증가한다.
③ 풍속이 작을수록 증가한다.
④ 굴뚝의 통풍력이 클수록 증가한다.

 굴뚝의 유효 높이는 외기의 온도차가 클수록 증가한다.

09 흡수법을 사용하여 오염물질을 처리하고자 할 때 흡수액의 구비조건으로 옳지 않은 것은?
① 휘발성이 적을 것 ② 점성이 클 것
③ 부식성이 없을 것 ④ 용해도가 클 것

 흡수액의 구비조건 중 점성은 작아야 한다.

10 질소산화물을 촉매환원법으로 처리하는 방법에 관한 설명으로 옳지 않은 것은?
① 비선택적 환원제로는 메탄이 사용된다.
② 선택적 환원제로는 암모니아, 수소, 일산화탄소 등이 사용된다.
③ 선택적 촉매환원법의 촉매로는 백금, 산화알루미늄계, 산화철계, 산화티타늄계 등이 사용된다.
④ 탄화수소, 수소, 일산화탄소는 산소가 공존하여도 선택적으로 질소산화물과 반응하며, 암모니아는 산소와 우선적으로 반응한다.

 암모니아는 선택적 환원제로 배기가스 중 산소와는 무관하게 질소산화물과 반응한다.

11 대기층의 구조에 관한 설명으로 옳지 않은 것은?
① 오존농도의 고도분포는 지상으로부터 약 10km 부근인 성층권에서 35ppm 정도의 최대농도를 나타낸다.
② 대류권에서는 고도증가에 따라 기온이 감소한다.
③ 열권은 지상 80km 이상에 위치한다. 여러 층의 흡착층이 가능하다.
④ 중간권 중 상부 80km 부근은 지구대기층 중 가장 기온이 낮다.

 오존농도의 고도분포는 지상으로부터 약 25km 부근인 성층권에서 10ppm 정도의 최대농도를 나타낸다.

12 후드(Hood)는 여러 가지 생산공정에서 발생되는 열이나 대기오염물질을 함유하는 공기를 포획하여 환기시키는 장치이다. 이러한 후드의 형식(종류)에 해당하지 않는 것은?
① 배기형 후드 ② 포위형 후드
③ 수형 후드   ④ 포집형 후드

 후드의 형식(종류)에는 포위형, 포집형, 수형, 외부설치형이 있다.

13 에탄(C_2H_6) $1Sm^3$를 완전연소시킬 때 건조배출가스 중의 CO_{2max}(%)는?

① 11.7%   ② 13.2%
③ 15.7%   ④ 18.7%

 〈계산식〉 $CO_{2max}(\%) = \dfrac{CO_2}{G_{od}} \times 100$

〈반응식〉 $C_2H_6 + 3.5O_2 \rightarrow 2CO_2 + 3H_2O$

㉠ $G_{od} = 0.79A_o + CO_2 = 0.79 \times 16.667 + 2$
    $= 15.167(m^3)$
㉡ $A_o = O_o/0.21 = 3.5/0.21 = 16.667(m^3)$

∴ $CO_{2max}(\%) = \dfrac{2}{15.167} \times 100 = 13.18(\%)$

14 세정집진장치의 특징으로 거리가 먼 것은?

① 고온의 가스를 처리할 수 있다.
② 폐수처리장치가 필요하다.
③ 점착성 및 조해성 먼지를 처리할 수 없다.
④ 포집된 먼지의 재비산 염려가 거의 없다.

 세정집진장치는 점착성 및 조해성 먼지를 처리할 수 있다.

15 건조한 대기의 조성을 부피농도가 높은 순서대로 올바르게 나열한 것은?

① 질소 > 산소 > 아르곤 > 이산화탄소
② 산소 > 질소 > 이산화탄소 > 아르곤
③ 이산화탄소 > 산소 > 질소 > 아르곤
④ 산소 > 이산화탄소 > 아르곤 > 질소

16 다음 지구상에 존재하는 담수 중 가장 많은 부분을 차지하는 형태는?

① 호소수   ② 하천수
③ 지하수   ④ 빙설 및 빙하

17 폐수처리에 있어서 활성탄은 주로 어떤 목적으로 사용되는가?

① 흡착   ② 중화
③ 침전   ④ 부유

18 염소(Cl_2)가스를 물에 흡수시켰을 때 살균력은 pH가 낮은 쪽이 유리하다고 한다. pH가 9 이상에서 물속에 많이 존재하는 것으로 옳은 것은?

① OCl^-보다 $HOCl$이 많이 존재한다.
② $HOCl$보다 OCl^-이 많이 존재한다.
③ pH에 관계없이 항상 $HOCl$이 많이 존재한다.
④ NH_3가 없는 물속에서는 NH_2Cl_2이 많이 존재한다.

 pH가 9 이상에서는 $HOCl$보다 OCl^-이 많이 존재한다.

19 BOD 용적부하($kg/m^3 \cdot day$) 식에 관한 설명으로 옳은 것은?

① 유입폐수 BOD 농도(mg/L)에 유입유량(m^3/day)과 10^{-3}을 곱한 값을 포기조 용적(m^3)으로 나눈 값이다.
② 유출폐수 BOD 농도(mg/L)에 유출유량(m^3/day)과 10^{-3}을 곱한 값을 포기조 용적(m^3)으로 나눈 값이다.
③ 유입폐수 BOD 농도(mg/L)에 유입유량(m^3/day)과 10^{-3}을 곱한 값에 미생물(MLSS) 용적(m^3)으로 나눈 값이다.
④ 유출폐수 BOD 농도(mg/L)에 유출유량(m^3/day)과 10^{-3}을 곱한 값에 미생물(MLSS) 용적(m^3)으로 나눈 값이다.

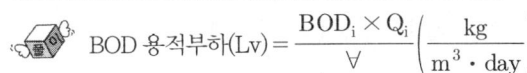 BOD 용적부하(L_v) = $\dfrac{BOD_i \times Q_i}{\forall}\left(\dfrac{kg}{m^3 \cdot day}\right)$

20 0℃ 얼음과 0℃ 물 1L의 무게 차이는 몇 g인가? (단, 물과 얼음의 밀도는 0℃에서 각각 0.9998g/m³, 0.9167g/m³이고, 기타 조건은 무시한다.)

① 49.2　　② 62.9
③ 70.3　　④ 83.1

 0.9998−0.9167=0.0831
즉, 1m³당 0.0831g의 무게 차이가 발생하기 때문에 1L당 83.1g의 차이가 발생한다.

21 A도시에서 발생하는 2,000m³/day의 하수를 1차 침전지에서 침전속도가 2m/day보다 큰 입자들을 완전히 제거하기 위해 요구되는 1차 침전지의 표면적으로 가장 적합한 것은?

① 100m² 이상　　② 500m² 이상
③ 1,000m² 이상　　④ 4,000m² 이상

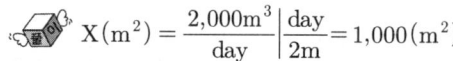

22 다음 오염물질 함유 폐수 중 알칼리 조건하에서 염소처리(산화)가 필요한 것은?

① 시안(CN)　　② 알루미늄(Al)
③ 6가 크롬(Cr^{6+})　　④ 아연(Zn)

 시안 함유 폐수처리는 알칼리 염소처리법으로 한다.

23 정수시설에서 오존처리에 관한 설명으로 가장 거리가 먼 것은?

① 오존은 강력한 산화력이 있어 원수 중의 미량 유기물질의 성상을 변화시켜 탈색효과가 뛰어나다.
② 맛과 냄새 유발물질의 제거에 효과적이다.
③ 소독효과가 우수하면서도 소독 부산물을 적게 형성한다.
④ 잔류성이 뛰어나 잔류 소독효과를 얻기 위해 염소를 추가로 주입할 필요가 없다.

 오존처리는 효과에 지속성이 없으며 상수에 대하여는 염소처리의 병용이 필요하다.

24 다음 중 부상법의 종류에 해당하지 않는 것은?

① 진공부상　　② 산화부상
③ 공기부상　　④ 용존공기부상

 부상법의 종류에는 용존공기부상법, 공기부상법, 진공부상법이 있다.

25 상수처리장에서 처리된 물을 일시 저류하는 정수지의 설치기능과 이 시설을 지하에 설치하는 이유로 가장 거리가 먼 것은?

① 살균제(Cl_2)와 충분한 시간 동안 접촉시키기 위해 설치한다.
② 지상에 설치 시 처리수에 미량의 영양염류가 존재하면 조류가 광합성을 하고 증식하여 수질이 악화될 수 있다.
③ 살균제가 태양광과 접촉하면 분해하여 손실이 일어날 수 있다.
④ 바람의 영향을 받지 않고 처리수 중의 고형물질과 유해 중금속을 침전제거시킬 수 있다.

 저류시설에서는 고형물질과 유해 중금속을 침전제거시킬 수 없다.

26 C_2H_5OH의 완전산화 시 ThOD/TOC의 비는?

① 1.92　　② 2.67
③ 3.31　　④ 4

 $C_2H_5OH + 3O_2 \rightarrow 2CO_2 + 3H_2O$
　　1mol　:　3×32g
　　ThOD = 96g
　　TOC = 24g
　∴ $\dfrac{ThOD}{TOC} = \dfrac{96g}{24g} = 4$

27 경도(Hardness)에 관한 설명으로 거리가 먼 것은?

① Na^+은 농도가 높을 때는 경도와 비슷한 작용을 하여 유사경도라 한다.
② 2가 이상의 양이온 금속의 양을 수산화칼슘으로 환산하여 ppm 단위로 표시한다.
③ 센물 속의 금속이온들은 세제나 비누와 결합하여 세탁효과를 떨어뜨린다.
④ 경도 중 CO_3^{2-}, HCO_3^- 등과 결합한 형태로 있을 때 이를 탄산경도라고 하고, 이 성분은 물을 끓일 때 침전제거되므로 일시경도라 한다.

 2가 이상의 양이온 금속의 양을 탄산칼슘으로 환산하여 ppm 단위로 표시한다.

28 혐기성조 – 호기성조의 과정을 거치면서 질소제거는 고려되지 않지만 하·폐수 내의 유기물 산화와 생물학적으로 인(P)을 제거하는 공법으로 가장 적합한 것은?

① A/O 공법
② A^2/O 공법
③ UCTA 공법
④ Bardenpho 공법

 A/O 공법은 혐기성조 – 호기성조로 구성되어 있으며 인(P)을 제거하는 공법이다.

29 농황산의 비중이 1.84, 농도는 70(W/W%) 정도라면 이 농황산의 몰농도(mol/L)는?(단, 농황산의 분자량은 : 98)

① 10　　② 13
③ 15　　④ 16

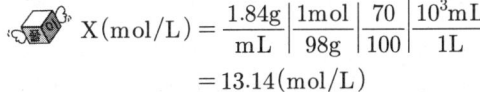
$= 13.14 (mol/L)$

30 다음 중 슬러지 팽화의 지표로서 가장 관계가 깊은 것은?

① 함수율　　② SVI
③ TSS　　④ NBDCOD

 슬러지 시료(SVI)
반응조 내 혼합액을 30분간 정체한 경우 1g의 활성슬러지 부유물질이 포함하는 용적을 mL로 표시한 것이다. 적절한 SVI(50~150mL/g)를 맞춰줘야 침강성이 좋아지며 200 이상으로 과대할 경우 슬러지 팽화가 발생한다.

31 1mM의 수산화칼슘이 녹아 있는 수용액의 pH는 얼마인가?(단, 수산화칼슘은 완전해리한다.)

① 2.7　　② 4.5
③ 9.5　　④ 11.3

 $Ca(OH)_2 \rightarrow Ca^{2+} + 2OH^-$
　　1mM　:　2mM
$pOH = -\log[OH^-] = -\log[2 \times 10^{-3}] = 2.699$
∴ $pH = 14 - pOH = 14 - 2.699 = 11.3$

32 위플에 의한 하천의 자정과정을 오염원으로부터 하천유하거리에 따라 단계별로 옳게 구분한 것은?

① 분해지대 → 활발한 분해지대 → 회복지대 → 정수지대
② 분해지대 → 활발한 분해지대 → 정수지대 → 회복지대
③ 활발한 분해지대 → 분해지대 → 회복지대 → 정수지대
④ 활발한 분해지대 → 분해지대 → 정수지대 → 회복지대

33 지하수의 수질 특성에 관한 설명으로 옳지 않은 것은?

① 지하수는 국지적 환경조건의 영향을 크게 받기 쉽다.
② 지하수는 대기와의 접촉이 제한 또는 차단되어 있기 때문에 수질성분들이 대체로 환원 상태로 존재하는 경우가 많다.
③ 지하수는 햇빛을 받을 수 없으므로 광합성 반응이 일어나지 않으며, 세균에 의한 유기물의 분해가 주된 생물작용이 되고 있다.
④ 지하수의 연평균 수온 변화는 지표수에 비해 현저히 크고, 일반적으로 약 2℃ 이상이다.

 지하수의 연평균 수온 변화는 지표수에 비해 현저히 작다.

34 A공장폐수의 BOD_5 값이 240mg/L이고, 탈산소계수(K)가 0.2/day이다. 최종 BOD 값은?

① 237mg/L ② 267mg/L
③ 297mg/L ④ 327mg/L

 $BOD_t = BOD_u(1 - 10^{-K \cdot t})$
$240 = BOD_u(1 - 10^{-0.2 \times 5})$
$\therefore BOD_u = \dfrac{240}{(1 - 10^{-1})} = 266.67(mg/L)$

35 하수처리장의 침사지 부피가 12m³이고 유입되는 유량이 60m³/hr이라면 체류시간은?

① 0.2min ② 12min
③ 30min   ④ 60min

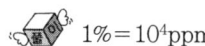 $t(min) = \dfrac{12m^3}{} \left| \dfrac{hr}{60m^3} \right| \dfrac{60min}{1hr} = 12(min)$

36 유해폐기물의 물리화학적 처리방법 중 휘발성 물질을 함유하는 유해 액상 폐기물을 수증기와 접촉시켜 휘발성분을 기화시킨 후 분리하는 공정으로 특히 휘발성 물질이 고농도로 농축된 액상 폐기물의 처리에 가장 적합한 방법은?

① 가압 부상 ② 전해 산화
③ 공기 탈기 ④ 증기 탈기

37 어떤 물질을 분석한 결과 1500ppm의 결과를 얻었다. 이것을 %로 환산하면?

① 0.15% ② 1.5%
③ 15%.   ④ 150%

$1\% = 10^4 ppm$

38 다음은 파쇄기의 특성에 관한 설명이다. ( ) 안에 가장 적합한 것은?

( )는 기계의 압착력을 이용하여 파쇄하는 장치로서 나무나 플라스틱류, 콘크리트 덩이, 건축폐기물의 파쇄에 이용되며, Rotary Mill식, Impact crusher 등이 있다. 이 파쇄기는 마모가 적고, 비용이 적게 소요되는 장점이 있으나, 금속, 고무, 연질플라스틱의 파쇄는 어렵다.

① 전단파쇄기   ② 압축파쇄기
③ 충격파쇄기   ④ 컨베이어파쇄기

정답 32 ① 33 ④ 34 ② 35 ② 36 ④ 37 ① 38 ②

39 쓰레기 수거노선을 설정할 때의 유의사항으로 가장 거리가 먼 것은?

① 가능한 한 간선도로 부근에서 시작하고 끝나도록 한다.
② 언덕길은 내려가면서 수거한다.
③ 발생량이 많은 곳은 하루 중 가장 먼저 수거한다.
④ 가능한 한 시계반대방향으로 수거노선을 정한다.

 쓰레기 수거노선은 가능한 한 시계방향으로 수거노선을 정한다.

40 다음 국제적 협약 중 잔류성 유기오염물질(POPs)을 국제적으로 규제하기 위해 채택된 협약은?

① 스톡홀름협약　　② 런던협약
③ 바젤협약　　　　④ 노테르담협약

41 폐기물을 분쇄하여 세립화 및 균일화하는 것을 파쇄라 한다. 파쇄의 장점으로 가장 거리가 먼 것은?

① 조성을 균일하게 하여 정상 연소 시 연소효율을 향상시킨다.
② 폐기물 입자의 표면적이 증가되어 미생물 작용이 촉진되므로 매립 시 조기안정화를 꾀할 수 있다.
③ 부피가 커져 운반비는 증가하나 고밀도 매립을 할 수 있으며, 토양으로의 산화 및 환원작용이 빨라진다.
④ 조대 쓰레기에 의한 소각로의 손상을 방지할 수 있다.

42 관거(Pipe line)를 이용한 폐기물 수거방법에 관한 설명으로 가장 거리가 먼 것은?

① 폐기물 발생빈도가 높은 곳이 경제적이다.
② 가설 후에 경로변경이 곤란하다.
③ 25km 이상의 장거리 수송에 현실성이 있다.
④ 큰 폐기물은 파쇄, 압축 등의 전처리를 해야 한다.

43 각종 폐수처리공정에서 발생되는 슬러지를 소화시키는 목적으로 거리가 먼 것은?

① 유기물을 분해시켜 안정화시킨다.
② 슬러지의 무게와 부피를 감소시킨다.
③ 병원균을 죽이거나 통제할 수 있다.
④ 함수율을 높여 수송을 용이하게 할 수 있다.

44 다음 중 매립지 내 가스(LFG ; Landfill Gas)에서 주로 발생되는 성분으로 가장 거리가 먼 것은?

① 메탄　　　　② 질소
③ 염소　　　　④ 탄산가스

45 쓰레기 전환연료(RDF)의 구비조건으로 거리가 먼 것은?

① 칼로리가 높을 것
② 함수율이 높을 것
③ 재의 양이 적을 것
④ 조성이 균일할 것

 함수율이 15% 이하로 낮아야 한다.

46 슬러지의 탈수성을 개량하기 위한 약품으로 적절하지 않은 것은?

① 명반　　　　② 철염
③ 염소　　　　④ 고분자 응집제

 염소는 응집제에 해당하지 않는다.

47 침출수를 혐기성 여상으로 처리하고자 한다. 유입유량이 $1,000m^3/day$, BOD가 500mg/L, 처리효율이 90%라면, 이때 혐기성 여상에서 발생되는 메탄가스의 양은?(단, $1.5m^3$ 가스/BOD kg, 가스 중 메탄 함량은 60%이다.)

① $350m^3/day$ ② $405m^3/day$
③ $510m^3/day$ ④ $550m^3/day$

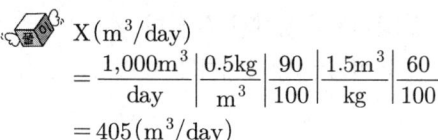
$X(m^3/day)$
$= \dfrac{1,000m^3}{day} \bigg| \dfrac{0.5kg}{m^3} \bigg| \dfrac{90}{100} \bigg| \dfrac{1.5m^3}{kg} \bigg| \dfrac{60}{100}$
$= 405(m^3/day)$

48 혐기성 소화조 운영 중 소화가스 발생량 저하 원인으로 가장 거리가 먼 것은?

① 유기물의 과부하
② 소화조 내 온도저하
③ 소화조 내의 pH 상승(8.5 이상)
④ 과다한 유기산 생성

유기물의 과부하는 이상발포 또는 pH 저하가 발생한다.

49 A도시지역의 쓰레기 수거량은 1,792,500 ton/년이다. 이 쓰레기를 1,363명이 수거한다면 수거능력(MHT)은?(단, 1일 작업시간은 8시간, 1년 작업일수는 310일이다.)

① 1.45 ② 1.77
③ 1.89 ④ 1.96

MHT $= \dfrac{1,363인}{1,792,500ton} \bigg| \dfrac{year}{} \bigg| \dfrac{310일}{1년} \bigg| \dfrac{8hr}{1일}$
$= 1.89$

50 쓰레기의 발생량을 산정하는 방법 중 일정기간 동안 특정지역의 쓰레기 수거차량의 대수를 조사하여 이 값에 밀도를 곱하여 중량으로 환산하는 방법은?

① 물질수지법 ② 직접계근법
③ 적재차량 계수분석법 ④ 적환법

51 화격자 소각로의 장점으로 가장 적합한 것은?

① 체류시간이 짧고 교반력이 강하다.
② 연속적인 소각과 배출이 가능하다.
③ 열에 쉽게 용해되는 물질의 소각에 적합하다.
④ 수분이 많은 물질의 소각에 적합하며, 금속부의 마모손실이 적다.

화격자 소각로의 장단점
㉠ 장점
• 연속적인 소각과 배출이 가능하다.
• 수분이 많은 쓰레기의 소각도 가능하다.
• 발열량이 낮은 쓰레기의 소각도 가능하다.

㉡ 단점
• 체류시간이 길고 교반력이 약하며 국부가열이 발생할 염려가 있다.
• 고온 중에서 기계적으로 구동하기 때문에 금속부의 마모손실이 심하다.
• 수분이 많은 것이나 플라스틱과 같이 열에 쉽게 용해되는 물질은 화격자가 막힐 염려가 있다.

52 짐머만(Zimmerman) 공법이라고도 불리며 액상 슬러지에 열과 압력을 작용시켜 용존산소에 의하여 화학적으로 슬러지 내의 유기물을 산화시키는 방법은?

① 혐기성 소화 ② 호기성 소화
③ 습식산화 ④ 화학적 안정화

 짐머만(Zimmerman) 공법은 습식산화법의 일종이다.

53 폐기물의 물리화학적 처리방법 중 용매추출에 사용되는 용매의 선택기준이 옳은 것만으로 묶여진 것은?

> ㉠ 분배계수가 높아 선택성이 클 것
> ㉡ 끓는점이 높아 회수성이 높을 것
> ㉢ 물에 대한 용해도가 낮을 것
> ㉣ 밀도가 물과 같을 것

① ㉠, ㉡ ② ㉠, ㉢
③ ㉡, ㉢ ④ ㉡, ㉣

 용매 추출에 사용되는 용매의 선택기준
㉠ 용매 추출법에 사용되는 용매는 비극성이어야 한다.
㉡ 용매 회수가 가능하여야 한다.
㉢ 분배계수가 높아 선택성이 커야 한다.
㉣ 끓는점이 낮아 회수성이 높아야 한다.
㉤ 물에 대한 용해도가 낮아야 한다.
㉥ 물과 밀도가 다른 것이어야 한다.

54 함수율이 20%인 폐기물을 건조시켜 함수율이 2.3% 되도록 하려면 폐기물 1,000kg당 증발시켜야 할 수분의 양은?(단, 폐기물 비중은 1.0)

① 약 127kg ② 약 158kg
③ 약 181kg ④ 약 192kg

 $V_1(100 - W_1) = V_2(100 - W_2)$
$1,000(100 - 20) = V_2(100 - 2.3)$
$V_2 = 818.83 (kg)$

∴ 증발시켜야 할 수분량
$= 1,000 - 818.83 = 181.17 (kg)$

55 합성차수막 중 PVC의 특성으로 가장 거리가 먼 것은?

① 작업이 용이한 편이다.
② 접합이 용이한 편이다.
③ 대부분의 유기화학물질에 약한 편이다.
④ 자외선, 오존, 기후 등에 강한 편이다.

 자외선, 오존, 기후 등에 약한 편이다.

56 음압이 10배가 되면 음압레벨은 몇 dB 증가하는가?

① 10 ② 20
③ 30 ④ 40

 $SPL = 20\log\left(\dfrac{P}{P_o}\right) dB$
$= 20\log 10 = 20 dB$

57 다음 중 표시단위가 다른 것은?

① 투과율 ② 음압레벨
③ 투과손실 ④ 음의 세기레벨

투과율의 단위는 %이고, 나머지 단위는 dB이다.

58 난청이란 4분법에 의한 청력손실이 옥타브밴드 중심 주파수 500~2,000Hz 범위에서 몇 dB 이상인 경우인가?

① 5 ② 10
③ 20 ④ 25

 난청의 판정
500~2,000Hz 범위에서 청력손실이 25dB 이상이면 난청이라 한다.
• 소음성 난청 : 영구적 난청 4,000Hz
• 노인성 난청 : 6,000Hz에서 시작

정답 53 ② 54 ③ 55 ④ 56 ② 57 ① 58 ④

59 방음벽 설계 시 유의점으로 옳지 않은 것은?

① 벽의 투과손실은 회절감쇠치보다 적어도 5dB 이상 크게 하는 것이 바람직하다.
② 방음벽 설계 시 음원의 지향성과 크기에 대한 상세한 조사가 필요하다.
③ 벽의 길이는 점음원일 때 벽높이의 5배 이상, 선음원일 때 음원과 수음점 간의 직선거리의 2배 이상으로 하는 것이 바람직하다.
④ 음원의 지향성이 수음측 방향으로 클 때에는 벽에 의한 감쇠치가 계산치보다 작게 된다.

 음원의 지향성이 수음측 방향으로 클 때에는 벽에 의한 감쇠치가 계산치보다 크게 된다.

60 음향파워가 0.01Watt이면 PWL은 얼마인가?

① 1dB
② 10dB
③ 100dB
④ 1,000dB

 $PWL = 10\log\left(\dfrac{W}{W_o}\right)$
$= 10\log\left(\dfrac{0.01}{10^{-12}}\right) = 100(dB)$

정답 59 ④ 60 ③

2014년 1회 시행

01 C_8H_{18}을 완전연소시킬 때 부피 및 무게에 대한 이론 AFR로 옳은 것은?

① 부피 : 59.5, 무게 : 15.1
② 부피 : 59.5, 무게 : 13.1
③ 부피 : 35.5, 무게 : 15.1
④ 부피 : 35.5, 무게 : 13.1

 〈계산식〉

$$AFR_v = \frac{m_a \times 22.4}{m_f \times 22.4}, \quad AFR_m = \frac{m_a \times M_a}{m_f \times M_f}$$

〈반응식〉
$$C_8H_{18} + 12.5O_2 \rightarrow 8CO_2 + 9H_2O$$

㉠ $AFR_v = \dfrac{12.5/0.21 \times 22.4}{1 \times 22.4} = 59.52$

㉡ $AFR_m = \dfrac{12.5/0.21 \times 29}{1 \times 114} = 15.14$

02 프로판(C_3H_8) 44kg을 완전연소시키기 위해 부피비로 10%의 과잉공기를 사용하였다. 이때 공급한 공기의 양은?

① $112Sm^3$
② $123Sm^3$
③ $587Sm^3$
④ $1,232Sm^3$

 〈계산식〉 $A = mA_o = m \times O_o \times \dfrac{1}{0.21}$

〈반응식〉
$$C_3H_8 + 5O_2 \rightarrow 3CO_2 + 4H_2O$$
$\quad$ 44kg $\quad$: $\quad 5 \times 22.4Sm^3$
$\quad$ 44kg $\quad$: $\quad$ X $\quad \therefore X = 112Sm^3$

$A = 1.1 \times 112 \times \dfrac{1}{0.21} = 586.67(Sm^3)$

03 여름철 광화학스모그의 일반적인 발생조건으로만 옳게 묶여진 것은?

㉠ 반응성 탄화수소의 농도가 크다.
㉡ 기온이 높고 자외선이 강하다.
㉢ 대기가 매우 불안정한 상태이다.

① ㉠, ㉡
② ㉠, ㉢
③ ㉡, ㉢
④ ㉢

 광화학스모그는 전구물질(탄화수소 NOx, O_3)의 농도가 높고, 일사량과 기온이 높고, 습도가 낮을 때 잘 발생하며, 대기의 상태는 역전상태에서 잘 발생한다.

04 중력집진장치의 효율 향상 조건에 관한 설명으로 옳지 않은 것은?

① 침강실 내 처리가스 속도가 클수록 미립자가 포집된다.
② 침강실 내 배기가스 기류는 균일하여야 한다.
③ 침강실 입구폭이 클수록 유속이 느려지고, 미세한 입자가 포집된다.
④ 다단일 경우 단수가 증가될수록 압력손실은 커지나 효율은 증가한다.

 침강실 내 처리가스 속도가 작을수록 미립자가 포집된다.

05 원심력집진장치에서 한계(또는 분리) 입경이란 무엇을 말하는가?

① 50% 처리효율로 제거되는 입자입경
② 100% 분리 포집되는 입자의 최소입경

정답 01 ① 02 ③ 03 ① 04 ① 05 ②

③ 블로다운 효과에 적용되는 최소입경
④ 분리계수가 적용되는 입자입경

06 메탄(Methane) 1mol을 이론적으로 완전연소시킬 때, 0℃, 1기압하에서 필요한 산소의 부피(L)는?(단, 이때 산소는 이상기체로 간주한다.)

① 22.4L ② 44.8L
③ 67.2L ④ 89.6L

풀이) $CH_4 + 2O_2 \rightarrow CO_2 + 2H_2O$
  1mol : 2mol
  22.4L : X   X=44.8L

07 배출가스 중의 염소농도가 200ppm이었다. 염소농도를 10mg/Sm³로 최종 배출한다고 하면 염소의 제거율은 얼마인가?

① 95.7% ② 97.2%
③ 98.4% ④ 99.6%

풀이) $\eta = \left(1 - \dfrac{C_o}{C_i}\right) \times 100$

㉠ $C_i = \dfrac{200\text{mL}}{\text{m}^3} \bigg| \dfrac{71\text{mg}}{22.4\text{mL}} = 633.93(\text{mg/m}^3)$

㉡ $C_o = 10\text{mg/m}^3$

∴ $\eta = \left(1 - \dfrac{10}{633.93}\right) \times 100 = 98.42(\%)$

08 대기의 상태가 과단열감률을 나타내는 것으로 매우 불안정하고 심한 와류로 굴뚝에서 배출되는 오염물질이 넓은 지역에 걸쳐 분산되지만 지표면에서는 국부적인 고농도 현상이 발생하기도 하는 연기의 형태는?

① 환상형(Looping)   ② 원추형(Coning)
③ 부채형(Fanning)   ④ 구속형(Trapping)

09 다음 설명하는 장치분석법에 해당하는 것은?

> 이 법은 기체시료 또는 기화(氣化)한 액체나 고체시료를 운반가스(Carriar Gas)에 의하여 분리, 관 내에 전개시켜 기체상태에서 분리되는 각 성분을 분석하는 방법으로 일반적으로 무기물 또는 유기물의 대기오염 물질에 대한 정성(定性), 정량(定量) 분석에 이용한다.

① 흡광광도법   ② 원자흡광광도법
③ 가스크로마토그래프법 ④ 비분산적외선분석법

10 SO_2 기체와 물이 30℃에서 평형상태에 있다. 기상에서의 SO_2 분압이 44mmHg일 때 액상에서의 SO_2 농도는?(단, 30℃에서 SO_2 기체의 물에 대한 헨리 상수는 $1.60 \times 10\text{atm} \cdot \text{m}^3/\text{kmol}$이다.)

① $2.51 \times 10^{-4} \text{kmol/m}^3$
② $2.51 \times 10^{-3} \text{kmol/m}^3$
③ $3.62 \times 10^{-4} \text{kmol/m}^3$
④ $3.62 \times 10^{-3} \text{kmol/m}^3$

풀이) $P = H \cdot C$

∴ $C = \dfrac{P}{H}$

$= \dfrac{44\text{mmHg}}{} \bigg| \dfrac{1\text{atm}}{760\text{mmHg}} \bigg| \dfrac{\text{kmol}}{1.60 \times 10\text{atm} \cdot \text{m}^3}$

$= 3.62 \times 10^{-3}(\text{kmol/m}^3)$

11 전기집진장치의 집진극이 갖추어야 할 조건으로 옳지 않은 것은?

① 부착된 먼지를 털어내기 쉬울 것
② 전기장 강도가 불균일하게 분포하도록 할 것
③ 열, 부식성 가스에 강하고 기계적인 강도가 있을 것
④ 부착된 먼지의 탈진 시, 재비산이 잘 일어나지 않는 구조를 가질 것

집진극은 전기장 강도가 균일하게 분포하도록 해야 한다.

12 연소조절에 의한 NOx 발생의 억제방법으로 옳지 않은 것은?

① 2단 연소를 실시한다.
② 과잉공기량을 삭감시켜 운전한다.
③ 배기가스를 재순환시킨다.
④ 부분적인 고온영역을 만들어 연소효율을 높인다.

질소산화물은 고온생성물이다.

13 황(S) 성분이 1.6(wt%)인 중류가 2,000kg/hr 연소하는 보일러 배출가스를 NaOH 용액으로 처리할 때 시간당 필요한 NaOH 양(kg)은?(단, 황 성분은 완전연소하여 SO_2로 되며, 탈황률은 95%이다.)

① 76 ② 82
③ 84 ④ 89

$$S \equiv 2NaOH$$
$$32 : 2 \times 40kg$$
$$\frac{2,000kg}{hr} \left| \frac{1.6}{100} \right| \frac{95}{100} : X$$
$$\therefore X = 76(kg/hr)$$

14 다음 중 오존층의 두께를 표시하는 단위는?

① VAL ② OTL
③ Pa   ④ Dobson

15 질소산화물을 촉매환원법으로 처리하고자 할 때 사용되는 촉매는 무엇인가?

① K_2SO_4 ② 백금
③ V_2O_5 ④ HCl

질소산화물을 촉매환원법으로 처리하고자 할 때 사용되는 촉매는 백금이며, K_2SO_4, V_2O_5는 황산화물을 접촉산화법으로 처리할 때 사용되는 촉매이다.

16 다음 중 Acidity 또는 hardness는 무엇으로 환산하는가?

① 염화칼슘 ② 질산칼슘
③ 수산화칼슘 ④ 탄산칼슘

산도(Acidity), 경도(hardness), 알칼리도(Alkalinity)는 탄산칼슘으로 환산한다.

17 4m×3m의 여과지에 1,000m³/day의 유량을 처리하는 경우 여과율은?

① 0.96L/m²·s   ② 9.6L/m²·s
③ 0.12L/m²·s   ④ 1.2L/m²·s

여과율 = $\frac{1,000m^3}{day} \left| \frac{1}{4 \times 3m^2} \right| \frac{10^3 L}{1m^3} \left| \frac{1 day}{86,400 sec} \right.$
= 0.96(L/m²·sec)

18 에탄올(C_2H_5OH)의 농도가 350mg/L인 폐수의 이론적인 화학적 산소요구량은?

① 620mg/L ② 730mg/L
③ 840mg/L ④ 950mg/L

$C_2H_5OH + 3O_2 \rightarrow 2CO_2 + 3H_2O$
46g : 3×32g
350mg/L : X
∴ X = 730.4(mg/L)

정답 12 ④ 13 ① 14 ④ 15 ② 16 ④ 17 ① 18 ②

19 활성슬러지법으로 처리하고 있는 어떤 폐수 처리시설 포기조의 운영관리자료 중 적절하지 않은 것은?

① SV가 20~30%이다.
② DO가 7~9mg/L이다.
③ MLSS가 3,000mg/L이다.
④ pH가 6~8이다.

 용존산소 : 0.5~2(ppm)

20 시료의 5일 BOD가 212mg/L이고, 탈산소계수값이 0.15/day(밑수 10)이면 이 시료의 최종 BOD(mg/L)는?

① 243
② 258
③ 285
④ 292

$BOD_t = BOD_u(1-10^{-k \cdot t})$
$212 = BOD_u(1-10^{-0.15 \times 5})$
$\therefore BOD_u = 257.85(mg/L)$

21 다음 설명에 알맞은 생물학적 처리공정으로 가장 적합한 것은?

- 설치면적이 적게 들며, 처리수의 수질이 양호하다.
- BOD, SS의 제거율이 높다.
- 수량 또는 수질에 영향을 많이 받는다.
- 슬러지 팽화가 문제점으로 지적된다.

① 산화지법
② 살수여상법
③ 회전원판법
④ 활성슬러지법

22 아연과 성질이 유사한 금속으로 체내 칼슘균형을 깨뜨려 골연화증의 원인이 되며, 이타이이타이병으로 잘 얼려진 것은?

① Hg
② Cd
③ PCB
④ Cr^{+6}

 카드뮴(Cd)을 설명하고 있다.

23 SVI=125일 때 반송슬러지 농도(mg/L)는?

① 1,000
② 2,000
③ 4,000
④ 8,000

$X_r = 10^6/SVI$
$= 10^6/125 = 8,000(mg/L)$

24 아래 식은 크롬 함유 폐수의 수산화물 침전과정의 화학반응식이다. □에 들어갈 알맞은 수치는?

$Cr_2(SO_4)_3 + 6NaOH \rightarrow \square Cr(OH)_3 + 3Na_2SO_4$

① 1
② 2
③ 3
④ 4

25 하수의 고도처리공법 중 인(P) 성분만을 주로 제거하기 위한 Side Stream 공정으로 다음 중 가장 적합한 것은?

① Bardenpho 공정
② Phostrip 공정
③ A^2/O 공정
④ UCT 공정

26 효과적인 응집을 위해 실시하는 약품교반 실험장치(Jar-Tester)의 일반적인 실험순서가 바르게 나열된 것은?

① 정치 침전 → 상징수 분석 → 응집제 주입 → 급속 교반 → 완속 교반

② 급속 교반 → 완속 교반 → 응집제 주입 →
정치 침전 → 상징수 분석
③ 상징수 분석 → 정치 침전 → 완속 교반 →
급속 교반 → 응집제 주입
④ 응집제 주입 → 급속 교반 → 완속 교반 →
정치 침전 → 상징수 분석

27 다음 중 수처리 시 사용되는 응집제와 거리가 먼 것은?

① PAC ② 소석회
③ 입상활성탄 ④ 염화제2철

 입상활성탄은 흡착제이다.

28 부상법으로 처리해야 할 폐수의 성상으로 가장 적합한 것은?

① 수중에 용존유기물의 농도가 높은 경우
② 비중이 물보다 낮은 고형물이 많은 경우
③ 수온이 높은 경우
④ 독성물질을 많이 함유한 경우

 부상법으로 처리해야 할 폐수는 물보다 비중이 가벼운 고형물인 경우에 적합하다.

29 MLSS 농도가 1,000mg/L이고, BOD 농도가 200mg/L인 2,000m³/day의 폐수가 포기조로 유입될 때 BOD/MLSS 하부는?(단, 포기조의 용적은 1,000m³이다.)

① 0.1kg BOD/kg MLSS · day
② 0.2kg BOD/kg MLSS · day
③ 0.3kg BOD/kg MLSS · day
④ 0.4kg BOD/kg MLSS · day

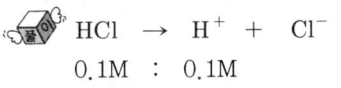

$$F/M = \frac{BOD \times Q}{\forall \cdot X}$$
$$= \frac{200 \times 2,000}{1,000 \times 1,000}$$
$$= 0.4 (kg\ BOD/kg\ MLSS)$$

30 0.1N 염산(HCl) 용액의 예상되는 pH는 얼마인가?(단, 이 농도에서 염산 용액은 100% 해리한다.)

① 1 ② 2
③ 12 ④ 13

HCl → H⁺ + Cl⁻
0.1M : 0.1M
pH = $-\log[H^+]$ = $-\log[0.1]$ = 1

31 다음 중 살수여상법으로 폐수를 처리할 때 유지관리상 주의할 점이 아닌 것은?

① 슬러지의 팽화 ② 여상의 폐쇄
③ 생물막의 탈락 ④ 파리의 발생

 슬러지의 팽화는 활성슬러지법의 문제점이다.

32 166.6g의 $C_6H_{12}O_6$가 완전한 혐기성 분해를 한다고 가정할 때 발생 가능한 CH_4가스용적으로 옳은 것은?(단, 표준상태 기준)

① 24.4L ② 62.2L
③ 186.7L ④ 1,339.2L

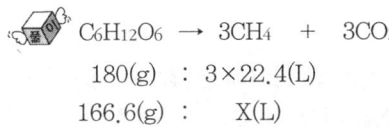
$C_6H_{12}O_6$ → $3CH_4$ + $3CO_2$
180(g) : 3×22.4(L)
166.6(g) : X(L)
∴ X = 62.2(L)

33 무기응집제인 알루미늄염의 장점으로 가장 거리가 먼 것은?

① 적정 pH 폭이 2~12 정도로 매우 넓은 편이다.
② 독성이 거의 없어 대량으로 주입할 수 있다.
③ 시설을 더럽히지 않는 편이다.
④ 가격이 저렴한 편이다.

 알루미늄염의 적정 pH 폭이 5.5~8.5 정도로 좁은 편이다.

34 스토크스(Stokes)의 법칙에 따라 물속에서 침전하는 원형 입자의 침전속도에 관한 설명으로 옳지 않은 것은?

① 침전속도는 입자 지름의 제곱에 비례한다.
② 침전속도는 물의 점도에 반비례한다.
③ 침전속도는 중력가속도에 비례한다.
④ 침전속도는 입자와 물 간의 밀도차에 반비례한다.

 침전속도는 입자와 물 간의 밀도차에 비례한다.

35 완속여과의 특징에 관한 설명으로 가장 거리가 먼 것은?

① 손실수두가 비교적 적다.
② 유지관리비가 적은 편이다.
③ 시공비가 적고 부지가 좁다.
④ 처리수의 수질이 양호한 편이다.

 완속여과는 넓은 부지가 필요하고 시공비가 많이 든다.

36 쓰레기 발생량과 성상에 영향을 미치는 요인에 관한 설명으로 가장 거리가 먼 것은?

① 수집빈도가 높을수록, 그리고 쓰레기통이 클수록 발생량이 감소하는 경향이 있다.
② 일반적으로 도시의 규모가 커질수록 쓰레기 발생량이 증가한다.
③ 쓰레기 관련 법규는 쓰레기 발생량에 매우 중요한 영향을 미친다.
④ 대체로 생활수준이 증가하면 쓰레기 발생량도 증가하며 다양화된다.

 수집빈도가 높을수록, 그리고 쓰레기통이 클수록 발생량이 증가하는 경향이 있다.

37 화상 위에서 쓰레기를 태우는 방식으로 플라스틱처럼 열예열화, 용해되는 물질의 소각과 슬러지, 입자상 물질의 소각에도 적합하며, 체류시간이 길고 국부적으로 가열될 염려가 있고, 연소효율이 나빠, 잔사의 용량이 많아질 수 있는 소각로로는?

① 고정상   ② 화격자
③ 회전로   ④ 다단로

 고정상 소각로에 대한 설명이다. 화격자 소각로는 화격자 위에 폐기물을 적재하여 소각하는 형태로 고정상과는 차이가 있다.

38 폐기물 소각시설의 후 연소실에 대한 설명으로 가장 거리가 먼 것은?

① 주 연소실에서 생성된 휘발성 기체는 후 연소실로 흘러들어 연소된다.
② 깨끗하고 가연성인 액상 폐기물은 바로 후 연소실로 주입될 수 있다.
③ 후 연소실 내의 온도는 주 연소실의 온도보다 보통 낮게 유지한다.
④ 연기 내의 가연성분의 완전산화를 위해 후 연소실은 충분한 양의 잉여 공기가 공급되어야 한다.

정답 33 ① 34 ④ 35 ③ 36 ① 37 ① 38 ③

39 퇴비화에 관련된 부식질(humus)의 특징과 거리가 먼 것은?

① 병원균이 사멸되어 거의 없다.
② 뛰어난 토양개량제이다.
③ C/N 비가 50~60 정도로 높다.
④ 물보유력과 양이온 교환능력이 좋다.

 부식질(humus)의 C/N 비는 10~20 정도로 낮다.

40 소각로에서 적용하는 공기비(m)에 관한 설명으로 가장 적합한 것은?

① 실제공기량과 이론공기량의 비
② 연소가스량과 이론공기량의 비
③ 연소가스량과 실제공기량의 비
④ 실제공기량과 이론산소량의 비

41 슬러지 내의 수분 중 일반적으로 가장 많은 양을 차지하며 고형물질과 직접 결합해 있지 않기 때문에 농축 등의 방법으로 용이하게 분리할 수 있는 수분은?

① 간극수   ② 모관결합수
③ 부착수   ④ 내부수

 슬러지 내의 수분 함유형태 중 간극수에 대해 설명하고 있다.

42 매립지에서의 침출수 발생량에 영향을 미치는 인자와 가장 거리가 먼 것은?

① 강우침투량   ② 유출계수
③ 증발산량   ④ 교통량

43 폐기물의 해안매립공법 중 밑면이 뚫린 바지선 등으로 쓰레기를 떨어뜨려 줌으로써 바닥지반의 하중을 균일하게 하고, 쓰레기 지반 안정화 및 매립부지 조기 이용 등에는 유리하지만 매립효율이 떨어지는 것은?

① 셀공법   ② 박층뿌림공법
③ 순차투입공법   ④ 내수배제공법

44 폐기물처리에서 에너지 회수방법으로 거리가 먼 것은?

① 슬러지 개량   ② 혐기성 소화
③ 소각열 회수   ④ RDF 제조

 슬러지 개량은 탈수성을 향상시키기 위한 방법이다.

45 쓰레기를 파쇄처리하는 이유와 가장 거리가 먼 것은?

① 겉보기 밀도의 감소
② 입자크기의 균일화
③ 부등침하의 가능한 억제
④ 비표면적의 증가

46 어느 도시에 인구 100,000명이 거주하고 있으며, 1인당 쓰레기 발생량이 평균 0.9(kg/인·일)이다. 이 쓰레기를 적재용량이 5톤인 트럭을 이용하여 한 번에 수거를 마치려면 몇 대의 트럭이 필요한가?

① 10대   ② 12대
③ 15대   ④ 18대

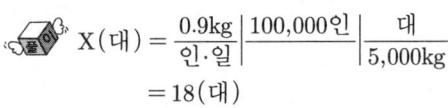

47 일정기간 동안 특정지역의 쓰레기 수거차량의 대수를 조사하여 이 값에 쓰레기의 밀도를 곱하여 중량으로 환산하여 쓰레기 발생량을 산출하는 방법은?

① 경향법
② 직접계근법
③ 물질수지법
④ 적재차량 계수분석법

48 매립가스 중 축적되면 폭발의 위험성이 있으며, 가볍기 때문에 위로 확산되고, 구조물의 설계 시에는 구조물로 스며들지 않도록 해야 하는 물질은?

① 메탄
② 산소
③ 황화수소
④ 이산화탄소

49 다단로 소각에 대한 내용으로 틀린 것은?

① 체류시간이 길어 특히 휘발성이 적은 폐기물의 연소에 유리하다.
② 온도반응이 비교적 신속하여 보조연료 사용조절이 용이하다.
③ 다량의 수분이 증발되므로 수분함량이 높은 폐기물의 연소도 가능하다.
④ 물리·화학적 성분이 다른 각종 폐기물을 처리할 수 있다.

 다단로 소각에 대한 단점으로 체류시간이 길어 온도반응이 느리며, 늦은 온도반응으로 인하여 보조연료 사용을 조절하기 어렵다.

50 그림과 같이 쓰레기를 수평으로 고르게 깔아 압축하고 복토를 깔아 쓰레기층과 복토층을 교대로 쌓는 매립공법을 무엇이라 하는가?

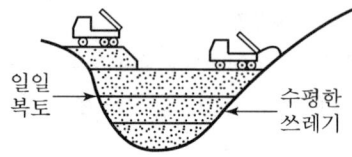

① 박층뿌림공법
② 샌드위치공법
③ 압축매립공법
④ 도랑형 공법

51 폐기물의 원소를 분석한 결과 탄소 42%, 산소 40%, 수소 9%, 회분 7%, 황 2%였다. 듀롱(Dulong) 식을 이용하여 고위발열량(kcal/kg)을 구하면?

① 약 4,100
② 약 4,300
③ 약 4,500
④ 약 4,800

 HHV(kcal/kg)
$= 81C + 342.5(H - O/8) + 22.5S$
$= 81 \times 42 + 342.5(9 - 40/8) + 22.5 \times 2$
$= 4,817 (kcal/kg)$

52 다음 중 MHT에 관한 설명으로 옳지 않은 것은?

① man·hour/ton을 뜻한다.
② 폐기물의 수거효율을 평가하는 단위로 쓰인다.
③ MHT가 클수록 수거효율이 좋다.
④ 수거작업 간의 노동력을 비교하기 위한 것이다.

 MHT가 적을수록 수거효율이 좋다.

53 다음 중 작용하는 힘에 따른 폐기물의 파쇄 장치의 분류로 가장 거리가 먼 것은?

① 전단식 파쇄기
② 충격식 파쇄기
③ 압축식 파쇄기
④ 공기식 파쇄기

54 밀도가 1g/cm³인 폐기물 10kg에 고형화 재료 2kg을 첨가하여 고형화시켰더니 밀도가 1.2g/cm³로 증가했다. 이 경우 부피변화율은?

① 0.7   ② 0.8
③ 0.9   ④ 1.0

부피변화율 = 나중부피 / 초기부피

㉠ 초기부피 = $\frac{10kg}{1g} \cdot \frac{cm^3}{1} \cdot \frac{10^3 g}{1kg}$
         = 10,000cm³

㉡ 나중부피 = $\frac{12kg}{1.2g} \cdot \frac{cm^3}{1} \cdot \frac{10^3 g}{1kg}$
         = 10,000cm³

부피변화율 = $\frac{10,000 cm^3}{10,000 cm^3}$ = 1

55 다음 중 폐기물의 기계적(물리적) 선별방법으로 가장 거리가 먼 것은?

① 체선별   ② 공기선별
③ 용제선별 ④ 관성선별

56 음의 회절에 관한 설명으로 옳지 않은 것은?

① 회절하는 정도는 파장에 반비례한다.
② 슬릿의 폭이 좁을수록 회절하는 정도가 크다.
③ 장애물 뒤쪽으로 음이 전파되는 현상이다.
④ 장애물이 작을수록 회절이 잘된다.

음의 회절은 파장이 길수록 잘 된다.

57 다음 ( ) 안에 알맞은 것은?

한 장소에 있어서의 특정의 음을 대상으로 생각할 경우 대상소음이 없을 때 그 장소의 소음을 대상 소음에 대한 (   )이라 한다.

① 고정소음   ② 기저소음
③ 정상소음   ④ 배경소음

58 가속도진폭의 최대값이 0.01m/s²인 정현진동의 진동가속도 레벨은?(단, 기준 10^{-5}m/s²)

① 28 dB   ② 30 dB
③ 57 dB   ④ 60 dB

VAL(dB) = $20\log\left(\frac{A_{rms}}{A}\right)$

㉠ VAL : 진동가속도레벨
㉡ A_{rms} : 진동가속도 실효치 $\left(\frac{0.01}{\sqrt{2}} m/sec\right)$
㉢ A : 기준가속도 (10^{-5}m/s²)

VAL(dB) = $20\log\left(\frac{0.01/\sqrt{2}}{10^{-5}}\right)$ = 56.99(dB)

59 공해진동에 관한 설명으로 옳지 않은 것은?

① 진동수 범위는 1,000~4,000Hz 정도이다.
② 문제가 되는 진동레벨은 60dB부터 80dB 까지가 많다.
③ 사람이 느끼는 최소진동역치는 55±5dB 정도이다.
④ 사람에게 불쾌감을 준다.

일반적으로 공해진동의 주파수의 범위는 1~90Hz이다.

60 무지향성 점음원을 두 면이 접하는 구석에 위치시켰을 때의 지향지수는?

① 0   ② +3dB
③ +6dB   ④ +9dB

지향계수와 지향지수의 관계

구분	지향계수	지향지수
점음원	1	0
반자유공간	2	3
두 면이 접하는 구석	4	6
세 면이 접하는 구석	8	9

정답 54 ④ 55 ③ 56 ① 57 ④ 58 ③ 59 ① 60 ③

2014년 2회 시행

01 표준상태에서 물 6.6g을 수증기로 만들 때 부피는?

① 약 5.16L ② 약 6.22L
③ 약 7.24L ④ 약 8.21L

 $X(L) = \dfrac{6.6g}{} \Big| \dfrac{22.4L}{18g} = 8.21(L)$

02 다음 중 벤투리스크러버의 입구 유속으로 가장 적합한 것은?

① 60~90m/sec ② 5~10m/sec
③ 1~2m/sec ④ 0.5~1m/sec

벤투리스크러버
  ㉠ 입구 유속 : 60~90m/sec
  ㉡ 압력손실 : 300~800mmH₂O
  ㉢ 액가스비 : 0.3~1.5L/㎥

03 대기상태에 따른 굴뚝 연기의 모양으로 옳은 것은?

① 역전 상태 – 부채형
② 매우 불안정 상태 – 원추형
③ 안정 상태 – 환상형
④ 상층 불안정, 하층 안정 상태 – 훈증형

 대기상태에 따른 굴뚝 연기의 모양
  ㉠ 매우 불안정 상태 – 환상형
  ㉡ 안정 상태 – 부채형
  ㉢ 상층 불안정, 하층 안정 상태 – 지붕형

04 역사적인 대기오염 사건 중 포자리카(Poza Rica) 사건은 주로 어떤 오염물질에 의한 피해였는가?

① O_3 ② H_2S
③ PCB ④ MIC

 포자리카 사건은 1950년 멕시코에서 발생한 황화수소(H_2S) 누출사건이다.

05 황 성분 1%인 중유를 20ton/hr로 연소시킬 때 배출되는 SO_2를 석고($CaSO_4$)로 회수하고자 할 때 회수하는 석고의 양은?(단, 24시간 연속 가동되며, 연소율 : 100%, 탈황률 : 80%, 원자량 S : 32, Ca : 40)

① 6.83kg/min ② 11.33kg/min
③ 12.75kg/min ④ 14.17kg/min

 S ≡ $CaSO_4$
32(kg) : 136(kg)
$\dfrac{20{,}000kg}{hr} \Big| \dfrac{1}{100} \Big| \dfrac{80}{100}$: X
∴ X = 680(kg/hr) = 11.33(kg/min)

06 다음 압력 중 크기가 다른 하나는?

① 1.013N/m² ② 760mmHg
③ 1,013mbar ④ 1atm

 1atm = 760mmHg (0℃)
    = 10,332mmH₂O (4℃) = 1.013bars
    = 101.325kPa
    = 101,325N/m²

정답 01 ④ 02 ① 03 ① 04 ② 05 ② 06 ①

07 대기권에서 발생하고 있는 기온역전의 종류에 해당하지 않는 것은?

① 자유역전 ② 이류역전
③ 침강역전 ④ 복사역전

08 연소 시 연소상태를 조절하여 질소산화물 발생을 억제하는 방법으로 가장 거리가 먼 것은?

① 저온도 연소
② 저산소 연소
③ 공급공기량의 과량 주입
④ 수증기 분무

 질소산화물은 이론적인 공기량의 10%에서 최대로 나타나며, 이론적인 공기량보다 작거나 많으면 감소한다.

09 연기의 상승높이에 영향을 주는 인자와 가장 거리가 먼 것은?

① 배출가스 유속 ② 오염물질 농도
③ 외기의 수평풍속 ④ 배출가스 온도

 연기의 상승높이는 배출가스의 유속이 빠를수록, 배출가스의 온도가 낮을수록, 외기 수평풍속이 낮을수록 높아진다.

10 오존층의 두께를 표시하는 단위는?

① Plank ② Dobson
③ Albedo ④ Donora

11 자동차가 공회전할 때 많이 배출되며 혈액에 흡수되면 헤모글로빈과의 결합력이 산소의 약 210배 정도로 강하고, 이에 따라 중추신경계의 장애를 초래하는 가스는?

① Ozone ② HC
③ CO ④ NOx

12 세정식 집진장치의 유지관리에 관한 설명으로 옳지 않은 것은?

① 먼지의 성상과 처리가스 농도를 고려하여 액가스비를 결정한다.
② 목부는 처리가스의 속도가 매우 크기 때문에 마모가 일어나기 쉬우므로 수시로 점검하여 교환한다.
③ 기액분리기는 시설의 작동이 정지해도 잠시 공회전을 하여 부착된 먼지에 의한 산성의 세정수를 제거해야 한다.
④ 벤투리형 세정기에서 집진효율을 높이기 위하여 될 수 있는 한 처리가스 온도를 높게 하여 운전하는 것이 바람직하다.

 벤투리형 세정기는 처리가스의 온도가 높을수록 효율은 감소한다.

13 다음 중 아황산가스에 대한 식물저항력이 가장 약한 것은?

① 담배 ② 옥수수
③ 국화 ④ 참외

 아황산가스의 지표식물에는 자주개나리(알팔파), 보리, 담배, 육송, 참깨 등이 있다.

14 다음 집진장치 중 일반적으로 압력손실이 가장 큰 것은?

① 중력집진장치 ② 원심력집진장치
③ 전기집진장치 ④ 벤투리스크러버

 벤투리스크러버의 압력손실은 300~800mmH$_2$O으로 여러 집진장치에 비하여 가장 크다.

15 다음 중 여과집진장치에 관한 설명으로 옳은 것은?

① 350℃ 이상의 고온 가스처리에 적합하다.
② 여과포의 종류와 상관없이 가스상 물질도 효과적으로 제거할 수 있다.
③ 압력손실이 약 20mmH₂O 전후이며, 다른 집진 장치에 비해 설치면적이 작고, 폭발성 먼지 제거에 효과적이다.
④ 집진원리는 직접 차단, 관성 충돌, 확산 등의 형태로 먼지를 포집한다.

여과집진장치의 특징
㉠ 폭발성 및 점착성 먼지 제거가 곤란하다.
㉡ 수분에 대한 적응성이 낮으며, 유지비용이 많이 든다.
㉢ 여과속도가 작을수록 집진효율이 커진다.
㉣ 가스온도에 따른 여재의 사용이 제한된다.
㉤ 여과재의 교환으로 유지비가 고가이다.

16 산도(Acidity)나 경도(Hardness)는 무엇으로 환산하는가?

① 탄산칼슘 ② 탄산나트륨
③ 탄화수소나트륨 ④ 수산화나트륨

17 활성슬러지법에서 MLSS가 의미하는 것으로 가장 적합한 것은?

① 방류수 중의 부유물질
② 폐수 중의 중금속물질
③ 포기조 혼합액 중의 부유물질
④ 유입수 중의 부유물질

18 미생물과 조류의 생물화학적 작용을 이용하여 하수 및 폐수를 자연정화시키는 공법으로, 라군(Lagoon)이라고도 하며, 시설비와 운영비가 적게 들기 때문에 소규모 마을의 오수처리에 많이 이용되는 것은?

① 회전원판법 ② 부패조법
③ 산화지법 ④ 살수여상법

19 다음 중 인체에 만성 중독증상으로 카네미유증을 발생시키는 유해물질은?

① PCB ② Mn
③ As ④ Cd

20 무기성 부유물질, 자갈, 모래, 뼈 등 토사류를 제거하여 기계장치 및 배관의 손상이나 막힘을 방지하는 시설로 가장 적합한 것은?

① 침전지 ② 침사지
③ 조정조 ④ 부상조

21 다음 중 비점오염원에 해당하는 것은?

① 농경지 배수 ② 폐수처리장 방류수
③ 축산폐수 ④ 공장의 산업폐수

 비점오염원에는 산림수, 농경지 배수, 도로유출수 등이 있다.

22 동점도(ν)의 단위로 옳은 것은?

① g/cm · sec ② g/m² · sec
③ cm²/sec ④ cm²/g

 동점도(동점성계수, Kinematic Viscosity : ν)는 점성계수(μ)를 밀도(ρ)로 나눈 값을 말한다. SI단위에서는 m²/sec를 사용하지만 cm²/sec 등으로도 나타낼 수 있다.

정답 15 ④ 16 ① 17 ③ 18 ③ 19 ① 20 ② 21 ① 22 ③

23 에탄올(C_2H_5OH)의 농도가 350mg/L인 폐수를 완전산화시켰을 때 이론적인 화학적 산소요구량(mg/L)은?

① 488　　　② 569
③ 730　　　④ 835

$C_2H_5OH + 3O_2 \rightarrow 2CO_2 + 3H_2O$
　　46g　:　$3 \times 32g$
　350mg/L　:　X
∴ X(COD) = 730.43(mg/L)

24 주간에 호소에서 조류가 성장하는 동안 조류가 수질에 미치는 영향으로 가장 적합한 것은?

① 수온의 상승　　② 질소의 증가
③ 칼슘농도의 증가　④ 용존산소농도의 증가

 조류의 광합성 작용으로 수중의 용존산소농도가 증가한다.

25 다음 중 산화에 해당하는 것은?

① 수소와 화합　　② 산소를 잃음
③ 전자를 얻음　　④ 산화수 증가

 산화
　㉠ 산화수 증가
　㉡ 수소 및 전자를 빼앗기는 반응
　㉢ 산화제는 전자를 얻는 물질이며 전자를 얻는 힘이 클수록 강한 산화제이다.

26 하수의 생물화학적 산소요구량(BOD)을 측정하기 위해 시료수를 배양기에 넣기 전의 용존산소량이 10mg/L, 시료수를 5일 동안 배양한 후의 용존산소량이 7mg/L이며, 시료를 5배 희석하였다면 이 하수의 BOD_5(mg/L)는?

① 3　　　② 6
③ 15　　　④ 30

 $BOD = (D_1 - D_2) \times P$
$= (10-7) \times 5 = 15(mg/L)$

27 건조 전 슬러지 무게가 150g이고, 항량으로 건조한 후의 무게가 35g이었다면 이때 수분의 함량(%)은?

① 46.7　　　② 56.7
③ 66.7　　　④ 76.7

수분 함량(%) = $\dfrac{수분}{슬러지} \times 100$
= $\dfrac{(150-35)}{150} \times 100$
= 76.67(%)

28 신도시를 중심으로 설치되며 생활오수는 하수처리장으로, 우수는 별도의 관거를 통해 직접 수역으로 방류하는 배제방식은?

① 합류식　　② 분류식
③ 직각식　　④ 원형식

29 다음 중 지표수의 특성으로 가장 거리가 먼 것은?(단, 지하수와 비교)

① 지상에 노출되어 오염의 우려가 큰 편이다.
② 용존산소 농도가 높고, 경도가 큰 편이다.
③ 철, 망간 성분이 비교적 적게 포함되어 있고, 대량 취수가 용이한 편이다.
④ 수질 변동이 비교적 심한 편이다.

지하수가 지표수보다 경도가 크다.

정답 23 ③　24 ④　25 ④　26 ③　27 ④　28 ②　29 ②

30 생물학적 처리공법으로 하수 내의 질소를 처리할 때, 탈질이 주로 이루어지는 공정은?

① 탈인조　　② 포기조
③ 무산소조　④ 침전조

 탈질과정은 무산소조에서 일어난다.

31 지구상의 담수 중 가장 큰 비율을 차지하고 있는 것은?

① 호수　　　② 하천
③ 빙설 및 빙하　④ 지하수

32 MLSS 농도가 2,500mg/L인 혼합액을 1,000mL 메스실린더에 취해 30분간 정치한 후의 침강슬러지가 차지하는 용적이 400mL였다면 이 슬러지의 SVI는?

① 100　　② 160
③ 250　　④ 400

 $SVI(mL/g) = \dfrac{SV_{30}(mL/L)}{MLSS(mg/L)} \times 10^3$

$= \dfrac{400(mL/L)}{2,500(mg/L)} \times 10^3 = 160$

33 다음 중 침전효율을 높이기 위한 방법과 가장 거리가 먼 것은?

① 침전지의 표면적을 크게 한다.
② 응집제를 투여한다.
③ 침전지 내 유속을 빠르게 한다.
④ 침전된 침전물을 계속 제거시켜 준다.

 침전효율을 높이기 위해서는 침전지 내 유속이 작아야 한다.

34 다음 중 경도의 주원인 물질은?

① Ca^{2+}, Mg^{2+}　② Ba^{2+}, Cd^{2+}
③ Fe^{2+}, Pb^{2+}　④ Ra^{2+}, Mn^{2+}

 경도 유발물질
철이온(Fe^{2+}), 마그네슘이온(Mg^{2+}), 칼슘이온(Ca^{2+}), 망간이온(Mn^{2+}), 스트론튬이온(Sr^{2+})

35 시간당 125m³의 폐수가 유입되는 침전조가 있다. 위어(Weir)의 유효길이를 30m라 할 때, 월류부하는?

① 약 $4.2m^3/m \cdot hr$　② 약 $40m^3/m \cdot hr$
③ 약 $100m^3/m \cdot hr$　④ 약 $150m^3/m \cdot hr$

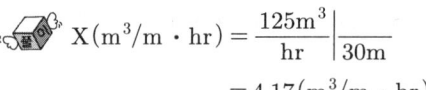

$X(m^3/m \cdot hr) = \dfrac{125m^3}{hr} \bigg| \dfrac{}{30m}$

$= 4.17(m^3/m \cdot hr)$

36 소각에 비하여 열분해 공정의 특징이라고 볼 수 없는 것은?

① 무산소 분위기 중에서 고온으로 가열한다.
② 액체 및 기체상태의 연료를 생산하는 공정이다.
③ NOx 발생량이 적다.
④ 분해 생성물의 질과 양의 안정적 확보가 용이하다.

37 폐기물의 재활용과 감량화를 도모하기 위해 실시할 수 있는 제도로 가장 거리가 먼 것은?

① 예치금 제도　② 환경영향평가
③ 부담금 제도　④ 쓰레기 종량제

 환경영향평가와는 상관이 없다.

정답　30 ③　31 ③　32 ②　33 ③　34 ①　35 ①　36 ④　37 ②

38 퇴비화의 단점으로 거리가 먼 것은?

① 생산된 퇴비는 비료가치가 낮다.
② 생산품인 퇴비는 토양의 이화학 성질을 개선시키는 토양개선제로 사용할 수 없다.
③ 다양한 재료를 이용하므로 퇴비 제품의 품질표준화가 어렵다.
④ 퇴비가 완성되어도 부피가 크게 감소되지는 않는다(50% 이하).

 생산품인 퇴비는 토양의 이화학적 성질을 개선시키는 토양개량제로 사용할 수 있다.

39 노의 하부로부터 가스를 주입하여 모래를 띄운 후 이를 가열시켜 상부에서 폐기물을 투입하여 소각하는 방식의 소각로는?

① 유동상 소각로 ② 다단로
③ 회전로   ④ 고정상 소각로

40 황화수소 $1Sm^3$의 이론연소 공기량(Sm^3)은? (단, 표준상태 기준, 황화수소는 완전연소되어, 물과 아황산가스로 변화됨)

① 5.6   ② 7.1
③ 8.7   ④ 9.3

 $H_2S + 1.5O_2 \rightarrow H_2O + SO_2$
$1Sm^3$: $1.5Sm^3$

$A_o = O_o \times \dfrac{1}{0.21} = 1.5 \times \dfrac{1}{0.21} = 7.1(Sm^3)$

41 다음 중 폐기물의 퇴비화 공정에서 유지시켜 주어야 할 최적 조건으로 가장 적합한 것은?

① 온도 : 20±2℃
② 수분 : 5~10%
③ C/N 비율 : 100~150
④ pH : 6~8

 퇴비화의 최적조건
㉠ pH : 6~8   ㉡ 온도 : 50~60℃
㉢ C/N 비율 : 30 ㉣ 수분함량 : 50~60%

42 다음 매립공법 중 해안매립공법에 해당하는 것은?

① 셀공법   ② 순차투입공법
③ 압축매립공법   ④ 도랑형 공법

해안매립공법에는 순차투입공법, 박층뿌림 공법, 내수배제 또는 수중투기공법 등이 있다.

43 폐기물의 저위발열량(LHV)을 구하는 식으로 옳은 것은?(단, HHV : 폐기물의 고위발열량(kcal/kg))

- H : 폐기물의 원소분석에 의한 수소 조성비(kg/kg)
- W : 폐기물의 수분 함량(kg/kg)
- 600 : 수증기 1kg의 응축열(kcal)

① LHV = HHV − 600W
② LHV = HHV − 600(H + W)
③ LHV = HHV − 600(9H + W)
④ LHV = HHV + 600(9H + W)

44 500,000명이 거주하는 도시에서 1주일 동안 $8,720m^3$의 쓰레기를 수거하였다. 이 쓰레기의 밀도가 $0.45ton/m^3$이라면 1인 1일 쓰레기 발생량은?

① 1.12kg/인·일   ② 1.21kg/인·일
③ 1.25kg/인·일   ④ 1.31kg/인·일

정답 38 ② 39 ① 40 ② 41 ④ 42 ② 43 ③ 44 ①

$X(kg/인·일) = \dfrac{450kg}{m^3} \left| \dfrac{8,720m^3}{7일} \right| \dfrac{1}{500,000인}$
  $= 1.12(kg/인·일)$

45 연도로 배출되는 배기가스 중의 폐열을 이용하여 보일러의 급수를 예열함으로써 열효율 증가에 기여하는 설비는?

① 공기예열기 ② 절탄기
③ 재열기   ④ 과열기

 이코노마이저(economizer, 절탄기)
  연도에 설치되며, 보일러 전열면을 통하여 연소가스의 여열로 보일러 급수를 예열하여 보일러의 효율을 높이는 장치이다.

46 소각로 내의 화상 위에서 폐기물을 태우는 방식으로 플라스틱과 같이 열에 의하여 열화되는 물질의 소각에 적합하며 국부적으로 가열의 염려가 있는 소각로는?

① 회전로   ② 화격자 소각로
③ 고정상 소각로 ④ 유동상 소각로

47 혐기성 소화탱크에서 유기물 75% 무기물 25%인 슬러지를 소화처리하여 소화슬러지의 유기물이 58%, 무기물이 42%가 되었다. 소화율은?

① 36%   ② 42%
③ 49%   ④ 54%

 소화율(%) $= \left(1 - \dfrac{소화\ 후\ VS/FS}{소화\ 전\ VS/FS}\right) \times 100$
  $= \left(1 - \dfrac{58/42}{75/25}\right) \times 100 = 53.97(\%)$

48 밀도가 1.2g/cm³인 폐기물 10kg에다 고형화재료 5kg을 첨가하여 고형화시킨 결과 밀도가 2.5g/cm³으로 증가하였다. 이때의 부피변화율은?

① 0.5   ② 0.72
③ 1.5   ④ 2.45

 부피변화율 $= \dfrac{나중부피(V_2)}{초기부피(V_1)}$

㉠ 초기부피(V_1) $= \dfrac{10kg}{1.2g/cm^3} = 8.33$

㉡ 나중부피(V_2) $= \dfrac{15kg}{2.5g/cm^3} = 6$

부피변화율 $= \dfrac{6}{8.33} = 0.72$

49 인구 30만 명인 도시에서 1인당 쓰레기 발생량이 1.2kg/일이라고 한다. 적재용량이 15m³인 트럭으로 이 쓰레기를 매일 수거하려고 할 때 필요한 트럭의 수는?(단, 쓰레기 평균밀도는 550kg/m³)

① 31   ② 36
③ 39   ④ 44

 $X(대) = \dfrac{1.2kg}{인·일} \left| \dfrac{300,000인}{} \right| \dfrac{m^3}{550kg} \left| \dfrac{대}{15m^3} \right|$
  $= 43.64 = 44(대)$

50 슬러지나 분뇨의 탈수 가능성을 나타내는 것은?

① 균등계수   ② 알칼리도
③ 여과비저항 ④ 유효경

 슬러지나 분뇨의 탈수 가능성을 나타내는 것은 여과비저항이다.

정답 45 ② 46 ③ 47 ④ 48 ② 49 ④ 50 ③

51 압축기에 플라스틱을 넣고 압축시킨 결과 부피감소율이 80%였다. 이 경우 압축비는?

① 2　　② 3
③ 4　　④ 5

압축비(CR)
$= \dfrac{100}{100 - \text{부피감소율}(V_R)} = \dfrac{100}{100-80} = 5$

52 슬러지나 폐기물의 토지 주입 시 중금속류의 성질에 관한 설명으로 가장 거리가 먼 것은?

① Cr : Cr^{3+}은 거의 불용성으로 토양 내에서 존재한다.
② Pb : 토양 내에 침전되어 있어 작물에 거의 흡수되지 않는다.
③ Hg : 토양 내에서 활성도가 커 작물에 의한 흡수가 용이하고, 강우에 의해 쉽게 지표로 용해되어 나온다.
④ Zn : 모래를 제외한 대부분의 토양에 영구적으로 흡착되나 보통 Cu나 Ni보다 장기간 용해상태로 존재한다.

수은 특성은 그 화합물의 종류에 따라 다르나 중금속 오염지역에서는 Hg^{2+}, Hg_2^{2+}, Hg^0 형태로 존재하며 식물 뿌리의 발육을 저해한다.

53 도시 폐기물의 개략분석(Proximate Analysis) 시 4가지 구성성분에 해당하지 않는 것은?

① 다이옥신(Dioxin)
② 휘발성 고형물(Volatile Solids)
③ 고정탄소(Fixed Carbon)
④ 회분(Ash)

다이옥신은 발암물질로 개략분석에 해당하지 않는다.

54 다음 중 슬러지 개량(Conditioning) 방법에 해당하지 않는 것은?

① 슬러지 세척　　② 열처리
③ 약품처리　　　④ 관성분리

슬러지 개량이란 슬러지의 물리적·화학적 특성을 개선하여 탈수량 및 탈수율을 증가시키는 것으로 개량방법에는 세정(슬러지 세척), 열처리, 동결, 약품첨가 등이 있다.

55 함수율 25%인 쓰레기를 건조시켜 함수율이 12%인 쓰레기로 만들려면 쓰레기 1ton당 약 얼마의 수분을 증발시켜야 하는가?

① 148kg　　② 166kg
③ 180kg　　④ 199kg

$V_1(100 - W_1) = V_2(100 - W_2)$
$1,000(100 - 25) = V_2(100 - 12)$
$V_2 = 852.27 \text{(kg)}$
∴ 증발시켜야 할 수분량 $= 1,000 - 852.27$
$= 147.73 \text{(kg)}$

56 흡음재료의 선택 및 사용상의 유의점에 관한 설명으로 옳지 않은 것은?

① 벽면 부착 시 한곳에 집중시키기 보다는 전체 내벽에 분산시켜 부착한다.
② 흡음재는 전면을 접착재로 부착하는 것보다는 못으로 시공하는 것이 좋다.
③ 다공질 재료는 산란하기 쉬우므로 표면에 얇은 직물로 피복하는 것이 바람직하다.
④ 다공질 재료의 흡음률을 높이기 위해 표면에 종이를 바르는 것이 권장되고 있다.

다공질 재료의 표면에 종이를 바르는 것을 피해야 한다.

57 다음 중 종파에 해당되는 것은?

① 광파　　　　② 음파
③ 수면파　　　④ 지진파의 S파

 종파는 파동의 진행방향과 매질의 진행방향이 서로 평행인 파동으로서 음파, 지진파(P파)가 있으며, 매질이 없으면 전파되지 않는다.

58 진동수가 3,300Hz이고, 속도가 330m/sec인 소리의 파장은?

① 0.1m　　　　② 1m
③ 10m　　　　④ 100m

 $\lambda = c/f(m)$
$= \dfrac{330}{3,300} = 0.1(m)$

59 진동측정 시 진동픽업을 설치하기 위한 장소로 옳지 않은 것은?

① 경사 또는 요철이 없는 장소
② 완충물이 있고 충분히 다져서 단단히 굳은 장소
③ 복잡한 반사, 회절현상이 없는 지점
④ 온도, 전자기 등의 외부 영향을 받지 않는 곳

 진동픽업의 설치장소는 완충물이 없고 충분히 다져서 단단히 굳은 장소로 한다.

60 선음원의 거리감쇠에서 거리가 2배로 되면 음압레벨의 감쇠치는?

① 1dB　　　　② 2dB
③ 3dB　　　　④ 4dB

거리가 2배가 되면 점음원인 경우 6dB, 선음원인 경우 3dB 감소한다.

정답　57 ②　58 ①　59 ②　60 ③

2014년 5회 시행

01 농황산의 비중이 약 1.84, 농도가 75%라면 이 농황산의 몰 농도(mol/L)는?(단, 농황산의 분자량은 98이다.)

① 9 ② 11
③ 14 ④ 18

$X(mol/L) = \dfrac{1.84g}{mL} \Big| \dfrac{1mol}{98g} \Big| \dfrac{75}{100} \Big| \dfrac{10^3 mL}{1L}$
$= 14.08(mol/L)$

02 굴뚝에서 배출되는 가스의 유속을 측정하고자 피토관을 굴뚝에 넣었더니 동압이 5mmHg이었다. 이때 배출가스의 유속은 얼마인가?(단, 피토관 계수는 0.85이고, 공기의 비중량은 1.3kg/m³이다.)

① 5.92m/sec ② 7.38m/sec
③ 8.84m/sec ④ 9.49m/sec

$V = C\sqrt{\dfrac{2 \cdot g \cdot P_v}{\gamma}}$
$= 0.85\sqrt{\dfrac{2 \times 9.8 \times 5}{1.3}}$
$= 7.38(m/sec)$

03 고도에 따라 대기권을 분류할 때 지표로부터 가장 가까이 있는 것은?

① 열권 ② 대류권
③ 성층권 ④ 중간권

대기권을 분류할 때 지표로부터 가장 가까이 있는 것부터 대류권, 성층권, 중간권, 열권 순이다.

04 소각로에서 연소효율을 높일 수 있는 방법과 거리가 먼 것은?

① 공기와 연료의 혼합이 좋아야 한다.
② 온도가 충분히 높아야 한다.
③ 체류시간이 짧아야 한다.
④ 연료에 산소가 충분히 공급되어야 한다.

체류시간이 길어야 연소효율을 높일 수 있다.

05 집진장치에 관한 설명으로 옳지 않은 것은?

① 중력집진장치는 50μm 이상의 큰 입자를 제거하는 데 유용하다.
② 원심력집진장치의 일반적인 형태가 사이클론이다.
③ 여과집진장치는 여과재에 먼지를 함유하는 가스를 통과시켜 입자를 분리, 포집하는 장치이다.
④ 전기집진장치는 함진가스 중의 먼지에 +전하를 부여하여 대전시킨다.

전기집진장치는 함진가스 중의 먼지에 −전하를 부여하여 대전시킨다.

06 다음 온실가스 중 지구온난화지수(GWP)가 가장 큰 것은?

① CH_4 ② SF_6
③ CO_2 ④ N_2O

지구온난화지수(GWP)
온실기체가 온실효과에 미치는 기여도를 숫자로 표현한 것으로 이산화탄소를 1로 기준하여 메탄 21, 아산화질소 310, 수소불화탄소(HFCs) 1,300, 과불화탄소(PFCs) 7,000, 육불화황(SF_6) 23,900이다.

 정답 01 ③ 02 ② 03 ② 04 ③ 05 ④ 06 ②

07 산성비의 주된 원인 물질로만 올바르게 나열된 것은?

① SO_2, NO_2, Hg ② CH_4, NO_2, HCl
③ CH_4, NH_3, HCN ④ SO_2, NO_2, HCl

 산성비의 기여도
$SO_2 > NO_x >$ 염소이온

08 〈보기〉에 해당하는 대기오염물질은?

> 보통 백화현상에 의해 맥간반점을 형성하고 지표식물로는 자주개나리, 보리, 담배 등이 있으며, 강한 식물로는 협죽도, 양배추, 옥수수 등이 있다.

① 황산화물 ② 탄화수소
③ 일산화탄소 ④ 질소산화물

 황산화물이 식물에 미치는 영향을 설명하고 있다.

09 대기오염공정시험기준상 각 오염물질에 대한 측정방법의 연결로 옳지 않은 것은?

① 일산화탄소-비분산 적외선 분석법
② 염소-질산은 적정법
③ 황화수소-메틸렌 블루법
④ 암모니아-인도페놀법

 염소의 측정방법은 오르토톨리딘법이다.

10 다음 중 주로 광화학 반응에 의하여 생성되는 물질은?

① PAN ② CH_4
③ NH_3 ④ HC

 광화학 반응에 의해 생성되는 오염물질은 대부분 2차 오염물질이며 O_3, PAN($CH_3COOONO_2$), 아크로레인(CH_2CHCHO), $NOCl$, H_2O_2 등이다.

11 유해가스 처리를 위한 흡착제 선택 시 고려해야 할 사항으로 옳지 않은 것은?

① 흡착효율이 우수해야 한다.
② 흡착제의 회수가 용이해야 한다.
③ 흡착제의 재생이 용이해야 한다.
④ 기체의 흐름에 대한 압력손실이 커야 한다.

 기체의 흐름에 대한 압력손실이 작아야 한다.

12 연소조절에 의하여 NOx 발생을 억제하는 방법 중 옳지 않은 것은?

① 연소 시 과잉공기를 삭감하여 저산소 연소시킨다.
② 연소의 온도를 높여서 고온 연소시킨다.
③ 버너 및 연소실 구조를 개량하여 연소실 내의 온도 분포를 균일하게 한다.
④ 화로 내에 물이나 수증기를 분무시켜서 연소시킨다.

 질소산화물은 고온에서 생성되는 물질이며 저온 연소 시 감소시킬 수 있다.

13 $0.3g/Sm^3$인 HCl의 농도를 ppm으로 환산하면?

① 116.4ppm ② 137.7ppm
③ 167.3ppm ④ 184.1ppm

 $X(mL/m^3) = \dfrac{0.3g}{Sm^3} \bigg| \dfrac{22.4mL}{36.5mg} \bigg| \dfrac{1,000mg}{1g}$
$= 184.1(ppm)$

14 중량비로 수소가 15%, 수분이 1% 함유되어 있는 중유의 고위발열량이 13,000kcal/kg이다. 이 중유의 저위발열량은?

① 11,368kcal/kg ② 11,976kcal/kg
③ 12,025kcal/kg ④ 12,184kcal/kg

정답 07 ④ 08 ① 09 ② 10 ① 11 ④ 12 ② 13 ④ 14 ④

〈계산식〉 Hl = Hh − 600(9H + W)
Hl = 13,000 − 600(9 × 0.15 + 0.01)
= 12,184 (kcal/kg)

$C_6H_{12}O_6 \rightarrow 3CH_4 + 3CO_2$
180(g) : 3 × 22.4(L)
750(g) : X(L)
∴ X = 280(L)

15 다음 중 건조대기 중에 가장 많은 비율로 존재하는 비활성 기체는?

① Hg   ② Ne
③ Ar   ④ Xe

 건조공기의 구성
질소(N_2) > 산소(O_2) > 아르곤(Ar) > 탄산가스(CO_2) > 네온(Ne)

16 Stoke's의 법칙에 의한 침강속도에 영향을 미치는 요소로 가장 거리가 먼 것은?

① 침전물의 밀도   ② 침전물의 입경
③ 폐수의 밀도   ④ 대기압

 Stoke's의 법칙 $V_g = \dfrac{dp^2(\rho_p - \rho_w) \cdot g}{18 \cdot \mu}$
대기압은 침강속도에 영향을 미치지 않는다.

17 수처리 시 사용되는 응집제와 거리가 먼 것은?

① 입상활성탄   ② 소석회
③ 명반   ④ 황산반토

 활성탄은 흡착제이다.

18 750g의 Glucose($C_6H_{12}O_6$)가 완전한 혐기성 분해를 할 경우 발생 가능한 CH_4 가스양은?(단, 표준상태 기준)

① 187L   ② 225L
③ 255L   ④ 280L

19 포기조의 용량이 500m^3, 포기조 내의 부유물질의 농도가 2,000mg/L일 때 MLSS의 양은?

① 500kg MLSS
② 800kg MLSS
③ 1,000kg MLSS
④ 1,500kg MLSS

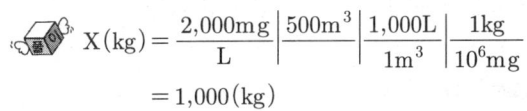 $X(kg) = \dfrac{2,000mg}{L} \Big| \dfrac{500m^3}{} \Big| \dfrac{1,000L}{1m^3} \Big| \dfrac{1kg}{10^6 mg}$
= 1,000 (kg)

20 활성슬러지공법에서 슬러지 반송의 주된 목적은?

① MLSS 조절
② DO 공급
③ pH 조절
④ 소독 및 살균

 활성슬러지 공법에서 슬러지 반송의 주된 목적은 MLSS 조절이다.

21 수돗물을 염소로 소독하는 가장 주된 이유는?

① 잔류염소 효과가 있다.
② 물과 쉽게 반응한다.
③ 유기물을 분해한다.
④ 생물농축 현상이 없다.

 다른 소독방법에 비해 염소소독을 더 선호하는 이유는 잔류염소 효과가 있기 때문이다.

정답 15 ③ 16 ④ 17 ① 18 ④ 19 ③ 20 ① 21 ①

22 폐수처리공장에서 유입폐수 중에 포함된 모래, 기타 무기성의 부유물로 구성된 혼합물을 제거하는 데 사용되는 시설은?

① 응집조   ② 침사지
③ 부상조   ④ 여과조

 무기성 부유물질, 자갈, 모래, 뼈 등 토사류를 제거하여 기계장치 및 배관의 손상이나 막힘을 방지하는 시설은 침사지이다.

23 위어(Weir)의 설치 목적으로 가장 적합한 것은?

① pH 측정   ② DO 측정
③ MLSS 측정   ④ 유량 측정

 위어(Weir)

개방유로의 유량 측정에 주로 사용되는 것으로서, 일정한 수위와 유속을 유지하기 위해 침사지의 폐수가 배출되는 출구에 설치한다.

24 활성슬러지법은 여러 가지 변법이 개발되어 왔으며, 각 방법은 특별한 운전이나 제거효율을 달성하기 위하여 발전되었다. 다음 중 활성슬러지의 변법으로 볼 수 없는 것은?

① 다단 포기법   ② 접촉 안정법
③ 장기 포기법   ④ 오존 안정법

 오존 안정법은 활성슬러지법의 변법이 아니다.

25 다음 중 임호프콘(Imhoff Cone)이 측정하는 항목으로 가장 적합한 것은?

① 전기음성도   ② 분원성 대장균군
③ pH   ④ 침전물질

 임호프콘(Imhoff Cone)은 침전물질을 측정하는 장치이다.

26 SVI와 SDI의 관계식으로 옳은 것은?(단, SVI : Sludge Volume Index, SD : Sludge Density Index)

① SVI=100/SDI
② SVI=10/SDI
③ SVI=1/SDI
④ SVI=SDI/1,000

27 하수처리장의 유입수 BOD가 225mg/L이고, 유출수의 BOD가 55ppm이었다. 이 하수처리장의 BOD 제거율은?

① 약 55%
② 약 76%
③ 약 83%
④ 약 95%

 $\eta(제거율) = \dfrac{BOD_i - BOD_o}{BOD_i} \times 100$

$\eta(제거율) = \dfrac{225 - 55}{225} \times 100$

$= 75.55(\%)$

28 다음은 수질오염공정시험기준상 방울 수에 대한 설명이다. ( ) 안에 알맞은 것은?

> 방울 수라 함은 20℃에서 정제수 (㉠)을 적하할 때, 그 부피가 약 (㉡) 되는 것을 뜻한다.

① ㉠ 10방울, ㉡ 1mL
② ㉠ 20방울, ㉡ 1mL
③ ㉠ 10방울, ㉡ 0.1mL
④ ㉠ 20방울, ㉡ 0.1mL

방울 수라 함은 20℃에서 정제수 20방울을 적하할 때 그 부피가 약 1mL가 되는 것을 의미한다.

29 다음 포기조 내의 미생물 성장 단계 중 신진 대사율이 가장 높은 단계는?

① 내생 성장 단계
② 감소 성장 단계
③ 감소와 내생 성장 단계 중간
④ 대수 성장 단계

 신진 대사율이 가장 높은 단계는 대수 성장 단계이다.

30 회전 원판식 생물학적 처리시설로 유량 1,000m³/day, BOD 200mg/L로 유입될 경우 BOD 부하(g/m²·day)는?(단, 회전원판의 지름은 3m, 300매로 구성되어 있으며, 두께는 무시하고, 양면을 기준으로 한다.)

① 29.4
② 47.2
③ 94.3
④ 107.6

BOD 부하 = $\dfrac{BOD \cdot Q}{A}$

여기서 A = $\dfrac{\pi \cdot D^2}{4} \times 2 \times N$

= $\dfrac{\pi \cdot (3m)^2}{4} \times 2 \times 300$

= $4,241.15(m^2)$

∴ BOD 부하 = $\dfrac{BOD \cdot Q}{A}$

= $\dfrac{200mg}{L} \left| \dfrac{1,000m^3}{day} \right| \dfrac{1}{4,214.15m^2} \left| \dfrac{1g}{10^3mg} \right| \dfrac{10^3L}{1m^3}$

= $47.46(g/m^2 \cdot day)$

31 탈질(Denitrification)과정을 거쳐 질소 성분이 최종적으로 변환된 질소의 형태는?

① NO_2-N
② NO_3-N
③ NH_3-N
④ N_2

질산화의 최종단계는 NO_3-N 형태이고, 탈질의 최종단계는 N_2나 N_2O이다.

32 공장폐수 50mL를 검수로 하여 산성 100℃ $KMnO_4$법에 의한 COD 측정을 하였을 때 시료 적정에 소비된 0.025N $KMnO_4$ 용액은 5.13mL이다. 이 폐수의 COD 값은?(단, 0.025N $KMnO_4$ 용액의 역가는 0.98이고, 바탕시험 적정에 소비된 0.025N $KMnO_4$ 용액은 0.13mL이다.)

① 9.8mg/L
② 19.6mg/L
③ 21.6mg/L
④ 98mg/L

$COD(mg/L) = (b-a) \times f \times \dfrac{1,000}{V} \times 0.2$

㉠ a : 바탕시험(공시험) 적정에 소비된 0.025N-과망간산칼륨용액=0.13(mL)
㉡ b : 시료의 적정에 소비된 0.025N-과망간산칼륨용액=5.13(mL)
㉢ f : 0.025N-과망간산칼륨용액 역가(factor)=0.98
㉣ V : 시료의 양(mL)=20mL

∴ $COD(mg/L)$
= $(5.13-0.13) \times 0.98 \times \dfrac{1,000}{50} \times 0.2$
= $19.6(mg/L)$

33 하천의 유량은 1,000m³/일, BOD 농도는 26 ppm이며, 이 하천에 흘러드는 폐수의 양이 100m³/일, BOD 농도가 165ppm이라고 하면 하천과 폐수가 완전혼합된 후 BOD 농도는?(단, 혼합에 의한 기타 영향 등은 고려하지 않는다.)

① 38.6ppm
② 44.9ppm
③ 48.5ppm
④ 59.8ppm

완전혼합공식을 이용한다.

$C = \dfrac{Q_1C_1 + Q_2C_2}{Q_1 + Q_2}$

= $\dfrac{(1,000 \times 26) + (100 \times 165)}{1,000 + 100}$

= $38.64(mg/L)$

정답 29 ④ 30 ② 31 ④ 32 ② 33 ①

34 다음 중 레이놀수(Reynold's number)와 반비례하는 것은?
① 액체의 점성계수   ② 입자의 지름
③ 액체의 밀도   ④ 입자의 침강속도

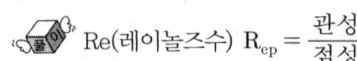 Re(레이놀즈수) $R_{ep} = \dfrac{관성력}{점성력} = \dfrac{D \cdot V \cdot \rho}{\mu}$

35 염소 살균에서 용존 염소가 반응하여 물의 불쾌한 맛과 냄새를 유발하는 것은?
① 클로로페놀   ② PCB
③ 다이옥신   ④ CFC

 페놀은 정수장에서 염소와 결합하여 클로로페놀을 생성하여 악취를 유발한다.

36 퇴비화의 장점으로 가장 거리가 먼 것은?
① 폐기물의 재활용
② 높은 비료가치
③ 과정 중 낮은 Energy 소모
④ 낮은 초기시설 투자비

 생산된 퇴비는 비료가치가 낮다.

37 다음 중 폐기물의 적환장이 필요한 경우와 거리가 먼 것은?
① 폐기물 처분장소가 수집장소로부터 16km 이상 멀리 떨어져 있을 때
② 작은 용량의 수집차량(15m³ 이하)을 사용할 때
③ 작은 규모의 주택들이 밀집되어 있을 때
④ 상업지역에서 폐기물 수집에 대형 수거용기를 많이 사용 할 때

 상업지역의 수거에 소형 용기를 사용할 때 적환장이 필요하다.

38 쓰레기의 양이 4,000m³이며, 밀도는 1.2ton/m³이다. 적재용량이 8ton인 차량으로 이 쓰레기를 운반한다면 몇 대의 차량이 필요한가?
① 120대
② 400대
③ 500대
④ 600대

$X(대) = \dfrac{1,200kg}{m^3} \bigg| \dfrac{4,000m^3}{} \bigg| \dfrac{대}{8,000kg}$
$= 600(대)$

39 A도시 쓰레기 성분 중 타지 않는 성분이 중량비로 약 60%를 차지하였다. 지금 밀도가 400kg/m³인 쓰레기가 8m³ 있을 때 타는 성분 물질의 양은?
① 1.28ton
② 1.92ton
③ 3.21ton
④ 19.2ton

$X(ton) = \dfrac{8m^3}{} \bigg| \dfrac{400kg}{m^3} \bigg| \dfrac{(100-60)}{100} \bigg| \dfrac{1ton}{1,000kg}$
$= 1.28(ton)$

40 유동상 소각로에서 유동상 매질이 갖추어야 할 특성으로 거리가 먼 것은?
① 불활성일 것
② 내마모성일 것
③ 융점이 낮을 것
④ 비중이 작을 것

 유동매체의 구비조건은 융점이 높아야 한다.

정답 34 ① 35 ① 36 ② 37 ④ 38 ④ 39 ① 40 ③

41 쓰레기 소각로의 소각능력이 120kg/m² · hr인 소각로가 있다. 하루에 8시간씩 가동하여 12,000kg의 쓰레기를 소각하려고 한다. 이때 소요되는 화격자의 넓이는 몇 m²인가?

① 11.0　　② 12.5
③ 14.0　　④ 15.5

 $X(m^2) = \dfrac{12,000kg}{day} \left| \dfrac{m^2 \cdot hr}{120kg} \right| \dfrac{1day}{8hr}$

　　　　　$= 12.5(m^2)$

42 화격자 연소기의 특징으로 거리가 먼 것은?

① 연속적인 소각과 배출이 가능하다.
② 체류시간이 짧고 교반력이 강하여 수분이 많은 폐기물의 연소에 효과적이다.
③ 고온 중에서 기계적으로 구동하므로 금속부의 미모손실이 심한 편이다.
④ 플라스틱과 같이 열에 쉽게 용해되는 물질에 의해 화격자가 막힐 염려가 있다.

 체류시간이 길고 교반력이 약하며 국부가열이 발생할 염려가 있다.

43 유해폐기물 처리를 위해 사용되는 용매추출법에서 용매의 선택기준으로 옳지 않은 것은?

① 끓는점이 낮아 회수성이 높을 것
② 밀도가 물과 다를 것
③ 분배계수가 낮아 선택성이 작을 것
④ 물에 대한 용해도가 낮을 것

 용제추출법은 오염토양을 추출기 내에서 유기용매와 혼합시켜 용해시킨 후 분리기에서 오염물질을 분리하여 처리하는 물리·화학적 지상 처리(Ex-situ)기술이다.

44 매립지에서 매립 후 경과기간에 따라 매립가스(Landfill Gas)의 생성과정을 4단계로 구분할 때, 각 단계에 관한 설명으로 가장 거리가 먼 것은?

① 제1단계에서는 친산소성 단계로서 폐기물 내에 수분이 많은 경우에는 반응이 가속화되어 용존산소가 쉽게 고갈되어 2단계 반응에 빨리 도달한다.
② 제2단계에서는 산소가 고갈되어 혐기성 조건이 형성되며 질소가스가 발생하기 시작하고, 아울러 메탄가스도 생성되기 시작하는 단계이다.
③ 제3단계에서는 매립지 내부의 온도가 상승하여 약 55℃ 정도까지 올라간다.
④ 제4단계에서는 매립가스 내 메탄과 이산화탄소의 함량이 거의 일정하게 유지된다.

제2단계는 혐기성 단계이지만 메탄이 형성되지 않는 단계로서 혐기성으로 전이가 일어난다.

45 쓰레기 수거대상 인구가 550,000명이고, 쓰레기 수거실적이 220,000톤/년이라면 1인당 1일 쓰레기 발생량(kg)은?(단, 1년 365일로 계산)

① 1.1kg　　② 1.8kg
③ 2.1kg　　④ 2.5kg

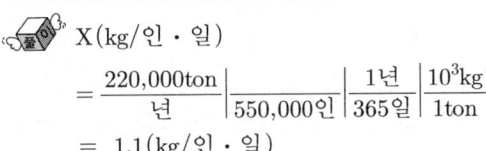

46 다음 중 유해 폐기물의 국제적 이동의 통제와 규제를 주요 골자로 하는 국제협약(의정서)은?

① 교토의정서
② 바젤 협약
③ 비엔나 협약
④ 몬트리올 의정서

유해 폐기물의 국가 간 불법적인 교역을 통제하기 위한 국제협약은 바젤 협약이다.

47 짐머만 공법이라고도 하며, 액상 슬러지에 열과 압력을 적용시켜 용존산소에 의해 화학적으로 슬러지 내의 유기물을 산화시키는 방법은?

① 호기성 산화 ② 습식 산화
③ 화학적 안정화 ④ 혐기성 소화

 짐머만 공법은 습식 산화법의 일종이다.

48 도시에서 생활쓰레기를 수거할 때 고려할 사항으로 가장 거리가 먼 것은?

① 처음 수거지역은 차고지와 가깝게 설정한다.
② U자형 회전을 피하여 수거한다.
③ 교통이 혼잡한 지역은 출·퇴근 시간을 피하여 수거한다.
④ 쓰레기가 적게 발생하는 지점은 하루 중 가장 먼저 수거하도록 한다.

 쓰레기가 가장 많이 발생하는 지점은 하루 중 가장 먼저 수거하도록 한다.

49 소각로에서 완전연소를 위한 3가지 조건(일명 3T)으로 옳은 것은?

① 시간-온도-혼합 ② 시간-온도-수분
③ 혼합-수분-시간 ④ 혼합-수분-온도

 완전연소의 구비조건(3T)
　㉠ 체류시간은 가능한 한 길어야 한다.(Time)
　㉡ 연소용 공기를 예열한다.(Temperature)
　㉢ 공기와 연료를 적절히 혼합한다.(Turbulence)

50 파쇄하였거나 파쇄하지 않은 폐기물로부터 철분을 회수하기 위해 가장 많이 사용되는 폐기물 선별방법은?

① 공기선별 ② 스크린선별
③ 자석선별 ④ 손선별

 폐기물로부터 철분을 회수하기 위해 가장 많이 사용되는 폐기물 선별방법은 자석선별이다.

51 다음 중 분뇨 수거 및 처분계획을 세울 때 계획하는 우리나라 성인 1인당 1일 분뇨발생량의 평균범위로 가장 적합한 것은?

① 0.2~0.5L ② 0.9~1.1L
③ 2.3~2.5L ④ 3.0~3.5L

 우리나라 성인 1인당 1일 분뇨발생량의 평균범위는 0.9~1.1L이다.

52 다음은 연소의 종류에 관한 설명이다. ( ) 안에 알맞은 것은?

> 목재, 석탄, 타르 등은 연소 초기에 가연성 가스가 생성되고, 이것이 긴 화염을 발생시키면서 연소하는데 이러한 연소를 ( )라 한다.

① 표면연소 ② 분해연소
③ 확산연소 ④ 자기연소

 분해연소를 설명하고 있다.

53 폐기물의 파쇄작용이 일어나게 되는 힘의 3종류와 가장 거리가 먼 것은?

① 압축력 ② 전단력
③ 수평력 ④ 충격력

파쇄대상물에 작용하는 3가지 힘은 압축력, 전단력, 충격력이다.

54 스크린 선별에 관한 설명으로 거리가 먼 것은?

① 스크린 선별은 주로 큰 폐기물로부터 후속 처리장치를 보호하거나 재료를 회수하기 위해 많이 사용한다.
② 트롬엘 스크린은 진동 스크린의 형식에 해당한다.
③ 스크린의 형식은 진동식과 회전식으로 구분할 수 있다.
④ 회전 스크린은 일반적으로 도시폐기물 선별에 많이 사용하는 스크린이다.

트롬엘 스크린은 회전 스크린의 형식에 해당한다. 진동 스크린은 골재 선별에 주로 이용된다.

55 다음 중 유기물의 혐기성소화 분해 시 발생되는 물질로 거리가 먼 것은?

① 산소   ② 알코올
③ 유기산   ④ 메탄

유기물의 혐기성 분해 시 산소는 발생하지 않는다.

56 음향파워가 0.2watt이면 PWL은?

① 113dB   ② 123dB
③ 133dB   ④ 226dB

$PWL = 10\log\left(\dfrac{W}{W_o}\right)$

$PWL = 10\log\left(\dfrac{0.2}{10^{-12}}\right)$

$= 113.01 (dB)$

57 사람의 귀는 외이, 중이, 내이로 구분할 수 있다. 다음 중 내이에 관한 설명으로 옳지 않은 것은?

① 음의 전달 매질은 액체이다.
② 이소골에 의해 진동음압을 20배 정도 증폭시킨다.
③ 음의 대소는 섬모가 받는 자극의 크기에 따라 다르다.
④ 난원창은 이소골의 진동을 외우각 중의 림프액에 전달하는 진동판이다.

이소골은 얇은 점막으로 싸여 있고 소리의 진동을 고막에서 내이로 전달하는 역할을 하며 귀에 손상을 줄 만큼 큰 소리가 들어오면 소리를 전하는 진동 형태를 수평으로 바꾸어서 소리를 줄여줌으로써 청각 신경을 보호한다.

58 아파트 벽의 음향투과율이 0.1%라면 투과손실은?

① 10dB   ② 20dB
③ 30dB   ④ 50dB

투과손실(TL) $= 10\log\left(\dfrac{1}{\tau}\right)$

$= 10\log\left(\dfrac{1}{0.001}\right)$

$= 30(dB)$

59 소음계의 구성요소 중 음파의 미약한 압력변화(음압)를 전기신호로 변환하는 것은?

① 정류회로
② 마이크로폰
③ 동특성조절기
④ 청감보정회로

음파의 미약한 압력변화(음압)를 전기신호로 변환하는 것은 마이크로폰이다.

60 흡음재료 선택 및 사용상 유의점으로 거리가 먼 것은?

① 다공질 재료는 산란되기 쉬우므로 표면을 얇은 직물로 피복하는 행위는 금해야 한다.
② 다공질 재료의 표면을 도장하면 고음역에서 흡음률이 저하된다.
③ 실의 모서리나 가장자리 부분에 흡음재를 부착하면 효과가 좋아진다.
④ 막진동이나 판진동형의 것도 도장해도 차이가 없다.

 다공질 재료는 산란되기 쉬우므로 표면을 얇은 직물로 피복하는 것이 좋다.

2015년 1회 시행

01 다음 대기오염물질과 관련된 업종 중 불화수소가 주된 배출원에 해당하는 것은?

① 고무가공, 인쇄공업
② 인산비료, 알루미늄 제조
③ 내연기관, 폭약 제조
④ 코크스 연소로, 제철

 불화수소의 배출원
  ㉠ 인산비료공업   ㉡ 알루미늄공업
  ㉢ 유리공업   ㉣ 요업

02 여과집진장치에 사용되는 다음 여과재 중 최고사용온도가 가장 높은 것은?

① 유리섬유   ② 목면
③ 양모   ④ 아마이드계 나일론

 글라스화이버, 유리섬유는 최고사용온도가 250℃로 가장 높다.

03 집진효율이 50%인 중력침강 집진장치와 99%인 여과식 집진장치가 직렬로 연결된 집진시설에서 중력침강 집진장치의 입구 먼지 농도가 200mg/Sm³이라면 여과식 집진장치의 출구 먼지의 농도(mg/Sm³)는?

① 1   ② 5
③ 10   ④ 50

 $\eta_t = \eta_1 + \eta_2(1-\eta_1)$, $C_o = C_i \times (1-\eta)$
$\eta_t = 0.5 + 0.99(1-0.5) = 0.995$
∴ $C_o = 200 \times (1-0.995) = 1 (\mathrm{mg/Sm^3})$

04 대기오염방지시설 중 유해가스상 물질을 처리할 수 있는 흡착장치의 종류와 가장 거리가 먼 것은?

① 고정층 흡착장치
② 촉매층 흡착장치
③ 이동층 흡착장치
④ 유동층 흡착장치

 흡착장치의 종류
  ㉠ 고정층 흡착장치
  ㉡ 이동층 흡착장치
  ㉢ 유동층 흡착장치

05 다음 중 섭씨 온도가 20℃인 것은?

① 20K   ② 36°F
③ 68°F   ④ 273K

 $°F = \dfrac{9}{5} \times ℃ + 32 = \dfrac{9}{5} \times 20 + 32$
         $= 68°F$

06 복사역전에 대한 다음 설명 중 옳지 않은 것은?

① 복사역전은 공중에서 일어난다.
② 맑고 바람이 없는 날 아침에 해가 뜨기 직전에 강하게 형성된다.
③ 복사역전이 형성될 경우 대기오염물질의 수직이동, 확산이 어렵게 된다.
④ 해가 지면서부터 열복사에 의한 지표면의 냉각이 시작되므로 복사역전이 형성된다.

공중에서 일어나는 것은 침강역전이다.

정답 01 ② 02 ① 03 ① 04 ② 05 ③ 06 ①

07 대기환경보전법규상 특정대기유해물질이 아닌 것은?

① 석면 ② 시안화수소
③ 망간화합물 ④ 사염화탄소

 특정대기유해물질은 카드뮴 및 그 화합물 외 34종으로 망간화합물은 해당하지 않는다.

08 대류권에서는 온실가스이며 성층권에서는 오존층을 파괴하는 물질로 알려져 있는 것은?

① CO ② N_2O
③ HCl ④ SO_2

 대류권에서는 온실가스이며 성층권에서는 오존층을 파괴하는 물질은 아산화질소(N_2O)이다.

09 다음 중 집진효율이 가장 낮은 집진장치는?

① 전기 집진장치
② 여과 집진장치
③ 원심력 집진장치
④ 중력 집진장치

 중력 집진장치의 집진효율은 40~60%로 여러 집진장치 중 집진효율이 가장 낮다.

10 질소산화물의 발생을 억제하는 연소방법이 아닌 것은?

① 저과잉공기비 연소법
② 고온 연소법
③ 2단 연소법
④ 배기가스 재순환법

 질소산화물은 고온에서 많이 생성되는 물질이다.

11 함진가스를 방해판에 충돌시켜 기류의 급격한 방향전환을 이용하여 입자를 분리 포집하는 집진장치는?

① 중력 집진장치
② 전기 집진장치
③ 여과 집진장치
④ 관성력 집진장치

 관성력 집진장치의 집진원리를 설명하고 있다.

12 다음 표준상태(0℃, 760mmHg)에 있는 건조공기 중 대기 내의 체류시간이 가장 긴 것은?

① N_2 ② CO
③ NO ④ CO_2

 N_2(질소)의 체류시간은 4×10^8 year로 가장 길다.

13 다음 기체 중 비중이 가장 큰 것은?

① SO_2 ② CO_2
③ HCHO ④ CS_2

 분자량이 큰 물질이 비중이 크다.

14 CO 200kg을 완전연소시킬 때 필요한 이론 산소량(Sm^3)은?(단, 표준상태 기준)

① 15 ② 56
③ 80 ④ 381

 $CO + 0.5O_2 \rightarrow CO_2$
28kg : $0.5 \times 22.4 Sm^3$
200kg : $X(O_2)$
∴ $X(O_2) = 80 Sm^3$

15 다음 중 2차 대기오염 물질에 속하는 것은?

① HCl
② Pb
③ CO
④ H_2O_2

 2차 대기오염 물질
　　O_3, PAN($CH_3COOONO_2$), NOCl, H_2O_2, 아크로레인(CH_2CHCHO)

16 다음 중 지하수의 일반적인 수질 특성에 관한 설명으로 옳지 않은 것은?

① 수온의 변화가 심하다.
② 무기물 성분이 많다.
③ 지질 특성에 영향을 받는다.
④ 지표면 깊은 곳에서는 무산소 상태로 될 수 있다.

 지하수는 연중 수온의 변화가 적으므로 수원으로서 많이 이용되고 있다.

17 생물학적 처리방법에 관한 설명으로 옳지 않은 것은?

① 주로 유기성 폐수의 처리에 적용한다.
② 미생물을 이용한 처리방법으로 호기성 처리방법은 부패조 등이 있다.
③ 살수여상은 부착 성장식 생물학적 처리공법이다.
④ 산화지는 자연에 의하여 처리하기 때문에 활성슬러지법에 비해 적정 처리가 어렵다.

 미생물을 이용한 처리방법으로 호기성 처리방법은 활성슬러지공법, 살수여상법, 회전원판법 등이 있다.

18 다음 중 콘크리트 하수관거의 부식을 유발하는 오염물질로 가장 적합한 것은?

① NH_4^+
② SO_4^{2-}
③ Cl^-
④ PO_4^{3-}

 관정부식
　　황산화물은 관정의 황박테리아 또는 응결수분에 의해 황산으로 되고 황산은 콘크리트 내에 함유된 철·칼슘·알루미늄 등과 결합하여 황산염을 형성하여 부식을 유발한다.

19 명반을 폐수의 응집조에 주입 후 완속교반을 행하는 주된 목적은?

① Floc의 입자를 크게 하기 위하여
② Floc과 공기를 잘 접촉시키기 위하여
③ 명반을 원수에 용해시키기 위하여
④ 생성된 Floc의 수를 증가시키기 위하여

 완속교반을 행하는 주된 목적은 크고 무거운 Floc을 만들기 위해서이다.

20 하천의 자정작용을 4단계(Wipple)로 구분할 때 순서대로 옳게 나열한 것은?

① 분해지대 → 활발한 분해지대 → 회복지대 → 정수지대
② 정수지대 → 활발한 분해지대 → 분해지대 → 회복지대
③ 활발한 분해지대 → 회복지대 → 분해지대 → 정수지대
④ 회복지대 → 분해지대 → 활발한 분해지대 → 정수지대

21 유입하수량이 2,000m³/일이고, 침전지의 용적이 250m³이다. 이때 체류시간은?

① 3시간 ② 4시간
③ 6시간 ④ 8시간

 $t(hr) = \dfrac{250m^3}{2,000m^3} \left| \dfrac{day}{} \right| \dfrac{24hr}{1day}$
$= 3(hr)$

22 활성슬러지 공법에 의한 운영상의 문제점으로 옳지 않은 것은?

① 거품 발생 ② 연못화 현상
③ Floc 해체 현상 ④ 슬러지 부상 현상

 연못화 현상은 살수여상법의 문제점이다.

23 다음 중 산화와 거리가 먼 것은?

① 원자가가 감소하는 현상
② 전자를 잃는 현상
③ 수소를 잃는 현상
④ 산소와 화합하는 현상

 산화
　㉠ 산소와 화합하는 현상
　㉡ 수소화합물에서 수소를 잃는 현상
　㉢ 전자 수가 줄어드는 현상
　㉣ 산화 수가 증가하는 현상

24 물속에서 침강하고 있는 입자에 스토크스(Stoke's)의 법칙이 적용된다면 입자의 침강속도에 가장 큰 영향을 주는 변화 인자는?

① 입자의 밀도 ② 물의 밀도
③ 물의 점도 ④ 입자의 직경

Stoke's은 $V_g = \dfrac{dp^2(\rho_p - \rho_w) \cdot g}{18 \cdot \mu}$로 입자의 직경이 침강속도에 가장 큰 영향을 준다.

25 지하수의 수질을 분석하였더니 Ca²⁺=24 mg/L, Mg²⁺=14mg/L의 결과를 얻었다. 이 지하수의 경도는?(단, 원자량은 Ca=40, Mg=24이다.)

① 98.7mg/L
② 104.3mg/L
③ 118.3mg/L
④ 123.4mg/L

$TH = \sum M_c^{2+}(mg/L) \times \dfrac{50}{Eq}$
$= 24 \times \dfrac{50}{40/2} + 14 \times \dfrac{50}{24/2}$
$= 118.33(mg/L\ as\ CaCO_3)$

26 해수의 특성으로 옳지 않은 것은?

① 해수의 밀도는 수심이 깊을수록 증가한다.
② 해수의 pH는 5.6 정도로 약산성이다.
③ 해수의 Mg/Ca비는 3~4 정도이다.
④ 해수는 강전해질로서 1L당 35g 정도의 염분을 함유한다.

해수의 pH는 약 8.2 정도로 약알칼리성을 지닌다.

27 용존산소가 충분한 조건의 수중에서 미생물에 의한 단백질 분해순서를 올바르게 나타낸 것은?

① $NO_3^- \rightarrow NO_2^- \rightarrow NH_4^+ \rightarrow$ Aminoacid
② $NH_4^+ \rightarrow NO_2^- \rightarrow NO_3^- \rightarrow$ Aminoacid
③ Aminoacid $\rightarrow NO_3^- \rightarrow NO_2^- \rightarrow NH_4^+$
④ Aminoacid $\rightarrow NH_4^+ \rightarrow NO_2^- \rightarrow NO_3^-$

28 A공장의 최종 방류수 4,000m³/day에 염소를 60kg/day로 주입하여 방류하고 있다. 염소 주입 후 잔류염소량이 3mg/L이었다면 이때 염소 요구량은 몇 mg/L인가?

① 12mg/L ② 17mg/L
③ 20mg/L ④ 23mg/L

  염소요구량 = 염소주입량 − 염소잔류량
  ㉠ 염소주입농도(mg/L)
  $= \dfrac{60\text{kg}}{\text{day}} \Big| \dfrac{\text{day}}{4000\text{m}^3} \Big| \dfrac{10^6\text{mg}}{1\text{kg}} \Big| \dfrac{1\text{m}^3}{10^3\text{L}}$
  $= 15\,(\text{mg/L})$
  ㉡ 염소잔류량 = 3mg/L
    염소 요구량 = 15(mg/L) − 3(mg/L)
         = 12(mg/L)

29 생물학적으로 질소와 인을 제거하는 A²/O 공정 중 혐기조의 주된 역할은?

① 질산화   ② 탈질화
③ 인의 방출 ④ 인의 과잉섭취

  A²/O 공정의 각 반응조의 역할
  ㉠ 혐기조(Anaerobic) : 혐기성 유기물 분해, 유기물(BOD) 제거 및 인의 방출
  ㉡ 무산소조(Anoxic) : 질소 제거(탈질)
  ㉢ 호기조(Aerobic) : 유기물(BOD) 제거 및 인의 과잉섭취, 질산화

30 다음 중 유기수은계 함유 폐수의 처리방법으로 가장 적합한 것은?

① 오존처리법, 염소분해법
② 흡착법, 산화분해법
③ 황산분해법, 시안분해법
④ 염소분해법, 소석회 처리법

  유기수은계 함유폐수의 처리방법
  ㉠ 흡착법, ㉡ 산화분해법, ㉢ 이온교환법

31 폐수 중 총 인을 자외선 가시선 분광법으로 측정할 때의 분석파장으로 옳은 것은?

① 220nm   ② 450nm
③ 540nm   ④ 880nm

  총 인을 자외선 가시선 분광법으로 측정할 때의 분석파장은 880nm이다.

32 다음은 BOD용 희석수(또는 BOD용 식종 희석수)를 검토하기 위한 시험방법이다. ( ) 안에 알맞은 것은?

( ) 각 150mg씩을 취하여 물에 녹여 1,000mL로 한 액 5~10mL를 3개의 300mL BOD병에 넣고 BOD용 희석수(또는 BOD용 식종 희석수)를 완전히 채운 다음 BOD 시험방법에 따라 시험한다.

① 술파민산 및 수산화타트륨
② 글루코오스 및 글루타민산
③ 알칼리성 요오드화 칼륨 및 아자이드화 나트륨
④ 황산구리 및 술파민산

  글루코오스 및 글루타민산 각 150mg씩을 취하여 물에 녹여 1,000mL로 한 액 5~10mL를 3개의 300mL BOD병에 넣고 BOD용 희석수(또는 BOD용 식종희석수)를 완전히 채운 다음 이하 BOD 시험방법에 따라 시험한다.

33 시중에 판매되는 농황산의 비중은 약 1.84, 농도는 96%(중량기준)일 때 이 농황산의 몰농도(mole/L)는?

① 12   ② 18
③ 24   ④ 36

$X(\text{mol/L}) = \dfrac{1.84\text{g}}{\text{mL}} \Big| \dfrac{1\text{mol}}{98\text{g}} \Big| \dfrac{96}{100} \Big| \dfrac{10^3\text{mL}}{1\text{L}}$
  $= 18.02\,(\text{mol/L})$

정답 28 ① 29 ③ 30 ② 31 ④ 32 ② 33 ②

34 물리적 처리에 관한 설명으로 거리가 먼 것은?

① 폐수가 흐르는 수로에 관망을 설치하여 부유물 중 망의 유효간격보다 큰 것을 망에 걸리게 하여 제거하는 것이 스크린의 처리원리이다.
② 스크린의 접근유속은 0.15m/sec 이상이어야 하며, 통과 유속이 5m/sec를 초과해서는 안 된다.
③ 침사지는 모래, 자갈, 뼛조각, 기타 무기성 부유물로 구성된 혼합물을 제거하기 위해 이용된다.
④ 침사지는 일반적으로 스크린 다음에 설치되며, 침전한 그릿이 쉽게 제거되도록 밑바닥이 한쪽으로 급한 경사를 이루도록 한다.

스크린의 접근유속은 0.45m/sec 이상이어야 하며, 통과 유속이 0.9m/sec를 초과해서는 안 된다.

35 수질오염공정시험기준에서 "취급 또는 저장하는 동안에 이물질이 들어가거나 또는 내용 물이 손실되지 아니하도록 보호하는 용기"를 무엇이라고 하는가?

① 차광용기　　　② 밀봉용기
③ 기밀용기　　　④ 밀폐용기

"밀폐용기"라 함은 취급 또는 저장하는 동안에 이물질이 들어가거나 또는 내용물이 손실되지 아니하도록 보호하는 용기를 말한다.

36 수분함량이 30%인 어느 도시의 쓰레기를 건조시켜 수분함량이 10%인 쓰레기로 만들어 처리하려고 한다. 쓰레기 1톤당 약 몇 kg의 수분을 증발시켜야 하는가?

① 204kg　　　② 215kg
③ 222kg　　　④ 242kg

$V_1(100-W_1) = V_2(100-W_2)$
$1,000(100-30) = V_2(100-10)$
$V_2 = 777.78(kg)$
∴ 증발시켜야 할 수분량 $= 1,000 - 777.78$
$= 222.22(kg)$

37 다음 중 폐기물 처리를 위해 가장 우선적으로 추진해야 하는 방향은?

① 퇴비화　　　② 감량
③ 위생매립　　④ 소각열 회수

폐기물 처리를 위해 가장 우선적으로 추진해야 하는 사항은 감량화이다.
(감량화 > 재활용 > 에너지 회수 > 소각 > 매립)

38 장치 아래쪽에서는 가스를 주입하여 모래를 가열시키고 위쪽에서는 폐기물을 주입하여 연소시키는 형태로, 기계적 구동부가 적어 고장률이 낮으며, 슬러지나 폐유 등의 소각에 탁월한 성능을 가지는 소각로는?

① 고정상 소각로　　② 화격자 소각로
③ 유동상 소각로　　④ 열분해 소각로

39 주로 산업 폐기물의 발생량 산정방법으로 먼저 조사하고자 하는 계의 경계를 정확히 설정한 다음 그 시스템으로 주입되는 모든 물질과 유출되는 모든 물질들 간의 물질수지를 세움으로써 발생량을 추정하는 방법은?

① 공장공정법　　② 직접계근법
③ 물질수지법　　④ 적재차량계수법

물질수지법을 설명하고 있다.

40 폐기물 고체연료(RDF)의 구비조건으로 틀린 것은?

① 함수율이 높을 것
② 열량이 높을 것
③ 대기오염이 적을 것
④ 성분 배합률이 균일할 것

　함수율은 낮아야 한다.

41 다음 폐기물 선별방법 중 특정적으로 자장이나 전기장을 이용하는 것은?

① 중력선별　　　② 관성선별
③ 스크린선별　　④ 와전류선별

　특정적으로 자장이나 전기장을 이용하는 선별을 와전류선별이라 한다.

42 관거수송법에 관한 설명으로 가장 거리가 먼 것은?

① 쓰레기 발생밀도가 높은 곳은 적용이 곤란하다.
② 가설 후 경로 변경이 곤란하고, 설치비가 높다.
③ 잘못 투입된 물건의 회수가 곤란하다.
④ 조대쓰레기는 파쇄, 압축 등의 전처리가 필요하다.

　관거수송법은 폐기물 발생빈도가 높은 곳이 경제적이다.

43 폐기물의 수거 시 수거 작업 간의 노동력을 비교하기 위하여 사용하는 용어로서, 수거인부 1인이 쓰레기 1톤을 수거하는 데 소요되는 총 시간을 말하는 것은?

① MHT　　　　② HHV
③ LHV　　　　④ RDF

44 다음은 어떤 매립공법의 특성에 관한 설명인가?

- 폐기물과 복토층을 교대로 쌓는 방식
- 협곡, 산간 및 폐광산 등에서 사용하는 방법
- 외곽 우수배제시설 필요
- 복토재의 외부 반입이 필요

① 샌드위치공법　　② 도랑형 공법
③ 박층뿌림공법　　④ 순차투입공법

　샌드위치 방식
　수평으로 폐기물층과 복토층을 반복적으로 일정한 두께로 쌓는 방식으로, 복토재가 셀 방식에 비해 적게 소요된다. 좁은 산간 매립지에 적합하며, 1일 작업량이 적어 복토를 하지 못할 경우 폐기물의 비산 및 악취가 발생된다.

45 다음 중 폐기물공정시험기준상 폐기물의 강열감량 및 유기물 함량을 측정하고자 할 때 적용되는 기구로만 옳게 묶여진 것은?

(ㄱ) 도가니　　　　(ㄴ) 항온수조
(ㄷ) 전기로　　　　(ㄹ) pH 미터
(ㅁ) 전자저울　　　(ㅂ) 황산데시게이터

① (ㄱ), (ㄴ), (ㄷ), (ㄹ)　② (ㄴ), (ㄹ), (ㅁ), (ㅂ)
③ (ㄴ), (ㄷ), (ㅁ), (ㅂ)　④ (ㄱ), (ㄷ), (ㅁ), (ㅂ)

　강열감량 및 유기물 함량 분석절차
　㉠ 도가니 또는 접시를 미리 (600±25℃) 30분간 강열한다.
　㉡ 데시케이터 안에서 식힌 후 사용하기 직전에 무게를 측정한다.
　㉢ 시료적당량을 취한다.
　㉣ 도가니 또는 접시의 무게를 정확히 측정한다.
　㉤ 질산암모늄 용액을 넣어 시료에 적시고 천천히 가열하여 탄화시킨다.
　㉥ (600±25℃)의 전기로 안에서 3시간 강열한다.
　㉦ 실리카겔이 담겨 있는 데시케이터 안에 넣어 식힌다.
　㉧ 무게를 정확히 측정한다.

정답　40 ①　41 ④　42 ①　43 ①　44 ①　45 ④

46 일정기간 동안 특정지역의 쓰레기 수거 차량의 대수를 조사하여 이 값에 밀도를 곱하여 중량으로 환산하는 쓰레기 발생량 산정방법은?

① 직접계근법
② 물질수지법
③ 통과중량조사법
④ 적재차량 계수분석법

47 인구 50만 명인 A도시의 폐기물 발생량 중 가연성은 20%, 불연성은 80%이다. 1인당 폐기물 발생량이 1.0kg/인·일이고, 운반차량의 적재용량이 5m³일 때, 가연성 폐기물의 운반에 필요한 차량 운행횟수(회/월)는?(단, 가연성 폐기물의 겉보기 비중은 3000kg/m³, 월 30일, 차량은 1대 기준)

① 185
② 191
③ 200
④ 222

$$X(회수/월)$$
$$= \frac{1.0\text{kg}}{인 \cdot 일} \left| \frac{500,000인}{} \right| \frac{20}{100} \left| \frac{대}{5\text{m}^3} \right| \frac{\text{m}^3}{3,000\text{kg}} \left| \frac{30일}{월} \right.$$
$$= 200(회/월)$$

48 폐기물의 고형화 처리방법으로 가장 거리가 먼 것은?

① 활성슬리지법
② 석회기초법
③ 유리화법
④ 피막형성법

 활성슬러지법은 폐수의 생물학적 처리방법이다.

49 폐기물 소각 공정에 사용되는 연소기의 종류에 해당하지 않는 것은?

① Scrubber
② Stoker
③ Rotary kiln
④ Multiple hearth

 Scrubber는 액체를 사용해서 기체 속에 포함되어 있는 미세한 먼지를 씻어 제거하는 장치로 연소기의 종류가 아니다.

50 호기성 미생물을 이용하여 유기물을 분해하는 퇴비화 공정의 최적조건의 범위로 가장 거리가 먼 것은?

① 수분함량 : 85% 이상
② pH : 6.5~7.5
③ 온도 : 55~65℃
④ C/N비 : 25~30

 퇴비화 공정의 최적조건 중 수분함량은 50~60 (Wt%)이다.

51 매립 시 발생되는 매립가스 중 악취를 유발시키는 것은?

① CH_4
② CO
③ CO_2
④ NH_3

 매립가스 중 악취를 유발시키는 물질은 NH_3이다.

52 폐기물을 분석하기 위한 시료의 축소화 방법으로만 옳게 나열된 것은?

① 구획법, 교호삽법, 원추4분법
② 구획법, 교호삽법, 직접계근법
③ 교호삽법, 물질수지법, 원추4분법
④ 구획법, 교호삽법, 적재차량계수법

 시료의 축소방법
㉠ 구획법
㉡ 교호삽법
㉢ 원추4분법

53 착화온도에 관한 다음 설명 중 옳은 것은?

① 분자구조가 간단할수록 착화온도는 낮아진다.
② 발열량이 작을수록 착화온도는 낮아진다.
③ 활성화 에너지가 작을수록 착화온도는 높아진다.
④ 화학결합의 활성도가 클수록 착화온도는 낮아진다.

 착화온도
㉠ 분자구조가 복잡할수록 착화온도는 낮아진다.
㉡ 발열량이 클수록 착화온도는 낮아진다.
㉢ 활성화 에너지가 작을수록 착화온도는 낮아진다.

54 밀도가 $0.4t/m^3$인 쓰레기를 매립하기 위해 밀도 $0.85t/m^3$으로 압축하였다. 압축비는?

① 0.6
② 1.8
③ 2.1
④ 3.3

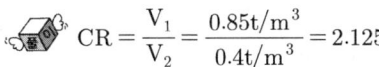

$$CR = \frac{V_1}{V_2} = \frac{0.85t/m^3}{0.4t/m^3} = 2.125$$

55 다음 연료 중 고위발열량($kcal/Sm^3$)이 가장 큰 것은?

① 프로판
② 일산화탄소
③ 부틸렌
④ 아세틸렌

 기체연료의 발열량
㉠ 프로판 : 23,700($kcal/Sm^3$)
㉡ 일산화탄소 : 3,035($kcal/Sm^3$)
㉢ 부틸렌 : 29,170($kcal/Sm^3$)
㉣ 아세틸렌 : 14,080($kcal/Sm^3$)

56 진동수가 200Hz이고 속도가 100m/s인 파동의 파장은?

① 0.2m
② 0.3m
③ 0.5m
④ 2.0m

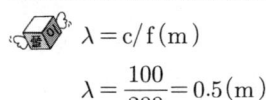
$\lambda = c/f(m)$
$\lambda = \frac{100}{200} = 0.5(m)$

57 종파(소밀파)에 관한 설명으로 옳지 않은 것은?

① 매질이 있어야만 전파된다.
② 파동의 진행방향과 매질의 진동방향이 서로 평행이다.
③ 수면파는 종파에 해당한다.
④ 음파는 종파에 해당한다.

 종파는 파동의 진행방향과 매질의 진행방향이 서로 평행인 파동이다.
종파의 예로 음파, 지진파(P파)가 있으며, 매질이 없으면 전파되지 않는다.

58 점음원의 거리감쇠에서 음원으로부터의 거리가 2배로 됨에 따른 음압레벨의 감쇠치는?(단, 자유공간)

① 2dB
② 3dB
③ 6dB
④ 10dB

 거리감쇠
거리가 2배 되면 점음원은 6dB, 선음원은 3dB 감소한다.

정답 53 ④ 54 ③ 55 ③ 56 ③ 57 ③ 58 ③

59 방음벽 설치 시 유의사항으로 거리가 먼 것은?

① 음원의 지향성과 크기에 대한 상세한 조사가 필요하다.
② 음원의 지향성이 수음 측 방향으로 클 때에는 벽에 의한 감쇠치가 계산치보다 크게 된다.
③ 벽의 투과손실은 회절감쇠치보다 적어도 5dB 이상 크게 하는 것이 바람직하다.
④ 소음원 주위에 나무를 심는 것이 방음벽 설치보다 확실한 방음 효과를 기대할 수 있다.

 방음벽 대신 소음원 주위에 방음림(수림대)을 설치하는 것은 소음 방지에 큰 효과를 기대할 수 없다. 통상 10m 폭의 수림대에서 3dB 정도 효과가 있다.

60 2개의 진동물체의 고유진동수가 같을 때 한쪽의 물체를 울리면 다른 쪽도 울리는 현상을 의미하는 것은?

① 임피던스
② 굴절
③ 간섭
④ 공명

 두 개의 진동체의 고유진동수가 같을 때 한쪽을 울리면 다른 쪽도 울리는 현상을 공명이라 한다.

정답 59 ④ 60 ④

2015년 2회 시행

01 공기에 작용하는 힘 중 "지구 자전에 의해 운동하는 물체에 작용하는 힘"을 의미하는 것은?
① 경도력 ② 원심력
③ 구심력 ④ 전향력

02 흡수장치의 종류를 액분산형과 기체분산형으로 나눌 때, 다음 중 기체분산형에 해당하는 것은?
① 충전탑 ② 분무탑
③ 단탑 ④ 벤투리 스크러버

 단탑, 포종탑은 기체분산형 흡수장치에 해당한다.

03 전기집진장치에서 입자의 대전과 집진된 먼지의 탈진이 정상적으로 진행되는 겉보기 고유저항의 범위로 가장 적합한 것은?
① $10^{-3} \sim 10^{1}\,\Omega\cdot cm$
② $10^{1} \sim 10^{3}\,\Omega\cdot cm$
③ $10^{4} \sim 10^{11}\,\Omega\cdot cm$
④ $10^{12} \sim 10^{15}\,\Omega\cdot cm$

 전기집진장치에서 가장 적절한 전하량의 범위는 $10^{4} \sim 10^{11}\,\Omega\cdot cm$ 이다.

04 다음 집진장치 중 압력손실이 가장 큰 것은?
① 중력식 집진장치 ② 사이클론
③ 백필터 ④ 벤투리 스크러버

 벤투리 스크러버의 압력손실이 300~800mmHg로 가장 크다.

05 대기오염공정시험기준에서 제시된 배출가스 중 오염물질별 측정방법의 연결이 옳지 않은 것은?
① 염소 – 오르토 톨리딘법
② 염화수소 – 질산은 적정법
③ 시안화수소 – 인도페놀법
④ 황화수소 – 메틸렌 블루법

 시안화수소의 분석방법에는 질산은 적정법과 피리디피라졸론법이 있다.

06 액체연료의 연소장치 중 유압식과 공기분무식을 합한 것으로 유압이 보통 $7kg/cm^2$ 이상이고, 연소가 양호하고 소형이며 전자동 연소가 가능한 것은?
① 유압분무식 버너 ② 회전식 버너
③ 선회 버너 ④ 건타입 버너

 건타입 버너를 설명하고 있다.

07 대기오염공정시험기준상 "방울수"의 의미로 옳은 것은?
① 10℃에서 정제수 10방울을 떨어뜨릴 때 그 부피가 약 1mL 되는 것을 뜻한다.
② 10℃에서 정제수 20방울을 떨어뜨릴 때 그 부피가 약 1mL 되는 것을 뜻한다.
③ 20℃에서 정제수 10방울을 떨어뜨릴 때 그 부피가 약 1mL 되는 것을 뜻한다.
④ 20℃에서 정제수 20방울을 떨어뜨릴 때 그 부피가 약 1mL 되는 것을 뜻한다.

정답 01 ④ 02 ③ 03 ③ 04 ④ 05 ③ 06 ④ 07 ④

"방울수"라 함은 20℃에서 정제수 20방울을 떨어뜨릴 때 그 부피가 약 1mL 되는 것을 뜻한다.

08 질소산화물을 촉매환원법으로 처리할 때, 어떤 물질로 환원되는가?

① N_2 ② HNO_3
③ CH_4 ④ NO_2

 질소산화물은 N_2 형태로 환원된다.

09 집진장치 출구 가스의 먼지농도가 $0.02g/m^3$, 먼지통과율은 0.5% 일 때, 입구 가스의 먼지농도 (g/m^3)는?

① $3.5g/m^3$ ② $4.0g/m^3$
③ $4.5g/m^3$ ④ $8.0g/m^3$

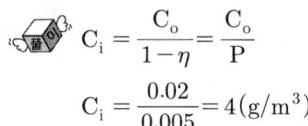

$$C_i = \frac{C_o}{1-\eta} = \frac{C_o}{P}$$

$$C_i = \frac{0.02}{0.005} = 4(g/m^3)$$

10 중력집진장치의 집진효율 향상 조건으로 옳지 않은 것은?

① 침강실 내의 처리가스 속도를 크게 한다.
② 침강실 내의 처리가스의 흐름을 균일하게 한다.
③ 침강실의 높이를 작게 하고, 길이를 길게 한다.
④ 다단일 경우에는 단수가 증가될수록 압력손실은 커지나 효율은 증가한다.

 침강실 내의 처리가스 속도가 작을수록 집진율은 우수하다.

11 다음 중 광화학스모그 발생과 가장 거리가 먼 것은?

① 질소산화물   ② 일산화탄소
③ 올레핀계 탄화수소   ④ 태양광선

 광화학 스모그의 기인요소는 질소산화물, 올레핀계 탄화수소, 태양광선이다.

12 원심력 집진장치에서 50%의 집진율을 보이는 입자의 크기를 일컫는 용어는?

① 극한 입경   ② 절단 입경
③ 중간 입경   ④ 임계 입경

13 다음 중 여과집진장치의 탈진방법으로 가장 거리가 먼 것은?

① 진동형   ② 세정형
③ 역기류형   ④ pulse jet형

 여과집진장치의 털어내기(탈진)방법
① 연속식 : 여과와 탈진을 동시에 병행하는 방식
  충격기류 분사형(pulse jet), 음파 제트형(sonic jet)
② 간헐식 : 여과와 탈진을 분리하는 방식
  진동형, 역기류형, 역기류진동형

14 석탄의 탄화도가 클수록 가지는 성질에 관한 설명으로 옳지 않은 것은?

① 고정탄소의 양이 증가하고, 산소의 양이 줄어든다.
② 연소속도가 작아진다.
③ 수분 및 휘발분이 증가한다.
④ 연료비(고정탄소 %/ 휘발분%)가 증가한다.

 탄화도가 클수록 고정탄소의 양이 증가하고, 수분 및 휘발분은 감소한다.

15 A 공장에서 SO_2 농도 444ppm, 유량 52m³/hr 로 배출될 때 하루에 배출되는 SO_2의 양(kg)은? (단, 24시간 연속가동기준, 표준상태기준)

① 1.58kg ② 1.67kg
③ 1.79kg ④ 1.94kg

 SO_2 (kg/day)
$$= \frac{52m^3}{hr} \left| \frac{444mL}{m^3} \right| \frac{64mg}{22.4mL} \left| \frac{1kg}{10^6 mg} \right| \frac{24hr}{1day}$$
$$= 1.583 (kg/day)$$

16 BOD 농도 200mg/L, 유입폐수량 800m³/일, 포기조 용량 200m³ 일 때 포기조에 유입되는 BOD 총부하량은?

① 1,600kg/일 ② 160kg/일
③ 800kg/일   ④ 80kg/일

 $X(kg/일) = \frac{0.2kg}{m^3} \left| \frac{800m^3}{day} \right. = 160(kg/일)$

17 하천의 정화 4단계 중 DO가 아주 낮거나 때로는 거의 없어 부패상태에 도달하게 되는 단계는?

① 분해지대   ② 활발한 분해지대
③ 회복지대   ④ 정수지대

18 폐수 중 중금속의 일반적 처리방법으로 가장 적합한 것은?

① 모래여과 처리 ② 미생물학적 처리
③ 화학적 처리   ④ 희석 처리

19 하천에서의 자정작용을 저해하는 사항으로 가장 거리가 먼 것은?

① 유기물의 과도한 유입
② 독성 물질의 유입
③ 유역과 수역의 단절
④ 수중 용존산소의 증가

20 수중 용존산소와 관련된 일반적인 설명으로 옳지 않은 것은?

① 온도가 높을수록 용존산소값은 감소한다.
② 물의 흐름이 난류일 때 산소의 용해도는 높다.
③ 유기물질이 많을수록 용존산소값은 커진다.
④ 일반적으로 용존산소값이 클수록 깨끗한 물로 간주할 수 있다.

 유기물질이 많을수록 용존산소값은 작아진다.

21 직경 1m의 콘크리트 관에 20℃의 물이 동수구배 0.01로 흐르고 있다. 매닝(Manning)공식에 의해 평균 유속을 구하면?(단, n=0.014이다.)

① 1.42m/sec ② 2.83m/sec
③ 4.62m/sec ④ 5.71m/sec

Manning 공식을 이용한다.
$$V = \frac{1}{n} \cdot R^{\frac{2}{3}} \cdot I^{\frac{1}{2}}$$
① n=0.014
② $R = \frac{D}{4} = \frac{1}{4} = 0.25$
③ I=0.01
$$\therefore V = \frac{1}{0.014} \times (0.25)^{\frac{2}{3}} \times (0.01)^{\frac{1}{2}}$$
$$= 2.83 (m/sec)$$

22 폐수처리 유량이 2,000m³/day이고, 염소요구량이 6.0mg/L, 잔류염소농도가 0.5mg/L 일 때 하루에 주입해야 할 염소량(kg/day)은?

① 6.0 kg/day   ② 6.5 kg/day
③ 12.0 kg/day ④ 13.0 kg/day

정답 15 ① 16 ② 17 ② 18 ③ 19 ④ 20 ③ 21 ② 22 ④

염소주입량 = 염소요구량 + 염소잔류량

① 염소요구량(kg/day)

$$= \frac{2{,}000\text{m}^3}{\text{day}} \left| \frac{6\text{mg}}{\text{L}} \right| \frac{1\text{kg}}{10^6\text{mg}} \left| \frac{10^3\text{L}}{1\text{m}^3} \right.$$

$$= 12(\text{kg/day})$$

② 염소잔류량

$$= \frac{2{,}000\text{m}^3}{\text{day}} \left| \frac{0.\text{mg}}{\text{L}} \right| \frac{1\text{kg}}{10^6\text{mg}} \left| \frac{10^3\text{L}}{1\text{m}^3} \right.$$

$$= 1(\text{kg/day})$$

∴ 염소주입량 = 12(kg/day) + 1(kg/day)
  = 13(kg/day)

23 자-테스트(jar-test)와 관련이 깊은 것은?

① 경도 ② 알칼리도
③ 응집제 ④ 산도

 폐수처리 시 응집제를 현장 적용할 때는 최적 pH의 범위와 응집제의 최적 주입농도를 알기 위한 응집교반시험을 Jar Test라고 한다.

24 물을 끓여 쉽게 침전 제거할 수 있는 경도유발 화합물은?

① $MgCl_2$ ② $CaSO_4$
③ $CaCO_3$ ④ $MgSO_4$

 탄산(일시)경도(CH) : 경도유발물질(Fe^{2+}, Mg^{2+}, Ca^{2+}, Mn^{2+}, Sr^{2+})과 알칼리도 유발물질(HCO_3^-, CO_3^{2-}, OH^-)이 만나서 유발되는 경도로 물을 끓이면 제거되는 경도이다.

25 폐수 처리 공정 중 여과에서 주로 제거되는 물질은?

① pH ② 부유물질
③ 휘발성 물질 ④ 중금속 물질

26 탈산소계수가 0.1/day인 오염물질의 BOD_5 = 880mg/L라면 3일 BOD(mg/L)는? (단, 상용대수 적용)

① 584 ② 642
③ 725 ④ 776

 $BOD_t = BOD_u(1 - 10^{-K \cdot t})$

$$BOD_u = \frac{880}{(1 - 10^{-0.1 \times 5})} = 1{,}286.98(\text{mg/L})$$

$$BOD_3 = 1{,}286.98(1 - 10^{-0.1 \times 3})$$
$$= 641.96(\text{mg/L})$$

27 다음 중 친온성 미생물의 성장속도가 가장 빠른 온도 분포는?

① 10℃ 부근 ② 15℃ 부근
③ 20℃ 부근 ④ 35℃ 부근

 여러 미생물의 전형적인 온도 범위

종류	온도(℃)	
	범위	최적
친한성(psychrophilic)	-10~30	12~18
친온성(mesophilic)	20~50	25~40
친열성(thermophilic)	35~75	55~65

28 지하수의 일반적인 특징으로 가장 거리가 먼 것은?

① 유기물 함량은 적으나, 무기물 함량이 많고 자연수 중 경도가 아주 높다.
② 지표수에 비해 염분의 함량이 30% 정도 낮은 편이다.
③ 자정작용의 속도가 느린 편이다.
④ 지하수 성분 조성은 하천수와 매우 흡사하나 지표수보다 경도가 높은 편이다.

지하수는 연중 수온의 변동이 적고, 염분 함량이 지표수보다 높다.

29 다음 중 물의 밀도로 옳지 않은 것은?
① $1g/cm^3$ ② $1,000kg/m^3$
③ $1kg/L$ ④ $0.1mg/mm^3$

30 글리신(Glycine)의 이론적 산소요구량(g/mol)은? (단, 글리신의 분자식은 $C_2H_5NO_2$이며, 반응하여 CO_2, H_2O, HNO_3 로 된다.)
① 112 ② 106
③ 94 ④ 78

 $C_2H_5NO_2 + 3.5O_2 \rightarrow 2CO_2 + 2H_2O + HNO_3$
1mol : 3.5×32g
산소요구량(g/mol)=3.5×32g/ 1mol
=112(g/mol)

31 pH에 관한 설명으로 옳지 않은 것은?
① pH는 수소이온농도를 그 역수의 상용대수로서 나타내는 값이다.
② pH 표준액의 조제에 사용되는 물은 정제수를 증류하여 그 유출액을 15분 이상 끓여서 이산화탄소를 날려 보내고 산화칼슘 흡수관을 달아 식힌 후 사용한다.
③ pH 표준액 중 보통 산성표준액은 3개월, 염기성 표준액은 산화칼슘 흡수관을 부착하여 1개월 이내에 사용한다.
④ pH 미터는 보통 아르곤전극 및 산화전극으로 된 지시부와 검출부로 되어 있다.

 pH 미터는 크게 검출부와 지시부로 구성되어 있는데, 검출부는 유리전극과 비교전극으로부터 기전력을 검출하는 일을 하며, 지시부는 검출부에서 검출한 기전력을 pH로 알려주는 역할을 한다.

32 A하수처리장 유입수의 BOD가 225ppm이고, 유출수의 BOD가 46ppm이었다면, 이 하수처리장의 BOD 제거율(%)은?
① 약 66 ② 약 71
③ 약 76 ④ 약 80

 $\eta(제거율) = \dfrac{BOD_i - BOD_o}{BOD_i} \times 100$
$= \dfrac{225 - 46}{225} \times 100 = 79.56(\%)$

33 그림은 호수에서의 수온 연직분포(깊이에 대한 온도)에 따른 계절별 변화를 나타낸 것이다. 이에 관한 설명으로 거리가 먼 것은?

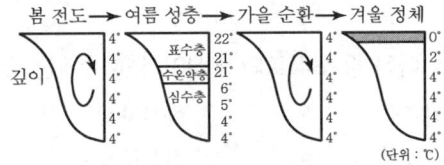

① 수심이 깊은 온대지방의 호수는 계절에 따른 수온 변화로 물의 밀도 차이를 일으킨다.
② 겨울에 수면이 얼 경우 얼음 바로 아래의 수온은 0℃에 가깝고 호수 바닥은 4℃에 이르며 물이 안정한 상태를 나타낸다.
③ 봄이 되면 얼음이 녹으면서 표면의 수온이 높아지기 시작하여 4℃가 되면 표층의 물은 밑으로 이동하여 전도가 일어난다.
④ 여름에서 가을로 가면 표면의 수온이 내려가면서 수직적인 평형 상태를 이루어 봄과 다른 순환을 이루어 수질이 양호해진다.

 여름에서 가을로 가면 표면의 수온이 내려가면서 봄과 같은 전도현상이 발생하여 수질이 양호하지 못하다.

정답 29 ④ 30 ① 31 ④ 32 ④ 33 ④

34 다음 중 콜로이드 물질의 크기 범위로 가장 적합한 것은?

① 0.001~1μm ② 10~50μm
③ 100~1,000μm ④ 1,000~10,000μm

 콜로이드의 입자의 크기는 0.001~1μm이다.

35 다음에서 설명하는 오염물질로 가장 적합한 것은?

> 아연과 성질이 유사한 금속으로 아연 제련의 부산물로 발생하며, 일반적으로 합금용 첨가제나 충전식 전지에도 사용되고, 이따이이따이병의 원인물질로 잘 알려져 있다.

① 비소 ② 크롬
③ 시안 ④ 카드뮴

36 다음 중 소각로의 형식이라 볼 수 없는 것은?

① 펌프식 ② 화격자식
③ 유동상식 ④ 회전로식

 소각로의 형식으로는 화격자식, 회전로식, 유동상식, 고정상식, 다단로식 등이 있다.

37 5m³의 용기에 2.5kg의 쓰레기가 채워져 있다. 이 쓰레기의 겉보기 비중(kg/m³)은?

① 0.5kg/m³ ② 1kg/m³
③ 2kg/m³ ④ 2.5kg/m³

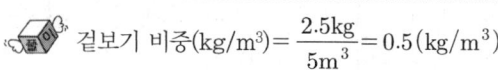 겉보기 비중(kg/m³) = $\frac{2.5kg}{5m^3}$ = 0.5(kg/m³)

38 슬러지 내 물의 존재 형태 중 다음 설명으로 가장 적합한 것은?

> 큰 고형물질입자 간극에 존재하는 수분으로 가장 많은 양을 차지하며, 고형물과 직접 결합해 있지 않기 때문에 농축 등의 방법으로 용이하게 분리할 수 있다.

① 모관결합수 ② 내부수
③ 부착수 ④ 간극수

 간극수를 설명하고 있다.

39 폐수처리 공정에서 발생되는 슬러지를 혐기성으로 소화시키는 목적과 가장 거리가 먼 것은?

① 유해중금속 등의 화학물질을 분해시킨다.
② 슬러지의 무게와 부피를 감소시킨다.
③ 이용가치가 있는 부산물을 얻을 수 있다.
④ 병원균을 죽이거나 통제할 수 있다.

40 다음 중 매립지에서 유기성 폐기물이 혐기성 상태로 분해될 때 가장 먼저 일어나는 단계는?

① 수소 생성단계 ② 산 생성단계
③ 메탄 생성단계 ④ 발효단계

 LFG(Landfill Gas) 발생의 각 단계
　① 제1단계(호기성 단계)
　② 제2단계(비메탄 발효기, 통성 혐기성 단계)
　③ 제3단계(혐기성 메탄 생성 축적 단계)
　④ 제4단계(혐기성 정상단계)

41 인구가 200,000명인 지역에서 일주일 동안 수거한 쓰레기량은 15,000m³이다. 1인1일당 쓰레기 발생량은?(단, 쓰레기의 밀도는 0.5ton/m³이다.)

① 3.50 kg/인·일 ② 4.45 kg/인·일
③ 5.36 kg/인·일 ④ 6.43 kg/인·일

정답 34 ① 35 ④ 36 ① 37 ① 38 ④ 39 ① 40 ④ 41 ③

$X(\text{kg/인 · 일})$
$= \dfrac{500\text{kg}}{\text{m}^3} \bigg| \dfrac{15{,}000\text{m}^3}{1주} \bigg| \dfrac{1주}{7일} \bigg| \dfrac{}{200{,}000인}$
$= 5.36(\text{kg/인 · 일})$

42 산업폐기물 발생량을 추산할 때 이용되며, 상세한 자료가 있는 경우에만 가능하고, 비용이 많이 드는 단점이 있으므로 특수한 경우에만 사용되는 방법은?

① 적재차량 계수분석 ② 물질수지법
③ 직접계근법   ④ 간접계근법

43 쓰레기 발생량이 24,000kg/일이고 발열량이 500kcal/kg이라면 노 내 열부하가 50,000kcal/m³·h인 소각로의 용적은? (단, 1일 가동시간은 12hr이다.)

① 20m³   ② 40m³
③ 60m³   ④ 80m³

 $X(\text{m}^3)$
$= \dfrac{500\text{kcal}}{\text{kg}} \bigg| \dfrac{24{,}000\text{kg}}{\text{day}} \bigg| \dfrac{\text{m}^3 \cdot \text{hr}}{50{,}000\text{kcal}} \bigg| \dfrac{1\text{day}}{12\text{hr}}$
$= 20(\text{m}^3)$

44 공기 중 각 구성물질의 낙하속도 및 공기 저항의 차이에 따라 폐기물을 선별하는 방법으로, 주로 종이나 플라스틱과 같은 가벼운 물질을 유리, 금속 등의 무거운 물질로부터 분리하는 데 효과적으로 사용되는 방법은?

① 손 선별   ② 스크린 선별
③ 공기 선별   ④ 자력 선별

종이나 플라스틱과 같은 가벼운 물질을 유리, 금속 등의 무거운 물질로부터 분리하는 데 효과적으로 사용되는 방법은 공기 선별이다.

45 타 공법에 비해 옥외 뒤집기식 퇴비화 공법에 관한 설명으로 가장 거리가 먼 것은?

① 설치비용은 일반적으로 낮은 편이다.
② 날씨에 따른 영향이 거의 없다.
③ 부지소요면적이 큰 편이다.
④ 악취제어는 주입물에 의해 좌우되며, 악취영향 반경이 큰 편이다.

뒤집기식 퇴비화 공법
　퇴비단을 폭 4m, 높이 1.5m 정도로 쌓아 놓고 자연 통풍이 될 수 있도록 주 1~2회 정도 퇴비단을 뒤집어 주는 공법으로 퇴비화 기간은 1개월, 안정화 기간은 20일 정도 소요된다.

공법	장점	단점
뒤집기퇴비화공법	• 건조가 빠름 • 많은 양을 다룰 수 있음 • 안정한 퇴비생산 • 상대적으로 낮은 투자비	• 많은 부지가 필요 • 악취발생 문제 • 기후조건에 민감하게 반응 • 퇴비화 기간이 길다.

46 전단파쇄기에 관한 설명으로 옳지 않은 것은?

① 공정칼, 왕복 또는 회전칼과의 교합에 의해 폐기물을 전단한다.
② 주로 목재류, 플라스틱류 및 종이류를 파쇄하는 데 이용된다.
③ 파쇄물의 크기를 고르게 할 수 있는 장점이 있다.
④ 충격파에 비해 파쇄속도가 빠르고, 이물질의 혼입에 대하여 강하다.

전단파쇄기는 충격파쇄기에 비해 파쇄속도가 느리며, 이물질에 대한 대응성이 약하다.

47 소각로의 종류 중 다단로(multiple hearth)의 특성으로 거리가 먼 것은?

① 다량의 수분이 증발되므로 수분함량이 높은 폐기물도 연소가 가능하다.
② 체류시간이 짧아 온도반응이 신속하다.
③ 많은 연소영역이 있으므로 연소효율을 높일 수 있다.
④ 물리·화학적 성분이 다른 각종 폐기물을 처리할 수 있다.

 체류시간이 길어 특히 휘발성이 적은 폐기물의 연소에 유리하다.

48 내륙 매립공법 중 샌드위치공법에 관한 설명으로 거리가 먼 것은?

① 폐기물과 복토층을 교대로 쌓는 방식이다.
② 협곡, 산간 및 폐광산 등에서 사용한다.
③ 외각에 우수배제시설이 필요하다.
④ 현재 가장 널리 사용하는 방법이다.

 내륙 매립공법 중 현재 가장 널리 사용하는 방법은 셀(cell)방식이다.

49 다음은 매립가스 중 어떤 성분에 관한 설명인가?

> 매립가스 중 이 성분은 지구 온난화를 일으키며, 공기보다 가벼우므로 매립지 위에 구조물을 건설하는 경우 건물 기초 밑의 공간에 축적되어 폭발의 위험성이 있다. 또한 9% 이상 존재 시 눈의 통증이나 두통을 유발한다.

① CH_4
② CO_2
③ N_2
④ NH_3

50 배출상태에 따라 폐기물을 분류할 때 "액상폐기물"은 고형물의 함량이 얼마인 것을 말하는가?

① 5% 미만
② 10% 미만
③ 15% 미만
④ 30% 미만

 폐기물 분류(공정시험기준)
① 액상폐기물 : 고형물 함량 5% 미만
② 반고상폐기물 : 고형물 함량 5% 이상 15% 미만
③ 고상폐기물 : 고형물 함량 15% 이상

51 폐기물의 수거노선을 결정할 때 고려해야 할 사항으로 거리가 먼 것은?

① 가능한 한 지형지물 및 도로경계와 같은 장벽을 이용하여 간선도로 부근에서 시작하고 끝나도록 배치한다.
② 출발점은 차고지와 가깝게 하고 수거된 마지막 컨테이너가 처분지에 가장 가까이 위치하도록 배치한다.
③ 교통이 혼잡한 지역에서 발생되는 쓰레기는 가능한 출퇴근 시간을 피하여 새벽에 수거한다.
④ 아주 적은 양의 쓰레기가 발생되는 발생원은 하루 중 가장 먼저 수거한다.

 아주 많은 양의 쓰레기가 발생되는 발생원은 하루 중 가장 먼저 수거한다.

52 폐기물 고체연료(RDF)의 구비조건으로 옳지 않은 것은?

① 열량이 높을 것
② 함수율이 높을 것

③ 대기 오염이 적을 것
④ 성분 배합률이 균일할 것

 RDF의 구비조건
① 칼로리가 15% 이상으로 높아야 한다.
② 함수율이 15% 이하로 낮아야 한다.
③ 재의 함량이 적어야 한다.
④ 대기오염도가 낮아야 한다.
⑤ RDF의 조성이 균일해야 한다.
⑥ 저장 및 운반이 용이해야 한다.
⑦ 기존의 고체연료 연소시설에 사용이 가능하여야 한다.

53 원자흡광광도 측정에 사용되는 가연성 가스와 조연성 가스의 조합 중 불꽃의 온도가 높아 불꽃 중에서 해리하기 어려운 내화성 산화물을 만들기 쉬운 원소의 분석에 가장 적합한 것은?

① 아세틸렌-아산화질소
② 프로판-공기
③ 수소-공기
④ 석탄가스-공기

 수소-공기와 아세틸렌-공기는 거의 대부분의 원소분석에 유효하게 사용되며 수소-공기는 원자외 영역(原子外 領域)에서의 불꽃자체에 의한 흡수가 적기 때문에 이 파장영역(波長領域)에서 분석선을 갖는 원소의 분석에 적당하다. 아세틸렌-아산화질소 불꽃은 불꽃의 온도가 높기 때문에 불꽃중에서 해리(解離)하기 어려운 내화성 산화물(耐火性酸化物 Refractory Oxide)을 만들기 쉬운 원소의 분석에 적당하다.

54 친산소성 퇴비화 공정의 설계 및 운영 시 고려 인자에 관한 설명으로 옳지 않은 것은?

① 퇴비단의 온도는 초기 며칠간은 50~55℃를 유지하여야 하며, 활발한 분해를 위해서는 55~60℃가 적당하다.

② 적당한 분해작용을 위해서는 pH 5.5~6.5 범위를 유지하되, 암모니아 가스에 의한 질소 손실을 줄이기 위해서는 pH를 3.5~4.5 범위로 유지시킨다.
③ 퇴비화 기간 동안 수분함량은 50~60% 범위에서 유지된다.
④ 초기 C/N비는 25~50 정도가 적당하다.

 적당한 분해작용을 위해서는 pH 7~7.5 범위를 유지하되, 암모니아 가스에 의한 질소 손실을 줄이기 위해서는 pH를 8.5 이하로 유지시킨다.

55 옥탄(C_8H_{18})을 이론공기량으로 완전연소시킬 때 질량기준 공기연료비(AFR, Air/Fuel Ratio)는?

① 12
② 15
③ 18
④ 21

 $C_8H_{18} + 12.5O_2 \rightarrow 8CO_2 + 9H_2O$

$$AFR_m = \frac{m_a \times M_a}{m_f \times M_f}$$

$$= \frac{12.5 \times \frac{1}{0.21} \times 29}{1 \times 118} = 14.63$$

56 환경적 측면에서 문제가 되는 진동 중 특별히 인체에 해를 끼치는 공해진동의 진동수 범위로 가장 적합한 것은?

① 1~90Hz
② 0.1~500Hz
③ 20~12,500Hz
④ 20~20,000Hz

공해진동은 사람에게 불쾌감을 주는 진동으로 진동수 범위 : 1~90Hz, 진동의 역치(사람이 겨우 느끼는 최소 진동치) : 55±5dB이다.

57 음향출력이 100W인 점음원이 지상에 있을 때 12m 떨어진 지점에서의 음의 세기는?

① 0.11w/m² ② 0.16w/m²
③ 0.20w/m² ④ 0.26w/m²

$PWL = 10\log\left(\dfrac{W}{W_o}\right) dB$,

$SPL = PWL - 20\log - 8dB$

① $PWL = 10\log\left(\dfrac{W}{W_o}\right) = 10\log\left(\dfrac{100}{10^{-12}}\right)$
$= 140dB$

② $SPL = PWL - 20\log - 8dB$
$= 140 - 20\log 12 - 8 = 110.416$

$SPL = 10\log\left(\dfrac{I}{I_o}\right)$

$110.416 = 10\log\left(\dfrac{I}{10^{-12}}\right)$

∴ $I = 0.11 (W/m^2)$

58 공기스프링에 관한 설명으로 가장 거리가 먼 것은?

① 부하능력이 광범위하다.
② 공기누출의 위험성이 없다.
③ 사용진폭이 적은 것이 많으므로 별도의 댐퍼가 필요한 경우가 많다.
④ 자동제어가 가능하다.

 공기스프링은 공기가 누출될 위험이 있다.

59 100sone인 음은 몇 phon인가?

① 106.6 ② 101.3
③ 96.8   ④ 88.9

 어느 음의 크기가 S(sone), 크기 레벨이 P(phon)라 하면

$S = 2^{\frac{p-40}{10}}$, $P = 40 + \dfrac{\log_{10}S}{0.03}$

$P = 40 + \dfrac{\log_{10}S}{0.03} = 40 + \dfrac{\log 100}{0.03} = 106.67$

60 다음 중 한 파장이 전파되는 데 소요되는 시간을 말하는 것은?

① 주파수   ② 변위
③ 주기   ④ 가속도레벨

 주기(period : T) : 한 파장이 전파하는 데 걸리는 시간을 말하며, 단위는 초(sec)이다.

정답 57 ① 58 ② 59 ① 60 ③

2015년 4회 시행

01 다음 〈보기〉에서 설명하는 현상으로 옳은 것은?

- 맑고 바람이 없는 날 아침에 해가 뜨기 직전에 지표면 근처에서 강하게 형성되며, 공기의 수직혼합이 일어나지 않기 때문에 대기오염물질의 축적으로 이어지게 된다.
- 지표 부근에서 일어나므로 지표역전이라고도 한다.
- 보통 가을로부터 봄에 걸쳐서 날씨가 좋고, 바람이 약하며, 습도가 적을 때 잘 형성된다.

① 공중역전 ② 침강역전
③ 복사역전 ④ 전선역전

02 다음 중 대기권에 대한 설명으로 옳은 것은?

① 대류권에서는 고도 1km 상승에 따라 약 9.8℃ 높아진다.
② 대류권의 높이는 계절이나 위도에 관계없이 일정하다.
③ 성층권에서는 고도가 높아짐에 따라 기온이 내려간다.
④ 성층권에서는 지상 20~30km 사이에 오존층이 존재한다.

 ① 대류권에서는 고도 1km 상승에 따라 약 9.8℃ 낮아진다.
② 대류권의 높이는 계절이나 위도에 따라 변한다.
③ 성층권에서는 고도가 높아짐에 따라 기온이 올라간다.

03 다음 중 전기 집진장치의 특성으로 옳은 것은?

① 압력손실이 100~150mmH$_2$O 정도이다.
② 전압변동과 같은 조건변동에 대해 쉽게 적용한다.
③ 초기시설비가 적게 든다.
④ 고온 가스(350℃ 정도)의 처리가 가능하다.

 전기집진장치의 특징
- 고온가스(약 350℃ 정도)처리가 가능하다.
- 설치면적이 크고, 초기 설치비용도 비싸다.
- 주어진 조건에 따른 부하변동 적응이 어렵다.
- 압력손실이 10~20mmH$_2$O로 작은 편이다.
- 0.1μm 이하의 입자까지 포집이 가능하다.(집진효율 우수)

04 중력식 집진장치의 효율 향상 조건으로 옳지 않은 것은?

① 침강실 내 처리가스 속도가 빠를수록 미립자가 포집된다.
② 침강실의 높이가 작고, 길이가 길수록 집진율은 높아진다.
③ 침강실 입구폭이 클수록 유속이 느려져 미세한 입자가 포집된다.
④ 다단일 경우에는 단수가 증가될수록 압력손실은 커지나 효율은 증가한다.

 침강실 내 처리가스 속도가 느릴수록 미립자가 포집된다.

정답 01 ③ 02 ④ 03 ④ 04 ①

05 유해가스 제거방법 중 흡수법에 사용되는 흡수액의 구비조건으로 옳은 것은?

① 흡수능력과 용해도가 커야 한다.
② 화학적으로 안정하고 휘발성이 높아야 한다.
③ 독성과 부식성에는 무관하다.
④ 점성이 크고 가격이 낮아야 한다.

 흡수액의 구비조건
- 용해도가 커야 한다.
- 점성이 작아야 한다.
- 휘발성이 작아야 한다.
- 용매의 화학적 성질과 비슷해야 한다.
- 부식성이 없어야 한다.
- 가격이 저렴하고 화학적으로 안정되어야 한다.

06 원심력 집진장치의 효율을 증가시키는 방법으로 가장 거리가 먼 것은?

① 배기관경이 작을수록 입경이 작은 먼지를 제거할 수 있다.
② 입구유속에는 한계가 있지만 그 한계 내에서는 입구 유속이 빠를수록 효율이 높은 반면 압력손실도 높아진다.
③ 블로 다운 효과로 먼지의 재비산을 방지한다.
④ 고농도일 경우 직렬로 사용하고, 응집성이 강한 먼지는 병렬연결(5단 한계)하여 사용한다.

 고농도일 경우 병렬연결하여 사용하고, 응집성이 강한 먼지는 직렬연결(단수 3단 이내)하여 사용한다.

07 오존층을 파괴하는 특정물질과 거리가 먼 것은?

① 염화불화탄소(CFC)
② 황화수소(H_2S)
③ 염화브롬화탄소(Halons)
④ 사염화탄소(CCl_4)

 오존층을 파괴하는 특정물질
염화불화탄소(CFC), 할론(Halon), 사염화탄소(CCl_4), 아산화질소(N_2O), 메탄(CH_4), 수증기(H_2O)

08 충전탑에서 충진물의 구비조건에 관한 설명으로 옳지 않은 것은?

① 내식성과 내열성이 커야 한다.
② 압력손실이 작아야 한다.
③ 충진밀도가 작아야 한다.
④ 단위용적에 대한 표면적이 커야 한다.

 충진물의 구비조건
- 단위용적당 비표면적이 커야 한다.
- 마찰저항이 작아야 한다.
- 압력손실이 작고 충진밀도가 커야 한다.
- 내식성과 내열성이 커야 한다.
- 공극이 커야 한다.

09 메탄 94%, 이산화탄소 4%, 산소 2%인 기체연료 $1m^3$에 대하여 $9.5m^3$의 공기를 사용하여 연소하였다. 이 경우 공기비(m)는? (단, 표준상태 기준)

① 1.06   ② 1.27
③ 1.47   ④ 1.57

 $m = \dfrac{A}{A_o}$

① $A = 9.5m^3$
② $A_o = (0.94 \times 2 - 0.02) \times \dfrac{1}{0.21}$
   $= 8.857m^3$

$CH_4 + 2O_2 \rightarrow CO_2 + 2H_2O$
$1m^3 : 2m^3$
$0.94 : X$
$X(O_2) = 1.88m^3$

$\therefore m = \dfrac{A}{A_o} = \dfrac{9.5}{8.952} = 1.06$

정답 05 ① 06 ④ 07 ② 08 ③ 09 ①

10 대기오염으로 인한 지구환경 변화 중 도시지역의 공장, 자동차 등에서 배출되는 고온의 가스와 냉난방시설로부터 배출되는 더운 공기가 상승하면서 주변의 찬 공기가 도시로 유입되어 도시지역의 대기오염물질에 의한 거대한 지붕을 만드는 현상은?

① 라니냐 현상　　② 열섬 현상
③ 엘니뇨 현상　　④ 오존층 파괴 현상

11 아황산가스 농도 0.02ppm을 질량농도로 고치면 몇 mg/Sm³인가?

① 0.057　　② 0.065
③ 0.079　　④ 0.083

$$X(mg/Sm^3) = \frac{0.02mL}{m^3} \left| \frac{64mg}{22.4mL} \right.$$
$$= 0.057(mg/Sm^3)$$

12 중량비로 수소 13.5%, 수분 0.65%인 중유의 고위발열량이 11,000kcal/kg 인 경우 저위발열량(kcal/kg)은?

① 약 9,880　　② 약 10,270
③ 약 10,740　　④ 약 10,980

$$Hl = Hh - 600(9H + W)$$
$$= 11,000 - 600(9 \times 0.135 + 0.0065)$$
$$= 10,267.1(kcal/kg)$$

13 다음 중 헨리법칙이 가장 잘 적용되는 기체는?

① O_2　　② HCl
③ SO_2　　④ HF

헨리의 법칙은 난용성 기체에 적용되는 법칙으로 난용성 기체에는 NO, NO_2, CO, O_2 등이 있다.

14 A집진장치의 압력손실이 444mmH₂O, 처리가스량이 55m³/sec인 송풍기의 효율이 77%일 때, 이 송풍기의 소요동력은?

① 256kW　　② 286kW
③ 298kW　　④ 311kW

$$kW = \frac{\Delta P \cdot Q}{102 \times \eta} \times \alpha$$
$$= \frac{444 \times 55}{102 \times 0.77} = 310.92(kW)$$

15 다음 중 도자기나 유리제품에 부식을 일으키는 성질을 가진 가스로서 알루미늄제조, 인산비료 제조 공업 등에 이용되는 것은?

① 불소 및 그 화합물
② 염소 및 그 화합물
③ 시안화수소
④ 이황산가스

16 포기조에 가해진 BOD부하 1g당 100L의 공기를 주입시켜야 한다면 BOD가 100mg/L인 하수 1,000L/day를 처리하기 위해서는 얼마의 공기를 주입시켜야 하는가?

① 1m³/day　　② 10m³/day
③ 100m³/day　　④ 1,000m³/day

$$X(m^3/day)$$
$$= \frac{100mg(BOD)}{L} \left| \frac{1,000L}{day} \right.$$
$$\frac{100L(air)}{1g(BOD)} \left| \frac{1g}{10^3 mg} \right| \frac{1m^3}{10^3 L}$$
$$= 10m^3/day$$

17 다음은 미생물의 종류에 관한 설명이다. ( ) 안에 들어갈 말로 옳은 것은?

> 미생물은 영양섭취, 온도 또는 산소의 섭취 유무에 따라서도 분류하기도 하는데, ( ) 미생물은 용존산소가 아닌 SO_4^{2-}, NO_3^- 등과 같은 화합물에서 산소를 섭취하고, 그 결과 황화수소, 질소 가스 등을 발생시킨다.

① 자산성 ② 호기성
③ 혐기성 ④ 고온성

18 폐수 중의 오염물질을 제거할 때 부상이 침전보다 좋은 점을 설명한 것으로 가장 적합한 것은?

① 침전속도가 느린 작거나 가벼운 입자를 짧은 시간 내에 분리시킬 수 있다.
② 침전에 의해 분리되기 어려운 유해 중금속을 효과적으로 분리시킬 수 있다.
③ 침전에 의해 분리되기 어려운 색도 및 경도 유발 물질을 효과적으로 분리시킬 수 있다.
④ 침전속도가 빠르고 큰 입자를 짧은 시간 내에 분리시킬 수 있다.

 부상법은 비중이 물보다 낮은 고형물이 많은 경우에 적합하다.

19 호기성 상태에서 미생물에 의한 유기질소의 분해 과정을 순서대로 나열한 것은?

① 유기질소 - 아질산성 질소 - 암모니아성 질소 - 질산성 질소
② 유기질소 - 질산성 질소 - 아질산성 질소 - 암모니아성 질소
③ 유기질소 - 암모니아성 질소 - 아질산성 질소 - 질산성 질소
④ 유기질소 - 아질산성 질소 - 질산성 질소 - 암모니아성 질소

 미생물에 의한 유기질소의 분해과정
유기질소 → 암모니아성 질소 → 아질산성 질소 → 질산성 질소

20 다음 수처리 공정 중 스토크스(Stokes) 법칙이 가장 잘 적용되는 공정은?

① 1차 소화조 ② 1차 침전지
③ 살균조   ④ 포기조

 물과 밀도차가 큰 침전 가능한 물질을 제거하는 1차 침전지가 스토크스(Stokes) 법칙이 가장 잘 적용되는 공정이다.

21 폐수처리에서 여과공정에 사용되는 여재로 가장 거리가 먼 것은?

① 모래   ② 무연탄
③ 규조토 ④ 유리

 유리는 여과재가 아니다.

22 A공장의 BOD 배출량이 500명의 인구당량에 해당하고, 그 수량은 50m³/day이다. 이 공장 폐수의 BOD 농도는? (단, 한 사람이 하루에 배출하는 BOD는 50g이다.)

① 250mg/L ② 410mg/L
③ 475mg/L ④ 500mg/L

 $BOD(mg/L)$
$= \dfrac{50g}{인 \cdot 일} \Big| \dfrac{일}{50m^3} \Big| \dfrac{500인}{} \Big| \dfrac{1m^3}{10^3 L} \Big| \dfrac{10^3 mg}{1g}$
$= 500(mg/L)$

정답 17 ③ 18 ① 19 ③ 20 ② 21 ④ 22 ④

23 중화 반응공정에서 폐수가 산성일 때 약품조에 들어갈 약품으로 옳은 것은?

① 황산　　　　　② 염산
③ 염화나트륨　　④ 수산화나트륨

 산성폐수를 중화시키기 위해서는 알칼리성이 들어가야 한다.

24 흡착에 관한 다음 설명 중 가장 거리가 먼 것은?

① 폐수처리에서 흡착이라 함은 보통 물리적 흡착을 말하며, 그 대표적인 예로는 활성탄에 의한 흡착이 있다.
② 냄새나 색도의 제거에도 쓰인다.
③ 고도처리 시 질소나 인의 제거에 가장 유효하다.
④ 흡착이란 제거대상 물질이 흡착제의 표면에 물리적 또는 화학적으로 부착되는 현상이다.

25 활성슬러지공법의 폐수처리장 포기조에서 요구되는 공기공급량이 28.3m³/kg BOD 이다. 포기조 내 평균유입 BOD가 150mg/L, 포기조로의 유입유량이 7,570m³/day 일 때 공급해야 할 공기량은?

① 70.8m³/min
② 48.1m³/min
③ 31.1m³/min
④ 22.3m³/min

 Air(m³/min)

$$= \frac{0.15\text{kg(BOD)}}{\text{m}^3} \left| \frac{7,570\text{m}^3}{\text{day}} \right|$$

$$\frac{28.3\text{m}^3}{\text{kg(BOD)}} \left| \frac{1\text{day}}{1,440\text{min}} \right.$$

$$= 22.32 (\text{m}^3/\text{min})$$

26 활성슬러지 공법에서 2차 침전지 슬러지를 포기조로 반송시키는 주된 목적은?

① 슬러지를 순화시켜 배출슬러지를 최소화하기 위해
② 포기조 내 요구되는 미생물 농도를 적절하게 유지하기 위해
③ 최초침전지 유출수를 농축하기 위해
④ 폐수 중 무기고형물을 산화하기 위해

27 독립침전영역에서 스토크스의 법칙을 따르는 입자의 침전속도에 영향을 주는 인자와 거리가 먼 것은?

① 물의 밀도　　② 물의 점도
③ 입자의 지름　④ 입자의 용해도

28 다음 중 물속에 녹아 경도를 유발하는 물질로 거리가 먼 것은?

① K　　② Ca
③ Mg　④ Fe

 경도유발물질
철이온(Fe^{2+}), 마그네슘이온(Mg^{2+}), 칼슘이온(Ca^{2+}), 망간이온(Mn^{2+}), 스트론튬이온(Sr^{2+})

29 폐수에 명반(Alum)을 사용하여 응집침전을 실시하는 경우 어떤 침전물이 생기는가?

① 탄산나트륨　　② 수산화나트륨
③ 황산알루미늄　④ 수산화알루미늄

30 혐기성 소화조의 완충능력(Buffer capacity)을 표현하는 것으로 가장 적합한 것은?

① 탁도　　② 경도
③ 알칼리도　④ 응집도

정답 23 ④ 24 ③ 25 ④ 26 ② 27 ④ 28 ① 29 ④ 30 ③

31 수질오염공정시험기준상 따로 규정이 없는 한 감압 또는 진공의 기준으로 옳은 것은?

① 5mmHg 이하　② 10mmHg 이하
③ 15mmHg 이하　④ 20mmHg 이하

32 박테리아에 관한 설명으로 옳지 않은 것은?

① 60%는 수분, 40%는 고형물질로 구성되어 있다.
② 막대기모양, 공모양, 나선모양 등이 있다.
③ 단세포 미생물로서 용해된 유기물을 섭취한다.
④ 일반적인 화학조성은 $C_5H_7O_2N$으로 나타낼 수 있다.

 박테리아는 수분 80%, 고형물 20%로 구성되어 있다.

33 침사지의 수면적부하 $1,800m^3/m^2 \cdot day$, 수평유속 0.32m/sec, 유효수심 1.2m인 경우, 침사지의 유효길이는?

① 14.4m　② 16.4m
③ 18.4m　④ 20.4m

 $L(m)$
$= \dfrac{0.32m}{sec} \Big| \dfrac{m^2 \cdot day}{1,800m^3} \Big| \dfrac{1.2m}{} \Big| \dfrac{86,400sec}{1day}$
$= 18.432(m)$

34 생물학적 폐수처리에 있어서 팽화(Bulking) 현상의 원인으로 가장 거리가 먼 것은?

① 유기물 부하량이 급격하게 변동될 경우
② 포기조의 용존산소가 부족할 경우
③ 유입수에 고농도의 산업유해폐수가 혼합되어 유입될 경우
④ 포기조 내 질소와 인이 유입될 경우

35 침전지 또는 농축조에 설치된 스크레이퍼의 사용 목적으로 가장 적합한 것은?

① 침전물을 부상시키기 위해서
② 스컴(scum)을 방지하기 위해서
③ 슬러지(sludge)를 혼합하기 위해서
④ 슬러지(sludge)를 끌어 모으기 위해서

36 투수계수가 0.5cm/sec이며 동수경사가 2인 경우 Darcy 법칙을 적용하여 구한 유출속도는?

① 1.5cm/sec　② 1.0cm/sec
③ 2.5cm/sec　④ 0.25cm/sec

 Darcy 법칙
$V = k \times I$
여기서, k : 비례상수, 투수계수
　　　　I : 동수경사
$\therefore V = 0.5cm/sec \times 2 = 1.0(cm/sec)$

37 다음은 폐기물공정시험기준상 어떤 용기에 관한 설명인가?

> 취급 또는 저장하는 동안에 이물이 들어가거나 또는 내용물이 손실되지 아니하도록 보호하는 용기를 말한다.

① 밀봉용기　② 기밀용기
③ 차광용기　④ 밀폐용기

38 폐기물의 고형화 처리 시 유기성 고형화에 관한 설명으로 가장 거리가 먼 것은?(단, 무기성 고형화와 비교 시)

① 수밀성이 매우 크며, 다양한 폐기물에 적용이 가능하다.
② 미생물 및 자외선에 대한 안정성이 강하다.
③ 최종 고화제의 체적 증가가 다양하다.

정답　31 ③　32 ①　33 ③　34 ④　35 ④　36 ②　37 ④　38 ②

④ 폐기물의 특정 성분에 의한 중합체 구조의 장기적인 약화 가능성이 존재한다.

유기성 고형화	무기성 고형화
• 처리비용이 고가이다. • 수밀성이 매우 크며 다양한 폐기물에 적용이 가능하다. • 미생물, 자외선에 의한 안정성이 약하다. • 폐기물의 특정 성분에 의한 중합체 구조의 장기적인 약화 가능성이 존재한다. • 최종 고화제의 체적 증가가 다양하다. • 방사성폐기물을 제외한 기타 폐기물에 대한 적용사례가 제한되어 있다.	• 처리비용이 저렴하다. • 물리화학적으로 장기적 안정성이 양호하다. • 다양한 산업폐기물에 적용이 가능하다. • 고화재료의 구입이 용이하며 재료의 독성이 없다. • 상온 및 상압 하에서 처리가 가능하며 처리가 용이하다. • 수용성이 작고 수밀성이 양호하다.

39 혐기성 소화법과 상태 비교 시 호기성 소화법 특징으로 거리가 먼 것은?

① 상징수의 BOD 농도가 높으며, 운영이 다소 복잡하다.
② 초기 시공비가 낮고 처리된 슬러지에서 악취가 나지 않는 편이다.
③ 포기를 위한 동력요구량 때문에 운영비가 높다.
④ 겨울철은 처리효율이 떨어지는 편이다.

 호기성 소화법은 처리효율이 우수하여 상징수의 BOD 농도가 낮다.

40 함수율 96%인 슬러지를 수분이 75%로 탈수 했을 때, 이 탈수 슬러지의 체적(m³)은? (단, 원래 슬러지의 체적은 100m³, 비중은 1.0)

① 12.4
② 13.1
③ 14.5
④ 16

$V_1(100 - W_1) = V_2(100 - W_2)$
$100(100 - 96) = V_2(100 - 75)$
$\therefore V_2 = 16(m^3)$

41 연소가스의 잉여열을 이용하여 보일러에 주입되는 물을 예열함으로써 보일러드럼에 발생되는 열응력을 감소시켜 보일러의 효율을 높이는 장치는?

① 과열기(super heater)
② 재열기(reheater)
③ 절탄기(economizer)
④ 공기예열기(air preheater)

42 다음 중 해안매립공법에 해당하는 것은?

① 도랑형 공법
② 압축매립공법
③ 샌드위치공법
④ 순차투입공법

 해양매립공법
• 순차투입 공법
• 박층뿌림 공법
• 내수배제 또는 수중투기 공법

43 다음 중 매립지에서 유기물이 혐기성 분해될 때 가장 늦게 일어나는 단계는?

① 가수분해 단계
② 알코올발효 단계
③ 메탄 생성 단계
④ 산 생성 단계

 LFG(Landfill Gas)발생의 각 단계
• 제1단계(호기성 단계)
• 제2단계(비메탄 발효기, 통성 혐기성 단계)
• 제3단계(혐기성 메탄생성 축적 단계)
• 제4단계(혐기성 정상단계)

정답 39 ① 40 ④ 41 ③ 42 ④ 43 ③

44 폐기물 오염을 측정하기 위한 시료의 축소방법으로 거리가 먼 것은?

① 구획법   ② 교호삽법
③ 사등분법 ④ 원추사분법

 시료의 축소방법
- 구획법
- 교호삽법
- 원추4분법

45 폐기물의 열분해에 관한 설명으로 옳지 않은 것은?

① 공기가 부족한 상태에서 폐기물을 연소시켜 가스, 액체 및 고체 상태의 연료를 생산하는 공정을 열분해 방법이라 부른다.
② 열분해에 의해 생성되는 액체 물질은 식초산, 아세톤, 메탄올, 오일 등이다.
③ 열분해 방법 중 저온법에서는 Tar, Char 및 액체 상태의 연료가 보다 많이 생성된다.
④ 저온 열분해는 1,100~1,500℃에서 이루어진다.

 열분해방법에는 1,000~1,200℃에서 운전하는 고온법과 500~900℃에서 운전하는 저온법이 있다.

46 쓰레기를 연소시키기 위한 이론공기량이 $10Sm^3/kg$이고 공기비가 1.1일 때 실제로 공급된 공기량은?

① $0.5Sm^3/kg$ ② $0.6Sm^3/kg$
③ $10.0Sm^3/kg$ ④ $11.0Sm^3/kg$

 $A = mA_o$
$= 1.1 \times 10 = 11.0(Sm^3/kg)$

47 슬러지를 가열(210℃ 정도)·가압(120atm 정도)시켜 슬러지 내의 유기물이 공기에 의해 산화되도록 하는 공법은?

① 가열 건조   ② 습식 산화
③ 혐기성 산화 ④ 호기성 소화

48 분뇨처리법 중 부패조에 관한 설명으로 가장 거리가 먼 것은?

① 고부하 운전에 적합하다.
② 특별한 에너지 및 기계설비가 필요하지 않은 편이다.
③ 처리효율이 낮으며, 냄새가 많이 나는 편이다.
④ 조립형인 경우 설치시공이 용이하며, 유지관리에 특별한 기술이 요구되지 않는다.

 부패조는 냄새가 많이 나고 소규모 분뇨 및 하수처리에 사용된다.

49 쓰레기를 유동층 소각로에서 처리할 때 유동상 매질이 갖추어야 할 특성으로 옳지 않은 것은?

① 공급이 안정적일 것
② 열충격에 강하고 융점이 높을 것
③ 비중이 클 것
④ 불활성일 것

 유동매체의 구비조건
- 불활성일 것
- 열충격에 강할 것
- 융점이 높을 것
- 내마모성이 있을 것
- 비중이 작을 것
- 공급이 안정적일 것
- 값이 저렴할 것
- 미세하고 입도분포가 균일할 것

정답 44 ③ 45 ④ 46 ④ 47 ② 48 ① 49 ③

50 폐수 슬러지를 혐기적 방법으로 소화시키는 목적으로 거리가 먼 것은?

① 유기물을 분해시킴으로써 슬러지를 안정화시킨다.
② 슬러지의 무게와 부피를 증가시킨다.
③ 이용가치가 있는 부산물을 얻을 수 있다.
④ 유해한 병원균을 죽이거나 통제할 수 있다.

 슬러지의 무게와 부피를 감소시킨다.

51 1,792,500ton/year의 쓰레기를 5,450명의 인부가 수거하고 있다면 수거인부의 MHT는? (단, 수거인부의 1일 작업시간은 8시간이고 1년 작업일수는 310일이다.)

① 2.02   ② 5.38
③ 7.54   ④ 9.45

 MHT
$= \dfrac{5,450인}{1,792,500\text{ton}} \bigg| \dfrac{\text{year}}{1년} \bigg| \dfrac{310일}{1일} \bigg| \dfrac{8\text{hr}}{}$
$= 7.54$

52 적환장의 설치위치로 옳지 않은 것은?

① 가능한 한 수거지역의 중심에 위치하여야 한다.
② 주요 간선도로와 떨어진 곳에 위치하여야 한다.
③ 수송 측면에서 가장 경제적인 곳에 위치하여야 한다.
④ 적환 작업에 의한 공중 위생 및 환경 피해가 최소인 지역에 위치하여야 한다.

 쉽게 간선도로에 연결될 수 있는 곳에 적환장을 설치한다.

53 슬러지 처리의 일반적 혐기성 소화과정이 아래와 같다면 ( ) 안에 들어갈 말로 옳은 것은?

산생성균 + 유기물 → ( ) + 메탄균 → 메탄 + 이산화탄소

① 탄산   ② 황산
③ 무기산   ④ 유기산

54 매립시설에서 복토의 목적으로 가장 거리가 먼 것은?

① 빗물 배제
② 화재 방지
③ 식물 성장 방지
④ 폐기물의 비산방지

 식물의 성장 방지는 복토의 목적에 해당하지 않는다.

55 A도시 쓰레기(가연성+비가연성)의 체적이 8m³, 밀도가 400kg/m³이다. 이 쓰레기 성분 중 비가연성 성분이 중량비로 약 60% 차지한다면, 가연성 물질의 양(ton)은?

① 0.48   ② 0.67
③ 1.28   ④ 1.92

 $X(\text{ton}) = \dfrac{400\text{kg}}{\text{m}^3} \bigg| \dfrac{40}{100} \bigg| \dfrac{8\text{m}^3}{} \bigg| \dfrac{1\text{ton}}{1,000\text{kg}}$
$= 1.28(\text{ton})$

56 다음 중 종파(소밀파)에 해당하는 것은?

① 물결파   ② 전자기파
③ 음파   ④ 지진파의 S파

 종파는 파동의 진행방향과 매질의 진행방향이 서로 평행인 파동이다.
종파의 예로 음파, 지진파(P파)가 있으며, 매질이 없으면 전파되지 않는다.

57 투과계수가 0.001일 때 투과손실량은?

① 20dB　② 30dB
③ 40dB　④ 50dB

풀이 투과손실(TL) = $10\log\left(\dfrac{1}{\tau}\right)$
= $10\log\left(\dfrac{1}{0.001}\right)$ = 30(dB)

58 발음원이 이동할 때 그 진행방향 가까운 쪽에서는 발음원보다 고음으로, 진행 반대쪽에서는 저음으로 되는 현상은?

① 음의 전파속도 효과
② 도플러 효과
③ 음향출력 효과
④ 음압레벨 효과

59 진동 감각에 대한 인간의 느낌을 설명한 것으로 옳지 않은 것은?

① 진동수 및 상태적인 변위에 따라 느낌이 다르다.
② 수직 진동은 주파수 4~8Hz에서 가장 민감하다.
③ 수평 진동은 주파수 1~2Hz에서 가장 민감하다.
④ 인간이 느끼는 진동가속도의 범위는 0.01~10 Gal이다.

풀이 인간이 느끼는 진동가속도의 범위는 1(0.01 m/sec^2)~1,000Gal(10m/sec^2)이다.

60 소음 발생을 기류음과 고체음으로 구분할 때 다음 각 음의 대책으로 틀린 것은?

① 고체음 : 가진력 억제
② 기류음 : 밸브의 다단화
③ 기류음 : 관의 곡률 완화
④ 고체음 : 방사면 증가 및 공명유도

풀이
• 기류음 발생대책 : 분출유속의 저감, 밸브의 다단화, 관의 곡률 완화
• 고체음 발생대책 : 가진력 억제, 공명방지, 방사면 축소 및 제진 처리, 방진 등

정답　57 ②　58 ②　59 ④　60 ④

2015년 5회 시행

01 사이클론에서 처리가스량의 5~10%를 흡인하여 선회기류의 흐트러짐을 방지하고 유효원심력을 증대시키는 효과는?

① 축류 효과(Axial effect)
② 나선 효과(Herical effect)
③ 먼지상자 효과(Dust box effect)
④ 블로다운 효과(Blow-down effect)

02 PM-10이 의미하는 것은?

① 총 질량이 10kg 이상인 강하 먼지
② 공기역학적 직경이 $10\mu m$ 이하인 미세 먼지
③ 공기역학적 직경이 10mm 이하인 미세 먼지
④ 시료 채취기간 10일 동안의 먼지 농도

 PM-10 : 공기역학적 직경이 $10\mu m$ 이하인 입자를 말한다.

03 가솔린 자동차에서 배출되는 가스를 저감하는 기술로 가장 거리가 먼 것은?

① 기관 개량
② 삼원촉매장치
③ 가스증발 방지장치
④ 입자상 물질 여과장치

 입자상 물질 여과장치는 디젤자동차의 배출가스 저감장치이다.

04 HF를 제거하고자 효율 90%의 흡수탑 3대를 직렬로 설치하였다. HF 유입농도가 3,000ppm이라면 처리가스 중의 HF 농도는?

① 0.3ppm
② 3ppm
③ 9ppm
④ 30ppm

$C_o = C_i \times (1-\eta)$
$\eta_t = \eta_1 + \eta_2(1-\eta_1) + \eta_3(1-\eta_1)(1-\eta_2)$
$= 0.9 + 0.9(1-0.9) + 0.9(1-0.9)(1-0.9)$
$= 0.999$
$\therefore C_o = 3,000 \times (1-0.999) = 3(ppm)$

05 연료의 연소에서 검댕 발생을 줄일 수 있는 방법으로 가장 적합한 것은?

① 과잉공기율을 적게 한다.
② 고체연료는 분말화한다.
③ 연소실의 온도를 낮게 한다.
④ 중유 연소 시에는 분무유적을 크게 한다.

 검댕은 불완전연소 시에 발생하므로 완전연소 조건을 만들어 주면 검댕 발생을 줄일 수 있다.

06 황산화물(SOx)은 주로 석탄의 연소, 석유의 연소, 원유의 정제를 위한 정유공정 등에서 발생하는데, 이러한 배출가스 중의 탈황방법으로 적절하지 않은 것은?

① 흡수법
② 흡착법
③ 산화법
④ 수소화법

 배출가스 중의 탈황방법에는 흡착법, 흡수법, 산화법, 전자선 조사법 등이 있다.

정답 01 ④ 02 ② 03 ④ 04 ② 05 ② 06 ④

07 다음 중 산성비에 관한 설명으로 가장 거리가 먼 것은?

① 독일에서 발생한 슈바르츠발트(검은 숲이란 뜻)의 고사현상은 산성비에 의한 대표적인 피해이다.
② 바젤협약은 산성비 방지를 위한 대표적인 국제협약이다.
③ 산성비에 의한 피해로는 파르데논 신전과 아크로폴리스 같은 유적의 부식 등이 있다.
④ 산성비의 원인물질로 H_2SO_4, HCl, HNO_3 등이 있다.

 바젤협약은 유해폐기물의 국가 간 교역을 규제하는 내용의 국제협약이다.

08 다음 유해가스 처리방법 중 황산화물 처리방법이 아닌 것은?

① 금속산화물법   ② 선택적 촉매환원법
③ 흡착법   ④ 석회세정법

 선택적 촉매환원법은 질소산화물의 처리방법이다.

09 석탄의 탄화도가 증가하면 감소하는 것은?

① 휘발분   ② 고정탄소
③ 착화온도   ④ 발열량

 탄화도가 증가하면 고정탄소, 착화온도, 발열량은 증가하지만, 휘발분은 감소한다.

10 압력이 740mmHg인 기체는 몇 atm인가?

① 0.974atm   ② 1.013atm
③ 1.471atm   ④ 10.33atm

 $X(atm) = \dfrac{740mmHg}{} \Big| \dfrac{1atm}{760mmHg}$
   $= 0.974(atm)$

11 대기환경보전법규상 연료사용량을 고체연료 환산계수로 환산할 때 기준이 되는 연료는?

① 경유   ② 무연탄
③ 등유   ④ 중유

 연료사용량을 고체연료 환산계수로 환산할 때 기준이 되는 연료는 무연탄이다.

12 다음 대기오염물질 중 물리적 성상이 다른 것은?

① 먼지   ② 매연
③ 오존   ④ 비산재

 먼지, 매연, 비산재는 입자상 물질이고, 오존은 가스상 물질이다.

13 전기 집진장치의 집진효율을 Deutsch-Anderson 식으로 구할 때 직접적으로 필요한 인자가 아닌 것은?

① 집진극 면적   ② 입자의 이동속도
③ 처리가스 양   ④ 입자의 점성력

 $\eta = 1 - \exp\left(-\dfrac{A \cdot We}{Q}\right)$

① A : 집진 면적
② We : 입자의 겉보기 이동속도
③ Q : 처리가스 양

14 지구의 대기권은 고도에 따른 기온의 분포에 의해 몇 개의 권역으로 구분하는데, 다음 설명에 해당하는 것은?

- 고도가 높아짐에 따라 온도가 상승한다.
- 공기의 상승이나 하강과 같은 수직 이동이 없는 안정한 상태를 유지한다.

정답 07 ② 08 ② 09 ① 10 ① 11 ② 12 ③ 13 ④ 14 ②

- 지면으로부터 20~30km 사이에 오존이 많이 분포하고 있는 오존층이 있다.

① 대류권 ② 성층권
③ 중간권 ④ 열권

15 매연의 지상 농도에 영향을 주는 인자에 관한 설명으로 가장 거리가 먼 것은?

① 최대 착지농도 지점은 대기가 안정할수록 멀어진다.
② 농도는 풍속에 반비례한다.
③ 유효연돌고가 증가하면 농도는 증가한다.
④ 농도는 오염물질 배출량에 비례한다.

유효연돌고가 증가하면 매연 농도는 감소한다.

16 BOD 400mg/L, 유량 3,000m³/day인 폐수를 MLSS 3,000mg/L인 포기조에서 체류시간을 8시간으로 운전하고자 할 때 F/M비(BOD-MLSS 부하)는?

① 0.2 ② 0.4
③ 0.6 ④ 0.8

$F/M = \dfrac{BOD \times Q}{\forall \cdot X}$

$F/M = \dfrac{400(mg/L) \times 3,000(m^3/day)}{1,000(m^3) \times 3,000(mg/L)} = 0.4$

여기서, $V(m^3) = Q \times t$
$= \dfrac{3,000m^3}{day} \Big| \dfrac{8hr}{} \Big| \dfrac{1day}{24hr}$
$= 1,000m^3$

17 활성탄을 이용하여 흡착법으로 A폐수를 처리하고자 한다. 폐수 내 오염물질의 농도를 30mg/L에서 10mg/L로 줄이는 데 필요한 활성탄의 양은? (단, X/M=KC$^{1/n}$ 사용, K=0.5, n=1)

① 3.0mg/L ② 3.3mg/L
③ 4.0mg/L ④ 4.6mg/L

$\dfrac{X}{M} = K \cdot C^{1/n}$

$\dfrac{30-10}{M} = 0.5 \times 10^{1/1}$

$M = 4.0(mg/L)$

18 상수도의 정수처리장에서 정수처리의 일반적인 순서로 가장 적합한 것은?

① 플록 형성지 – 침전지 – 여과지 – 소독
② 침전지 – 소독 – 플록 형성지 – 여과지
③ 여과지 – 플록 형성지 – 소독 – 침전지
④ 여과지 – 소독 – 침전지 – 플록 형성지

19 수로형 침사지에서 폐수처리를 위해 유지해야 하는 폐수의 유속으로 가장 적합한 것은?

① 30m/sec ② 10m/sec
③ 5m/sec ④ 0.3m/sec

0.3(m/sec)을 표준으로 한다.

20 급속모래여과는 다음 중 어떤 오염물질을 처리하기 위하여 설치되는가?

① 용존 유기물 ② 암모니아성 질소
③ 부유물질 ④ 색도

21 개방유로의 유량 측정에 주로 사용되는 것으로서 일정한 수위와 유속을 유지하기 위해 침사지의 폐수가 배출되는 출구에 설치하는 것은?

① 그릿(Grit)
② 스크린(Screen)
③ 배출관(Out-flow Tube)
④ 위어(Weir)

22 침전지의 용량 결정을 위하여 폐수의 체류시간과 함께 필수적으로 조사하여야 하는 항목은?

① 유입폐수의 전해질 농도
② 유입폐수의 용존산소 농도
③ 유입폐수의 유량
④ 유입폐수의 경도

23 염소 살균능력이 높은 것부터 배열된 것은?

① $OCl^- > NH_2Cl > HOCl$
② $HOCl > NH_2Cl > OCl^-$
③ $HOCl > OCl^- > NH_2Cl$
④ $NH_2Cl > OCl^- > HOCl$

24 3kg의 박테리아($C_5H_7O_2N$)를 완전히 산화시키려고 할 때 필요한 산소의 양(kg)은?(단, 질소는 모두 암모니아로 무기화된다.)

① 4.25
② 3.47
③ 2.14
④ 1.4

풀이
$C_5H_7NO_2 + 5O_2 \rightarrow 5CO_2 + 2H_2O + NH_3$
113g : 5×32g
3kg : X
X=4.25kg

25 불소 제거를 위한 폐수처리방법으로 가장 적합한 것은?

① 화학침전
② P/L 공정
③ 살수여상
④ UCT 공정

풀이 불소는 화학침전법으로 제거가 가능하다.

26 지하수를 사용하기 위해 수질 분석을 하였더니 칼슘이온 농도가 40mg/L이고, 마그네슘이온 농도가 36mg/L이었다. 이 지하수의 총 경도(as $CaCO_3$)는?

① 16mg/L
② 76mg/L
③ 120mg/L
④ 250mg/L

풀이
$TH = \sum M_c^{2+} \times \dfrac{50}{Eq}$ (mg/L as $CaCO_3$)
$TH = 40(mg/L) \times \dfrac{50}{40/2} + 36(mg/L)$
$\times \dfrac{50}{24/2}$
$= 250(mg/L\ as\ CaCO_3)$

27 폭 2m, 길이 15m인 침사지에 100cm 수심으로 폐수가 유입될 때 체류시간이 60초라면 유량은?

① 1,800m³/hr
② 2,160m³/hr
③ 2,280m³/hr
④ 2,460m³/hr

풀이
$Q = \dfrac{\forall}{t} = \dfrac{(2 \times 15 \times 1)m^3}{60sec} \Big| \dfrac{3,600sec}{1hr}$
$= 1,800(m^3/hr)$

28 폐수에 화학약품을 첨가하여 침전성이 나쁜 콜로이드상 고형물과 침전속도가 느린 부유물 입자를 침전이 잘 되는 플록으로 만드는 조작은?

① 중화
② 살균
③ 응집
④ 이온교환

정답 21 ④ 22 ③ 23 ③ 24 ① 25 ① 26 ④ 27 ① 28 ③

29 하수처리장에서 스크린(Screen)의 설치 목적을 옳게 기술한 것은?

① 폐수로부터 용해성 유기물을 제거
② 폐수로부터 콜로이드 물질을 제거
③ 폐수로부터 협잡물 또는 큰 부유물 제거
④ 폐수로부터 침강성 입자를 제거

30 알칼리도 자료가 이용되는 분야와 거리가 먼 것은?

① 응집제 투입 시 적정 pH 유지 및 응집효과 촉진
② 물의 연수화과정에서 석회 및 소다회의 소요량 계산에 고려
③ 부산물 회수의 경제성 여부
④ 폐수와 슬러지의 완충용량 계산

 알칼리도의 특성 및 이용
- 응집제 주입시 적정 pH 유지
- 폐수처리 시 적정 pH 유지
- 연수화 과정에서 석회-소다 주입량 계산
- 자연수 중의 알칼리도는 중탄산이온(HCO^{3-}) 형태이다.
- 알칼리도가 높은 물을 폭기시키면 pH가 상승하는 경향을 나타낸다.
- 폐수와 슬러지의 완충용량계산에 이용한다.

31 물이 얼어 얼음이 되는 것과 같이 물질의 상태가 액체 상태에서 고체 상태로 변하는 현상은?

① 융해 ② 응고
③ 액화 ④ 승화

32 A공장 폐수를 채취한 뒤 다음과 같은 실험결과를 얻었다. 이때 부유물질의 농도(mg/L)는?

- 시료의 부피 : 250mL
- 유리섬유 여지 무게 : 1.3751g
- 여과 후 건조된 유리섬유 여지 무게 : 1.3859g
- 회화시킨 후의 유리섬유 여지 무게 : 1.3767g

① 6.4mg/L ② 33.6mg/L
③ 36.8mg/L ④ 43.2mg/L

 부유물질(mg/L) = (b-a) × $\frac{1,000}{V}$

여기서, a : 시료 여과 전의 유리섬유 여지 무게(mg)
b : 시료 여과 후의 유리섬유 여지 무게(mg)
V : 시료의 양(mL)

부유물질(mg/L)
= (1385.9-1375.1) × $\frac{1,000}{250}$ = 43.2(mg/L)

33 다음 중 "공기를 좋아하는" 미생물로 물속의 용존산소를 섭취하는 미생물은?

① 혐기성 미생물 ② 임의성 미생물
③ 통기성 미생물 ④ 호기성 미생물

34 폐수를 화학적으로 산화처리할 때 사용되는 오존처리에 대한 설명으로 옳은 것은?

① 생물학적 분해불가능 유기물 처리에도 적용할 수 있다.
② 2차 오염물질인 트리할로메탄을 생성한다.
③ 별도 장치가 필요 없어 유지비가 적다.
④ 색과 냄새 유발성분은 제거할 수 없다.

 오존은 강력한 산화제로 생물학적으로 분해 불가능한 유기물을 처리할 수 있다.

35 다음 중 6가 크롬(Cr^{+6}) 함유 폐수를 처리하기 위한 가장 적합한 방법은?

① 아말감법 ② 환원침전법

③ 오존산화법 ④ 충격법

 크롬은 6가 크롬(Cr^{6+}, 황색)이 독성이 강하므로 3가 크롬(Cr^{3+}, 청록색)로 환원시킨 후 수산화물($Cr(OH)_3$)로 침전시켜 제거하는 방법이 가장 많이 쓰이며, 이 방법을 환원침전법이라고 한다.

36 연소 가스 성분 중에서 저온 부식을 유발시키는 물질은?

① CO_2 ② H_2O
③ CH_4 ④ SOx

37 폐기물 매립을 위한 파쇄의 효과와 가장 거리가 먼 것은?

① 부등침하를 가능한 한 억제
② 겉보기 비중의 감소 및 균질화 촉진
③ 연소효과의 증진
④ 퇴비의 경우 분해효과 촉진

 폐기물을 파쇄하면 겉보기 비중이 증가한다.

38 혐기성 위생매립지로부터 발생되는 침출수의 특성에 대한 설명으로 틀린 것은?

① 색 : 엷은 다갈색 – 암갈색을 보이며 색도 2.0이하이다.
② pH : 매립지 초에는 pH 6~7의 약산성을 나타내는 수가 많다.
③ COD : 매립지 초에는 BOD 값보다 약간 적으나 시간의 경과와 더불어 BOD 값보다 높아진다.
④ P : 침출수에는 많은 양이 포함되어 있으므로 화학적인 인의 제거가 필요하다.

 침출수는 P의 양이 많지 않다.

39 지정폐기물의 정의 및 그 특징에 관한 설명으로 가장 거리가 먼 것은?

① 생활폐기물 중 환경부령으로 정하는 폐기물을 의미한다.
② 유독성 물질을 함유하고 있다.
③ 2차 혹은 3차 환경오염의 유발 가능성이 있다.
④ 일반적으로 고도의 처리기술이 요구된다.

 지정폐기물이란 사업장폐기물 중 폐유·폐산 등 주변 환경을 오염시킬 수 있거나 의료폐기물 등 인체에 위해를 줄 수 있는 해로운 물질로서 대통령령으로 정하는 물질을 말한다.

40 다음 중 "고상폐기물"을 정의할 때 고형물의 함량 기준은?

① 3% 이상 ② 5% 이상
③ 10% 이상 ④ 15% 이상

 고상폐기물 : 고형물 함량 15% 이상

41 쓰레기의 중간처리 과정에서 수직형 공기 선별기를 사용하여 선별할 수 있는 물질은?

① 철 ② 유리
③ 금속 ④ 플라스틱

 공기 선별은 폐기물 내의 가벼운 물질인 종이나 플라스틱 종류를 기타 무거운 물질로부터 선별해내는 방법이다.

42 폐기물에 의한 환경오염과 가장 관계가 깊은 사건은?

① 시프린스호 사건 ② 러브캐널 사건
③ 런던 스모그사건 ④ 미나마타병 사건

정답 36 ④ 37 ② 38 ④ 39 ① 40 ④ 41 ④ 42 ②

러브캐널 사건 : 미국 뉴욕 주(州) 나이아가라폴스의 러브캐널에서 후커 케미컬사(현, 옥시덴털 석유회사)가 매립한 독성 화학물질로 인한 토양오염이 발생, 각종 질병을 유발해 지역 주민의 집단 이주와 함께 환경재난지역으로 선포된 사건이다.

43 폐기물 중간처리 기술로서 압축의 목적이 아닌 것은?

① 부피 감소
② 소각의 용이
③ 운반비의 감소
④ 매립지의 수명 연장

 압축의 목적 : 폐기물을 기계적으로 압축하여 덩어리(Baling)로 만들어 부피를 감소시키는 것이 주목적이다.

44 쓰레기 발생량에 영향을 미치는 요인에 관한 설명으로 가장 적합한 것은?

① 기후에 따라 쓰레기 발생량과 종류가 달라진다.
② 수거빈도가 잦으면 쓰레기 발생량이 감소하는 경향이 있다.
③ 쓰레기통의 크기가 클수록 쓰레기 발생량이 감소하는 경향이 있다.
④ 재활용품의 회수 및 재이용률이 높을수록 쓰레기 발생량은 증가한다.

 폐기물 발생시점에 미치는 인자
- 기후에 따라 쓰레기의 발생량과 종류가 다르게 된다.
- 수거빈도가 클수록 쓰레기 발생빈도가 증가하게 된다.
- 쓰레기통의 크기가 클수록 쓰레기 발생량이 증가하는 경향이 있다.
- 재활용품의 회수 및 재이용률이 높을수록 발생량은 감소한다.

45 폐기물을 매립한 평탄한 지면으로부터 폭이 좁은 수로를 200m 간격으로 굴착하였더니 지면으로부터 각각 4m, 6m 깊이에 지하수면이 형성되었다. 대수층의 두께가 20m이고 투수계수가 0.1m/일이라면 대수층 폭 10m당 침출수의 유량은?

① $0.10m^3/$일
② $0.15m^3/$일
③ $0.20m^3/$일
④ $0.25m^3/$일

46 폐기물 중의 열량을 재활용하기 위한 방법 중 소각과 열분해의 공정상 차이점으로 가장 적절한 것은?

① 공기의 공급 여부
② 처리온도의 높고 낮음
③ 폐기물의 유해성 존재 여부
④ 폐기물 중의 탄소성분 여부

 열분해는 산소가 없거나 결핍된 상태에서 열을 가하여 유기물질을 Gas, Oil, Tar나 Char로 분해한 공정으로 소각과는 공기의 공급 여부가 차이점이다.

47 수집 운반차에서의 시료 채취방법이 틀린 것은?

① 무작위 채취방식을 택한다.
② 수집 운반차 2~3대 간격으로 채취한다.
③ 1대에서 10kg 이상씩 채취한다.
④ 기계식 압축차의 경우 배출 초기에서만 채취한다.

 수집 운반차에서 채취
- 대표적인 시료를 채취하기 위하여 무작위 채취
- 수집 운반차의 2대 또는 3대 간격으로 시료 채취
- 수거차마다 배출지역이 다를 경우 층별 채취법
- 상가지역, 주택지역, 공장지역으로 구분하여 배출량에 비례하여 차량대수 선정
- 수거차 1대당 10kg 이상 채취하고 원시료의 총량을 200kg 이상 채취

정답 43 ② 44 ① 45 ③ 46 ① 47 ④

48 5,000,000명이 거주하는 도시에서 1주일 동안 100,000m³의 쓰레기를 수거하였다. 쓰레기의 밀도가 0.4ton/m³이면 1인 1일 쓰레기 발생량은?

① 0.8kg/인·일   ② 1.14kg/인·일
③ 2.14kg/인·일   ④ 8kg/인·일

$X(kg/인·일)$
$= \dfrac{400kg}{m^3} \Big| \dfrac{100,000m^3}{5,000,000인} \Big| \dfrac{1주}{1주} \Big| \dfrac{1주}{7일}$
$= 1.14(kg/인·일)$

49 수분함량이 25%(W/W)인 쓰레기를 건조시켜 수분함량이 10%(W/W)인 쓰레기로 만들려면 쓰레기 1톤당 약 얼마의 수분을 증발시켜야 하는가?

① 46kg   ② 83kg
③ 167kg   ④ 250kg

$V_1(100-W_1) = V_2(100-W_2)$
$1000(100-25) = V_2(100-10)$
$V_2 = 833.33(kg)$
∴ 증발시켜야 할 수분량 = 1000 - 833.33
= 166.67(kg)

50 분뇨의 특성과 거리가 먼 것은?

① 유기물 농도 및 염분함량이 낮다.
② 질소 농도가 높다.
③ 토사와 협잡물이 많다.
④ 시간에 따라 크게 변한다.

 분뇨는 유기물의 농도 및 염분함량이 높다.

51 퇴비화 시 부식질의 역할로 옳지 않은 것은?

① 토양능의 완충능을 증가시킨다.
② 토양의 구조를 양호하게 한다.
③ 가용성 무기질소의 용출량을 증가시킨다.
④ 용수량을 증가시킨다.

52 폐기물의 처종 처분으로 실시하는 내륙매립 공법이 아닌 것은?

① 셀 공법   ② 압축매립 공법
③ 박층뿌림 공법   ④ 도랑형 공법

 박층뿌림 공법은 해안매립공법이다.

53 폐기물의 기름성분 분석방법 중 중량법(노말헥산 추출시험방법)에 관한 설명으로 옳지 않은 것은?

① 25℃의 물중탕에서 30분간 방치하고, 따로 물 20mL를 취하여 시료의 시험방법에 따라 시험하여 바탕시험액으로 한다.
② 폐기물 중의 비교적 휘발되지 않는 탄화수소, 탄화수소유도체, 그리스 유상물질 중 노말헥산에 용해되는 성분에 적용한다.
③ 시료에 적당한 응집제 또는 흡착제 등을 넣어 노말헥산 추출물질을 포집한 다음 노말헥산으로 추출하고 잔류물의 무게를 측정하여 노말헥산 추출물질의 양으로 한다.
④ 시료 적당량을 분액깔때기에 넣고 메틸오렌지용액(0.1W/V %)을 2~3방울 넣고 황색이 적색으로 변할 때까지 염산(1+1)을 넣어 pH 4이하로 조절한다.

54 슬러지 처리공정 단위조작으로 가장 거리가 먼 것은?

① 혼합   ② 탈수
③ 농축   ④ 개량

정답 48 ② 49 ③ 50 ① 51 ③ 52 ③ 53 ① 54 ①

55 소화조로 투입되는 휘발성 고형물의 양이 4,500kg/day이다. 이 분뇨의 휘발성 고형물은 전체 고형물의 2/3를 차지하고 분뇨는 5%의 고형물을 함유한다면 이때 소화조로 투입되는 분뇨의 양은 몇 m³/day인가?(단, 분뇨의 비중은 1.0으로 본다.)

① 65　　② 80
③ 100　④ 135

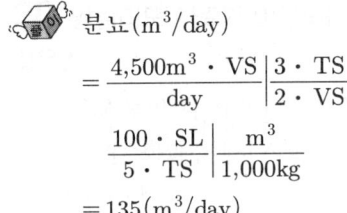
분뇨(m³/day)
$$= \frac{4,500\text{m}^3 \cdot \text{VS}}{\text{day}} \left| \frac{3 \cdot \text{TS}}{2 \cdot \text{VS}} \right|$$
$$\frac{100 \cdot \text{SL}}{5 \cdot \text{TS}} \left| \frac{\text{m}^3}{1,000\text{kg}} \right|$$
$$= 135(\text{m}^3/\text{day})$$

56 음이 온도가 일정치 않은 공기를 통과할 때 음파가 휘는 현상은?

① 회절　② 반사
③ 간섭　④ 굴절

57 소음이 인체에 미치는 영향으로 가장 거리가 먼 것은?

① 혈압 상승, 맥박 증가
② 타액분비량 증가, 위액 산도 저하
③ 호흡 수 감소 및 호흡깊이 증가
④ 혈당도 상승 및 백혈구 수 증가

58 투과손실이 32dB인 벽체의 투과율은?

① 3.2×10^{-3}　② 3.2×10^{-4}
③ 6.3×10^{-3}　④ 6.3×10^{-4}

$$TL = 10\log\left(\frac{1}{t}\right)$$
$$32 = 10\log\left(\frac{1}{t}\right)$$
$$\therefore t = 1/10^{3.2} = 6.3 \times 10^{-4}$$

59 다음 (　) 안에 알맞은 것은?

한 장소에 있어서의 특정의 음을 대상으로 생각할 경우 대상소음이 없을 때 그 장소의 소음을 대상소음에 대한 (　)이라 한다.

① 정상소음　② 배경소음
③ 상대소음　④ 측정소음

60 환경기준 중 소음측정방법에서 소음계의 청감보정회로는 원칙적으로는 어느 특성에 고정하여 측정하여야 하는가?

① A특성　② B특성
③ C특성　④ D특성

정답　55 ④　56 ④　57 ③　58 ④　59 ②　60 ①

2016년 1회 시행

01 대기환경보전법상 온실가스에 해당하지 않는 것은?
① NH_3
② CO_2
③ CH_4
④ N_2O

온실가스
- 이산화탄소(CO_2)
- 메탄(CH_4)
- 아산화질소(N_2O)
- 수소불화탄소(HFC)
- 과불화탄소(PFC)
- 육불화황(SF_6)

02 런던 스모그와 비교한 로스앤젤레스형 스모그 현상의 특성으로 옳은 것은?
① SO_2, 먼지 등이 주오염물질
② 온도가 낮고 무풍의 기상조건
③ 습도가 높은 이른 아침
④ 침강성 역전층이 형성

03 가솔린을 연료로 사용하는 자동차의 엔진에서 NOx가 가장 많이 배출될 때의 운전 상태는?
① 감속
② 가속
③ 공회전
④ 저속(15km 이하)

운전조건 개선

	HC	CO	NOx
많이 나올 때	감속	공전	가속
적게 나올 때	정속 운행	정속 운행	공전

04 일반적으로 배기가스의 입구처리속도가 증가하면 제거효율이 커지며, 블로다운 효과와 관련된 집진장치는?
① 중력집진장치
② 원심력집진장치
③ 전기집진장치
④ 여과집진장치

Blow down(블로다운) 효과를 적용하여 원심력 집진장치의 효율을 증대시킨다.

05 유해가스 흡수장치의 흡수액이 갖추어야 할 조건으로 옳은 것은?
① 용해도가 작아야 한다.
② 휘발성이 커야 한다.
③ 점성이 작아야 한다.
④ 화학적으로 불안정해야 한다.

흡수액의 구비조건
- 용해도가 커야 한다.
- 점성이 작아야 한다.
- 휘발성이 작아야 한다.
- 용매의 화학적 성질과 비슷해야 한다.
- 부식성이 없어야 한다.
- 가격이 저렴하고 화학적으로 안정되어야 한다.

06 기체의 용해도에 대한 설명이 틀린 것은?
① 온도가 증가할수록 용해도가 커진다.
② 용해도는 기체의 압력에 비례한다.
③ 용해도가 작은 기체는 헨리상수가 크다.
④ 헨리의 법칙이 잘 적용되는 기체는 용해도가 작은 기체이다.

정답 01 ① 02 ④ 03 ② 04 ② 05 ③ 06 ①

풀이 기체의 용해도는 온도가 증가할수록 작아진다.

07 상층부가 불안정하고 하층부가 안정을 이루고 있을 때의 연기 모양은?

①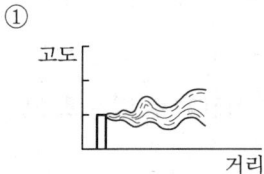

②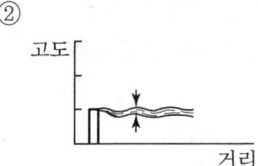

③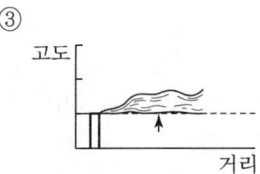

④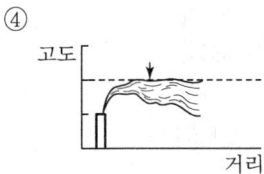

풀이 상층부가 불안정하고 하층부가 안정할 때 나타나는 연기의 형태는 지붕형이다.

08 직경이 5μm이고 밀도가 3.7g/cm³인 구형의 먼지입자가 공기 중에서 중력침강할 때 종말침강속도는?(단, 스톡스 법칙 적용, 공기의 밀도 무시, 점성계수 1.85×10^{-5}kg/m·sec)

① 약 0.27cm/sec
② 약 0.32cm/sec
③ 약 0.36cm/sec
④ 약 0.41cm/sec

풀이
$$V_g = \frac{d_p^2(\rho_p - \rho)g}{18 \cdot \mu}$$

V_g : 중력침강속도(cm/sec)
d_p : 입자의 직경(5×10^{-4}cm)
ρ_p : 입자의 밀도(3.7g/cm³)
g : 중력가속도(980cm/sec)
μ : 처리 기체의 점도
  (1.85×10^{-4}g/cm·sec)

$$V_g = \frac{(5 \times 10^{-4})^2 (3.7) \times 980}{18 \times 1.85 \times 10^{-4}}$$
$$= 0.272 (\text{cm/sec})$$

09 후드의 설치 및 흡인요령으로 가장 적합한 것은?

① 후드를 발생원에 근접시켜 흡인시킨다.
② 후드의 개구면적을 점차적으로 크게 하여 흡인속도에 변화를 준다.
③ 에어커튼(air curtain)은 제거하고 행한다.
④ 배풍기(Blower)의 여유량은 두지 않고 행한다.

풀이 후드의 흡인요령
• 충분한 포착속도를 유지한다.
• 후드의 개구면적을 가능한 한 작게 한다.
• 가능한 한 후드를 발생원에 근접시킨다.
• 국부적인 흡인방식을 택한다.

10 여과집진장치에 사용되는 다음 여포재료 중 가장 높은 온도에서 사용이 가능한 것은?

① 목면   ② 양모
③ 카네카론   ④ 글라스 파이버

풀이 여과포의 사용온도
• 최고사용온도가 가장 높은 여과포(250℃) : 글라스 파이버(유리섬유), 흑연화 섬유
• 최고사용온도가 가장 낮은 여과포(80℃) : 자연섬유(목면, 양모, 사람)

11 포집먼지의 중화가 적당한 속도로 행해지기 때문에 이상적인 전기집진이 이루어질 수 있는 전기저항의 범위로 가장 적합한 것은?

① $10^2 \sim 10^4 \Omega \cdot cm$ ② $10^5 \sim 10^{10} \Omega \cdot cm$
③ $10^{12} \sim 10^{14} \Omega \cdot cm$ ④ $10^{15} \sim 10^{18} \Omega \cdot cm$

 전기집진장치에서 가장 적절한 전하량의 범위는 $10^4 \sim 10^{11} \Omega \cdot cm$이다.

12 연료의 연소과정에서 공기비가 너무 큰 경우 나타나는 현상으로 가장 적합한 것은?

① 배기가스에 의한 열손실이 커야 한다.
② 오염물질의 농도가 커진다.
③ 미연분에 의한 매연이 증가한다.
④ 불완전 연소되어 연소효율이 저하된다.

 공기비가 클 경우
- 연소실의 냉각효과를 가져온다.
- 배기가스의 증가로 인한 열손실이 증가한다.
- 배기가스의 온도 저하(저온 부식) 및 SOx, NOx 등의 생성량이 증가한다.

13 전기집진장치에 관한 설명으로 가장 거리가 먼 것은?

① 대량의 가스 처리가 가능하다.
② 전압변동과 같은 조건변동에 쉽게 적응할 수 있다.
③ 초기 설비비가 고가이다.
④ 압력손실이 적어 소요동력이 적다.

 특징
- 고온가스(약 350℃ 정도) 처리가 가능하다.
- 설치면적이 크고, 초기 설비비가 고가이다.
- 주어진 조건에 따른 부하변동 적응이 어렵다.
- 압력손실이 $10 \sim 20 mmH^2O$로 작은 편이다.
- $0.1 \mu m$ 이하의 입자까지 포집이 가능하다.(집진효율 우수)

14 20℃, 740mmHg에서 SO_2 가스의 농도가 5ppm이다. 표준상태(STP)로 환산한 농도(ppm)는?

① 4.54 ② 5.00
③ 5.51 ④ 12.96

 실측 상태의 ppm과 표준상태의 ppm은 같다.

15 사이클론으로 100% 집진할 수 있는 최소입경을 의미하는 것은?

① 절단입경 ② 기하학적 입경
③ 임계입경 ④ 유체역학적 입경

 한계입경(임계입경, 최소제거입경) : 100% 집진할 수 있는 최소입경이다.

16 C_2H_5OH이 물 1L에 92g 녹아있을 때 COD (g/L) 값은?(단, 완전분해 기준)

① 48 ② 96
③ 192 ④ 384

 $C_2H_5OH + 3O_2 \rightarrow 2CO_2 + 3H_2O$
  46g : $3 \times 32g$
  92g/L : X
∴ X(COD) = 192(g/L)

17 다음 용어 중 흡착과 가장 관련이 깊은 것은?

① 도플러효과 ② VAL
③ 플랑크상수 ④ 프로인들리히의 식

 흡착공식
흡착공식에는 프로인들리히(Freundlich) 등온흡착식, Langmuir 등온흡착식, BET 흡착식, 기브스(Gibbs) 흡착공식 등이 있다.

정답 11 ② 12 ① 13 ② 14 ② 15 ③ 16 ③ 17 ④

18 다음 보기에서 우리나라 하천수의 일반적인 수질적 특징만을 골라 묶여진 것은?

> ㄱ. 계절에 따라 수위 변화가 심하다.
> ㄴ. 여름철과 겨울철에 성층이 형성된다.
> ㄷ. 수온이 비교적 일정하고 무기물이 풍부하다.
> ㄹ. 오염물의 이동, 분해, 희석 등 자정작용이 활발하다.

① ㄱ, ㄴ ② ㄴ, ㄷ
③ ㄷ, ㄹ ④ ㄱ, ㄹ

19 오존 살균 시 급수계통에서 미생물의 증식을 억제하고, 잔류살균효과를 유지하기 위해 투입하는 약품은?

① 염소 ② 활성탄
③ 실리카겔 ④ 활성알루미나

20 $125m^3/hr$의 폐수가 유입되는 침전지의 월류부하가 $100m^3/m \cdot day$일 경우 침전지 월류웨어의 유효길이는?

① 10m ② 20m
③ 30m ④ 40m

$X(m) = \dfrac{125m^3}{hr} \Big| \dfrac{m \cdot day}{100m^3} \Big| \dfrac{24hr}{1day} = 30(m)$

21 폐수의 살균에 대한 설명으로 옳은 것은?

① NH_2Cl보다는 $HOCl$이 살균력이 작다.
② 보통 온도를 높이면 살균속도가 느려진다.
③ 같은 농도일 경우 유리잔류염소는 결합잔류염소보다 빠르게 작용하므로 살균능력도 훨씬 크다.
④ $HOCl$이 오존보다 더 강력한 산화제이다.

살균력은 오존 > 유리잔류염소($HOCl$, OCl^-) > 클로라민 순이다.

22 수질오염공정시험기준에 의거 페놀류를 측정하기 위한 시료의 보존방법(㉠)과 최대보존기간(㉡)으로 가장 적합한 것은?

① ㉠ 현장에서 용존산소 고정 후 어두운 곳 보관
  ㉡ 8시간
② ㉠ 즉시 여과 후 4℃ 보관, ㉡ 48시간
③ ㉠ 20℃ 보관, ㉡ 즉시 측정
④ ㉠ 4℃ 보관, H_3PO_4로 pH 4 이하로 조정한 후 $CuSO_4$ 1g/L 첨가
  ㉡ 28일

23 살수여상의 표면적이 $300m^2$, 유입분뇨량이 $1,500m^3/$일이다. 표면부하는 얼마인가?

① $3m^3/m^2 \cdot day$ ② $5m^3/m^2 \cdot day$
③ $15m^3/m^2 \cdot day$ ④ $18m^3/m^2 \cdot day$

$X(m^3/m^2 \cdot day) = \dfrac{1,500m^3}{day} \Big| \dfrac{1}{300m^2} = 5$

24 어느 공장폐수의 Cr^{6+}이 600mg/L이고, 이 폐수를 아황산나트륨으로 환원처리하고자 한다. 폐수량이 $40m^3/day$일 때, 하루에 필요한 아황산나트륨의 이론량은?(단, Cr 원자량 52, Na_2SO_3 분자량 126)

$$2H_2CrO_4 + 3Na_2SO_3 + 3H_2SO_4$$
$$\rightarrow Cr_2(SO_4)_3 + 3Na_2SO_4 + 5H_2O$$

① 72kg ② 80kg
③ 87kg ④ 95kg

$2Cr = 3Na_2SO_3$
$2 \times 52g : 3 \times 126g$
$\dfrac{0.6kg}{m^3} \Big| \dfrac{40m^3}{day} : X$
$\therefore X = 87.23kg$

25 우리나라 강수량 분포의 특성으로 가장 거리가 먼 것은?

① 월별 강수량 차이가 큰 편이다.
② 하천수에 대한 의존량이 큰 편이다.
③ 6월과 9월 사이에 연 강수량의 약 2/3 정도가 집중되는 경향이 있다.
④ 세계 평균과 비교 시 연간 총 강수량은 낮으나, 인구 1인당 가용수량은 높다.

26 생물학적으로 인을 제거하는 반응의 단계로 옳은 것은?

① 혐기 상태 → 인 방출 → 호기 상태 → 인 섭취
② 혐기 상태 → 인 섭취 → 호기 상태 → 인 방출
③ 호기 상태 → 인 방출 → 혐기 상태 → 인 섭취
④ 호기 상태 → 인 섭취 → 혐기 상태 → 인 방출

 인의 방출과 섭취
- 혐기성 조건 : 미생물의 긴장(Stress) 상태 → 미생물에 의한 유기물의 흡수가 일어나면서 인이 방출된다.
- 호기성 조건 : 과다축적 현상 → BOD 소비와 더불어 미생물의 세포 생산을 위한 인의 급격한 흡수가 일어난다.

27 하수관로의 배수형식 중 하수를 방류할 때 일단 간선 하수 차집거에 모아 처리장으로 보내어 처리한 후 배출하는 방식으로 하천 유량이 하수량을 배출하기에는 부족하여 하천의 오염이 심할 것으로 예상되는 경우에 사용되는 방식은?

① 직각식 ② 차집식
③ 선형식 ④ 방사식

28 버섯은 어느 부류에 속하는가?

① 세균 ② 균류
③ 조류 ④ 원생동물

29 기름입자 A와 B의 지름은 동일하나 A의 비중은 0.88이고, B의 비중은 0.91이다. 이때의 A/B의 부상속도비는?(단, 기타 조건은 같다.)

① 1.03 ② 1.33
③ 1.52 ④ 1.61

 A, B의 각각에 대한 부상속도를 구하면
$V_{FA} = K(\rho_w - \rho_p) = K(1 - 0.88) = 0.12K$
$V_{FB} = K(\rho_w - \rho_p) = K(1 - 0.91) = 0.09K$
$\therefore \dfrac{V_{FA}}{V_{FB}} = \dfrac{0.12K}{0.09K} = 1.33$

30 MLSS 농도 3,000mg/L인 포기조 혼합액을 1,000mL 메스실린더로 취해 30분간 정치시켰을 때 침강슬러지가 차지하는 용적은 440mL이었다. 이때 슬러지밀도지수(SDI)는?

① 146.7 ② 73.4
③ 1.36   ④ 0.68

 $SDI(g/100mL) = \dfrac{100}{SVI}$
$SVI(mL/g) = \dfrac{440(mL/L)}{3,000(mg/L)} \times 10^3 = 146.67$
$\therefore SDI(g/100mL) = \dfrac{100}{146.67} = 0.6818$

31 다음 중 해역에서 적조 발생의 주된 원인 물질은?

① 수은 ② 산소
③ 염소 ④ 질소

적조현상을 발생시키는 원인물질은 인(P)과 질소(N)이다.

32 오염물질을 배출하는 형태에 따라 점오염원과 비점오염원으로 구분된다. 다음 중 비점오염원에 해당하는 것은?

① 생활하수 ② 농경지 배수
③ 축산폐수 ④ 산업폐수

비점오염원에는 산림수, 농경지 배수, 도로유출수 등이 있다.

33 폐수처리 분야에서 미생물이라 하는 개체의 크기 기준으로 가장 적절한 것은?

① 1.0mm 이하 ② 3.0mm 이하
③ 5.0mm 이하 ④ 10.0mm 이하

34 0.1M NaOH 1,000mL를 0.3M H_2SO_4으로 중화적정할 때 소비되는 이론적 황산량은?

① 126mL ② 167mL
③ 234mL ④ 277mL

$N \cdot V = N' \cdot V'$
$0.1 \times 1,000 = 0.6 \times X$
$X = 166.67(mL)$

35 살수여상 처리과정에서 주의해야 할 점으로 거리가 먼 것은?

① 악취 ② 연못화
③ 팽화 ④ 동결

슬러지 팽화는 활성슬러지법의 문제점이다.

36 쓰레기 수거노선을 결정할 때 고려사항으로 옳지 않은 것은?

① 아주 많은 양의 쓰레기가 발생되는 발생원은 하루 중 가장 나중에 수거한다.
② 가능한 한 시계방향으로 수거노선을 정한다.
③ U자형 회전을 피하여 수거한다.
④ 적은 양의 쓰레기가 발생하나 동일한 수거빈도를 받기를 원하는 수거지점은 가능한 한 같은 날 왕복 내에서 수거하도록 한다.

아주 많은 양의 쓰레기가 발생되는 발생원은 하루 중 가장 먼저 수거한다.

37 다음 중 퇴비화의 최적조건으로 가장 적합한 것은?

① 수분 50~60%, pH 5.5~8 정도
② 수분 50~60%, pH 8.5~10 정도
③ 수분 80~85%, pH 5.5~8 정도
④ 수분 80~85%, pH 8.5~10 정도

퇴비화의 최적조건
- pH : 6~8
- 온도 : 50~60℃
- C/N 비율 : 30
- 수분함량 : 50~60%

38 인구 50만 명이 거주하는 도시에서 1주일 동안 8,000m³의 쓰레기를 수거하였다. 쓰레기의 밀도가 420kg/m³이라면 쓰레기 발생원 단위는?

① 0.91kg/인·일 ② 0.96kg/인·일
③ 1.03kg/인·일 ④ 1.12kg/인·일

X(kg/인·일)
$= \dfrac{420kg}{m^3} \left| \dfrac{}{500,000인} \right| \dfrac{8,000m^3}{7일}$
$= 0.96(kg/인·일)$

정답 32 ② 33 ① 34 ② 35 ③ 36 ① 37 ① 38 ②

39 쓰레기를 건조시켜 함수율을 40%에서 20%로 감소시켰다. 건조 전 쓰레기의 중량이 1ton이었다면 건조 후 쓰레기의 중량은?(단, 쓰레기의 비중은 1.0으로 가정함)

① 250kg ② 500kg
③ 750kg ④ 1,000kg

$V_1(100 - W_1) = V_2(100 - W_2)$
$1,000(100 - 40) = V_2(100 - 20)$
$V_2 = 750 (kg)$

40 다음 중 폐기물의 퇴비화 시 적정 C/N비로 가장 적합한 것은?

① 1~2 ② 1~10
③ 5~10 ④ 25~50

41 폐기물을 소각할 경우 필요한 폐열회수 및 이용설비가 아닌 것은?

① 과열기 ② 부패조
③ 이코노마이저 ④ 공기예열기

폐열회수 및 이용설비
㉠ 과열기
㉡ 재열기
㉢ 이코노마이저(절탄기)
㉣ 공기예열기

42 적환장의 설치가 필요한 경우로 가장 거리가 먼 것은?

① 인구밀도가 높은 지역을 수집하는 경우
② 폐기물 수집에 소형 컨테이너를 많이 사용하는 경우
③ 처분장이 원거리에 있어 도중에 불법 투기의 가능성이 있는 경우
④ 공기수송방식을 사용할 경우

43 폐기물 전단파쇄기에 관한 설명으로 틀린 것은?

① 전단파쇄기는 대개 고정칼, 회전칼과의 교합에 의하여 폐기물을 전단한다.
② 전단파쇄기는 충격파쇄기에 비하여 파쇄속도는 느리나 이물질의 혼입에 대하여는 강하다.
③ 전단파쇄기는 파쇄물의 크기를 고르게 할 수 있다.
④ 전단파쇄기는 주로 목재류, 플라스틱류 및 종이류를 파쇄하는 데 이용된다.

이물질에 대한 대응성이 강한 것은 충격파쇄기의 특징이다.

44 연료의 연소에 필요한 이론공기량을 A_o, 공급된 실제공기량을 A라 할 때 공기비를 나타낸 식은?

① $\dfrac{A}{A_o}$ ② $\dfrac{A_o}{A}$

③ $\dfrac{A - A_o}{A_o}$ ④ $\dfrac{A - A_o}{A}$

45 폐기물 수거 효율을 결정하고 수거작업 간의 노동력을 비교하기 위한 단위로 옳은 것은?

① ton/man · hour ② man · hour/ton
③ ton · man/hour ④ hour/ton · man

46 매립지에서 발생될 침출수량을 예측하고자 한다. 이때 침출수 발생량에 영향을 받는 항목으로 가장 거리가 먼 것은?

① 강수량(Precipitation)
② 유출량(Run-off)
③ 메탄가스의 함량
④ 폐기물 내 수분 또는 폐기물 분해에 따른 수분

메탄가스의 함량은 침출수 발생량과 관계가 없다.

정답 39 ③ 40 ④ 41 ② 42 ① 43 ② 44 ① 45 ② 46 ③

47 쓰레기를 수송하는 방법 중 자동화, 무공해화가 가능하고 눈에 띄지 않는다는 장점을 가지고 있으며 공기수송, 반죽수송, 캡슐수송 등의 방법으로 쓰레기를 수거하는 방법은?

① 모노레일 수거 ② 관거 수거
③ 컨베이어 수거 ④ 콘테이너 철도수거

48 쓰레기 발생량에 영향을 미치는 일반적인 요인에 관한 설명으로 옳은 것은?

① 쓰레기의 성분은 계절에 영향을 받는다.
② 수거빈도와 발생량은 반비례한다.
③ 쓰레기통이 클수록 발생량이 감소한다.
④ 재활용률이 높을수록 발생량이 증가한다.

 폐기물 발생량에 미치는 인자
- 도시규모와 생활수준에 비례하여 증가한다.
- 도시의 평균연령층, 교육수준에 따라 발생량이 달라진다.
- 쓰레기통의 크기에 비례하여 증가한다.

49 폐기물 매립지에서 발생하는 침출수 중 생물학적으로 난분해성인 유기물질을 산화·분해시키는 데 사용되는 팬턴시약(Fenton agent)의 성분으로 옳은 것은?

① H_2O_2와 $FeSO_4$ ② $KMnO_4$와 $FeSO_4$
③ H_2SO_4와 $Al_2(SO_4)_3$ ④ $Al_2(SO_4)_3$와 $KMnO_4$

 팬턴시약(Fenton agent)은 과산화수소(H_2O_2)와 철염($FeSO_4$)으로 구성한다.

50 다음 중 슬러지 탈수방법으로 가장 거리가 먼 것은?

① 원심분리 ② 산화지
③ 진공여과 ④ 벨트프레스

 슬러지 탈수방법에는 가압탈수, 벨트프레서, 원심탈수, 필터프레서, 진공여과 등이 있다.

51 수거된 폐기물을 압축하는 이유로 거리가 먼 것은?

① 저장에 필요한 용적을 줄이기 위해
② 수송 시 부피를 감소시키기 위해
③ 매립지의 수명을 연장시키기 위해
④ 소각장에서 소각 시 원활한 연소를 위해

52 탄소 1kg이 연소할 때 이론적으로 필요한 산소의 질량은?

① 4.1kg ② 3.6kg
③ 3.2kg ④ 2.7kg

$C + O_2 \rightarrow CO_2$
12kg : 32kg
1kg : X
$X(O_2) = 2.667(kg)$

53 다음 중 효율적인 파쇄를 위해 파쇄대상물에 작용하는 3가지 힘에 해당되지 않는 것은?

① 충격력 ② 정전력
③ 전단력 ④ 압축력

 파쇄대상물에 작용하는 3가지 힘은 압축력, 전단력, 충격력이다.

54 소각장에서 폐기물을 연소시킬 때 조건으로 가장 거리가 먼 것은?

① 완전연소를 위해 체류시간은 가능한 한 짧아야 한다.
② 연료와 공기가 충분히 혼합되어야 한다.

③ 공기/연료비가 적절해야 한다.
④ 점화온도가 적정하게 유지되고 재의 방출이 최소화될 수 있는 소각로 형태이어야 한다.

 완전연소를 위해 체류시간은 가능한 한 길어야 한다.

55 합성차수막 중 PVC의 특성으로 가장 거리가 먼 것은?

① 작업이 용이한 편이다.
② 접합이 용이한 편이다.
③ 대부분의 유기화학물질에 약한 편이다.
④ 자외선, 오존, 기후 등에 강한 편이다.

 합성차수막 중 PVC의 특성
- 작업이 용이한 편이다.
- 접합이 용이한 편이다.
- 강도가 높고, 가격이 저렴하다.
- 대부분의 유기화학물질에 약한 편이다.
- 자외선, 오존, 기후 등에 약한 편이다.

56 점음원에서 5m 떨어진 지점의 음압레벨이 60dB이다. 이 음원으로부터 10m 떨어진 지점의 음압레벨은?

① 30dB   ② 44dB
③ 54dB   ④ 58dB

 거리가 2배가 되면 점음원인 경우 6dB, 선음원인 경우 3dB 감소한다.

57 방음대책을 음원대책과 전파경로대책으로 구분할 때 다음 중 음원대책이 아닌 것은?

① 공명방지   ② 방음벽 설치
③ 소음기 설치   ④ 방진 및 방사율 저감

 방음벽 설치는 전파경로대책이다.

58 두 진동체의 고유진동수가 같을 때 한 쪽을 울리면 다른 쪽도 울리는 현상은?

① 공명   ② 진폭
③ 회절   ④ 굴절

 두 개의 진동체의 고유진동수가 같을 때 한 쪽을 울리면 다른 쪽도 울리는 현상을 공명이라 한다.

59 형상의 선택이 비교적 자유롭고 압축, 전단 등의 사용방법에 따라 1개로 2축방향 및 회전방향의 스프링 정수를 광범위하게 선택할 수 있으나, 내부마찰에 의한 발열 때문에 열화되는 방진재료는?

① 방진고무
② 공기스프링
③ 금속스프링
④ 직접지지판 스프링

60 변동하는 소음의 에너지 평균 레벨로서 어느 시간 동안에 변동하는 소음 레벨의 에너지를 같은 시간대의 정상 소음의 에너지로 치환한 값은?

① 소음레벨(SL)
② 등가소음레벨(Leq)
③ 시간율 소음도(Ln)
④ 주야등가소음도(Ldn)

정답 55 ④ 56 ③ 57 ② 58 ① 59 ① 60 ②

2016년 2회 시행

01 링겔만 농도표와 관계가 깊은 것은?

① 매연 측정
② 가스크로마토그래프
③ 오존농도 측정
④ 질소산화물 성분분석

 링겔만 농도표는 매연 측정에 이용된다.

02 수세법을 이용하여 제거시킬 수 있는 오염물질로 가장 거리가 먼 것은?

① NH_3
② SO_2
③ NO_2
④ Cl_2

 질소산화물은 난용성 기체로 수세법으로 처리하기에 부적당하다.

03 산성비에 대한 설명으로 가장 거리가 먼 것은?

① 통상 pH가 5.6 이하인 비를 말한다.
② 산성비는 인공건축물의 부식을 더디게 한다.
③ 산성비는 토양의 광물질을 씻겨 내려 토양을 황폐화시킨다.
④ 산성비는 황산화물이나 질소산화물 등이 물방울에 녹아서 생긴다.

 산성비는 인공건축물의 부식을 촉진시킨다.

04 가스상 물질과 먼지를 동시에 제거할 수 있으면서 압력손실이 큰 집진장치는?

① 원심력집진장치
② 여과집진장치
③ 세정집진장치
④ 전기집진장치

 세정집진장치는 가스상 물질과 입자상 물질을 동시에 처리가 가능하며, 벤투리스크러버의 압력손실은 300~800mmHg로 압력손실이 가장 큰 집진장치이다.

05 대기가 매우 안정한 상태일 때 아침과 새벽에 잘 발생하고, 굴뚝의 높이가 낮으면 지표 부근에 심각한 오염 문제를 발생시키는 연기의 모양은?

① 환상형
② 원추형
③ 구속형
④ 부채형

 부채형은 대기가 매우 안정한 상태일 때 발생하는 연기형태이다.

06 중량비가 C : 86%, H : 4%, O : 8%, S : 2%인 석탄을 연소할 경우 필요한 이론 산소량(Sm^3/kg)은?

① 약 1.6
② 약 1.8
③ 약 2.0
④ 약 2.2

$$O_o(Sm^3/kg) = 1.867C + 5.6(H - \frac{O}{8}) + 0.7S$$
$$= 1.867 \times 0.86 + 5.6(0.04 - \frac{0.08}{8})$$
$$+ 0.7 \times 0.02$$
$$= 1.79(Sm^3/kg)$$

정답 01 ① 02 ③ 03 ② 04 ③ 05 ④ 06 ②

07 집진장치에 관한 설명으로 옳은 것은?
① 사이클론은 여과집진장치에 해당된다.
② 중력집진장치는 고효율 집진장치에 해당된다.
③ 여과집진장치는 수분이 많은 먼지처리에 적합하다.
④ 전기집진장치는 코로나 방전을 이용하여 집진하는 장치이다.

 사이클론은 원심력집진장치이며, 중력집진장치는 저효율 집진장치이다.

08 세정집진장치의 입자 포집원리에 관한 설명으로 가장 거리가 먼 것은?
① 미립자 확산에 의하여 액적과의 접촉을 쉽게 한다.
② 배기가스의 습도 감소로 인하여 입자가 응집하여 제거효율이 증가한다.
③ 액적에 입자가 충돌하여 부착한다.
④ 입자를 핵으로 한 증기의 응결에 의하여 응집성을 증가시킨다.

 배기가스의 증습에 의하여 입자가 서로 응집한다.

09 액체 부탄 20kg을 1기압, 25℃에서 완전 기화시킬 때의 부피(m³)는?
① 5.45　　② 8.43
③ 12.38　　④ 16.43

$C_4H_{10}(m^3) = \dfrac{20kg}{} \Big| \dfrac{22.4m^3}{58kg} \Big| \dfrac{273+25}{273}$
$= 8.43(m^3)$

10 물리적 흡착과 화학적 흡착에 대한 비교 설명으로 옳은 것은?
① 물리적 흡착과정은 가역적이기 때문에 흡착제의 재생이나 오염가스의 회수에 매우 편리하다.
② 물리적 흡착은 온도의 영향을 받지 않는다.
③ 물리적 흡착은 화학적 흡착보다 분자 간의 인력이 강하기 때문에 흡착과정에서의 발열량도 크다.
④ 물리적 흡착에서는 용질의 분자량이 적을수록 유리하게 흡착한다.

 흡착의 특징
- 물리적 흡착에서 흡착량은 온도가 낮을수록 증가한다.
- 화학적 흡착은 흡착과정에서 발열반응이 일어난다.
- 물리적 흡착에서는 용질의 분자량이 클수록 유리하게 흡착한다.

11 다음 집진장치의 원리와 특성에 대한 설명으로 옳은 것은?
① 전기집진장치는 입자를 중력에 의해 분리, 포집하는 장치로서 입경이 $100\mu m$ 이상일 때 적용한다.
② 관성력집진장치는 중력과 관성력을 동시에 이용하는 장치로서 원리와 구조는 간단하지만 압력손실이 크고 운전비가 높다.
③ 여과집진장치는 여러 종류의 먼지를 집진할 수 있어 가장 많이 사용되지만 200℃ 이상의 고온 가스를 처리하기는 어렵다.
④ 중력집진장치에서 배기관 지름이 작을수록 입경이 작은 먼지를 제거할 수 있고 블로다운으로 집진된 먼지의 재비산을 방지하여 효율을 높일 수 있다.

12 집진장치의 입구 더스트 농도가 $2.8g/Sm^3$이고 출구 더스트 농도가 $0.1g/Sm^3$일 때 집진율(%)은?
① 86.9
② 94.2
③ 96.4
④ 98.8

정답　07 ④　08 ②　09 ②　10 ①　11 ③　12 ③

$\eta = (1 - \dfrac{C_o}{C_i}) \times 100$

$\eta = (1 - \dfrac{0.1}{2.8}) \times 100 = 96.43(\%)$

13 디젤기관에서 많이 배출되며 탄화수소와 함께 광화학 스모그를 일으키는 반응에 영향을 미치는 배출가스는?

① 매연
② 황산화물
③ 질소산화물
④ 일산화탄소

 광화학 스모그의 기인 요소는 질소산화물, 올레핀계 탄화수소, 태양광선이다.

14 도심지역에서 열 방출이 많고 외부로 확산이 안 되기 때문에 교외지역에 비해 도심지역의 온도가 높게 나타나는 현상은?

① 온실효과
② 습윤단열감률
③ 열섬효과
④ 건조단열감률

15 연소과정에서 주로 발생하는 질소산화물의 형태는?

① NO
② NO_2
③ NO_3
④ N_2O

 연소과정에서 발생하는 질소산화물의 형태는 대부분 NO이다.

16 도시화가 진행될수록 하천의 홍수와 갈수현상이 심화되는 이유는?

① 대기오염 물질의 증가
② 생활하수 배출량의 증가
③ 생활용수 사용량의 증가
④ 지면 포장으로 강수의 침투성 저하

17 수질오염공정시험기준상 6가 크롬의 자외선/가시선 분광법 측정원리에 관한 설명으로 ( )에 알맞은 것은?

> 6가 크롬에 다이페닐카바자이드를 작용시켜 생성하는 (㉠)의 착화합물의 흡광도를 (㉡)nm에서 측정하여 6가 크롬을 정량한다.

① ㉠ 적자색, ㉡ 253.7
② ㉠ 적자색, ㉡ 540
③ ㉠ 청색, ㉡ 253.7
④ ㉠ 청색, ㉡ 540

 6가 크롬에 다이페닐카바자이드를 작용시켜 생성하는 적자색의 착화합물의 흡광도를 540nm에서 측정하여 6가 크롬을 정량한다.

18 염소는 폐수 내의 질소화합물과 결합하여 무엇을 형성하는가?

① 유리염소
② 클로라민
③ 액체염소
④ 암모니아

 폐수에 염소를 주입하면 암모니아와 반응하여 클로라민 화합물을 형성한다.

19 시판되는 황산의 농도가 96(W/W%), 비중이 1.84일 때, 노르말농도(N)는?

① 18
② 24
③ 36
④ 48

 $X(eq/L) = \dfrac{1.84 kg}{L} \Big| \dfrac{1 eq}{(98/2)g} \Big| \dfrac{96}{100} \Big| \dfrac{10^3 g}{1 kg}$

$= 36.05(eq/L)$

정답 13 ③ 14 ③ 15 ① 16 ④ 17 ② 18 ② 19 ③

20 수질오염 방지시설의 처리능력, 또는 설계 시에 사용되는 다음 용어 중 그 성격이 나머지 셋과 다른 것은?

① F/M비   ② SVI
③ 용적부하 ④ 슬러지부하

 SVI는 슬러지 용적지수로 슬러지의 침강성을 나타내는 지표이다.

21 조류를 이용한 산화지(oxidation pond)법으로 폐수를 처리할 경우에 가장 중요한 영향인자는?

① 햇빛
② 물의 색깔
③ 산화지의 표면모양
④ 산화지 바닥 흙입자 모양

 산화지법은 미생물과 조류의 생물화학적 작용을 이용하여 하수 및 폐수를 자연 정화시키는 공법이다.

22 생물학적 원리를 이용하여 영양염류(인 또는 질소)를 효과적으로 제거할 수 있는 공법이라 볼 수 없는 것은?

① M-A/S   ② A/O
③ Bardenpho   ④ UCT

23 활성슬러지 공법으로 생활하수처리 시 과량의 유기물이 유입되었을 때, 가장 적절한 응급조치는?

① 영양물질 투입
② 응집 전처리
③ 슬러지 반송률 증가
④ 산기기 추가 설치

24 농촌마을의 발생 하수를 산화지로 처리할 때 유입 BOD농도가 $100g/m^3$이고, 유량이 $3,000m^3/day$이며, 필요한 산화지의 면적은 3ha라면 BOD 부하량($kg/ha \cdot day$)은?

① 10   ② 50
③ 100   ④ 200

$$X(kg/ha \cdot day)$$
$$= \frac{100g}{m^3} \left| \frac{3,000m^3}{day} \right| \frac{1}{3ha} \left| \frac{1kg}{10^3g} \right.$$
$$= 100(kg/ha \cdot day)$$

25 농축대상 슬러지량이 $500m^3/d$이고, 슬러지의 고형물 농도가 15g/L일 때, 농축조의 고형물 부하를 $2.6kg/m^2 \cdot hr$로 하기 위해 필요한 농축조의 면적(m^2)은?(단, 슬러지의 비중은 1.0이고, 24시간 연속가동 기준이다.)

① 110.4   ② 120.2
③ 142.4   ④ 156.3

$$X(m^2)$$
$$= \frac{15g}{L} \left| \frac{m^2 \cdot hr}{2.6kg} \right| \frac{500m^3}{day} \left| \frac{1kg}{10^3g} \right| \frac{10^3L}{1m^3} \left| \frac{1day}{24hr} \right.$$
$$= 120.2(m^2)$$

26 아연과 성질이 유사한 금속으로 체내 칼슘균형을 깨뜨려 이따이이따이병과 같은 골연화증의 원인이 되는 것은?

① Hg   ② Cd
③ PCB   ④ Cr^{+6}

27 SVI = 150인 경우 반송 슬러지 농도(g/m^3)는?

① 8,452   ② 6,667
③ 5,486   ④ 4,570

$$X_r = \frac{10^6}{SVI} = \frac{10^6}{150} = 6666.67 (g/m^3)$$

28 생물학적 고도처리방법 중 활성슬러지공법의 포기조 앞에 혐기성조를 추가시킨 것으로 혐기성조와 호기성조로 구성되고, 질소 제거가 고려되지 않아 높은 효율의 N, P의 동시 제거가 어려운 공법은?

① A/O 공법
② A²/O 공법
③ VIP 공법
④ UCT 공법

A/O 공법은 인(P)만 제거하는 공법이다.

29 MLSS 농도가 1,000mg/L이고, BOD 농도가 200mg/L인 2,000m³/day의 폐수가 포기조로 유입될 때 BOD/MLSS 부하(kg BOD/kg MLSS · day)는?(단, 포기조의 용적은 1,000m³이다.)

① 0.1
② 0.2
③ 0.3
④ 0.4

BOD/MLSS 부하
$$= \frac{BOD \times Q}{\forall \cdot X}$$
$$= \frac{0.2(kg/m^3) \times 2,000(m^3/day)}{1000(m^3) \times 1(kg/m^3)}$$
$$= 0.4(kg \cdot BOD/kg \cdot MLSS)$$

30 지하수의 특성으로 가장 거리가 먼 것은?

① 광화학반응 및 호기성 세균에 의한 유기물 분해가 주를 이룬다.
② 국지적 환경조건의 영향을 크게 받는다.
③ 지표수에 비해 경도가 높고, 용해된 광물질을 보다 많이 함유한다.
④ 비교적 깊은 곳의 물일수록 지층과의 보다 오랜 접촉에 의해 용매효과는 커진다.

지하수는 주로 세균에 의한 유기물 분해작용이 일어난다.

31 SS 측정은 다음 어느 분석법에 해당되는가?

① 용량법
② 중량법
③ 용매추출법
④ 흡광측정법

SS 측정은 미리 무게를 단 유리섬유여과지(GF/C)를 여과장치에 부착하여 일정량의 시료를 여과시킨 다음 항량으로 건조하여 무게를 달아 여과 전·후의 유리섬유 여과지의 무게차를 산출하여 부유물질의 양을 구하는 방법이다.

32 미생물 성장곡선에서 다음 설명과 같은 특성을 보이는 단계는?

- 살아있는 미생물들이 조금밖에 없는 양분을 두고 서로 경쟁하고, 신진대사율은 큰 비율로 감소한다.
- 미생물은 그들 자신의 원형질을 분해시켜 에너지를 얻는 자산화 과정을 겪게 되어 전체 원형질 무게는 감소된다.

① 지체기
② 대수성장기
③ 감소성장기
④ 내생호흡기

내생호흡단계를 설명하고 있다.

33 생물농축에 관한 설명으로 틀린 것은?

① 생물농축은 먹이연쇄를 통하여 이루어진다.
② 생체 내에서 분해가 쉽고, 배설률이 크면 농축이 되지 않는다.
③ 농축계수란 유해물의 수중 농도를 생물의 체내 농도로 나눈 값을 말한다.
④ 미나마타병은 생물농축에 의한 공해병이다.

농축계수란 생물의 체내 농도를 유해물의 수중 농도로 나눈 값을 말한다.

34 모래, 자갈, 뼛조각 등과 같은 무기성의 부유물로 구성된 혼합물을 의미하는 것은?

① 스크린　　② 그릿
③ 슬러지　　④ 스컴

35 접촉산화법(호기성 침지여상)에 관한 설명으로 가장 거리가 먼 것은?

① 매체로서는 벌집형, 모듈(Module)형, 벌크(Bulk)형 등이 쓰인다.
② 부하변동과 유해물질에 대한 내성이 낮다.
③ 운전 휴지기간에 대한 적응력이 낮다.
④ 처리수의 투시도가 높다.

 접촉안정조는 운전 휴지기간에 대한 적응력이 높다.

36 처음 부피가 1,000m³인 폐기물을 압축하여 500m³인 상태로 부피를 감소시켰다면 체적 감소율(%)은?

① 2　　② 10
③ 50　　④ 100

$$VR(\%) = \frac{감소되는 부피}{초기 부피} \times 100$$
$$= \frac{500 m^3}{1,000 m^3} \times 100 = 50(\%)$$

37 도시지역의 쓰레기 수거량은 1,792,500ton/년이다. 이 쓰레기를 1,363명이 수거한다면 수거능력(MHT)은?(단, 1일 작업시간은 8시간, 1년 작업일수는 310일이다.)

① 1.45　　② 1.77
③ 1.89　　④ 1.96

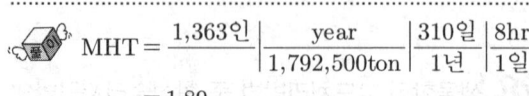
$$= 1.89$$

38 도시의 쓰레기를 분석한 결과 밀도는 450kg/m³이고 비가연성 물질의 질량백분율은 72%였다. 이 쓰레기 10m³ 중에 함유된 가연성 물질의 질량(kg)은?

① 1,180　　② 1,260
③ 1,310　　④ 1,460

$$X(kg) = \frac{450kg}{m^3} \left| \frac{10m^3}{} \right| \frac{28}{100} = 1,260(kg)$$

39 폐기물과 선별방법이 가장 올바르게 연결된 것은?

① 광물과 종이 – 광학선별
② 목재와 철분 – 자석선별
③ 스티로폼과 유리조각 – 스크린선별
④ 다양한 크기의 혼합폐기물 – 부상선별

40 폐기물 발생특성에 관한 설명으로 옳은 것만 모두 나열된 것은?

> ㉠ 쓰레기통이 작을수록 발생량은 감소한다.
> ㉡ 계절에 따라 쓰레기 발생량이 다르다.
> ㉢ 재활용률이 증가할수록 발생량은 감소한다.

① ㉠, ㉡　　② ㉠, ㉢
③ ㉡, ㉢　　④ ㉠, ㉡, ㉢

 폐기물 발생시점에 미치는 인자
• 기후에 따라 쓰레기의 발생량과 종류가 다르게 된다.

- 수거빈도가 클수록 쓰레기 발생빈도가 증가하게 된다.
- 쓰레기통의 크기가 클수록 쓰레기 발생량이 증가하는 경향이 있다.
- 재활용품의 회수 및 재이용률이 높을수록 발생량은 감소한다.

41 도시폐기물을 위생매립하였을 때 일반적으로 매립 초기(1단계~2단계)에 가장 많은 비율로 발생되는 가스는?

① CH_4
② CO_2
③ H_2S
④ NH_3

 매립 초기에는 통성 혐기성균의 활동에 의해 지방산, 알코올, NH_3, N_2, CO_2(가장 많이 배출) 등을 생성한다.

42 배출가스를 냉각시키거나 유해가스 또는 악취물질이 함유되어 있어 이들을 같이 제거하고자 할 때 사용하는 집진장치로 적합한 것은?

① 중력 집진장치
② 원심력 집진장치
③ 여과 집진장치
④ 세정 집진장치

 세정집진장치는 입자상 물질과 가스상 물질을 동시에 처리가 가능하며 냉각기능을 가진다.

43 슬러지 내의 수분 중 일반적으로 가장 많은 양을 차지하며 고형물질과 직접 결합해 있지 않기 때문에 농축 등의 방법으로 용이하게 분리할 수 있는 수분은?

① 간극수
② 모관결합수
③ 부착수
④ 내부수

44 폐기물 소각 후 발생한 폐열의 회수를 위해 열교환기를 설치하였다. 다음 중 열교환기 종류가 아닌 것은?

① 과열기
② 비열기
③ 재열기
④ 공기예열기

 열교환기
 ① 과열기
 ② 재열기
 ③ 이코노마이저(economizer, 절탄기)
 ④ 공기예열기

45 폐기물 발생량 산정법 중 직접 계근법의 단점은?

① 밀도를 고려해야 한다.
② 작업량이 많다.
③ 정확한 값을 알기 어렵다.
④ 폐기물의 성분을 알아야 한다.

 직접계근법
일정기간 동안 특정지역의 수거운반되는 차량을 중계처리장이나 중간 적하장에서 직접 계근하는 방법이다.
- 장점 : 비교적 정확하게 발생량을 파악할 수 있다.
- 단점 : 작업량이 많고 번거롭다.

46 수분 및 고형물 함량 측정에 필요한 실험기구와 거리가 먼 것은?

① 증발접시
② 전자저울
③ jar-테스터
④ 데시게이터

 jar-테스터는 응집제를 현장 적용할 때 최적 pH의 범위와 응집제의 최적 주입농도를 알기 위한 응집교반시험이다.

정답 41 ② 42 ④ 43 ① 44 ② 45 ② 46 ③

47 퇴비화 공정에 관한 설명으로 가장 적합한 것은?
① 크기를 고르게 할 필요없이 발생된 그대로의 상태로 숙성시킨다.
② 미생물을 사멸시키기 위해 최적온도는 90℃ 정도로 유지한다.
③ 충분히 물을 뿌려 수분을 100%에 가깝게 유지한다.
④ 소비된 산소의 보충을 위해 규칙적으로 교반한다.

 퇴비화 조건
① 수분량 : 50~60(Wt%)
② C/N비 : 30이 적정범위
③ 온도 : 적절한 온도 50~60℃
④ 입경 : 가장 적당한 입자 크기는 5cm 이하
⑤ pH : 약알칼리 상태(pH 6~8)
⑥ 공기 : 호기적 산화 분해로 산소의 존재가 필수적. 산소함량(5~15%), 공기주입률(50~200 L/min · m³)

48 폐기물처리에서 파쇄(shredding)의 목적으로 가장 거리가 먼 것은?
① 부식효과 억제
② 겉보기 비중의 증가
③ 특정 성분의 분리
④ 고체물질 간의 균일혼합효과

파쇄목적
• 입자크기의 균일화
• 겉보기 비중의 증가
• 비표면적 증가
• 특정 성분의 분리
• 소각 시 연소 촉진
• 유가물질의 분리

49 화상 위에서 쓰레기를 태우는 방식으로 플라스틱처럼 열에 열화, 용해되는 물질의 소각과 슬러지, 입자상 물질의 소각에 적합하지만 체류시간이 길고 국부적으로 가열될 염려가 있는 소각로는?
① 고정상   ② 화격자
③ 회전로   ④ 다단로

50 다음 중 적환장의 위치로 적당하지 않은 곳은?
① 수거지역의 무게중심에서 가능한 가까운 곳
② 주요간선도로에 멀리 떨어진 곳
③ 작업에 의한 환경피해가 최소인 곳
④ 적환장 설치 및 작업이 가장 경제적인 곳

 적환장은 주요 간선도로에 인접한 곳이 적당하다.

51 생활폐기물의 발생량을 표현하는 데 사용되는 단위는?
① kg/인 · 일   ② kL/인 · 일
③ m³/인 · 일   ④ 톤/인 · 일

52 폐기물 발생량 조사방법에 해당되지 않는 것은?
① 적재차량 계수분석법
② 원단위 계산법
③ 직접 계근법
④ 물질수지법

 발생량 조사방법
① 적재차량계수 분석법
② 직접계근법
③ 물질수지법

53 메탄 8kg을 완전연소시키는 데 필요한 이론 산소량(kg)은?
① 16   ② 32
③ 48   ④ 64

$CH_4 + 2O_2 \rightarrow CO_2 + 2H_2O$
16kg : $2 \times 32m^3$
8kg : X
X = 32(m^3)

54 소화 슬러지의 발생량은 투입량의 15%이고 함수율이 90%이다. 탈수기에서 함수율을 70%로 한다면 케이크의 부피(m^3)는?(단, 투입량은 150kL 이다.)

① 7.5   ② 8.7
③ 9.5   ④ 10.7

$V_1(100 - W_1) = V_2(100 - W_2)$
$150 \times 0.15(100 - 90) = V_2(100 - 70)$
$V_2 = 7.5(m^3)$

55 폐기물의 물리화학적 처리방법 중 용매추출에 사용되는 용매의 선택기준이 옳은 것만 모두 나열된 것은?

㉠ 분배계수가 높아 선택성이 클 것
㉡ 끓는점이 높아 회수성이 높을 것
㉢ 물에 대한 용해도가 낮을 것
㉣ 밀도가 물과 같을 것

① ㉠, ㉡   ② ㉠, ㉢
③ ㉡, ㉢   ④ ㉡, ㉣

 용매추출에 사용되는 용매의 선택기준
• 사용되는 용매는 비극성이어야 한다.
• 분배계수가 높아 선택성이 커야 한다.
• 끓는점이 낮아 회수성이 높아야 한다.
• 물에 대한 용해도가 낮아야 한다.
• 밀도가 물과 다른 것이어야 한다.

56 귀의 구성 중 내이에 관한 설명으로 틀린 것은?

① 난원창은 이소골의 진동을 와우각 중의 림프액에 전달하는 진동판이다.
② 음의 전달 매질은 액체이다.
③ 달팽이관은 내부에 림프액이 들어있다.
④ 이관은 내이의 기압을 조정하는 역할을 한다.

 이관(유스타키오관)은 외이와 중이의 압력을 조절하는 역할을 한다.

57 다공질 흡음재에 해당하지 않는 것은?

① 암면
② 비닐시트
③ 유리솜
④ 폴리우레탄폼

 흡음재료의 종류
• 다공질 흡음재료 : 암면, 유리섬유, 유리솜, 발포수지재료(연속기포), 폴리우레탄폼
• 판구조 흡음재료 : 석고보드, 합판, 알루미늄, 하드보드, 철판

58 흡음기구(吸音機構)에 의한 흡음재료를 분류한 것으로 볼 수 없는 것은?

① 다공질 흡음재료
② 공명형 흡음재료
③ 판진동형 흡음재료
④ 반사형 흡음재료

 흡음재료는 흡음기구에 따라서 다공질 재료, 공명흡음, 판진동 흡음재료로 분류된다.

59 진동에 의한 장애는?

① 난청
② 중이염
③ 레이노드씨 현상
④ 피부염

 레이노드씨 현상은 국소진동에 의한 현상이다.

60 소음계의 기본구조 중 "측정하고자 하는 소음도가 지시계기의 범위 내에 있도록 하기 위한 감쇠기"를 의미하는 것은?

① 증폭기
② 마이크로폰
③ 동특성 조절기
④ 레벨레인지 변환기

정답 59 ③ 60 ④

2016년 4회 시행

01 200℃, 650mmHg 상태에서 100m³의 배출가스를 표준 상태로 환산(Sm³)하면?

① 40.7
② 44.6
③ 49.4
④ 98.8

$$X(Sm^3) = \frac{100m^3}{1} \left| \frac{273}{273+200} \right| \frac{650}{760}$$
$$= 49.36(Sm^3)$$

02 흡착법에 관한 설명으로 틀린 것은?

① 물리적 흡착은 Van der Waals 흡착이라고도 한다.
② 물리적 흡착은 낮은 온도에서 흡착량이 많다.
③ 화학적 흡착인 경우 흡착과정이 주로 가역적이며 흡착제의 재생이 용이하다.
④ 흡착제는 단위질량당 표면적이 큰 것이 좋다.

 화학적 흡착인 경우 흡착과정이 주로 비가역적이며 흡착제의 재생이 용이하지 못하다.

03 대기환경보전법상 (　) 안에 들어갈 용어는?

(　)(이)란 연소할 때에 생기는 유리탄소가 응결하여 입자의 지름이 1미크론 이상이 되는 입자상 물질을 말한다.

① VOC
② 검댕
③ 콜로이드
④ 1차 대기오염물질

 검댕이란 연소할 때에 생기는 유리탄소가 응결하여 입자의 지름이 1미크론 이상이 되는 입자상 물질을 말한다.

04 비행기나 자동차에 사용되는 휘발유의 옥탄가를 높이기 위하여 사용되며, 차량에 의한 대기오염물질인 유기인(Organic lead)은?

① 염기성 탄산납
② 3산화납
③ 4에틸납
④ 아질산납

05 열대 태평양 남미 해안으로부터 중태평양에 이르는 넓은 범위에서 해수면의 온도가 평균보다 0.5℃ 이상 높은 상태가 6개월 이상 지속되는 현상으로 스페인어로 아기예수를 의미하는 것은?

① 라니냐 현상
② 업웰링 현상
③ 뢴트겐 현상
④ 엘리뇨 현상

06 대기상태에 따른 굴뚝 연기의 모양으로 옳은 것은?

① 역전상태 – 부채형
② 매우 불안정 상태 – 원추형
③ 안정 상태 – 환상형
④ 상층 불안정, 하층 안정 상태 – 훈증형

07 촉매산화법으로 악취물질을 함유한 가스를 산화·분해하여 처리하고자 할 때 적합한 연소온도 범위는?

① 100~150℃
② 300~400℃
③ 650~800℃
④ 850~1,000℃

정답 01 ③ 02 ③ 03 ② 04 ③ 05 ④ 06 ① 07 ②

08 내연기관, 폭약 제조, 비료 제조 등에서 발생되며 빛의 흡수가 현저하여 시정거리 단축의 원인으로 작용하는 대기오염물질은?

① SO_2
② NO_2
③ CO
④ NH_3

09 유해가스 처리장치로 부적합한 것은?

① 충전탑
② 분무탑
③ 벤투리형 세정기
④ 중력집진장치

 중력집진장치는 입자상 물질을 처리하는 장치이다.

10 호흡으로 인체에 유입되어 폐 질환을 유발하는 호흡성 먼지의 크기(μm)는?

① 0.5~1.0
② 10.0~50.0
③ 50.0~100
④ 100~500

 호흡성 먼지의 크기는 0.5~5μm 범위이다.

11 그림과 같은 집진원리를 갖는 집진장치는?

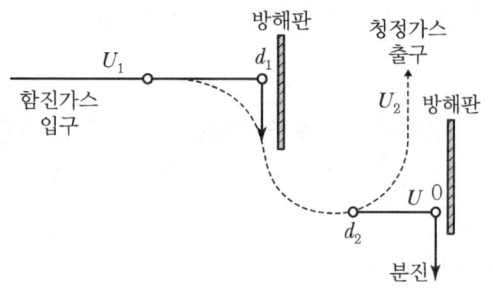

① 중력집진장치
② 관성력집진장치
③ 전기집진장치
④ 음파집진장치

12 집진율이 각각 90%와 98%인 두 개의 집진장치를 직렬로 연결하였다. 1차 집진장치 입구의 먼지 농도가 5.9g/m³일 경우, 2차 집진장치 출구에서 배출되는 먼지 농도(mg/m³)은?

① 11.8
② 15.7
③ 18.3
④ 21.1

$\eta_t = \eta_1 + \eta_2(1-\eta_1)$
$C_o = C_i \times (1-\eta)$
㉠ $\eta_t = 0.9 + 0.98(1-0.9) = 0.998$
㉡ $C_o = 5.9 \times (1-0.998)$
$= 0.0118(g/m^3) = 11.8(mg/m^3)$

13 연료가 완전연소하기 위한 조건으로 가장 거리가 먼 것은?

① 공기의 공급이 충분해야 한다.
② 연소용 공기를 예열하여 공급한다.
③ 공기와 연료의 혼합이 잘 되어야 한다.
④ 연소실 내의 온도를 낮게 유지해야 한다.

 연료가 완전연소하기 위해서는 연소실 내의 온도를 높게 유지해야 한다.

14 수당량이 2,500cal/℃인 봄베열량계를 사용하여 시료 2.3g을 10cm 퓨즈로 연소시켰다. 평형온도는 연소 전 21.31℃에서 연소 후 23.61℃일 때 발열량(cal/g)은?(단, 퓨즈의 연소열은 2.3cal/cm이다.)

$$Q = \frac{수당량 \times 온도 상승값 - 퓨즈의 연소열}{시료의 질량}$$

① 2,470
② 2,480
③ 2,490
④ 2,500

〈계산식〉

$$Q = \frac{\text{수당량} \times \text{온도상승값} - \text{퓨즈의 연소열}}{\text{시료의 질량}}$$

- 수당량 : 2,500cal/℃
- 온도상승값 : (23.61−21.31)=2.3℃
- 퓨즈의 연소 : 2.3cal/cm
- 시료의 질량 : 2.3g

$$Q = \frac{2,500(\text{cal}/℃) \times 2.3℃ - 2.3(\text{cal/cm}) \times 10(\text{cm})}{2.3(\text{g})}$$

$$= 2,490(\text{cal/g})$$

15 중력집진장치에서 먼지의 침강속도 산정에 관한 설명으로 틀린 것은?

① 중력가속도에 비례한다.
② 입경의 제곱에 비례한다.
③ 먼지와 가스의 비중차에 반비례한다.
④ 가스의 점도에 반비례한다.

 먼지의 침강속도는 먼지와 가스의 비중차에 비례한다.

16 폐수량 700m³/일, 유입하는 폐수의 오탁물 농도 700mg/L, 침전지로부터 유출하는 처리수의 오탁물 농도는 70mg/L이었다. 발생된 슬러지의 함수율이 98%일 때 제거하여야 할 슬러지량(m³/일)은?(단, 슬러지 비중은 1.0이다.)

① 11.7　　② 14.7
③ 22.1　　④ 29.4

 슬러지량(m³/일)

$$= \frac{(700-70)\text{mg}}{\text{L}} \left| \frac{700\text{m}^3}{\text{일}} \right| \frac{100}{100-98}$$

$$\left| \frac{10^3\text{L}}{1\text{m}^3} \right| \frac{\text{m}^3}{1,000\text{kg}} \left| \frac{1\text{kg}}{10^6\text{mg}} \right.$$

$$= 22.05(\text{m}^3/\text{일})$$

17 하수의 고도처리를 위한 A²/O 공법의 조구성으로 가장 거리가 먼 것은?

① 혐기조　　② 혼합조
③ 포기조　　④ 무산소조

 A²/O 공법은 혐기조, 무산소조, 호기조(포기조)로 구성되어 있다.

18 부상법의 종류에 해당하지 않는 것은?

① 용존공기부상법　　② 침전부상법
③ 공기부상법　　　　④ 진공부상법

 부상법의 종류
- 용존공기부상법
- 공기부상법
- 진공부상법

19 급속여과와 비교한 완속여과의 장점으로 옳은 것은?

① 비침전성 Floc의 제거에 쓰인다.
② 여과속도는 100~200m/day이다.
③ 여층이 얇고, 역세척 설비를 갖추고 있다.
④ 세균 제거가 효과적이다.

20 에탄올(C_2H_5OH)의 완전산화 시 ThOD/TOC의 비는?

① 1.92　　② 2.67
③ 3.31　　④ 4

 $C_2H_5OH + 3O_2 \rightarrow 2CO_2 + 3H_2O$
① ThOD = (3×32)g/46g
② TOC = (2×12)g/46g
∴ ThOD/TOC=4

정답　15 ③　16 ③　17 ②　18 ②　19 ④　20 ④

21 지하수의 일반적인 특징으로 가장 거리가 먼 것은?

① 유속이 느리다.
② 세균에 의한 유기물 분해가 주된 생물작용이다.
③ 연중 수온이 거의 일정하다.
④ 국지적인 환경조건에 영향을 적게 받는다.

 지하수는 국지적인 환경조건에 영향을 크게 받는다.

22 독성이 있는 6가를 독성이 없는 3가로 pH 2~4에서 환원시키고, 다시 3가를 pH 8~11에서 침전시켜 처리하는 폐수는?

① 납 함유 폐수
② 비소 함유 폐수
③ 크롬 함유 폐수
④ 카드뮴 함유 폐수

 크롬 함유 폐수 처리방법은 환원침전법이 일반적으로 많이 이용된다.

23 질소, 인 등이 강이나 호수에 지나치게 유입될 때 발생할 수 있는 현상은?

① 빈영양화   ② 저영양화
③ 산영양화   ④ 부영양화

 질소, 인 등은 부영양화 유발물질이다.

24 염소주입 시 물속의 오염물을 산화시키고 처리수에 남아 있는 염소의 양은?

① 잔류 염소량
② 염소 요구량
③ 투입 염소량
④ 파괴 염소량

25 활성슬러지법에서 MLSS(Mixed Liquor Suspended Solids)가 의미하는 것은?

① 포기조 혼합액 중의 부유물질
② 처리장 유입폐수 중의 부유물질
③ 유입폐수 중의 여과된 물질
④ 처리장 방류폐수 중의 부유물질

26 폐수처리공정에서 최적 응집제 투입량을 결정하기 위한 자-테스트(jar test)에 관한 설명으로 가장 적합한 것은?

① 응집제 투입량 대 상징수의 SS 잔류량을 측정하여 최적 응집제 투입량을 결정
② 응집제 투입량 대 상징수의 알칼리도를 측정하여 최적 응집제 투입량을 결정
③ 응집제 투입량 대 상징수의 용존산소를 측정하여 최적 응집제 투입량을 결정
④ 응집제 투입량 대 상징수의 대장균군수를 측정하여 최적 응집제 투입량을 결정

27 스토크 법칙(Stoke's Law)에 따라 침전하는 구형입자의 침전속도는 입자 직경(d)과 어떤 관계가 있는가?

① $d^{1/2}$에 비례   ② d에 비례
③ d에 반비례   ④ d^2에 비례

스토크 법칙 $V_g = \dfrac{d^2(\rho_p - \rho)g}{18 \cdot \mu}$
침전속도는 입자직경 제곱에 비례한다.

28 인체의 만성 중독증상으로 카네미유증을 발생시키는 유해물질은?

① PCB   ② 망간(Mn)
③ 비소(As)   ④ 카드뮴(Cd)

정답 21 ④ 22 ③ 23 ④ 24 ① 25 ① 26 ① 27 ④ 28 ①

29 침사지에서 지름이 10^{-2}mm이고, 비중이 2.65인 모래 입자가 20℃인 물속에서 침전하는 속도(cm/sec)는?(단, Stoke's 법칙에 따르며, 물의 밀도 : 1g/cm³, 물의 점성계수 : 0.01g/cm·sec이다.)

① 8.98×10^{-2}
② 8.98×10^{-3}
③ 9.34×10^{-2}
④ 9.34×10^{-3}

$V_g = \dfrac{d^2(\rho_p - \rho)g}{18 \cdot \mu}$

① 입자의 직경 : 10^{-3}cm
② 입자의 밀도 : 2.65g/cm³
③ 물의 밀도 : 1g/cm³
④ 물의 점성계수 : 0.01g/cm·sec

$V_g = \dfrac{(10^{-3})^2(2.65-1) \times 980}{18 \times 0.01}$
$= 8.98 \times 10^{-3}$ (cm/sec)

30 유기물과 무기물의 함량이 각각 80%, 20%인 슬러지를 소화 처리한 후 유기물과 무기물의 함량이 모두 50%로 되었을 때 소화율(%)은?

① 50
② 67
③ 75
④ 83

소화율(%) $= \left(1 - \dfrac{\text{소화 후 VS/FS}}{\text{소화 전 VS/FS}}\right) \times 100$
$= \left(1 - \dfrac{0.5/0.5}{0.8/0.2}\right) \times 100 = 75(\%)$

31 표준활성슬러지법으로 폐수를 처리할 경우 F/M 비(kg BOD/kg SS·day)의 운전범위로 가장 적합한 것은?

① 0.02~0.04
② 0.2~0.4
③ 2~4
④ 4~8

32 120ppm의 NaCl의 농도(M)는?(단, 원자량은 Na : 23, Cl : 35.5이다.)

① 0.0015
② 0.0017
③ 0.0021
④ 0.01

$M(mol/L) = \dfrac{120mg}{L} \left| \dfrac{1mol}{58.5g} \right| \dfrac{1g}{10^3 mg}$
$= 0.0021(mol/L)$

33 산업폐수에 관한 일반적인 설명으로 가장 거리가 먼 것은?

① 주로 악성 폐수가 많다.
② 업종 및 생산방식에 따라 수질이 거의 일정하다.
③ 중금속 등의 오염물질 함량이 생활하수에 비해 높다.
④ 같은 업종일지라도 생산 규모에 따라 배수량이 달라진다.

산업폐수는 업종 및 생산방식에 따라 수질이 다양하다.

34 산도(Acidity)나 경도(Hardness)는 무엇으로 환산하는가?

① 탄산칼슘
② 탄산나트륨
③ 탄화수소나트륨
④ 수산화나트륨

산도(Acidity)나 경도(Hardness)는 탄산칼슘($CaCO_3$)으로 환산한다.

35 수처리 시 사용되는 응집제의 종류가 아닌 것은?

① PAC
② 소석회
③ 입상활성탄
④ 염화제2철

활성탄은 응집제가 아니라 흡착제이다.

36 우리나라 수거분뇨의 pH는 대략 어느 범위에 속하는가?

① 1.0~2.5 ② 4.0~5.5
③ 7.0~8.5 ④ 10~12

 우리나라 수거분뇨의 pH는 7.0~8.5로 약알칼리 상태이다.

37 퇴비화의 장점으로 거리가 먼 것은?

① 초기 시설투자비가 낮다.
② 비료로서의 가치가 뛰어나다.
③ 토양개량제로 사용 가능하다.
④ 운영 시 소요되는 에너지가 낮다.

 퇴비화는 비료로서 가치가 낮은 단점이 있다.

38 폐기물 발생량 조사방법으로 틀린 것은?

① 적재차량 계수분석법
② 직접 계근법
③ 물질성상분석법
④ 물질 수지법

 폐기물 발생량 조사방법
- 적재차량 계수분석법
- 직접 계근법
- 물질 수지법

39 건조고형물의 함량이 15%인 슬러지를 건조시켜 얻은 고형물 중 회분이 25%, 휘발분이 75%라고 할 때 슬러지의 비중은?(단, 수분, 회분, 휘발분의 비중은 1.0, 2.0, 1.2이다.)

① 1.01 ② 1.04
③ 1.09 ④ 1.13

$$\frac{W_{SL}}{\rho_{SL}} = \frac{W_{회}}{\rho_{회}} + \frac{W_{휘}}{\rho_{휘}} + \frac{W_{수분}}{\rho_{수분}}$$
$$\frac{100}{\rho_{SL}} = \frac{15 \times 0.25}{2.0} + \frac{15 \times 0.75}{1.2} + \frac{85}{1}$$
$$\therefore \rho_{SL} = 1.039$$

40 쓰레기 발생량과 성상에 영향을 미치는 요인에 관한 설명으로 가장 거리가 먼 것은?

① 수집빈도가 높을수록, 그리고 쓰레기통이 클수록 발생량이 감소하는 경향이 있다.
② 일반적으로 도시의 규모가 커질수록 쓰레기 발생량이 증가한다.
③ 쓰레기 관련 법규는 쓰레기 발생량에 매우 중요한 영향을 미친다.
④ 대체로 생활수준이 증가하면 쓰레기 발생량도 증가하며 다양화된다.

수집빈도가 높을수록, 그리고 쓰레기통이 클수록 발생량이 증가하는 경향이 있다.

41 밀도가 0.8ton/m³인 쓰레기 1,000m³를 적재용량 4ton인 차량으로 운반한다면 필요 차량 수는?

① 100대 ② 150대
③ 200대 ④ 250대

차량 수 $= \dfrac{0.8\text{ton}}{\text{m}^3} \bigg| \dfrac{1000\text{m}^3}{} \bigg| \dfrac{대}{4\text{ton}} = 200(대)$

42 일반적인 폐기물의 위생매립 공법이 아닌 것은?

① 도량식(Trench method)
② 지역식(Area method)
③ 경사식(Slope or Ramp method)
④ 혐기식(Anaerobic method)

정답 36 ③ 37 ② 38 ③ 39 ② 40 ① 41 ③ 42 ④

43 발생된 폐기물을 유용하게 사용하기 위한 에너지 회수방법에 대한 설명이 틀린 것은?

① 열량이 높고 함수율이 낮은 폐기물 고체연료(RDF)를 생산한다.
② 가연성 폐기물을 장기간 호기성 소화시켜 메탄가스를 생산한다.
③ 폐기물을 열분해시켜 재사용이 가능한 가스나 액체를 생산한다.
④ 쓰레기 소각장에서 발생한 폐열을 실내수영장에 이용한다.

 메탄가스는 혐기성 소화 시 발생하는 가스이다.

44 폐기물이 발생되어 최종 처분되기까지 폐기물 관리에 관련되는 활동 중 작은 수거 차량으로부터 큰 운반차량으로 폐기물을 옮겨 싣거나, 수거된 폐기물을 최종 처분지까지 장거리 수송하는 기능 요소는?

① 발생
② 적환 및 운송
③ 처리 및 회수
④ 최종처분

45 폐기물 압축의 목적이 아닌 것은?

① 물질회수 전처리
② 부피 감소
③ 운반비 감소
④ 매립지 수명 연장

 압축의 목적
• 부피 및 무게 감소
• 밀도 증가, 운반비 감소
• 매립지 수명 연장
• 복토 사용량 감소 및 날림 방지

46 폐기물 수거노선을 결정할 때 고려사항으로 거리가 먼 것은?

① 가능한 한 시계방향으로 수거노선을 정한다.
② 출발점은 차고지와 가깝게 한다.
③ 수거인원 및 차량형식이 같은 기존 시스템의 조건들을 서로 관련시킨다.
④ 쓰레기 발생량이 가장 많은 곳을 하루 중 가장 나중에 수거한다.

 쓰레기 발생량이 가장 많은 곳을 하루 중 가장 먼저 수거한다.

47 쓰레기 적환장을 설치하기에 가장 적합한 경우는?

① 산업폐기물과 같이 유해성이 큰 경우
② 인구밀도가 높은 지역을 수집하는 경우
③ 음식물 쓰레기와 같이 부패성이 있는 경우
④ 처분장이 멀어 소형차량 수송이 비경제적인 경우

48 슬러지나 폐기물을 토지 주입 시 중금속류의 성질에 관한 설명으로 가장 거리가 먼 것은?

① Cr : Cr^{+3}은 거의 불용성으로 토양 내에서 존재한다.
② Pb : 토양 내에 침전되어 있어 작물에 거의 흡수되지 않는다.
③ Hg : 토양 내에서 활성도가 커 작물에 의한 흡수가 용이하고, 강우에 의해 쉽게 지표로 용해되어 나온다.
④ Zn : 모래를 제외한 대부분의 토양에 영구적으로 흡착되나 보통 Cu나 Ni보다 장기간 용해상태로 존재한다.

49 우수 침투 방지와 매립지 상부의 식재를 위해 최종 복토를 할 경우 매립 두께(cm)는?

① 10~30
② 30~60
③ 60~90
④ 90~120

정답 43 ② 44 ② 45 ① 46 ④ 47 ④ 48 ③ 49 ③

최종 복토는 매립 완료 후 실시하는 것으로 60~90cm 두께로 한다.

50 매립지에서 복토를 하는 목적으로 틀린 것은?

① 악취 발생 억제 ② 쓰레기 비산 방지
③ 화재 방지   ④ 식물 성장 방지

 식물의 성장 방지는 복토의 목적에 해당하지 않는다.

51 밀도가 $1g/cm^3$인 폐기물 10kg에 고형화 재료 2kg을 첨가하여 고형화시켰더니 밀도가 $1.2g/cm^3$로 증가했다. 이 경우 부피변화율은?

① 0.7 ② 0.8
③ 0.9 ④ 1.0

 부피변화율(VCF) = $\dfrac{V_2}{V_1}$

㉠ $V_1 = \dfrac{10kg}{1,000kg/m^3} = 0.01(m^3)$

㉡ $V_2 = \dfrac{(10+2)kg}{1,200kg/m^3} = 0.01(m^3)$

∴ 부피변화율(VCF) = $\dfrac{V_2}{V_1} = \dfrac{0.01}{0.01} = 1$

52 황화수소 $1Sm^3$의 이론연소 공기량(Sm^3)은? (단, 표준상태 기준, 황화수소는 완전연소되어 물과 아황산가스로 변화된다.)

① 5.6 ② 7.1
③ 8.7 ④ 9.3

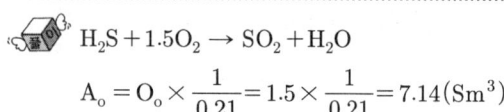

53 화격자 소각로에 관한 설명으로 가장 거리가 먼 것은?

① 연속적인 소각과 배출이 가능하다.
② 화격자는 주입된 폐기물을 이동시켜 적절히 연소되게 하고, 화격자 사이로 공기가 유통되도록 한다.
③ 플라스틱과 같이 열에 쉽게 용융되는 물질의 연소에 적합하다.
④ 수분이 많거나 발열량이 낮은 폐기물도 소각시킬 수 있다.

 화격자 소각로는 수분이 많은 것이나 플라스틱과 같이 열에 쉽게 용해되는 물질은 화격자가 막힐 염려가 있다.

54 소각로 내의 화상 위에서 폐기물을 태우는 방식으로 플라스틱과 같이 열에 의해 용융되는 물질의 소각에 적당하나 연소효율이 나쁘고 체류시간이 길고, 교반력이 약하여 국부적으로 가열될 염려가 있는 소각로 형식으로 가장 적합한 것은?

① 액체 주입형 소각로 ② 고정상 소각로
③ 유동상 소각로   ④ 열분해 용융 소각로

55 유해폐기물 침출수 처리 중 팬턴 처리에 사용되는 약품으로 옳은 것은?

① $Pt + Ca(OH)_2$ ② $Hg + Na_2SO_4$
③ $NaCl + NaOH$ ④ $Fe + H_2O_2$

 팬턴 처리는 철염(Fe^{2+})과 과산화수소(H_2O_2)의 반응을 주반응으로 하여 폐수를 처리한다.

56 소음계의 성능기준으로 가장 거리가 먼 것은?

① 레벨레인지 변환기의 전환오차는 5dB 이내이어야 한다.
② 측정 가능 주파수 범위는 31.5Hz~8kHz 이상이어야 한다.

정답 50 ④ 51 ④ 52 ② 53 ③ 54 ② 55 ④ 56 ①

③ 측정기의 소음도 범위는 35~130dB 이상이어야 한다.
④ 지시계기의 눈금오차는 0.5dB 이내이어야 한다.

 레벨레인지 변환기가 있는 기기에 있어서 레벨레인지 변환기의 전환오차는 0.5dB 이내이어야 한다.

57 흡음재료의 선택 및 사용상의 유의점에 관한 설명으로 가장 거리가 먼 것은?

① 벽면 부착 시 한곳에 집중시키기보다는 전체 내벽에 분산시켜 부착한다.
② 흡음재는 전면을 접착제로 부착하는 것보다는 못으로 시공하는 것이 좋다.
③ 다공질 재료는 산란하기 쉬우므로 표면에 얇은 직물로 피복하는 것이 바람직하다.
④ 다공질 재료의 흡음률을 높이기 위해 표면에 종이를 바르는 것이 권장되고 있다.

 흡음재료 선택 및 사용상의 유의점
- 시공할 때와 동일 조건의 흡음률 자료 이용
- 흡음재료 벽면 부착 시 전체 내벽에 분산하여 부착(흡음력 증가 및 반사음 확산)
- 실의 모서리나 가장자리 부분에 흡음재 부착
- 흡음 tex 등은 진동이 방해되지 않도록 부착
- 다공질 재료는 표면을 얇은 직물로 피복하는 것이 바람직하며, 흡음률에 영향을 미치지 않아야 함
- 비닐 시트나 캔버스 등으로 피복할 경우에는 고음역의 흡음률 저하를 각오해야 함. 저음역에서는 막진동에 의해 흡음률이 증가할 때가 많음
- 다공질 재료의 표면을 도장하면 고음역에서 흡음률이 저하함
- 막진동이나 판진동형의 것은 도장해도 차이가 없음
- 다공질 재료의 표면에 종이를 입히는 것은 피해야 함

• 다공질 재료의 표면을 다공판으로 피복할 때는 개공률을 20% 이상(가능하면 30% 이상)으로 하고, 공명흡음의 경우에는 3~20% 범위로 하는 것이 필요함

58 일정한 장소에 고정되어 있어 소음 발생시간이 지속적이고 시간에 따른 변화가 없는 소음은?

① 공장소음   ② 교통소음
③ 항공기소음   ④ 궤도소음

59 음압과 음압레벨에 관한 설명으로 가장 거리가 먼 것은?

① 음원이 존재할 때, 이 음을 전달하는 물질의 압력 변화 부분을 음압이라 한다.
② 음압의 단위는 압력의 단위인 Pa(파스칼)(1Pa= $1N/m^2$)이다.
③ 가청음압의 범위는 정적 공기압력과 비교하여 200~2,000Pa이다.
④ 인간의 귀는 선형적이 아니라 대수적으로 반응하므로 음압 측정 시에는 Pa 단위를 직접 사용하지 않고 dB 단위를 사용한다.

 가청음압의 범위는 정적 공기압력과 비교하여 $2 \times 10^{-4} \sim 60(Pa)$이다.

60 각각 음향파워레벨이 89dB, 91dB, 95dB인 음의 평균 파워레벨(dB)은?

① 92.4   ② 95.5
③ 97.2   ④ 101.7

$L = 10\log\left\{\dfrac{1}{n}(10^{L_1/10} + 10^{L_2/10} \cdots + 10^{L_n/10})\right\}$

$L = 10\log\left\{\dfrac{1}{3}(10^{89/10} + 10^{91/10} + 10^{95/10})\right\}$
$= 92.4\,(dB)$

정답 57 ④ 58 ① 59 ③ 60 ①

2016년 5회 시행(CBT 복원 문제)

01 원심력집진장치에서 한계(또는 분리) 입경이란 무엇을 말하는가?

① 50% 처리효율로 제거되는 입자입경
② 100% 분리 포집되는 입자의 최소입경
③ 블로다운 효과에 적용되는 최소입경
④ 분리계수가 적용되는 입자입경

02 활성슬러지법에서 MLSS가 의미하는 것으로 가장 적합한 것은?

① 방류수 중의 부유물질
② 폐수 중의 중금속물질
③ 포기조 혼합액 중의 부유물질
④ 유입수 중의 부유물질

03 쓰레기 수거노선을 결정하는 데 유의할 사항으로 옳지 않은 것은?

① 가능한 한 한번 간 길은 가지 않는다.
② U자형 회전을 피해 수거한다.
③ 발생량이 많은 곳은 하루 중 가장 먼저 수거한다.
④ 가능한 한 반시계방향으로 수거노선을 정한다.

 가능한 한 시계방향으로 수거노선을 정한다.

04 다음 중 유기성 폐기물의 퇴비화 특성으로 가장 거리가 먼 것은?

① 생산된 퇴비는 비료 가치가 높으며, 퇴비 완성 시 부피감소율이 70% 이상으로 큰 편이다.
② 초기 시설투자비가 낮고, 운영 시 소요 에너지도 낮은 편이다.
③ 다른 폐기물 처리기술에 비해 고도의 기술수준이 요구되지 않는다.
④ 퇴비제품의 품질표준화가 어렵고, 부지가 많이 필요한 편이다.

생산된 퇴비는 비료가치가 낮고, 소요부지의 면적이 크며, 부지 선정이 어렵다.

05 시간당 125m³의 폐수가 유입되는 침전조가 있다. 위어(Weir)의 유효길이를 30m라 할 때, 월류부하는?

① 약 4.2m³/m·hr
② 약 40m³/m·h
③ 약 100m³/m·hr
④ 약 150m³/m·h

 $X(m^3/m \cdot hr) = \dfrac{125m^3}{hr} \Big| \dfrac{}{30m}$
$= 4.17(m^3/m \cdot hr)$

06 메탄(Methane) 1mol을 이론적으로 완전연소시킬 때, 0℃, 1기압하에서 필요한 산소의 부피(L)는?(단, 이때 산소는 이상기체로 간주한다.)

① 22.4L ② 44.8L
③ 67.2L ④ 89.6L

$CH_4 + 2O_2 \rightarrow CO_2 + 2H_2O$
　　1mol : 2×22.4L
　　1mol : X
　　X=44.8L

정답 01 ② 02 ③ 03 ④ 04 ① 05 ① 06 ②

07 배출가스 중의 염소농도가 200ppm이었다. 염소 농도를 10mg/Sm³로 최종 배출한다고 하면 염소의 제거율은 얼마인가?

① 95.7% ② 97.2%
③ 98.4% ④ 99.6%

〈계산식〉 $\eta = \left(1 - \dfrac{C_o}{C_i}\right) \times 100$

- $C_i = \dfrac{200\text{mL}}{\text{m}^3} \bigg| \dfrac{71\text{mg}}{22.4\text{mL}} = 633.93\,(\text{mg/m}^3)$
- $C_o = 10\text{mg/m}^3$

∴ $\eta = \left(1 - \dfrac{10}{633.93}\right) \times 100 = 98.42(\%)$

08 방음벽 설계 시 유의점으로 옳지 않은 것은?

① 벽의 투과손실은 회절감쇠치보다 적어도 5dB 이상 크게 하는 것이 바람직하다.
② 방음벽 설계 시 음원의 지향성과 크기에 대한 상세한 조사가 필요하다.
③ 벽의 길이는 점음원일 때 벽 높이의 5배 이상, 선음원일 때 음원과 수음점 간 직선거리의 2배 이상으로 하는 것이 바람직하다.
④ 음원의 지향성이 수음 측 방향으로 클 때에는 벽에 의한 감쇠치가 계산치보다 작게 된다.

음원의 지향성이 수음 측 방향으로 클 때에는 벽에 의한 감쇠치가 계산치보다 크게 된다.

09 다음 설명에 해당하는 장치분석법은?

이 법은 기체시료 또는 기화(氣化)한 액체나 고체 시료를 운반가스(Carriar Gas)에 의하여 분리, 관 내에 전개시켜 기체상태에서 분리되는 각 성분을 분석하는 방법으로 일반적으로 무기물 또는 유기물의 대기오염 물질에 대한 정성(定性), 정량(定量) 분석에 이용한다.

① 흡광광도법
② 원자흡광광도법
③ 가스크로마토그래프법
④ 비분산적외선분석법

10 MLSS 농도가 2,500mg/L인 혼합액을 1,000mL 메스실린더에 취해 30분간 정치한 후의 침강슬러지가 차지하는 용적이 400mL이었다면 이 슬러지의 SVI는?

① 100 ② 160
③ 250 ④ 400

$\text{SVI}(\text{mL/g}) = \dfrac{SV_{30}(\text{mL/L})}{\text{MLSS}(\text{mg/L})} \times 10^3$

$= \dfrac{400(\text{mL/L})}{2,500(\text{mg/L})} \times 10^3 = 160$

11 폐기물 시료 100kg을 달아 건조시킨 후의 시료 중량을 측정하였더니 40kg이었다. 이 폐기물의 수분함량(%, w/w)은?

① 40% ② 50%
③ 60% ④ 80%

12 폐기물 분석을 위한 시료의 축소방법에 해당하지 않는 것은?

① 구획법
② 원추4분법
③ 교호삽법
④ 면체분할법

시료의 축소방법에는 구획법, 교호삽법, 원추4분법이 있다.

정답 07 ③ 08 ④ 09 ③ 10 ② 11 ③ 12 ④

13 난청이란 4분법에 의한 청력 손실이 옥타브 밴드 중심 주파수 500~2,000Hz 범위에서 몇 dB 이상인 경우인가?

① 5   ② 10
③ 20 ④ 25

 난청의 판정
500~2,000Hz 범위에서 청력 손실이 25dB 이상이면 난청이라 한다.
- 소음성 난청 : 영구적 난청으로, 4,000Hz
- 노인성 난청 : 6,000Hz에서 시작

14 다음 중 오존층의 두께를 표시하는 단위는?

① VAL   ② OTL
③ Pa   ④ Dobson

15 압축비 1.67로 쓰레기를 압축하였다면 압축 전과 압축 후의 체적 감소율은 몇 %인가?(단, 압축비는 V_i/V_f이다.)

① 약 20%   ② 약 40%
③ 약 60%   ④ 약 80%

 $VR = \left(1 - \dfrac{1}{CR}\right) \times 100 = \left(1 - \dfrac{1}{1.67}\right) \times 100 = 40.12(\%)$

적중
16 산도(Acidity)나 경도(Hardness)는 무엇으로 환산하는가?

① 탄산칼슘   ② 탄산나트륨
③ 탄화수소나트륨 ④ 수산화나트륨

17 프로판(C_3H_8) 44kg을 완전연소시키기 위해 부피비로 10%의 과잉공기를 사용하였다. 이때 공급한 공기의 양은?

① 112Sm³   ② 123Sm³
③ 587Sm³   ④ 1,232Sm³

 〈계산식〉 $A = mA_o = m \times O_o \times \dfrac{1}{0.21}$
〈반응식〉
$C_3H_8 + 5O_2 \rightarrow 3CO_2 + 4H_2O$
$44kg : 5 \times 22.4m^3$
$44kg : X$
$X = 112m^3$
$A = 1.1 \times 112 \times \dfrac{1}{0.21} = 586.67(Sm^3)$

18 음압이 10배가 되면 음압레벨은 몇 dB 증가하는가?

① 10   ② 20
③ 30   ④ 40

〈계산식〉 $SPL = 20\log\left(\dfrac{P}{P_o}\right)dB$
$SPL = 20\log 10 = 20dB$

19 다음 중 인체에 만성 중독증상으로 카네미유증을 발생시키는 유해물질은?

① PCB   ② Mn
③ As   ④ Cd

20 중력집진장치의 효율 향상 조건에 관한 설명으로 옳지 않은 것은?

① 침강실 내 처리가스 속도가 클수록 미립자가 포집된다.
② 침강실 내 배기가스 기류는 균일하여야 한다.
③ 침강실 입구폭이 클수록 유속이 느려지고, 미세한 입자가 포집된다.
④ 다단일 경우 단수가 증가될수록 압력손실은 커지나 효율은 증가한다.

정답 13 ④ 14 ④ 15 ② 16 ① 17 ③ 18 ② 19 ① 20 ①

풀이 침강실 내 처리가스 속도가 작을수록 미립자가 포집된다.

21 다음 중 비점오염원에 해당하는 것은?
① 농경지 배수　　② 폐수처리장 방류수
③ 축산폐수　　　　④ 공장의 산업폐수

풀이 비점오염원에는 산림수, 농경지 배수, 도로유출수 등이 있다.

22 동점도(ν)의 단위로 옳은 것은?
① g/cm·sec　　② g/m²·sec
③ cm²/sec　　　④ cm²/g

풀이 동점도(동점도계수, Kinematic Viscosity : ν)는 점성계수(μ)를 밀도(ρ)로 나눈 값을 말한다. SI단위에서는 m²/sec를 사용하지만, cm²/sec 등으로도 나타낼 수 있다.

23 폐기물을 파쇄하는 이유로 옳지 않은 것은?
① 겉보기 밀도의 증가
② 고체의 치밀한 혼합
③ 부식효과 방지
④ 비표면적의 증가

24 음향파워가 0.01watt이면 PWL은 얼마인가?
① 1dB　　　② 10dB
③ 100dB　　④ 1,000dB

풀이 〈계산식〉 $PWL = 10\log\left(\dfrac{W}{W_o}\right)$

$$PWL = 10\log\left(\dfrac{0.01}{10^{-12}}\right) = 100\,(dB)$$

25 다음 중 산화에 해당하는 것은?
① 수소와 화합　　② 산소를 잃음
③ 전자를 얻음　　④ 산화수 증가

풀이 산화
- 산화수 증가
- 수소 및 전자를 빼앗기는 반응
- 산화제는 전자를 얻는 물질이며, 전자를 얻는 힘이 클수록 강한 산화제이다.

26 연소조절에 의한 NOx 발생의 억제방법으로 옳지 않은 것은?
① 2단 연소를 실시한다.
② 과잉공기량을 삭감시켜 운전한다.
③ 배기가스를 재순환시킨다.
④ 부분적인 고온영역을 만들어 연소효율을 높인다.

풀이 질소산화물은 고온생성물이다.

27 건조 전 슬러지 무게가 150g이고, 항량으로 건조한 후의 무게가 35g이었다면 이때 수분의 함량(%)은?
① 46.7　　② 56.7
③ 66.7　　④ 76.7

풀이 수분 함량(%) = $\dfrac{수분}{슬러지} \times 100$
$= \dfrac{(150-35)}{150} \times 100$
$= 76.67(\%)$

정답　21 ①　22 ③　23 ③　24 ③　25 ④　26 ④　27 ④

28 다음 중 유기성 액상 폐기물을 호기성 분해시킬 때 미생물이 가장 활발하게 활동하는 기간은?

① 고정기　　② 대수증식기
③ 휴지기　　④ 사멸기

29 다음 중 지표수의 특성으로 가장 거리가 먼 것은?(단, 지하수와 비교)

① 지상에 노출되어 오염의 우려가 큰 편이다.
② 용존산소 농도가 높고, 경도가 큰 편이다.
③ 철, 망간 성분이 비교적 적게 포함되어 있고, 대량 취수가 용이한 편이다.
④ 수질 변동이 비교적 심한 편이다.

 지하수가 지표수보다 경도가 크다.

30 C_8H_{18}을 완전연소시킬 때 부피 및 무게에 대한 이론 AFR로 옳은 것은?

① 부피 : 59.5, 무게 : 15.1
② 부피 : 59.5, 무게 : 13.1
③ 부피 : 35.5, 무게 : 15.1
④ 부피 : 35.5, 무게 : 13.1

 〈계산식〉　$AFR_v = \dfrac{m_a \times 22.4}{m_f \times 22.4}$

$AFR_m = \dfrac{m_a \times M_a}{m_f \times M_f}$

〈반응식〉 $C_8H_{18} + 12.5O_2 \rightarrow 8CO_2 + 9H_2O$

- $AFR_v = \dfrac{12.5/0.21 \times 22.4}{1 \times 22.4} = 59.52$
- $AFR_m = \dfrac{12.5/0.21 \times 29}{1 \times 114} = 15.14$

31 지구상의 담수 중 가장 큰 비율을 차지하고 있는 것은?

① 호수　　② 하천
③ 빙설 및 빙하　　④ 지하수

32 전기집진장치의 집진극이 갖추어야 할 조건으로 옳지 않은 것은?

① 부착된 먼지를 털어내기 쉬울 것
② 전기장 강도가 불균일하게 분포하도록 할 것
③ 열, 부식성 가스에 강하고 기계적인 강도가 있을 것
④ 부착된 먼지의 탈진 시, 재비산이 잘 일어나지 않는 구조를 가질 것

 집진극은 전기장 강도가 균일하게 분포하도록 해야 한다.

33 다음 중 침전 효율을 높이기 위한 방법과 가장 거리가 먼 것은?

① 침전지의 표면적을 크게 한다.
② 응집제를 투여한다.
③ 침전지 내 유속을 빠르게 한다.
④ 침전된 침전물을 계속 제거시켜 준다.

 침전 효율을 높이기 위해서는 침전지 내 유속이 느려야 한다.

34 다음 중 경도의 주 원인물질은?

① Ca^{2+}, Mg^{2+}　　② Ba^{2+}, Cd^{2+}
③ Fe^{2+}, Pb^{2+}　　④ Ra^{2+}, Mn^{2+}

 경도 유발물질
　철이온(Fe^{2+}), 마그네슘이온(Mg^{2+}), 칼슘이온(Ca^{2+}), 망간이온(Mn^{2+}), 스트론튬이온(Sr^{2+})

정답　28 ②　29 ②　30 ①　31 ③　32 ②　33 ③　34 ①

35 질소산화물을 촉매환원법으로 처리하고자 할 때 사용되는 촉매는 무엇인가?

① K_2SO_4 ② 백금
③ V_2O_5 ④ HCl

 질소산화물을 촉매환원법으로 처리하고자 할 때 사용되는 촉매는 백금이며 K_2SO_4, V_2O_5는 황산화물을 접촉산화법으로 처리할 때 사용되는 촉매이다.

36 발열량이 800kcal/kg인 폐기물을 하루에 6톤씩 소각한다. 소각로 연소실의 용적이 125m³이고, 1일 운전시간이 8시간이면 연소실의 열 발생률은?

① $3,600 kcal/m^3 \cdot hr$
② $4,000 kcal/m^3 \cdot hr$
③ $4,400 kcal/m^3 \cdot hr$
④ $4,800 kcal/m^3 \cdot hr$

 연소실의 열 발생률($kcal/m^3 \cdot hr$)

$$= \frac{800 kcal}{kg} \left| \frac{}{125 m^3} \right| \frac{6,000 kg}{day} \left| \frac{1 day}{8 hr} \right.$$

$= 4,800 (kcal/m^3 \cdot hr)$

37 도시폐기물을 개략분석(Proximate Analysis) 시 구성되는 4가지 성분으로 거리가 먼 것은?

① 수분
② 질소분
③ 휘발성 고형물
④ 고정탄소

 개략분석 시 구성되는 4가지 성분으로는 수분, 휘발성 고형물, 고정탄소, 회분이 있다.

38 폐기물의 발열량에 대한 설명으로 옳지 않은 것은?

① 발열량은 연료의 단위량(기체연료는 $1Sm^3$, 고체와 액체연료는 1kg)이 완전연소할 때 발생하는 열량(kcal)이다.
② 고위발열량은 폐기물 중의 수분 및 연소에 의해 생성된 수분의 응축열을 포함하는 열량이다.
③ 열량계로 측정되는 열량은 저위발열량이다.
④ 실제 연소실에서는 고위발열량에서 응축열을 공제한 잔여열량이 유효하게 이용된다.

 열량계로 측정되는 열량은 고위발열량이다.

39 대기의 상태가 과단열감률을 나타내는 것으로 매우 불안정하고 심한 와류로 굴뚝에서 배출되는 오염물질이 넓은 지역에 걸쳐 분산되지만 지표면에서는 국부적인 고농도 현상이 발생하기도 하는 연기의 형태는?

① 환상형(Looping)
② 원추형(Coning)
③ 부채형(Fanning)
④ 구속형(Trapping)

40 에탄올(C_2H_5OH)의 농도가 350mg/L인 폐수를 완전산화시켰을 때 이론적인 화학적 산소요구량(mg/L)은?

① 488   ② 569
③ 730   ④ 835

$C_2H_5OH + 3O_2 \rightarrow 2CO_2 + 3H_2O$
46g : $3 \times 32g$
350mg/L : X

∴ X(COD) = 730.43(mg/L)

41 무기성 부유물질, 자갈, 모래, 뼈 등 토사류를 제거하여 기계 장치 및 배관의 손상이나 막힘을 방지하는 시설로 가장 적합한 것은?

① 침전지 ② 침사지
③ 조정조 ④ 부상조

42 생물학적 처리공법으로 하수 내의 질소를 처리할 때, 탈질이 주로 이루어지는 공정은?

① 탈인조 ② 포기조
③ 무산소조 ④ 침전조

 탈질과정은 무산소조에서 일어난다.

43 퇴비화 시 부식질의 역할로 옳지 않은 것은?

① 토양능의 완충능을 증가시킨다.
② 토양의 구조를 양호하게 한다.
③ 가용성 무기질소의 용출량을 증가시킨다.
④ 용수량을 증가시킨다.

 부식질은 식물체에 직접 양분으로 이용되지는 않지만 분해되어 질소 또는 그 밖의 양분원소를 다량 방출하는 양분 공급원이다.

44 SO_2 기체와 물이 30℃에서 평형상태에 있다. 기상에서의 SO_2 분압이 44mmHg일 때 액상에서의 SO_2 농도는?(단, 30℃에서 SO_2 기체의 물에 대한 헨리상수는 $1.60 \times 10 atm \cdot m^3/kmol$이다.)

① $2.51 \times 10^{-4} kmol/m^3$
② $2.51 \times 10^{-3} kmol/m^3$
③ $3.62 \times 10^{-4} kmol/m^3$
④ $3.62 \times 10^{-3} kmol/m^3$

 〈계산식〉 $P = H \cdot C$

$$\therefore C = \frac{P}{H}$$
$$= \frac{44 mmHg}{} \left| \frac{1 atm}{760 mmHg} \right| \frac{kmol}{1.60 \times 10 atm \cdot m^3}$$
$$= 3.62 \times 10^{-3} (kmol/m^3)$$

45 침출수 내 난분해성 유기물을 펜톤 산화법에 의해 처리하고자 할 때, 사용되는 시약의 구성으로 옳은 것은?

① 과산화수소+철
② 과산화수소+구리
③ 질산+철
④ 질산+구리

 펜톤 시약은 과산화수소와 철로 구성된다.

46 여름철 광화학스모그의 일반적인 발생조건으로만 옳게 묶여진 것은?

> ⊙ 반응성 탄화수소의 농도가 크다.
> ⓒ 기온이 높고 자외선이 강하다.
> ⓒ 대기가 매우 불안정한 상태이다.

① ㉠, ㉡ ② ㉠, ㉢
③ ㉡, ㉢ ④ ㉢

 광화학스모그는 전구물질(탄화수소 NOx, O_3)의 농도 및 일사량과 기온이 높고, 습도가 낮을 때 잘 발생하며, 대기의 상태는 역전상태일 경우 잘 발생한다.

47 다음 중 로터리킬른 방식의 장점으로 거리가 먼 것은?

① 열효율이 높고, 적은 공기비로도 완전연소가 가능하다.
② 예열이나 혼합 등 전처리가 거의 필요 없다.

정답 41 ② 42 ③ 43 ③ 44 ④ 45 ① 46 ① 47 ①

③ 드럼이나 대형 용기를 파쇄하지 않고 그대로 투입할 수 있다.
④ 공급장치의 설계에 있어서 유연성이 있다.

 로터리킬른 방식은 열효율이 낮은 편이다.

48 다음 중 해안매립공법에 해당하는 것은?
① 셀공법
② 도랑형공법
③ 순차투입공법
④ 샌드위치공법

 해양매립의 방법으로는 순차투입공법, 박층뿌림공법, 내수배제 또는 수중투기공법 등이 있다.

49 하수의 생물화학적 산소요구량(BOD)을 측정하기 위해 시료수를 배양기에 넣기 전의 용존산소량이 10mg/L, 시료수를 5일 동안 배양한 후의 용존산소량이 7mg/L이며, 시료를 5배 희석하였다면 이 하수의 BOD_5(mg/L)는?
① 3
② 6
③ 15
④ 30

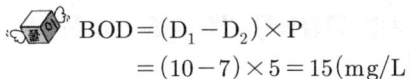

50 소각시설의 연소온도를 높이기 위한 방법으로 옳지 않은 것은?
① 발열량이 높은 연료 사용
② 공기량의 과다주입
③ 연료의 예열
④ 연료의 완전연소

 공기량의 과다주입은 연소온도를 낮추게 된다.

51 인구 240,327명의 도시에서 150,000ton/년의 쓰레기를 수거하였다. 이 도시의 쓰레기 발생량은?
① 1.71kg/인·일
② 1.95kg/인·일
③ 2.05kg/인·일
④ 2.31kg/인·일

 쓰레기 발생량(kg/인·일)
$$= \frac{150,000\text{ton}}{\text{년}} \Big| \frac{1\text{년}}{240,327\text{인}} \Big| \frac{1\text{년}}{365\text{일}} \Big| \frac{1,000\text{kg}}{1\text{ton}}$$
$$= 1.71(\text{kg/인·일})$$

52 합성차수막 중 PVC의 장점으로 가장 거리가 먼 것은?
① 작업이 용이하다.
② 강도가 높다
③ 접합이 용이하다.
④ 자외선, 오존, 기후에 강하다.

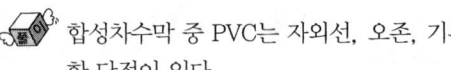 합성차수막 중 PVC는 자외선, 오존, 기후에 약한 단점이 있다.

53 슬러지를 농축시킴으로써 얻는 장점으로 가장 거리가 먼 것은?
① 소화조 내에서 미생물과 양분이 잘 접촉할 수 있으므로 효율이 증대된다.
② 슬러지 개량에 소요되는 약품이 적다.
③ 후속 처리시설인 소화조 부피를 감소시킬 수 있다.
④ 난분해성 중금속의 완전제거가 용이하다.

54 분뇨의 특성과 거리가 먼 것은?
① 유기물 농도 및 염분 함량이 낮다.
② 질소 농도가 높다.
③ 토사와 협잡물이 많다.
④ 시간에 따라 크게 변한다.

정답 48 ③ 49 ③ 50 ② 51 ① 52 ④ 53 ④ 54 ①

분뇨는 유기물의 농도 및 염분 함량이 높다.

55 폐기물 발생량의 산정방법으로 가장 거리가 먼 것은?

① 적재차량 계수분석
② 직접계근법
③ 간접계근법
④ 물질수지법

폐기물 발생량의 산정방법에는 적재차량 계수분석법, 직접계근법, 물질수지법이 있다.

56 미생물과 조류의 생물화학적 작용을 이용하여 하수 및 폐수를 자연 정화시키는 공법으로, 라군(Lagoon)이라고도 하며, 시설비와 운영비가 적게 들기 때문에 소규모 마을의 오수 처리에 많이 이용되는 것은?

① 회전원판법
② 부패조법
③ 산화지법
④ 살수여상법

57 다음 중 표시 단위가 다른 것은?

① 투과율
② 음압레벨
③ 투과손실
④ 음의 세기레벨

투과율의 단위는 %이고, 나머지 단위는 dB이다.

58 황(S) 성분이 1.6(wt%)인 중유가 2,000kg/hr 연소하는 보일러 배출가스를 NaOH 용액으로 처리할 때 시간당 필요한 NaOH의 양(kg)은?(단, 황 성분은 완전연소하여 SO_2로 되며, 탈황률은 95%이다.)

① 76
② 82
③ 84
④ 89

S ≡ 2NaOH
32 : 2×40kg
$\dfrac{2,000kg}{hr} \Big| \dfrac{1.6}{100} \Big| \dfrac{95}{100}$: X

∴ X = 76(kg/h)

59 신도시를 중심으로 설치되며 생활오수는 하수처리장으로, 우수는 별도의 관거를 통해 직접 수역으로 방류하는 배제방식은?

① 합류식
② 분류식
③ 직각식
④ 원형식

60 주간에 호소에서 조류가 성장하는 동안 조류가 수질에 미치는 영향으로 가장 적합한 것은?

① 수온의 상승
② 질소의 증가
③ 칼슘농도의 증가
④ 용존산소 농도의 증가

조류의 광합성 작용으로 수중의 용존산소 농도가 증가한다.

PART 07

CBT 실전모의고사

Craftsman Environmental

- 실전모의고사 문제 제1회
- 실전모의고사 문제 제2회
- 실전모의고사 문제 제3회
- 실전모의고사 문제 제4회
- 실전모의고사 문제 제5회
- 실전모의고사 문제 제6회
- 실전모의고사 문제 제7회
- 실전모의고사 정답 및 해설 제1회
- 실전모의고사 정답 및 해설 제2회
- 실전모의고사 정답 및 해설 제3회
- 실전모의고사 정답 및 해설 제4회
- 실전모의고사 정답 및 해설 제5회
- 실전모의고사 정답 및 해설 제6회
- 실전모의고사 정답 및 해설 제7회

제1회 실전모의고사

01 대기환경보전법상 온실가스에 해당하지 않는 것은?
① NH_3
② CO_2
③ CH_4
④ N_2O

02 쓰레기 발생량과 성상에 영향을 미치는 요인에 관한 설명으로 가장 거리가 먼 것은?
① 수집빈도가 높을수록, 그리고 쓰레기통이 클수록 발생량이 감소하는 경향이 있다.
② 일반적으로 도시의 규모가 커질수록 쓰레기 발생량이 증가한다.
③ 쓰레기 관련 법규는 쓰레기 발생량에 매우 중요한 영향을 미친다.
④ 대체로 생활수준이 증가하면 쓰레기 발생량도 증가하며 다양화된다.

03 하수의 고도처리를 위한 A^2/O공법의 조 구성으로 가장 거리가 먼 것은?
① 혐기조
② 혼합조
③ 포기조
④ 무산소조

04 166.6g의 $C_6H_{12}O_6$가 완전한 혐기성 분해를 한다고 가정할 때 발생 가능한 CH_4가스용적으로 옳은 것은?(단, 표준상태 기준)
① 24.4L
② 62.2L
③ 186.7L
④ 1,339.2L

05 유해가스 흡수장치의 흡수액이 갖추어야 할 조건으로 옳은 것은?
① 용해도가 작아야 한다.
② 휘발성이 커야 한다.
③ 점성이 작아야 한다.
④ 화학적으로 불안정해야 한다.

06 소각로에서 적용하는 공기비(m)에 관한 설명으로 가장 적합한 것은?
① 실제공기량과 이론공기량의 비
② 연소가스량과 이론공기량의 비
③ 연소가스량과 실제공기량의 비
④ 실제공기량과 이론산소량의 비

07 다음 중 콘크리트 하수관거의 부식을 유발하는 오염물질로 가장 적합한 것은?
① NH_4^+
② SO_4^{2-}
③ Cl^-
④ PO_4^{3-}

08 다음 중 살수여상법으로 폐수를 처리할 때 유지관리상 주의할 점이 아닌 것은?
① 슬러지의 팽화
② 여상의 폐쇄
③ 생물막의 탈락
④ 파리의 발생

09 급속여과와 비교한 완속여과의 장점으로 옳은 것은?

① 비침전성 floc의 제거에 쓰인다.
② 여과속도는 100~200m/day이다.
③ 여층이 얇고, 역세척 설비를 갖추고 있다.
④ 세균 제거가 효과적이다.

10 2개의 진동물체의 고유진동수가 같을 때 한쪽의 물체를 울리면 다른 쪽도 울리는 현상을 의미하는 것은?

① 임피던스
② 굴절
③ 간섭
④ 공명

11 명반을 폐수의 응집조에 주입 후 완속교반을 행하는 주된 목적은?

① floc의 입자를 크게 하기 위하여
② floc과 공기를 잘 접촉시키기 위하여
③ 명반을 원수에 용해시키기 위하여
④ 생성된 floc의 수를 증가시키기 위하여

12 일반적으로 배기가스의 입구처리속도가 증가하면 제거효율이 커지며, 블로다운 효과와 관련된 집진장치는?

① 중력집진장치
② 원심력집진장치
③ 전기집진장치
④ 여과집진장치

13 슬러지 내의 수분 중 일반적으로 가장 많은 양을 차지하며 고형물질과 직접 결합해 있지 않기 때문에 농축 등의 방법으로 용이하게 분리할 수 있는 수분은?

① 간극수
② 모관결합수
③ 부착수
④ 내부수

14 도시에서 생활쓰레기를 수거할 때 고려할 사항으로 가장 거리가 먼 것은?

① 처음 수거지역은 차고지와 가깝게 설정한다.
② U자형 회전을 피하여 수거한다.
③ 교통이 혼잡한 지역은 출퇴근 시간을 피하여 수거한다.
④ 쓰레기가 적게 발생하는 지점은 하루 중 가장 먼저 수거하도록 한다.

15 다음 중 수처리 시 사용되는 응집제와 거리가 먼 것은?

① PAC
② 소석회
③ 입상활성탄
④ 염화제2철

16 어느 도시에 인구 100,000명이 거주하고 있으며, 1인당 쓰레기 발생량이 평균 0.9(kg/인·일)이다. 이 쓰레기를 적재용량이 5톤인 트럭을 이용하여 한 번에 수거를 마치려면 트럭이 몇 대 필요한가?

① 10대
② 12대
③ 15대
④ 18대

17 직경이 $5\mu m$이고 밀도가 $3.7g/cm^3$인 구형의 먼지입자가 공기 중에서 중력침강할 때 종말침강속도는?(단, 스톡스법칙 적용, 공기의 밀도 무시, 점성계수 $1.85 \times 10^{-5} kg/m \cdot sec$)

① 약 0.27cm/sec
② 약 0.32cm/sec
③ 약 0.36cm/sec
④ 약 0.41cm/sec

18 폐기물의 해안매립공법 중 밑면이 뚫린 바지선 등으로 쓰레기를 떨어뜨려 줌으로써 바닥지반의 하중을 균일하게 하고, 쓰레기 지반 안정화 및 매립부지 조기 이용 등에는 유리하지만 매립효율이 떨어지는 것은?

① 셀공법
② 박층뿌림공법
③ 순차투입공법
④ 내수배제공법

19 수세법을 이용하여 제거시킬 수 있는 오염물질로 가장 거리가 먼 것은?

① NH_3
② SO_2
③ NO_2
④ Cl_2

20 일정기간 동안 특정지역의 쓰레기 수거차량의 대수를 조사하여 이 값에 쓰레기의 밀도를 곱하여 중량으로 환산하여 쓰레기 발생량을 산출하는 방법은?

① 경향법
② 직접계근법
③ 물질수지법
④ 적재차량 계수분석법

21 다음 중 한 파장이 전파되는 데 소요되는 시간을 말하는 것은?

① 주파수
② 변위
③ 주기
④ 가속도 레벨

22 소각에 비하여 열분해 공정의 특징이라고 볼 수 없는 것은?

① 무산소 분위기 중에서 고온으로 가열한다.
② 액체 및 기체 상태의 연료를 생산하는 공정이다.
③ NOx 발생량이 적다.
④ 열분해 생성물의 질과 양의 안정적 확보가 용이하다.

23 대기가 매우 안정한 상태일 때 아침과 새벽에 잘 발생하고, 굴뚝의 높이가 낮으면 지표 부근에 심각한 오염 문제를 발생시키는 연기의 모양은?

① 환상형
② 원추형
③ 구속형
④ 부채형

24 퇴비화의 단점으로 거리가 먼 것은?

① 생산된 퇴비는 비료가치가 낮다.
② 생산품인 퇴비는 토양의 이화학 성질을 개선시키는 토양개선제로 사용할 수 없다.
③ 다양한 재료를 이용하므로 퇴비 제품의 품질표준화가 어렵다.
④ 퇴비가 완성되어도 부피가 크게 감소되지는 않는다.(50% 이하)

25 포집먼지의 중화가 적당한 속도로 행해지기 때문에 이상적인 전기집진이 이루어질 수 있는 전기저항의 범위로 가장 적합한 것은?

① $10^2 \sim 10^4 \Omega \cdot cm$
② $10^5 \sim 10^{10} \Omega \cdot cm$
③ $10^{12} \sim 10^{14} \Omega \cdot cm$
④ $10^{15} \sim 10^{18} \Omega \cdot cm$

26 노의 하부로부터 가스를 주입하여 모래를 띄운 후 이를 가열시켜 상부에서 폐기물을 투입하여 소각하는 방식의 소각로는?

① 유동상소각로
② 다단로
③ 회전로
④ 고정상소각로

27 액체 부탄 20kg을 1기압, 25℃에서 완전 기화시킬 때의 부피(m³)는?

① 5.45　　② 8.43
③ 12.38　　④ 16.43

28 다음 중 폐기물의 퇴비화 공정에서 유지시켜 주어야 할 최적 조건으로 가장 적합한 것은?

① 온도 : 20±2℃
② 수분 : 5~10%
③ C/N 비율 : 100~150
④ pH : 6~8

29 하수의 고도처리공법 중 인(P) 성분만을 주로 제거하기 위한 side stream 공정으로 다음 중 가장 적합한 것은?

① Bardenpho 공정
② Phostrip 공정
③ A^2/O 공정
④ UCT 공정

30 중량비가 C : 86%, H : 4%, O : 8%, S : 2% 인 석탄을 연소할 경우 필요한 이론 산소량 (Sm³/kg)은?

① 약 1.6　　② 약 1.8
③ 약 2.0　　④ 약 2.2

31 직경 1m의 콘크리트 관에 20℃의 물이 동수구배 0.01로 흐르고 있다. 매닝(Manning) 공식에 의해 평균 유속을 구하면?(단, n = 0.014이다.)

① 1.42m/sec　　② 2.83m/sec
③ 4.62m/sec　　④ 5.71m/sec

32 집진장치의 입구 더스트 농도가 2.8g/Sm³이고 출구 더스트 농도가 0.1g/Sm³일 때 집진율(%)은?

① 86.9　　② 94.2
③ 96.4　　④ 98.8

33 다음 매립공법 중 해안매립공법에 해당하는 것은?

① 셀공법
② 순차투입공법
③ 압축매립공법
④ 도랑형공법

34 형상의 선택이 비교적 자유롭고 압축, 전단 등의 사용방법에 따라 1개로 2축방향 및 회전방향의 스프링 정수를 광범위하게 선택할 수 있으나 내부마찰에 의한 발열 때문에 열화되는 방진재료는?

① 방진고무
② 공기스프링
③ 금속스프링
④ 직접지지판 스프링

35 호기성 상태에서 미생물에 의한 유기질소의 분해 과정을 순서대로 나열한 것은?

① 유기질소 – 아질산성 질소 – 암모니아성 질소 – 질산성 질소
② 유기질소 – 질산성 질소 – 아질산성 질소 – 암모니아성 질소
③ 유기질소 – 암모니아성 질소 – 아질산성 질소 – 질산성 질소
④ 유기질소 – 아질산성 질소 – 질산성 질소 – 암모니아성 질소

36 충전탑에서 충진물의 구비조건에 관한 설명으로 옳지 않은 것은?

① 내식성과 내열성이 커야 한다.
② 압력손실이 작아야 한다.
③ 충진밀도가 작아야 한다.
④ 단위용적에 대한 표면적이 커야 한다.

37 폐기물의 저위발열량(LHV)을 구하는 식으로 옳은 것은?[단, HHV : 폐기물의 고위발열량(kcal/kg), H : 폐기물의 원소분석에 의한 수소 조성비(kg/kg), W : 폐기물의 수분 함량(kg/kg), 600 : 수증기 1kg의 응축열(kcal)]

① $LHV = HHV - 600W$
② $LHV = HHV - 600(H+W)$
③ $LHV = HHV - 600(9H+W)$
④ $LHV = HHV + 600(9H+W)$

38 오존층을 파괴하는 특정 물질과 거리가 먼 것은?

① 염화불화탄소(CFC)
② 황화수소(H_2S)
③ 염화브롬화탄소(Halons)
④ 사염화탄소(CCl_4)

39 퇴비화의 장점으로 가장 거리가 먼 것은?

① 폐기물의 재활용
② 높은 비료가치
③ 과정 중 낮은 Energy 소모
④ 낮은 초기시설 투자비

40 활성탄을 이용하여 흡착법으로 A폐수를 처리하고자 한다. 폐수 내 오염물질의 농도를 30mg/L에서 10mg/L로 줄이는 데 필요한 활성탄의 양은?
(단, $\frac{M}{X} = KC^{\frac{1}{n}}$ 사용, K = 0.5, n = 1)

① 3.0mg/L
② 3.3mg/L
③ 4.0mg/L
④ 4.6mg/L

41 MLSS 농도 3,000mg/L인 포기조 혼합액을 1,000mL 메스실린더로 취해 30분간 정치시켰을 때 침강슬러지가 차지하는 용적은 440mL이었다. 이때 슬러지밀도지수(SDI)는?

① 146.7
② 73.4
③ 1.36
④ 0.68

42 다음 수처리 공정 중 스톡스(Stokes) 법칙이 가장 잘 적용되는 공정은?

① 1차 소화조
② 1차 침전지
③ 살균조
④ 포기조

43 다음 중 헨리법칙이 가장 잘 적용되는 기체는?

① O_2
② HCl
③ SO_2
④ HF

44 수로형 침사지에서 폐수처리를 위해 유지해야 하는 폐수의 유속으로 가장 적합한 것은?

① 30m/sec
② 10m/sec
③ 5m/sec
④ 0.3m/sec

45 각각 음향파워레벨이 89dB, 91dB, 95dB인 음의 평균 파워레벨(dB)은?

① 92.4 ② 95.5
③ 97.2 ④ 101.7

46 오염물질을 배출하는 형태에 따라 점오염원과 비점오염원으로 구분된다. 다음 중 비점오염원에 해당하는 것은?

① 생활하수
② 농경지 배수
③ 축산폐수
④ 산업폐수

47 폐수의 살균에 대한 설명으로 옳은 것은?

① NH_2Cl보다는 $HOCl$이 살균력이 작다.
② 보통 온도를 높이면 살균속도가 느려진다.
③ 같은 농도일 경우 유리잔류염소는 결합잔류염소보다 빠르게 작용하므로 살균능력도 훨씬 크다.
④ $HOCl$이 오존보다 더 강력한 산화제이다.

48 시료의 5일 BOD가 212mg/L이고, 탈산소계수 값이 0.15/day(밑수 10)이면 이 시료의 최종 BOD(mg/L)는?

① 243 ② 258
③ 285 ④ 292

49 A집진장치의 압력손실이 444mmH₂O, 처리가스량이 55m³/sec인 송풍기의 효율이 77%일 때, 이 송풍기의 소요동력은?

① 256kW ② 286kW
③ 298kW ④ 311kW

50 A도시 쓰레기 성분 중 타지 않는 성분이 중량비로 약 60% 차지하였다. 밀도가 400kg/m³인 쓰레기가 8m³ 있을 때 타는 성분 물질의 양은?

① 1.28ton ② 1.92ton
③ 3.21ton ④ 19.2ton

51 집진효율이 50%인 중력침강 집진장치와 99%인 여과식 집진장치가 직렬로 연결된 집진시설에서 중력침강 집진장치의 입구 먼지농도가 200mg/Sm³이라면 여과식 집진장치의 출구 먼지의 농도(mg/Sm³)는?

① 1   ② 5
③ 10 ④ 50

52 소각로에서 완전연소를 위한 3가지 조건(일명 3T)으로 옳은 것은?

① 시간 – 온도 – 혼합
② 시간 – 온도 – 수분
③ 혼합 – 수분 – 시간
④ 혼합 – 수분 – 온도

53 0.1M NaOH 1,000mL를 0.3M H_2SO_4로 중화적정할 때 소비되는 이론적 황산량은?

① 126mL ② 167mL
③ 234mL ④ 277mL

54 수질오염 방지시설의 처리능력, 또는 설계 시에 사용되는 용어 중 그 성격이 나머지 셋과 다른 것은?

① F/M비   ② SVI
③ 용적부하 ④ 슬러지부하

55 소음계의 기본구조 중 "측정하고자 하는 소음도가 지시계기의 범위 내에 있도록 하기 위한 감쇠기"를 의미하는 것은?

① 증폭기 ② 마이크로폰
③ 동특성 조절기 ④ 레벨레인지 변환기

56 쓰레기 수거대상인구가 550,000명이고, 쓰레기 수거실적이 220,000톤/년이라면 1인당 1일 쓰레기 발생량(kg)은?(단, 1년 365일로 계산)

① 1.1kg ② 1.8kg
③ 2.1kg ④ 2.5kg

57 짐머만 공법이라고도 하며, 액상 슬러지에 열과 압력을 적용시켜 용존산소에 의해 화학적으로 슬러지 내의 유기물을 산화시키는 방법은?

① 호기성 산화 ② 습식 산화
③ 화학적 안정화 ④ 혐기성 소화

58 수중 용존산소와 관련된 일반적인 설명으로 옳지 않은 것은?

① 온도가 높을수록 용존산소 값은 감소한다.
② 물의 흐름이 난류일 때 산소의 용해도는 높다.
③ 유기물질이 많을수록 용존산소 값은 커진다.
④ 일반적으로 용존산소 값이 클수록 깨끗한 물로 간주할 수 있다.

59 $125m^3/hr$의 폐수가 유입되는 침전지의 월류부하가 $100m^3/m \cdot day$일 경우 침전지 월류웨어의 유효길이는?

① 10m ② 20m
③ 30m ④ 40m

60 생물학적 원리를 이용하여 영양염류(인 또는 질소)를 효과적으로 제거할 수 있는 공법이라 볼 수 없는 것은?

① M-A/S
② A/O
③ Bardenpho
④ UCT

제2회 실전모의고사

01 살수여상의 표면적이 300m², 유입분뇨량이 1,500m³/일이다. 표면부하는 얼마인가?
① 3m³/m² · day
② 5m³/m² · day
③ 15m³/m² · day
④ 18m³/m² · day

02 물을 끓여 쉽게 침전 제거할 수 있는 경도 유발 화합물은?
① $MgCl_2$
② $CaSO_4$
③ $CaCO_3$
④ $MgSO_4$

03 여과집진장치에 사용되는 다음 여과재 중 최고사용온도가 가장 높은 것은?
① 유리섬유
② 목면
③ 양모
④ 아마이드계 나일론

04 우리나라 수거분뇨의 pH는 대략 어느 범위에 속하는가?
① 1.0~2.5
② 4.0~5.5
③ 7.0~8.5
④ 10~12

05 다음 중 대기권에 대한 설명으로 옳은 것은?
① 대류권에서는 고도 1km 상승에 따라 약 9.8℃ 높아진다.
② 대류권의 높이는 계절이나 위도에 관계없이 일정하다.
③ 성층권에서는 고도가 높아짐에 따라 기온이 내려간다.
④ 성층권에서는 지상 20~30km 사이에 오존층이 존재한다.

06 독성이 있는 6가를 독성이 없는 3가로 pH 2~4에서 환원시키고, 다시 3가를 pH 8~11 침전시켜 처리하는 폐수는?
① 납 함유 폐수
② 비소 함유 폐수
③ 크롬 함유 폐수
④ 카드뮴 함유 폐수

07 퇴비화의 장점으로 거리가 먼 것은?
① 초기 시설투자비가 낮다.
② 비료로서의 가치가 뛰어나다.
③ 토양개량제로 사용 가능하다.
④ 운영 시 소요되는 에너지가 낮다.

08 투과계수가 0.001일 때 투과손실량은?
① 20dB
② 30dB
③ 40dB
④ 50dB

09 폐수처리 유량이 2,000m³/day이고, 염소요구량이 6.0mg/L, 잔류염소농도가 0.5mg/L일 때 하루에 주입해야 할 염소량(kg/day)은?
① 6.0kg/day
② 6.5kg/day
③ 12.0kg/day
④ 13.0kg/day

10 폐기물 발생량 조사방법으로 틀린 것은?

① 적재차량 계수분석법
② 직접계근법
③ 물질성상분석법
④ 물질수지법

11 생물학적으로 인을 제거하는 반응의 단계로 옳은 것은?

① 혐기 상태 → 인 방출 → 호기 상태 → 인 섭취
② 혐기 상태 → 인 섭취 → 호기 상태 → 인 방출
③ 호기 상태 → 인 방출 → 혐기 상태 → 인 섭취
④ 호기 상태 → 인 섭취 → 혐기 상태 → 인 방출

12 다음 중 섭씨 온도로 20℃인 것은?

① 20K   ② 36°F
③ 68°F   ④ 273K

13 하천의 자정작용을 4단계(Wipple)로 구분할 때 순서대로 옳게 나열한 것은?

① 분해지대-활발한 분해지대-회복지대-정수지대
② 정수지대-활발한 분해지대-분해지대-회복지대
③ 활발한 분해지대-회복지대-분해지대-정수지대
④ 회복지대-분해지대-활발한 분해지대-정수지대

14 복사역전에 대한 다음 설명 중 옳지 않은 것은?

① 복사역전은 공중에서 일어난다.
② 맑고 바람이 없는 날 아침에 해가 뜨기 직전에 강하게 형성된다.
③ 복사역전이 형성될 경우 대기오염물질의 수직이동, 확산이 어렵게 된다.
④ 해가 지면서부터 열복사에 의한 지표면의 냉각이 시작되므로 복사역전이 형성된다.

15 투과손실이 32dB인 벽체의 투과율은?

① 3.2×10^{-3} ② 3.2×10^{-4}
③ 6.3×10^{-3} ④ 6.3×10^{-4}

16 염소는 폐수 내의 질소화합물과 결합하여 무엇을 형성하는가?

① 유리염소   ② 클로라민
③ 액체염소   ④ 암모니아

17 지구상의 담수 중 가장 큰 비율을 차지하고 있는 것은?

① 호수   ② 하천
③ 빙설 및 빙하 ④ 지하수

18 활성슬러지 공법에 의한 운영상의 문제점으로 옳지 않은 것은?

① 거품 발생
② 연못화 현상
③ Floc 해체 현상
④ 슬러지부상 현상

19 다음 중 집진효율이 가장 낮은 집진장치는?

① 전기집진장치   ② 여과집진장치
③ 원심력 집진장치 ④ 중력집진장치

20 건조고형물의 함량이 15%인 슬러지를 건조시켜 얻은 고형물 중 회분이 25%, 휘발분이 75%라면, 슬러지의 비중은?(단, 수분, 회분, 휘발분의 비중은 1.0, 2.0, 1.20이다.)

① 1.01   ② 1.04
③ 1.09   ④ 1.13

21 밀도가 0.8ton/m³인 쓰레기 1,000m³을 적재 용량 4ton인 차량으로 운반할 때 필요 차량 수는?
① 100대 ② 150대
③ 200대 ④ 250대

22 다음 ( )에 알맞은 것은?

> 한 장소에 있어서의 특정 음을 대상으로 생각할 경우 대상소음이 없을 때 그 장소의 소음을 대상 소음에 대한 ( )이라 한다.

① 정상소음 ② 배경소음
③ 상대소음 ④ 측정소음

23 에탄올(C_2H_5OH)의 완전산화 시 ThOD/TOC의 비는?
① 1.92 ② 2.67
③ 3.31 ④ 4

24 일반적인 폐기물의 위생매립공법이 아닌 것은?
① 도랑식(Trench method)
② 지역식(Area method)
③ 경사식(Slope or Ramp method)
④ 혐기식(Anaerobic method)

25 호흡으로 인체에 유입되어 폐질환을 유발하는 호흡성 먼지의 크기(μm)는?
① 0.5~1.0
② 10.0~50.0
③ 50.0~100
④ 100~500

26 시판되는 황산의 농도가 96(W/W%), 비중이 1.84일 때, 노르말 농도(N)는?
① 18 ② 24
③ 36 ④ 48

27 주간에 호소에서 조류가 성장하는 동안 조류가 수질에 미치는 영향으로 가장 적합한 것은?
① 수온의 상승
② 질소의 증가
③ 칼슘 농도의 증가
④ 용존산소 농도의 증가

28 다음 대기오염물질과 관련된 업종 중 불화수소가 주된 배출원에 해당하는 것은?
① 고무가공, 인쇄공업
② 인산비료, 알루미늄 제조
③ 내연기관, 폭약 제조
④ 코크스 연소로, 제철

29 폐기물 압축의 목적이 아닌 것은?
① 물질회수 전처리
② 부피 감소
③ 운반비 감소
④ 매립지의 수명 연장

30 중력집진장치에서 먼지의 침강속도 산정에 관한 설명으로 틀린 것은?
① 중력가속도에 비례한다.
② 입경의 제곱에 비례한다.
③ 먼지와 가스의 비중차에 반비례한다.
④ 가스의 점도에 반비례한다.

31 도시지역의 쓰레기 수거량은 1,792,500ton/년이다. 이 쓰레기를 1,363명이 수거한다면 수거능력(MHT)은?(단, 1일 작업시간은 8시간, 1년 작업일수는 310일이다.)

① 1.45 ② 1.77
③ 1.89 ④ 1.96

32 촉매산화법으로 악취물질을 함유한 가스를 산화·분해하여 처리하고자 할 때 적합한 연소온도 범위는?

① 100~150℃
② 300~400℃
③ 650~800℃
④ 850~1,000℃

33 폐기물과 선별방법이 가장 올바르게 연결된 것은?

① 광물과 종이 – 광학선별
② 목재와 철분 – 자석선별
③ 스티로폼과 유리 조각 – 스크린 선별
④ 다양한 크기의 혼합폐기물 – 부상선별

34 폐기물 발생 특성에 관한 설명으로 옳은 것만 모두 나열된 것은?

> ㉠ 쓰레기통이 작을수록 발생량은 감소한다.
> ㉡ 계절에 따라 쓰레기 발생량이 다르다.
> ㉢ 재활용률이 증가할수록 발생량은 감소한다.

① ㉠, ㉡ ② ㉠, ㉢
③ ㉡, ㉢ ④ ㉠, ㉡, ㉢

35 대기상태에 따른 굴뚝 연기의 모양으로 옳은 것은?

① 역전상태 – 부채형
② 매우 불안정 상태 – 원추형
③ 안정 상태 – 환상형
④ 상층 불안정, 하층 안정 상태 – 훈증형

36 도시폐기물을 위생매립하였을 때 일반적으로 매립 초기(1~2단계)에 가장 많은 비율로 발생되는 가스는?

① CH_4 ② CO_2
③ H_2S ④ NH_3

37 동점도(ν)의 단위로 옳은 것은?

① g/cm·sec ② g/m²·sec
③ cm^2/sec ④ cm^2/g

38 형상의 선택이 비교적 자유롭고 압축, 전단 등의 사용방법에 따라 1개로 2축방향 및 회전방향의 스프링 정수를 광범위하게 선택할 수 있으나 내부마찰에 의한 발열 때문에 열화되는 방진재료는?

① 방진고무
② 공기스프링
③ 금속스프링
④ 직접지지판 스프링

39 폐기물 소각 후 발생한 폐열의 회수를 위해 열교환기를 설치하였다. 다음 중 열교환기 종류가 아닌 것은?

① 과열기 ② 비열기
③ 재열기 ④ 공기예열기

40 퇴비화 공정에 관한 설명으로 가장 적합한 것은?
① 크기를 고르게 할 필요 없이 발생된 그대로의 상태로 숙성시킨다.
② 미생물을 사멸시키기 위해 최적온도는 90℃ 정도로 유지한다.
③ 충분히 물을 뿌려 수분을 100%에 가깝게 유지한다.
④ 소비된 산소의 보충을 위해 규칙적으로 교반한다.

41 질소산화물의 발생을 억제하는 연소방법이 아닌 것은?
① 저과잉공기비 연소법
② 고온연소법
③ 2단연소법
④ 배기가스 재순환법

42 다음 중 비점오염원에 해당하는 것은?
① 농경지 배수
② 폐수처리장 방류수
③ 축산폐수
④ 공장의 산업폐수

43 A공장의 BOD 배출량이 500명의 인구당량에 해당하고, 그 수량은 50m³/day이다. 이 공장 폐수의 BOD 농도는?(단, 한 사람이 하루에 배출하는 BOD는 50g이다.)
① 250mg/L
② 410mg/L
③ 475mg/L
④ 500mg/L

44 열대 태평양 남미 해안으로부터 중태평양에 이르는 넓은 범위에서 해수면의 온도가 평균보다 0.5℃ 이상 높은 상태가 6개월 이상 지속되는 현상으로 스페인어로 '아기예수'를 의미하는 것은?
① 라니냐현상
② 업웰링현상
③ 뢴트겐현상
④ 엘리뇨현상

45 쓰레기를 건조시켜 함수율을 40%에서 20%로 감소시켰다. 건조 전 쓰레기의 중량이 1t이었다면 건조 후 쓰레기의 중량은?(단, 쓰레기의 비중은 1.0으로 가정함)
① 250kg
② 500kg
③ 750kg
④ 1,000kg

46 활성슬러지법에서 MLSS가 의미하는 것으로 가장 적합한 것은?
① 방류수 중의 부유물질
② 폐수 중의 중금속물질
③ 포기조 혼합액 중의 부유물질
④ 유입수 중의 부유물질

47 침사지의 수면적부하 1,800m³/m²·day, 수평유속 0.32m/sec, 유효수심 1.2m인 경우, 침사지의 유효길이는?
① 14.4m
② 16.4m
③ 18.4m
④ 20.4m

48 개방유로의 유량 측정에 주로 사용되는 것으로서 일정한 수위와 유속을 유지하기 위해 침사지의 폐수가 배출되는 출구에 설치하는 것은?
① 그릿(grit)
② 스크린(screen)
③ 배출관(out-flow tube)
④ 위어(weir)

49 적환장의 설치가 필요한 경우로 가장 거리가 먼 것은?
① 인구밀도가 높은 지역을 수집하는 경우
② 폐기물 수집에 소형 컨테이너를 많이 사용하는 경우

③ 처분장이 원거리에 있어 도중에 불법 투기의 가능성이 있는 경우
④ 공기수송방식을 사용할 경우

50 방음대책을 음원대책과 전파경로대책으로 구분할 때 다음 중 음원대책이 아닌 것은?
① 공명 방지
② 방음벽 설치
③ 소음기 설치
④ 방진 및 방사율 저감

51 폐기물 수거효율을 결정하고 수거작업 간의 노동력을 비교하기 위한 단위로 옳은 것은?
① ton/man · hour
② man · hour/ton
③ ton · man/hour
④ hour/ton · man

52 산도(Acidity)나 경도(Hardness)는 무엇으로 환산하는가?
① 탄산칼슘
② 탄산나트륨
③ 탄화수소나트륨
④ 수산화나트륨

53 염소 살균능력이 높은 것부터 옳게 배열된 것은?
① $OCl^- > NH_2Cl > HOCl$
② $HOCl > NH_2Cl > OCl^-$
③ $HOCl > OCl^- > NH_2Cl$
④ $NH_2Cl > OCl^- > HOCl$

54 쓰레기를 수송하는 방법 중 자동화, 무공해화가 가능하고 눈에 띄지 않는다는 장점을 가지고 있으며 공기수송, 반죽수송, 캡슐수송 등의 방법으로 쓰레기를 수거하는 방법은?
① 모노레일 수거
② 관거 수거
③ 컨베이어 수거
④ 콘테이너 철도수거

55 비행기나 자동차에 사용되는 휘발유의 옥탄가를 높이기 위해 사용되며, 차량에 의한 대기오염물질인 유기인(Organic lead)은?
① 염기성 탄산납
② 3산화납
③ 4에틸납
④ 아질산납

56 쓰레기 발생량에 영향을 미치는 일반적인 요인에 관한 설명으로 옳은 것은?
① 쓰레기의 성분은 계절에 영향을 받는다.
② 수거빈도와 발생량은 반비례한다.
③ 쓰레기통이 클수록 발생량이 감소한다.
④ 재활용률이 높을수록 발생량이 증가한다.

57 대기오염방지시설 중 유해가스상 물질을 처리할 수 있는 흡착장치의 종류와 가장 거리가 먼 것은?
① 고정층 흡착장치
② 촉매층 흡착장치
③ 이동층 흡착장치
④ 유동층 흡착장치

58 합성차수막 중 PVC의 특성으로 가장 거리가 먼 것은?
① 작업이 용이한 편이다.
② 접합이 용이한 편이다.
③ 대부분의 유기화학물질에 약한 편이다.
④ 자외선, 오존, 기후 등에 강한 편이다.

59 흡착법에 관한 설명으로 틀린 것은?
① 물리적 흡착은 Van der Waals 흡착이라고도 한다.
② 물리적 흡착은 낮은 온도에서 흡착량이 많다.
③ 화학적 흡착인 경우 흡착과정이 주로 가역적이며 흡착제의 재생이 용이하다.
④ 흡착제는 단위질량당 표면적이 큰 것이 좋다.

60 수거된 폐기물을 압축하는 이유로 거리가 먼 것은?
① 저장에 필요한 용적을 줄이기 위해
② 수송 시 부피를 감소시키기 위해
③ 매립지의 수명을 연장시키기 위해
④ 소각장에서 소각 시 원활한 연소를 위해

제3회 실전모의고사

01 다음 집진장치 중 압력손실이 가장 큰 것은?
① 중력식 집진장치
② 사이클론
③ 백필터
④ 벤추리 스크러버

02 지하수의 수질을 분석하였더니 Ca^{2+} = 24mg/L, Mg^{2+} = 14mg/L의 결과를 얻었다. 이 지하수의 경도는?(단, 원자량은 Ca = 40, Mg = 24이다.)
① 98.7mg/L
② 104.3mg/L
③ 118.3mg/L
④ 123.4mg/L

03 모래, 자갈, 뼛조각 등과 같은 무기성의 부유물로 구성된 혼합물을 의미하는 것은?
① 스크린
② 그릿
③ 슬러지
④ 스컴

04 사이클론에서 처리가스량의 5~10%를 흡인하여 선회기류의 흐트러짐을 방지하고 유효원심력을 증대시키는 효과는?
① 축류효과 (Axial effect)
② 나선효과(Herical effect)
③ 먼지상자효과(Dust box effect)
④ 블로다운효과(Blow-down effect)

05 염소 살균에서 용존 염소가 반응하여 물에 불쾌한 맛과 냄새를 유발시키는 것은?
① 클로로페놀
② PCB
③ 다이옥신
④ CFC

06 진동수가 200Hz이고 속도가 100m/s인 파동의 파장은?
① 0.2m   ② 0.3m
③ 0.5m   ④ 2.0m

07 혐기성 위생매립지로부터 발생되는 침출수의 특성에 대한 설명으로 틀린 것은?
① 색 : 엷은 다갈색-암갈색을 보이며 색도 2.0이하이다.
② pH : 매립지 초에는 pH 6~7의 약산성을 나타내는 수가 많다.
③ COD : 매립지 초에는 BOD 값보다 약간 적으나 시간의 경과와 더불어 BOD 값보다 높아진다.
④ P : 침출수에는 많은 양이 포함되어 있으므로 화학적인 인의 제거가 필요하다.

08 다음 중 "고상폐기물"을 정의할 때 고형물의 함량기준은?
① 3% 이상   ② 5% 이상
③ 10% 이상   ④ 15% 이상

09 질소산화물을 촉매환원법으로 처리할 때, 어떤 물질로 환원되는가?

① N_2 ② HNO_3
③ CH_4 ④ NO_2

10 탈산소계수가 0.1/day인 오염물질의 BOD_5가 880mg/L라면 3일 BOD(mg/L)는?(단, 상용대수 적용)

① 584 ② 642
③ 725 ④ 776

11 공기에 작용하는 힘 중 "지구 자전에 의해 운동하는 물체에 작용하는 힘"을 의미하는 것은?

① 경도력 ② 원심력
③ 구심력 ④ 전향력

12 해수의 특성으로 옳지 않은 것은?

① 해수의 밀도는 수심이 깊을수록 증가한다.
② 해수의 pH는 5.6 정도로 약산성이다.
③ 해수의 Mg/Ca비는 3~4 정도이다.
④ 해수는 강전해질로서 1L당 35g 정도의 염분을 함유한다.

13 연료의 연소에서 검댕 발생을 줄일 수 있는 방법으로 가장 적합한 것은?

① 과잉공기율을 적게 한다.
② 고체연료는 분말화한다.
③ 연소실의 온도를 낮게 한다.
④ 중유연소 시에는 분무유적을 크게 한다.

14 폐기물 중간처리기술로서 압축의 목적이 아닌 것은?

① 부피 감소 ② 소각의 용이
③ 운반비의 감소 ④ 매립지의 수명 연장

15 다음 중 광화학스모그 발생과 가장 거리가 먼 것은?

① 질소산화물
② 일산화탄소
③ 올레핀계 탄화수소
④ 태양광선

16 5,000,000명이 거주하는 도시에서 1주일 동안 100,000m^3의 쓰레기를 수거하였다. 쓰레기의 밀도가 0.4ton/m^3이면 1인 1일 쓰레기 발생량은?

① 0.8kg/인·일
② 1.14kg/인·일
③ 2.14kg/인·일
④ 8kg/인·일

17 아연과 성질이 유사한 금속으로 체내 칼슘 균형을 깨뜨려 이따이이따이병과 같은 골연화증의 원인이 되는 것은?

① Hg ② Cd
③ PCB ④ Cr^{+6}

18 수분 함량이 25%(W/W)인 쓰레기를 건조시켜 수분 함량이 10%(W/W)인 쓰레기로 만들려면 쓰레기 1톤당 약 얼마의 수분을 증발시켜야 하는가?

① 46kg ② 83kg
③ 167kg ④ 250kg

19 다음 중 산성비에 관한 설명으로 가장 거리가 먼 것은?

① 독일에서 발생한 슈바르츠발트(검은 숲이란 뜻)의 고사현상은 산성비에 의한 대표적인 피해이다.
② 바젤협약은 산성비 방지를 위한 대표적인 국제협약이다.
③ 산성비에 의한 피해로는 파르테논 신전과 아크로폴리스 같은 유적의 부식 등이 있다.
④ 산성비의 원인물질로는 H_2SO_4, HCl, HNO_3 등이 있다.

20 퇴비화 시 부식질의 역할로 옳지 않은 것은?

① 토양능의 완충능을 증가시킨다.
② 토양의 구조를 양호하게 한다.
③ 가용성 무기질소의 용출량을 증가시킨다.
④ 용수량을 증가시킨다.

21 다음 용어 중 흡착과 가장 관련이 깊은 것은?

① 도플러효과　　② VAL
③ 플랑크상수　　④ 프로인틀리히의 식

22 다음 중 폐기물 처리를 위해 가장 우선적으로 추진해야 하는 방향은?

① 퇴비화　　② 감량
③ 위생매립　　④ 소각열 회수

23 A하수처리장 유입수의 BOD가 225ppm이고, 유출수의 BOD가 46ppm이었다면, 이 하수처리장의 BOD 제거율(%)은?

① 약 66　　② 약 71
③ 약 76　　④ 약 80

24 압력이 740mmHg인 기체는 몇 atm인가?

① 0.974atm　　② 1.013atm
③ 1.471atm　　④ 10.33atm

25 생물학적 폐수처리에 있어서 팽화(Bulking) 현상의 원인으로 가장 거리가 먼 것은?

① 유기물 부하량이 급격하게 변동될 경우
② 포기조의 용존산소가 부족할 경우
③ 유입수에 고농도의 산업유해폐수가 혼합되어 유입될 경우
④ 포기조 내 질소와 인이 유입될 경우

26 폐기물 고체연료(RDF)의 구비조건으로 틀린 것은?

① 함수율이 높을 것
② 열량이 높을 것
③ 대기오염이 적을 것
④ 성분배합률이 균일할 것

27 100sone인 음은 몇 phon인가?

① 106.6　　② 101.3
③ 96.8　　④ 88.9

28 관거수송법에 관한 설명으로 가장 거리가 먼 것은?

① 쓰레기 발생밀도가 높은 곳은 적용이 곤란하다.
② 가설 후 경로 변경이 곤란하고, 설치비가 높다.
③ 잘못 투입된 물건의 회수가 곤란하다.
④ 조대쓰레기는 파쇄, 압축 등의 전처리가 필요하다.

29 인구 50만 명인 A도시의 폐기물 발생량 중 가연성은 20%, 불연성은 80%이다. 1인당 폐기물 발생량이 1.0kg/인·일이고, 운반차량의 적재용량이 5m³일 때, 가연성 폐기물의 운반에 필요한 차량 운행횟수(회/월)는?(단, 가연성 폐기물의 겉보기 비중은 3,000kg/m³, 월 30일, 차량은 1대 기준)

① 185　　② 191
③ 200　　④ 222

30 0.3g/Sm³인 HCl의 농도를 ppm으로 환산하면?

① 116.4ppm　　② 137.7ppm
③ 167.3ppm　　④ 184.1ppm

31 지하수의 특성으로 가장 거리가 먼 것은?

① 광화학반응 및 호기성 세균에 의한 유기물 분해가 주를 이룬다.
② 국지적 환경조건의 영향을 크게 받는다.
③ 지표수에 비해 경도가 높고, 용해된 광물질을 보다 많이 함유한다.
④ 비교적 깊은 곳의 물일수록 지층과의 보다 오랜 접촉에 의해 용매효과는 커진다.

32 다음 중 레이놀드 수(Reynold's number)와 반비례하는 것은?

① 액체의 점성계수　　② 입자의 지름
③ 액체의 밀도　　　　④ 입자의 침강속도

33 소음 발생을 기류음과 고체음으로 구분할 때 다음 각 음의 대책으로 틀린 것은?

① 고체음 : 가진력 억제
② 기류음 : 밸브의 다단화
③ 기류음 : 관의 곡률 완화
④ 고체음 : 방사면 증가 및 공명 유도

34 폐기물의 고형화 처리방법으로 가장 거리가 먼 것은?

① 활성슬러지법　　② 석회기초법
③ 유리화법　　　　④ 피막형성법

35 지하수를 사용하기 위해 수질 분석을 하였더니 칼슘이온 농도가 40mg/L이고, 마그네슘이온 농도가 36mg/L이었다. 이 지하수의 총경도(as CaCO₃)는?

① 16mg/L　　② 76mg/L
③ 120mg/L　　④ 250mg/L

36 폐기물을 분석하기 위한 시료의 축소화 방법으로만 옳게 나열된 것은?

① 구획법, 교호삽법, 원추4분법
② 구획법, 교호삽법, 직접계근법
③ 교호삽법, 물질수지법, 원추4분법
④ 구획법, 교호삽법, 적재차량계수법

37 폐수처리에서 여과공정에 사용되는 여재로 가장 거리가 먼 것은?

① 모래　　② 무연탄
③ 규조토　④ 유리

38 투수계수가 0.5cm/sec이며 동수경사가 2인 경우 Darcy법칙을 적용하여 구한 유출속도는?

① 1.5cm/sec　　② 1.0cm/sec
③ 2.5cm/sec　　④ 0.25cm/sec

39 전기집진장치의 집진효율을 Deutsch – Anderson 식으로 구할 때 직접적으로 필요한 인자가 아닌 것은?
① 집진극 면적
② 입자의 이동속도
③ 처리가스량
④ 입자의 점성력

40 혐기성 소화법과 상태 비교 시 호기성 소화법의 특징으로 거리가 먼 것은?
① 상징수의 BOD 농도가 높으며, 운영이 다소 복잡하다.
② 초기 시공비가 낮고 처리된 슬러지에서 악취가 나지 않는 편이다.
③ 포기를 위한 동력요구량 때문에 운영비가 높다.
④ 겨울철에는 처리효율이 떨어지는 편이다.

41 하천의 유량은 $1,000m^3$/일, BOD 농도 26ppm이며, 이 하천에 흘러드는 폐수의 양이 $100m^3$/일, BOD 농도 165ppm이라고 하면 하천과 폐수가 완전혼합된 후 BOD 농도는?(단, 혼합에 의한 기타 영향 등은 고려하지 않는다.)
① 38.6ppm
② 44.9ppm
③ 48.5ppm
④ 59.8ppm

42 산성비의 주된 원인 물질로만 올바르게 나열된 것은?
① SO_2, NO_2, Hg
② CH_4, NO_2, HCl
③ CH_4, NH_3, HCN
④ SO_2, NO_2, HCl

43 탈질(denitrification) 과정을 거쳐 질소 성분이 최종적으로 변환된 질소의 형태는?
① NO_2-N
② NO_3-N
③ NH_3-N
④ N_2

44 연소 조절에 의하여 NOx 발생을 억제하는 방법 중 옳지 않은 것은?
① 연소 시 과잉공기를 삭감하여 저산소 연소시킨다.
② 연소의 온도를 높여서 고온 연소시킨다.
③ 버너 및 연소실 구조를 개량하여 연소실 내의 온도분포를 균일하게 한다.
④ 화로 내에 물이나 수증기를 분무시켜서 연소시킨다.

45 함수율 96%인 슬러지를 수분이 75%로 탈수했을 때, 이 탈수 슬러지의 체적(m^3)은?(단, 원래 슬러지의 체적은 $100m^3$, 비중은 1.0)
① 12.4
② 13.1
③ 14.5
④ 16

46 하수처리장에서 스크린(screen)의 목적을 옳게 기술한 것은?
① 폐수로부터 용해성 유기물을 제거
② 폐수로부터 콜로이드 물질을 제거
③ 폐수로부터 협잡물 또는 큰 부유물 제거
④ 폐수로부터 침강성 입자를 제거

47 환경적 측면에서 문제가 되는 진동 중 특별히 인체에 해를 끼치는 공해진동의 진동수의 범위로 가장 적합한 것은?
① 1~90Hz
② 0.1~500Hz
③ 20~12,500Hz
④ 20~20,000Hz

48 다음 중 매립지에서 유기물이 혐기성 분해될 때 가장 늦게 일어나는 단계는?
① 가수분해 단계
② 알코올 발효 단계
③ 메탄 생성 단계
④ 산 생성 단계

49 다음에 해당하는 대기오염물질은?

> 보통 백화현상에 의해 맥간반점을 형성하고 지표 식물로는 자주개나리, 보리, 담배 등이 있고, 강한 식물로는 협죽도, 양배추, 옥수수 등이 있다.

① 황산화물   ② 탄화수소
③ 일산화탄소   ④ 질소산화물

50 쓰레기를 연소시키기 위한 이론공기량이 $10 Sm^3/kg$이고 공기비가 1.1일 때 실제로 공급된 공기량은?
① $0.5 Sm^3/kg$ ② $0.6 Sm^3/kg$
③ $10.0 Sm^3/kg$ ④ $11.0 Sm^3/kg$

51 하수처리장의 유입수 BOD가 225mg/L이고, 유출수의 BOD가 55ppm이었다. 이 하수처리장의 BOD 제거율은?
① 약 55%   ② 약 76%
③ 약 83%   ④ 약 95%

52 슬러지를 가열(210℃ 정도)·가압(120atm 정도)시켜 슬러지 내의 유기물이 공기에 의해 산화되도록 하는 공법은?
① 가열 건조   ② 습식 산화
③ 혐기성 산화   ④ 호기성 소화

53 다음 중 MHT에 관한 설명으로 옳지 않은 것은?
① man·hour/ton을 뜻한다.
② 폐기물의 수거효율을 평가하는 단위로 쓰인다.
③ MHT가 클수록 수거효율이 좋다.
④ 수거작업 간의 노동력을 비교하기 위한 것이다.

54 점음원의 거리감쇠에서 음원으로부터의 거리가 2배로 됨에 따른 음압레벨의 감쇠치는?(단, 자유공간)
① 2dB   ② 3dB
③ 6dB   ④ 10dB

55 위어(weir)의 설치 목적으로 가장 적합한 것은?
① pH 측정
② DO 측정
③ MLSS 측정
④ 유량 측정

56 밀도가 $1g/cm^3$인 폐기물 10kg에 고형화 재료 2kg을 첨가하여 고형화시켰더니 밀도가 $1.2g/cm^3$로 증가했다. 이 경우 부피변화율은?
① 0.7   ② 0.8
③ 0.9   ④ 1.0

57 농황산의 비중이 약 1.84, 농도는 75%라면 이 농황산에 몰 농도(mol/L)는?(단, 농황산의 분자량은 98이다.)
① 9   ② 11
③ 14   ④ 18

58 활성슬러지공법에서 슬러지 반송의 주된 목적은?

① MLSS 조절
② DO 공급
③ pH 조절
④ 소독 및 살균

59 석탄의 탄화도가 클수록 나타나는 성질에 관한 설명으로 옳지 않은 것은?

① 고정탄소의 양이 증가하고, 산소의 양이 줄어든다.
② 연소속도가 작아진다.
③ 수분 및 휘발분이 증가한다.
④ 연료비(고정탄소% / 휘발분%)가 증가한다.

60 C_2H_5OH이 물 1L에 92g 녹아있을 때 COD(g/L) 값은?(단, 완전분해 기준)

① 48
② 96
③ 192
④ 384

제4회 실전모의고사

01 무지향성 점음원을 두 면이 접하는 구석에 위치시켰을 때의 지향지수는?
① 0   ② +3dB
③ +6dB   ④ +9dB

02 함수율 25%인 쓰레기를 건조시켜 함수율이 12%인 쓰레기로 만들려면 쓰레기 1ton당 약 얼마의 수분을 증발시켜야 하는가?
① 148kg   ② 166kg
③ 180kg   ④ 199kg

03 C_8H_{18}을 완전연소시킬 때 부피 및 무게에 대한 이론 AFR로 옳은 것은?
① 부피 : 59.5, 무게 : 15.1
② 부피 : 59.5, 무게 : 13.1
③ 부피 : 35.5, 무게 : 15.1
④ 부피 : 35.5, 무게 : 13.1

04 BOD 400mg/L, 유량 3,000m³/day인 폐수를 MLSS 3,000mg/L인 포기조에서 체류시간을 8시간으로 운전하고자 할 때 F/M비(BOD-MLSS 부하)는?
① 0.2   ② 0.4
③ 0.6   ④ 0.8

05 밀도가 1.2g/cm³인 폐기물 10kg에 고형화 재료 5kg을 첨가하여 고형화시킨 결과 밀도가 2.5g/cm³으로 증가하였다. 이때의 부피 변화율은?
① 0.5   ② 0.72
③ 1.5   ④ 2.45

06 명반을 폐수의 응집조에 주입 후 완속교반을 행하는 주된 목적은?
① floc의 입자를 크게 하기 위하여
② floc과 공기를 잘 접촉시키기 위하여
③ 명반을 원수에 용해시키기 위하여
④ 생성된 floc의 수를 증가시키기 위하여

07 프로판(C_3H_8) 44kg을 완전 연소시키기 위해 부피비 10%의 과잉공기를 사용하였다. 이때 공급한 공기의 양은?
① 112Sm³   ② 123Sm³
③ 587Sm³   ④ 1,232Sm³

08 물리적 처리에 관한 설명으로 거리가 먼 것은?
① 폐수가 흐르는 수로에 관 망을 설치하여 부유물 중 망의 유효간격보다 큰 것을 망에 걸리게 하여 제거하는 것이 스크린의 처리 원리이다.
② 스크린의 접근유속은 0.15m/sec 이상이어야 하며, 통과유속이 5m/sec를 초과해서는 안 된다.
③ 침사지는 모래, 자갈, 뼛조각, 기타 무기성 부유물로 구성된 혼합물을 제거하기 위해 이용된다.
④ 침사지는 일반적으로 스크린 다음에 설치되며, 침전한 그릿이 쉽게 제거되도록 밑바닥이 한쪽으로 급한 경사를 이루도록 한다.

09 500,000명이 거주하는 도시에서 1주일 동안 8,720m³의 쓰레기를 수거하였다. 이 쓰레기의 밀도가 0.45ton/m³라면 1인 1일 쓰레기 발생량은?

① 1.12kg/인·일 ② 1.21kg/인·일
③ 1.25kg/인·일 ④ 1.31kg/인·일

10 다음 중 한 파장이 전파되는 데 소요되는 시간을 말하는 것은?

① 주파수 ② 변위
③ 주기   ④ 가속도 레벨

11 소각로 내의 화상 위에서 폐기물을 태우는 방식으로 플라스틱과 같이 열에 의하여 열화되는 물질의 소각에 적합하며 국부적으로 가열의 염려가 있는 소각로는?

① 회전로   ② 화격자 소각로
③ 고정상 소각로 ④ 유동상 소각로

12 여름철 광화학스모그의 일반적인 발생조건으로만 옳게 묶여진 것은?

> ㉠ 반응성 탄화수소의 농도가 높다.
> ㉡ 기온이 높고 자외선이 강하다.
> ㉢ 대기가 매우 불안정한 상태이다.

① ㉠, ㉡   ② ㉠, ㉢
③ ㉡, ㉢   ④ ㉢

13 탈질(denitrification) 과정을 거쳐 질소 성분이 최종적으로 변환된 질소의 형태는?

① NO_2-N ② NO_3-N
③ NH_3-N ④ N_2

14 활성탄을 이용하여 흡착법으로 폐수를 처리하고자 한다. 폐수 내 오염물질의 농도를 30mg/L에서 10mg/L로 줄이는 데 필요한 활성탄의 양은?(단, $X/M = KC^{1/n}$ 사용, $K=0.5$, $n=1$)

① 3.0mg/L ② 3.3mg/L
③ 4.0mg/L ④ 4.6mg/L

15 다음 중 폐기물의 퇴비화 공정에서 유지시켜야 할 최적 조건으로 가장 적합한 것은?

① 온도 : 20±2℃
② 수분 : 5~10%
③ C/N 비율 : 100~150
④ pH : 6~8

16 염소 살균에서 용존 염소가 반응한 것으로 물의 불쾌한 맛과 냄새를 유발하는 것은?

① 클로로페놀 ② PCB
③ 다이옥신   ④ CFC

17 폐수 중 총인을 자외선 가시선 분광법으로 측정할 때의 분석파장으로 옳은 것은?

① 220nm   ② 450nm
③ 540nm   ④ 880nm

18 SO_2 기체와 물이 30℃에서 평형상태에 있다. 기상에서의 SO_2 분압이 44mmHg일 때 액상에서의 SO_2 농도는?(단, 30℃에서 SO_2 기체의 물에 대한 헨리상수는 1.60×10 atm·m³/kmol이다.)

① 2.51×10^{-4} kmol/m³
② 2.51×10^{-3} kmol/m³
③ 3.62×10^{-4} kmol/m³
④ 3.62×10^{-3} kmol/m³

19 알칼리도 자료가 이용되는 분야와 거리가 먼 것은?

① 응집제 투입 시 적정 pH 유지 및 응집효과 촉진
② 물의 연수화 과정에서 석회 및 소다회의 소요량 계산에 고려
③ 부산물 회수의 경제성 여부
④ 폐수와 슬러지의 완충용량 계산

20 처음 부피가 1,000m³인 폐기물을 압축하여 500m³인 상태로 부피를 감소시켰다면 체적 감소율(%)은?

① 2   ② 10
③ 50 ④ 100

21 폐기물의 고형화 처리 시 유기성 고형화에 관한 설명으로 가장 거리가 먼 것은?(단, 무기성 고형화와 비교)

① 수밀성이 매우 크며, 다양한 폐기물에 적용이 가능하다.
② 미생물 및 자외선에 대한 안정성이 강하다.
③ 최종 고화제의 체적 증가가 다양하다.
④ 폐기물의 특정 성분에 의한 중합체 구조의 장기적인 약화 가능성이 존재한다.

22 다음 중 건조대기 중에 가장 많은 비율로 존재하는 비활성 기체는?

① Hg ② Ne
③ Ar ④ Xe

23 수처리 시 사용되는 응집제와 거리가 먼 것은?

① 입상 활성탄   ② 소석회
③ 명반   ④ 황산반토

24 퇴비화 공정에 관한 설명으로 가장 적합한 것은?

① 크기를 고르게 할 필요 없이 발생된 그대로의 상태로 숙성시킨다.
② 미생물을 사멸시키기 위해 최적 온도는 90℃ 정도로 유지한다.
③ 충분히 물을 뿌려 수분을 100%에 가깝게 유지한다.
④ 소비된 산소의 보충을 위해 규칙적으로 교반한다.

25 회전원판식 생물학적 처리시설에 유량 1,000 m³/day, BOD 200mg/L로 유입될 경우 BOD 부하(g/m²·day)는?(단, 회전원판의 직경은 3m이고 300매로 구성되어 있으며, 두께는 무시하고 양면을 기준으로 한다.)

① 29.4   ② 47.2
③ 94.3   ④ 107.6

26 메탄 8kg을 완전 연소시키는 데 필요한 이론 산소량(kg)은?

① 16   ② 32
③ 48   ④ 64

27 하수처리장에서 스크린(screen)의 목적을 옳게 기술한 것은?

① 폐수로부터 용해성 유기물을 제거
② 폐수로부터 콜로이드 물질을 제거
③ 폐수로부터 협잡물 또는 큰 부유물 제거
④ 폐수로부터 침강성 입자를 제거

28 황(S) 성분이 1.6(wt%)인 중유를 2,000kg/hr로 연소하는 보일러 배출가스를 Na 용액으로 처리할 때 시간당 필요한 NaOH의 양(kg)은?(단, 황 성분은 완전 연소하여 SO_2가 되며, 탈황률은 95%이다.)

① 76 ② 82
③ 84 ④ 89

29 상수도의 정수처리장에서 정수처리의 일반적인 순서로 가장 적합한 것은?

① 플록 형성지 – 침전지 – 여과지 – 소독
② 침전지 – 소독 – 플록 형성지 – 여과지
③ 여과지 – 플록 형성지 – 소독 – 침전지
④ 여과지 – 소독 – 침전지 – 플록 형성지

30 각각의 음향파워레벨이 89dB, 91dB, 95dB인 음의 평균 파워레벨(dB)은?

① 92.4 ② 95.5
③ 97.2 ④ 101.7

31 시중에 판매되는 농황산의 비중은 약 1.84, 농도는 96%(중량 기준)일 때 이 농황산의 몰농도(mol/L)는?

① 12 ② 18
③ 24 ④ 36

32 0.3g/Sm^3인 HCl의 농도를 ppm으로 환산하면?

① 116.4ppm
② 137.7ppm
③ 167.3ppm
④ 184.1ppm

33 하천의 유량이 1,000m^3/일 이고 BOD농도가 26ppm일 때, 이 하천에 흘러드는 폐수의 양이 100m^3/일, BOD농도가 165ppm이라고 하면 하천과 폐수가 완전 혼합된 후의 BOD농도는?(단, 혼합에 의한 기타 영향 등은 고려하지 않는다.)

① 38.6ppm ② 44.9ppm
③ 48.5ppm ④ 59.8ppm

34 소화 슬러지의 발생량은 투입량의 15%이고 함수율이 90%이다. 탈수기에서 함수율을 70%로 한다면 케이크의 부피(m^3)는 얼마인가?(단, 투입량은 150kL이다.)

① 7.5 ② 8.7
③ 9.5 ④ 10.7

35 폐기물 발생 특성에 관한 설명으로 옳은 것만 나열된 것은?

㉠ 쓰레기통이 작을수록 발생량은 감소한다.
㉡ 계절에 따라 쓰레기 발생량이 다르다.
㉢ 재활용률이 증가할수록 발생량은 감소한다.

① ㉠, ㉡ ② ㉠, ㉢
③ ㉡, ㉢ ④ ㉠, ㉡, ㉢

36 런던 스모그와 비교한 로스앤젤레스형 스모그 현상의 특성으로 옳은 것은?

① SO_2, 먼지 등이 주 오염물질
② 온도가 낮고 무풍인 기상조건
③ 습도가 높은 이른 아침
④ 침강성 역전층이 형성

37 다음 중 콘크리트 하수관거의 부식을 유발하는 오염물질로 가장 적합한 것은?
① NH_4^+
② SO_4^{2-}
③ Cl^-
④ PO_4^{3-}

38 다음 중 해안매립공법에 해당하는 것은?
① 도랑형공법
② 압축매립공법
③ 샌드위치 공법
④ 순차투입공법

39 산성비의 주된 원인 물질로만 올바르게 나열된 것은?
① SO_2, NO_2, Hg
② CH_4, NO_2, HCl
③ CH_4, NH_3, HCN
④ SO_2, NO_2, HCl

40 슬러지를 가열(210℃ 정도)·가압(120atm 정도)하여 슬러지 내의 유기물이 공기에 의해 산화되도록 하는 공법은?
① 가열 건조
② 습식 산화
③ 혐기성 산화
④ 호기성 소화

41 일정한 장소에 고정되어 있어 발생시간이 지속적이고 시간에 따른 변화가 없는 소음은?
① 공장 소음
② 교통 소음
③ 항공기 소음
④ 궤도 소음

42 다음 중 유기수은계 함유폐수의 처리방법으로 가장 적합한 것은?
① 오존처리법, 염소분해법
② 흡착법, 산화분해법
③ 황산분해법, 시안분해법
④ 염소분해법, 소석회 처리법

43 연도로 배출되는 배기가스 중의 폐열을 이용하여 보일러의 급수를 예열함으로써 열효율 증가에 기여하는 설비는?
① 공기예열기
② 절탄기
③ 재열기
④ 과열기

44 유해가스 흡수장치의 흡수액이 갖추어야 할 조건으로 옳은 것은?
① 용해도가 작아야 한다.
② 휘발성이 커야 한다.
③ 점성이 작아야 한다.
④ 화학적으로 불안정해야 한다.

45 하수처리장의 유입수 BOD가 225mg/L이고, 유출수의 BOD가 55ppm이었다. 이 하수처리장의 BOD 제거율은?
① 약 55%
② 약 76%
③ 약 83%
④ 약 95%

46 슬러지나 분뇨의 탈수 가능성을 나타내는 것은?
① 균등계수
② 알칼리도
③ 여과비저항
④ 유효경

47 물속에서 침강하고 있는 입자에 스토크스(Stokes)의 법칙이 적용된다면 입자의 침강속도에 가장 큰 영향을 주는 변화 인자는 무엇인가?
① 입자의 밀도
② 물의 밀도
③ 물의 점도
④ 입자의 직경

48 슬러지 처리의 일반적 혐기성 소화과정이 아래와 같다면 ( ) 안에 들어갈 말로 옳은 것은?

> 산 생성균+유기물 → ( )+메탄균 → 메탄+이산화탄소

① 탄산　　　② 황산
③ 무기산　　④ 유기산

49 직경이 $5\mu m$이고 밀도가 $3.7g/cm^3$인 구형의 먼지입자가 공기 중에서 중력침강할 때 종말침강속도는?(단, 스토크스 법칙 적용, 공기의 밀도 무시, 점성계수 $1.85\times 10^{-5}kg/m\cdot sec$)

① 약 0.27cm/sec　　② 약 0.32cm/sec
③ 약 0.36cm/sec　　④ 약 0.41cm/sec

50 쓰레기를 연소시키기 위한 이론공기량이 $10Sm^3/kg$이고 공기비가 1.1일 때 실제로 공급된 공기량은?

① $0.5Sm^3/kg$　　② $0.6Sm^3/kg$
③ $10.0Sm^3/kg$　　④ $11.0Sm^3/kg$

51 고도에 따라 대기권을 분류할 때 지표로부터 가장 가까이 있는 것은?

① 열권　　② 대류권
③ 성층권　④ 중간권

52 염소 살균능력이 높은 것부터 배열된 것은?

① $OCl^- > NH_2Cl > HOCl$
② $HOCl > NH_2Cl > OCl^-$
③ $HOCl > OCl^- > NH_2Cl$
④ $NH_2Cl > OCl^- > HOCl$

53 소음계의 성능기준과 가장 거리가 먼 것은?

① 레벨레인지 변환기의 전환오차는 5dB 이내이어야 한다.
② 측정 가능 주파수 범위는 31.5Hz~8kHz 이상이어야 한다.
③ 측정기는 소음도 범위가 35~130dB 이상이어야 한다.
④ 지시계기의 눈금오차는 0.5dB 이내이어야 한다.

54 20℃, 740mmHg에서 SO_2 가스의 농도가 5ppm이다. 표준상태(STP)로 환산한 농도(ppm)는?

① 4.54　　② 5.00
③ 5.51　　④ 12.96

55 폐기물 발생량 산정법 중 직접계근법의 단점은?

① 밀도를 고려해야 한다.
② 작업량이 많다.
③ 정확한 값을 알기 어렵다.
④ 폐기물의 성분을 알아야 한다.

56 SVI와 SDI의 관계식으로 옳은 것은?(단, SVI : Sludge Volume Index, SDI : Sludge Density Index)

① SVI=100/SDI　　② SVI=10/SDI
③ SVI=1/SDI　　　④ SVI=SDI/1,000

57 포집먼지의 중화가 적당한 속도로 행해지기 때문에 이상적인 전기집진이 이루어질 수 있는 전기저항의 범위로 가장 적합한 것은?

① $10^2 \sim 10^4 \Omega\cdot cm$　　② $10^5 \sim 10^{10} \Omega\cdot cm$
③ $10^{12} \sim 10^{14} \Omega\cdot cm$　④ $10^{15} \sim 10^{18} \Omega\cdot cm$

58 도시지역의 쓰레기 수거량은 1,792,500ton/년이다. 이 쓰레기를 1,363명이 수거한다면 수거능력(MHT)은 얼마인가?(단, 1일 작업시간은 8시간, 1년 작업일수는 310일이다.)

① 1.45 ② 1.77
③ 1.89 ④ 1.96

59 A도시 쓰레기(가연성 + 비가연성)의 체적이 $8m^3$, 밀도가 $400kg/m^3$이다. 이 쓰레기 성분 중 비가연성 성분이 중량비로 약 60%를 차지한다면, 가연성 물질의 양(ton)은?

① 0.48 ② 0.67
③ 1.28 ④ 1.92

60 농황산의 비중이 약 1.84, 농도는 75%라면 이 농황산의 몰농도(mol/L)는?(단, 농황산의 분자량은 98이다.)

① 9   ② 11
③ 14 ④ 18

제5회 실전모의고사

01 다음 중 슬러지 개량(Conditioning)방법에 해당하지 않는 것은?
① 슬러지 세척 ② 열처리
③ 약품처리   ④ 관성분리

02 중량비로 수소가 15%, 수분이 1% 함유되어 있는 중유의 고위발열량이 13,000kcal/kg이다. 이 중유의 저위발열량은?
① 11,368kcal/kg ② 11,976kcal/kg
③ 12,025kcal/kg ④ 12,184kcal/kg

03 배출가스를 냉각시키거나 유해가스 또는 악취물질이 함유되어 있어 이들을 같이 제거하고자 할 때 사용하는 집진장치로 적합한 것은?
① 중력 집진장치   ② 원심력 집진장치
③ 여과 집진장치   ④ 세정 집진장치

04 도시폐기물을 위생매립 하였을 때 일반적으로 매립 초기(1~2단계)에 가장 많은 비율로 발생되는 가스는?
① CH_4 ② CO_2
③ H_2S ④ NH_3

05 다음 중 주로 광화학 반응에 의하여 생성되는 물질은?
① PAN   ② CH_4
③ NH_3 ④ HC

06 1,792,500ton/year의 쓰레기를 5,450명의 인부가 수거하고 있다면 수거인부의 MHT는?(단, 수거인부의 1일 작업시간은 8시간이고 1년 작업일수는 310일이다.)
① 2.02   ② 5.38
③ 7.54   ④ 9.45

07 폐기물과 선별방법이 가장 올바르게 연결된 것은?
① 광물과 종이 – 광학선별
② 목재와 철분 – 자석선별
③ 스티로폼과 유리 조각 – 스크린선별
④ 다양한 크기의 혼합폐기물 – 부상선별

08 다음은 수질오염공정시험기준상 방울수에 대한 설명이다. ( ) 안에 알맞은 것은?

> 방울수라 함은 20℃에서 정제수 (㉠)을 적하할 때, 그 부피가 약 (㉡)가 되는 것을 뜻한다.

① ㉠ 10방울, ㉡ 1mL
② ㉠ 20방울, ㉡ 1mL
③ ㉠ 10방울, ㉡ 0.1mL
④ ㉠ 20방울, ㉡ 0.1mL

09 흡음재료의 선택 및 사용상의 유의점에 관한 설명과 가장 거리가 먼 것은?
① 벽면 부착 시 한 곳에 집중시키기 보다는 전체 내벽에 분산시켜 부착한다.

② 흡음재는 전면을 접착제로 부착하는 것보다는 못으로 시공하는 것이 좋다.
③ 다공질 재료는 산란하기 쉬우므로 표면을 얇은 직물로 피복하는 것이 바람직하다.
④ 다공질 재료의 흡음률을 높이기 위해 표면 종이를 바르는 것이 권장되고 있다.

10 폐수에 화학약품을 첨가하여 침전성이 나쁜 콜로이드상 고형물과 침전속도가 느린 부유물 입자를 침전이 잘 되는 플록으로 만드는 조작은?

① 중화
② 살균
③ 응집
④ 이온교환

11 쓰레기를 유동층 소각로에서 처리할 때 유동상 매질이 갖추어야 할 특성으로 옳지 않은 것은?

① 공급이 안정적일 것
② 열충격에 강하고 융점이 높을 것
③ 비중이 클 것
④ 불활성일 것

12 수로형 침사지에서 폐수처리를 위해 유지해야 하는 폐수의 유속으로 가장 적합한 것은?

① 30m/sec
② 10m/sec
③ 5m/sec
④ 0.3m/sec

13 〈보기〉에 해당하는 대기오염물질은?

〈보기〉
보통 백화현상에 의해 맥간반점을 형성하고 지표식물로는 자주개나리, 보리, 담배 등이 있고, 강한 식물로는 협죽도, 양배추, 옥수수 등이 있다.

① 황산화물
② 탄화수소
③ 일산화탄소
④ 질소산화물

14 포기조의 용량이 500m³, 포기조 내의 부유물질의 농도가 2,000mg/L일 때 MLSS의 양은?

① 500kg MLSS
② 800kg MLSS
③ 1,000kg MLSS
④ 1,500kg MLSS

15 도시 폐기물의 개략분석(Proximate Analysis)시 4가지 구성성분에 해당하지 않는 것은?

① 다이옥신(Dioxin)
② 휘발성 고형물(Volatile Solids)
③ 고정탄소(Fixed Carbon)
④ 회분(Ash)

16 음의 회절에 관한 설명으로 옳지 않은 것은?

① 회절하는 정도는 파장에 반비례한다.
② 슬릿의 폭이 좁을수록 회절하는 정도가 크다.
③ 장애물 뒤쪽으로 음이 전파되는 현상이다.
④ 장애물이 작을수록 회절이 잘된다.

17 다음 중 임호프콘(Imhoff Cone)이 측정하는 항목으로 가장 적합한 것은?

① 전기음성도
② 분원성대장균군
③ pH
④ 침전물질

18 집진장치에 관한 설명으로 옳지 않은 것은?

① 중력집진장치는 50μm 이상의 큰 입자를 제거하는 데 유용하다.
② 원심력집진장치의 일반적인 형태가 사이클론이다.
③ 여과집진장치는 여과재에 먼지를 함유하는 가스를 통과시켜 입자를 분리, 포집하는 장치이다.
④ 전기집진장치는 함진가스 중의 먼지에 +전하를 부여하여 대전시킨다.

19 폐수를 화학적으로 산화 처리할 때 사용되는 오존처리에 대한 설명으로 옳은 것은?

① 생물학적 분해 불가능 유기물 처리에도 적용할 수 있다.
② 2차 오염물질인 트리할로메탄을 생성한다.
③ 별도 장치가 필요 없어 유지비가 적다.
④ 색과 냄새 유발성분은 제거할 수 없다.

20 폐기물의 물리화학적 처리방법 중 용매추출에 사용되는 용매의 선택기준이 옳은 것만 모두 나열된 것은?

> ㉠ 분배계수가 높아 선택성이 클 것
> ㉡ 끓는점이 높아 회수성이 높을 것
> ㉢ 물에 대한 용해도가 낮을 것
> ㉣ 밀도가 물과 같을 것

① ㉠, ㉡
② ㉠, ㉢
③ ㉡, ㉢
④ ㉡, ㉣

21 지하수를 사용하기 위해 수질 분석을 하였더니 칼슘이온 농도가 40mg/L이고, 마그네슘이온 농도가 36mg/L이었다. 이 지하수의 총경도(as $CaCO_3$)는?

① 16mg/L
② 76mg/L
③ 120mg/L
④ 250mg/L

22 생활 폐기물의 발생량을 표현하는 데 사용되는 단위는?

① kg/인·일
② kL/인·일
③ m^3/인·일
④ 톤/인·일

23 용존산소가 충분한 조건의 수중에서 미생물에 의한 단백질 분해순서를 올바르게 나타낸 것은?

① $NO_3^- \rightarrow NO_2^- \rightarrow NH_4^+ \rightarrow$ Aminoacid
② $NH_4^+ \rightarrow NO_2^- \rightarrow NO_3^- \rightarrow$ Aminoacid
③ Aminoacid $\rightarrow NO_3^- \rightarrow NO_2^- \rightarrow NH_4^+$
④ Aminoacid $\rightarrow NH_4^+ \rightarrow NO_2^- \rightarrow NO_3^-$

24 도시의 쓰레기를 분석한 결과 밀도는 450 kg/m^3이고 비가연성 물질의 질량백분율은 72%였다. 이 쓰레기 $10m^3$ 중에 함유된 가연성 물질의 질량(kg)은?

① 1,180
② 1,260
③ 1,310
④ 1,460

25 굴뚝에서 배출되는 가스의 유속을 측정하고자 피토관을 굴뚝에 넣었더니 동압이 5mmHg이었다. 이때 배출가스의 유속은 얼마인가?(단, 피토관 계수는 0.85이고, 공기의 비중량은 1.3kg/m^3이다.)

① 5.92m/sec
② 7.38m/sec
③ 8.84m/sec
④ 9.49m/sec

26 해수의 특성으로 옳지 않은 것은?

① 해수의 밀도는 수심이 깊을수록 증가한다.
② 해수의 pH는 5.6 정도로 약산성이다.
③ 해수의 Mg/Ca 비는 3~4 정도이다.
④ 해수는 강전해질로서 1L당 35g 정도의 염분을 함유한다.

27 적환장의 설치위치로 옳지 않은 것은?

① 가능한 한 수거지역의 중심에 위치하여야 한다.
② 주요 간선도로와 떨어진 곳에 위치하여야 한다.
③ 수송 측면에서 가장 경제적인 곳에 위치하여야 한다.
④ 적환 작업에 의한 공중 위생 및 환경 피해가 최소인 지역에 위치하여야 한다.

28 사이클론으로 100% 집진할 수 있는 최소입경을 의미하는 것은?
① 절단입경 ② 기하학적 입경
③ 임계입경 ④ 유체역학적 입경

29 폐기물의 재활용과 감량화를 도모하기 위해 실시할 수 있는 제도로 가장 거리가 먼 것은?
① 예치금 제도 ② 환경영향평가
③ 부담금 제도 ④ 쓰레기 종량제

30 다음 중 레이놀즈수(Reynolds number)와 반비례하는 것은?
① 액체의 점성계수
② 입자의 지름
③ 액체의 밀도
④ 입자의 침강속도

31 가속도 진폭의 최댓값이 $0.01 m/s^2$인 정현진동의 진동 가속도 레벨은?(단, 기준 가속도 = $10^{-5} m/s^2$)
① 28dB ② 30dB
③ 57dB ④ 60dB

32 활성슬러지 공법에 의한 운영상의 문제점으로 옳지 않은 것은?
① 거품 발생 ② 연못화 현상
③ Floc 해체 현상 ④ 슬러지 부상 현상

33 슬러지나 폐기물을 토지주입 시 중금속류의 성질에 관한 설명으로 가장 거리가 먼 것은?
① Cr : Cr^{3+}은 거의 불용성으로 토양 내에서 존재한다.
② Pb : 토양 내에 침전되어 있어 작물에 거의 흡수되지 않는다.
③ Hg : 토양 내에서 활성도가 커 작물에 의한 흡수가 용이하고, 강우에 의해 쉽게 지표로 용해되어 나온다.
④ Zn : 모래를 제외한 대부분의 토양에 영구적으로 흡착되나 보통 Cu나 Ni보다 장기간 용해상태로 존재한다.

34 침전지의 용량 결정을 위하여 폐수의 체류시간과 함께 필수적으로 조사하여야 하는 항목은?
① 유입폐수의 전해질 농도
② 유입폐수의 용존산소 농도
③ 유입폐수의 유량
④ 유입폐수의 경도

35 연료의 연소과정에서 공기비가 너무 큰 경우 나타나는 현상으로 가장 적합한 것은?
① 배기가스에 의한 열손실이 커야 한다.
② 오염물질의 농도가 커진다.
③ 미연분에 의한 매연이 증가한다.
④ 불완전 연소되어 연소효율이 저하된다.

36 지하수의 수질을 분석하였더니 Ca^{2+} = 24 mg/L, Mg^{2+} = 14mg/L인 결과를 얻었다. 이 지하수의 경도는?(단, 원자량은 Ca = 40, Mg = 24이다.)
① 98.7mg/L
② 104.3mg/L
③ 118.3mg/L
④ 123.4mg/L

37 중력집진장치의 효율 향상 조건에 관한 설명으로 옳지 않은 것은?

① 침강실 내 처리가스 속도가 클수록 미립자가 포집된다.
② 침강실 내 배기가스 기류는 균일하여야 한다.
③ 침강실 입구 폭이 클수록 유속이 느려지고, 미세한 입자가 포집된다.
④ 다단일 경우 단수가 증가될수록 압력손실은 커지나 효율은 증가한다.

38 다음 포기조 내의 미생물 성장 단계 중 신진대사율이 가장 높은 단계는?

① 내생 성장 단계
② 감소 성장 단계
③ 감소와 내생 성장 단계의 중간
④ 대수 성장 단계

39 함수율 96%인 슬러지를 수분이 75%로 탈수했을 때, 이 탈수 슬러지의 체적(m^3)은?(단, 원래 슬러지의 체적은 100m^3, 비중은 1.0)

① 12.4　　② 13.1
③ 14.5　　④ 16

40 후드의 설치 및 흡인요령으로 가장 적합한 것은?

① 후드를 발생원에 근접시켜 흡인시킨다.
② 후드의 개구면적을 점차적으로 크게 하여 흡인속도에 변화를 준다.
③ 에어커텐(air curtain)은 제거하고 행한다.
④ 배풍기(Blower)의 여유량은 두지 않고 행한다.

41 개방유로의 유량 측정에 주로 사용되는 것으로서 일정한 수위와 유속을 유지하기 위해 침사지의 폐수가 배출되는 출구에 설치하는 것은?

① 그릿(grit)
② 스크린(screen)
③ 배출관(out-flow tube)
④ 위어(weir)

42 황화수소 1Sm^3의 이론연소 공기량(Sm^3)은? (단, 표준상태 기준, 황화수소는 완전 연소되어, 물과 아황산가스로 변화됨)

① 5.6　　② 7.1
③ 8.7　　④ 9.3

43 폐기물 소각 후 발생한 폐열의 회수를 위해 열교환기를 설치하였다. 다음 중 열교환기 종류가 아닌 것은?

① 과열기　　② 비열기
③ 재열기　　④ 공기예열기

44 기체의 용해도에 대한 설명이 틀린 것은?

① 온도가 증가할수록 용해도가 커진다.
② 용해도는 기체의 압력에 비례한다.
③ 용해도가 작은 기체는 헨리상수가 크다.
④ 헨리의 법칙이 잘 적용되는 기체는 용해도가 작은 기체이다.

45 폐기물처리에서 파쇄(shredding)의 목적과 가장 거리가 먼 것은?

① 부식효과 억제
② 겉보기 비중의 증가
③ 특정 성분의 분리
④ 고체 물질 간의 균일혼합 효과

46 공기스프링에 관한 설명으로 가장 거리가 먼 것은?

① 부하 능력이 광범위하다.
② 공기 누출의 위험성이 없다.
③ 사용진폭이 적은 것이 많으므로 별도의 댐퍼가 필요한 경우가 많다.
④ 자동제어가 가능하다.

47 하천의 자정작용을 4단계(Wipple)로 구분할 때 순서대로 옳게 나열한 것은?

① 분해지대 - 활발한 분해지대 - 회복지대 - 정수지대
② 정수지대 - 활발한 분해지대 - 분해지대 - 회복지대
③ 활발한 분해지대 - 회복지대 - 분해지대 - 정수지대
④ 회복지대 - 분해지대 - 활발한 분해지대 - 정수지대

48 가솔린을 연료로 사용하는 자동차의 엔진에서 NOx가 가장 많이 배출될 때의 운전 상태는?

① 감속   ② 가속
③ 공회전   ④ 저속(15km 이하)

49 다음은 폐기물공정시험기준상 어떤 용기에 관한 설명인가?

> 취급 또는 저장하는 동안에 이물이 들어가거나 또는 내용물이 손실되지 아니하도록 보호하는 용기를 말한다.

① 밀봉용기   ② 기밀용기
③ 차광용기   ④ 밀폐용기

50 질소산화물을 촉매환원법으로 처리하고자 할 때 사용되는 촉매는 무엇인가?

① K_2SO_4 ② 백금
③ V_2O_5 ④ HCl

51 폐수 슬러지를 혐기적 방법으로 소화시키는 목적으로 거리가 먼 것은?

① 유기물을 분해함으로써 슬러지를 안정화시킨다.
② 슬러지의 무게와 부피를 증가시킨다.
③ 이용가치가 있는 부산물을 얻을 수 있다.
④ 유해한 병원균을 죽이거나 통제할 수 있다.

52 전기집진장치의 집진극이 갖추어야 할 조건으로 옳지 않은 것은?

① 부착된 먼지를 털어내기 쉬울 것
② 전기장 강도가 불균일하게 분포하도록 할 것
③ 열, 부식성 가스에 강하고 기계적인 강도가 있을 것
④ 부착된 먼지의 탈진 시, 재비산이 잘 일어나지 않는 구조를 가질 것

53 소각과 비교한 열분해 공정의 특징이라고 볼 수 없는 것은?

① 무산소 분위기 중에서 고온으로 가열한다.
② 액체 및 기체 상태의 연료를 생산하는 공정이다.
③ NOx 발생량이 적다.
④ 열분해 생성물의 질과 양의 안정적 확보가 용이하다.

54 750g의 Glucose($C_6H_{12}O_6$)가 완전한 혐기성 분해를 할 경우 발생 가능한 CH_4 가스양은?(단, 표준상태 기준)

① 187L   ② 225L
③ 255L   ④ 280L

55 혐기성 소화탱크에서 유기물 75%, 무기물 25%인 슬러지를 소화 처리하여 소화슬러지의 유기물이 58%, 무기물이 42%가 되었다. 소화율은?

① 36%   ② 42%
③ 49%   ④ 54%

56 대기의 상태가 과단열감률임을 나타내는 것으로 매우 불안정하고 심한 와류로 굴뚝에서 배출되는 오염물질이 넓은 지역에 걸쳐 분산되지만 지표면에서는 국부적인 고농도 현상이 발생하기도 하는 연기의 형태는?

① 환상형(Looping)
② 원추형(Coning)
③ 부채형(Fanning)
④ 구속형(Trapping)

57 활성 슬러지 공법에서 슬러지 반송의 주된 목적은?

① MLSS 조절
② DO 공급
③ pH 조절
④ 소독 및 살균

58 음압과 음압 레벨에 관한 설명으로 가장 거리가 먼 것은?

① 음원이 존재할 때, 이 음을 전달하는 물질의 압력 변화 부분을 음압이라 한다.
② 음압의 단위는 압력의 단위인 Pa(파스칼, $1Pa = 1N/m^2$)이다.
③ 가청음압의 범위는 정적 공기압력과 비교하여 200~2,000Pa이다.
④ 인간의 귀는 선형적이 아니라 대수적으로 반응하므로 음압 측정 시에는 Pa 단위를 직접 사용하지 않고 dB 단위를 사용한다.

59 메탄(Methane) 1mol을 이론적으로 완전 연소시킬 때, 0℃, 1기압에서 필요한 산소의 부피(L)는?(단, 이때 산소는 이상기체로 간주한다.)

① 22.4L
② 44.8L
③ 67.2L
④ 89.6L

60 급속모래여과는 다음 중 어떤 오염물질을 처리하기 위하여 설치되는가?

① 용존 유기물
② 암모니아성 질소
③ 부유물질
④ 색도

제6회 실전모의고사

01 배출가스 중의 염소농도가 200ppm이었다. 염소농도를 $10mg/Sm^3$로 최종 배출한다고 하면 염소의 제거율은 얼마인가?
① 95.7%   ② 97.2%
③ 98.4%   ④ 99.6%

02 노의 하부에서 가스를 주입하여 모래를 띄운 후 이를 가열시켜 상부에서 폐기물을 투입하여 소각하는 방식의 소각로는?
① 유동상 소각로
② 다단로
③ 회전로
④ 고정상 소각로

03 환경적 측면에서 문제가 되는 진동 중 특별히 인체에 해를 끼치는 공해진동의 진동수의 범위로 가장 적합한 것은?
① 1~90Hz
② 0.1~500Hz
③ 20~12,500Hz
④ 20~20,000Hz

04 3kg의 박테리아($C_5H_7O_2N$)를 완전히 산화시키려고 할 때 필요한 산소의 양(kg)은?(단, 질소는 모두 암모니아로 무기화된다.)
① 4.25   ② 3.47
③ 2.14   ④ 1.4

05 연소조절에 의하여 NOx 발생을 억제하는 방법 중 옳지 않은 것은?
① 연소 시 과잉공기를 삭감하여 저산소 연소시킨다.
② 연소의 온도를 높여서 고온 연소를 시킨다.
③ 버너 및 연소실 구조를 개량하여 연소실 내의 온도 분포를 균일하게 한다.
④ 화로 내에 물이나 수증기를 분무하여 연소시킨다.

06 위어(weir)의 설치 목적으로 가장 적합한 것은?
① pH 측정
② DO 측정
③ MLSS 측정
④ 유량 측정

07 슬러지 내의 수분 중 일반적으로 가장 많은 양을 차지하며 고형물질과 직접 결합해 있지 않기 때문에 농축 등의 방법으로 용이하게 분리할 수 있는 수분은?
① 간극수
② 모관결합수
③ 부착수
④ 내부수

08 압축기에 플라스틱을 넣고 압축시킨 결과 부피 감소율이 80%였다. 이 경우 압축비는?
① 2   ② 3
③ 4   ④ 5

09 상층부가 불안정하고 하층부가 안정을 이루고 있을 때의 연기의 모양은?

① 고도
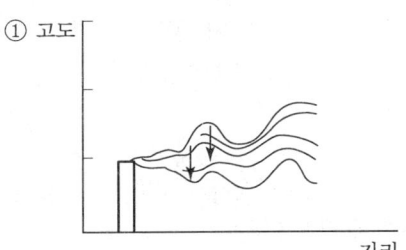
거리

② 고도
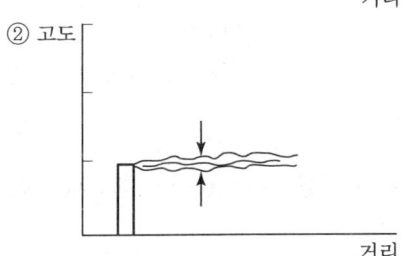
거리

③ 고도
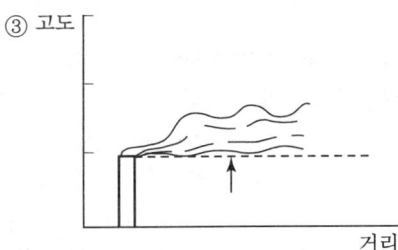
거리

④ 고도
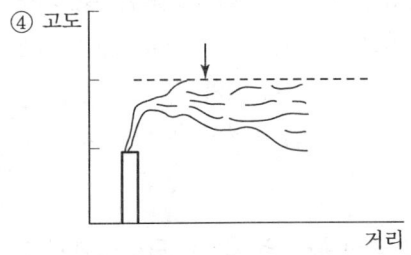
거리

10 연소가스의 잉여열을 이용하여 보일러에 주입되는 물을 예열함으로써 보일러 드럼에 발생하는 열응력을 감소시켜 보일러의 효율을 높이는 장치는?

① 과열기(super heater)
② 재열기(reheater)
③ 절탄기(economizer)
④ 공기예열기(air preheater)

11 활성 슬러지법은 여러 가지 변법이 개발되어 왔으며, 각 방법은 특별한 운전이나 제거효율을 달성하기 위하여 발전되었다. 다음 중 활성 슬러지의 변법으로 볼 수 없는 것은?

① 다단 포기법   ② 접촉 안정법
③ 장기 포기법   ④ 오존 안정법

12 인구 30만 명인 도시에서 1인당 쓰레기 발생량이 1.2kg/일 이라고 한다. 적재용량이 15m³ 인 트럭으로 이 쓰레기를 매일 수거하려고 할 때 필요한 트럭의 수는?(단, 쓰레기의 평균 밀도는 550kg/m³)

① 31   ② 36
③ 39   ④ 44

13 음향 출력이 100W인 점음원이 지상에 있을 때 12m 떨어진 지점에서의 음의 세기는?

① 0.11W/m²   ② 0.16W/m²
③ 0.20W/m²   ④ 0.26W/m²

14 폐기물 발생량 조사방법에 해당되지 않는 것은?

① 적재차량 계수분석법
② 원 단위 계산법
③ 직접계근법
④ 물질수지법

15 원심력집진장치에서 한계(또는 분리) 입경이란 무엇을 말하는가?

① 50% 처리효율로 제거되는 입자입경
② 100% 분리 포집되는 입자의 최소입경
③ 블로다운 효과에 적용되는 최소입경
④ 분리계수가 적용되는 입자입경

16 A공장 폐수를 채취한 뒤 다음과 같은 실험결과를 얻었다. 이때 부유물질의 농도(mg/L)는?

- 시료의 부피 : 250mL
- 유리섬유여지 무게 : 1.3751g
- 여과 후 건조된 유리섬유여지 무게 : 1.3859g
- 회화시킨 후의 유리섬유여지 무게 : 1.3767g

① 6.4mg/L ② 33.6mg/L
③ 36.8mg/L ④ 43.2mg/L

17 폐기물 오염을 측정하기 위한 시료의 축소방법으로 거리가 먼 것은?

① 구획법 ② 교호삽법
③ 사등분법 ④ 원추사분법

18 다음 중 산화와 거리가 먼 것은?

① 원자가가 감소하는 현상
② 전자를 잃는 현상
③ 수소를 잃는 현상
④ 산소와 화합하는 현상

19 여과집진장치에 사용되는 다음 여포재료 중 가장 높은 온도에서 사용이 가능한 것은?

① 목면 ② 양모
③ 카네카론 ④ 글라스화이버

20 다음 중 매립지에서 유기물이 혐기성 분해될 때 가장 나중에 일어나는 단계는?

① 가수분해 단계
② 알코올 발효 단계
③ 메탄 생성 단계
④ 산 생성 단계

21 불소 제거를 위한 폐수처리 방법으로 가장 적합한 것은?

① 화학침전 ② P/L 공정
③ 살수여상 ④ UCT 공정

22 생물학적으로 질소와 인을 제거하는 A^2/O 공정 중 혐기조의 주된 역할은?

① 질산화 ② 탈질화
③ 인의 방출 ④ 인과 과잉섭취

23 유해가스 처리를 위한 흡착제 선택 시 고려해야 할 사항으로 옳지 않은 것은?

① 흡착효율이 우수해야 한다.
② 흡착제의 회수가 용이해야 한다.
③ 흡착제의 재생이 용이해야 한다.
④ 기체의 흐름에 대한 압력 손실이 커야 한다.

24 수분 및 고형물 함량 측정에 필요한 실험기구와 거리가 먼 것은?

① 증발접시 ② 전자저울
③ jar-테스터 ④ 데시게이터

25 폐수처리공장에서 유입폐수 중에 포함된 모래, 기타 무기성의 부유물로 구성된 혼합물을 제거하는 데 사용되는 시설은?

① 응집조 ② 침사지
③ 부상조 ④ 여과조

26 대기환경보전법상 온실가스에 해당하지 않는 것은?

① NH_3 ② CO_2
③ CH_4 ④ N_2O

27 폐기물의 열분해에 관한 설명으로 옳지 않은 것은?

① 공기가 부족한 상태에서 폐기물을 연소시켜 가스, 액체 및 고체 상태의 연료를 생산하는 공정을 열분해 방법이라 부른다.
② 열분해에 의해 생성되는 액체 물질은 식초산, 아세톤, 메탄올, 오일 등이다.
③ 열분해 방법 중 저온법에서는 Tar, Char 및 액체 상태의 연료가 보다 많이 생성된다.
④ 저온 열분해는 1,100~1,500℃에서 이루어진다.

28 100sone인 음은 몇 phon인가?

① 106.6 ② 101.3
③ 96.8   ④ 88.9

29 다음 매립공법 중 해안매립공법에 해당하는 것은?

① 셀 공법   ② 순차투입공법
③ 압축매립공법 ④ 도랑형공법

30 생물학적 처리방법에 관한 설명으로 옳지 않은 것은?

① 주로 유기성 폐수의 처리에 적용한다.
② 미생물을 이용한 처리방법으로 호기성 처리방법은 부패조 등이 있다.
③ 살수여상은 부착 성장식 생물학적 처리공법이다.
④ 산화지는 자연에 의하여 처리하기 때문에 활성 슬러지법에 비해 적정처리가 어렵다.

31 다음 설명하는 장치분석법에 해당하는 것은?

이 법은 기체시료 또는 기화(氣化)한 액체나 고체 시료를 운반가스(Carriar Gas)에 의하여 분리, 관 내에 전개시켜 기체 상태에서 분리되는 각 성분을 분석하는 방법으로 일반적으로 무기물 또는 유기물의 대기오염 물질에 대한 정성(定性), 정량(定量) 분석에 이용한다.

① 흡광광도법
② 원자흡광광도법
③ 가스크로마토그래프법
④ 비분산적외선분석법

32 분뇨처리법 중 부패조에 관한 설명으로 가장 거리가 먼 것은?

① 고부하 운전에 적합하다.
② 특별한 에너지 및 기계설비가 필요하지 않은 편이다.
③ 처리효율이 낮으며, 냄새가 많이 나는 편이다.
④ 조립형인 경우 설치 시공이 용이하며, 유지 관리에 특별한 기술이 요구되지 않는다.

33 폭 2m, 길이 15m인 침사지에 100cm 수심으로 폐수가 유입될 때 체류시간이 60초라면 유량은?

① $1,800m^3/hr$ ② $2,160m^3/hr$
③ $2,280m^3/hr$ ④ $2,460m^3/hr$

34 혐기성 소화법과의 상태 비교 시 호기성 소화법의 특징으로 거리가 먼 것은?

① 상징수의 BOD 농도가 높으며, 운영이 다소 복잡하다.
② 초기 시공비가 낮고 처리된 슬러지에서 악취가 나지 않는 편이다.
③ 포기를 위한 동력 요구량 때문에 운영비가 높다.
④ 겨울철은 처리효율이 떨어지는 편이다.

35 대기오염공정시험기준상 각 오염물질에 대한 측정방법의 연결로 옳지 않은 것은?
① 일산화탄소 - 비분산 적외선 분석법
② 염소 - 질산은 적정법
③ 황화수소 - 메틸렌 블루법
④ 암모니아 - 인도페놀법

36 매립시설에서 복토의 목적으로 가장 거리가 먼 것은?
① 빗물 배제
② 화재 방지
③ 식물 성장 방지
④ 폐기물의 비산 방지

37 물이 얼어 얼음이 되는 것과 같이 물질의 상태가 액체 상태에서 고체 상태로 변하는 현상은?
① 융해
② 응고
③ 액화
④ 승화

38 다음 (   ) 안에 알맞은 것은?

한 장소에서 특정의 음을 대상으로 생각할 경우 대상소음이 없을 때, 그 장소의 소음을 대상소음에 대한 (   )이라 한다.

① 고정소음
② 기저소음
③ 정상소음
④ 배경소음

39 다음 온실가스 중 지구온난화지수(GWP)가 가장 큰 것은?
① CH_4
② SF_6
③ CO_2
④ N_2O

40 다음은 BOD용 희석수(또는 BOD용 식종 희석수)를 검토하기 위한 시험방법이다. (   ) 안에 알맞은 것은?

(   ) 각 150mg씩을 취하여 물에 녹여 1,000mL로 한 액 5~10mL를 3개의 300mL BOD 병에 넣고 BOD용 희석수(또는 BOD용 식종 희석수)를 완전히 채운 다음 BOD 시험방법에 따라 시험한다.

① 설파민산 및 수산화나트륨
② 글루코스 및 글루타민산
③ 알칼리성 요오드화 칼륨 및 아자이드화 나트륨
④ 황산구리 및 설파민산

41 투수계수가 0.5cm/sec이며 동수경사가 2인 경우 Darcy 법칙을 적용하여 구한 유출속도는?
① 1.5cm/sec
② 1.0cm/sec
③ 2.5cm/sec
④ 0.25cm/sec

42 다음 중 6가 크롬(Cr^{6+}) 함유 폐수를 처리하기 위한 가장 적합한 방법은?
① 아말감법
② 환원침전법
③ 오존산화법
④ 충격법

43 전기집진장치에 관한 설명으로 가장 거리가 먼 것은?
① 대량의 가스 처리가 가능하다.
② 전압 변동과 같은 조건 변동에 쉽게 적응할 수 있다.
③ 초기 설비비가 고가이다.
④ 압력 손실이 적어 소요 동력이 적다.

44 공장폐수 50mL를 검수로 하여 산성 100℃ KMnO₄법에 의한 COD 측정을 하였을 때 시료적정에 소비된 0.025N KMnO₄용액은 5.13mL이다. 이 폐수의 COD 값은?(단, 0.025N KMnO₄ 용액의 역가는 0.980이고, 바탕시험 적정에 소비된 0.025N KMnO₄ 용액은 0.13mL이다.)

① 9.8mg/L ② 19.6mg/L
③ 21.6mg/L ④ 98mg/L

45 다음 중 적환장의 위치로 적당하지 않은 곳은?
① 수거지역의 무게중심에서 가능한 한 가까운 곳
② 주요 간선도로에 멀리 떨어진 곳
③ 작업에 의한 환경 피해가 최소인 곳
④ 적환장 설치 및 작업이 가장 경제적인 곳

46 연소조절에 의한 NOx 발생의 억제방법으로 옳지 않은 것은?
① 2단 연소를 실시한다.
② 과잉공기량을 삭감시켜 운전한다.
③ 배기가스를 재순환시킨다.
④ 부분적인 고온 영역을 만들어 연소효율을 높인다.

47 다음 중 "공기를 좋아하는" 미생물로 물속의 용존산소를 섭취하는 미생물은?
① 혐기성 미생물   ② 임의성 미생물
③ 통기성 미생물   ④ 호기성 미생물

48 퇴비화의 단점으로 거리가 먼 것은?
① 생산된 퇴비는 비료 가치가 낮다.
② 생산품인 퇴비는 토양의 이화학 성질을 개선시키는 토양 개선제로 사용할 수 없다.
③ 다양한 재료를 이용하므로 퇴비 제품의 품질표준화가 어렵다.
④ 퇴비가 완성되어도 부피가 크게 감소하지는 않는다.(50% 이하)

49 공해진동에 관한 설명으로 옳지 않은 것은?
① 진동수 범위는 1,000~4,000Hz 정도이다.
② 문제가 되는 진동레벨은 60dB부터 80dB까지가 많다.
③ 사람이 느끼는 최소 진동역치는 55±5dB 정도이다.
④ 사람에게 불쾌감을 준다.

50 Stokes의 법칙에 의한 침강속도에 영향을 미치는 요소로 가장 거리가 먼 것은?
① 침전물의 밀도
② 침전물의 입경
③ 폐수의 밀도
④ 대기압

51 런던 스모그와 비교한 로스앤젤레스형 스모그 현상의 특성으로 옳은 것은?
① SO_2, 먼지 등이 주 오염물질
② 온도가 낮고 무풍의 기상조건
③ 습도가 높은 이른 아침
④ 침강성 역전층이 형성

52 수질오염공정시험기준에서 "취급 또는 저장하는 동안에 이물질이 들어가거나 또는 내용물이 손실되지 아니하도록 보호하는 용기"를 무엇이라고 하는가?
① 차광용기   ② 밀봉용기
③ 기밀용기   ④ 밀폐용기

53 화상 위에서 쓰레기를 태우는 방식으로 플라스틱처럼 열에 열화, 용융되는 물질의 소각과 슬러지, 입자상 물질의 소각에 적합하지만 체류시간이 길고 국부적으로 가열될 염려가 있는 소각로는?

① 고정상 ② 화격자
③ 회전로 ④ 다단로

54 소각로에서 연소효율을 높일 수 있는 방법과 거리가 먼 것은?

① 공기와 연료의 혼합이 좋아야 한다.
② 온도가 충분히 높아야 한다.
③ 체류시간이 짧아야 한다.
④ 연료에 산소가 충분히 공급되어야 한다.

55 A공장의 최종 방류수 4,000m³/day에 염소를 60kg/day로 주입하여 방류하고 있다. 염소 주입 후 잔류염소량이 3mg/L이었다면 이때 염소 요구량은 몇 mg/L 인가?

① 12mg/L
② 17mg/L
③ 20mg/L
④ 23mg/L

56 폐기물의 저위발열량(LHV)을 구하는 식으로 옳은 것은?[단, HHV : 폐기물의 고위발열량(kcal/kg), H : 폐기물의 원소분석에 의한 수소 조성비(kg/kg), W : 폐기물의 수분 함량(kg/kg), 600 : 수증기 1kg의 응축열(kcal)]

① $LHV = HHV - 600W$
② $LHV = HHV - 600(H+W)$
③ $LHV = HHV - 600(9H+W)$
④ $LHV = HHV + 600(9H+W)$

57 유입하수량이 2,000m³/일이고, 침전지의 용적이 250m³이다. 이때 체류시간은?

① 3시간 ② 4시간
③ 6시간 ④ 8시간

58 다음 중 오존층의 두께를 표시하는 단위는?

① VAL ② OTL
③ Pa   ④ Dobson

59 다음 중 지하수의 일반적인 수질특성에 관한 설명으로 옳지 않은 것은?

① 수온의 변화가 심하다.
② 무기물 성분이 많다.
③ 지질 특성에 영향을 받는다.
④ 지표면 깊은 곳에서는 무산소 상태로 될 수 있다.

60 일반적으로 배기가스의 입구처리속도가 증가하면 제거효율이 커지는 특성이 있으며, 블로다운 효과와 관련된 집진장치는?

① 중력집진장치
② 원심력집진장치
③ 전기집진장치
④ 여과집진장치

제7회 실전모의고사

01 실내 공기오염의 지표가 되는 것은?
① 질소 농도
② 일산화탄소 농도
③ 산소 농도
④ 이산화탄소 농도

02 연소과정에서 생성되는 질소산화물의 특성으로 옳은 것은?
① 화염 속에서 생성되는 질소산화물은 주로 NO_2이며, 소량의 NO를 함유한다.
② 질소산화물의 생성은 연료 중의 질소와 공기 중의 질소가 산소와 반응하여 이루어진다.
③ 화염온도가 낮을수록 질소산화물의 생성량은 커진다.
④ 배기가스 중 산소분압이 낮을수록 생성이 커진다.

03 다음 중 불화수소가 주된 배출원에 해당하는 업종은?
① 고무가공, 인쇄공업
② 인산비료, 알루미늄 제조
③ 내연기관, 폭약 제조
④ 코크스 연소로, 제철

04 휘발유, 디젤유 등의 연료를 사용하는 자동차에서 주로 배출되는 오염물질로 가장 거리가 먼 것은?
① 구리(Cu)
② 납(Pb)
③ 질소산화물(NOx)
④ 일산화탄소(CO)

05 탄소 87%, 수소 10%, 황 3%의 조성을 가진 중유 1.7kg을 완전연소시킬 때, 필요한 이론공기량(Sm^3)은?
① 9
② 14
③ 18
④ 21

06 다음은 연소에 관한 설명이다. (   ) 안에 알맞은 것은?

> 목재, 석탄, 타르 등은 연소 초기에 열분해에 의해 가연성 가스가 생성되고 이것이 긴 화염을 발생시키면서 연소하는데 이러한 연소를 (   )라 한다.

① 표면연소
② 분해연소
③ 증발연소
④ 확산연소

07 직렬로 조합된 집진장치의 총집진율은 99%이었다. 2차 집진장치의 집진율이 96%라면 1차 집진장치의 집진율은?
① 75%
② 82%
③ 90%
④ 94%

08 백필터(Bag Filter)의 특징으로 틀린 것은?
① 폭발성 및 점착성 먼지 제거가 곤란하다.
② 수분에 대한 적응성이 낮으며, 유지비용이 많이 든다.
③ 여과속도가 클수록 집진효율이 커진다.
④ 가스온도에 따른 여재의 사용이 제한된다.

09 효율 90%인 전기 집진기를 효율 99.9%가 되도록 개조하고자 한다. 개조 전보다 집진극의 면적을 몇 배로 늘려야 하는가?(단, Deutsch Anderson 식 $\eta = 1 - \exp\left(-\dfrac{A \cdot We}{Q}\right)$ 적용하고, 기타 조건은 고려하지 않는다.)

① 2배
② 3배
③ 6배
④ 9배

10 전기집진장치에서 먼지의 전기저항을 낮추기 위하여 사용하는 방법으로 거리가 먼 것은?

① SO_3 주입
② 수증기 주입
③ NaCl 주입
④ 암모니아가스 주입

11 흡수공정으로 유해가스를 처리할 때, 흡수액이 갖추어야 할 요건으로 옳지 않은 것은?

① 용해도가 커야 한다.
② 점성이 작아야 한다.
③ 휘발성이 커야 한다.
④ 용매의 화학적 성질과 비슷해야 한다.

12 SO_2기체와 물이 30℃에서 평형상태에 있다. 기상에서의 SO_2 분압이 44mmHg일 때 액상에서의 SO_2 농도는?(단, 30℃에서 SO_2 기체의 물에 대한 헨리상수는 $1.60 \times 10 \, atm \cdot m^3/kmol$이다.)

① $2.51 \times 10^{-4} \, kmol/m^3$
② $2.51 \times 10^{-3} \, kmol/m^3$
③ $3.62 \times 10^{-4} \, kmol/m^3$
④ $3.62 \times 10^{-3} \, kmol/m^3$

13 충전탑(Packed Tower)에 채워지는 충전물의 구비조건으로 틀린 것은?

① 단위용적에 대하여 비표면적이 작을 것
② 마찰저항이 작을 것
③ 압력손실이 작고 충전밀도가 클 것
④ 내식성과 내열성이 클 것

14 유해가스의 흡착처리에 흡착제의 선택 시 고려하여야 할 조건으로 적합하지 않은 것은?

① 흡착률이 우수해야 한다.
② 흡착물질의 회수가 쉬워야 한다.
③ 흡착제의 재생이 용이해야 한다.
④ 기체의 흐름에 대한 압력손실이 커야 한다.

15 황(S) 함량이 2.0%인 중유를 시간당 5ton으로 연소시킨다. 배출가스 중의 SO_2를 $CaCO_3$로 완전히 흡수시킬 때 필요한 $CaCO_3$의 양을 구하면? (단, 중유 중의 황성분은 전량 SO_2로 연소된다.)

① 278.3kg/hr
② 312.5kg/hr
③ 351.7kg/hr
④ 379.3kg/hr

16 다음 중 수중의 알칼리도를 ppm 단위로 나타낼 때 기준이 되는 물질은?

① $Ca(OH)_2$
② CH_3OH
③ $CaCO_3$
④ HCl

17 물의 성질에 관한 설명으로 옳지 않은 것은?

① 물 분자 안의 수소는 부분적으로 양전하(δ^+)를, 산소는 부분적으로 음전하(δ^-)를 갖는다.

② 물은 분자량이 유사한 다른 화합물에 비하여 비열은 작고, 압축성이 크다.
③ 물은 4℃ 부근에서 최대 밀도를 나타낸다.
④ 일반적으로 물의 점도는 온도가 높아짐에 따라 작아진다.

18 유기물 과다 유입에 따른 수질오염 현상으로 가장 거리가 먼 것은?

① DO 농도의 감소
② 혐기 상태로 변화
③ 어패류의 폐사현상
④ BOD 농도의 감소

19 다음 중 경도의 주된 원인물질은?

① Ca^{2+}, Mg^{2+}
② Ba^{2+}, Cd^{2+}
③ Fe^{2+}, Pb^{2+}
④ Ra^{2+}, Mn^{2+}

20 여과지의 운전 중 발생하는 주요 문제점으로 가장 거리가 먼 것은?

① 진흙 덩어리의 축적
② 공기결합
③ 여재층의 수축
④ 슬러지벌킹 발생

21 폐기물관리법령상 지정폐기물 중 부식성 폐기물의 "폐산" 기준으로 옳은 것은?

① 액체상태의 폐기물로서 수소이온 농도지수가 2.0 이하인 것으로 한정한다.
② 액체상태의 폐기물로서 수소이온 농도지수가 3.0 이하인 것으로 한정한다.
③ 액체상태의 폐기물로서 수소이온 농도지수가 5.0 이하인 것으로 한정한다.
④ 액체상태의 폐기물로서 수소이온 농도지수가 5.5 이하인 것으로 한정한다.

22 RDF에 대한 설명으로 틀린 것은?

① 소각로에서 사용할 경우 부식발생으로 수명이 단축될 수 있다.
② 폐기물 중의 가연성 물질만을 선별하여 함수율, 불순물, 입경 등을 조절하여 연료화 시킨 것이다.
③ 부패하기 쉬운 유기물질로 구성되어 있기 때문에 수분함량이 증가하면 부패한다.
④ RDF 소각로의 경우 시설비 및 동력비가 저렴하며, 운전이 용이하다.

23 슬러지의 혐기성 소화처리에 관한 설명으로 적절하지 않은 것은?

① 슬러지의 무게와 부피를 감소시킨다.
② 이용가치가 있는 부산물을 얻을 수 있다.
③ 병원균을 죽이거나 통제할 수 있다.
④ 호기성 소화보다 빠른 시간에 처리할 수 있다.

24 옥탄(C_8H_{18}) 연료의 이론적 완전연소 시 부피 기준에서의 AFR(Mole Air/Mole Fuel)은?

① 12.5
② 41.5
③ 59.5
④ 74.5

25 다음 ( ) 안에 알맞은 것은?

( )은 1,000Hz 순음의 음세기레벨 40dB의 음 크기를 말한다.

① SIL
② PNL
③ Sone
④ NNI

26 유기물질의 질산화 과정에서 아질산이온(NO_2^-)이 질산이온(NO_3^-)으로 변할 때 주로 관여하는 것은?

① 디프테리아
② 니트로박터
③ 니트로소모나스
④ 카로티노모나스

27 염산(HCl) 0.001mol/L의 pH는?(단, 이 농도에서 염산은 100% 해리한다.)

① 2
② 2.5
③ 3
④ 3.5

28 하중의 변화에도 기계의 높이 및 고유진동수를 일정하게 유지시킬 수 있으며, 부하능력이 광범위하나 사용진폭이 적은 것이 많으므로 별도의 댐퍼가 필요한 경우가 많은 방진재는?

① 방진고무
② 탄성블록
③ 금속스프링
④ 공기스프링

29 수소 10%, 수분 5%인 중유의 고위발열량이 10,000kcal/kg일 때 저위발열량(kcal/kg)은?

① 9,310
② 9,430
③ 9,590
④ 9,720

30 직경이 30cm, 길이가 15m인 여과자루를 사용하여 농도가 $3g/m^3$의 배출가스를 $1,000m^3/min$으로 처리하였다. 여과속도가 1.5cm/s일 때 필요한 여과자루의 개수는?

① 75개
② 79개
③ 83개
④ 87개

31 폐수 속에 있는 부유물 중에서 스크린으로 제거되는 것으로 가장 적절한 것은?

① 그릿
② 슬러지
③ 웨어
④ 협잡물

32 가스 중의 유해물질 또는 회수가치가 있는 가스를 흡착법으로 이용하고자 할 때, 다음 중 흡착제로 사용할 수 없는 것은?

① 활성탄
② 알루미나
③ 실리카겔
④ 석영

33 $C_2H_5NO_2$ 150g 분해에 필요한 이론적 산소요구량(g)은?(단, 최종분해산물은 CO_2, H_2O, HNO_3이다.)

① 89g
② 94g
③ 112g
④ 224g

34 직경이 200mm인 표면이 매끈한 직관을 통하여 $125m^3/min$의 표준공기를 송풍할 때, 관내 평균 풍속(m/s)은?

① 약 50m/s
② 약 53m/s
③ 약 60m/s
④ 약 66m/s

35 다음 중 분뇨수거 및 처분계획을 세울 때 계획하는 우리나라 성인 1인당 1일 분뇨배출량의 평균 범위로 가장 적합한 것은?

① 0.2~0.5L
② 0.9~1.1L
③ 2.3~2.5L
④ 3.0~3.5L

36 원심력 집진장치에 관한 설명으로 옳지 않은 것은?

① Blow Down 현상이 발생하면 입자 재비산으로 인하여 효율이 저하된다.
② 배기관경(내관)이 작을수록 입경이 작은 입자를 제거할 수 있다.
③ 입구 유속에는 한계가 있지만 그 한계 내에서는 입구유속이 빠를수록 효율이 높은 반면에 압력 손실도 커진다.
④ 적당한 Dust Box의 모양과 크기도 효율에 영향을 미친다.

37 다음 중 유기성 폐기물의 퇴비화 특성으로 가장 거리가 먼 것은?

① 생산된 퇴비는 비료가치가 높으며, 퇴비완성 시 부피감소율이 70% 이상으로 큰 편이다.
② 초기 시설투자비가 낮고, 운영 시 소요 에너지도 낮은 편이다.
③ 다른 폐기물 처리기술에 비해 고도의 기술수준이 요구되지 않는다.
④ 퇴비제품의 품질표준화가 어렵고, 부지가 많이 필요한 편이다.

38 침전지 유입부에 설치하는 정류판(Baffle)의 기능으로 가장 적합한 것은?

① 침전지 유입수의 균일한 분배와 분포
② 침전지 내의 침사물 수집
③ 바람을 막아 표면난류 방지
④ 침전 슬러지의 재부상 방지

39 농황산의 비중이 약 1.84, 농도는 75%라면 이 농황산의 몰농도(mol/L)는?(단, 농황산의 분자량은 98이다.)

① 9
② 11
③ 14
④ 18

40 폐기물의 수거를 용이하게 하기 위해 적환장의 설치가 필요한 경우로 가장 거리가 먼 것은?

① 작은 규모의 주택들이 밀집되어 있는 경우
② 폐기물 수집에 소형 컨테이너를 많이 사용하는 경우
③ 처분장이 수집장소에 바로 인접하여 있는 경우
④ 반죽수송이나 공기수송방식을 사용하는 경우

41 다음 중 적조현상을 발생시키는 주된 원인 물질은?

① Cl
② P
③ Mg
④ Fe

42 하천이 유기물로 오염되었을 경우 자정과정을 오염원으로부터 하천 유하거리에 따라 분해지대, 활발한 분해지대, 회복지대, 정수지대의 4단계로 구분한다. 〈보기〉와 같은 특성을 나타내는 단계는?

- 용존산소의 농도가 아주 낮거나 때로는 거의 없어 부패 상태에 도달하게 된다.
- 이 지대의 색은 짙은 회색을 나타내고, 암모니아나 황화수소에 의해 썩은 달걀 냄새가 나게 되며 흑색과 점성질이 있는 퇴적물질이 생기고 기포 방울이 수면으로 떠오른다.
- 혐기성 분해가 진행되어 수중의 탄산가스 농도나 암모니아성 질소의 농도가 증가한다.

① 분해지대
② 활발한 분해지대
③ 회복지대
④ 정수지대

43 수분 함유량 10%인 쓰레기를 건조시켜 수분 함유량을 5%로 하기 위해 쓰레기 1톤당 증발시켜야 하는 수분의 양은?(단, 쓰레기 비중은 1.0)

① 10.0kg
② 41.4kg
③ 52.6kg
④ 100kg

44 함수율 40%(w/w)인 폐기물을 건조시켜 함수율 20%(w/w)로 하였다면 중량은 어떻게 변화되는가?(단, 비중은 모두 1.0 기준)

① 원래의 1/4로 된다.
② 원래의 1/2로 된다.
③ 원래의 3/4로 된다.
④ 원래의 5/6로 된다.

45 다음 중 6가 크롬(Cr^{+6}) 함유 폐수를 처리하기 위한 가장 적합한 방법은?

① 아말감법
② 환원침전법
③ 오존산화법
④ 충격법

46 폐기물 수거노선을 결정할 때 고려사항으로 거리가 먼 것은?

① 가능한 한 시계방향으로 수거노선을 정한다.
② 출발점은 차고지와 가깝게 한다.
③ 수거인원 및 차량형식이 같은 기존 시스템의 조건들을 서로 관련시킨다.
④ 쓰레기 발생량이 가장 많은 곳을 하루 중 가장 나중에 수거한다.

47 500,000명이 거주하는 지역에서 1주일 동안 10,780m³의 쓰레기를 수거하였다. 쓰레기 밀도가 0.5톤/m³이면 1인 1일 쓰레기 발생량은?

① 1.29kg/인·일
② 1.54kg/인·일
③ 1.82kg/인·일
④ 1.91kg/인·일

48 수질오염공정시험기준상 6가 크롬의 자외선/가시선 분광법 측정원리에 관한 설명으로 ( ) 안에 알맞은 것은?

6가 크롬에 다이페닐카바자이드를 작용시켜 생성하는 (㉠)의 착화합물의 흡광도를 (㉡)nm에서 측정하여 6가 크롬을 정량한다.

① ㉠ 적자색, ㉡ 253.7
② ㉠ 적자색, ㉡ 540
③ ㉠ 청색, ㉡ 253.7
④ ㉠ 청색, ㉡ 540

49 염소는 폐수 내의 질소화합물과 결합하여 무엇을 형성하는가?

① 유리염소
② 클로라민
③ 액체염소
④ 암모니아

50 처음 부피가 1,000m³인 폐기물을 압축하여 500m³인 상태로 부피를 감소시켰다면 체적 감소율(%)은?

① 2
② 10
③ 50
④ 100

51 폐기물 발생량 조사방법에 해당되지 않는 것은?

① 적재차량 계수분석법
② 원단위 계산법
③ 직접계근법
④ 물질수지법

52 귀의 구성 중 내이에 관한 설명으로 틀린 것은?
① 난원창은 이소골의 진동을 와우각 중의 림프액에 전달하는 진동판이다.
② 음의 전달 매질은 액체이다.
③ 달팽이관은 내부에 림프액이 들어있다.
④ 이관은 내이의 기압을 조정하는 역할을 한다.

53 집진율이 각각 90%와 98%인 두 개의 집진장치를 직렬로 연결하였다. 1차 집진장치 입구의 먼지농도가 5.9g/m³일 경우, 2차 집진장치 출구에서 배출되는 먼지 농도(mg/m³)은?
① 11.8
② 15.7
③ 18.3
④ 21.1

54 연료가 완전연소하기 위한 조건으로 가장 거리가 먼 것은?
① 공기의 공급이 충분해야 한다.
② 연소용 공기를 예열하여 공급한다.
③ 공기와 연료의 혼합이 잘 되어야 한다.
④ 연소실 내의 온도를 낮게 유지해야 한다.

55 중력집진장치에서 먼지의 침강속도 산정에 관한 설명으로 틀린 것은?
① 중력가속도에 비례한다.
② 입경의 제곱에 비례한다.
③ 먼지와 가스의 비중차에 반비례한다.
④ 가스의 점도에 반비례한다.

56 스톡스 법칙에 따라 침전하는 구형입자의 침전속도는 입자직경(d)과 어떤 관계가 있는가?
① $d^{1/2}$에 비례
② d에 비례
③ d에 반비례
④ d^2에 비례

57 폐기물 발생량 조사방법으로 틀린 것은?
① 적재차량 계수분석법
② 직접 계근법
③ 물질성상분석법
④ 물질 수지법

58 밀도가 0.8ton/m³인 쓰레기 1,000m³을 적재용량 4ton인 차량으로 운반한다면 필요 차량 수는?
① 100대
② 150대
③ 200대
④ 250대

59 소음계의 성능기준으로 가장 거리가 먼 것은?
① 레벨레인지 변환기의 전환오차는 5dB 이내이어야 한다.
② 측정가능 주파수 범위는 31.5Hz~8kHz 이상이어야 한다.
③ 측정기는 소음도 범위는 35~130dB 이상이어야 한다.
④ 지시계기의 눈금오차는 0.5dB 이내이어야 한다.

60 다음 중 표시 단위가 다른 것은?
① 투과율
② 음압레벨
③ 투과손실
④ 음의 세기레벨

제1회 실전모의고사(정답 및 해설)

1	2	3	4	5	6	7	8	9	10
①	①	②	②	③	①	②	①	④	④
11	12	13	14	15	16	17	18	19	20
①	②	①	④	③	④	①	②	③	④
21	22	23	24	25	26	27	28	29	30
③	④	④	②	②	①	②	④	②	④
31	32	33	34	35	36	37	38	39	40
②	③	②	①	③	③	③	②	②	③
41	42	43	44	45	46	47	48	49	50
④	②	①	④	①	②	③	②	④	①
51	52	53	54	55	56	57	58	59	60
①	①	②	②	④	①	②	③	③	①

01 온실가스
- 이산화탄소(CO_2)
- 메탄(CH_4)
- 아산화질소(N_2O)
- 수소불화탄소(HFC)
- 과불화탄소(PFC)
- 육불화황(SF_6)

02 수집빈도가 높을수록, 쓰레기통이 클수록 발생량은 증가하는 경향이 있다.

03 A^2/O공법은 혐기조, 무산소조, 호기조로 구성되어 있다.

04 $C_6H_{12}O_6 \rightarrow 3CH_4 + 3CO_2$
　　180(g)　:　3×22.4(L)
　　166.6(g)　:　X(L)
　　∴ X = 62.2(L)

05 흡수액의 구비조건
- 용해도가 커야 한다.
- 점성이 작아야 한다.
- 휘발성이 작아야 한다.
- 용매의 화학적 성질과 비슷해야 한다.
- 부식성이 없어야 한다.
- 가격이 저렴하고 화학적으로 안정되어야 한다.

07 관정부식
황산화물은 관정의 황박테리아 또는 응결수분에 의해 황산이 되고 황산은 콘크리트 내에 함유된 철·칼슘·알루미늄 등과 결합하여 황산염을 형성하여 부식을 유발한다.

08 슬러지의 팽화는 활성슬러지법의 문제점이다.

10 두 개의 진동체의 고유진동수가 같을 때 한 쪽을 울리면 다른 쪽도 울리는 현상을 공명이라 한다.

11 완속교반을 행하는 주된 목적은 크고 무거운 floc을 만들기 위해서이다.

12 Blow down(블로다운) 효과를 적용하여 원심력 집진장치의 효율을 증대시킨다.

13 슬러지 내의 수분 함유 형태 중 간극수를 설명하고 있다.

14 쓰레기가 가장 많이 발생하는 지점은 하루 중 가장 먼저 수거하도록 한다.

15 입상활성탄은 흡착제이다.

16 $X(대) = \dfrac{0.9\text{kg}}{인 \cdot 일} \Big| \dfrac{100,000인}{} \Big| \dfrac{대}{5,000\text{kg}}$
$\qquad = 18(대)$

17 $V_g = \dfrac{dp^2(\rho_p - \rho)g}{18 \cdot \mu}$
- V_g : 중력침강속도(cm/sec)
- dp : 입자의 직경(5×10^{-4}cm)
- ρ_p : 입자의 밀도(3.7g/cm³)
- g : 중력가속도(980cm/sec)
- μ : 처리기체의 점도
  $(1.85 \times 10^{-4}$g/cm $\cdot$ sec)

$V_g = \dfrac{(5 \times 10^{-4})^2 (3.7) \times 980}{18 \times 1.85 \times 10^{-4}}$
$\qquad = 0.272 \text{(cm/sec)}$

19 질소산화물은 난용성 기체로 수세법으로 처리하기에는 부적당하다.

20 적재차량 계수분석법을 설명하고 있다.

21 주기(period : T)
한 파장이 전파하는 데 걸리는 시간을 말하며, 단위는 초(sec)이다.

23 부채형은 대기가 매우 안정한 상태일 때 발생하는 연기형태이다.

24 생산품인 퇴비는 토양의 이화학적 성질을 개선시키는 토양개량제로 사용할 수 있다.

25 전기집진장치에서 가장 적절한 전하량의 범위는 $10^4 \sim 10^{11} \Omega \cdot$ cm이다.

26 유동상소각로를 설명하고 있다.

27 $C_4H_{10}(\text{m}^3) = \dfrac{20\text{kg}}{} \Big| \dfrac{22.4\text{m}^3}{58\text{kg}} \Big| \dfrac{273 + 25}{273}$
$\qquad = 8.43(\text{m}^3)$

28 퇴비화의 최적 조건
- pH : 6~8
- 온도 : 50~60℃
- C/N 비율 : 30
- 수분 함량 : 50~60%

30 $O_o(\text{Sm}^3/\text{kg}) = 1.867C + 5.6\left(H - \dfrac{O}{8}\right) + 0.7S$
$\qquad = 1.867 \times 0.86 + 5.6\left(0.04 - \dfrac{0.08}{8}\right)$
$\qquad + 0.7 \times 0.02$
$\qquad = 1.79(\text{Sm}^3/\text{kg})$

31 Manning 공식을 이용하면,
$V = \dfrac{1}{n} \cdot R^{\frac{2}{3}} \cdot I^{\frac{1}{2}}$
- n = 0.014
- $R = \dfrac{D}{4} = \dfrac{1}{4} = 0.25$
- I = 0.01

$\therefore V = \dfrac{1}{0.014} \times (0.25)^{\frac{2}{3}} \times (0.01)^{\frac{1}{2}}$
$\qquad = 2.83(\text{m/sec})$

32 $\eta = \left(1 - \dfrac{C_o}{C_i}\right) \times 100$
$\eta = \left(1 - \dfrac{0.1}{2.8}\right) \times 100 = 96.43(\%)$

33 해안매립공법에는 순차투입공법, 박층뿌림공법, 내수배제 또는 수중투기 공법 등이 있다.

35 미생물에 의한 유기질소의 분해 과정
 유기질소 → 암모니아성 질소 → 아질산성 질소
 → 질산성 질소

36 충진물의 구비조건
- 단위용적당 비표면적이 커야 한다.
- 마찰저항이 작아야 한다.
- 압력손실이 작고 충전밀도가 커야 한다.
- 내식성과 내열성이 커야 한다.
- 공극이 커야 한다.

38 오존층을 파괴하는 특정 물질
- 염화불화탄소(CFC)
- 할론(Halon)
- 사염화탄소(CCl_4)
- 아산화질소(N_2O)
- 메탄(CH_4), 수증기(H_2O)

39 생산된 퇴비는 비료가치가 낮다.

40 $\dfrac{X}{M} = K \cdot C^{1/n}$

$\dfrac{30-10}{M} = 0.5 \times 10^{1/1}$

$M = 4.0 (mg/L)$

41 $SDI(g/100mL) = \dfrac{100}{SVI}$

$SVI(mL/g) = \dfrac{440(mL/L)}{3,000(mg/L)} \times 10^3 = 146.67$

$\therefore SDI(g/100mL) = \dfrac{100}{146.67} = 0.6818$

42 물과 밀도차가 큰 침전가능한 물질을 제거하는 1차 침전지가 스톡스(Stokes) 법칙이 가장 잘 적용되는 공정이다.

43 헨리의 법칙은 난용성 기체에 적용되는 것으로 난용성 기체에는 NO, NO_2, CO, O_2 등이 있다.

44 0.3(m/sec)을 표준으로 한다.

45 $L = 10\log\left\{\left(\dfrac{1}{n}(10^{L_1/10} + 10^{L_2/10} + \cdots + 10^{L_n/10})\right)\right\}$

$= 10\log\left\{\dfrac{1}{3}(10^{89/10} + 10^{91/10} + 10^{95/10})\right\}$

$= 92.4(dB)$

46 비점오염원에는 산림수, 농경지 배수, 도로유출수 등이 있다.

47 살균력은 오존 > 유리잔류염소(HOCl, OCl^-) > 클로로민 순이다.

48 $BOD_t = BOD_u(1 - 10^{-k \cdot t})$

$212 = BOD_u(1 - 10^{-0.15 \times 5})$

$\therefore BOD_u = 257.85(mg/L)$

49 $kW = \dfrac{\Delta P \cdot Q}{102 \times \eta} \times \alpha$

$= \dfrac{444 \times 55}{102 \times 0.77}$

$= 310.92(kW)$

50 $X(ton) = \dfrac{8m^3}{} \left|\dfrac{400kg}{m^3}\right| \dfrac{(100-60)}{100} \left|\dfrac{1ton}{1,000kg}\right.$

$= 1.28(ton)$

51
$\eta_t = \eta_1 + \eta_2(1-\eta_1)$
$C_o = C_i \times (1-\eta)$
$\eta_t = 0.5 + 0.99(1-0.5) = 0.995$
$\therefore C_o = 200 \times (1-0.995) = 1(\text{mg/Sm}^3)$

52 완전연소의 구비조건(3T)
- 체류시간은 가능한 한 길어야 한다.(Time)
- 연소용 공기를 예열한다.(Temperature)
- 공기와 연료를 적절히 혼합한다.(Turbulence)

53 $N \cdot V = N' \cdot V'$
$0.1 \times 1,000 = 0.6 \times X$
$X = 166.67(\text{mL})$

54 SVI는 슬러지 용적지수로 슬러지의 침강성을 나타내는 지표이다.

56 $X(\text{kg/인} \cdot \text{일})$
$= \dfrac{220,000\text{ton}}{\text{년}} \bigg| \dfrac{1}{550,000\text{인}} \bigg| \dfrac{1\text{년}}{365\text{일}} \bigg| \dfrac{10^3\text{kg}}{1\text{ton}}$
$= 1.1(\text{kg/인} \cdot \text{일})$

57 짐머만 공법은 습식 산화법의 일종이다.

58 유기물질이 많을수록 용존산소 값은 작아진다.

59 $X(\text{m}) = \dfrac{125\text{m}^3}{\text{hr}} \bigg| \dfrac{\text{m} \cdot \text{day}}{100\text{m}^3} \bigg| \dfrac{24\text{hr}}{1\text{day}} = 30(\text{m})$

제2회 실전모의고사 (정답 및 해설)

1	2	3	4	5	6	7	8	9	10
②	③	①	③	④	③	②	②	④	③
11	12	13	14	15	16	17	18	19	20
①	③	①	①	④	②	③	②	④	②
21	22	23	24	25	26	27	28	29	30
③	②	④	④	①	③	④	②	①	③
31	32	33	34	35	36	37	38	39	40
③	②	②	④	①	②	③	①	②	④
41	42	43	44	45	46	47	48	49	50
②	①	④	④	③	③	③	④	①	②
51	52	53	54	55	56	57	58	59	60
②	①	③	②	③	①	②	④	③	④

01 $X(m^3/m^2 \cdot day) = \dfrac{1,500m^3}{day} \bigg| \dfrac{1}{300m^2} = 5$

02 탄산(일시)경도(CH)
경도유발물질(Fe^{2+}, Mg^{2+}, Ca^{2+}, Mn^{2+}, Sr^{2+})과 알칼리도 유발물질(HCO_3^-, CO_3^{2-}, OH^-)이 만나서 유발되는 경도로 물을 끓이면 제거되는 경도이다.

03 글라스파이버, 유리섬유는 최고사용온도가 250℃로 가장 높다.

04 우리나라 수거분뇨의 pH는 7.0~8.5로 약 알칼리 상태이다.

05 ① 대류권에서는 고도 1km 상승에 따라 약 9.8℃ 낮아진다.
② 대류권의 높이는 계절이나 위도에 따라 변한다.
③ 성층권에서는 고도가 높아짐에 따라 기온이 올라간다.

06 카드뮴 함유 폐수처리방법은 환원침전법이 일반적으로 많이 이용된다.

07 퇴비화는 비료로서의 가치가 낮은 단점이 있다.

08 투과손실(TL) $= 10\log\left(\dfrac{1}{\tau}\right) = 10\log\left(\dfrac{1}{0.001}\right)$
$= 30(dB)$

09 염소주입량 = 염소요구량 + 염소잔류량
• 염소요구량(kg/day)
$= \dfrac{2,000m^3}{day} \bigg| \dfrac{6mg}{L} \bigg| \dfrac{1kg}{10^6 mg} \bigg| \dfrac{10^3 L}{1m^3}$
$= 12(kg/day)$
• 염소잔류량
$= \dfrac{2,000m^3}{day} \bigg| \dfrac{0.5mg}{L} \bigg| \dfrac{1kg}{10^6 mg} \bigg| \dfrac{10^3 L}{1m^3}$
$= 1(kg/day)$
∴ 염소주입량 = 12(kg/day) + 1(kg/day)
$= 13(kg/day)$

10 폐기물 발생량 조사방법
• 적재차량 계수분석법
• 직접계근법
• 물질수지법

11 인의 방출과 섭취
• 혐기성 조건 : 미생물이 긴장(Stress) 상태 → 미생물에 의한 유기물의 흡수가 일어나면서 인이 방출된다.

- 호기성 조건 : 과다축적 현상 → BOD 소비와 더불어 미생물 세포 생산을 위한 인의 급격한 흡수가 일어난다.

12
$$°F = \frac{9}{5} × °C + 32$$
$$= \frac{9}{5} × 20 + 32$$
$$= 68°F$$

14 침강역전은 공중에서 일어난다.

15
$$TL = 10\log(\frac{1}{t})$$
$$32 = 10\log(\frac{1}{t})$$
$$∴ t = 1/10^{3.2} = 6.3 × 10^{-4}$$

16 폐수에 염소를 주입하면 암모니아와 반응하여 클로라민을 화합물을 형성한다.

18 연못화 현상은 살수여상법의 문제점이다.

19 중력집진장치의 집진효율은 40~60%로 여러 집진장치 중 집진효율이 가장 낮다.

20
$$\frac{W_{SL}}{ρ_{SL}} = \frac{W_회}{ρ_회} + \frac{W_휘}{ρ_휘} + \frac{W_{수분}}{ρ_{수분}}$$
$$\frac{100}{ρ_{SL}} = \frac{15 × 0.25}{2.0} + \frac{15 × 0.75}{1.2} + \frac{85}{1}$$
$$∴ ρ_{SL} = 1.039$$

21 차량 수 $= \frac{0.8ton}{m^3} \Big| \frac{1,000m^3}{} \Big| \frac{대}{4ton} = 200(대)$

23 $C_2H_5OH + 3O_2 → 2CO_2 + 3H_2O$
- ThOD $= (3 × 32)g/46g$
- TOC $= (2 × 12)g/46g$
- ∴ ThOD/TOC $= 4$

25 호흡성 먼지의 크기는 $0.5~5μm$ 범위이다.

26
$$X(eq/L) = \frac{1.84kg}{L} \Big| \frac{1eq}{(98/2)g} \Big| \frac{96}{100} \Big| \frac{10^3g}{1kg}$$
$$= 36.05(eq/L)$$

27 조류의 광합성 작용으로 수중의 용존산소 농도가 증가한다.

28 불화수소의 배출원
- 인산비료공업
- 알루미늄공업
- 유리공업
- 요업

29 압축의 목적
- 부피 감소, 무게 감소
- 밀도 증가, 운반비 감소
- 매립지의 수명 연장
- 복토 사용량 감소 및 날림 방지

30 먼지의 침강속도는 먼지와 가스의 비중차에 비례한다.

31
$$MHT = \frac{1,363인}{1,792,500ton} \Big| \frac{year}{} \Big| \frac{310일}{1년} \Big| \frac{8hr}{1일}$$
$$= 1.89$$

34 폐기물 발생 특성에 미치는 인자
- 기후에 따라 쓰레기의 발생량과 종류가 달라진다.
- 수거빈도가 클수록 쓰레기 발생빈도는 증가한다.

- 쓰레기통의 크기가 클수록 쓰레기 발생량이 증가하는 경향이 있다.
- 재활용품의 회수 및 재이용률이 높을수록 발생량은 감소한다.

36 매립 초기에는 통성 혐기성균의 활동에 의해 지방산, 알코올, NH_3, N_2, CO_2(가장 많이 배출) 등을 생성한다.

37 동점도(동점성계수, Kinematic Viscosity : ν)는 점성계수(μ)를 밀도(ρ)로 나눈 값으로 SI단위에서는 m^2/sec를 사용하지만 cm^2/sec 등으로도 나타낼 수 있다.

39 열교환기
- 과열기
- 재열기
- 이코노마이저(economizer : 절탄기)
- 공기예열기

40 퇴비화 조건
- 수분량 : 50~60(Wt%)
- C/N비 : 30이 적정범위
- 온도 : 적절한 온도 50~60℃
- 입경 : 가장 적당한 입자 크기는 5cm 이하
- pH : 약알칼리 상태(pH 6~8)
- 공기 : 호기적 산화 분해로 산소의 존재가 필수적이며 산소 함량(5~15%), 공기주입률(50~200L/min · m^3)

41 질소산화물은 고온에서 많이 생성된다.

42 비점오염원에는 산림수, 농경지 배수, 도로유출수 등이 있다.

43 $$BOD(mg/L) = \frac{50g}{인 \cdot 일} \Big| \frac{일}{50m^3} \Big| \frac{500인}{} \Big| \frac{1m^3}{10^3L} \Big| \frac{10^3mg}{1g}$$
$$= 500(mg/L)$$

45 $V_1(100 - W_1) = V_2(100 - W_2)$
$1,000(100 - 40) = V_2(100 - 20)$
$V_2 = 750(kg)$

47 $$L(m) = \frac{0.32m}{sec} \Big| \frac{m^2 \cdot day}{1,800m^3} \Big| \frac{1.2m}{} \Big| \frac{86,400sec}{1day}$$
$$= 18.432(m)$$

50 방음벽 설치는 전파경로대책이다.

56 폐기물 발생량에 미치는 인자
- 도시 규모와 생활수준에 비례하여 증가한다.
- 도시의 평균연령층, 교육수준에 따라 발생량이 달라진다.
- 쓰레기통의 크기에 비례하여 증가한다.

57 흡착장치의 종류
- 고정층 흡착장치
- 이동층 흡착장치
- 유동층 흡착장치

58 합성차수막 중 PVC의 특성
- 작업이 용이한 편이다.
- 접합이 용이한 편이다.
- 강도가 높고, 가격이 저렴하다.
- 대부분의 유기화학물질에 약한 편이다.
- 자외선, 오존, 기후 등에 약한 편이다.

59 화학적 흡착인 경우 흡착과정이 주로 비가역적이며 흡착제의 재생이 용이하지 못하다.

제3회 실전모의고사(정답 및 해설)

1	2	3	4	5	6	7	8	9	10
④	③	②	④	①	③	④	④	①	③
11	12	13	14	15	16	17	18	19	20
④	②	②	②	②	②	②	③	②	③
21	22	23	24	25	26	27	28	29	30
④	②	④	①	④	①	①	①	③	④
31	32	33	34	35	36	37	38	39	40
①	①	④	①	④	①	④	②	④	①
41	42	43	44	45	46	47	48	49	50
①	④	④	②	④	③	①	③	①	④
51	52	53	54	55	56	57	58	59	60
②	②	③	③	④	④	③	①	③	③

01 벤추리 스크러버의 압력손실이 300~800mmHg로 가장 크다.

02 $TH = \sum M_c^{2+}(mg/L) \times \dfrac{50}{Eq}$
$= 24 \times \dfrac{50}{40/2} + 14 \times \dfrac{50}{24/2}$
$= 118.33(mg/L \text{ as } CaCO_3)$

05 페놀은 정수장에서 염소와 결합하여 클로로페놀을 생성하여 악취를 유발한다.

06 $\lambda = c/f(m)$
$\lambda = \dfrac{100}{200} = 0.5(m)$

07 침출수는 P의 양이 많지 않다.

08 고상폐기물 : 고형물 함량 15% 이상

09 질소산화물은 N_2 형태로 환원된다.

10 $BOD_t = BOD_u(1 - 10^{-K \cdot t})$
$BOD_u = \dfrac{880}{(1 - 10^{-0.1 \times 5})} = 1,286.98(mg/L)$
$BOD_3 = 1,286.98(1 - 10^{-0.1 \times 3})$
$= 641.96(mg/L)d$

12 해수의 pH는 약 8.2 정도로 약 알칼리성이다.

13 검댕은 불완전연소 시에 발생하므로 완전연소 조건을 만들어 주면 검댕 발생을 줄일 수 있다.

14 **압축의 목적**
폐기물을 기계적으로 압축하여 덩어리(baling)로 만들어 부피를 감소시키는 것이 주목적이다.

15 광화학 스모그의 기인 요소는 질소산화물, 올레핀계 탄화수소, 태양광선이다.

16 $X(kg/인 \cdot 일)$
$= \dfrac{400kg}{m^3} \bigg| \dfrac{}{5,000,000인} \bigg| \dfrac{100,000m^3}{1주} \bigg| \dfrac{1주}{7일}$
$= 1.14(kg/인 \cdot 일)$

18 $V_1(100 - W_1) = V_2(100 - W_2)$
$1,000(100 - 25) = V_2(100 - 10)$
$V_2 = 833.33(kg)$
∴ 증발시켜야 할 수분량 $= 1,000 - 833.33$
$= 166.67(kg)$

19 바젤협약은 유해폐기물의 국가 간 교역을 규제하는 내용의 국제협약이다.

21 흡착공식
흡착공식에는 프로인틀리히(Freundlich)등온흡착식, Langmuir 등온흡착식, BET흡착식, 기브스(Gibbs) 흡착공식 등이 있다.

22 폐기물 처리를 위해 가장 우선적으로 추진해야 하는 사항은 감량화이다.
(감량화 > 재활용 > 에너지 회수 > 소각 > 매립)

23 $\eta(\text{제거율}) = \dfrac{BOD_i - BOD_o}{BOD_i} \times 100$
$= \dfrac{225 - 46}{225} \times 100 = 79.56(\%)$

24 $X(atm) = \dfrac{740mmHg}{} \bigg| \dfrac{1atm}{760mmHg}$
$= 0.974(atm)$

26 함수율은 낮아야 한다.

27 어느 음의 크기가 S(sone), 크기 레벨이 P(phon)라 하면
$S = 2^{\frac{p-40}{10}}$, $P = 40 + \dfrac{\log_{10} S}{0.03}$
$P = 40 + \dfrac{\log_{10} S}{0.03} = 40 + \dfrac{\log 100}{0.03} = 106.67$

28 관거수송법은 폐기물 발생빈도가 높은 곳이 경제적이다.

29 $X(\text{횟수/월})$
$= \dfrac{1.0kg}{\text{인} \cdot \text{일}} \bigg| \dfrac{500,000\text{인}}{} \bigg| \dfrac{20}{100} \bigg| \dfrac{\text{대}}{5m^3}$
$\bigg| \dfrac{m^3}{3,000kg} \bigg| \dfrac{30\text{일}}{\text{월}}$
$= 200(\text{회/월})$

30 $X(mL/m^3) = \dfrac{0.3g}{Sm^3} \bigg| \dfrac{22.4mL}{36.5mg} \bigg| \dfrac{1,000mg}{1g}$
$= 184.1(ppm)$

31 지하수는 주로 세균에 의한 유기물 분해작용이 일어난다.

32 R_{ep}(레이놀드 수)
$R_{ep} = \dfrac{\text{관성력}}{\text{점성력}} = \dfrac{D \cdot V \cdot \rho}{\mu}$

33 • 기류음 발생대책 : 분출유속의 저감, 밸브의 다단화, 관의 곡률 완화
• 고체음 발생대책 : 가진력 억제, 공명방지, 방사면 축소 및 제진처리, 방진 등

34 활성슬러지법은 폐수의 생물학적 처리방법이다.

35 $TH = \sum M_c^{2+} \times \dfrac{50}{Eq}(mg/L \text{ as } CaCO_3)$
$= 40(mg/L) \times \dfrac{50}{40/2} + 36(mg/L)$
$\times \dfrac{50}{24/2}$
$= 250(mg/L \text{ as } CaCO_3)$

36 시료의 축소방법
- 구획법
- 교호삽법
- 원추4분법

37 유리는 여과재가 아니다.

38 Darcy법칙
$V = k \times i$
(k : 비례상수, 투수계수, i : 동수경사)
$\therefore V = 0.5 cm/sec \times 2 = 1.0 (cm/sec)$

39 $\eta = 1 - \exp(-\dfrac{A \cdot We}{Q})$
- A : 집진면적
- We : 입자의 겉보기 이동속도
- Q : 처리가스량

40 호기성 소화법은 처리효율이 우수하여 상징수의 BOD 농도가 낮다.

41 완전혼합공식을 이용한다.
$C = \dfrac{Q_1 C_1 + Q_2 C_2}{Q_1 + Q_2}$
$= \dfrac{(1,000 \times 26) + (100 \times 165)}{1,000 + 100}$
$= 38.64 (mg/L)$

42 산성비의 기여도
$SO_2 > NOx >$ 염소이온

43 질산화의 최종단계는 $NO_3 - N$ 형태이고, 탈질의 최종단계는 N_2나 N_2O이다.

44 질소산화물은 고온에서 생성되는 물질이며 저온 연소 시 감소시킬 수 있다.

45 $V_1 (100 - W_1) = V_2 (100 - W_2)$
$100 (100 - 96) = V_2 (100 - 75)$
$\therefore V_2 = 16 (m^3)$

47 공해진동은 사람에게 불쾌감을 주는 진동으로 목적을 저해하고, 쾌적한 생활환경을 파괴하며 사람의 건강 및 건물에 피해를 주는 진동으로 진동수의 범위는 1~90Hz이다.

48 LFG(Landfill Gas) 발생의 각 단계
- 제1단계(호기성 단계)
- 제2단계(비메탄 발효기, 통성 혐기성 단계)
- 제3단계(혐기성 메탄 생성 축적 단계)
- 제4단계(혐기성 정상단계)

49 황산화물의 식물에 미치는 영향을 설명하고 있다.

50 $A = mA_o$
$= 1.1 \times 10$
$= 11.0 (Sm^3/kg)$

51 $\eta(제거율) = \dfrac{BOD_i - BOD_o}{BOD_i} \times 100$
$= \dfrac{225 - 55}{225} \times 100$
$= 75.55 (\%)$

52 습식 산화법을 설명하고 있다.

53 MHT가 작을수록 수거효율이 좋다.

54 거리감쇠
거리가 2배가 되면 점음원은 6dB, 선음원은 3dB 감소한다.

55 위어(weir)
개방유로의 유량 측정에 주로 사용되는 것으로서, 일정한 수위와 유속을 유지하기 위해 침사지의 폐수가 배출되는 출구에 설치한다.

56 부피변화율 $= \dfrac{\text{나중부피}}{\text{초기부피}}$

- 초기 부피 $= \dfrac{10\text{kg}}{} \left| \dfrac{\text{cm}^3}{1\text{g}} \right| \dfrac{10^3\text{g}}{1\text{kg}} = 10{,}000\text{cm}^3$

- 나중 부피 $= \dfrac{12\text{kg}}{} \left| \dfrac{\text{cm}^3}{1.2\text{g}} \right| \dfrac{10^3\text{g}}{1\text{kg}} = 10{,}000\text{cm}^3$

∴ 변화율 $= \dfrac{\text{나중 부피}}{\text{초기 부피}} = \dfrac{10{,}000\text{cm}^3}{10{,}000\text{cm}^3} = 1$

57 $X(\text{mol/L}) = \dfrac{1.84\text{g}}{\text{mL}} \left| \dfrac{1\text{mol}}{98\text{g}} \right| \dfrac{75}{100} \left| \dfrac{10^3\text{mL}}{1\text{L}} \right.$
$= 14.08(\text{mol/L})$

58 활성슬러지 공법에서 슬러지 반송의 주된 목적은 MLSS 조절이다.

59 탄화도가 클수록 고정탄소의 양이 증가하고, 수분 및 휘발분은 감소한다.

60 $C_2H_5OH + 3O_2 \rightarrow 2CO_2 + 3H_2O$
　　46g　　:　3×32g
　　92g/L　:　X
∴ X(COD) = 192(g/L)

제4회 실전모의고사(정답 및 해설)

1	2	3	4	5	6	7	8	9	10
③	①	①	②	②	①	③	②	①	③
11	12	13	14	15	16	17	18	19	20
③	①	④	③	④	③	④	④	③	③
21	22	23	24	25	26	27	28	29	30
②	③	①	④	②	③	②	①	①	①
31	32	33	34	35	36	37	38	39	40
②	④	①	④	④	②	④	④	④	②
41	42	43	44	45	46	47	48	49	50
①	②	②	③	②	③	④	②	①	④
51	52	53	54	55	56	57	58	59	60
②	③	①	②	②	①	②	③	③	③

01 지향지수와 지향계수의 관계

구 분	지향계수	지향지수
점음원	1	0
반자유 공간	2	3
두 면이 접하는 구석	4	6
세 면이 접하는 구석	8	9

02 $V_1(100 - W_1) = V_2(100 - W_2)$
$1,000(100 - 25) = V_2(100 - 12)$
$V_2 = 852.27 \text{(kg)}$
∴ 증발시켜야 할 수분량 $= 1,000 - 852.27$
$= 147.73 \text{(kg)}$

03 〈계산식〉
$AFR_v = \dfrac{m_a \times 22.4}{m_f \times 22.4}$, $AFR_m = \dfrac{m_a \times M_a}{m_f \times M_f}$

〈반응식〉
$C_8H_{18} + 12.5O_2 \rightarrow 8CO_2 + 9H_2O$

① $AFR_v = \dfrac{12.5/0.21 \times 22.4}{1 \times 22.4} = 59.52$

② $AFR_m = \dfrac{12.5/0.21 \times 29}{1 \times 114} = 15.14$

04 $F/M = \dfrac{BOD \times Q}{\forall \cdot X}$

$= \dfrac{400(\text{mg/L}) \times 3,000(\text{m}^3/\text{day})}{1,000(\text{m}^3) \times 3,000(\text{mg/L})} = 0.4$

여기서, $\forall (\text{m}^3) = Q \times t$
$= \dfrac{3,000\text{m}^3}{\text{day}} \bigg| \dfrac{8\text{hr}}{} \bigg| \dfrac{1\text{day}}{24\text{hr}}$
$= 1,000\text{m}^3$

05 부피 변화율 $= \dfrac{\text{나중 부피}(V_2)}{\text{초기 부피}(V_1)}$

초기 부피 $(V_1) = \dfrac{10\text{kg}}{1.2\text{g/cm}^3} = 8.33$

나중 부피 $(V_2) = \dfrac{15\text{kg}}{2.5\text{g/cm}^3} = 6$

부피 변화율 $= \dfrac{6}{8.33} = 0.72$

06 완속교반을 행하는 주된 목적은 크고 무거운 Floc을 만드는 것이다.

07 〈계산식〉 $A = mA_o = m \times O_o \times \dfrac{1}{0.21}$

〈반응식〉
$C_3H_8 + 5O_2 \rightarrow 3CO_2 + 4H_2O$
$44\text{kg} : 5 \times 22.4\text{m}^3$
$44\text{kg} : X$
$X = 112\text{m}^3$

$A = 1.1 \times 112 \times \dfrac{1}{0.21} = 586.67(\text{Sm}^3)$

08 스크린의 접근유속은 0.45m/sec 이상이어야 하며, 통과유속이 0.9m/sec를 초과해서는 안 된다.

09 $X(kg/인 \cdot 일)$
$= \dfrac{450kg}{m^3} \Big| \dfrac{8,720m^3}{7일} \Big| \dfrac{}{500,000인}$
$= 1.12(kg/인 \cdot 일)$

10 주기(period : T)
한 파장이 전파하는 데 걸리는 시간을 말하며, 단위는 초(sec)이다.

11 고정상 소각로를 설명하고 있다.

12 광화학스모그는 전구물질(탄화수소 NOx, O_3)의 농도가 높고, 일사량이 많고, 기온이 높고, 습도가 낮을 때 잘 발생하며, 대기의 상태는 역전상태일 때 잘 발생한다.

13 질산화의 최종단계는 NO_3-N형태이고, 탈질의 최종단계는 N_2나 N_2O이다.

14 $\dfrac{X}{M} = K \cdot C^{1/n}$
$\dfrac{30-10}{M} = 0.5 \times 10^{1/1}$
$M = 4.0(mg/L)$

15 퇴비화의 최적 조건
- pH : 6~8
- 온도 : 50~60℃
- C/N 비율 : 30
- 수분함량 : 50~60%

16 페놀은 정수장에서 염소와 결합하여 클로로페놀을 생성하여 악취를 유발한다.

17 총인을 자외선 가시선 분광법으로 측정할 때의 분석파장은 880nm이다.

18 〈계산식〉 $P = H \cdot C$
$\therefore C = \dfrac{P}{H}$
$= \dfrac{44mmHg}{} \Big| \dfrac{1atm}{760mmHg} \Big| \dfrac{kmol}{1.60 \times 10atm \cdot m^3}$
$= 3.62 \times 10^{-3}(kmol/m^3)$

19 알칼리도의 특성 및 이용
- 응집제 주입 시 적정 pH 유지
- 폐수처리 시 적정 pH 유지
- 연수화 과정에서 석회-소다 주입량 계산
- 자연수 중의 알칼리도는 중탄산이온(HCO_3^-) 형태이다.
- 알칼리도가 높은 물을 폭기시키면 pH가 상승하는 경향을 나타낸다.
- 폐수와 슬러지의 완충용량 계산에 이용한다.

20 $VR(\%) = \dfrac{감소되는 부피}{초기 부피} \times 100$
$= \dfrac{500m^3}{1,000m^3} \times 100 = 50(\%)$

21

유기성 고형화	무기성 고형화
• 처리비용이 고가이다. • 수밀성이 매우 크며 다양한 폐기물에 적용이 가능하다. • 미생물, 자외선에 의한 안정성이 약하다. • 폐기물의 특정 성분에 의한 중합체 구조의 장기적인 약화 가능성이 존재한다. • 최종 고화제의 체적 증가가 다양하다. • 방사성 폐기물을 제외한 기타폐기물에 대한 적용사례가 제한되어 있다.	• 처리비용이 저렴하다. • 물리화학적으로 장기적 안정성이 양호하다. • 다양한 산업폐기물에 적용이 가능하다. • 고화 재료의 구입이 용이하며 재료의 독성이 없다. • 상온 및 상압에서 처리가 가능하며 처리가 용이하다. • 수용성이 작고 수밀성이 양호하다.

22 건조공기의 구성
질소(N_2) > 산소(O_2) > 아르곤(Ar) > 탄산가스(CO_2) > 네온(Ne)

23 활성탄은 흡착제이다.

24 퇴비화 조건
- 수분량 : 50~60(wt%)
- C/N비 : 30이 적정 범위
- 온도 : 적절한 온도 50~60℃
- 입경 : 가장 적당한 입자 크기는 5cm 이하
- pH : 약알칼리 상태(pH 6~8)
- 공기 : 호기적 산화 분해로 산소의 존재가 필수적. 산소함량(5~15%), 공기주입률(50~200L/min·m^3)

25 BOD 부하 $= \dfrac{BOD \cdot Q}{A}$

여기서, $A = \dfrac{\pi \cdot D^2}{4} \times 2 \times N$
$= \dfrac{\pi \cdot (3m)^2}{4} \times 2 \times 300$
$= 4,241.15(m^2)$

∴ BOD 부하
$= \dfrac{BOD \cdot Q}{A}$
$= \dfrac{200mg}{L} \Big| \dfrac{1,000m^3}{day} \Big| \dfrac{1}{4,214.15m^2} \Big| \dfrac{1g}{10^3mg} \Big| \dfrac{10^3L}{1m^3}$
$= 47.46(g/m^2 \cdot day)$

26 $CH_4 \;+\; 2O_2 \;\rightarrow\; CO_2 \;+\; 2H_2O$
16kg : 2×32kg
8kg : X
X=32(kg)

28 S ≡ 2NaOH
32 : 2×40kg
$\dfrac{2,000kg}{hr} \Big| \dfrac{1.6}{100} \Big| \dfrac{95}{100}$: X
∴ X=76(kg/h)

30
$L = 10\log\left\{\dfrac{1}{n}(10^{L_1/10} + 10^{L_2/10} + \cdots T + 10^{L_n/10})\right\}$
$= 10\log\left\{\dfrac{1}{3}(10^{89/10} + 10^{91/10} + 10^{95/10})\right\}$
$= 92.4(dB)$

31 $X(mol/L) = \dfrac{1.84g}{mL} \Big| \dfrac{1mol}{98g} \Big| \dfrac{96}{100} \Big| \dfrac{10^3 mL}{1L}$
$= 18.02(mol/L)$

32 $X(mL/m^3) = \dfrac{0.3g}{Sm^3} \Big| \dfrac{22.4mL}{36.5mg} \Big| \dfrac{1,000mg}{1g}$
$= 184.1(ppm)$

33 완전혼합 공식을 이용한다.
$C = \dfrac{Q_1C_1 + Q_2C_2}{Q_1 + Q_2}$
$= \dfrac{(1,000 \times 26) + (100 \times 165)}{1,000 + 100}$
$= 38.64(mg/L)$

34 $V_1(100 - W_1) = V_2(100 - W_2)$
$150 \times 0.15(100 - 90) = V_2(100 - 70)$
$V_2 = 7.5(m^3)$

35 폐기물 발생 특성과 영향 인자
- 기후에 따라 쓰레기의 발생량과 종류가 다르다.
- 수거빈도가 클수록 쓰레기 발생빈도가 증가한다.
- 쓰레기통의 크기가 클수록 쓰레기 발생량이 증가하는 경향이 있다.
- 재활용품의 회수 및 재이용률이 높을수록 발생량은 감소한다.

37 관정 부식
황산화물은 관정의 황박테리아 또는 응결수분에 의해 황산이 되고 황산은 콘크리트 내에 함유된 철·칼슘·알루미늄 등과 결합하여 황산염을 형성하여 부식을 유발한다.

38 해양매립공법
- 순차투입공법
- 박층뿌림공법
- 내수배제 또는 수중투기공법

39 산성비의 기여도
SO_2 > NOx > 염소이온

40 습식산화법을 설명하고 있다.

42 유기수은계 함유폐수의 처리방법
- 흡착법
- 산화분해법
- 이온교환법

43 이코노마이저(economizer ; 절탄기)
연도에 설치되며, 보일러 전열면을 통하여 연소 가스의 여열로 보일러 급수를 예열하여 보일러의 효율을 높이는 장치이다.

44 흡수액의 구비조건
- 용해도가 커야 한다.
- 점성이 작아야 한다.
- 휘발성이 작아야 한다.
- 용매의 화학적 성질과 비슷해야 한다.
- 부식성이 없어야 한다.
- 가격이 저렴하고 화학적으로 안정되어야 한다.

45 $\eta(\text{제거율}) = \dfrac{BOD_i - BOD_o}{BOD_i} \times 100$
$= \dfrac{225-55}{225} \times 100 = 75.55(\%)$

46 슬러지나 분뇨의 탈수 가능성을 나타내는 것은 여과비저항이다.

47 스토크스의 법칙은 $V_g = \dfrac{dp^2(\rho_p - \rho_w) \cdot g}{18 \cdot \mu}$ 로 입자의 직경이 침강속도에 가장 큰 영향을 준다.

49 $V_g = \dfrac{dp^2(\rho_p - \rho)g}{18 \cdot \mu}$
여기서, V_g : 중력침강속도(cm/sec)
  dp : 입자의 직경(5×10^{-4}cm)
  ρ_p : 입자의 밀도($3.7g/cm^3$)
  g : 중력가속도(980cm/sec)
  μ : 처리기체의 점도(1.85×10^{-4}g/cm·sec)
$V_g = \dfrac{(5 \times 10^{-4})^2 (3.7) \times 980}{18 \times 1.85 \times 10^{-4}}$
$= 0.272 (cm/sec)$

50 $A = mA_o$
$= 1.1 \times 10 = 11.0 (Sm^3/kg)$

51 대기권을 분류할 때 지표로부터 가장 가까이 있는 것부터 대류권, 성층권, 중간권, 열권 순이다.

53 레벨레인지 변환기가 있는 기기는 레벨레인지 변환기의 전환오차가 0.5dB 이내이어야 한다.

54 실측상태의 ppm과 표준상태의 ppm은 같다.

55 직접계근법
일정 기간 동안 특정 지역의 수거운반 차량을 중계처리장이나 중간 적하장에서 직접 계근하는 방법이다.
- 장점 : 비교적 정확하게 발생량을 파악할 수 있다.
- 단점 : 작업량이 많고 번거롭다.

57 전기집진장치에서 가장 적절한 전하량의 범위는 $10^4 \sim 10^{11} \Omega \cdot cm$이다.

58 $\text{MHT} = \dfrac{1,363\text{인}}{1,792,500\text{ton}} \left| \dfrac{\text{year}}{1\text{년}} \right| \dfrac{310\text{일}}{1\text{년}} \left| \dfrac{8\text{hr}}{1\text{일}} \right.$
$= 1.89$

59 $\text{X(ton)} = \dfrac{400\text{kg}}{\text{m}^3} \left| \dfrac{40}{100} \right| \dfrac{8\text{m}^3}{} \left| \dfrac{1\text{ton}}{1,000\text{kg}} \right.$
$= 1.28(\text{ton})$

60 $\text{X(mol/L)} = \dfrac{1.84\text{g}}{\text{mL}} \left| \dfrac{1\text{mol}}{98\text{g}} \right| \dfrac{75}{100} \left| \dfrac{10^3\text{mL}}{1\text{L}} \right.$
$= 14.08(\text{mol/L})$

제5회 실전모의고사(정답 및 해설)

1	2	3	4	5	6	7	8	9	10
④	④	④	②	①	③	②	②	④	③
11	12	13	14	15	16	17	18	19	20
③	④	①	③	①	①	④	④	①	②
21	22	23	24	25	26	27	28	29	30
④	①	④	②	②	②	②	②	②	①
31	32	33	34	35	36	37	38	39	40
③	②	③	③	①	③	②	④	②	①
41	42	43	44	45	46	47	48	49	50
④	②	②	①	①	②	①	②	④	②
51	52	53	54	55	56	57	58	59	60
②	②	④	②	④	①	①	③	②	③

01 슬러지 개량이란 슬러지의 물리적 화학적 특성을 개선하여 탈수량 및 탈수율을 증가시키는 것으로 개량방법에는 세정(슬러지 세척), 열처리, 동결, 약품첨가 등이 있다.

02 $H_l = H_h - 600(9H + W)$
    $= 13,000 - 600(9 \times 0.15 + 0.01)$
    $= 12,184(kcal/kg)$

03 세정 집진장치는 입자상 물질과 가스상 물질의 동시 처리가 가능하며 냉각기능을 가진다.

04 매립 초기에는 통성 혐기성 균의 활동에 의해 지방산, 알코올, NH_3, N_2, CO_2(가장 많이 배출) 등을 생성한다.

05 광화학 반응에 의해 생성되는 오염물질은 대부분 2차 오염물질이며 O_3, PAN($CH_3COOONO_2$), 아크롤레인(CH_2CHCHO), NOCl, H_2O_2 등이다.

06 $MHT = \dfrac{5,450인}{1,792,500ton} \left| \dfrac{year}{1년} \right| \dfrac{310일}{1년} \left| \dfrac{8hr}{1일} \right.$
    $= 7.54$

08 방울수라 함은 20℃에서 정제수 20 방울을 적하할 때 그 부피가 약 1mL가 되는 것을 의미한다.

09 **흡음재료 선택 및 사용상의 유의점**
- 시공할 때와 동일 조건의 흡음률 자료 이용
- 흡음재료 벽면 부착 시 전체 내벽에 분산하여 부착(☞ 흡음력 증가 및 반사음 확산)
- 실의 모서리나 가장자리 부분에 흡음재 부착
- 흡음 tex 등은 진동이 방해받지 않도록 부착
- 다공질 재료는 표면을 얇은 직물로 피복하는 것이 바람직하며, 흡음률에 영향을 미치지 않아야 함
- 비닐 시트나 캔버스 등으로 피복할 경우에는 고음역의 흡음률 저하를 감수해야 함. 저음역에서는 막 진동에 의해 흡음률이 증가할 때가 많음
- 다공질 재료의 표면을 도장하면 고음역에서 흡음률이 저하함
- 막 진동이나 판 진동형은 도장해도 차이가 없음
- 다공질 재료의 표면에 종이를 입히는 것은 피해야 함
- 다공질 재료의 표면을 다공판으로 피복할 때는 개공률을 20% 이상(가능하면 30% 이상)으로 하고, 공명흡음의 경우에는 3~20% 범위로 하는 것이 필요함

11 유동매체의 구비조건
- 불활성일 것
- 열충격에 강할 것
- 융점이 높을 것
- 내마모성이 있을 것
- 비중이 작을 것
- 공급이 안정적일 것
- 값이 저렴할 것
- 미세하고 입도분포가 균일할 것

12 0.3(m/sec)을 표준으로 한다.

13 황산화물이 식물에 미치는 영향을 설명하고 있다.

14 $X(kg) = \dfrac{2,000mg}{L} \Big| \dfrac{500m^3}{} \Big| \dfrac{1,000L}{1m^3} \Big| \dfrac{1kg}{10^6 mg}$
$= 1,000(kg)$

15 다이옥신은 발암물질로 개략분석에 해당하지 않는다.

16 음의 회절은 파장이 길수록 잘 된다.

17 임호프콘(Imhoff cone)은 침전물질을 측정하는 장치이다.

18 전기집진장치는 함진가스 중의 먼지에 −전하를 부여하여 대전시킨다.

19 오존은 강력한 산화제로 생물학적으로 분해 불가능한 유기물을 처리할 수 있다.

20 용매추출에 사용되는 용매의 선택기준
- 사용되는 용매는 비극성이어야 한다.
- 분배계수가 높아 선택성이 커야한다.
- 끓는점이 낮아 회수성이 높아야 한다.
- 물에 대한 용해도가 낮아야 한다.
- 밀도가 물과 달라야 한다.

21 $TH = \sum M_c^{2+} \times \dfrac{50}{Eq} (mg/L \text{ as } CaCO_3)$
$= 40(mg/L) \times \dfrac{50}{40/2} + 36(mg/L) \times \dfrac{50}{24/2}$
$= 250(mg/L \text{ as } CaCO_3)$

24 $X(kg) = \dfrac{450kg}{m^3} \Big| \dfrac{10m^3}{} \Big| \dfrac{28}{100} = 1,260(kg)$

25 $V = C\sqrt{\dfrac{2 \cdot g \cdot P_v}{\gamma}}$
$= 0.85\sqrt{\dfrac{2 \times 9.8 \times 5}{1.3}}$
$= 7.38(m/sec)$

26 해수의 pH는 약 8.2 정도로 약알칼리성을 지닌다.

27 쉽게 간선도로에 연결될 수 있는 곳에 적환장을 설치한다.

28 한계입경(임계입경, 최소제거입경)
100% 집진할 수 있는 최소입경이다.

29 환경영향평가와는 상관이 없다.

30 Re(레이놀즈수)
$Re = \dfrac{관성력}{점성력} = \dfrac{D \cdot V \cdot \rho}{\mu}$

31
$$\text{VAL}(dB) = 20\log\left(\frac{A_{rms}}{A}\right)$$

여기서, VAL : 진동 가속도 레벨
A_{rms} : 진동 가속도 실효치$\left(\frac{0.01}{\sqrt{2}}\text{ m/sec}\right)$
A : 기준 가속도(10^{-5}m/s^2)

$$\text{VAL}(dB) = 20\log\left(\frac{0.01/\sqrt{2}}{10^{-5}}\right) = 56.99(dB)$$

32 연못화 현상은 살수여상법의 문제점이다.

33 수은의 특성은 그 화합물의 종류에 따라 다르나 중금속 오염지역에서는 Hg^{2+}, hg_2^{2+}, Hg^0 형태로 존재하며 식물 뿌리의 발육을 저해한다.

35 공기비가 클 경우
- 연소실의 냉각효과를 가져온다.
- 배기가스의 증가로 인한 열손실이 증가한다.
- 배기가스의 온도 저하(저온 부식) 및 SOx, NOx 등의 생성량이 증가한다.

36
$$\text{TH} = \sum M_c^{2+}(mg/L) \times \frac{50}{Eq}$$
$$= 24 \times \frac{50}{40/2} + 14 \times \frac{50}{24/2}$$
$$= 118.33(mg/Las\,CaCO_3)$$

37 침강실 내 처리가스 속도가 작을수록 미립자가 포집된다.

38 신진대사율이 가장 높은 단계는 대수 성장 단계이다.

39 $V_1(100-W_1) = V_2(100-W_2)$
$100(100-96) = V_2(100-75)$
∴ $V_2 = 16(m^3)$

40 후드의 흡인요령
- 충분한 포착속도를 유지한다.
- 후드의 개구면적을 가능한 한 작게 한다.
- 가능한 한 후드를 발생원에 근접시킨다.
- 국부적인 흡인방식을 택한다.

42 $H_2S + 1.5O_2 \rightarrow H_2O + SO_2$
$1m^3 : 1.5m^3$
$$A_o = O_o \times \frac{1}{0.21} = 1.5 \times \frac{1}{0.21} = 7.1(m^3)$$

43 열교환기
- 과열기
- 재열기
- 이코노마이저(economizer ; 절탄기)
- 공기예열기

44 기체의 용해도는 온도가 증가할수록 작아진다.

45 파쇄목적
- 입자 크기의 균일화
- 겉보기 비중의 증가
- 비표면적 증가
- 특정 성분의 분리
- 소각 시 연소 촉진
- 유가물질의 분리

46 공기스프링은 공기가 누출될 위험이 있다.

48 배출가스 양에 따른 운전 상태

구분	HC	CO	NOx
많이 나올 때	감속	공전	가속
적게 나올 때	정속 운행	정속 운행	공전

50 질소산화물을 촉매환원법으로 처리하고자 할 때 사용되는 촉매는 백금이며, K_2SO_4, V_2O_5는 황산화물을 접촉산화법으로 처리할 때 사용되는 촉매이다.

51 슬러지의 무게와 부피를 감소시킨다.

52 집진극은 전기장 강도가 균일하게 분포하도록 해야 한다.

54 $C_6H_{12}O_6 \rightarrow 3CH_4 + 3CO_2$
180(g) : 3×22.4(L)
750(g) : X(L)
∴ X=280(L)

55 소화율(%) = $\left(1 - \dfrac{\text{소화 후 VS/FS}}{\text{소화 전 VS/FS}}\right) \times 100$
= $\left(1 - \dfrac{58/42}{75/25}\right) \times 100 = 53.97(\%)$

56 환상형(Looping)을 설명하고 있다.

57 활성 슬러지 공법에서 슬러지 반송의 주된 목적은 MLSS 조절이다.

58 가청음압의 범위는 정적 공기압력과 비교하여 $2 \times 10^{-5} \sim 60(Pa)$이다.

59 $CH_4 + 2O_2 \rightarrow CO_2 + 2H_2O$
1mol : 2mol
22.4L : X
X=44.8L

제6회 실전모의고사 (정답 및 해설)

1	2	3	4	5	6	7	8	9	10
③	①	①	①	②	④	①	④	③	③
11	12	13	14	15	16	17	18	19	20
④	④	①	②	②	④	③	①	④	③
21	22	23	24	25	26	27	28	29	30
①	③	④	③	②	①	④	①	②	②
31	32	33	34	35	36	37	38	39	40
③	①	①	①	②	③	②	④	②	②
41	42	43	44	45	46	47	48	49	50
②	②	②	②	②	④	④	②	①	④
51	52	53	54	55	56	57	58	59	60
④	④	①	③	①	③	①	④	①	②

01 〈계산식〉 $\eta = \left(1 - \dfrac{C_o}{C_i}\right) \times 100$

① $C_i = \dfrac{200\text{mL}}{\text{m}^3} \Big| \dfrac{71\text{mg}}{22.4\text{mL}} = 633.93(\text{mg/m}^3)$

② $C_o = 10\text{mg/m}^3$

∴ $\eta = \left(1 - \dfrac{10}{633.93}\right) \times 100 = 98.42(\%)$

02 유동상 소각로을 설명하고 있다.

03 공해진동은 사람에게 불쾌감을 주는 진동으로 목적을 저해하고, 쾌적한 생활환경을 파괴하며 사람의 건강 및 건물에 피해를 주는 진동으로 주파수의 범위는 1~90Hz이다.

04 $C_5H_7NO_2 + 5O_2 \rightarrow 5CO_2 + 2H_2O + NH_3$
113g : 5×32g
3kg : X
X = 4.25kg

05 질소산화물은 고온에서 생성되는 물질이며 저온 연소 시 감소시킬 수 있다.

06 위어(weir) : 개방유로의 유량 측정에 주로 사용되는 것으로서, 일정한 수위와 유속을 유지하기 위해 침사지의 폐수가 배출되는 출구에 설치한다.

08 압축비(CR) $= \dfrac{100}{100 - \text{부피 감소율}(V_R)}$
$= \dfrac{100}{100-80} = 5$

09 상층부가 불안정하고 하층부가 안정할 때 나타나는 연기의 형태는 지붕형이다.

11 오존 안정법은 활성 슬러지법의 변법이 아니다.

12 $X(\text{대}) = \dfrac{1.2\text{kg}}{\text{인·일}} \Big| \dfrac{300,000\text{인}}{} \Big| \dfrac{\text{m}^3}{550\text{kg}} \Big| \dfrac{\text{대}}{15\text{m}^3}$
$= 43.64 = 44(\text{대})$

13 $PWL = 10\log\left(\dfrac{W}{W_o}\right)$

$SPL = PWL - 20\log r - 8$

① $PWL = 10\log\left(\dfrac{W}{W_o}\right)$
$= 10\log\left(\dfrac{100}{10^{-12}}\right) = 140$

② $SPL = PWL - 20\log r - 8$
$= 140 - 20\log 12 - 8 = 110.416$

$SPL = 10\log\left(\dfrac{I}{I_o}\right)$

$$110.416 = 10\log\left(\frac{I}{10^{-12}}\right)$$
$$\therefore I = 0.11\,(W/m^2)$$

14 발생량 조사방법
- 적재차량 계수분석법
- 직접계근법
- 물질수지법

16 부유물질(mg/L) = $(b-a) \times \dfrac{1{,}000}{V}$

여기서, a : 시료 여과 전의 유리섬유여지 무게 (mg)
b : 시료 여과 후의 유리섬유여지 무게 (mg)
V : 시료의 양(mL)

부유물질(mg/L) = $(1385.9 - 1375.1) \times \dfrac{1{,}000}{250}$
$= 43.2\,(mg/L)$

17 시료의 축소방법
- 구획법
- 교호삽법
- 원추 4분법

18 산화
- 산소와 화합하는 현상
- 수소화합물에서 수소를 잃는 현상
- 전자수가 줄어드는 현상
- 산화수가 증가하는 현상

19 여과포의 사용온도
- 최고사용온도가 가장 높은 여과포(250℃) : 글라스파이버(유리섬유), 흑연화 섬유
- 최고사용온도가 가장 낮은 여과포(80℃) : 자연 섬유(목면, 양모, 사란)

20 LFG(Landfill Gas)발생의 각 단계
- 제1단계(호기성 단계)
- 제2단계(비메탄 발효기, 통성 혐기성 단계)
- 제3단계(혐기성 메탄 생성, 축적 단계)
- 제4단계(혐기성 정상단계)

21 불소는 화학침전법으로 제거가 가능하다.

22 A^2/O 공정의 각 반응조의 역할
- 혐기조(Anaerobic) : 혐기성 유기물 분해, 유기물(BOD) 제거 및 인의 방출
- 무산소조(Anoxic) : 질소 제거(탈질)
- 호기조(Aerobic) : 유기물(BOD) 제거 및 인의 과잉섭취, 질산화

23 기체의 흐름에 대한 압력 손실이 작아야 한다.

24 jar-테스터는 응집제를 현장 적용할 때 최적 pH의 범위와 응집제의 최적 주입농도를 알기 위한 응집교반시험이다.

25 무기성 부유물질, 자갈, 모래, 뼈 등 토사류를 제거하여 기계 장치 및 배관의 손상이나 막힘을 방지하는 시설은 침사지이다.

26 온실가스
- 이산화탄소(CO_2)
- 메탄(CH_4)
- 아산화질소(N_2O)
- 수소불화탄소(HFC)
- 과불화탄소(PFC)
- 육불화황(SF_6)

27 열분해 방법에는 1,000~1,200℃에서 운전하는 고온법과 500~900℃에서 운전하는 저온법이 있다.

28 어느 음의 크기를 S(sone), 크기 레벨을 P(phon)라 하면,

$$S = 2^{\frac{P-40}{10}}, \quad P = 40 + \frac{\log_{10}S}{0.03}$$

$$P = 40 + \frac{\log_{10}S}{0.03} = 40 + \frac{\log 100}{0.03} = 106.67$$

29 해안매립공법에는 순차투입공법, 박층뿌림공법, 내수배제 또는 수중투기공법 등이 있다.

30 미생물을 이용한 처리방법으로 호기성 처리방법은 활성 슬러지 공법, 살수여상법, 회전원판법 등이 있다.

31 가스크로마토그래프법을 설명하고 있다.

32 부패조는 냄새가 많이 나고 소규모 분뇨 및 하수처리에 사용된다.

33
$$Q = \frac{\forall}{t} = \frac{(2 \times 15 \times 1) m^3}{60 sec} \bigg| \frac{3,600 sec}{1 hr}$$
$$= 1,800 (m^3/hr)$$

34 호기성 소화법은 처리 효율이 우수하여 상징수의 BOD 농도가 낮다.

35 염소의 측정방법은 오르토톨리딘법이다.

36 식물의 성장 방지는 복토의 목적에 해당하지 않는다.

39 지구온난화지수(GWP)
온실기체가 온실효과에 미치는 기여도를 숫자로 표현한 것으로 이산화탄소 1을 기준으로 하여 메탄 21, 아산화질소 310, 수소불화탄소(HFCs) 1,300, 과불화탄소(PFCs) 7,000, 육불화황(SF_6) 23,900이다.

40 글루코스 및 글루타민산 각 150mg씩을 취하여 물에 녹여 1,000mL로 한 액 5~10mL를 3개의 300mL BOD 병에 넣고 BOD용 희석수(또는 BOD용 식종 희석수)를 완전히 채운 다음 BOD 시험방법에 따라 시험한다.

41 Darcy 법칙
$V = k \times i$
여기서, k : 비례상수, 투수계수
i : 도수경사

∴ $V = 0.5 cm/sec \times 2 = 1.0 (cm/sec)$

42 크롬은 6가 크롬(Cr^{6+}, 황색)이 독성이 강하므로 3가 크롬(Cr^{3+}, 청록색)으로 환원시킨 후 수산화물[$Cr(OH)_3$]로 침전시켜 제거하는 방법이 가장 많이 쓰이며, 이 방법을 환원침전법이라고 한다.

43 특징
- 고온가스(약 350°C 정도) 처리가 가능하다.
- 설치면적이 크고, 초기 설비비가 고가이다.
- 주어진 조건에 따른 부하 변동 적응이 어렵다.
- 압력 손실이 10~20mmH_2O로 작은 편이다.
- 0.1μm 이하의 입자까지 포집이 가능하다.(집진효율 우수)

44 $COD(mg/L) = (b-a) \times f \times \frac{1,000}{V} \times 0.2$

㉠ a : 바탕시험(공시험) 적정에 소비된 0.025N −과망간산칼륨용액 = 0.13(mL)
㉡ b : 시료의 적정에 소비된 0.025N −과망간산칼륨용액 = 5.13(mL)

ⓒ f : 0.025N-과망간산칼륨용액 역가(factor)
= 0.98
ⓓ V : 시료의 양(mL) = 20mL
∴ COD(mg/L)
$= (5.13 - 0.13) \times 0.98 \times \dfrac{1,000}{50} \times 0.2$
$= 19.6 (mg/L)$

45 적환장은 주요 간선도로에 인접한 곳이 적당하다.

46 질소산화물은 고온생성물이다.

48 생산품인 퇴비는 토양의 이화학적 성질을 개선시키는 토양개량제로 사용할 수 있다.

49 일반적으로 공해진동의 주파수의 범위는 1~90Hz이다.

50 Stokes의 법칙 $V_g = \dfrac{dp^2(\rho_p - \rho_w) \cdot g}{18 \cdot \mu}$
대기압은 침강속도에 영향을 미치지 않는다.

52 "밀폐용기"라 함은 취급 또는 저장하는 동안에 이물질이 들어가거나 또는 내용물이 손실되지 아니하도록 보호하는 용기를 말한다.

54 체류시간이 길어야 연소효율을 높일 수 있다.

55 염소요구량 = 염소주입량 - 염소잔류량
① 염소주입농도(mg/L)
$= \dfrac{60kg}{day} \left| \dfrac{day}{4,000m^3} \right| \dfrac{10^6 mg}{1kg} \left| \dfrac{1m^3}{10^3 L} \right.$
$= 15 (mg/L)$
② 염소잔류량 = 3mg/L
염소요구량 = 15(mg/L) - 3(mg/L)
= 12(mg/L)

57 $t(hr) = \dfrac{250m^3}{} \left| \dfrac{day}{2,000m^3} \right| \dfrac{24hr}{1day} = 3(hr)$

59 지하수는 연중 수온의 변화가 적으므로 수원으로서 많이 이용되고 있다.

60 Blow down(블로다운) 효과를 적용하여 원심력 집진장치의 효율을 증대시킨다.

제7회 실전모의고사(정답 및 해설)

1	2	3	4	5	6	7	8	9	10
④	②	②	①	③	②	①	③	②	④
11	12	13	14	15	16	17	18	19	20
③	④	①	④	②	③	②	④	①	④
21	22	23	24	25	26	27	28	29	30
①	④	④	③	②	③	④	②	④	②
31	32	33	34	35	36	37	38	39	40
④	④	④	④	②	①	①	①	③	③
41	42	43	44	45	46	47	48	49	50
②	②	③	③	②	④	②	②	③	③
51	52	53	54	55	56	57	58	59	60
②	④	①	①	③	④	③	③	①	①

01 이산화탄소는 실내 공기오염의 지표가 된다.

02 ① 화염 속에서 생성되는 질소산화물은 주로 NO 이며, 소량의 NO_2를 함유한다.
③ 화염온도가 높을수록 질소산화물의 생성량은 커진다.
④ 배기가스 중 산소분압이 높을수록 생성이 커진다.

03 불소화합물의 주요 배출원에는 인산비료, 알루미늄 제조, 유리, 도자기(요업)공업이 있다.

04 구리는 자동차에서 배출되지 않는다.

05 $A_o(m^3/kg) = O_o(m^3/kg) \times \dfrac{1}{0.21}$
① $O_o = 1.867 \times 0.87 + 5.6 \times 0.1 + 0.7 \times 0.03$
　　$= 2.21(m^3/kg)$
② $A_o(m^3/kg) = 2.21 \times \dfrac{1}{0.21} \times 1.7$
　　$= 17.8(m^3)$

06 분해연소를 설명하고 있다.

07 $\eta_t = \eta_1 + \eta_2(1-\eta_1)$
$0.99 = \eta_1 + 0.96(1-\eta_1)$
$0.04\eta_1 = 0.03$
$\therefore \eta_1 = \dfrac{0.03}{0.04} = 0.75 = 75(\%)$

08 여과속도가 작을수록 집진효율이 커진다.

09 ① 90%일 때
　　$A = \ln(1-0.9) \cdot K = -2.303K$
② 99.9%일 때
　　$A = \ln(1-0.999) \cdot K = -6.907K$
$\therefore \dfrac{A_{90}}{A_{99.9}} = \dfrac{-2.303}{-6.907} = 3(배)$

10 전기저항을 낮추는 방법
• NaCl, H_2SO_4, 트리메틸아민, 소다회 주입
• 습식 집진장치 사용

11 흡수액은 휘발성이 작아야 한다.

12 $P = H \times C$, $C = \dfrac{P}{H}$

$C(\text{kmol}/\text{m}^3)$
$= \dfrac{44\,\text{mmHg}}{} \Big| \dfrac{\text{kmol}}{1.6 \times 10^1 \text{atm} \cdot \text{m}^3} \Big| \dfrac{1\,\text{atm}}{760\,\text{mmHg}}$
$= 3.62 \times 10^{-3}\,(\text{kmol}/\text{m}^3)$

13 충전물은 단위용적에 대하여 비표면적이 커야 한다.

14 기체의 흐름에 대한 압력손실이 작아야 한다.

15
$S \equiv CaCO_3$
$32(\text{kg}) : 100(\text{kg})$
$\dfrac{5{,}000\,\text{kg}}{\text{hr}} \Big| \dfrac{2}{100} : X$
$\therefore X = 312.5\,(\text{kg/hr})$

16 알칼리도는 $CaCO_3$로 환산한다.

17 물은 분자량이 유사한 다른 화합물에 비하여 비열이 크다.

18 수중에 유기물 과다 유입되면 BOD 농도는 증가한다.

19 경도 유발물질
철이온(Fe^{2+}), 마그네슘이온(Mg^{2+}), 칼슘이온(Ca^{2+}), 망간이온(Mn^{2+}), 스트로듐이온(Sr^{2+})

20 슬러지벌킹은 활성슬러지법의 문제점이다.

21 액체상태의 폐기물로서 수소이온 농도지수가 2.0 이하인 것으로 한정한다.

22 RDF 소각로의 경우 시설비 및 동력비가 많이 소요되고, 운전이 어렵다.

23 혐기성 소화는 소화속도가 늦다.

24 $C_8H_{18} + 12.5O_2 \rightarrow 8CO_2 + 9H_2O$

$AFR_v = \dfrac{m_a \times 22.4}{m_f \times 22.4}$

$= \dfrac{12.5 \times \dfrac{1}{0.21} \times 22.4}{1 \times 22.4}$

$= 59.52$

25 음의 크기(Loudness : S)
1,000Hz(기본주파수) 순음의 음의 세기레벨 40dB의 음의 크기를 1sone로 정의하며, $S = 2^{(L_L - 40)/10}\,(\text{Sone})$ (L_L은 phon 수이다.)

26 질산화 반응은 호기성 상태하에서 독립영양 미생물인 Nitrosomonas와 Nitrobactor에 의해서 NH_4^+가 2단계를 거쳐 NO_3^-로 변한다.

- 1단계 : $NH_4^+ + \dfrac{3}{2}O_2 \rightarrow NO_2^- + 2H^+ + H_2O$
  (Nitrosomonas)
- 2단계 : $NO_2^- + \dfrac{1}{2}O_2 \rightarrow NO_3^-$ (Nitrobactor)
- 전체반응 :
  $NH_4^+ + 2O_2 \rightarrow NO_3^- + 2H^+ + H_2O$

27 $HCl \rightarrow H^+ + Cl^-$
$0.001M : 0.001M$
$pH = -\log[H^+] = -\log[0.001] = 3$

28 공기스프링을 설명하고 있다.

29 $Hl = Hh - 600(9H + W)$
$Hl = 10,000 - 600(9 \times 0.1 + 0.05)$
$\quad = 9,430(kcal/kg)$

30 $n = \dfrac{Q_f}{Q_i} = \dfrac{Q_f}{\pi \cdot D \cdot L \cdot V_f}$
① $Q_f = 1,000(m^3/min) = 16.667(m^3/sec)$
② $Q_i = A \times V$
$\quad = \pi \times D \times L \times V_f$
$\quad = \pi \times 0.3 \times 15 \times 0.015$
$\quad = 0.212(m^3/sec)$
$\therefore n = \dfrac{16.667}{0.212} = 78.62 = 79(개)$

31 스크린의 제거대상물질은 부유 협잡물이다.

32 흡착제의 종류에는 활성탄, 실리카겔, 활성 알루미나, 합성 제올라이트, 보크사이트, 마그네시아 등이 있으며 가장 일반적으로 많이 이용되는 흡착제는 활성탄이다.

33 $C_2H_5NO_2 + 3.5O_2 \rightarrow 2CO_2 + 2H_2O + HNO_3$
$\quad 75g \quad : \quad 3.5 \times 32g$
$\quad 150g \quad : \quad X$
$X = 224(g)$

34 $V = \dfrac{Q}{A}$
㉠ $Q = 125 m^3/min$
㉡ $A = \dfrac{\pi}{4}D^2 = \dfrac{\pi}{4} \times 0.2^2 = 0.0314(m^2)$
$\therefore V = \dfrac{125 m^3}{min} \Big| \dfrac{1}{0.0314 m^2} \Big| \dfrac{1 min}{60 sec}$
$\quad = 66.35(m/sec)$

35 우리나라 성인 1인당 1일 분뇨배출량은 1.1(L/인·day)이다.

36 블로다운(Blow down)
사이클론에 있어서 처리가스양의 5~10%를 흡인하여 선회기류의 흐트러짐을 방지하고 유효 원심력을 증대시키는 효과로 집진효율이 향상된다.

37 생산된 퇴비는 비료가치가 낮고, 소요부지의 면적이 크고, 부지선정이 어렵다.

38 정류판은 유량을 균등하게 분배하는 역할을 한다.

39 $X(mol/L)$
$= \dfrac{1.84g}{mL} \Big| \dfrac{1 mol}{98g} \Big| \dfrac{75}{100} \Big| \dfrac{10^3 mL}{1L}$
$= 14.08(mol/L)$

40 처분장이 수집장소와 거리가 비교적 먼 경우 적환장을 설치한다.

41 적조현상을 발생시키는 주된 원인물질은 N(질소), P(인)이다.

42 활발한 분해지대를 설명하고 있다.

43 $V_1(100 - W_1) = V_2(100 - W_2)$
$1,000(100 - 10) = V_2(100 - 5)$
$V_2 = 947.36(kg)$
$\therefore$ 증발시켜야 할 수분량
$\quad = 1,000 - 947.36 = 52.64(kg)$

44
$V_1(100 - W_1) = V_2(100 - W_2)$
$V_1(100 - 40) = V_2(100 - 20)$
$V_1 = 0.75 V_2$

45 6가 크롬(Cr^{+6}) 함유 폐수는 환원침전법으로 처리한다.

46 쓰레기 발생량이 가장 많은 곳을 하루 중 가장 먼저 수거한다.

47 $X(kg/인 \cdot 일)$
$= \dfrac{500kg}{m^3} \Big| \dfrac{10,780m^3}{1주} \Big| \dfrac{1주}{7일} \Big| \dfrac{1}{500,000명}$
$= 1.54(kg/인 \cdot 일)$

48 6가 크롬에 다이페닐카바자이드를 작용시켜 생성하는 적자색의 착화합물의 흡광도를 540nm에서 측정하여 6가 크롬을 정량한다.

49 폐수에 염소를 주입하면 암모니아와 반응하여 클로라민을 화합물을 형성한다.

50 $VR(\%) = \dfrac{감소되는부피}{초기부피} \times 100$
$VR(\%) = \dfrac{500m^3}{1000m^3} \times 100 = 50(\%)$

51 발생량 조사방법
- 적재차량 계수분석법
- 직접계근법
- 물질수지법

52 이관(유스타키오관)은 외이와 중이의 압력을 조절하는 역할을 한다.

53 ㉠ $\eta_t = \eta_1 + \eta_2(1 - \eta_1)$
$= 0.9 + 0.98(1 - 0.9)$
$= 0.998$
㉡ $C_o = C_i \times (1 - \eta)$
$= 5.9 \times (1 - 0.998)$
$= 0.0118(g/m^3)$
$= 11.8(mg/m^3)$

54 연료가 완전연소하기 위해서는 연소실 내의 온도를 높게 유지해야 한다.

55 먼지의 침강속도는 먼지와 가스의 비중차에 비례한다.

56 스톡스 법칙
$V_g = \dfrac{d^2(\rho_p - \rho)g}{18 \cdot \mu}$
침전속도는 입자직경(d) 제곱에 비례한다.

57 폐기물 발생량 조사방법
- 적재차량 계수분석법
- 직접 계근법
- 물질 수지법

58 차량 수 $= \dfrac{0.8ton}{m^3} \Big| \dfrac{1,000m^3}{} \Big| \dfrac{대}{4ton} = 200(대)$

59 레벨레인지 변환기가 있는 기기에 있어서 레벨레인지 변환기의 전환오차는 0.5dB 이내이어야 한다.

60 투과율의 단위는 %이고, 나머지 단위는 dB이다.

환경기능사 필기+실기 한권 완성

발행일 | 2014. 8. 1 초판발행
2015. 3. 30 개정1판1쇄
2016. 1. 15 개정2판1쇄
2017. 1. 30 개정3판1쇄
2018. 1. 10 개정4판1쇄
2019. 2. 10 개정5판1쇄
2020. 2. 10 개정5판2쇄
2021. 2. 10 개정6판1쇄
2021. 8. 20 개정7판1쇄
2021. 9. 30 개정7판2쇄
2023. 2. 20 개정8판1쇄
2024. 1. 20 개정9판1쇄
2025. 1. 10 개정10판1쇄
2026. 1. 20 개정11판1쇄

저 자 | 이철한 · 서영민 · 박수호 · 이승민 · 장유화
발행인 | 정용수
발행처 | 예문사

주 소 | 경기도 파주시 직지길 460(출판도시) 도서출판 예문사
TEL | 031) 955-0550
FAX | 031) 955-0660
등록번호 | 11-76호

- 이 책의 어느 부분도 저작권자나 발행인의 승인 없이 무단 복제하여 이용할 수 없습니다.
- 파본 및 낙장은 구입하신 서점에서 교환하여 드립니다.
- 예문사 홈페이지 http://www.yeamoonsa.com

정가 : 26,000원
ISBN 978-89-274-5902-6 13530